图灵程序设计丛书

Android编程权威指南

（第4版）

[美] 克莉丝汀·马西卡诺（Kristin Marsicano） 布赖恩·加德纳（Brian Gardner）
比尔·菲利普斯（Bill Phillips） 克里斯·斯图尔特（Chris Stewart） 著

王明发 译

Android Programming

The Big Nerd Ranch Guide, Fourth Edition

人民邮电出版社
北京

图书在版编目（C I P）数据

Android编程权威指南 ：第4版 / (美) 克莉丝汀・马西卡诺 (Kristin Marsicano) 等著 ; 王明发译. -- 北京 ：人民邮电出版社, 2021.3(2024.3重印)
(图灵程序设计丛书)
ISBN 978-7-115-55964-7

Ⅰ. ①A… Ⅱ. ①克… ②王… Ⅲ. ①移动终端—应用程序—程序设计—指南 Ⅳ. ①TN929.53-62

中国版本图书馆CIP数据核字(2021)第021645号

内 容 提 要

Big Nerd Ranch 是美国一家专业的移动开发技术培训机构。本书主要以其 Android 训练营教学课程为基础，融合了几位作者多年的心得体会，是一本完全面向实战的 Android 编程权威指南。全书共 32 章，详细介绍了七个 Android 应用的开发过程。通过这些精心设计的应用，读者可掌握很多重要的理论知识和开发技巧，获得宝贵的开发经验。

第 4 版较之前版本做了重大更新，每一章的内容都做了修改；同时，开发语言从 Java 换成了 Kotlin，全面引入了 Android Jetpack 组件库并开始使用第三方库。

本书适合 Android 系统开发人员阅读。

◆ 著　[美] 克莉丝汀・马西卡诺（Kristin Marsicano）
布赖恩・加德纳（Brian Gardner）
比尔・菲利普斯（Bill Phillips）
克里斯・斯图尔特（Chris Stewart）
译　王明发
责任编辑　张海艳
责任印制　周昇亮

◆ 人民邮电出版社出版发行　北京市丰台区成寿寺路11号
邮编　100164　电子邮件　315@ptpress.com.cn
网址　https://www.ptpress.com.cn
北京九天鸿程印刷有限责任公司印刷

◆ 开本：800×1000　1/16
印张：34.75　2021年 3 月第 4 版
字数：821千字　2024年 3 月北京第 4 次印刷
著作权合同登记号　图字：01-2020-1258号

定价：139.00元

读者服务热线：(010)84084456-6009　印装质量热线：(010)81055316

反盗版热线：(010)81055315

广告经营许可证：京东市监广登字 20170147 号

版权声明

献　词

献给 Phil、Noah 和 Sam，本书一版又一版，离不开你们的爱和支持。

——克莉丝汀·马西卡诺

献给我的妻子 Carley，这一路走来，她除了支持我做事，还时刻提醒我做最重要的事。

——布赖恩·加德纳

献给我桌上的唱片机。感谢你陪伴我完成本书。我保证，很快你就会有新唱针了。

——比尔·菲利普斯

献给我的父亲 David，他教我懂得辛苦工作的意义。献给我的母亲 Lisa，她一直督促我去做正确的事。

——克里斯·斯图尔特

如何学习 Android 开发

对新手来说，学习 Android 开发一开始会很难。就像初次踏入异国他乡一样，即使会说当地语言，一开始也绝不会有舒服自在的感觉。周围人习以为常的东西你不能理解，原有的知识储备在新环境下也完全派不上用场。

Android 有自己的语言文化——使用 Kotlin 或 Java 语言（或者两者兼而有之）。但要深入理解 Android，仅掌握 Kotlin 或 Java 还不够，你还需要学习诸多新理论和新技术。涉足陌生领域时，有个向导会很有帮助。

这就是我们的作用所在。在 Big Nerd Ranch，我们认为，要成为一名 Android 开发人员，你必须：

- **着手开发**一些 Android 应用；
- **充分理解**你的 Android 应用。

本书将协助你完成以上两件事。我们用它成功培训了数千名专业的 Android 开发人员。本书将指导你开发多个 Android 应用，并根据需要介绍各种概念和技术。在学习过程中，如果遇到知识疑难点，请勇敢面对。我们也会尽最大努力抽丝剥茧，让你知其然更知其所以然。

我们的教学方法是：在学习理论的同时，就着手运用它们开发实际的应用，而非先学习一大堆理论，再考虑如何将其应用于实践。读完本书，你将具备必要的开发经验和知识。以此为起点，深入学习，你会逐渐成长为一名合格的 Android 开发者。

阅读前提

使用本书，你需要熟悉 Kotlin 语言，包括类、对象、接口、监听器、包、内部类、对象表达式以及泛型类等基本概念。

如果不熟悉这些概念，没翻几页你就会看不下去了。对此，建议先放下本书，找本 Kotlin 入门书看一看。市面上有很多优秀的 Kotlin 入门书，你可以基于自己的编程经验及学习风格去挑选。或许你可以看看《Kotlin 编程权威指南》[①]这本书。

如果你熟悉面向对象编程，但 Kotlin 知识掌握得不牢靠，那么阅读本书应该不会有太大问题。碰到 Kotlin 语言点，我们会进行简单的解释。不过，在学习的过程中，还是建议手边备上一本 Kotlin 参考书，以方便查阅。

---

① 此书已由人民邮电出版社出版，详情请见 ituring.cn/book/2610。——编者注

第 4 版有哪些变化

第 4 版是一次重大更新，每一章的内容都做了修改。要说最大的变化，当数应用开发语言从 Java 换成了 Kotlin。因为这个缘故，我们私下称第 4 版为“Android 4K”。

另一个重大改变是全面引入了 Android Jetpack 组件库。第 4 版使用 Jetpack 库（又称 AndroidX）代替了原来的支持库。而且，只要有可能，我们就会整合使用全新的 Jetpack API。例如，第 4 版会使用 `ViewModel` 来处理设备旋转的 UI 状态持久化问题，使用 Room 和 `LiveData` 来实现数据库及其数据查询，使用 WorkManager 来调度后台工作，等等。在学习过程中，你还会在一个个项目的开发中看到更多 Jetpack 组件的应用。

为重点关注现代 Android 应用是如何开发的，除了 Android 框架本身以及 Jetpack 内的 API，第 4 版开始使用第三方库。例如，书中优先使用 Retrofit 及其依赖库，而非原来的 `HttpURLConnection` 和一些低级别的网络 API。相比之前的版本，这属于很大的改变，我们认为这有助于读者更好地适应专业的 Android 应用开发。而且，书中选用的这些第三方库也是我们为客户开发应用时日常使用的。

Kotlin 与 Java

Kotlin 获 Android 开发官方支持是在 2017 年的 Google I/O 大会上宣布的。在那之前，一直是民间 Android 开发者力量在推动使用 Kotlin。自 2017 年官宣后，Kotlin 已被人们广为接受，并迅速成为大多数开发者进行 Android 开发的首选语言。在 Big Nerd Ranch，所有的应用开发项目都采用 Kotlin，即使是过去那些大量使用 Java 的遗留项目。

转向使用 Kotlin 这股潮流依然浩荡向前。Android 框架团队已开始向平台遗留代码加入 @nullable 注解。他们不断发布用于 Android 开发的 Kotlin 扩展。本书撰写时，Google 正忙于向 Android 官方开发文档中添加 Kotlin 示例和支持。

Android 框架最初是使用 Java 开发的，也就是说，你用到的大部分 Android 类是用 Java 编写的。幸运的是，Kotlin 支持与 Java 互操作，所以使用 Kotlin 开发不会有任何问题。

本书选择使用 Kotlin API，即使这些 API 背后的开发语言是 Java。无论你喜欢 Kotlin 还是 Java，本书传授的都是如何开发 Android 应用。你所学的 Android 平台上的开发经验和知识，对这两种语言都适用。

如何使用本书

本书不是一本参考书。我们的目标是帮你跨越学习的初始障碍，进而充分利用其他参考资料和实例类图书来深入学习。本书基于 Big Nerd Ranch 培训机构的五天教学课程编写而成，从基础知识讲起，各章内容循序渐进，所以建议不要跳读，以免学习效果大打折扣。

我们为学员提供了良好的培训环境：专用的教室、可口的美食、舒适的住宿条件、动力十足的学习伙伴，以及随时答疑解惑的指导老师。

作为本书读者，你同样需要类似的良好环境。因此，你需要保证充足的睡眠，然后找一个安静的地方开始学习。参考以下建议也很有帮助。

(1) 和朋友或同事组成阅读小组。

(2) 集中安排时间逐章学习。

(3) 参与本书论坛的交流和讨论。

(4) 向 Android 开发高手寻求帮助。

本书内容

本书会带你学习开发七个 Android 应用。有些应用很简单，一章即可讲完，有些则相对复杂。最复杂的一个应用跨越了 11 章。通过这些精心编排的应用，你能学到很多重要的理论知识和开发技巧，并获得最直接的开发经验。

- GeoQuiz
  本书中的第一个应用，用来学习 Android 应用的基本组成、activity、界面布局以及显式 intent。
- CriminalIntent
  本书中最复杂的应用，能够记录办公室同事的种种陋习，用来学习 fragment、list-backed 用户界面、数据库、菜单选项、相机调用、隐式 intent 等内容。
- BeatBox
  一个可以吓退对手的应用，用来学习媒体文件的播放与控制、MVVM 架构、数据绑定、单元测试、主题以及 drawable 资源。
- NerdLauncher
  一个个性化启动器，用来深入学习 intent、进程以及 Android 任务。
- PhotoGallery
  一个从 Flickr 网站下载照片并进行显示的客户端应用，用来学习后台任务调度、多线程、网络内容下载等知识。
- DragAndDraw
  一个简单的画图应用，用来学习如何处理触摸手势事件以及如何创建个性化视图。
- Sunset
  一个漂亮的日落动画应用，用来学习 Android 动画。

挑战练习

大部分章末配有练习题。你可借此机会实践所学，查阅官方文档，锻炼独立解决问题的能力。

强烈建议你完成这些挑战练习。在练习过程中，不妨尝试另辟蹊径，这有助于你巩固所学知识，增强未来开发应用的信心。

若遇到一时难以解决的问题，请访问本书论坛求助。

深入学习

部分章末还包含“深入学习”一节。这一节对该章内容进行了深入讲解或提供了更多信息。这一节不属于必须掌握的部分，但希望你有兴趣阅读并有所收获。

版式说明

为方便阅读，本书会对某些特定内容采用专门的字体。变量、常量、类型、类名、接口名和函数名会以代码体显示。

所有代码与 XML 清单也会以代码体显示。需要输入的代码或 XML 总是以粗体显示。应该删除的代码或 XML 会打上删除线。例如，在以下代码里，我们删除了 `Toast.makeText(...).show()` 函数的调用，增加了 `checkAnswer(true)` 函数的调用。

```
trueButton.setOnClickListener { view: View ->
    Toast.makeText(
        this,
        R.string.correct_toast,
        Toast.LENGTH_SHORT
    )
        .show()
    checkAnswer(true)
}
```

Android 版本

本书教学主要针对当前广泛使用的各个系统版本（Android 5.0 至 Android 11.0）。虽然更老的系统版本仍有人在用，但对于大多数开发者来说，为支持这些版本而付出努力得不偿失。

如果应用确实需要支持 Android 5.0 之前的系统版本，请参考本书第 3 版（Android 4.4 及以上版本）、第 2 版（Android 4.1 及以上版本）和第 1 版（Android 2.3 及以上版本）的相关内容。

新版本的 Android 系统还会不断发布。请放心，Android 支持向后兼容（详见第 7 章），即便有了新系统，本书所授知识也不会过时。我们也会在本书论坛上不断跟踪 Android 开发新动向，及时为你提供开发指导和支持。

开发必备工具

开始学习前，你需要安装 Android Studio。Android Studio 基于流行的 IntelliJ IDEA 创建，是一套 Android 集成开发工具。

Android Studio 的安装包括如下内容。

- Android SDK
  最新版本的 Android SDK。
- Android SDK 工具和平台工具
  用来测试与调试应用的一套工具。
- Android 模拟器系统镜像
  用来在不同虚拟设备上开发和测试应用。

本书撰写时，Android Studio 版本正在积极开发和更新中。因此，请注意了解当前版本和本书所用版本之间的差异。如需帮助，请访问本书论坛。

Android Studio 的下载与安装

可以从 Android 开发者网站下载 Android Studio。

如果是首次安装，还需从 Oracle 官网下载并安装 Java 开发工具套件（JDK 8）。

下载早期版本的 SDK

Android Studio 自带最新版本的 SDK 和模拟器系统镜像。如果想在 Android 早期系统版本上测试应用，还需额外下载相关工具组件。

可通过 Android SDK 管理器来安装这些组件，如图 0-1 所示。在 Android Studio 中，选择 Tools → SDK Manager 菜单项。（已创建并打开了新项目时，Tools 菜单才可见。如果还没创建过项目，可在 Android 开发向导界面，选择 Configure → SDK Manager 来启动 SDK 管理器。）

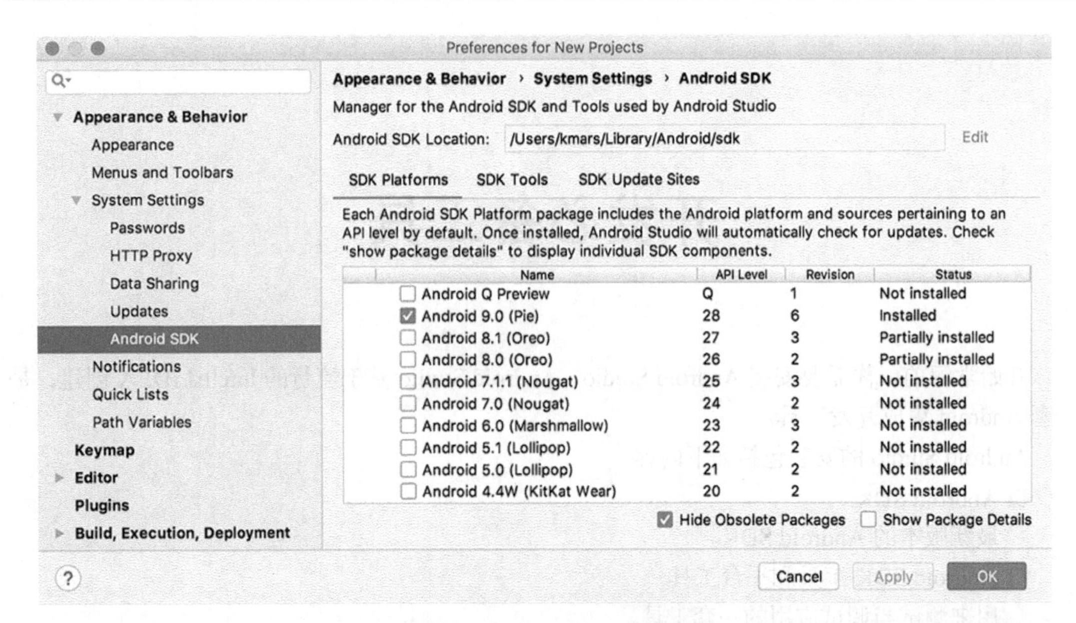

图 0-1　Android SDK 管理器

选择并安装需要的 Android 版本和工具。下载这些组件需要一点儿时间，请耐心等待。

通过 Android SDK 管理器，还可以及时获取 Android 最新发布的内容，比如新系统平台或新版本工具等。

硬件设备

模拟器是测试应用的好帮手，但需测试应用性能时，Android 物理设备无可替代。如果手头有物理设备，建议按需使用。

致　　谢

本书已是第 4 版了，虽然是老话，但我们还是要说：仅凭作者是无法成书的，还需要合作者、编辑和其他支持者的指导与协作。没有他们，理解和撰写所有这些材料的重任肯定会把我们压垮。

- Brian Hardy 和比尔·菲利普斯写出了本书第 1 版。他们兴致勃勃，精力充沛，真了不起。
- 感谢 Eric Maxwell，他独自写作了关于依赖注入的深入学习内容，帮着充实了关于通知渠道的内容，还处理了编辑批注的很多问题。
- 感谢 Kotlin 专家 David Greenhalgh 和 Josh Skeen。在他们的帮助下，我们学会了用 Kotlin 开发 Android 应用，并用 Kotlin 语言改写了本书。
- 感谢 Android 专家 Jeremy Sherman 雪中送炭，带来意外惊喜。他审稿细致，提出的建议很有创见。他为第 25 章贡献的内容，很多我们直接采用了。
- 感谢 Bryan Lindsey，他是我们的 LiveData 驻场专家（Android 开发相关的诸多领域他同样精通）。对 BeatBox 和 PhotoGallery 这两个应用，他费了不少心。
- 感谢 Andrew Bailey，他是我们见过的最聪明可爱的人。感谢他不厌其烦地倾听，与我们反复讨论，谈透了诸多概念性难题并达成一致。同时，感谢他针对 Oreo 系统版本为第 28 章所做的内容更新。
- Jamie Lee 原是实习生，现在，除了编辑，她还能开发和写稿，非常优秀。感谢她帮我们编辑幻灯片、检查习题答案以及处理审稿意见。她把控细节的能力无与伦比，令人惊叹！
- 感谢 Andrew Marshall 主动帮着优化书稿。感谢他来救急，又是代课，又是修改幻灯片，忙坏他了。
- Zack Simon 说起话来轻声细语，是 Big Nerd Ranch 了不起的天才设计师。他美化了本书的 Android 开发速查表。谢谢 Zack！如果你也非常喜欢这个速查表，亲自来谢他吧！
- 感谢我们的编辑 Elizabeth Holaday。在她的指导下，我们才能有的放矢，写出清晰、简洁的书稿。
- 感谢 Ellie Volckhausen 为本书设计了封面。
- Anna Bentley 是我们的文字编辑，感谢她打磨并完善本书。
- 感谢 Intelligent English 网站的 Chris Loper。他设计并制作了本书的纸质版和电子版。他的 DocBook 工具链简直太好用了。

- 感谢 Aaron Hillegass 创办了 Big Nerd Ranch 公司，感谢大无畏的 Stacy Henry（CEO）和 Emily Herman（COO）的掌舵。显然，没有 Big Nerd Ranch，写作本书也就无从谈起。

最后，感谢我们的学员。在教与学这个反馈环中，我们以本书内容教学，他们不断给予反馈。如果没有这个反馈环，可能就没有本书，即便有，也不会像现在这么完善。如果说 Big Nerd Ranch 公司的图书足够特别（希望如此），那关键就在于这个反馈环。感谢你们！

目　录

第 1 章

Android 开发初体验

本章将带你开发本书第一个应用，并借此学习一些 Android 基本概念以及构成应用的用户界面（UI）部件。学完本章，如果没能全部理解，也不必担心，后续章节还会涉及这些内容并有更加详细的讲解。

马上要开发的应用名叫 GeoQuiz，它能提出一道道地理知识问题。用户点击 TRUE 或 FALSE 按钮来回答屏幕上的问题，GeoQuiz 会即时做出反馈。

图 1-1 显示了用户点击 TRUE 按钮的结果。

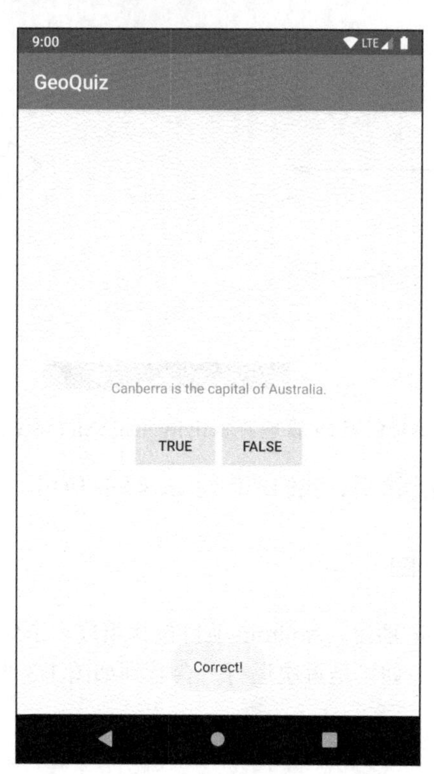

图 1-1　你是澳洲人吗

1.1 Android 开发基础

GeoQuiz 应用由一个 activity 和一个**布局**（layout）组成。

- activity 是 Android SDK 中 Activity 类的一个实例，负责管理用户与应用界面的交互。应用的功能通过编写 Activity 子类来实现。对于简单的应用来说，一个 Activity 子类可能就够了，而复杂的应用会有多个 Activity 子类。

  GeoQuiz 是个简单应用，它只有一个名叫 MainActivity 的 Activity 子类。MainActivity 管理着图 1-1 所示的用户界面。
- 布局定义了一系列 UI 对象以及它们显示在屏幕上的位置。组成布局的定义保存在 XML 文件中。每个定义用来创建屏幕上的一个对象，比如按钮或文本信息。

  GeoQuiz 应用包含一个名叫 activity_main.xml 的布局文件。该布局文件中的 XML 标签定义了图 1-1 所示的用户界面。

MainActivity 与 activity_ main.xml 文件的关系如图 1-2 所示。

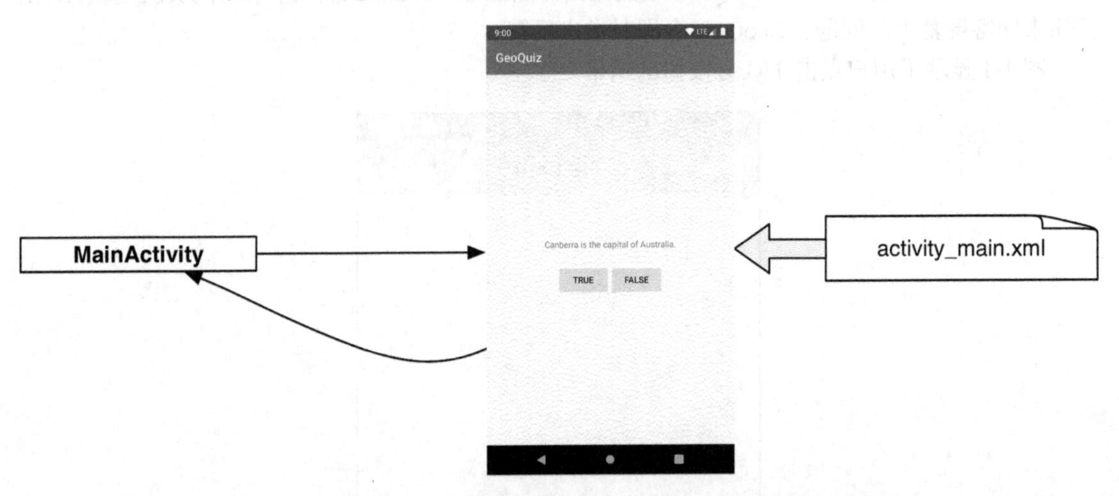

图 1-2　MainActivity 管理着 activity_main.xml 定义的用户界面

有了这些 Android 基本概念之后，我们来创建 GeoQuiz 应用。

1.2 创建 Android 项目

首先我们创建一个 Android **项目**。Android 项目包含组成一个应用的全部文件。

启动 Android Studio 程序。如果是首次运行，会看到如图 1-3 所示的欢迎界面。

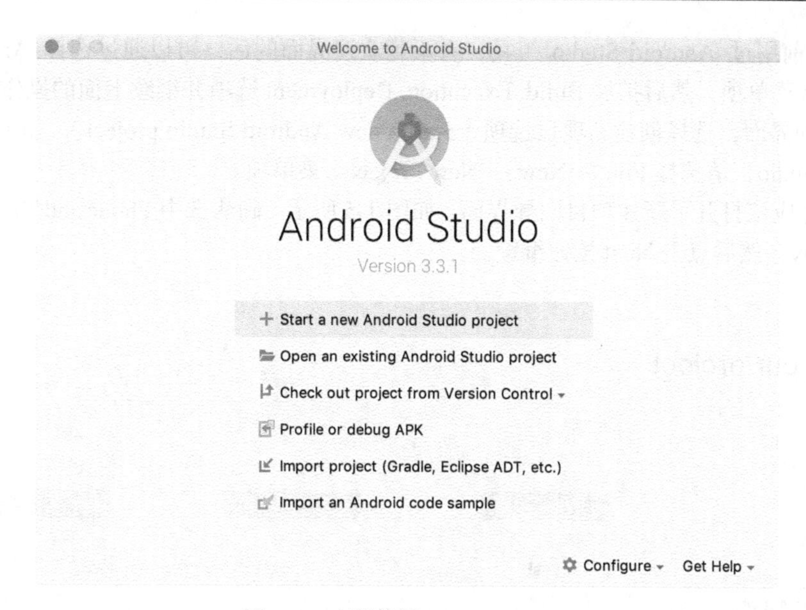

图 1-3 欢迎使用 Android Studio

创建新项目之前，请先关闭 Android Studio 的 Instant Run 功能。这项功能的设计初衷是提高开发效率。代码修改后，无须生成新 APK，开发人员就能立即看到变化。不过，很可惜，它的实际表现不及预期，因此建议一开始就彻底禁用这一功能。

在欢迎界面的底部，点击 Configure，再选择 Settings，会弹出如图 1-4 所示的新项目首选项界面。展开左边的 Build, Execution, Deployment 选项并选中 Instant Run，取消勾选 Enable Instant Run to hot swap code/resource changes on deploy (default enabled)，然后点击 OK 按钮。

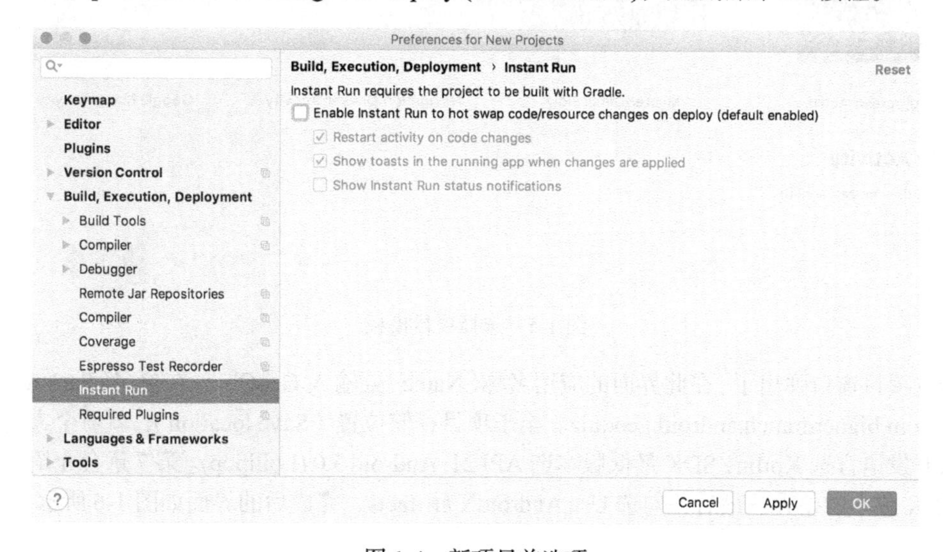

图 1-4 新项目首选项

（如果之前用过 Android Studio 工具，看不到欢迎界面的话，可以通过选择 Android Studio →Preferences 菜单项，然后扩展 Build, Execution, Deployment 选项并继续上面的操作。）

回到欢迎界面，选择创建新项目选项（Start a new Android Studio project）；如果并非首次运行 Android Studio，请选择 File → New → New Project...菜单项。

现在，你应该打开了新建项目向导界面，如图 1-5 所示。确认选中 Phone and Tablet 选项页和 Empty Activity，然后点击 Next 按钮继续。

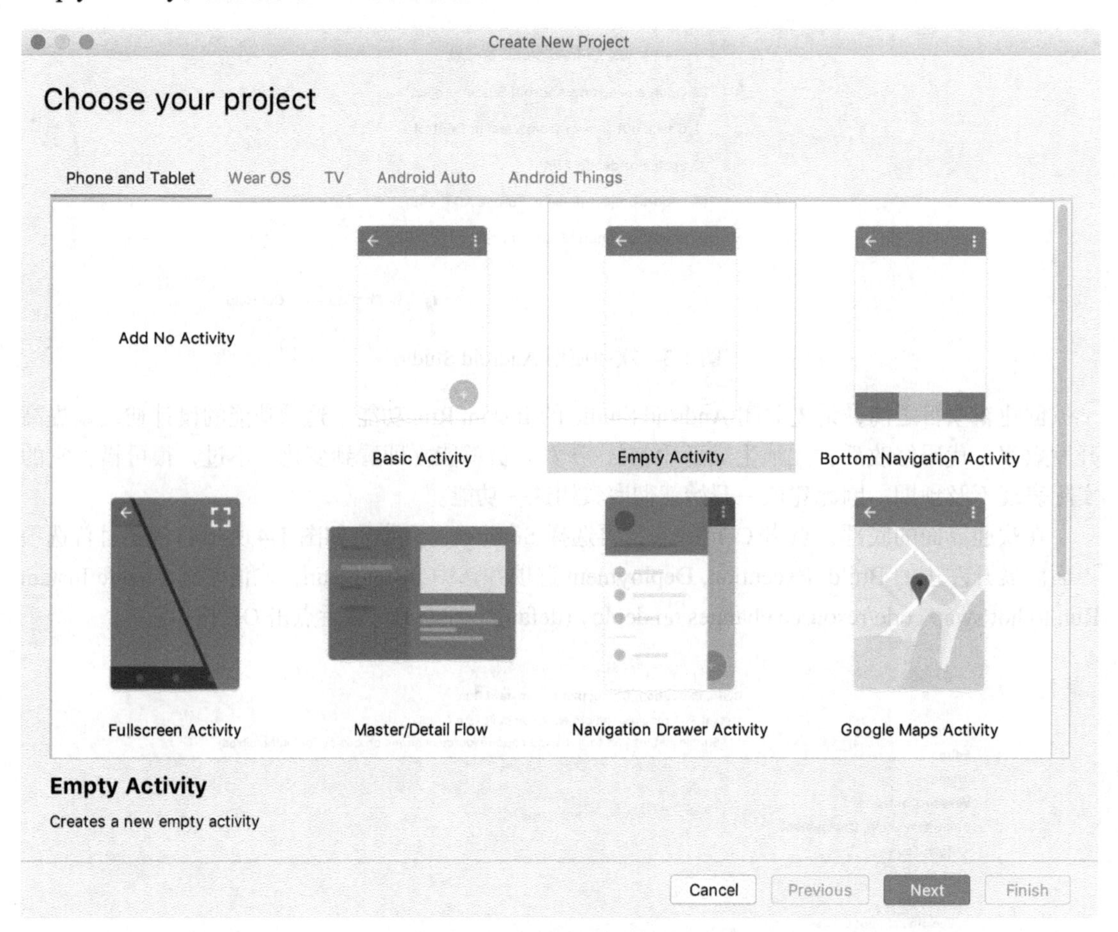

图 1-5　选择项目模板

配置项目窗口弹出了。在此界面的应用名称（Name）处输入 GeoQuiz。在包名（Package name）处输入 com.bignerdranch.android.geoquiz。至于项目存储位置（Save location），就看个人喜好了。接下来开发语言选 Kotlin，SDK 最低版本选 API 21: Android 5.0 (Lollipop)。第 7 章会介绍 Android 不同 SDK 版本的差异。最后，勾选 Use AndroidX artifacts，完成后的界面如图 1-6 所示。

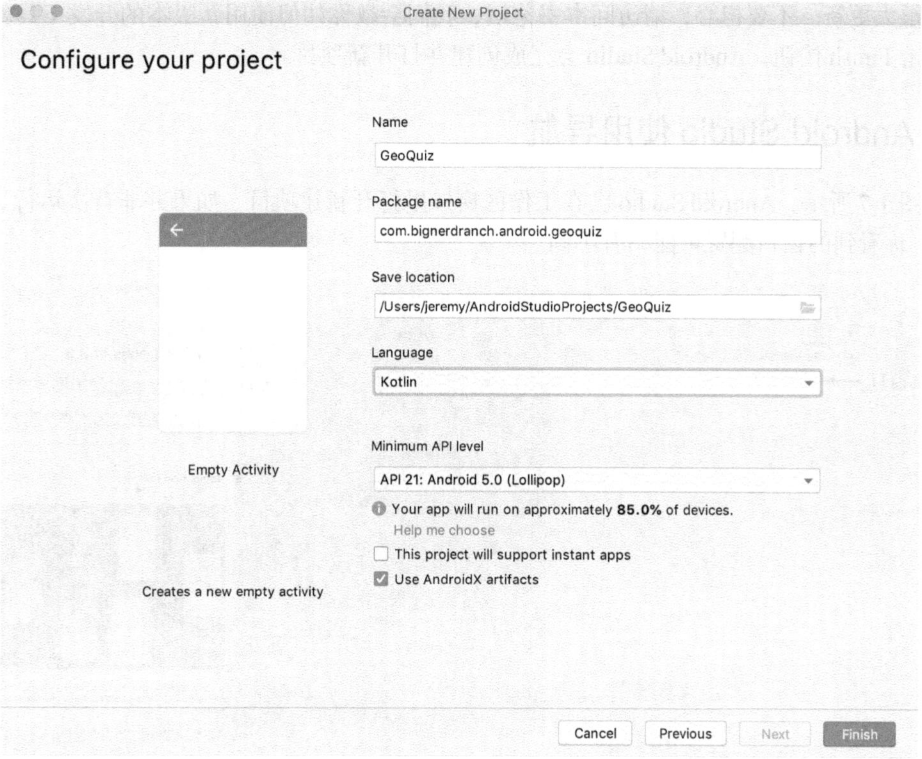

图 1-6 配置新项目

注意，以上包名遵循了“DNS 反转”约定，也就是将组织或公司的域名反转后，在尾部附加上应用名称。遵循此约定可以保证包名的唯一性，这样，同一设备和 Google Play 商店的各类应用就可以区分开来。

本书撰写时，Android Studio 新建项目默认使用 Java 语言。选 Kotlin 是让 Android Studio 准备好该语言相关的各种工具和依赖，以便编写和构建 Kotlin 应用。

一直以来，Java 是 Android 开发唯一的官方支持语言，直到 2017 年 5 月，Android 开发团队在 Google I/O 大会上宣布 Kotlin 为 Android 开发又一官方支持语言。如今，包括我们在内，Kotlin 已成为大多数开发人员的首选语言。如果你的项目依然选用 Java 也没关系，本书所教概念和内容同样适用。

过去，Google 一直维护着庞大的支持库，用来协助开发和解决兼容性问题。作为改进，AndroidX 将这个巨型库拆分为一个个独立的开发和版本库，统称为 Jetpack。勾选 Use AndroidX artifacts 就是让新项目能用上这些独立工具库。第 4 章将详细介绍 AndroidX 和 Jetpack，本书中会用到各种各样的 Jetpack 库。

（Android Studio 更新频繁，因此新版本的向导界面可能与本书略有不同。这不是什么大问题，一般来讲，工具更新后，向导界面的配置选项应该不会有太大差别。如果大有不同，说明开发工具有了重大更新。不要担心，请访问本书论坛，我们会教你如何使用新版本的开发工具。）

点击 Finish 按钮，Android Studio 会完成创建并打开新项目。

1.3 Android Studio 使用导航

如图 1-7 所示，Android Studio 已在工作区窗口里打开新建项目。如果并非首次运行 Android Studio，你看到的窗口配置可能稍有不同。

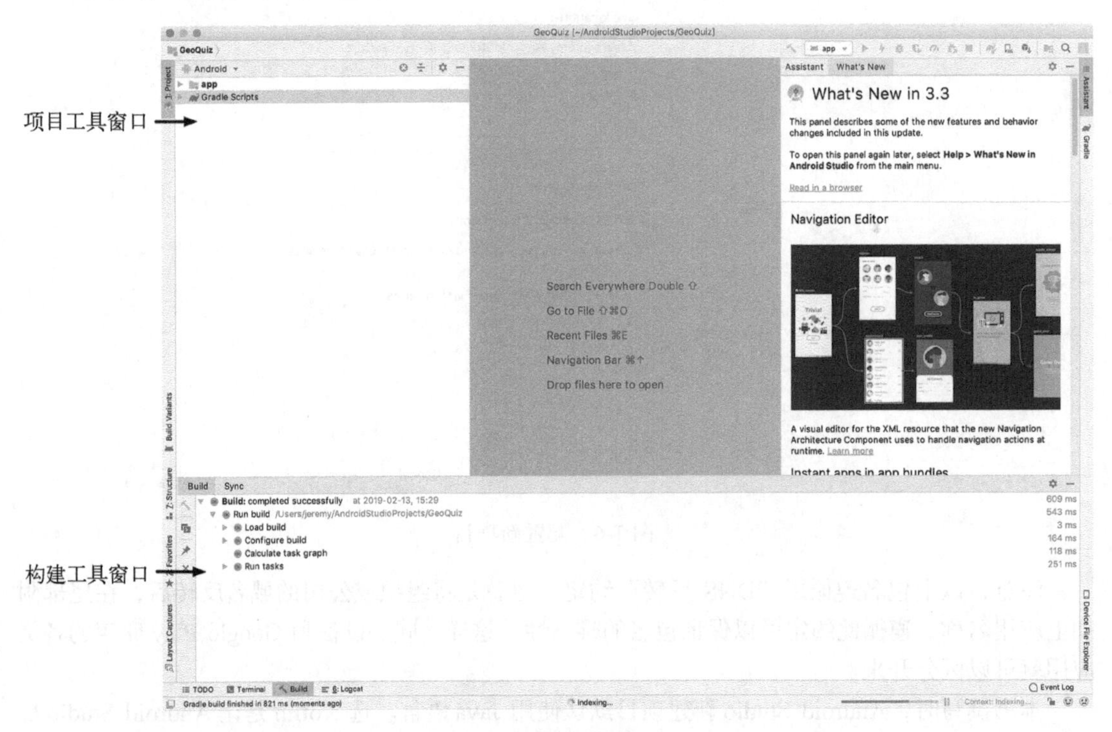

图 1-7　新的项目窗口

整个工作区窗口分为不同的区域，这里统称为**工具窗口**（tool window）。

左边是**项目工具窗口**（project tool window），通过它可以查看和管理所有与项目相关的文件。

工作区底部是**构建工具窗口**（build tool window），可以在这里看到项目的编译过程和构建状态。新建项目时，Android Studio 会自动进行项目构建。可以看到，构建工具窗口显示构建已成功完成。

在项目工具窗口中，点击 app 旁边的展开箭头，Android Studio 会自动打开 activity_main.xml 和 MainActivity.kt 文件。如图 1-8 所示，打开文件所在的区域叫**编辑工具窗口**（editor tool window），或直接叫**代码编辑区**（editor）。依然要提醒的是，如果并非首次运行 Android Studio，代码编辑区会自动打开所建项目文件。

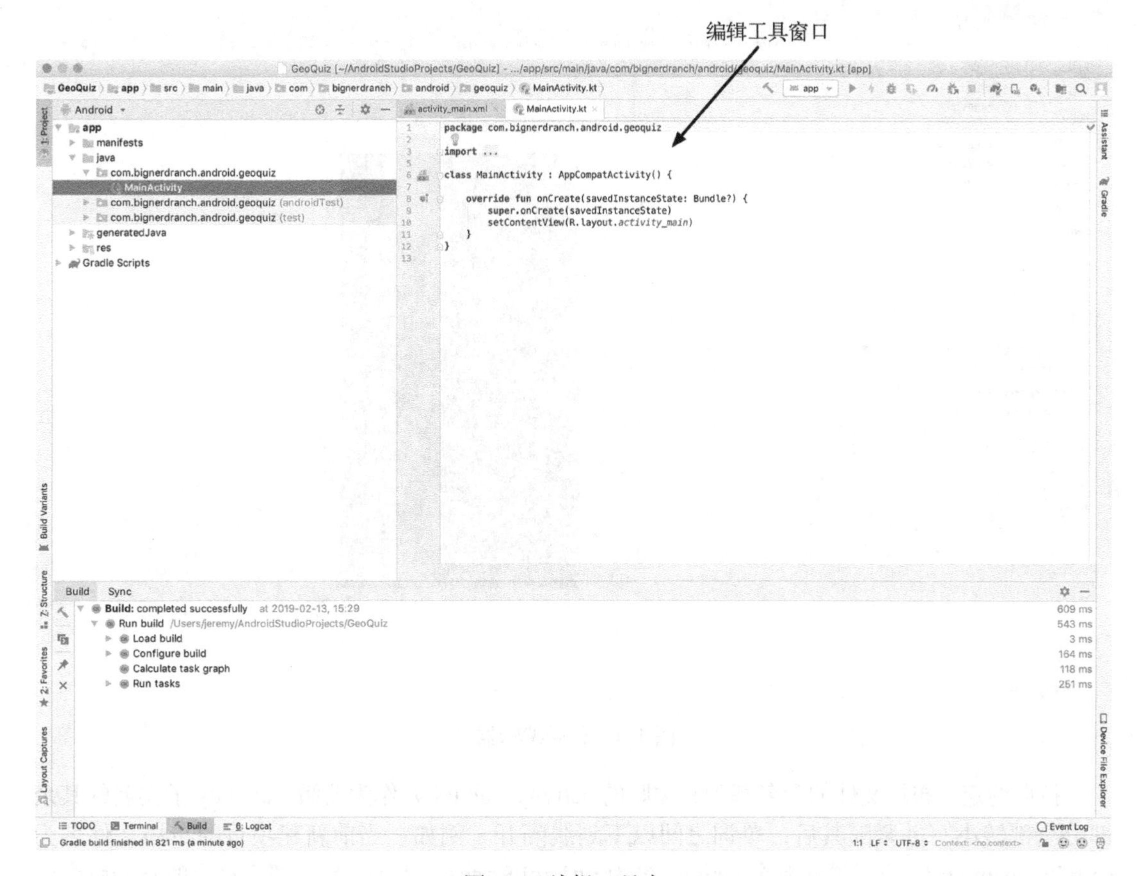

图 1-8 编辑工具窗口

注意 Activity 类名的后缀，此后缀不加也可以，但这是个很好的命名约定，建议遵循。

点击工作区窗口左边、右边以及底部标有各种名称的工具按钮区域，可显示或隐藏各类工具窗口。当然，也可以直接使用它们对应的快捷键。如果看不到某个工具按钮，可以点击左下角的灰色方形区域或点击 View → Tool Buttons 菜单项找到它。

1.4 用户界面设计

点击 activity_main.xml 布局文件页，会在编辑工具窗口打开布局编辑器，如图 1-9 所示。如果看不到布局文件，请在项目工具窗口展开 app/res/layout/ 找到它并双击打开。如果看到的是 activity_main.xml 文件的 XML 代码，请点击底部的 Design 页，切换显示布局预览。

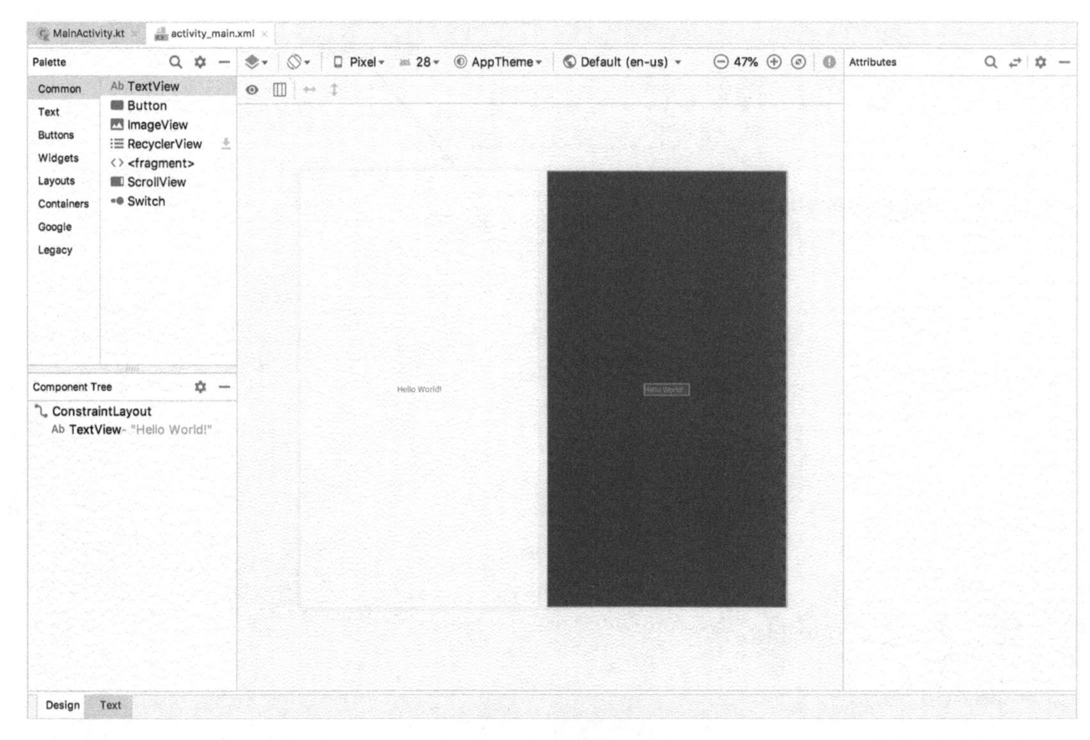

图 1-9　布局编辑器

按照约定，布局文件的命名基于其关联的 activity：activity_作为前缀，activity 子类名的其余部分全部转小写并紧随其后，单词之间以下划线隔开。例如，当前新建项目的布局文件名为 activity_main.xml，或者说你有个 activity 名为 `SplashScreenActivity`，那么对应的布局就命名为 activity_splash_screen。对于后续章节中的所有布局以及将要学习的其他资源，都建议采用这种命名风格。

布局编辑器展示的是文件的图形化预览界面，你可以点击底部的 Text 页切换显示布局的 XML 代码。

当前，activity_main.xml 文件定义了默认的 activity 布局。默认的 XML 布局文件内容经常有变，但相比代码清单 1-1，一般不会有很大出入。

代码清单 1-1　默认的 activity 布局（res/layout/activity_main.xml）

```
<?xml version="1.0" encoding="utf-8"?>
<androidx.constraintlayout.widget.ConstraintLayout
        xmlns:android="http://schemas.android.com/apk/res/android"
        xmlns:tools="http://schemas.android.com/tools"
        xmlns:app="http://schemas.android.com/apk/res-auto"
        android:layout_width="match_parent"
        android:layout_height="match_parent"
        tools:context=".MainActivity">
```

```
    <TextView
            android:layout_width="wrap_content"
            android:layout_height="wrap_content"
            android:text="Hello World!"
            app:layout_constraintBottom_toBottomOf="parent"
            app:layout_constraintLeft_toLeftOf="parent"
            app:layout_constraintRight_toRightOf="parent"
            app:layout_constraintTop_toTopOf="parent"/>

</androidx.constraintlayout.widget.ConstraintLayout>
```

应用 activity 的默认布局定义了两个**视图**（view）：ConstraintLayout 和 TextView。

视图是用户界面的构造模块。显示在屏幕上的一切都是视图。用户能看到并与之交互的视图称为**部件**（widget）。有些部件可以用来显示文字或图像，有些部件（比如按钮）可以点击以触发事件任务。

Android SDK 内置了多种部件，通过配置各种部件可获得应用所需的外观及行为。每一个部件都是 View 类或其子类（比如 TextView 或 Button）的一个具体实例。

我们得想办法告诉部件它们在屏幕上该位于哪里。ViewGroup 就是这样一种特殊的 View，它包含并布置其他视图。ViewGroup 视图本身不显示内容，它规划其他视图内容应该显示在哪里。ViewGroup 通常又称为布局。

在当前默认布局里，ConstraintLayout 这个 ViewGroup 布置了一个 TextView 部件，这是它唯一的子部件。有关布局和部件的知识，以及如何使用 ConstraintLayout，第 10 章将详述。

图 1-10 展示了代码清单 1-1 中定义的 ConstraintLayout 和 TextView 是如何在屏幕上显示的。

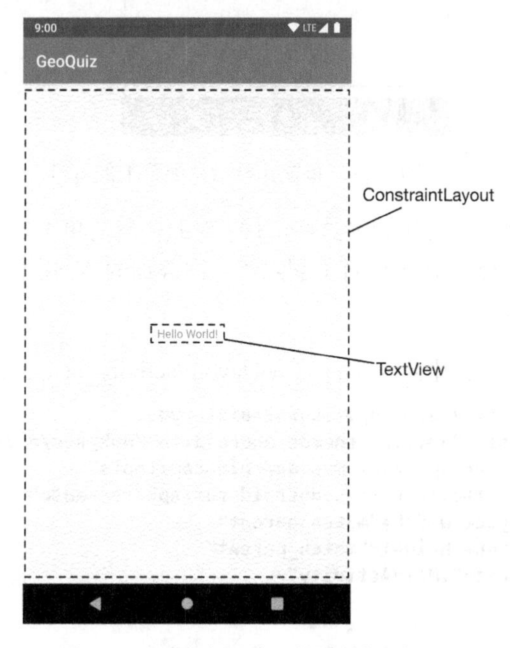

图 1-10　显示在屏幕上的默认视图

不过，图 1-10 所示的默认部件并不是我们需要的，MainActivity 的用户界面需要以下五个部件：

- 一个垂直 LinearLayout 部件；
- 一个 TextView 部件；
- 一个水平 LinearLayout 部件；
- 两个 Button 部件。

图 1-11 展示了以上部件是如何构成 MainActivity 用户界面的。

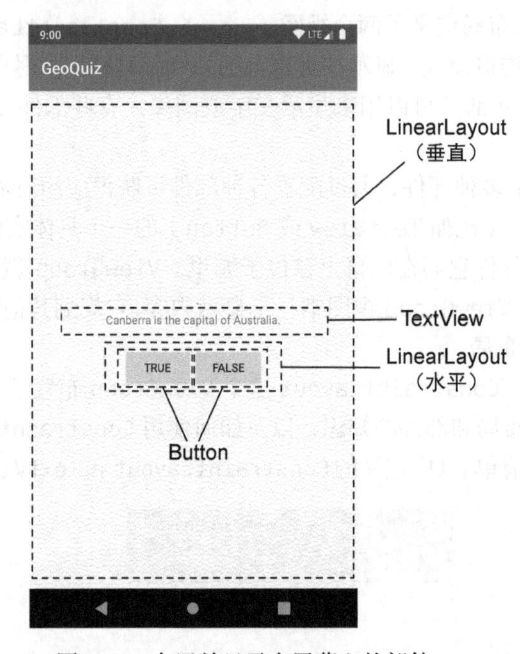

图 1-11　布置并显示在屏幕上的部件

下面我们在布局 XML 文件中定义这些部件。对照代码清单 1-2，修改 activity_main.xml 文件内容。注意，需删除的 XML 代码已打上删除线，需添加的 XML 以粗体显示。本书统一使用这样的代码增删处理模式。

代码清单 1-2　在 XML 文件中定义部件（res/layout/activity_main.xml）

```
<androidx.constraintlayout.widget.ConstraintLayout
        xmlns:android="http://schemas.android.com/apk/res/android"
        xmlns:tools="http://schemas.android.com/tools"
        xmlns:app="http://schemas.android.com/apk/res-auto"
        android:layout_width="match_parent"
        android:layout_height="match_parent"
        tools:context=".MainActivity">

    <TextView
            android:layout_width="wrap_content"
```

```
            android:layout_height="wrap_content"
            android:text="Hello World!"
            app:layout_constraintBottom_toBottomOf="parent"
            app:layout_constraintLeft_toLeftOf="parent"
            app:layout_constraintRight_toRightOf="parent"
            app:layout_constraintTop_toTopOf="parent"/>

</androidx.constraintlayout.widget.ConstraintLayout>

<LinearLayout xmlns:android="http://schemas.android.com/apk/res/android"
    android:layout_width="match_parent"
    android:layout_height="match_parent"
    android:gravity="center"
    android:orientation="vertical" >

    <TextView
        android:layout_width="wrap_content"
        android:layout_height="wrap_content"
        android:padding="24dp"
        android:text="@string/question_text" />

    <LinearLayout
        android:layout_width="wrap_content"
        android:layout_height="wrap_content"
        android:orientation="horizontal" >

      <Button
          android:layout_width="wrap_content"
          android:layout_height="wrap_content"
          android:text="@string/true_button" />

      <Button
          android:layout_width="wrap_content"
          android:layout_height="wrap_content"
          android:text="@string/false_button" />

    </LinearLayout>

</LinearLayout>
```

参照代码清单输入代码，暂时不理解这些代码也没关系，你会在后续学习中逐渐弄明白的。注意，开发工具无法校验布局 XML 内容，拼写错误早晚会出问题，应尽量避免。

可以看到，有三行以 `android:text` 开头的代码出现了错误信息。暂时忽略它们，稍后会处理。

对照图 1-11 所示的用户界面查看 XML 文件，可以看出部件与 XML 元素一一对应。元素名称就是部件的类型。

各元素均有一组 XML **属性**。属性可以看作关于如何配置部件的指令。

为方便理解元素与属性的工作原理，接下来我们将以层级视角来研究布局。

1.4.1 视图层级结构

部件包含在视图对象的层级结构中，这种结构又称作**视图层级结构**（view hierarchy）。图 1-12 展示了代码清单 1-2 所示的 XML 布局对应的视图层级结构。

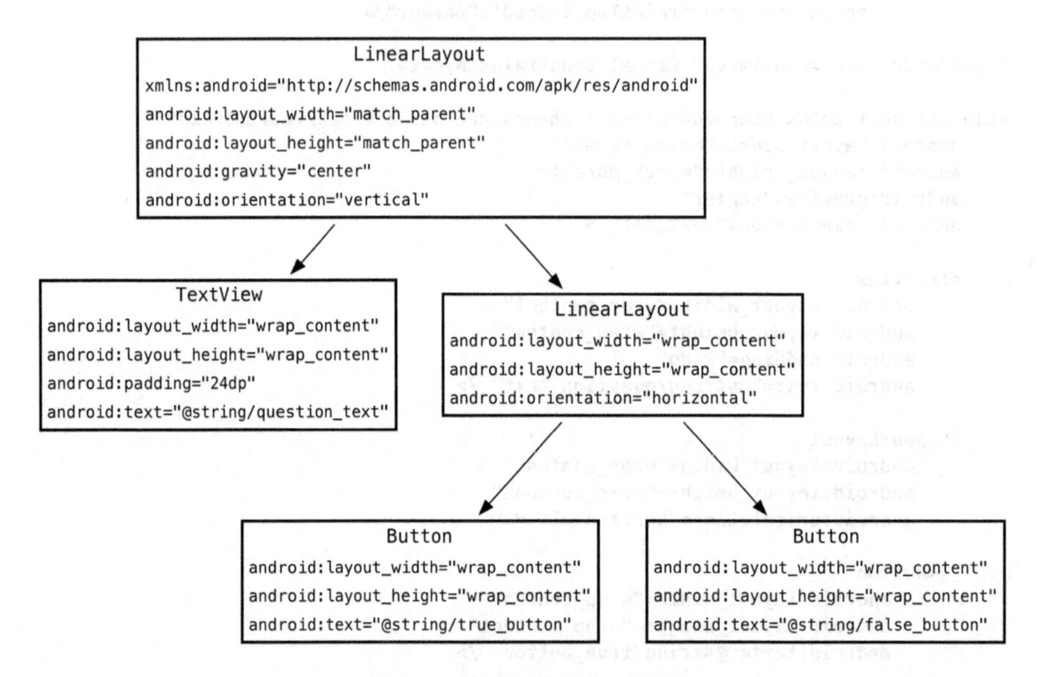

图 1-12 布局部件的层级结构

从布局的视图层级结构可以看到，其根元素是一个 `LinearLayout` 部件。作为根元素，`LinearLayout` 部件必须指定 Android XML 资源文件的命名空间属性。

`LinearLayout` 部件继承自 `ViewGroup` 部件（也是一个 `View` 子类）。`ViewGroup` 部件是包含并布置其他视图的特殊视图。想要以一列或一排的样式布置部件，就可以使用 `LinearLayout` 部件。其他 `ViewGroup` 子类还有 `ConstraintLayout` 和 `FrameLayout`。

如果某个视图包含在一个 `ViewGroup` 中，该视图与 `ViewGroup` 即构成父子关系。根 `LinearLayout` 有两个子部件：`TextView` 和另一个 `LinearLayout`。作为子部件的 `LinearLayout` 自己还有两个 `Button` 子部件。

1.4.2 部件属性

下面来看看配置部件时常用的一些属性。

1. `android:layout_width` 和 `android:layout_height` 属性

几乎每类部件都需要 `android:layout_width` 和 `android:layout_height` 属性。以下是它们的两个常见属性值（二选一）。

- match_parent：视图与其父视图大小相同。
- wrap_content：视图将根据其显示内容自动调整大小。

根 LinearLayout 部件的高度与宽度属性值均为 match_parent。LinearLayout 虽然是根元素，但它也有父视图——Android 提供该父视图来容纳应用的整个视图层级结构。

其他包含在界面布局中的部件，其高度与宽度属性值均被设置为 wrap_content。请参照图 1-11 理解该属性值定义尺寸大小的作用。

TextView 部件比其包含的文字内容区域稍大一些，这主要是 android:padding="24dp"（dp 即 density-independent pixel，指与密度无关的像素，详见第 10 章）属性的作用。该属性告诉部件在决定大小时，除内容本身外，还需增加额外指定量的空间。这样屏幕上显示的问题与按钮之间便会留有一定的空间，使整体显得更为美观。

2. android:orientation 属性

android:orientation 属性是两个 LinearLayout 部件都具有的属性，它决定两者的子部件是水平放置还是垂直放置。根 LinearLayout 是垂直的，子 LinearLayout 是水平的。

子部件的定义顺序决定其在屏幕上显示的顺序。在垂直的 LinearLayout 中，第一个定义的子部件出现在屏幕的最上端；而在水平的 LinearLayout 中，第一个定义的子部件出现在屏幕的最左端。（如果设备文字从右至左显示，比如阿拉伯语或者希伯来语，则第一个定义的子部件出现在屏幕的最右端。）

3. android:text 属性

TextView 与 Button 部件具有 android:text 属性。该属性指定部件要显示的文字内容。

请注意，android:text 属性值不是字符串值，而是以@string/语法形式对**字符串资源**（string resource）的引用。

字符串资源包含在一个独立的名叫 strings 的 XML 文件中（strings.xml），虽然可以硬编码设置部件的文本属性值，比如 android:text="True"，但这通常不是个好办法。比较好的做法是将文字内容放置在独立的字符串资源 XML 文件中，然后引用它们。这样会方便应用的本地化（详见第 17 章）。

需要在 activity_main.xml 文件中引用的字符串资源还没添加，现在就来处理。

1.4.3 创建字符串资源

每个项目都包含一个默认字符串资源文件 res/values/strings.xml。

打开 res/values/strings.xml 文件，可以看到，项目模板已经添加了一个字符串资源。如代码清单 1-3 所示，添加应用布局需要的三个新字符串。

代码清单 1-3 添加字符串资源（res/values/strings.xml）

```
<resources>
    <string name="app_name">GeoQuiz</string>
    <string name="question_text">Canberra is the capital of Australia.</string>
    <string name="true_button">True</string>
```

```
    <string name="false_button">False</string>
</resources>
```

（Android Studio 某些版本的 strings.xml 默认带有其他字符串，这些字符串可能与其他文件有关联，请勿随意删除。）

现在，在 GeoQuiz 项目的任何 XML 文件中，只要引用到@string/false_button，应用运行时，就会得到“False”文本。

保存 strings.xml 文件。这时，activity_main.xml 布局缺少字符串资源的提示信息应该消失了。（如仍有错误提示，请检查一下这两个文件，确认没有拼写错误。）

默认的字符串文件虽然已命名为 strings.xml，但你仍可以按个人喜好重新命名。一个项目也可以有多个字符串文件。只要这些文件都放在 res/values/目录下，含有一个 resources 根元素，以及多个 string 子元素，应用就能找到并正确使用它们。

1.4.4　预览布局

至此，应用的界面布局已经完成，可以使用图形布局工具实时预览了。回到 activity_main.xml 文件，在编辑器工具窗口的底部点击 Design 页进行布局预览，结果如图 1-13 所示。

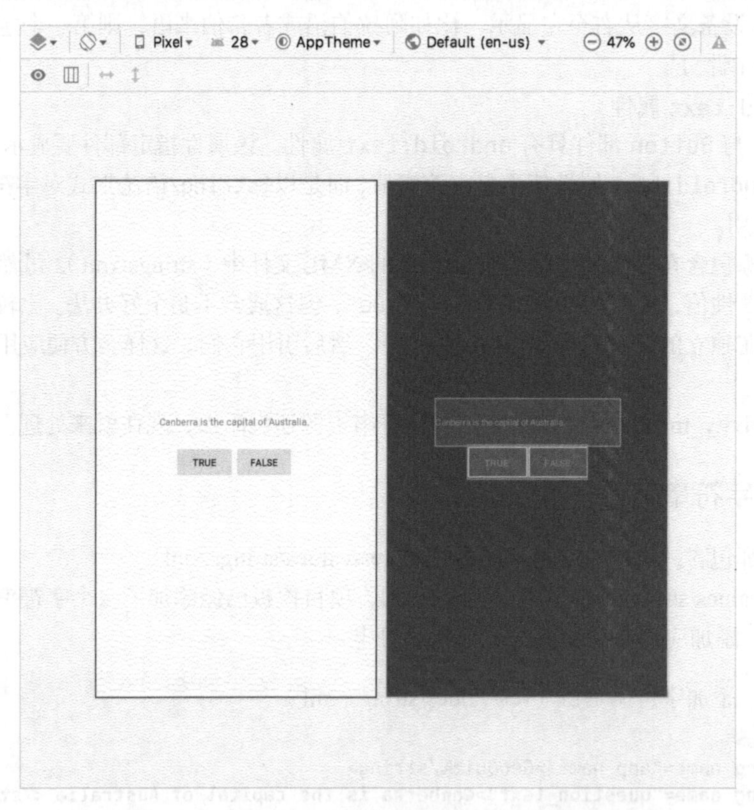

图 1-13　在 Design 页预览 activity_main.xml 布局

图 1-13 展示了两种布局预览模式。在工具栏左上角，有个菱形按钮，我们可以通过它的下拉菜单切换显示不同的布局预览模式——设计（Design）预览或蓝图（Blueprint）预览，或者并排显示设计预览和蓝图预览。

在图 1-13 中，左边是**设计**预览模式，用来展示布局在设备上的效果，也包括主题样式；右边是**蓝图**预览模式，用来展示部件的尺寸以及它们之间的位置关系。

在设计预览模式下，你还可以查看布局在不同的设备配置下的样子。通过预览窗口上方的面板，可以指定设备类型、Android 模拟器版本、设备主题以及设备使用区域，查看布局的不同渲染结果。你甚至可以模拟某个语言区域的自右到左的文字显示模式。

除了预览，你也可以直接使用布局编辑器摆放部件，布置布局。如图 1-14 所示，项目窗口左边有个面板，包括了 Android 所有的内置部件。你可以将它们从面板拖曳到视图上，或者拖到左下方的部件树上，更精准地控制如何摆放部件。

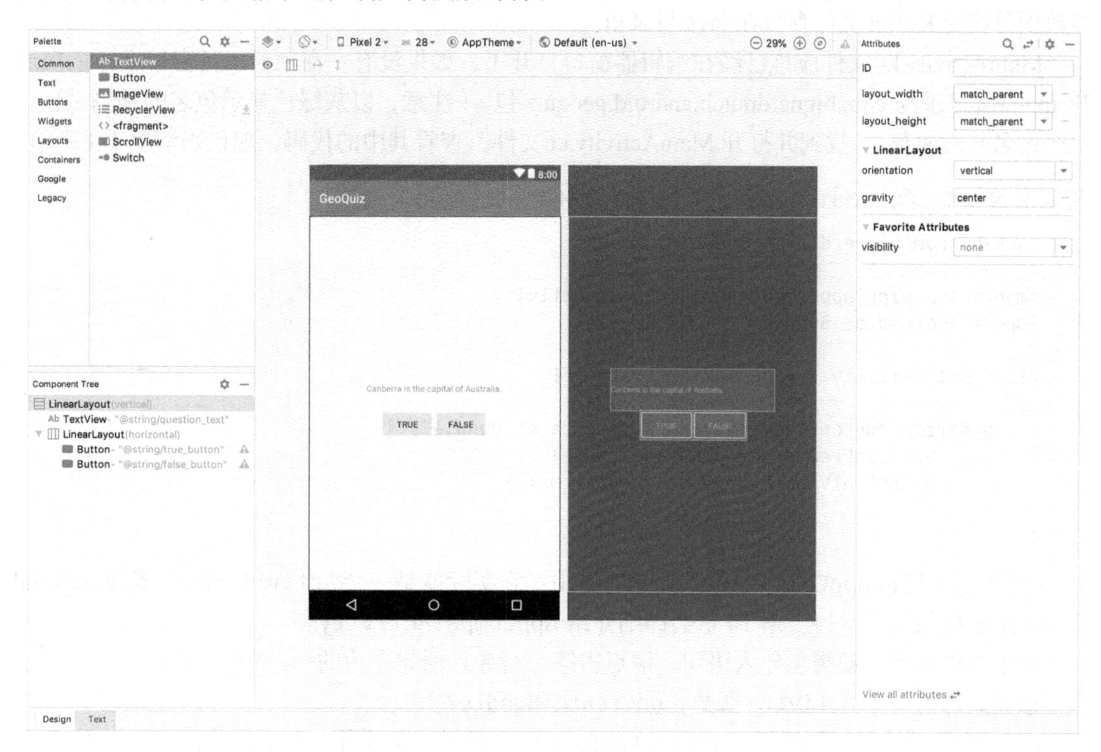

图 1-14 图形化布局编辑器

图 1-14 展示了带**布局装饰**（layout decoration）的布局预览。这些装饰元素有设备状态栏、带 GeoQuiz 标签的应用栏，以及虚拟设备按钮栏。要添加这些装饰，点击预览窗口上方工具栏中的眼睛图标，选择 Show Layout Decorations 菜单项即可。

图形化布局编辑器非常有用，尤其是在使用 `ConstraintLayout` 时，后面学习第 10 章内容时，你将有所体会。

1.5 从布局 XML 到视图对象

知道 activity_main.xml 中的 XML 元素是如何转换为视图对象的吗？答案就在于 MainActivity 类。

在创建 GeoQuiz 项目的同时，向导也创建了一个名为 MainActivity 的 Activity 子类。MainActivity 类文件存放在项目的 app/java 目录下。

继续学习之前，就 app/java 这个目录名问题，简单说两句：这里依然使用 java 作为目录名是因为 Android 之前仅支持 Java 语言。新建项目时，我们虽然选了 Kotlin 语言（不过 Kotlin 可以和 Java 完全互操作），但 Kotlin 源码默认还是放在 java 目录里。当然，你完全可以新建一个 Kotlin 目录，把 Kotlin 代码文件都移过去。但前提是，你要明确告诉 Android Studio：源码放在新文件夹里了，请帮它们添加到项目里。大多数情况下，按语言区分管理源码文件意义不大，所以绝大多数项目接受 Kotlin 文件存放在 java 目录里。

MainActivity.kt 文件应该已经在编辑器窗口打开了，如果没有，在项目工具窗口中，依次展开 app/java 目录与 com.bignerdranch.android.geoquiz 包。（注意，以灰绿色显示包名的是测试包。生产包名并未加灰。）找到并打开 MainActivity.kt 文件，查看其中的代码，如代码清单 1-4 所示。

代码清单 1-4　默认 MainActivity 类文件（MainActivity.kt）

```
package com.bignerdranch.android.geoquiz

import androidx.appcompat.app.AppCompatActivity
import android.os.Bundle

class MainActivity : AppCompatActivity() {

    override fun onCreate(savedInstanceState: Bundle?) {
        super.onCreate(savedInstanceState)
        setContentView(R.layout.activity_main)
    }
}
```

（是不是不明白 AppCompatActivity 的作用？它实际就是一个 Activity 子类，能为 Android 旧版本系统提供兼容支持。第 14 章会详细介绍 AppCompatActivity。）

如果无法看到全部类包导入语句，请点击第一行导入语句左边的+号来显示它们。

该类文件有一个 Activity 函数：onCreate(Bundle?)。

activity 子类的实例创建后，onCreate(Bundle?)函数会被调用。activity 创建后，它需要获取并管理用户界面。要获取 activity 的用户界面，可以调用以下 Activity 函数：

```
Activity.setContentView(layoutResID: Int)
```

根据传入的布局**资源** ID 参数，该函数**生成**指定布局的视图并将其放置在屏幕上。布局视图生成后，布局文件包含的部件也随之以各自的属性定义完成实例化。

资源与资源 ID

布局是一种资源。资源是应用非代码形式的内容，比如图像文件、音频文件以及 XML 文件等。

项目的所有资源文件都存放在目录 app/res 的子目录下。在项目工具窗口中可以看到，activity_main.xml 布局资源文件存放在 res/layout/目录下。strings.xml 字符串资源文件存放在 res/values/目录下。

可以使用资源 ID 在代码中获取相应的资源。activity_main.xml 布局的资源 ID 为 R.layout.activity_main。

查看 GeoQuiz 应用的资源 ID 需要切换项目视角，你必须勇闯自动生成代码的世界——Android 构建工具为你编写的代码。首先，点击 Android Studio 窗口顶部工具栏上的锤子按钮运行编译工具。

如图 1-15 所示，Android Studio 默认使用 Android 项目视角。为让开发者专注于最常用的文件和目录，默认项目视角隐藏了 Android 项目的真实文件目录结构。在项目工具窗口的最上部找到下拉菜单，从 Android 视角切换至 Project 视角。Project 视角会显示出当前项目的所有文件和目录。

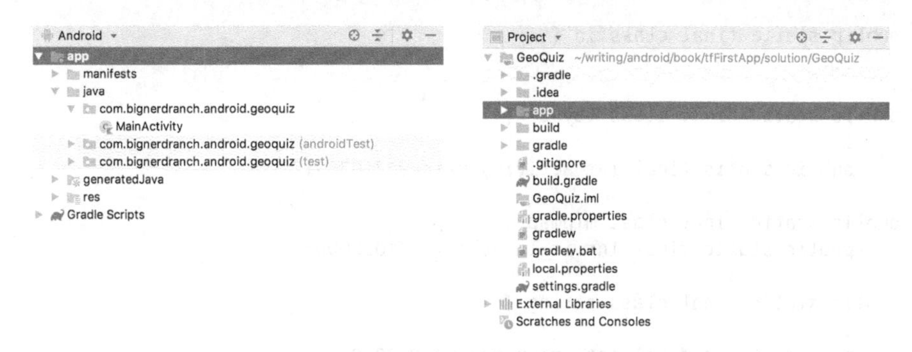

图 1-15　项目工具窗口：Android 视角与 Project 视角

在 Project 视角下，逐级展开 GeoQuiz 目录，直至看到 GeoQuiz/app/build/generated/not_namespaced_r_class_sources/debug/processDebugResources/r/，再找到项目包名以及其中的 R.java 文件，如图 1-16 所示。

图 1-16　查看 R.java 文件

双击打开 R.java 文件。它是在 Android 项目编译过程中自动生成的，所以如该文件头部的警示所述，请不要修改该文件的内容，如代码清单 1-5 所示。

代码清单 1-5　GeoQuiz 应用当前的资源 ID（R.java）

```
/* AUTO-GENERATED FILE. DO NOT MODIFY.
 *
 * This class was automatically generated by the
 * aapt tool from the resource data it found. It
 * should not be modified by hand.
 */

package com.bignerdranch.android.geoquiz;

public final class R {
    public static final class anim {
        ...
    }
    ...
    public static final class id {
        ...
    }
    public static final class layout {
        ...
        public static final Int activity_main=0x7f030017;
    }
    public static final class mipmap {
        public static final Int ic_launcher=0x7f030000;
    }
    public static final class string {
        ...
        public static final Int app_name=0x7f0a0010;
        public static final Int false_button=0x7f0a0012;
        public static final Int question_text=0x7f0a0014;
        public static final Int true_button=0x7f0a0015;
    }
}
```

顺便要说的是，修改布局或字符串等资源后，R.java 文件不会实时更新。Android Studio 另外还存有一份代码编译用的 R.java 隐藏文件。代码清单 1-5 中打开的 R.java 文件仅在应用安装至设备或模拟器前生成，因此只有在 Android Studio 中点击运行应用时，它才会得到更新。

R.java 文件通常比较大，代码清单 1-5 仅展示了部分内容。

可以看到 R.layout.activity_main 即来自该文件。activity_main 是 R 的内部类 layout 里的一个整型常量名。

GeoQuiz 应用需要的字符串同样具有资源 ID。目前为止，我们还未在代码中引用过字符串，如果需要，可以使用以下函数：

```
setTitle(R.string.app_name)
```

Android 为整个布局文件以及各个字符串生成资源 ID，但 activity_main.xml 布局文件中的部件除外，因为不是所有部件都需要资源 ID。在本章中，我们要在代码里与两个按钮交互，因此只需为它们生成资源 ID 即可。

要为部件生成资源 ID，请在定义部件时为其添加 android:id 属性。如代码清单 1-6 所示，在 activity_main.xml 文件中，分别为两个按钮添加 android:id 属性（需要从布局预览模式切换至 XML 代码模式）。

代码清单 1-6　为按钮添加资源 ID（res/layout/activity_main.xml）

```
<LinearLayout  ... >

    <TextView
        android:layout_width="wrap_content"
        android:layout_height="wrap_content"
        android:padding="24dp"
        android:text="@string/question_text" />

    <LinearLayout
        android:layout_width="wrap_content"
        android:layout_height="wrap_content"
        android:orientation="horizontal">

        <Button
            android:id="@+id/true_button"
            android:layout_width="wrap_content"
            android:layout_height="wrap_content"
            android:text="@string/true_button" />

        <Button
            android:id="@+id/false_button"
            android:layout_width="wrap_content"
            android:layout_height="wrap_content"
            android:text="@string/false_button" />

    </LinearLayout>

</LinearLayout>
```

注意，android:id 属性值前面有一个+标志，android:text 属性值则没有。这是因为我们在**创建**资源 ID，而对字符串资源只是做引用。

继续学习之前，关闭 R.java 文件，从 Project 视角切回至 Android 视角。本书主要使用 Android 视角，当然，如果你就喜欢使用 Project 视角，也没有问题。

1.6 部件的实际应用

接下来，我们来编码使用按钮部件，这需要以下两个步骤：

- 引用生成的视图对象；
- 为对象设置监听器，以响应用户操作。

1.6.1　引用部件

既然按钮有了资源 ID，我们就可以在 MainActivity 中引用它们了。在 MainActivity.kt 文件中输入代码清单 1-7 所示的代码（不要使用代码自动补全功能，直接手动输入）。保存文件时，会看到代码错误提示，不用理会，稍后会修复。

代码清单 1-7　通过资源 ID 访问视图对象（MainActivity.kt）

```
class MainActivity : AppCompatActivity() {

    private lateinit var trueButton: Button
    private lateinit var falseButton: Button

    override fun onCreate(savedInstanceState: Bundle?) {
        super.onCreate(savedInstanceState)
        setContentView(R.layout.activity_main)

        trueButton = findViewById(R.id.true_button)
        falseButton = findViewById(R.id.false_button)
    }
}
```

在 activity 中，可以调用 `Activity.findViewById(Int)`函数引用已生成的部件。该函数以部件的资源 ID 作为参数，返回一个视图对象。不过，这里直接返回的不是 `View` 视图，而是其已做类型转换后的 `Button` 子类。

在上述代码中，我们使用按钮的资源 ID 获取视图对象，赋值给对应的视图属性。既然只有在 `onCreate(...)`函数里调用 `setContentView(...)`函数后，视图对象才会实例化到内存里，那么在属性声明时，我们就得使用 `lateinit` 修饰符。这实际是告诉编译器，在使用属性内容时，我们会保证提供非空的 `View` 值。然后，在 `onCreate(...)`中，找到视图对象并赋值给对应的视图属性。第 3 章还会深入学习 `onCreate(...)`函数和 activity 生命周期的知识。

现在让我们来修正前面的代码错误。将鼠标移动到红色的错误指示处，可以看到两个相同的错误提示：Unresolved reference: Button。

这实际是告诉你，要在 MainActivity.kt 文件中导入 `android.widget.Button` 类。你可以在 Kotlin 文件的头部手动输入 `import android.widget.Button`，也可以使用 Option+Return（或 Alt+Enter）快捷键，让 Android Studio 自动为你导入。可以看到，文件顶部有了新的类导入语句。当代码遇到类引用相关问题时，这种快速导入方法往往很有用，建议经常采用。

现在，代码错误提示应该消失了（如果仍然有错误，记得检查代码或 XML 文件，确认无输入错误）。代码错误解决了，接下来是时候让应用支持交互了。

1.6.2　设置监听器

Android 应用属于典型的**事件驱动**类型。不像命令行或脚本程序，事件驱动型应用启动后，即开始等待行为事件的发生，比如用户点击某个按钮。（事件也可以由操作系统或其他应用触发，但用户触发的事件更直观，比如点击按钮。）

应用等待某个特定事件的发生，也可以说应用正在“监听”特定事件。为响应某个事件而创建的对象叫作**监听器**（listener）。监听器会实现特定事件的**监听器接口**（listener interface）。

无须自己动手，Android SDK 已经为各种事件内置了很多监听器接口。当前应用需要监听用户的按钮“点击”事件，因此监听器需实现 `View.OnClickListener` 接口。

首先处理 TRUE 按钮。在 MainActivity.kt 文件中，在 `onCreate(Bundle?)` 函数的变量赋值语句后输入代码清单 1-8 所示的代码。

代码清单 1-8　为 TRUE 按钮设置监听器（MainActivity.kt）

```
override fun onCreate(savedInstanceState: Bundle?) {
    super.onCreate(savedInstanceState)
    setContentView(R.layout.activity_main)

    trueButton = findViewById(R.id.true_button)
    falseButton = findViewById(R.id.false_button)

    trueButton.setOnClickListener { view: View ->
        // Do something in response to the click here
    }
}
```

（如果遇到 Unresolved reference: View 错误提示，请使用 Option+Return（Alt+Enter）快捷键导入 `View` 类。）

在代码清单 1-8 中，我们设置了一个监听器。按钮 `trueButton` 被点击后，监听器会立即通知我们。Android 框架定义了 `View.OnClickListener` 这样只有一个 `onClick(View)`单方法的 Java 接口。在 Java 世界里，这种带有**单一抽象方法**（single abstract method）的接口设计模式很常见，它有个专门的名字叫 SAM。

作为和 Java 互操作实现的一部分，Kotlin 对此模式设计有特别支持。你只需编写一个函数字面量（function literal），让 Kotlin 负责将其转换为实现这种 SAM 接口的对象。这种内部转换又叫作 **SAM 转换**（SAM conversion）。

这里，点击监听器是使用 lambda 表达式实现的。参照代码清单 1-9 为 FALSE 按钮设置类似的事件监听器。

代码清单 1-9　为 FALSE 按钮设置监听器（MainActivity.kt）

```
override fun onCreate(savedInstanceState: Bundle?) {
    ...
    trueButton.setOnClickListener { view: View ->
        // Do something in response to the click here
    }

    falseButton.setOnClickListener { view: View ->
        // Do something in response to the click here
    }
}
```

1.7　创建提示消息

接下来要实现的是，分别点击两个按钮，弹出我们称之为 toast 的提示消息。Android 的 toast 是用来通知用户的简短弹出消息，用户无须输入什么，也不用做任何干预操作。这里，我们要用 toast 来反馈答案，如图 1-17 所示。

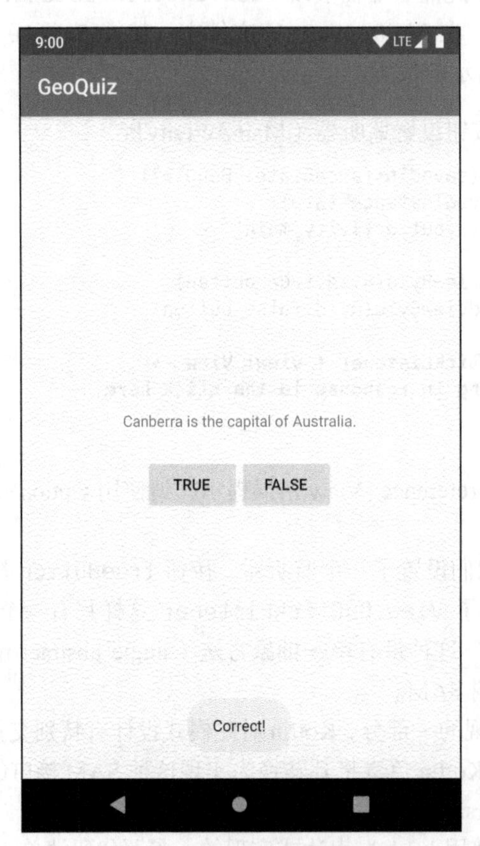

图 1-17　toast 消息反馈

首先回到 strings.xml 文件，如代码清单 1-10 所示，为 toast 添加消息显示用的字符串资源。

代码清单 1-10　增加 toast 字符串（res/values/strings.xml）

```
<resources>
    <string name="app_name">GeoQuiz</string>
    <string name="question_text">Canberra is the capital of Australia.</string>
    <string name="true_button">True</string>
    <string name="false_button">False</string>
    <string name="correct_toast">Correct!</string>
    <string name="incorrect_toast">Incorrect!</string>
</resources>
```

接下来更新监听器代码以创建并展示 toast 消息。输入代码时可利用 Android Studio 的代码自动补全功能，这可以节省大量时间，所以越早熟悉它的使用越好。

参照代码清单 1-11，在 MainActivity.kt 文件中依次输入代码。当输入到 Toast 类后的点号时，Android Studio 会弹出一个窗口，给出建议使用的 Toast 类的常量与函数。

可以使用上下键进行选择。（如果不想使用代码自动补全功能，请不要按 Tab 键、Return/Enter 键，或用鼠标点击弹出窗口，只管继续输入代码直至完成。）

在建议列表里，选择 makeText(context: Context, resId: Int, duration: Int)，代码自动补全功能会自动添加完整的函数调用。

完成 makeText(...)函数的全部参数设置，完成后的代码如代码清单 1-11 所示。

代码清单 1-11 创建提示消息（MainActivity. kt）

```
override fun onCreate(savedInstanceState: Bundle?) {
    ...
    trueButton.setOnClickListener { view: View ->
        // Do something in response to the click here
        Toast.makeText(
                this,
                R.string.correct_toast,
                Toast.LENGTH_SHORT)
                .show()
    }

    falseButton.setOnClickListener { view: View ->
        // Do something in response to the click here
        Toast.makeText(
                this,
                R.string.incorrect_toast,
                Toast.LENGTH_SHORT)
                .show()
    }
}
```

为了创建 toast，我们调用了 Toast.makeText(Context!, Int, Int)静态函数。该函数会创建并配置 Toast 对象。该函数的 Context 参数通常是 Activity 的一个实例（Activity 本身就是 Context 的子类）。这里，我们传入 MainActivity 作为 Context 值参。

第二个参数是 toast 要显示字符串消息的资源 ID。Toast 类必须借助 Context 才能找到并使用字符串资源 ID。第三个参数通常是两个 Toast 常量中的一个，用来指定 toast 消息的停留时间。

创建 toast 后，可调用 Toast.show()在屏幕上显示 toast 消息。

由于使用了代码自动补全功能，因此你就不用自己导入 Toast 类了，Android Studio 会自动导入相关类。

好了，现在可以运行应用了。

1.8　使用模拟器运行应用

运行 Android 应用需使用硬件设备或**虚拟设备**（virtual device）。包含在开发工具中的 Android 设备模拟器可提供多种虚拟设备。

要创建 Android 虚拟设备（AVD），在 Android Studio 中，选择 Tools → AVD Manager 菜单项。当 AVD 管理器窗口弹出时，点击窗口左下角的+Create Virtual Device...按钮。

如图 1-18 所示，在随后弹出的对话框中，可以看到有很多配置虚拟设备的选项。作为首个虚拟设备，我们选择模拟运行 Pixel 2 设备，然后点击 Next 继续。

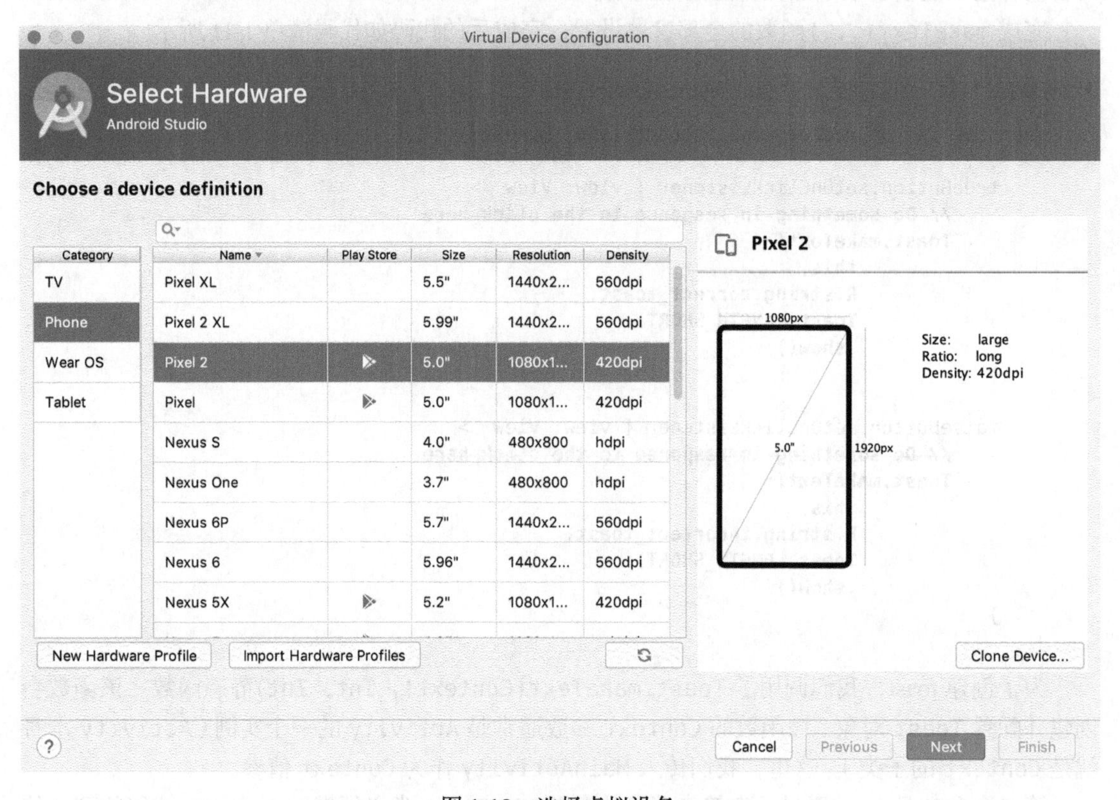

图 1-18　选择虚拟设备

如图 1-19 所示，接下来选择模拟器的系统镜像。选择 x86 Pie 模拟器后点击 Next 按钮继续。（点击 Next 按钮之前，如果需要下载模拟器组件，按提示操作即可。）

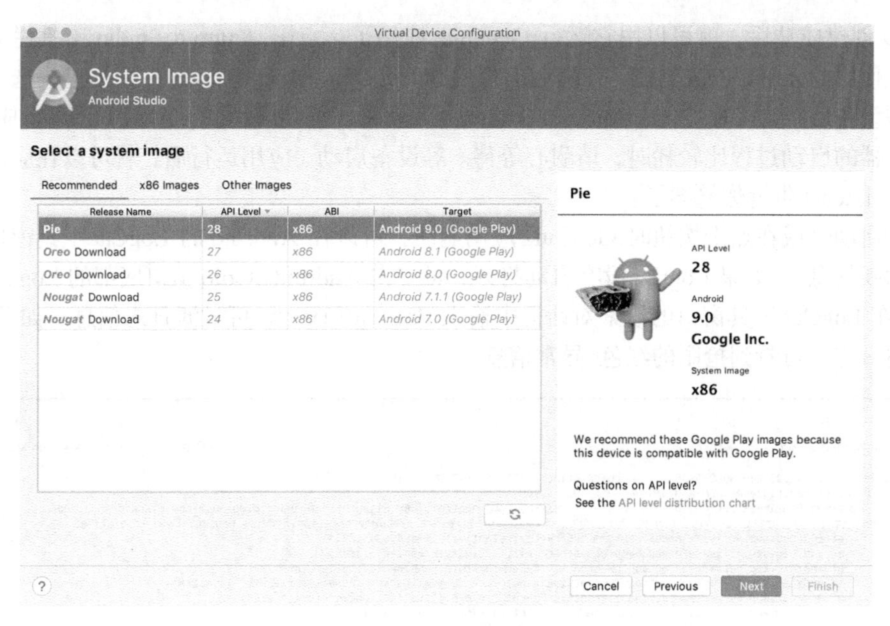

图 1-19　选择系统镜像

最后，如图 1-20 所示，可以对模拟器的各项参数做最终修改并确认。当然，如果需要，后面再修改模拟器的参数也行。现在，为模拟器取个便于识别的名字，点击 Finish 按钮完成虚拟设备的创建。

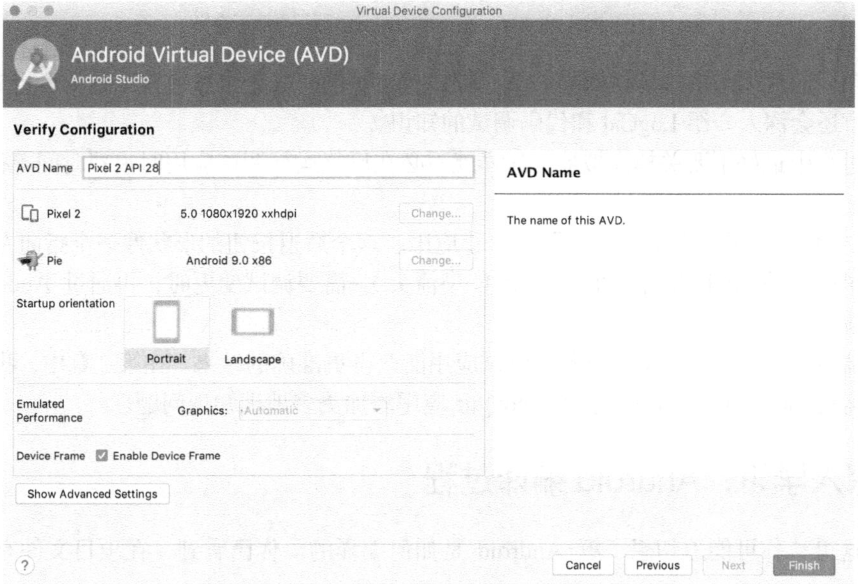

图 1-20　模拟器参数调整

AVD 创建成功后，就可以用它运行 GeoQuiz 应用了。点击 Android Studio 工具栏上的 Run 按钮，或使用 Control+R 快捷键。在随后出现的 Select Deployment Target 对话框里，选中刚才配置的虚拟设备后点击 OK 按钮，Android Studio 会启动它，安装应用包（APK）并运行应用。

模拟器的启动过程比较耗时，请耐心等待。等设备启动、应用运行后，就可以在应用界面点击按钮，让 toast 告诉你答案了。

假如启动时或在点击按钮时 GeoQuiz 应用崩溃，可以在 Android 的 LogCat 工具窗口中看到有用的诊断信息。（如果 LogCat 没有自动打开，可点击 Android Studio 窗口底部的 Logcat 按钮打开它。）在 LogCat 工具窗口的搜索对话框中输入 `MainActivity` 可过滤日志信息。如图 1-21 所示，查看日志，可看到抢眼的红色[①]异常信息。

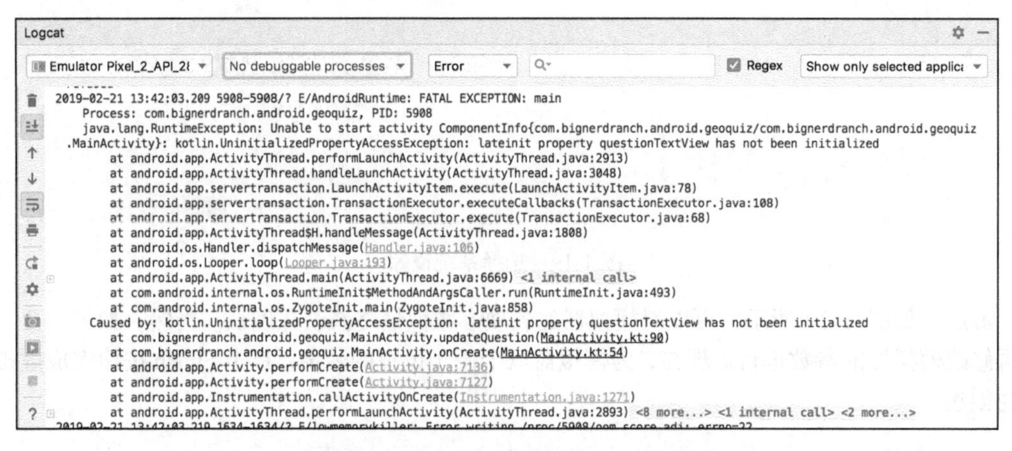

图 1-21　`NullPointerException` 异常示例

将你输入的代码与书中的代码做一下比较，找出错误并修正，然后尝试重新运行应用（第 3 章和第 5 章还会深入介绍 LogCat 和代码调试的知识）。

学习过程中最好不要关掉模拟器，这样就不必在反复运行调试应用时浪费时间等待 AVD 启动了。

点击 AVD 模拟器上的后退按钮可以停止应用。这个后退按钮的形状像一个指向左侧的三角形（在较早版本的 Android 中，它像一个 U 型箭头）。需要调试变更时，再通过 Android Studio 重新运行应用。

模拟器虽然好用，但在实体设备上测试应用能获得更准确的结果。在第 2 章中，我们会在实体设备上运行 GeoQuiz 应用，还会为 GeoQuiz 应用添加更多地理知识问题。

1.9　深入学习：Android 编译过程

学到这里，你可能迫切想了解 Android 是如何编译的。你已看到，在项目文件有变动时，

① 本书彩图可到图灵社区本书页面（ituring.cn/book/2771）“随书下载”处查看。——编者注

Android Studio 无须指示便会自动进行编译。在整个编译过程中，Android 开发工具将资源文件、代码以及 AndroidManifest.xml 文件（包含应用的元数据）编译生成.apk 文件。为了在模拟器上运行，.apk 文件还需以 debug key 签名。（分发.apk 应用给用户时，应用必须以 release key 签名。要进一步了解编译过程，可参考 Android 开发文档。）

那么，activity_main.xml 布局文件的内容是如何转变为 `View` 对象的呢？作为编译过程的一部分，aapt2（Android Asset Packaging Tool）将布局文件资源编译压缩紧凑后，打包到.apk 文件中。然后，在 `MainActivity` 类的 `onCreate(Bundle?)` 函数调用 `setContentView(...)` 函数时，`MainActivity` 使用 `LayoutInflater` 类实例化布局文件中定义的每一个 `View` 对象，如图 1-22 所示。

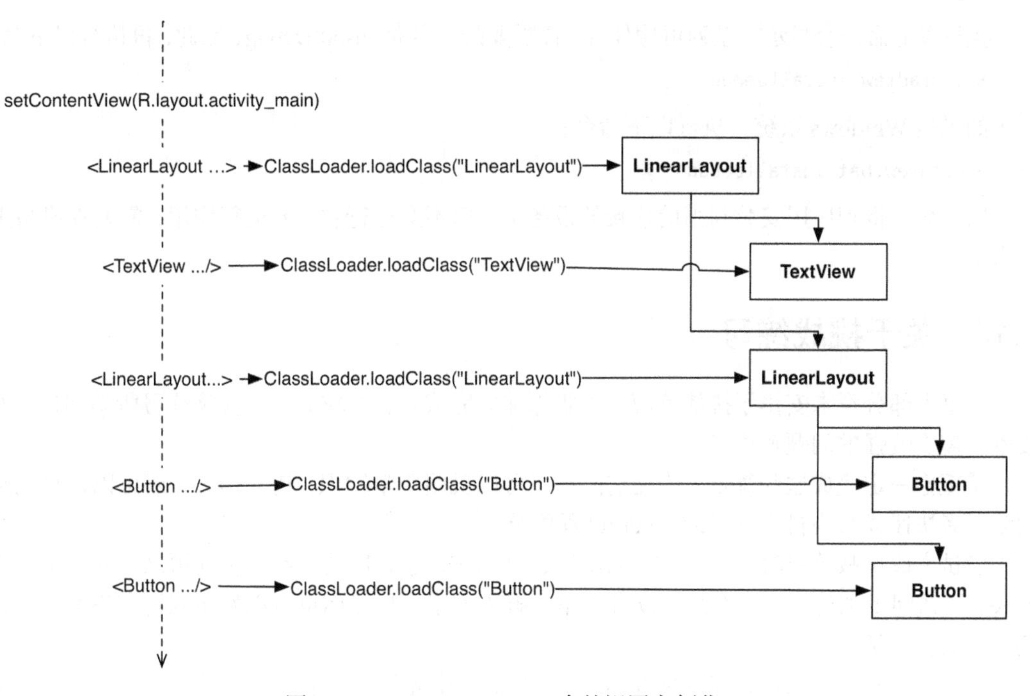

图 1-22 activity_main.xml 中的视图实例化

（除了在 XML 文件中定义视图外，也可以在 activity 里使用代码创建视图类。不过，从设计角度来看，应用展现层与逻辑层分离有很多好处，其中最主要的一点是可以利用 SDK 内置的设备配置变更，这一点将在第 3 章中详细讲解。）

有关 XML 不同属性的工作原理以及视图如何显示在屏幕上等更多信息，请参见第 10 章。

Android 编译工具

当前，我们看到的项目编译都是在 Android Studio 里执行的。编译功能已整合到 IDE 中，IDE 负责调用 aapt2 等 Android 标准编译工具，但编译过程本身仍由 Android Studio 管理。

有时，出于某种原因，可能需要脱离 Android Studio 编译代码。最简单的方法是使用命令行编译工具。Android 编译系统使用的编译工具叫 Gradle。

（注意，能读懂本节内容并按步骤操作是最好的。如果看不懂，甚至不知道为什么要手动编译代码，或者是无法正确使用命令行，也不必太在意，请继续学习下一章内容。命令行工具的具体使用不在本书讨论范围内。）

要从命令行使用 Gradle，请切换至项目目录并执行以下命令：

```
$ ./gradlew tasks
```

如果是 Windows 系统，执行以下命令：

```
> gradlew.bat tasks
```

执行以上命令会显示一系列可用任务。你需要的任务是 installDebug，因此，再执行以下命令：

```
$ ./gradlew installDebug
```

如果是 Windows 系统，执行以下命令：

```
> gradlew.bat installDebug
```

以上命令将把应用安装到当前连接的设备上，但不会运行它。要运行应用，需要在设备上手动启动。

1.10　关于挑战练习

本书大部分章末安排了挑战练习，需要你独立完成。有些较简单，就是练习所学知识。有些较难，需要较强的问题解决能力。

希望你一定完成这些练习。攻克它们不仅可以巩固所学知识，树立信心，还可以让自己从被动学习者快速成长为自主开发的 Android 程序员。

尝试完成挑战练习时，若一时陷入困境，可稍作休息，厘清头绪，重新再来。如果仍然无法解决，可访问本书论坛，看看其他读者发布的解决方案。当然你也可以发布问题和答案，与其他读者一起交流学习。

为避免搞乱当前项目，建议你在 Android Studio 中先复制当前项目，然后在复制的项目上做练习。

在你的机器上，通过文件浏览器找到项目文件的根目录，复制一份 GeoQuiz 文件并重命名为 GeoQuiz Challenge。回到 Android Studio 中，选择 File → Import Project...菜单项，通过导入功能找到 GeoQuiz Challenge 并导入。这样，复制项目就在新窗口中打开了。开始挑战吧！

1.11　挑战练习：定制 toast 消息

这个练习要你定制 toast 消息，改在屏幕顶部而不是底部显示弹出消息。这要用到 `Toast` 类的 `setGravity` 函数，并使用 `Gravity.TOP` 重力值。具体如何使用，请参考 Android 开发者文档。

第 2 章 Android 与 MVC 设计模式

本章我们将升级 GeoQuiz 应用，提供更多的地理知识测试题目，结果如图 2-1 所示。

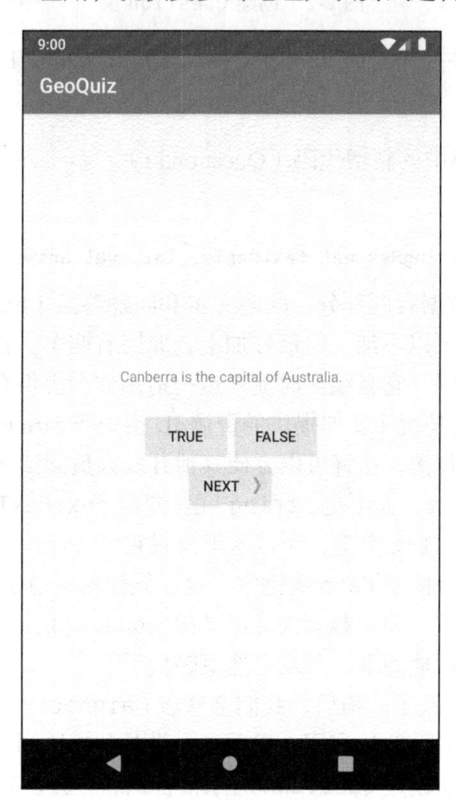

图 2-1　更多测试题目

为实现目标，我们需要为 GeoQuiz 项目新增一个名为 `Question` 的数据类。该类的一个实例代表一道题目。

然后再创建一个 `Question` 对象集合交由 `MainActivity` 管理。

2.1　创建新类

在项目工具窗口中，右键单击 com.bignerdranch.android.geoquiz 类包，选择 New → Kotlin File/Class 菜单项。如图 2-2 所示，类名处输入 Question，类型选 Class，然后点击 OK 按钮。

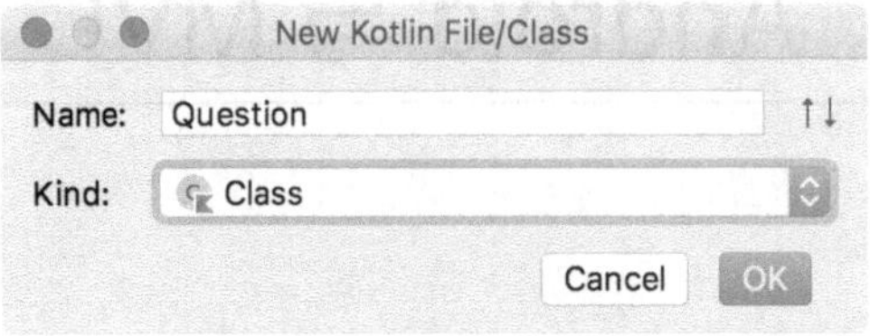

图 2-2　创建 Question 类

Android Studio 会创建并打开 Question.kt 文件。如代码清单 2-1 所示，在其中新增两个成员变量和一个构造函数。

代码清单 2-1　Question 类中的新增代码（Question.kt）

```
class Question {
}
data class Question(@StringRes val textResId: Int, val answer: Boolean)
```

Question 类中封装的数据有两部分：问题文本和问题答案（true 或 false）。

这里，@StringRes 注解可以不加，但最好加上，原因有两个。首先，Android Studio 内置有 Lint 代码检查器，有了该注解，它在编译时就知道构造函数会提供有效的资源 ID。这样一来，构造函数使用无效资源 ID 的情况（比如提供的资源 ID 指向非 String 类型资源）就能避免，从而阻止了应用的运行时崩溃。其次，注解可以方便其他开发人员阅读和理解你的代码。

为什么 textResId 是 Int，而不是 String 呢？变量 textResId 用来保存地理知识问题字符串的资源 ID。资源 ID 总是 Int 类型，所以这里设置它为 Int。

本书中对所有模型类都会使用 data 关键字。这么做你就会清楚地知道，模型类都是用来保存数据的。另外，针对数据类，编译器会自动定义像 equals()、hashCode()、toString()这样的有用函数，不用做这些烦琐的事，开发自然更轻松了。

这样，Question 类就完成了。稍后，我们会修改 MainActivity 类来配合 Question 类使用。现在，先整体把握一下 GeoQuiz 应用，看看各个类是如何协同工作的。

我们使用 MainActivity 创建 Question 对象集合，然后通过与 TextView 以及三个 Button 的交互在屏幕上显示地理知识问题，并根据用户的回答做出反馈。图 2-3 展示了它们之间的关系。

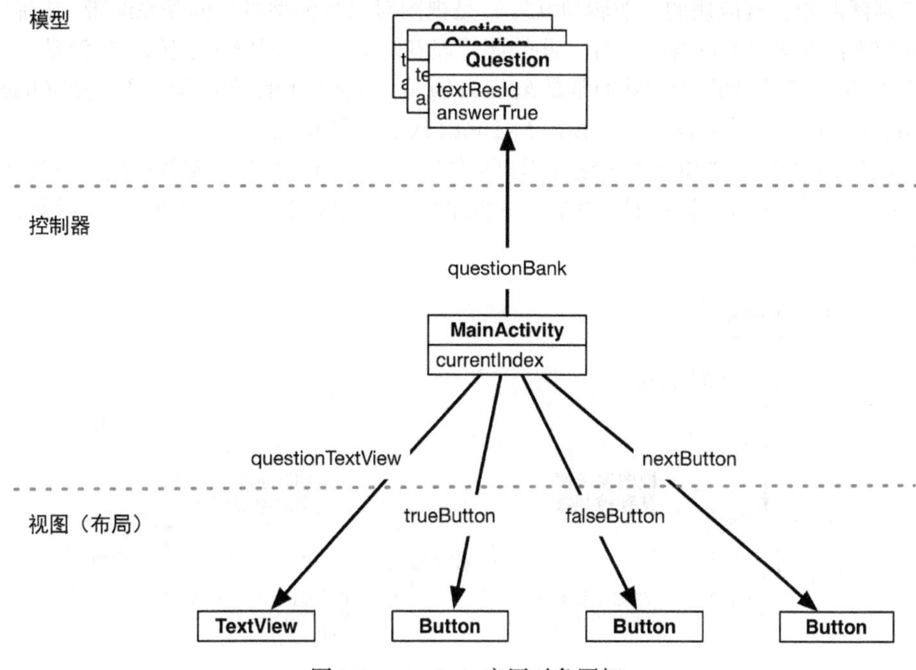

图 2-3 GeoQuiz 应用对象图解

2.2 Android 与 MVC 设计模式

如图 2-3 所示，应用对象分为模型、视图和控制器三类。Android 应用基于**模型–视图–控制器**（Model-View-Controller，MVC）的架构模式进行设计。MVC 设计模式表明，应用的任何对象，归根结底都属于**模型对象**、**视图对象**以及**控制器对象**中的一种。

- **模型对象**存储着应用的数据和“业务逻辑”。模型类通常用来映射与应用相关的一些事物，比如用户、商店里的商品、服务器上的图片或者一段电视节目，在 GeoQuiz 应用里就是地理知识问题。模型对象不关心用户界面，它的作用是存储和管理应用数据。

  在 Android 应用里，模型类通常就是我们创建的定制类。应用的全部模型对象组成了**模型层**。

  GeoQuiz 应用的模型层由 `Question` 类组成。
- **视图对象**知道如何在屏幕上绘制自己，以及如何响应用户的输入，比如触摸动作等。一条简单的经验法则是，只要能够在屏幕上看见的对象，就是视图对象。

  Android 自带很多可配置的视图类。当然，你也可以定制开发其他视图类。应用的全部视图对象组成了**视图层**。

  GeoQuiz 应用的视图层由 res/layout/activity_main.xml 文件中定义并实例化后的各类部件构成。

- **控制器对象**含有应用的“逻辑单元”，是视图对象与模型对象的联系纽带。控制器对象响应视图对象触发的各类事件，此外还管理着模型对象与视图层间的数据流动。

  在 Android 的世界里，控制器通常是 `Activity` 或 `Fragment` 的子类（第 8 章将介绍 fragment）。GeoQuiz 应用的控制器层目前仅由 `MainActivity` 类组成。

图 2-4 展示了在响应诸如点击按钮等用户事件时，对象间的交互控制数据流。注意，模型对象与视图对象不直接交互。控制器作为它们之间的桥梁，接收对象发送的消息，然后向其他对象分发指令。

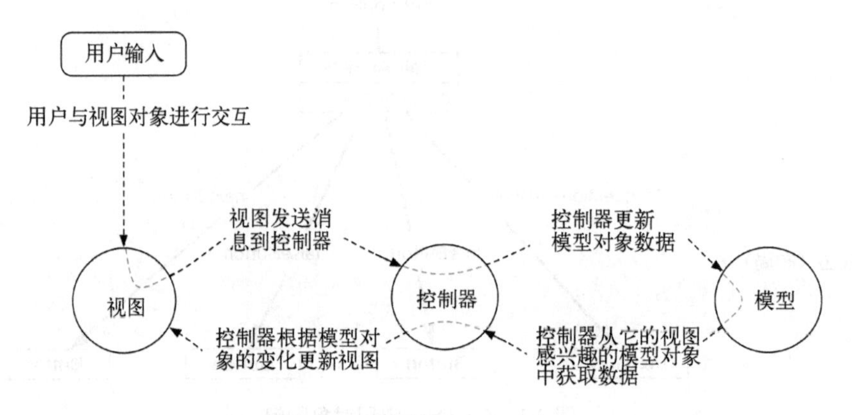

图 2-4　MVC 数据控制流与用户交互

使用 MVC 设计模式的好处

随着应用功能的持续扩展，应用往往会变得过于复杂而让人难以理解。以类组织代码有助于从整体视角设计和理解应用。这样，我们就可以按类而不是按变量和函数来思考设计问题了。

同理，把类按模型层、视图层和控制器层进行分类组织，也有助于我们设计和理解 Android 应用。这样，我们就可以按层而非一个个类来考虑设计了。

GeoQuiz 应用虽不复杂，但以 MVC 分层模式设计它的好处还是显而易见的。接下来，我们会升级 GeoQuiz 应用的视图层，为它添加一个 NEXT 按钮。你会发现，添加 NEXT 按钮时，可以不用考虑刚才创建的 `Question` 类。

MVC 设计模式还便于复用类。相比功能多而全的类，功能单一的专用类更有利于代码复用。

举例来说，模型类 `Question` 与用于显示问题的部件毫无代码逻辑关联。这样，就很容易在应用里按需使用 `Question` 类。假设现在想显示包含所有地理知识问题的列表，很简单，直接利用 `Question` 对象逐条显示就可以了。

对于 GeoQuiz 这样的简单小应用，MVC 模式很合用。然而，当应用更大、更复杂时，控制层很可能也会随之膨胀，变得非常复杂。一般来讲，开发人员希望让 activity 和控制器轻量些，让 activity 尽量少包含一些业务逻辑。如果使用 MVC 模式无法让应用控制器保持轻量，那么就该考虑替代方案了，比如采用 MVVM 设计模式（详见第 19 章）。

2.3 更新视图层

了解了 MVC 设计模式后，现在来更新 GeoQuiz 应用的视图层，为其添加一个 NEXT 按钮。

在 Android 的世界里，视图对象通常由 XML 布局文件生成。GeoQuiz 应用唯一的布局定义在 activity_main.xml 文件中。布局定义文件需要更新的地方如图 2-5 所示。（注意，为节约版面，不变的部件属性就不再列出了。）

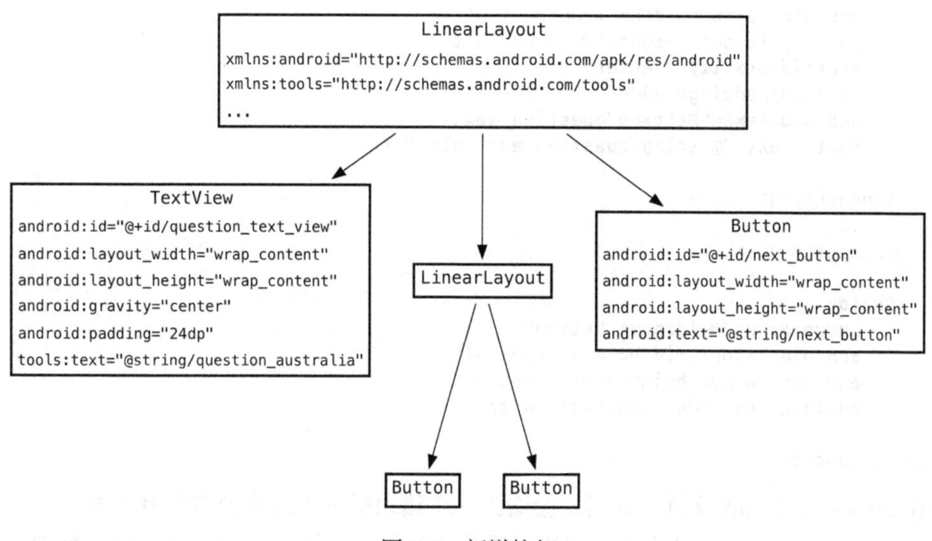

图 2-5　新增按钮

应用视图层所需的改动如下。

- 为 `TextView` 新增 `android:id` 属性。`TextView` 部件需要资源 ID，以便在 `MainActivity` 代码中为它设置要显示的文字。借助 `android:gravity="center"`，在 `TextView` 视图上居中显示文字。
- 删除 `TextView` 的 `android:text` 属性定义。用户点击问题时，代码会动态设置问题文本，而不再需要硬编码地理知识问题了。
- 指定显示在 `TextView` 视图上的默认文字，这样布局预览时就可以看到。实现方式是为 `TextView` 设置 `tools:text` 属性，使用`@string/`语法形式指向代表问题的字符串资源。此外，还要在布局根标签处添加 `tools` 命名空间，让 Android Studio 知道 `tools:text` 属性的意思。该命名空间的作用是，在开发预览时让 `tools` 属性覆盖部件的其他属性。而在设备上运行时，系统会忽略该 `tools` 属性。当然，你仍然可以使用 `android:text`，然后在代码运行时修改显示文字。但使用 `tools:text` 更好，因为一看便知它指定的值是仅供预览的。
- 以根 `LinearLayout` 为父部件，新增一个 `Button` 部件。

回到 activity_main.xml 文件中，参照代码清单 2-2，完成 XML 文件的相应修改。

代码清单 2-2　新增按钮以及对文本视图的调整（res/layout/activity_main.xml）

```
<LinearLayout xmlns:android="http://schemas.android.com/apk/res/android"
        xmlns:tools="http://schemas.android.com/tools"
        android:layout_width="match_parent"
        android:layout_height="match_parent"
        ... >

    <TextView
        android:id="@+id/question_text_view"
        android:layout_width="wrap_content"
        android:layout_height="wrap_content"
        android:gravity="center"
        android:padding="24dp"
        android:text="@string/question_text"
        tools:text="@string/question_australia" />

    <LinearLayout ... >
        ...
    </LinearLayout>

    <Button
        android:id="@+id/next_button"
        android:layout_width="wrap_content"
        android:layout_height="wrap_content"
        android:text="@string/next_button" />

</LinearLayout>
```

保存 activity_quiz.xml 文件。这时，会看到一个错误提示，说缺少字符串资源。

回到 res/values/strings.xml 文件，如代码清单 2-3 所示，重命名 question_text，添加新按钮所需的字符串资源定义。

代码清单 2-3　更新字符串资源定义（res/values/strings.xml）

```
<string name="app_name">GeoQuiz</string>
<string name="question_text">Canberra is the capital of Australia.</string>
<string name="question_australia">Canberra is the capital of Australia.</string>
<string name="true_button">True</string>
<string name="false_button">False</string>
<string name="next_button">Next</string>
...
```

既然已打开 strings.xml 文件，那就继续添加其他地理知识问题的字符串，结果如代码清单 2-4 所示。

代码清单 2-4　新增问题字符串（res/values/strings.xml）

```
<string name="question_australia">Canberra is the capital of Australia.</string>
<string name="question_oceans">The Pacific Ocean is larger than
  the Atlantic Ocean.</string>
<string name="question_mideast">The Suez Canal connects the Red Sea
  and the Indian Ocean.</string>
<string name="question_africa">The source of the Nile River is in Egypt.</string>
```

```
<string name="question_americas">The Amazon River is the longest river
  in the Americas.</string>
<string name="question_asia">Lake Baikal is the world\'s oldest and deepest
  freshwater lake.</string>
...
```

注意最后一个字符串定义中的\'。为表示符号'，这里使用了转义字符。在字符串资源定义中，也可使用其他常见的转义字符，比如\n 是指换行符。

保存修改过的文件，然后回到 activity_quiz.xml 文件中，在图形布局工具里预览修改后的布局文件。

至此，GeoQuiz 应用视图层的更新就全部完成了。为让 GeoQuiz 应用运行起来，接下来要更新控制层的 MainActivity 类。

2.4 更新控制器层

在上一章，应用控制器层的 MainActivity 类的处理逻辑很简单：显示定义在 activity_main.xml 文件中的布局对象，为两个按钮设置监听器，响应用户点击事件并创建 toast 消息。

既然现在有更多的地理知识问题可以检索与展示，MainActivity 类就需要更多的处理逻辑来让 GeoQuiz 应用的模型层与视图层协作。

打开 MainActivity.kt 文件，如代码清单 2-5 所示，创建一个 Question 对象集合以及该集合的索引变量。

代码清单 2-5 增加 Question 对象集合（MainActivity.kt）

```
class MainActivity : AppCompatActivity() {

    private lateinit var trueButton: Button
    private lateinit var falseButton: Button

    private val questionBank = listOf(
            Question(R.string.question_australia, true),
            Question(R.string.question_oceans, true),
            Question(R.string.question_mideast, false),
            Question(R.string.question_africa, false),
            Question(R.string.question_americas, true),
            Question(R.string.question_asia, true))

    private var currentIndex = 0
    ...
}
```

这里，我们通过多次调用 Question 类的构造函数，创建了 Question 对象集合。

（在较复杂的项目里，这类集合的创建和存储会单独处理。在后续应用开发中，你会看到更好的模型数据存储方式。现在，简单起见，我们选择在控制器层代码中创建集合。）

要在屏幕上显示一系列地理知识问题，可以使用 questionBank、currentIndex 变量以及 Question 对象的存取方法。

如代码清单 2-6 所示，首先给 TextView 和新 Button 添加属性，然后引用它们，并设置 TextView 显示当前集合索引所指向的地理知识问题（稍后会设置 NEXT 按钮的点击事件监听器）。

代码清单 2-6　使用 TextView（MainActivity.kt）

```
class MainActivity : AppCompatActivity() {

    private lateinit var trueButton: Button
    private lateinit var falseButton: Button
    private lateinit var nextButton: Button
    private lateinit var questionTextView: TextView
    ...
    override fun onCreate(savedInstanceState: Bundle?) {
        ...
        trueButton = findViewById(R.id.true_button)
        falseButton = findViewById(R.id.false_button)
        nextButton = findViewById(R.id.next_button)
        questionTextView = findViewById(R.id.question_text_view)

        trueButton.setOnClickListener { view: View ->
            ...
        }

        falseButton.setOnClickListener { view: View ->
            ...
        }

        val questionTextResId = questionBank[currentIndex].textResId
        questionTextView.setText(questionTextResId)
    }
}
```

保存所有文件，确保没有错误发生，然后运行 GeoQuiz 应用。可以看到，集合存储的第一个问题显示在 TextView 上了。

现在来处理 NEXT 按钮，为其设置监听器 View.OnClickListener。该监听器的作用是让集合索引递增并相应地更新 TextView 的文本内容，如代码清单 2-7 所示。

代码清单 2-7　使用新增的按钮（MainActivity.kt）

```
override fun onCreate(savedInstanceState: Bundle?) {
    ...
    falseButton.setOnClickListener { view: View ->
        ...
    }

    nextButton.setOnClickListener {
        currentIndex = (currentIndex + 1) % questionBank.size
        val questionTextResId = questionBank[currentIndex].textResId
        questionTextView.setText(questionTextResId)

    }
```

```
        val questionTextResId = questionBank[currentIndex].textResId
        questionTextView.setText(questionTextResId)
    }
```

注意到了吗？同样的 questionTextView 文字赋值代码出现在了两个不同的地方。参照代码清单 2-8，花点儿时间把这样的公共代码放到一个函数里，然后分别在 nextButton 监听器里以及 onCreate(Bundle?)函数的末尾调用它。后一个调用是为了初始化设置 activity 视图中的文本。

代码清单 2-8 使用 updateQuestion()封装公共代码（MainActivity.kt）

```
class MainActivity : AppCompatActivity() {
    ...
    override fun onCreate(savedInstanceState: Bundle?) {
        ...
        nextButton.setOnClickListener {
            currentIndex = (currentIndex + 1) % questionBank.size
            val questionTextResId = questionBank[currentIndex].textResId
            questionTextView.setText(questionTextResId)
            updateQuestion()
        }

        val questionTextResId = questionBank[currentIndex].textResId
        questionTextView.setText(questionTextResId)
        updateQuestion()
    }

    private fun updateQuestion() {
        val questionTextResId = questionBank[currentIndex].textResId
        questionTextView.setText(questionTextResId)
    }
}
```

运行 GeoQuiz 应用，验证新添加的 NEXT 按钮。

如果一切正常，问题应该已经完美显示出来了。当前，GeoQuiz 应用认为所有问题的答案都是 true，下面着手修正这个逻辑错误。同样，为避免代码重复，我们将解决方案封装在一个私有函数里。

要添加到 MainActivity 类的函数如下：

```
private fun checkAnswer(userAnswer: Boolean)
```

该函数接受布尔类型的变量参数，判别用户点击了 TRUE 还是 FALSE 按钮。然后，将用户的答案同当前 Question 对象中的答案做比较，判断正误，并生成一个 toast 消息反馈给用户。

在 MainActivity.kt 文件中，添加 checkAnswer(Boolean)函数的实现代码，如代码清单 2-9 所示。

代码清单 2-9 增加 checkAnswer(Boolean)函数（MainActivity.kt）

```
class MainActivity : AppCompatActivity() {
    ...
    private fun updateQuestion() {
        ...
    }
```

```
    private fun checkAnswer(userAnswer: Boolean) {
        val correctAnswer = questionBank[currentIndex].answer

        val messageResId = if (userAnswer == correctAnswer) {
            R.string.correct_toast
        } else {
            R.string.incorrect_toast
        }

        Toast.makeText(this, messageResId, Toast.LENGTH_SHORT)
                .show()
    }
}
```

在按钮的监听器里，调用 checkAnswer(Boolean)函数，如代码清单 2-10 所示。

代码清单 2-10　调用 checkAnswer(Boolean)函数（MainActivity.kt）

```
override fun onCreate(savedInstanceState: Bundle?) {
    ...
    trueButton.setOnClickListener { view: View ->
        Toast.makeText(
            this,
            R.string.correct_toast,
            Toast.LENGTH_SHORT
        )
            .show()
        checkAnswer(true)
    }

    falseButton.setOnClickListener { view: View ->
        Toast.makeText(
            this,
            R.string.correct_toast,
            Toast.LENGTH_SHORT
        )
            .show()
        checkAnswer(false)
    }
    ...
}
```

运行 GeoQuiz 应用，确认 toast 消息基于用户点击给出了正确反馈。

2.5　添加图标资源

GeoQuiz 应用现在已经可用了。如果 NEXT 按钮上能够显示向右的图标，用户界面看起来更简洁美观。

本书随书文件中提供了这样的箭头图标。每章一个，随书文件包括本书全部 Android Studio 项目文件。

下载随书文件，找到并打开 02_MVC/GeoQuiz/app/src/main/res 目录。在该目录下，可以看到 drawable-hdpi、drawable-mdpi、drawable-xhdpi、drawable-xxhdpi 和 drawable-xxxhdpi 五个目录。

五个目录各自的后缀名代表设备的像素密度。

- mdpi：中等像素密度屏幕（约 160dpi）。
- hdpi：高像素密度屏幕（约 240dpi）。
- xhdpi：超高像素密度屏幕（约 320dpi）。
- xxhdpi：超超高像素密度屏幕（约 480dpi）。
- xxxhdpi：超超超高像素密度屏幕（约 640dpi）。

（另外还有 ldpi 和 tvdpi 这两个类别，本书用不到它们，因此未包括在内。）

每个目录下有两个图片文件：arrow_right.png 和 arrow_left.png。这些图片文件都是按照目录名对应的 dpi 定制的。

GeoQuiz 项目中的所有图片资源都会随应用安装在设备里，Android 操作系统知道如何为不同设备提供最佳匹配。注意，在为不同设备准备适配图片的同时，应用安装包容量也随之增大。当然，对于 GeoQuiz 这样的小项目，问题并不明显。

如果应用不包含设备对应的屏幕像素密度文件，则在运行时，Android 系统会自动找到可用的图片资源，并针对该设备进行缩放适配。有了这种特性，就不一定要准备各种屏幕像素密度文件了。因此，为控制应用包的大小，可以只为主流设备准备分辨率较高的定制图片资源。至于那些不常见的低分辨率设备，让 Android 系统自动适配就好。

（第 22 章会介绍为屏幕像素密度定制图片的替代方案，另外，还会解释 mipmap 目录的用途。）

2.5.1　向项目中添加资源

接下来，将图片文件添加到 GeoQuiz 项目资源中去。

首先，确认打开了 Android Studio 的 Project 视角模式。如图 2-6 所示，展开 GeoQuiz/app/src/main/res 目录会看到已有 mipmap-hdpi 和 mipmap-xhdpi 这样的目录。

图 2-6　在 Project 视角模式下查看资源

在随书文件中，选择并复制 drawable-hdpi 、drawable-mdpi、drawable-xhdpi、drawable-xxhdpi 和 drawable-xxxhdpi 这五个目录，将它们粘贴到 app/src/main/res 目录中。完成后，在 Android Studio 的项目工具窗口可以看到这五个目录，每个目录中含有对应的 arrow_left.png 和 arrow_right.png 文件，如图 2-7 所示。

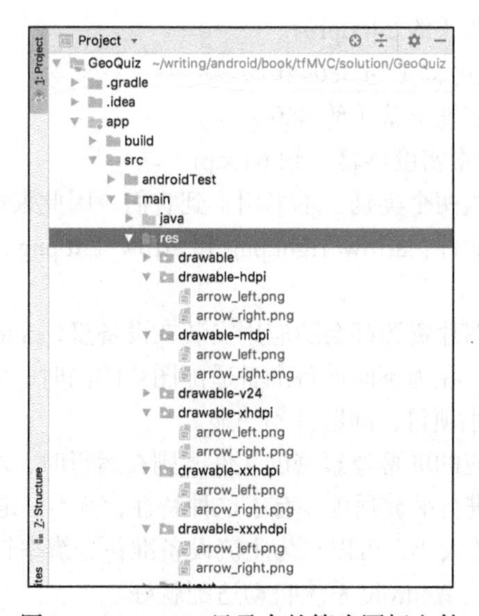

图 2-7　drawable 目录中的箭头图标文件

如果将项目工具窗口切换回 Android 视角模式，新增加的 drawable 图片资源会以图 2-8 所示的形式展示。

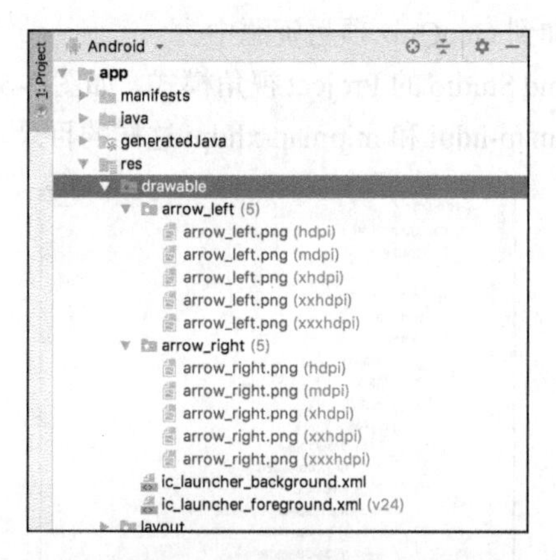

图 2-8　drawable 目录中的箭头图标文件汇总

向应用添加图片就这么简单。任何添加到 res/drawable 目录中，后缀名为.png、.jpg 或者.gif 的文件都会自动获得资源 ID。（注意，文件名必须是小写字母且不能有空格。）

这些资源 ID 并不按照屏幕像素密度匹配，因此不需要在运行时确定设备的屏幕像素密度，只要在代码中引用这些资源 ID 就可以了。应用运行时，操作系统知道如何在特定的设备上显示匹配的图片。

Android 资源系统是如何工作的？从第 3 章起，我们会深入学习这方面的相关知识。现在，能显示右箭头图标就可以了。

2.5.2 在 XML 文件中引用资源

在代码中可以使用资源 ID 引用资源。如果想在布局定义中配置 NEXT 按钮显示箭头图标，该如何在布局 XML 文件中引用资源呢？

答案很简单，只是语法稍有不同而已。打开 activity_main.xml 文件，为 `Button` 部件新增两个属性，如代码清单 2-11 所示。

代码清单 2-11 为 NEXT 按钮增加图标（res/layout/activity_main.xml）

```
<LinearLayout  ... >
    ...
    <LinearLayout  ... >
        ...
    </LinearLayout>

    <Button
        android:id="@+id/next_button"
        android:layout_width="wrap_content"
        android:layout_height="wrap_content"
        android:text="@string/next_button"
        android:drawableEnd="@drawable/arrow_right"
        android:drawablePadding="4dp" />

</LinearLayout>
```

在 XML 资源文件中，可以通过资源类型和资源名称引用其他资源。以`@string/`开头的定义是引用字符串资源。以`@drawable/`开头的定义是引用 drawable 资源。

从第 3 章开始，我们还会学习更多资源命名以及 res 目录结构中其他资源的使用等相关知识。

运行 GeoQuiz 应用。新按钮很漂亮吧？测试一下，确认它仍然工作正常。

2.6 屏幕像素密度

在 activity_main.xml 文件中，我们以 dp 为单位指定了属性值。下面来看看 dp 到底是什么。

有时需要为视图属性指定大小尺寸值（通常以像素为单位，有时也用点、毫米或英寸[①]）。一些常见的属性包括文字大小（text size）、边距（margin）以及内边距（padding）。文字大小指定设备上显示的文字像素高度；边距指定视图部件间的距离；内边距指定视图外边框与其内容间的距离。

---

① 1 英寸 = 2.54 厘米。——编者注

在 2.5 节中，我们在各个带屏幕密度修饰的 drawable（比如 `drawable-xhdpi`）下准备了对应的图片文件，Android 会用它们自动适配不同像素密度的屏幕。那么问题来了，假如图片能自动适配，但边距无法缩放适配，或者用户配置了大于默认值的文字大小，会发生什么情况呢？

为解决这些问题，Android 提供了与密度无关的尺寸单位。运用这种单位，可在不同屏幕像素密度的设备上获得同样的尺寸。无须转换，应用运行时，Android 会自动将这种单位转换成像素单位，如图 2-9 所示。

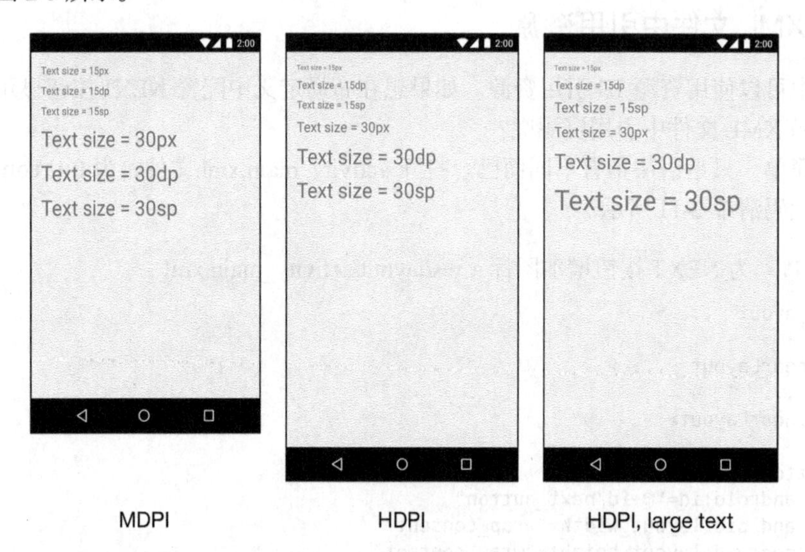

图 2-9　使用与密度无关的尺寸单位时 `TextView` 的显示效果

- px

  pixel 的缩写，即像素。无论屏幕密度是多少，一个像素单位对应一个屏幕像素单位。不推荐使用 px，因为它不会根据屏幕密度自动缩放。

- dp（或 dip）

  density-independent pixel 的缩写，意为密度无关像素。通常，在设置边距、内边距或任何不打算按像素值指定尺寸的情况下，都使用 dp 这种单位。1dp 在设备屏幕上总是等于 1/160 英寸。使用 dp 的好处是，无论屏幕密度如何，总能获得同样的尺寸。如果屏幕密度较高，那么密度无关像素会相应扩展至整个屏幕。

- sp

  scale-independent pixel 的缩写，意为缩放无关像素。它是一种与密度无关的像素，这种像素会受用户字体偏好设置的影响。sp 通常用来设置屏幕上的字体大小。

- pt、mm、in

  类似于 dp 的缩放单位，允许以点（1/72 英寸）、毫米或英寸为单位指定用户界面尺寸。实际开发中不建议使用这些单位，因为并非所有设备都能按照这些单位进行正确的尺寸缩放配置。

在本书及实际开发中，通常只会用到 dp 和 sp 这两种单位。Android 会在运行时自动将它们的值转换为像素单位。

2.7 在物理设备上运行应用

虽然在模拟器上和应用交互不错，但在 Android 实体设备上运行应用更有意思。本节将学习如何设置系统、设备和应用，实现在硬件设备上运行 GeoQuiz 应用。

首先，将设备连接到系统上。Mac 系统应该会立即识别出所用设备，Windows 系统则可能需要安装 adb（Android Debug Bridge）驱动。如果 Windows 系统自身无法找到 adb 驱动，请去设备生产商的网站下载。

其次，需要打开设备的 USB 调试模式。开发者选项默认不可见。先选择 Settings → About Tablet/Phone 选项，找到并点击 Build Number 七次以启用它。点击过程中，系统会弹出一个消息框告诉你还要具体点多少次。等收到 You are now a developer!消息时停下，回到 Settings 项，选择 Developer 项，找到并勾选 USB debugging 选项。

不同版本设备的设置方法有很大差别。如果在设置过程中遇到问题，请访问 Android 开发者网站求助。

最后，可选择 Android Studio 底部的 Logcat 按钮，打开 Logcat 工具窗口确认设备已识别。如果设备连接成功，你会在该窗口左上角看到已连接设备的下拉列表，AVD 以及硬件设备应该就列在其中，如图 2-10 所示。

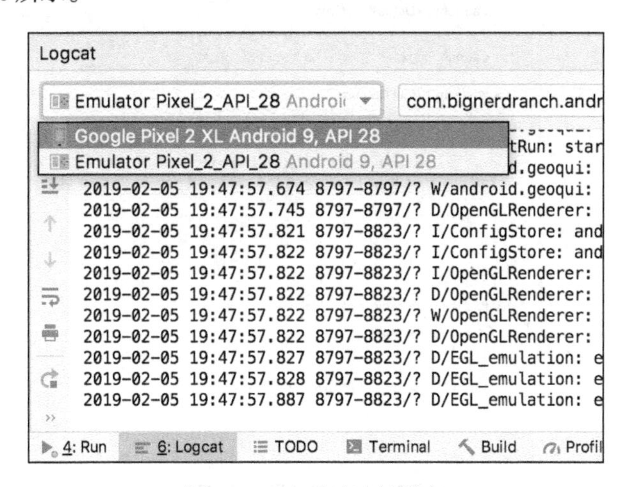

图 2-10 查看已连接设备

如果设备无法识别，请首先确认是否已打开 Settings 和 Developer 选项。如果仍然无法解决，请访问 Android 开发者网站，或访问本书论坛求助。

再次运行 GeoQuiz 应用，Android Studio 会询问是在虚拟设备还是物理设备上运行应用。选择物理设备并继续。稍等片刻，GeoQuiz 应用应该已经在设备上运行了。

如果 Android Studio 没有给出选项，应用依然在虚拟设备上运行，请按以上步骤重新检查设备设置，并确保设备与系统已正确连接。然后，再检查运行配置是否有问题。要修改运行配置，请选择 Android Studio 窗口靠近顶部的 app 下拉列表，如图 2-11 所示。

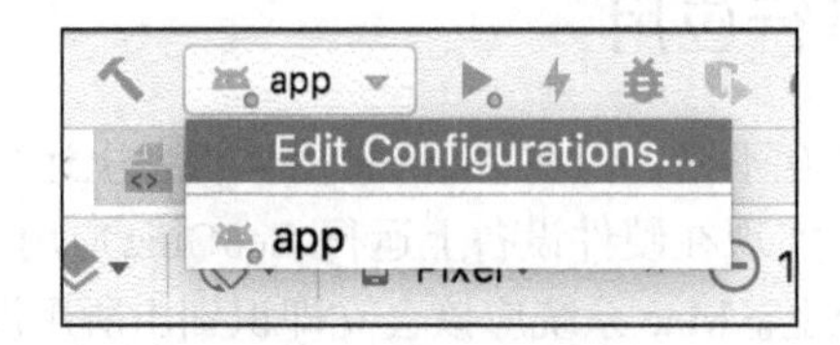

图 2-11　打开运行配置

选择 Edit Configurations...打开运行配置编辑窗口，如图 2-12 所示。

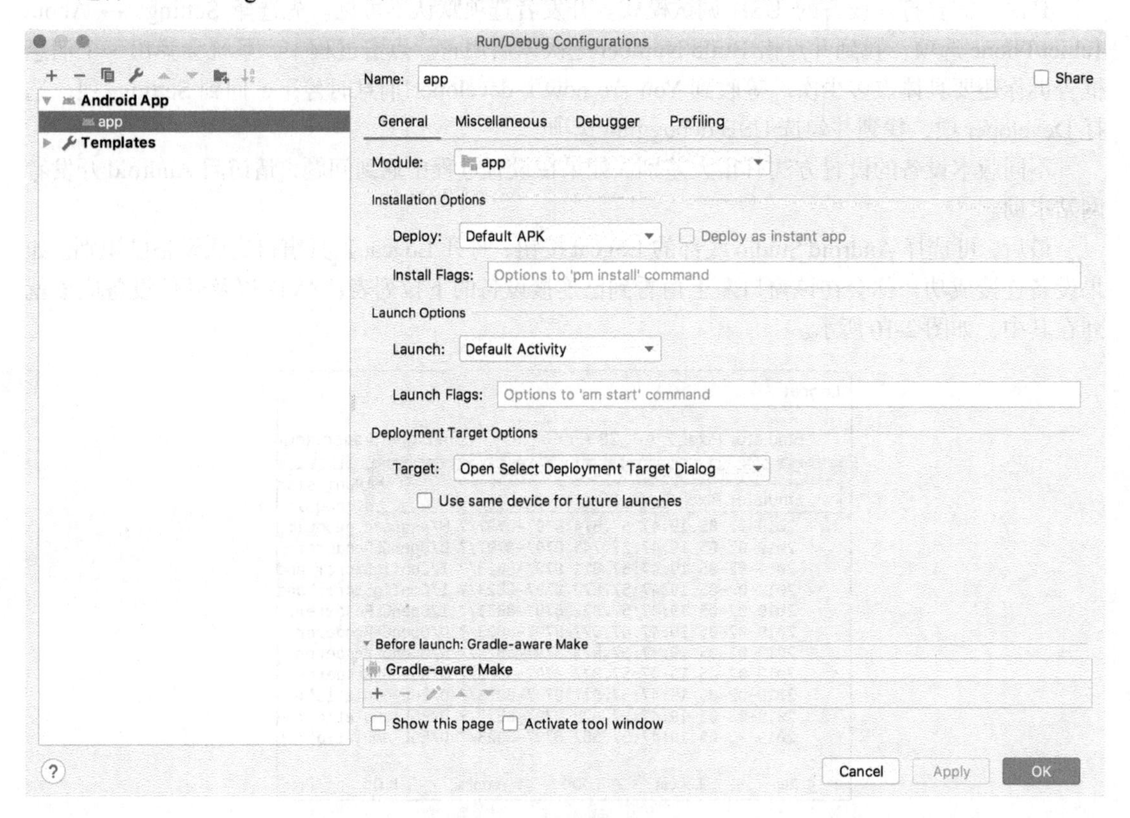

图 2-12　运行配置界面

选择窗口左侧区域的 app，确认已选中 Deployment Target Options 区域的 Open Select Deployment Target Dialog 选项。点击 OK 按钮并重新运行应用。现在，你应该能看到可以运行应用的设备选项了。

2.8 挑战练习：为 TextView 添加监听器

NEXT 按钮不错，但如果用户点击应用的 TextView 文字区域（地理知识问题），也可以跳转到下一道题，用户体验会更好。

提示 TextView 也是 View 的子类，因此和 Button 一样，可为 TextView 设置 View.OnClickListener 监听器。

2.9 挑战练习：添加后退按钮

为 GeoQuiz 应用新增后退按钮（PREV），用户点击时，可以显示上一道测试题目。完成后的用户界面应如图 2-13 所示。

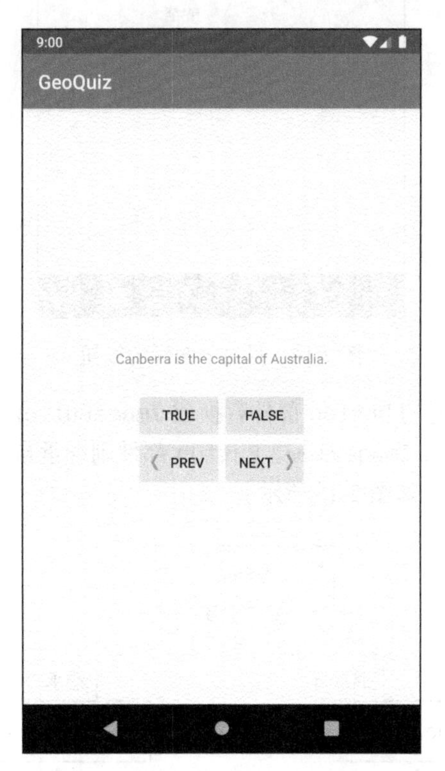

图 2-13 添加了后退按钮的用户界面

这是个很棒的练习，需回顾本章和上一章的内容才能完成。

2.10　挑战练习：从按钮到图标按钮

如图 2-14 所示，如果前进与后退按钮上只显示指示图标，用户界面会更清爽。

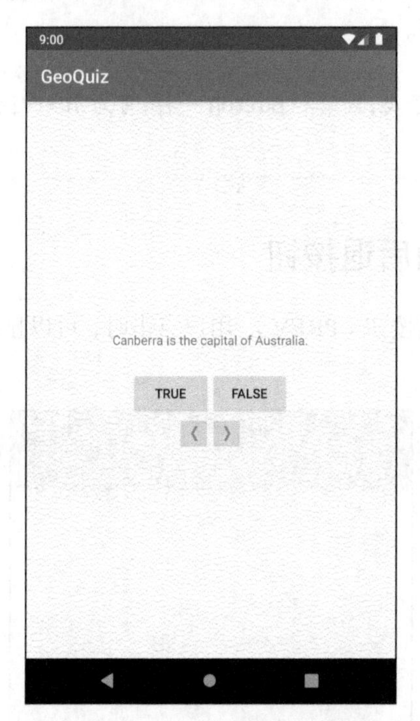

图 2-14　只显示图标的按钮

要完成此练习，需将普通的 Button 部件替换成 ImageButton 部件。

ImageButton 部件继承自 ImageView。Button 部件则继承自 TextView。ImageButton 和 Button 与 View 间的继承关系如图 2-15 所示。

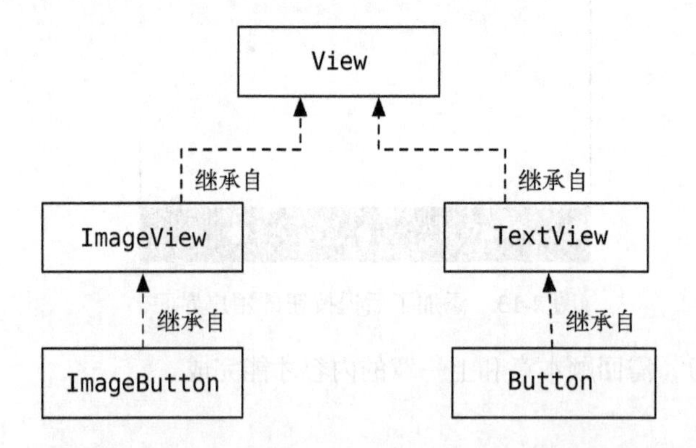

图 2-15　ImageButton 和 Button 与 View 间的继承关系

以 ImageButton 按钮替换 Button 按钮，删除 NEXT 按钮的 text 以及 drawable 属性定义，并添加 ImageView 属性：

```
<Button ImageButton
  android:id="@+id/next_button"
  android:layout_width="wrap_content"
  android:layout_height="wrap_content"
  android:text="@string/next_button"
  android:drawableEnd="@drawable/arrow_right"
  android:drawablePadding="4dp"
  android:src="@drawable/arrow_right"
  />
```

当然，为了使用 ImageButton，还要调整 MainActivity 类的代码。

换成 ImageButton 按钮后，Android Studio 会警告说找不到 android:contentDescription 属性定义。该属性能为视力障碍用户提供方便。在为其设置文字属性值后，如果设备的可访问性选项做了相应设置，那么在用户点击图形按钮时，设备便会读出属性值的内容。

最后，为每个 ImageButton 都添加上 android:contentDescription 属性定义。

第3章 activity 的生命周期

本章，我们来学习并了解可怕又常见的设备“旋转问题”是如何发生的。此外，还会学习如何利用设备旋转问题背后的运行原理，实现让设备处于横屏状态下显示另一种视图布局，如图 3-1所示。

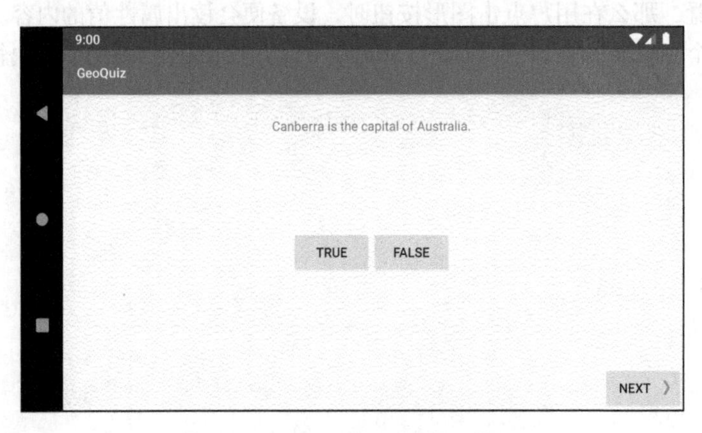

图 3-1 GeoQuiz 应用的横屏模式

3.1 旋转 GeoQuiz 应用

GeoQuiz 应用看起来不错，但设备一旋转问题就来了。在应用运行时，点击 NEXT 按钮显示下一题，然后旋转设备。如果你用的是模拟器，请点击浮动工具栏上的左旋或右旋按钮来旋转设备，如图 3-2 所示。

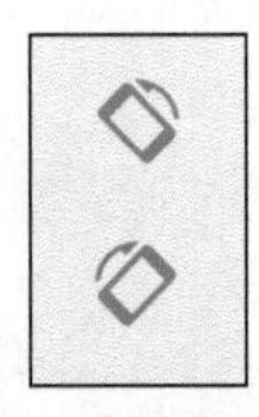

图 3-2 控制设备旋转

如果按前述操作，左旋或右旋按钮不起作用，请打开虚拟设备的自动旋转功能。具体操作是：从屏幕上方朝下滑动以打开快速设置。点击自左向右的第三个自动旋转按钮。如图 3-3 所示，该按钮变了颜色，表明自动旋转已开启。

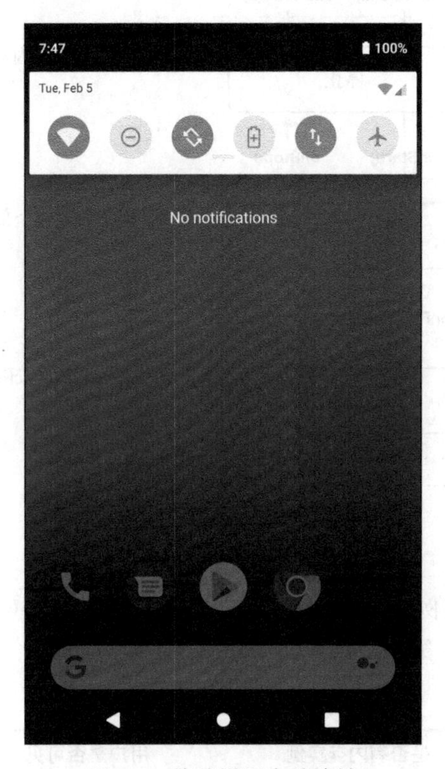

图 3-3 快速设置自动旋转

设备旋转后，你会看到应用又显示了第一道题。为什么会这样？这个问题的答案和 activity 生命周期有关。

第 4 章会解决这个问题。眼下，最重要的是探究这个问题产生的根本原因，避免这样的 bug 出现在应用里。

3.2 activity 状态与生命周期回调

每个 `Activity` 实例都有其生命周期。在其生命周期内，activity 在运行、暂停、停止和不存在这四种状态间转换。每次状态转换时，都有相应的 `Activity` 函数发消息通知 activity。图 3-4 显示了 activity 的生命周期、状态以及状态切换时系统调用的函数。

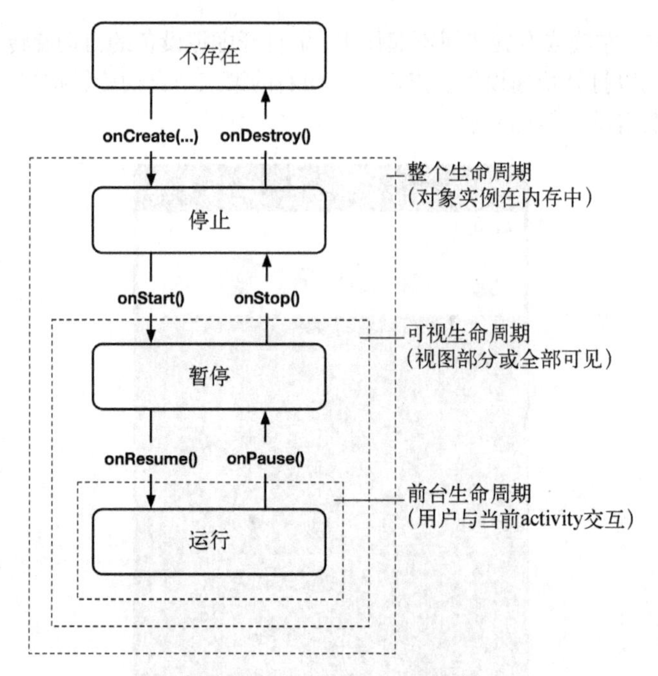

图 3-4　activity 的状态图解

内存中是否有 activity 实例、用户是否可见、是否活跃在前台（等待或接受用户输入中），看图 3-4 的各种状态就知道了。完整总结如表 3-1 所示。

表 3-1　activity 的状态

状　态	是否有内存实例	用户是否可见	是否活跃在前台
不存在	否	否	否
停止	是	否	否
暂停	是	是或部分*	否
运行	是	是	是

* 某些场景下，暂停状态的 activity 可能会部分或完全可见。

不存在（Nonexistent）表示某个 activity 还没启动或已销毁（例如，用户按了回退键）。因为已销毁这个可能状态，所以不存在状态有时被称为已销毁状态。此时，内存里没有这个 activity 实例，也没有用户可见或可交互的关联视图。

停止（Stopped）表示某个 activity 实例在内存里，但用户在屏幕上看不到关联视图。在某个 activity 刚开始出现前作为瞬间状态存在，但在 activity 的关联视图被完全遮挡时又重现该状态（例如，用户启动另一个用户可见的全屏 activity，点击 Home 键，或者使用预览界面切换任务）。

暂停（Paused）表示某个 activity 处于前台非活动状态，关联视图可见或部分可见。如果用户启动一个新的对话框形式，或者透明的 activity 在某个 activity 之上，我们就说该 activity 处于部分可见状态。一个 activity 也可能完全可见，但并不处于前台，比如用户在多窗口模式（又叫分屏模式）下同时查看两个 activity。

运行（Resumed）表示某个 activity 实例在内存里，用户完全可见，且处于前台。用户当前正与之交互。设备上有很多应用，但是，任何时候只能有一个 activity 处于能与用户交互的运行状态。这也意味着，如果某个 activity 进入继续运行状态，那么其他 activity 可能正在退出运行状态。

借助图 3-4 所示的函数，`Activity` 的子类可以在 activity 的生命周期状态发生关键性转换时完成某些工作。这些函数通常被称为**生命周期回调函数**。

我们已熟悉这些生命周期回调函数中的 `onCreate(Bundle?)`。在创建 activity 实例后，但在此实例出现在屏幕上之前，Android 操作系统会调用该函数。

通常，通过覆盖 `onCreate(Bundle?)` 函数，activity 可以预处理以下 UI 相关工作：

- 实例化部件并将它们放置在屏幕上（调用 `setContentView(Int)`）；
- 引用已实例化的部件；
- 为部件设置监听器以处理用户交互；
- 访问外部模型数据。

切记，千万不要自己去调用 `onCreate(Bundle?)` 函数或任何其他 activity 生命周期函数。为通知 activity 状态变化，你只需在 `Activity` 子类里覆盖这些函数，Android 会适时调用它们（看当前用户状态以及系统运行情况）。

3.3 日志跟踪理解 activity 生命周期

本节，我们会覆盖一些 activity 生命周期函数，以此一窥究竟，学习并理解 `MainActivity` 的生命周期。这些覆盖函数会输出日志，告诉我们操作系统何时调用了它们。这样，伴随用户操作，`MainActivity` 的状态如何变化就很清楚了。

3.3.1 输出日志信息

Android 的 `android.util.Log` 类能够向系统级共享日志中心发送日志信息。`Log` 类有好几个日志记录函数。本书用得最多的是以下函数：

```
public static Int d(String tag, String msg)
```

`d` 代表"debug"，用来表示日志信息的级别。第一个参数是日志的来源，第二个参数是日志的具体内容。（3.7 节会详细讲解有关 `Log` 级别的内容。）

该函数的第一个参数值通常以类名传入。这样，就很容易看出日志信息的来源。

在 MainActivity.kt 中，为 `MainActivity` 类新增一个 `TAG` 常量，如代码清单 3-1 所示。

代码清单 3-1　新增一个 TAG 常量（MainActivity.kt）

```
import ...

private const val TAG = "MainActivity"

class MainActivity : AppCompatActivity() {
    ...
}
```

然后，在 onCreate(Bundle?) 函数里调用 Log.d(...) 函数记录日志，如代码清单 3-2 所示。

代码清单 3-2　为 onCreate(Bundle?) 函数添加日志输出代码（MainActivity.kt）

```
override fun onCreate(savedInstanceState: Bundle?) {
    super.onCreate(savedInstanceState)
    Log.d(TAG, "onCreate(Bundle?) called")
    setContentView(R.layout.activity_main)
    ...
}
```

接下来，在 MainActivity 类的 onCreate(Bundle?)之后，覆盖其他五个生命周期函数，如代码清单 3-3 所示。

代码清单 3-3　覆盖更多生命周期函数（MainActivity.kt）

```
class MainActivity : AppCompatActivity() {
    ...
    override fun onCreate(savedInstanceState: Bundle?) {
        ...
    }

    override fun onStart() {
        super.onStart()
        Log.d(TAG, "onStart() called")
    }

    override fun onResume() {
        super.onResume()
        Log.d(TAG, "onResume() called")
    }

    override fun onPause() {
        super.onPause()
        Log.d(TAG, "onPause() called")
    }

    override fun onStop() {
        super.onStop()
        Log.d(TAG, "onStop() called")
    }

    override fun onDestroy() {
        super.onDestroy()
```

```
        Log.d(TAG, "onDestroy() called")
    }

    private fun updateQuestion() {
        ...
    }
    ...
}
```

注意，从以上代码可以看出，在回调覆盖实现函数里，超类实现函数总在第一行调用。也就是说，必须首先调用超类的实现函数，然后再调用具体的日志记录函数。

知道为什么要使用 `override` 关键字吗？使用 `override` 关键字，就是要求编译器保证当前类拥有你要覆盖的函数。例如，对于如下拼写错误的函数，编译器会发出警告：

```
override fun onCreat(savedInstanceState: Bundle?) {
    ...
}
```

`AppCompatActivity` 父类没有 `onCreat(Bundle?)` 函数，因此编译器发出了警告。这样，你就能及时改正拼写错误，而不是等到应用运行时，才发现异常行为，被动去查找问题所在。

3.3.2 使用 LogCat

运行 GeoQuiz 应用时，应该能在 Android Studio 底部看见各种信息塞满 Logcat 工具窗口，如图 3-5 所示。如果应用运行时 Logcat 没有自动打开，请点击 Android Studio 窗口底部的 Logcat 按钮打开它。

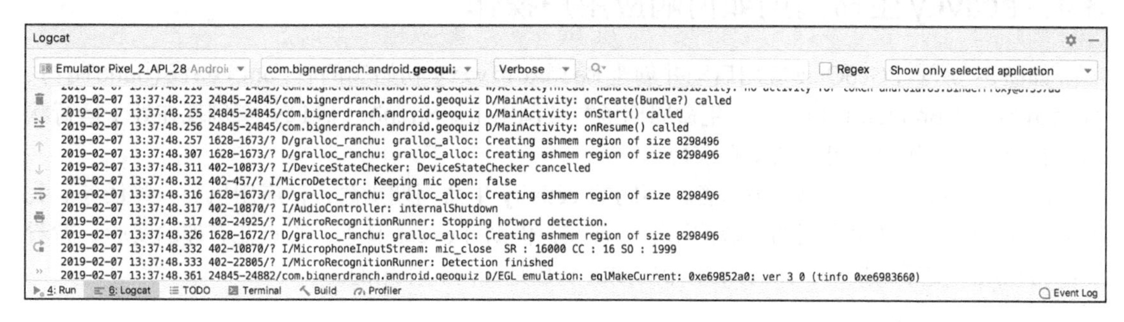

图 3-5 Android Studio 中的 LogCat

LogCat 窗口中的各类混杂信息里，有些是应用输出信息，有些是系统输出信息。为方便查找，可使用 `TAG` 常量过滤日志输出。在 LogCat 窗口中，点击右上角标有 Show only selected application 的过滤项下拉列表。这里，当前选项控制只显示来自应用的日志信息。

要创建过滤设置，选择过滤项下拉列表里的 Edit Filter Configuration 选项。在 Filter Name 处输入 MainActivity，在 Log Tag 处同样输入 MainActivity，如图 3-6 所示。

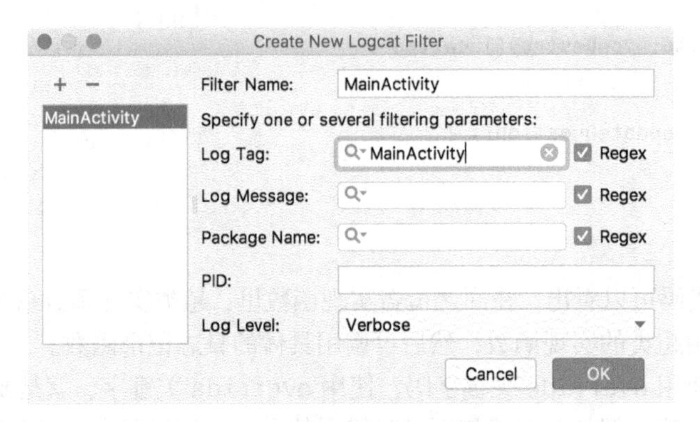

图 3-6　在 LogCat 中创建过滤器

点击 OK 按钮。现在，如图 3-7 所示，LogCat 窗口就只显示 Tag 为 MainActivity 的日志信息了。

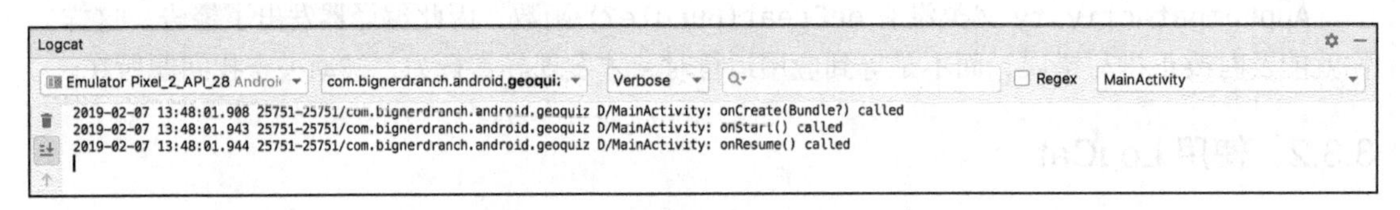

图 3-7　应用启动后，被调用的三个生命周期函数

3.4　activity 生命周期如何响应用户操作

如图 3-7 所示，GeoQuiz 应用启动并创建 `MainActivity` 初始实例后，`onCreate(Bundle?)`、`onStart()`和 `onResume()`这三个生命周期函数被调用了。`MainActivity` 实例现在处于运行状态（在内存里，用户可见，活动在前台）。

后续学习过程中，本书会覆盖各种不同的 activity 生命周期函数，让应用执行一些任务。我们还会深入学习各种生命周期函数的用法。现在，借助 Logcat 日志，来点儿有趣的实验，看看一些常见用户交互场景下，activity 生命周期的函数是如何起作用的。

3.4.1　暂时离开 activity

如果还没运行 GeoQuiz 应用，就先运行它。现在，点击主屏幕键，随即主屏界面出现了，`MainActivity` 视图不见了。`MainActivity` 此刻处于什么状态呢？查看 LogCat，可以看到系统调用了 `MainActivity` 的 `onPause()`和 `onStop()`函数，但并没有调用 `onDestroy()`函数，如图 3-8 所示。

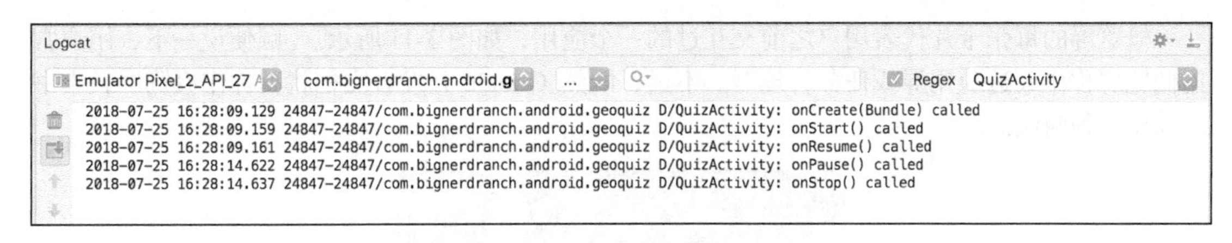

图 3-8　点击主屏幕键停止 activity

点击主屏幕键，相当于告诉 Android 系统："我去别处看看，稍后可能回来。"此时，Android 系统会先暂停，再停止当前 activity。

这表明，`MainActivity` 实例已处于停止状态（在内存中，但不可见，不会活动在前台）。这样做，稍后回到 GeoQuiz 应用时，Android 系统就能快速响应，重新启动 `MainActivity`，恢复到用户离开时的状态。

（点击主屏幕键后 activity 会停止只是一种情况。某些时候，Android 操作系统可能会销毁暂停应用。具体原因请参阅第 4 章。）

现在，调出设备的**概览屏**，选择 GeoQuiz 应用任务卡回到应用界面。要调出概览屏，可点击主屏幕键旁的最近应用键，如图 3-9 所示。

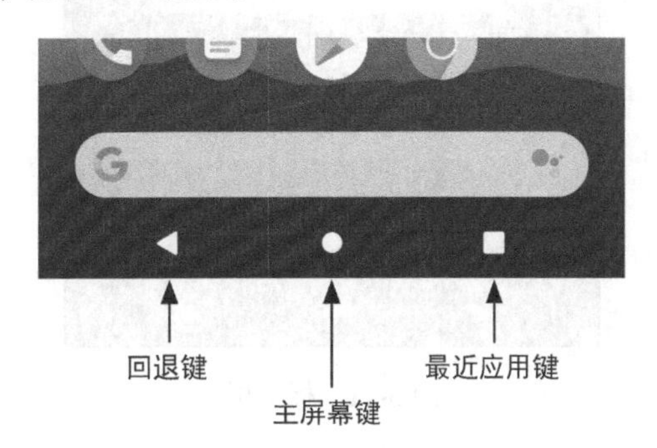

图 3-9　主屏幕键、回退键以及最近应用键

如果设备没有最近应用键，只有如图 3-10 所示的单主屏幕键，那就从屏幕底部上滑打开概览屏。如果两种方式都不管用，请查阅设备用户手册。

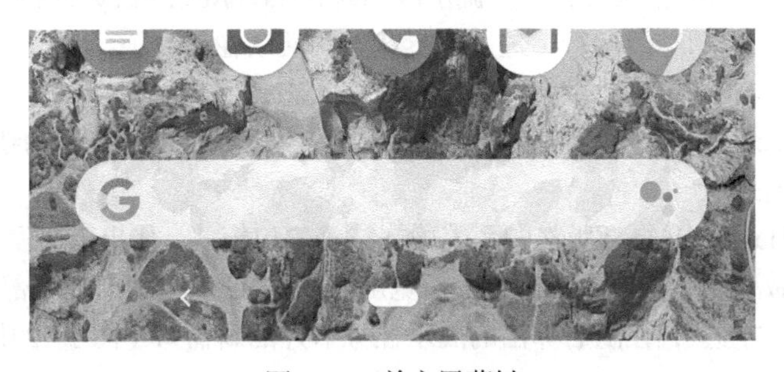

图 3-10　单主屏幕键

概览屏的每张卡片代表用户之前交互过的一个应用，如图 3-11 所示。（顺便说一下，用户常把概览屏称作最近应用屏或任务管理器。不过，既然 Google 开发者文档将其称作概览屏，本书也采用这种叫法。）

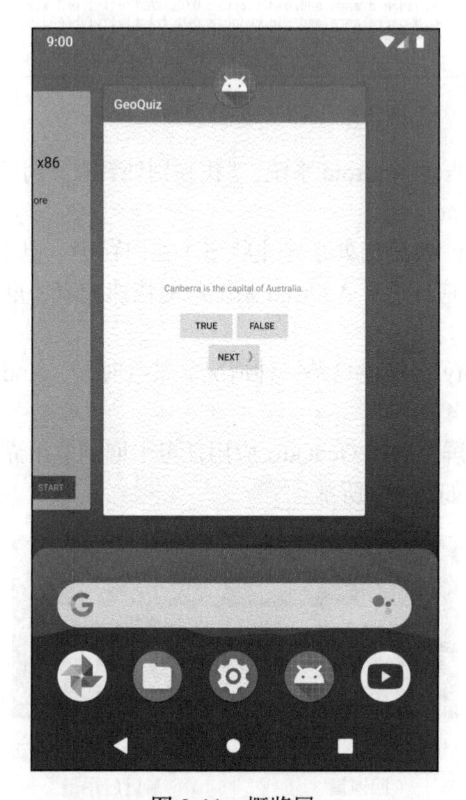

图 3-11　概览屏

在概览屏中，点击 GeoQuiz 应用，`MainActivity` 视图随即出现。

LogCat 日志显示，系统没有调用 `onCreate(...)` 函数（因为 `Activity` 实例还在内存里，自然不用重建了），而是调用了 `onStart()` 和 `onResume()` 函数。用户按了主屏幕键后，`MainActivity` 最后进入停止状态，再次调出应用时，`MainActivity` 只需要重新启动（进入暂停状态，用户可见），然后继续运行（进入运行状态，活动在前台）。

之前我们说过，activity 有时也会一直处于暂停状态，用户将完全（应用多窗口模式）或部分看到它（在一个 activity 之上启动带透明背景视图或小于屏幕尺寸视图的新 activity 时）。下面具体看一下多窗口模式。

Android 7.0（Nougat）或更高版本的系统才支持多窗口模式。如果手头设备的系统版本较旧，可以使用模拟器来做测试。再次调出设备的概览屏，长按 GeoQuiz 卡片顶部的图标。选择 Split screen 选项（图 3-12 左边），在随后弹出的展示任务卡片的新窗口（图 3-12 中间）中，任意选一个启动对应应用。

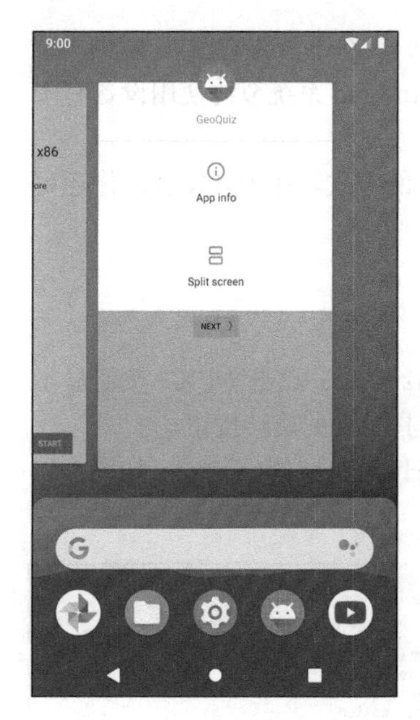

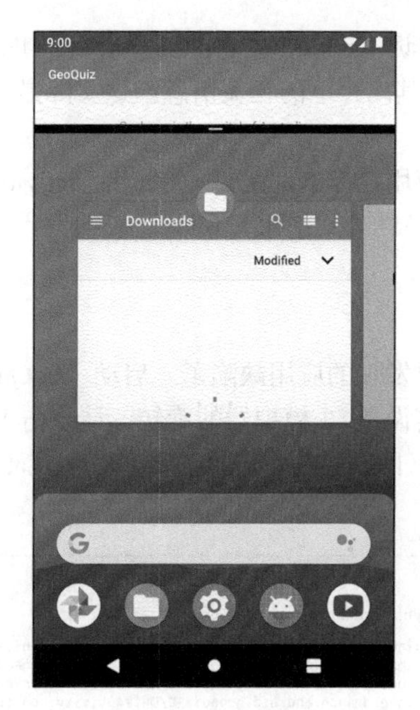

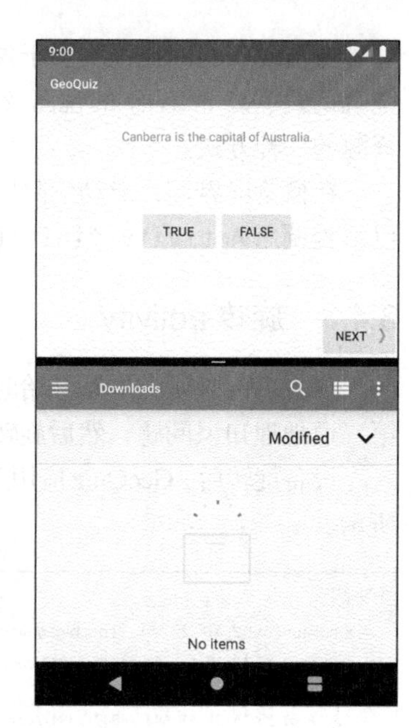

图 3-12 多窗口模式下同时打开两个应用

这样，就打开了 GeoQuiz 应用在上方，第二个应用在下方的多窗口模式（图 3-12 右边）。

现在，点击窗口下部的应用，然后查看 Logcat 日志。可以看到，`MainActivity` 的 `onPause()` 函数被调用了，它现在处于暂停状态。点击窗口上部的 GeoQuiz 应用，`MainActivity` 的 `onResume()` 函数被调用了，它现在处于运行状态。

要退出多窗口模式，自屏幕中间的窗口分割栏向上或向下滑动消除上部或下部窗口即可。

3.4.2 结束使用 activity

在设备上点击回退键，再查看 LogCat。如图 3-13 所示，日志显示 `MainActivity` 的 `onPause()`、`onStop()` 和 `onDestroy()` 函数被调用了。`MainActivity` 实例处于不存在的状态（不在内存里，不可见，自然也就不会活动在前台了）。

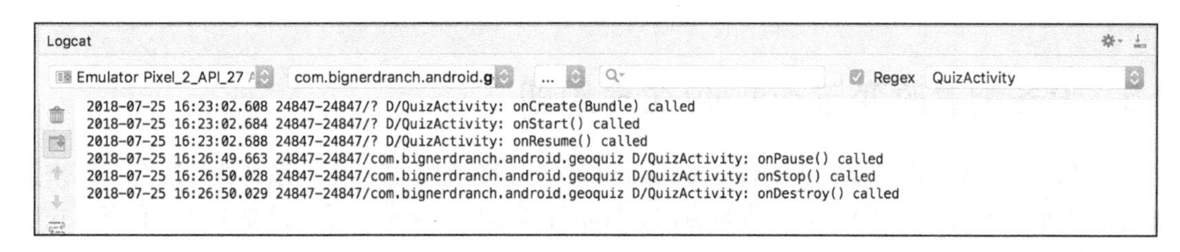

图 3-13 点击回退键销毁 activity

点击设备的回退键相当于告诉 Android 系统："activity 已用完，现在不需要它了。"随即，系统就销毁了该 activity 的视图及其内存里的相关信息。这实际是 Android 系统节约使用设备有限资源的一种方式。

在概览屏界面，滑动消除应用任务卡片是另一种结束 activity 的方式。作为开发者，你还可以编程调用 `Activity.finish()`的方式结束 activity。

3.4.3 旋转 activity

现在，可以研究本章开始时发现的应用缺陷了。启动 GeoQuiz 应用，点击 NEXT 按钮显示第二道地理知识问题，然后旋转设备。（模拟器的旋转，请点击工具栏上的旋转按钮。）

设备旋转后，GeoQuiz 应用又回到了第一道问题。查看 LogCat 日志看看发生了什么，如图 3-14 所示。

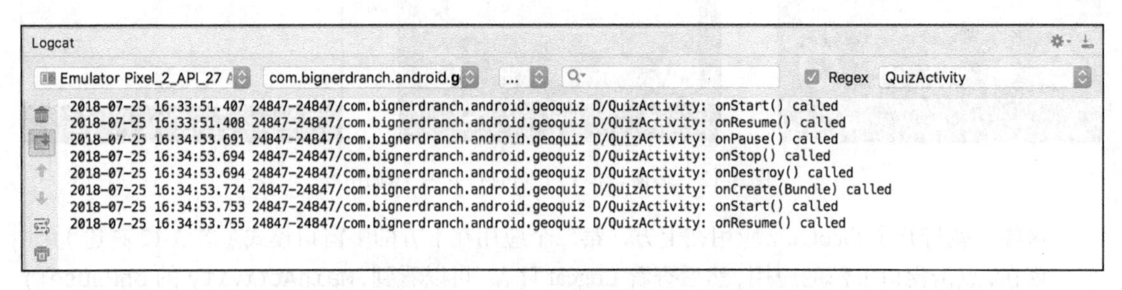

图 3-14　`MainActivity` 已死，`MainActivity` 万岁

设备旋转时，系统会销毁当前 `MainActivity` 实例，然后创建一个新的 `MainActivity` 实例。再次旋转设备，又一次见证这个销毁与再创建的过程。

这就是问题所在。每次旋转设备，当前 `MainActivity` 实例会被完全销毁，实例中的 `currentIndex` 当前值会从内存里被抹掉。旋转后，Android 重新创建了 `MainActivity` 新实例，`currentIndex` 在 `onCreate(Bundle?)`函数中被初始化为 `0`。一切从头再来，用户又看到第一道题了。

这个缺陷留在第 4 章修正。系统为什么要在设备旋转时销毁你的 activity，下面就来一探究竟。

3.5 设备配置改变与 activity 生命周期

旋转设备会改变**设备配置**（device configuration）。设备配置实际是一系列特征组合，用来描述设备当前状态。这些特征包括：屏幕方向、屏幕像素密度、屏幕尺寸、键盘类型、底座模式以及语言等。

通常，为匹配不同的设备配置，应用会提供不同的备选资源。为适应不同分辨率的屏幕，向项目添加多套箭头图标就是一个例子。

在**运行时配置变更**（runtime configuration change）发生时，可能会有更合适的资源来匹配新的设备配置。于是，Android 销毁当前 activity，为新配置寻找最佳资源，然后创建新实例使用这些资源。来看一下实际运行效果，下面为设备配置变更新建备选资源，只要设备旋转至水平方位，Android 就会自动发现并使用它。

创建横屏模式布局

在项目工具窗口中，右键单击 res 目录后选择 New→Android Resource File 菜单项。如图 3-15 所示，创建资源文件弹出窗口列出了资源类型及其对应的资源特征。文件名（File name）处输入 activity_main，资源类型（Resource type）从下拉列表中选择 Layout，在根元素处输入 FrameLayout，然后保持 Source set 的 main 选项不变就可以了。

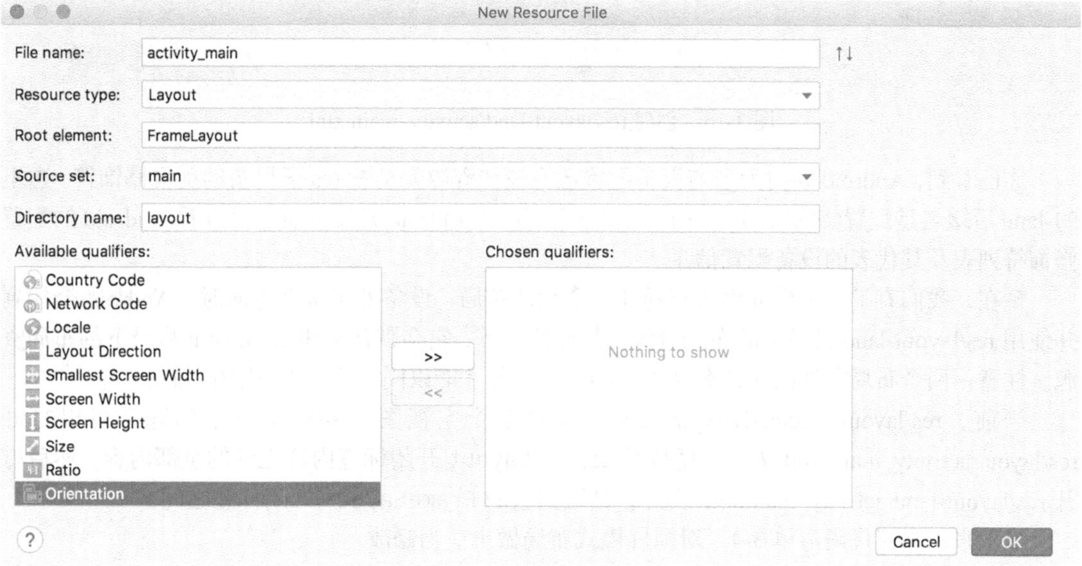

图 3-15 创建新的资源文件

接下来决定如何修饰新布局资源。选中待选资源特征列表中的 Orientation，然后点击>>按钮将其移到已选资源特征（Chosen qualifiers）区域。

最后，确认选中 Screen orientation 下拉列表中的 Landscape 选项，并确保目录名（Directory name）显示为 layout-land，结果如图 3-16 所示。这个窗口显示的配置看着挺好，但实际用途仅限于设置存放新资源文件的目录名。点击 OK 按钮让 Android Studio 创建 res/layout-land/activity_main.xml。

Android Studio 会创建 res/layout-land 目录，并放入一个名为 activity_main.xml 的新布局文件中。要查看新建文件和文件夹，可把项目工具窗口切换至 Project 视角模式；要查看文件汇总，请切回 Android 视角模式。

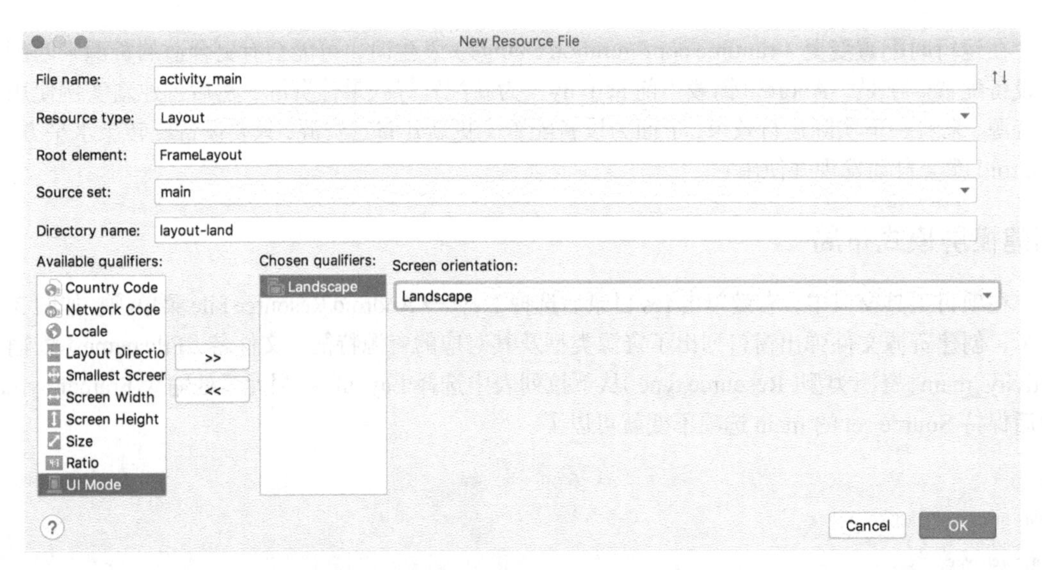

图 3-16　创建 res/layout-land/activity_main.xml

你已看到，Android 如何为当前设备配置选择最佳资源就是看 res 子目录的配置修饰符。这里的-land 后缀名是配置修饰符的又一个使用例子。访问 Android 开发网页，可查看 Android 的配置修饰符列表及其代表的设备配置信息。

现在，我们有了一个横屏模式布局和一个默认布局。设备处于水平方向时，Android 会找到并使用 res/layout-land 目录下的布局资源。其他情况下，它会默认使用 res/layout 目录下的布局资源。注意，两个布局文件的文件名必须相同，这样你才能以同一资源 ID 引用它们。

当前，res/layout-land/activity_main.xml 文件是个空视图。要解决这个问题，可以打开 res/layout/activity_main.xml 文件，复制根 `LinearLayout` 开闭标签内容之外的全部内容，然后打开 res/layout-land/activity_main.xml 文件，粘贴到它的 `FrameLayout` 开闭标签之间。

接下来，参照代码清单 3-4，对横屏模式布局做出适当修改。

代码清单 3-4　横屏模式布局修改（res/layout-land/activity_main.xml）

```
<FrameLayout xmlns:android="http://schemas.android.com/apk/res/android"
    xmlns:tools="http://schemas.android.com/tools"
    android:layout_width="match_parent"
    android:layout_height="match_parent" >

    <TextView
        android:id="@+id/question_text_view"
        android:layout_width="wrap_content"
        android:layout_height="wrap_content"
        android:gravity="center"
        android:layout_gravity="center_horizontal"
        android:padding="24dp"
        tools:text="@string/question_australia"/>
```

```
    <LinearLayout
        android:layout_width="wrap_content"
        android:layout_height="wrap_content"
        android:orientation="horizontal"
        android:layout_gravity="center_vertical|center_horizontal">

        <Button
            .../>

        <Button
            .../>

    </LinearLayout>

    <Button
        android:id="@+id/next_button"
        android:layout_width="wrap_content"
        android:layout_height="wrap_content"
        android:layout_gravity="bottom|right"
        android:text="@string/next_button"
        android:drawableEnd="@drawable/arrow_right"
        android:drawablePadding="4dp"/>

</FrameLayout>
```

FrameLayout 是最简单的 ViewGroup 部件，它不负责安排其子视图的位置。FrameLayout 子视图的位置排列取决于它们各自的 android:layout_gravity 属性。因而，作为 FrameLayout 的子视图，TextView、LinearLayout 和 Button 都需要一个 android:layout_gravity 属性。这里，LinearLayout 里的 Button 子元素不用修改，因为它们不是 FrameLayout 的直接子视图。

再次运行 GeoQuiz 应用。旋转设备至水平方位，查看新的布局界面，如图 3-17 所示。当然，这不仅是一个新的布局界面，也是一个新的 MainActivity 实例。

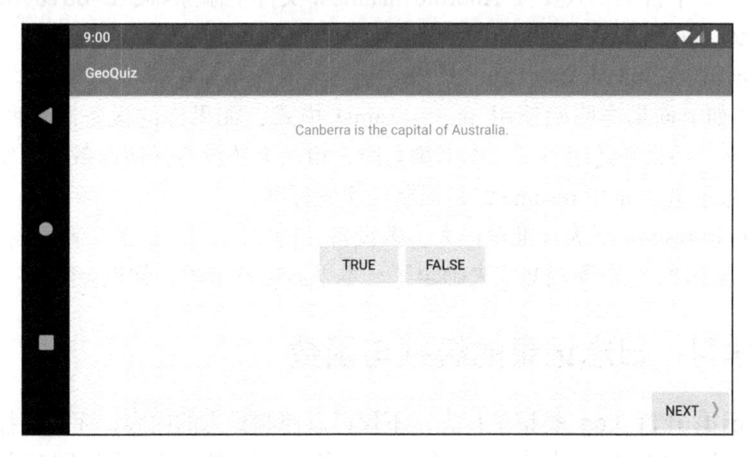

图 3-17 处于水平方位的 MainActivity

设备旋转回竖直方向，可看到默认的布局界面以及另一个新的 MainActivity。

3.6　深入学习：UI 刷新与多窗口模式

Android 7.0 Nougat 发布之前，大多数 activity 处于暂停状态的时间极其短暂，是迅速过渡到运行或停止状态。考虑到这个因素，很多开发者认为，只有在 activity 处于运行状态时，才需要刷新 UI 显示。而且，大家的普遍做法就是使用 onResume()和 onPause()来启动或停止 UI 刷新（比如动画或数据刷新）。

然而，Nougat 引入多窗口模式后，用户完全看得到的 activity 不一定是正在运行的 activity 了。之前的常规做法行不通了，许多应用的预定运行模式也失效了。现在，多窗口模式下，暂停状态 activity 也能长时间在屏幕上看到了。既然能看到，用户自然希望暂停 activity 的运行表现和运行状态一样。

拿看视频来说，假如有个 Nougat 发布之前开发的视频播放应用，你肯定是在 onResume()里启动或继续播放视频，并在 onPause()里暂停播放视频。现在，多窗口模式来了，那么只要用户与多窗口中的另一个应用交互，视频播放应用就会暂停播放。这时用户十分恼火，因为他们就想一边看视频，一边在另一个窗口发消息。

幸运的是，这种问题很好解决：把继续播放和暂停播放控制放到 onStart()和 onStop()里。这适用于任何需要实时数据更新的应用，比如刷新显示 Flickr 上新图片的图片库应用（本书后面会开发这样的应用）。

简单来说就一句话，Nougat 之后，从 onStart()到 onStop()，在 activity 可见的整个生命周期，你都应该刷新 UI。

不幸的是，不是所有的开发者都有这样的意识。许多应用在多窗口模式下运行异常。为解决这个问题，Android 在 2018 年 11 月引入了 multi-resume 方案来支持多窗口模式。该方案规定，多窗口模式下，不管用户和哪一个窗口应用交互，所有完全可见的 activity 都将处于运行状态。

在 Android 9.0 平台上，只要在 Android manifest 文件里添加`<meta-data android:name="android.allow_multiple_resumed_activities" android:value="true" />`，你就可以明确指定使用 multi-resume 模式。（manifest 相关内容将在第 6 章中学习。）

不过，即便如上面那样明确使用 multi-resume 模式，如果你的设备制造商没有跟进实施 multi-resume 方案，那么还是用不了。本书撰写时，市面上还没有任何设备能够实现它。据传在下一个 Android 版本里，multi-resume 将是强制性实施标准。

所以，在 multi-resume 成为标准获得大多数设备支持之前，UI 刷新代码到底放在哪里合适，就要靠你掌握的 activity 生命周期知识来确定了。本书后续章节中，你也会看到一些开发实践。

3.7　深入学习：日志记录的级别与函数

使用 android.util.Log 类记录日志，不仅可以控制日志的内容，还可以控制日志级别，以区分信息重要程度。Android 支持表 3-2 所示的五种日志级别，每一个级别对应一个 Log 类函数。要输出什么级别的日志，调用相应的 Log 类函数即可。

表 3-2 日志级别与函数

日志级别	函 数	说 明
ERROR	Log.e(...)	错误
WARNING	Log.w(...)	警告
INFO	Log.i(...)	信息型消息
DEBUG	Log.d(...)	调试输出（可能被过滤掉）
VERBOSE	Log.v(...)	仅用于开发

需要说明的是，所有的日志记录函数都有两种参数签名：string 类型的 tag 参数和 msg 参数；除 tag 和 msg 参数外再加上 Throwable 实例参数。应用抛出异常时，附加 Throwable 实例参数方便记录异常信息。代码清单 3-5 展示了一些日志函数签名的使用实例。

代码清单 3-5 Android 的各种日志记录函数

```
// Log a message at DEBUG log level
Log.d(TAG, "Current question index: $currentIndex")

try {
    val question = questionBank[currentIndex]
} catch (ex: ArrayIndexOutOfBoundsException) {
    // Log a message at ERROR log level, along with an exception stack trace
    Log.e(TAG, "Index was out of bounds", ex)
}
```

3.8 挑战练习：禁止一题多答

用户答完某道题，就禁掉那道题对应的按钮，防止用户一题多答。

3.9 挑战练习：答题评分

用户答完全部题后，显示一个 toast 消息，给出百分比形式的评分。

第4章

UI状态的保存与恢复

适时使用备选资源，Android做得不错。但是，设备旋转导致activity销毁与新建有时也令人头疼，比如，设备旋转后，GeoQuiz应用将回到第一道题。

要修复这个bug，旋转后新建的MainActivity需要知道currentIndex变量的原值。显然，在设备运行中发生配置变更时，比如设备旋转，需要想个办法保存以前的数据。

本章，我们将学习使用ViewModel保存UI数据，修复GeoQuiz应用的UI状态丢失缺陷。此外，还会学习使用Android的实例状态保留机制解决一个不易发现但同样严重的问题——进程消亡导致的UI状态丢失。

4.1 引入ViewModel依赖

稍后我们会在GeoQuiz项目里添加ViewModel类。这个类来自一个叫lifecycle-extensions的Android Jetpack库，本书后续还会使用一些其他Jetpack库（详见4.5节）。要使用ViewModel类，首先需要将它添加到项目**依赖**列表里。

项目依赖保存在一个叫build.gradle的文件里（前面说过，Gradle是一个Android构建工具）。在项目工具窗口中，先切换至Android视角模式，再展开Gradle scripts区查看其内容。可以看到，GeoQuiz项目有两个build.gradle文件：一个用于整体项目，一个用于应用模块。打开应用模块里的build.gradle文件，应该看到类似代码清单4-1所示的内容。

代码清单4-1 Gradle项目依赖（app/build.gradle）

```
apply plugin: 'com.android.application'

apply plugin: 'kotlin-android'

apply plugin: 'kotlin-android-extensions'

android {
    ...
}

dependencies {
    implementation fileTree(dir: 'libs', include: ['*.jar'])
    implementation"org.jetbrains.kotlin:kotlin-stdlib-jdk7:$kotlin_version"
```

```
    implementation 'androidx.appcompat:appcompat:1.0.0-beta01'
    ...
}
```

依赖代码区第一行表明，当前项目依赖的所有.jar 文件都在 libs 目录里。其他行列出的依赖库都是在创建项目时根据选定的配置自动引入的。

Gradle 支持指定新依赖，之后，在应用编译时，它会帮你找到并下载引入。你只要给出准确的库描述，剩下的交给 Gradle 就可以了。

如代码清单 4-2 所示，在 app/build.gradle 文件里添加 `lifecycle-extensions` 依赖。顺便说一句，新加依赖代码具体放在 dependencies 区的哪个位置并不重要，但最好保持整齐一致的风格，以便以后继续添加新依赖代码。

4

代码清单 4-2　添加 `lifecycle-extensions` 依赖（app/build.gradle）

```
dependencies {
    ...
    implementation 'androidx.constraintlayout:constraintlayout:1.1.2'
    implementation 'androidx.lifecycle:lifecycle-extensions:2.0.0'
    ...
}
```

如图 4-1 所示，build.gradle 文件有变化后，Android Studio 会提醒你同步该文件。

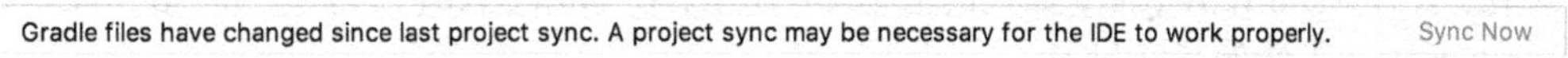

Gradle files have changed since last project sync. A project sync may be necessary for the IDE to work properly.　Sync Now

图 4-1　Gradle 同步提示

这个同步就是基于文件修改内容，让 Gradle 下载或删除依赖库后重新编译。要发起同步，可直接点击同步提醒旁的 Sync Now 按钮，或者选择 File → Sync Project with Gradle Files 菜单项。

4.2　添加 ViewModel

现在，是时候添加 `ViewModel` 了。`ViewModel` 与某种特殊用户屏相关联，非常适合存管那些处理屏显数据的逻辑。`ViewModel` 持有模型对象，能够“加工美化”模型层对象。你不想让模型对象做的数据显示相关的事情，`ViewModel` 有能力来处理。使用 `ViewModel`，可以把所有要显示在用户界面上的数据汇集在一处，统一格式化加工处理供其他对象获取。

`ViewModel` 在 androidx.lifecycle 包里。从名字可以看出，这个包里是那些包括**生命周期感知类部件**在内的生命周期相关的 API。生命周期感知类部件监视像 activity 这样的其他部件，掌握着它们的生命周期状态。

Google 创建 androidx.lifecycle 包的目的是让 activity 生命周期管理更容易些（除了 activity 还有哪些生命周期管理，请留意本书后续章节）。`LiveData` 是 Android 的又一个生命周期感知类部件，第 11 章将介绍。另外，第 25 章还会学习如何开发一个生命周期感知类部件。

现在来创建一个名为 `QuizViewModel` 的 `ViewModel` 子类。在项目工具窗口中，右键单击 com.bignerdranch.android.geoquiz 包，选择 New → Kotlin File/Class 菜单项。输入 QuizViewModel

作为类名，Kind 类型从下拉列表里选 Class。

如代码清单 4-3 所示，在 QuizViewModel.kt 中，添加 init 代码块并覆盖 onCleared()函数，另外再调用日志函数记录 QuizViewModel 实例的创建和销毁。

代码清单 4-3　创建 ViewModel 类（QuizViewModel.kt）

```
private const val TAG = "QuizViewModel"

class QuizViewModel : ViewModel() {

    init {
        Log.d(TAG, "ViewModel instance created")
    }

    override fun onCleared() {
        super.onCleared()
        Log.d(TAG, "ViewModel instance about to be destroyed")
    }
}
```

onCleared()函数的调用恰好在 ViewModel 被销毁之前。这里适合做一些善后清理工作，比如解绑某个数据源。当前，这里只是记录 ViewModel 何时被销毁，以方便观察其生命周期（同第 3 章探索 MainActivity 的生命周期时采用的方式一样）。

现在，打开 MainActivity.kt，如代码清单 4-4 所示，在 onCreate(...)里，将 MainActivity 和 QuizViewModel 实例关联起来。

代码清单 4-4　访问 ViewModel（MainActivity.kt）

```
class MainActivity : AppCompatActivity() {
    ...
    override fun onCreate(savedInstanceState: Bundle?) {
        ...
        setContentView(R.layout.activity_main)

        val provider: ViewModelProvider = ViewModelProviders.of(this)
        val quizViewModel = provider.get(QuizViewModel::class.java)
        Log.d(TAG, "Got a QuizViewModel: $quizViewModel")

        trueButton = findViewById(R.id.true_button)
        ...
    }
    ...
}
```

以上代码中，ViewModelProviders 类（留意“Providers”的复数形式）提供了 ViewModelProvider 类的实例。调用 ViewModelProviders.of(this)的作用是创建并返回一个关联了 MainActivity 的 ViewModelProvider 实例。

另外，ViewModelProvider（留意“Provider”的单数形式）会提供 ViewModel 实例给 MainActivity。调用 provider.get(QuizViewModel::class.java)会返回一个 QuizViewModel 实例。现实开发中，你经常会看到这样的链式调用：

```
ViewModelProviders.of(this).get(QuizViewModel::class.java)
```

ViewModelProvider 是个注册领用 ViewModel 的地方。在 MainActivity 首次访问 QuizViewModel 时，ViewModelProvider 会创建并返回一个 QuizViewModel 新实例。在设备配置改变之后，MainActivity 再次访问 QuizViewModel 对象时，它返回的是之前创建的 QuizViewModel。在 MainActivity 完成使命销毁时（比如用户按了回退键），ViewModel-Activity 这对好朋友也就从内存里抹掉了。

4.2.1 ViewModel 生命周期与 ViewModelProvider

如第 3 章所述，activity 一直在运行、暂停、停止和不存在这四种状态间转换。activity 何时被销毁有两种情况：一是用户结束使用 activity，二是因设备配置改变时的系统销毁。

一般来讲，当用户结束使用 activity 时，都希望重置应用的 UI 状态。而当用户旋转 activity 时，他们又希望旋转前后 UI 状态保持一致。

通过检查 activity 的 isFinishing 属性可以知道哪一场景正在上演。如果 isFinishing 属性值是 true，那么 activity 正在被销毁，因为用户结束使用当前 activity 了（比如按了回退键，或者从概览屏消除了应用卡片）。如果 isFinishing 属性值是 false，activity 则正在被系统销毁，因为设备配置改变了。

不过，有了 ViewModel，当 isFinishing 属性值是 false 时，检查 isFinishing 状态并保存 UI 状态就不需要手动处理了。我们可以用 ViewModel 把 UI 状态保存在内存里，以应对设备配置的改变。ViewModel 的生命周期更符合用户的预期：设备配置发生变化数据也不会丢失，只有在关联 activity 结束使命时才会与之一起销毁。

在代码清单 4-4 中，一个 ViewModel 实例和一个 activity 生命周期关联上了。这时，我们可以说，该 ViewModel 和其关联 activity 的生命周期**同步**了。这意味着，不管关联 activity 处于什么状态，该 ViewModel 会一直保留在内存里，直到关联 activity 因结束使用被销毁。如图 4-2 所示，一旦关联 activity 因结束使用被销毁（比如用户按了回退键），对应的 ViewModel 实例也会随之销毁。

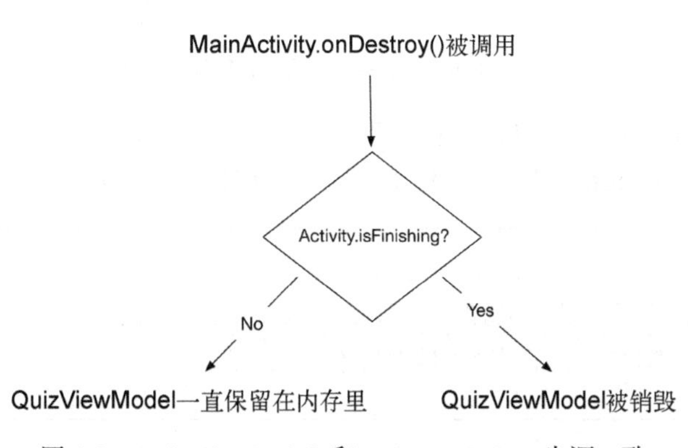

图 4-2 QuizViewModel 和 MainActivity 步调一致

这意味着，像设备旋转这样的配置改变发生时，ViewModel 留在了内存里。设备配置改变时，activity 实例被销毁并重建，但其关联的 ViewModel 仍留在内存里。以 MainActivity 和 QuizViewModel 为参考对象，图 4-3 展示了这一过程。

旋转之前
旋转期间
旋转之后
MainActivity
QuizViewModel
QuizViewModel
New
MainActivity
QuizViewModel

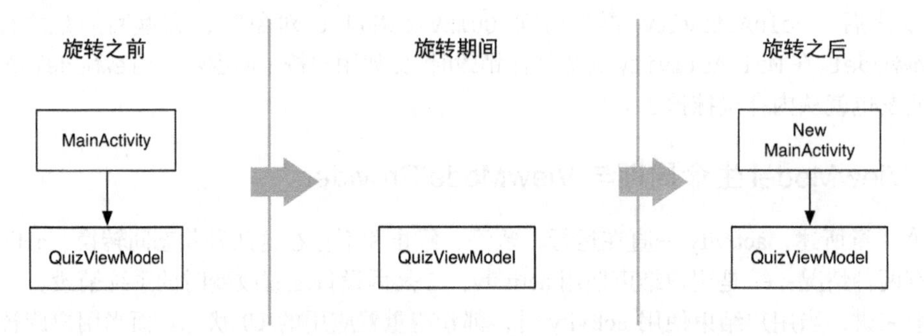

图 4-3　MainActivity 和 QuizViewModel 经历设备旋转

为动态观察此现象，我们运行 GeoQuiz 应用。在 Logcat 中的下拉列表里选择 Edit Filter Configuration 创建一个新过滤器。如图 4-4 所示，在 Log Tag 处输入 QuizViewModel | MainActivity（管道符 | 隔开的两个类名），控制只显示这两个类的标签日志。将过滤器命名为 ViewModelAndActivity（命名自定，合适即可）后，点击 OK 确认。

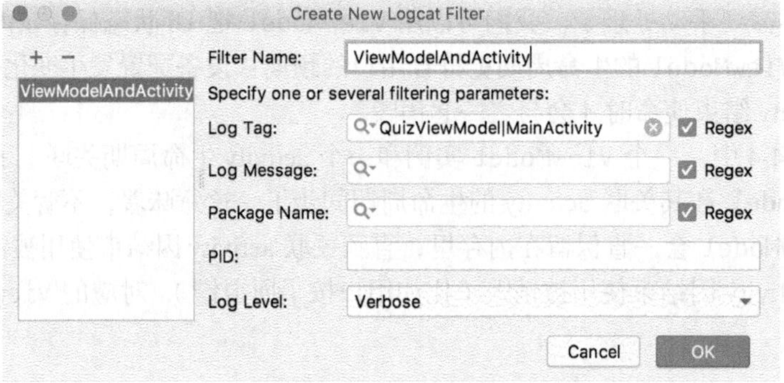

Create New Logcat Filter
+ −
ViewModelAndActivity
Filter Name: ViewModelAndActivity
Specify one or several filtering parameters:
Log Tag: QuizViewModel|MainActivity
Regex
Log Message:
Regex
Package Name:
Regex
PID:
Log Level: Verbose
Cancel
OK

图 4-4　过滤显示 QuizViewModel 和 MainActivity 日志

现在查看日志。在 onCreate(...) 函数里，MainActivity 在首次启动并请求 ViewModel 时，一个新的 QuizViewModel 实例被创建了。这可以在日志截图 4-5 中清楚看到。

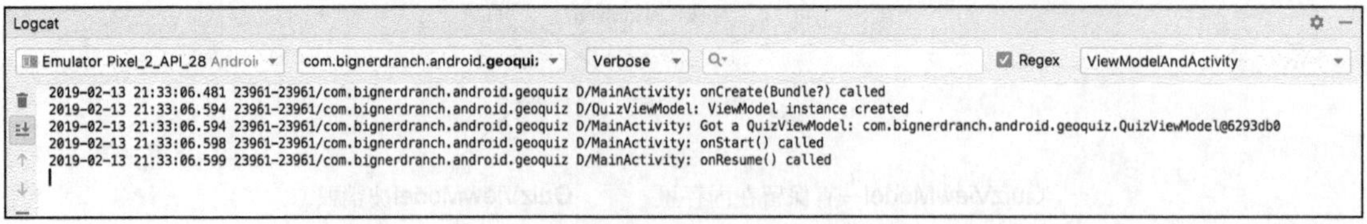

Logcat
Emulator Pixel_2_API_28 Androi
com.bignerdranch.android.geoqui:
Verbose
Regex
ViewModelAndActivity
2019-02-13 21:33:06.481 23961-23961/com.bignerdranch.android.geoquiz D/MainActivity: onCreate(Bundle?) called
2019-02-13 21:33:06.594 23961-23961/com.bignerdranch.android.geoquiz D/QuizViewModel: ViewModel instance created
2019-02-13 21:33:06.594 23961-23961/com.bignerdranch.android.geoquiz D/MainActivity: Got a QuizViewModel: com.bignerdranch.android.geoquiz.QuizViewModel@6293db0
2019-02-13 21:33:06.598 23961-23961/com.bignerdranch.android.geoquiz D/MainActivity: onStart() called
2019-02-13 21:33:06.599 23961-23961/com.bignerdranch.android.geoquiz D/MainActivity: onResume() called

图 4-5　QuizViewModel 实例创建了

旋转设备。如图 4-6 的日志截图所示，activity 被销毁了，而 QuizViewModel 得以保留。旋转后，新的 MainActivity 实例被创建，它要求关联一个 QuizViewModel。既然原 QuizViewModel 仍保留在内存里，那么 ViewModelProvider 就直接返回它，而不是再去新建一个。

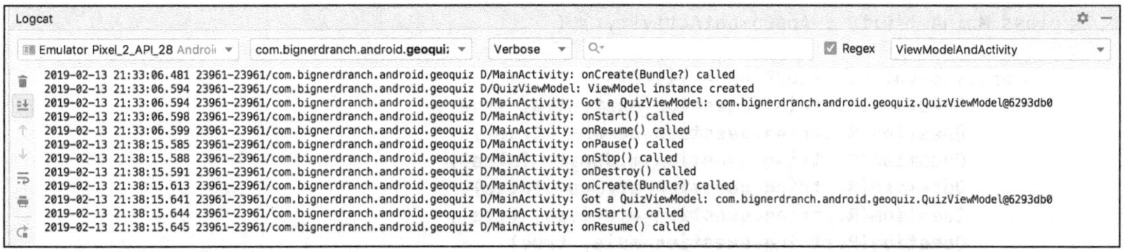

```
Logcat
Emulator Pixel_2_API_28 Android   com.bignerdranch.android.geoquiz   Verbose   Regex   ViewModelAndActivity
2019-02-13 21:33:06.481 23961-23961/com.bignerdranch.android.geoquiz D/MainActivity: onCreate(Bundle?) called
2019-02-13 21:33:06.594 23961-23961/com.bignerdranch.android.geoquiz D/QuizViewModel: ViewModel instance created
2019-02-13 21:33:06.594 23961-23961/com.bignerdranch.android.geoquiz D/MainActivity: Got a QuizViewModel: com.bignerdranch.android.geoquiz.QuizViewModel@6293db0
2019-02-13 21:33:06.598 23961-23961/com.bignerdranch.android.geoquiz D/MainActivity: onStart() called
2019-02-13 21:33:06.599 23961-23961/com.bignerdranch.android.geoquiz D/MainActivity: onResume() called
2019-02-13 21:38:15.585 23961-23961/com.bignerdranch.android.geoquiz D/MainActivity: onPause() called
2019-02-13 21:38:15.588 23961-23961/com.bignerdranch.android.geoquiz D/MainActivity: onStop() called
2019-02-13 21:38:15.591 23961-23961/com.bignerdranch.android.geoquiz D/MainActivity: onDestroy() called
2019-02-13 21:38:15.613 23961-23961/com.bignerdranch.android.geoquiz D/MainActivity: onCreate(Bundle?) called
2019-02-13 21:38:15.641 23961-23961/com.bignerdranch.android.geoquiz D/MainActivity: Got a QuizViewModel: com.bignerdranch.android.geoquiz.QuizViewModel@6293db0
2019-02-13 21:38:15.644 23961-23961/com.bignerdranch.android.geoquiz D/MainActivity: onStart() called
2019-02-13 21:38:15.645 23961-23961/com.bignerdranch.android.geoquiz D/MainActivity: onResume() called
```

图 4-6 MainActivity 销毁又重建，QuizViewModel 得以保留

最后，点击回退键。如图 4-7 的日志截图所示，QuizViewModel.onCleared()被调用了，这表明 QuizViewModel 实例即将被销毁。很快，QuizViewModel 和 MainActivity 都被销毁了。

```
Logcat
Emulator Pixel_2_API_28 Android   com.bignerdranch.android.geoquiz   Verbose   Regex   ViewModelAndActivity
2019-02-13 21:33:06.598 23961-23961/com.bignerdranch.android.geoquiz D/MainActivity: onStart() called
2019-02-13 21:33:06.599 23961-23961/com.bignerdranch.android.geoquiz D/MainActivity: onResume() called
2019-02-13 21:38:15.585 23961-23961/com.bignerdranch.android.geoquiz D/MainActivity: onPause() called
2019-02-13 21:38:15.588 23961-23961/com.bignerdranch.android.geoquiz D/MainActivity: onStop() called
2019-02-13 21:38:15.591 23961-23961/com.bignerdranch.android.geoquiz D/MainActivity: onDestroy() called
2019-02-13 21:38:15.613 23961-23961/com.bignerdranch.android.geoquiz D/MainActivity: onCreate(Bundle?) called
2019-02-13 21:38:15.641 23961-23961/com.bignerdranch.android.geoquiz D/MainActivity: Got a QuizViewModel: com.bignerdranch.android.geoquiz.QuizViewModel@6293db0
2019-02-13 21:38:15.644 23961-23961/com.bignerdranch.android.geoquiz D/MainActivity: onStart() called
2019-02-13 21:38:15.645 23961-23961/com.bignerdranch.android.geoquiz D/MainActivity: onResume() called
2019-02-13 21:45:04.573 23961-23961/com.bignerdranch.android.geoquiz D/MainActivity: onPause() called
2019-02-13 21:45:04.727 23961-23961/com.bignerdranch.android.geoquiz D/MainActivity: onStop() called
2019-02-13 21:45:04.731 23961-23961/com.bignerdranch.android.geoquiz D/QuizViewModel: ViewModel instance about to be destroyed
2019-02-13 21:45:04.732 23961-23961/com.bignerdranch.android.geoquiz D/MainActivity: onDestroy() called
```

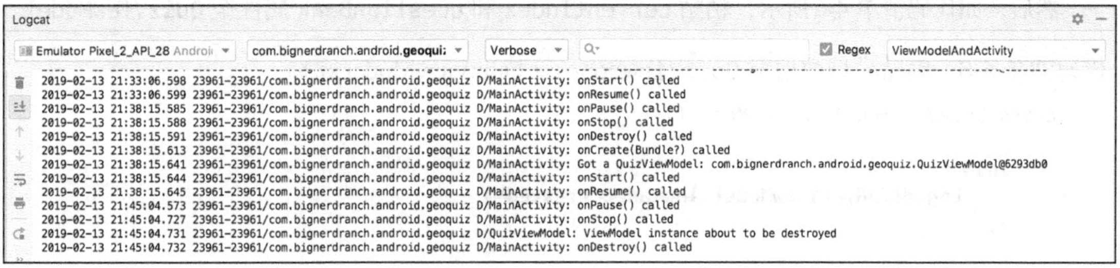

图 4-7 QuizViewModel 和 MainActivity 都被销毁了

QuizViewModel 和 MainActivity 的关系是单向的。某个 activity 会引用其关联 ViewModel，反过来则不行。一个 ViewModel 绝不能引用 activity 或 view，否则会引发**内存泄漏**。

当某个对象强引用另一个要被销毁的对象时，内存泄漏就会发生。这样的强引用会阻止垃圾回收器从内存里清理对象。设备配置改变带来的内存泄漏是常见问题。强引用和垃圾回收知识超出了本书讨论范围，如果不熟悉这些概念，建议去阅读 Kotlin 或 Java 相关参考资料。

设备旋转时，ViewModel 实例留在了内存里，而原始 activity 实例已经被销毁。如果某个 ViewModel 强引用着原始 activity 实例，则会带来两个问题：首先，原始 activity 实例无法从内存里清除，因而它泄漏了；其次，该 ViewModel 引用的是一个失效 activity。因此，如果它想更新失效 activity 的视图，则会抛出 IllegalStateException 异常。

4.2.2 向 ViewModel 添加数据

现在，是时候解决 GeoQuiz 应用在设备旋转时暴露的问题了。既然 QuizViewModel 不会像 MainActivity 那样在设备旋转时被销毁，我们就可以把 UI 状态数据保存在 QuizViewModel 实例里，不用再担心数据丢失了。

首先，把 question 和当前 index 数据，以及它们的相关逻辑代码复制到 ViewModel 里。如代码清单 4-5 所示，从 MainActivity 里剪切 currentIndex 和 questionBank 属性。

代码清单 4-5 从 activity 里移除模型数据（MainActivity.kt）

```
class MainActivity : AppCompatActivity() {
    ...
    private val questionBank = listOf(
        Question(R.string.question_australia, true),
        Question(R.string.question_oceans, true),
        Question(R.string.question_mideast, false),
        Question(R.string.question_africa, false),
        Question(R.string.question_americas, true),
        Question(R.string.question_asia, true)
    )

    private var currentIndex = 0
    ...
}
```

然后，如代码清单 4-6 所示，粘贴 currentIndex 和 questionBank 属性至 QuizViewModel。

代码清单 4-6 粘贴模型数据至 QuizViewModel（QuizViewModel.kt）

```
class QuizViewModel : ViewModel() {

    init {
        Log.d(TAG, "ViewModel instance created")
    }

    override fun onCleared() {
        super.onCleared()
        Log.d(TAG, "ViewModel instance about to be destroyed")
    }

    private var currentIndex = 0
    private val questionBank = listOf(
        Question(R.string.question_australia, true),
        Question(R.string.question_oceans, true),
        Question(R.string.question_mideast, false),
        Question(R.string.question_africa, false),
        Question(R.string.question_americas, true),
        Question(R.string.question_asia, true)
    )
}
```

删除 currentIndex 属性的 private 修饰符，让 MainActivity 这样的外部类能够访问其属性值。questionBank 的 private 访问修饰符保留不动——MainActivity 会调用添加到 QuizViewModel 里的函数和计算属性，而不是直接访问 questionBank。另外，init 和 onCleared() 日志记录代码没用了，顺手删除它们。

接着，在 QuizViewModel 里，添加地理知识问题出题函数，以及返回当前题干内容和答案的计算属性，如代码清单 4-7 所示。

代码清单 4-7　向 QuizViewModel 里添加业务逻辑（QuizViewModel.kt）

```
class QuizViewModel : ViewModel() {

    var currentIndex = 0

    private val questionBank = listOf(
        ...
    )

    val currentQuestionAnswer: Boolean
        get() = questionBank[currentIndex].answer

    val currentQuestionText: Int
        get() = questionBank[currentIndex].textResId

    fun moveToNext() {
        currentIndex = (currentIndex + 1) % questionBank.size
    }
}
```

之前我们说过，ViewModel 会保存关联用户界面所需数据，并整理格式化这些数据，以方便其他对象取用。这样一来，就可以把屏幕展现逻辑从 activity 里删除，让其“瘦身”了。尽可能轻量化 activity 有很多好处：不用担心 activity 里的逻辑受其生命周期的潜在影响了；各司其职，让 activity 只负责用户界面上的显示内容，不考虑数据该如何显示的逻辑。

不过，updateQuestion()和 checkAnswer(Boolean)函数还是会留在 MainActivity 里。稍后，我们会更新它们以调用 QuizViewModel 里新添加的计算属性。将它们留在 MainActivity 里会让 activity 代码组织得更有条理。

接下来，如代码清单 4-8 所示，添加一个惰性初始化属性来保存与 MainActivity 关联的 QuizViewModel 实例。

代码清单 4-8　惰性初始化 QuizViewModel（MainActivity.kt）

```
class MainActivity : AppCompatActivity() {
    ...
    private val quizViewModel: QuizViewModel by lazy {
        ViewModelProviders.of(this).get(QuizViewModel::class.java)
    }

    override fun onCreate(savedInstanceState: Bundle?) {
        ...
        val provider: ViewModelProvider = ViewModelProviders.of(this)
        val quizViewModel = provider.get(QuizViewModel::class.java)
        Log.d(TAG, "Got a QuizViewModel: $quizViewModel")
        ...
    }
    ...
}
```

使用 by lazy 关键字，可以确保 quizViewModel 属性是 val 类型，而不是 var 类型。这简直太棒了，因为只在 activity 实例对象被创建后，才需要获取和保存 QuizViewModel，也就是说，quizViewModel 一次只应该赋一个值。

更为重要的是，使用了 by lazy 关键字，quizViewModel 的计算和赋值只在首次获取 quizViewModel 时才会发生。这很有用，因为只有在 Activity.onCreate(...)被调用后，才能安全地获取到一个 ViewModel。如果在 Activity.onCreate(...)被调用之前调用 ViewModelProviders.of(this).get(QuizViewModel::class.java)，应用则会抛出 IllegalStateException 异常。

最后，如代码清单 4-9 所示，更新 MainActivity 代码，与 QuizViewModel 交互，显示地理知识问题和答案。

代码清单 4-9　通过 QuizViewModel 更新题干（MainActivity.kt）

```
class MainActivity : AppCompatActivity() {
    ...
    override fun onCreate(savedInstanceState: Bundle?) {
        ...
        nextButton.setOnClickListener {
            currentIndex = (currentIndex + 1) % questionBank.size
            quizViewModel.moveToNext()
            updateQuestion()
        }
        ...
    }
    ...
    private fun updateQuestion() {
        val questionTextResId = questionBank[currentIndex].textResId
        val questionTextResId = quizViewModel.currentQuestionText
        questionTextView.setText(questionTextResId)
    }

    private fun checkAnswer(userAnswer: Boolean) {
        val correctAnswer = questionBank[currentIndex].answer
        val correctAnswer = quizViewModel.currentQuestionAnswer
        ...
    }
```

运行 GeoQuiz 应用，点击 NEXT 按钮，旋转设备或模拟器。不管如何旋转，MainActivity 都能记住当前题目。开心一下吧，设备旋转丢失 UI 状态数据的问题终于解决了。

然而，开心只是暂时的，因为还有另一个不容易发现的问题要对付。

4.3　进程销毁时保存数据

不管用户想或不想，并不是只在配置改变时，操作系统才要销毁某个 activity。每个应用都有自己的进程（更具体地讲，是一个 Linux 进程），其包含一个执行 UI 工作的单线程，以及保存对象的一小块内存。

用户离开当前应用一会儿或 Android 需要回收内存时，应用的进程都会被操作系统销毁。应用进程被销毁后，进程内存里存储的所有对象自然也就随之被销毁了（Android 应用进程详见第 23 章）。

相比其他进程，有前台（运行状态）或可见（暂停状态）activity 进程的优先级更高。需要释放资源时，Android 操作系统的首选目标是低优先级进程。用户体验至上，理论上，操作系统不会“杀死”带有可见 activity 的进程。如果真的出现这种情况，则说明设备出现了大故障（既然如此，用户应用被“杀死”的事已经不重要了）。

但是，停止的 activity 被“杀死”是很正常的事，例如，用户按了主屏幕键，然后播放视频或玩起游戏。在这种情况下，你的应用进程可能会被销毁。

（本书撰写时，在低内存状态下，Android 会直接从内存清除整个应用进程，连带应用的所有 activity。目前，Android 还做不到只销毁单个 activity。）

当操作系统销毁应用进程时，内存中的任何应用 activity 和 ViewModel 都会被清除。操作系统做起销毁的事毫不留情，不会去调用任何 activity 或 ViewModel 的生命周期回调函数。

那么，该如何保存 UI 状态数据，并用它重建新的 activity，让用户察觉不到 activity 经历过“生死”呢？一个办法是将数据保存在**保留实例状态**（saved instance state）里。保留实例状态是操作系统临时存放在 activity 之外某个地方的一段数据。通过覆盖 Activity.onSaveInstanceState(Bundle)的方式，你可以把数据添加到保留实例状态里。

只要在未结束使用的 activity 进入停止状态时（比如用户按了 Home 按钮，启动另一个应用时），操作系统都会调用 Activity.onSaveInstanceState(Bundle)。这个时间点很重要，因为停止的 activity 会被标记为 killable。如果应用进程因低优先级被“杀死”，那么，你大可放心 Activity.onSaveInstanceState(Bundle)肯定已被调用过。

onSaveInstanceState(Bundle)的默认实现要求所有 activity 视图将自身状态数据保存在 Bundle 对象中。Bundle 是存储字符串键与特定类型值之间映射关系（键值对）的一种结构。

之前你已见过这样的 Bundle。如下列代码所示，它作为参数被传入 onCreate(Bundle?)：

```
override fun onCreate(savedInstanceState: Bundle?) {
    super.onCreate(savedInstanceState)
    ...
}
```

覆盖 onCreate(Bundle?)函数时，实际是在调用 activity 超类的 onCreate(Bundle?)函数，并传入收到的 bundle。在超类代码实现里，通过取出保存的视图状态数据，activity 的视图层级结构得以重建。

4.3.1 覆盖 onSaveInstanceState(Bundle)函数

可通过覆盖 onSaveInstanceState(Bundle)函数将一些数据保存在 bundle 中，然后在 onCreate(Bundle?)函数中取回这些数据。处理设备旋转问题时，将采用这种方式保存 currentIndex 变量值。

首先，打开MainActivity.kt文件，新增一个常量作为将要存储在bundle中的键值对的键，如代码清单4-10所示。

代码清单4-10　新增键值对的键（MainActivity.kt）

```
private const val TAG = "MainActivity"
private const val KEY_INDEX = "index"

class MainActivity : AppCompatActivity() {
    ...
}
```

然后，覆盖onSaveInstanceState(Bundle)函数，以刚才新增的常量值作为键，将currentIndex变量值保存到bundle中，如代码清单4-11所示。

代码清单4-11　覆盖onSaveInstanceState(...)函数（MainActivity.kt）

```
override fun onPause() {
    ...
}

override fun onSaveInstanceState(savedInstanceState: Bundle) {
    super.onSaveInstanceState(savedInstanceState)
    Log.i(TAG, "onSaveInstanceState")
    savedInstanceState.putInt(KEY_INDEX,  quizViewModel.currentIndex)
}

override fun onStop() {
    ...
}
```

最后，在onCreate(Bundle?)函数中确认是否成功获取该数值。如果获取成功，就将它赋值给变量currentIndex；如果bundle里不存在index键对应的值，或者Bundle对象是null，就将currentIndex的值设为0，如代码清单4-12所示。

代码清单4-12　在onCreate(Bundle?)函数中检查存储的bundle信息（MainActivity.kt）

```
override fun onCreate(savedInstanceState: Bundle?) {
    super.onCreate(savedInstanceState)
    Log.d(TAG, "onCreate(Bundle?) called")
    setContentView(R.layout.activity_main)

    val currentIndex = savedInstanceState?.getInt(KEY_INDEX, 0) ?: 0
    quizViewModel.currentIndex = currentIndex
    ...
}
```

onCreate接受传入可空值bundle。这是因为用户首次启动的activity新实例是没有状态的，自然对应的bundle为空。当设备旋转或进程被销毁后重建应用activity时，Bundle对象就有值了。此时的bundle会保存你在onSaveInstanceState(Bundle)里添加的键值对。另外，Bundle对象里也可能包含系统框架添加的额外信息，比如某个EditText的内容或者其他基本UI部件的状态。

旋转设备很好测试，低内存状况也很好测试。亲自试试吧。

在硬件设备或模拟器上的应用列表中找到“设置”（Settings）图标。启动 Settings，找到默认隐藏的 Developer options 选项。如果用的是实体设备，你可能已在学习第 2 章时启用了它；如果用的是模拟器（或者还没启用 Developer options 选项），请选择 System → About emulated device（或 System → About Tablet/Phone），然后向下滑屏，找到并连续点击 Build number 七次。

在看到“You are now a developer!”消息时，按回退键回到系统设置界面，向下滑屏找到 Developer options 选项（可能需要展开 Advanced 区域）。如图 4-8 所示，在 Developer options 选项界面，你会看到很多设置选项。向下滚动找到 Apps 区域，打开 Don’t keep activities 选项。

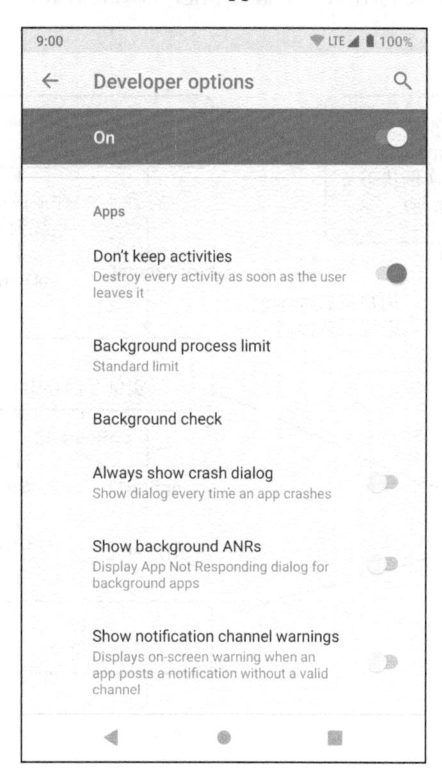

图 4-8　启用 Don’t keep activities 选项

现在，运行 GeoQuiz 应用，点击 NEXT 按钮看下一道题，然后点击主屏幕键。如前所述，点击主屏幕键会暂停并停止当前的 activity。通过查看日志可知，就像 Android 操作系统回收内存那样，停止的 activity 被系统销毁了。另外，我们在日志里也看到 `onSaveInstanceState(Bundle)` 被调用了——这就是希望所在。

重新运行应用（使用设备或模拟器上的应用列表），验证 activity 状态是否如期得到保存。可以看到，GeoQuiz 恢复后显示了应用关闭前的那道题。这一刻，你应该夸夸自己了。

测试完毕，记得关闭 Don’t keep activities 选项，否则将导致系统和应用出现性能问题。和点击主屏幕键不一样的是，点击回退键后，无论是否启用 Don't keep activities 选项，系统总是会销毁当前的 activity。点击回退键相当于告诉系统"用户不再需要使用当前的 activity 了"。

4.3.2　保留实例状态与 activity 记录

应用 activity 或进程被销毁后，保存在 `onSaveInstanceState(Bundle)`中的数据该如何幸免于难呢？调用该函数时，用户数据随即被保存到 `Bundle` 对象中，然后操作系统将这个 `Bundle` 对象放入 activity 记录中。

为便于理解 activity 记录，我们增加一个**暂存状态**（stashed state）到 activity 生命周期，如图 4-9 所示。

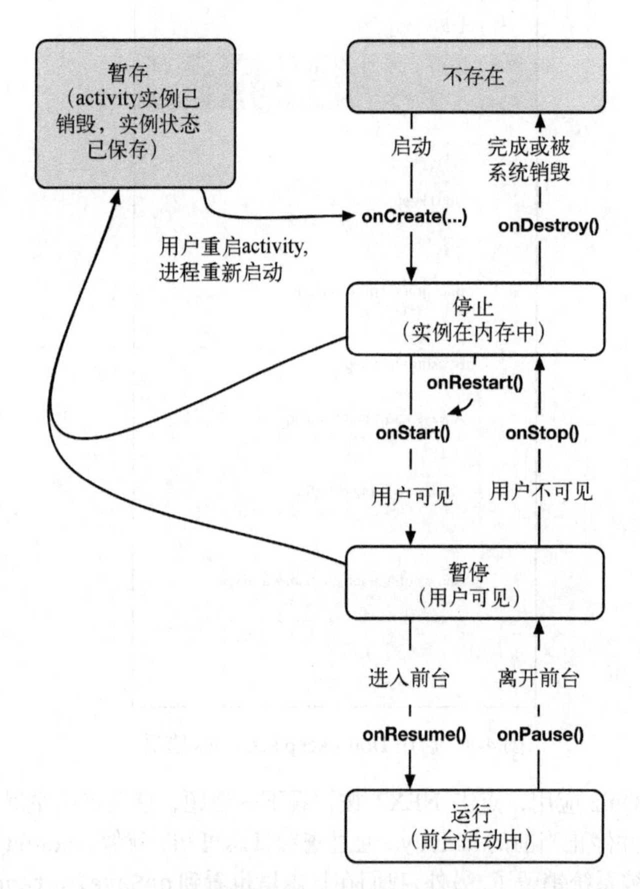

图 4-9　完整的 activity 生命周期

Activity 被暂存后，Activity 对象将不再存在，但操作系统会将 activity 记录对象保存起来。这样，在需要恢复 activity 时，操作系统可以使用暂存的 activity 记录重新激活 activity。

注意，activity 进入暂存状态并不一定需要调用 `onDestroy()`函数。不过，`onStop()`和

onSaveInstanceState(Bundle)是两个可靠的函数（除非设备出现重大故障）。因而，常见的做法是，覆盖onSaveInstanceState(Bundle)函数，在Bundle对象中，保存当前activity小的或暂存状态的数据；覆盖 onStop()函数，保存永久性数据，比如用户编辑的文字等。调用完onStop()函数后，activity随时会被系统销毁，所以用它保存永久性数据。

那么暂存的activity记录到底可以保留多久呢？前面说过，用户按了回退键后，系统会彻底销毁当前的activity。此时，暂存的activity记录会同时被清除。此外，如果系统重启，那么暂存的activity记录也会被清除。（按回退键结束activity意味着什么，请参阅3.4.2节。）

4.4 ViewModel与保存实例状态

无论是进程销毁还是设备配置改变，保留实例状态都能保存activity记录以防止信息丢失。初次启动某个activity时，保留实例状态bundle还是null，设备旋转时，操作系统会调用该activity的onSaveInstanceState(Bundle)函数，然后将保存在bundle里的数据传递给onCreate(Bundle?)函数。

保留实例状态既能应对进程销毁，也无惧设备配置改变，那还要 ViewModel 干吗呢？实际上，对于GeoQuiz这样的简单应用，保留实例状态就够用了。

GeoQuiz应用有硬编码的轻量数据就够用了，大多数应用则不行。如今，它们大多要从数据库、互联网，甚至同时从这两个渠道动态获取数据。这些数据获取行为是异步的，通常比较慢，会耗费宝贵的电力和网络资源。如果和activity的生命周期绑定，这些行为不仅效率低，还容易出错。

这方面的工作如果交给ViewModel处理，那将是它最擅长的事情。在第11章和第24章，你将看到它出色的表现。例如，即使设备配置改变，ViewModel也能轻松处理继续下载的任务。对于因配置改变要保存的数据，它也能轻松搞定，无须加载到宝贵的内存里。

不过，你知道的，如果用户终结使用activity，ViewModel就会被清除。所以，当遇到进程消亡的场景，ViewModel就不好使了。这时候，该保留实例状态上场了。但保留实例状态也有其局限性。因为保留实例状态数据是要序列化到磁盘的，所以应避免用它保存任何大而复杂的对象。

本书撰写时，Android团队正努力改善ViewModel开发使用体验，已发布lifecycle-viewmodel-savedstate 这个新库，让 ViewModel 在进程消亡时也能保存状态数据。这样，ViewModel 搭配保留实例状态应用就没那么困难了。

现在，再讨论哪种方案更好就没必要了。聪明的开发人员会用好它们，让它们各自发挥所长，和谐共处。

使用保留实例状态保存少量必需信息以重建UI状态（例如，GeoQuiz应用的currentIndex）。使用ViewModel保存的更丰富的数据，可以快速方便地取回来填充UI，以应对设备配置改变。如果 activity 是在进程销毁后重建，那就借助保留实例状态先创建 ViewModel，从而达到ViewModel和activity从未失效的效果。

本书撰写时，应用 activity 重建是因进程销毁还是设备配置改变一时还没有很多的判别方法。为什么要搞清楚呢？如果是设备配置改变，那么 ViewModel 还会待在内存里。这种情况下，如果还用保留实例状态来更新 ViewModel，就是让应用做不必要的事，是多此一举。如果还因此让用户等待，或耗费电力这样的宝贵资源，那么本来就多此一举的事更是个大问题了。

一个解决办法是让 ViewModel 聪明一点儿。如果担心设置 ViewModel 值是多此一举的事，那就首先检查其数据是否可用，然后再决定要不要抓取和更新其余数据：

```
class SomeFancyViewModel : ViewModel() {
    ...
    fun setCurrentIndex(index: Int) {
        if (index != currentIndex) {
            currentIndex = index
            // Load current question from database
        }
    }
}
```

保留实例状态和 ViewModel 都不是长期存储解决方案。如果应用需要长久存储数据，且完全不担心 activity 状态，那么请考虑使用持久化存储方案。本书会带你学习掌握两种本地持久化存储方法：数据库（详见第 11 章）和 shared preference（详见第 26 章）。shared preference 适合保存轻量数据。本地数据库更适合保存大量复杂数据。除了本地存储外，你还可以把数据保存到远程服务器上。第 24 章会介绍如何从 Web 服务器上获取数据。

如果 GeoQuiz 应用需要大量题目，那么，相比在 ViewModel 里硬编码，用数据库或 Web 服务器来保存题目数据应该更好。另外，因为 GeoQuiz 应用用到的题目都是不变的常量，所以就更有理由让这些数据保持与 activity 生命周期状态无关了。不过，读取数据库要比读取内存慢很多。所以，就 GeoQuiz 应用场景来说，最好的方案就是使用 ViewModel，加载要展示的 UI 数据并将其保存在内存里，同时控制 UI 进行展现。

本章通过正确判别设备配置改变和进程销毁并加以处理解决了 GeoQuiz 的状态丢失问题。下一章将学习如何使用 Android Studio 调试工具解决开发过程可能出现的应用相关问题。

4.5　深入学习：Jetpack、AndroidX 与架构组件

ViewModel 所在的 lifecycle-extensions 库是 Android Jetpack Components（简称 Jetpack）库包的一部分。Jetpack 是 Google 官方出品的一套开发库，目的是让 Android 开发更轻松些。

所有 Jetpack 库都位于 androidx 打头的包里，所以我们会听到 Jetpack 和 AndroidX 两种不同术语叫法。

如图 4-10 所示，之前我们在创建新项目时，都默认勾选了 Use AndroidX artifacts 选项。如同创建 GeoQuiz 项目那样，该选项几乎每次都必选，这样 Android Studio 会添加一些基本的 Jetpack 库，让应用默认使用它们。

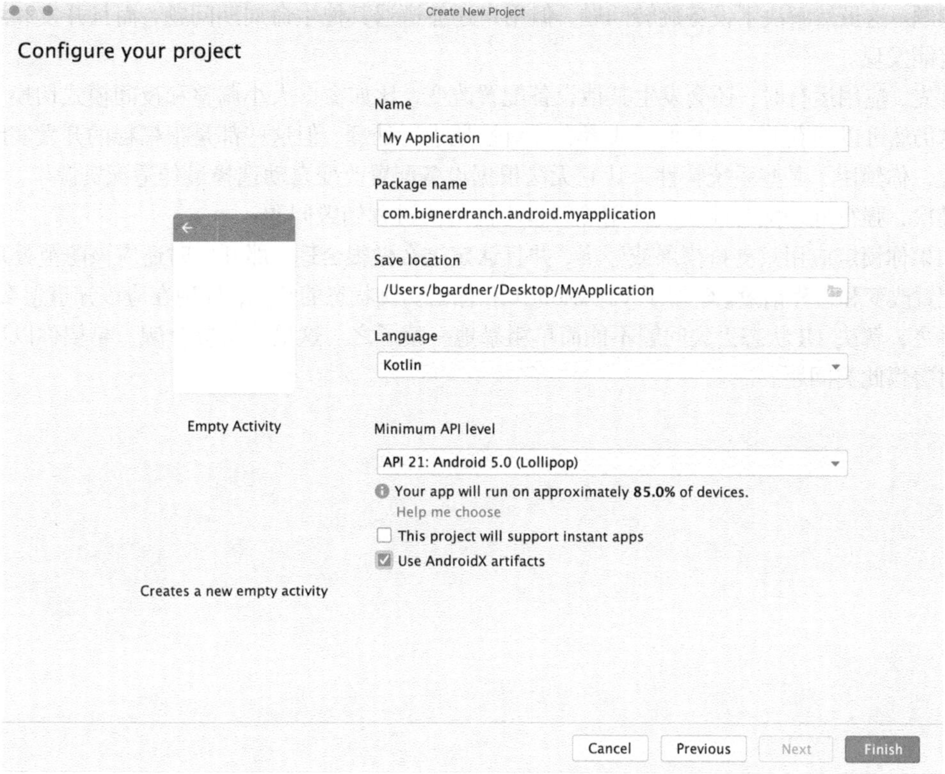

图 4-10　添加 Jetpack 支持库

Jetpack 库分为四大类：foundation、architecture、behavior 和 UI。architecture 类 Jetpack 库还有一个常见名字叫 architecture component。ViewModel 就是一种架构组件。后续章节还会介绍其他几个重要架构组件，它们是 Room（详见第 11 章）、Data Binding（详见第 19 章）和 WorkManager（详见第 27 章）。

此外，本书还会介绍一些 foundation 类的 Jetpack 库，它们是 AppCompat（详见第 14 章）、Test（详见第 20 章）和 Android KTX（详见第 26 章）。第 27 章还会介绍 Notification 这个行为 Jetpack 库。另外，还有一些 UI Jetpack 库，比如 Fragment（详见第 8 章）和 Layout（详见第 9 章和第 10 章）。

有些 Jetpack 组件是新开发的，有些早就有了，之前都是放在一个叫支持库的大包里。如果以前用过支持库，你应该知道，现在都用 Jetpack（AndroidX）版本的替代库了。

4.6　深入学习：解决问题要彻底

有的开发人员直接禁止应用屏旋转，以此解决设备配置改变带来的 UI 状态丢失问题。应用不支持旋转，UI 状态就不会丢失了，不是吗？没错，但糟糕的是，这样粗暴的解决方案会带来其他问题。这虽然解决了设备旋转问题，但用户还会遭遇其他生命周期问题，而且开发和测试时不一定能发现。

首先，应用运行时，还会发生其他设备配置改变，比如窗口大小调整和夜间模式切换等。当然，你仍然可以捕获并忽略它们，或者有针对性地进行处理。但这些都是很糟糕的开发实践，也就是说，你禁用了某些系统特性，让它无法根据设备配置改变自动选择最佳适配资源了。

其次，强行处理配置改变或禁用旋转也不能解决进程销毁问题。

如果你锁定应用只支持横屏或竖屏，并且**认定这么做很合理**，那开发时还应该防范处理其他设备配置改变和进程销毁。学习了 `ViewModel` 和保留实例状态的知识，你现在应该知道怎么做了。

总之，解决 UI 状态丢失问题不能简单粗暴地一禁了之。这里算是提个醒，希望你以后开发实战时警惕此类问题。

第 5 章

Android 应用的调试

5

本章将讲解如何处理应用的 bug，介绍如何使用 LogCat、Android Lint 以及 Android Studio 内置的代码调试器。

为练习调试，我们先搞点破坏。打开 MainActivity.kt 文件，在 onCreate(Bundle?) 函数中，注释掉 questionTextView 变量赋值的那行代码，如代码清单 5-1 所示。

代码清单 5-1　注释掉一行关键代码（MainActivity.kt）

```
override fun onCreate(savedInstanceState: Bundle?) {
    ...
    trueButton = findViewById(R.id.true_button)
    falseButton = findViewById(R.id.false_button)
    nextButton = findViewById(R.id.next_button)
    // questionTextView = findViewById(R.id.question_text_view)
    ...
}
```

运行 GeoQuiz 应用，看看会发生什么。应用立即崩溃了。

在 Android Pie（API 28）之前的版本系统上，你会看到错误信息提示应用崩溃了。而在运行 Android Pie 的设备上，观察屏幕，只能看到应用一闪而过就消失了，什么提示都没有。这种情况下，请在启动界面再次启动 GeoQuiz 应用。这次，应用崩溃后，你会看到图 5-1 所示的消息提示画面。

图 5-1　GeoQuiz 应用崩溃了

显然，我们知道应用为何崩溃。如果不知道，接下来的全新视角或许能帮助解决问题。

5.1　异常与栈跟踪

为了方便查看，展开 Logcat 工具窗口。上下滑动 LogCat 窗口滚动条，应该会看到整片红色的异常或错误信息，如图 5-2 所示。这就是标准的 AndroidRuntime 异常信息报告。

图 5-2　LogCat 中的异常与栈跟踪

如果看不到，可试着选择 LogCat 的 No Filters 过滤项。另外，如果觉得信息太多，看不过来，可以调整 Log Level 为 Error，让系统只输出严重问题日志。还可以使用搜索功能，比如搜“FATAL EXCEPTION”，就能直接定位让应用崩溃的异常。

该异常报告首先给出最高层级的异常及其栈跟踪，然后是导致该异常的异常及其栈跟踪。如此不断追溯，直到找到一个没有具体原因的异常。

因为我们编写的是 Kotlin 代码，所以看到 java.lang 异常会感觉很奇怪。实际上，对于 Android 应用编译，Kotlin 代码会被编译为和 Java 代码同样的低级字节码。在此过程中，许多 Kotlin 异常会通过类型别名（type-aliasing）和 java.lang 异常映射对应起来。`kotlin.RuntimeException` 是 `kotlin.UninitializedPropertyAccessException` 的超类，在 Android 上，其和 `java.lang.RuntimeException` 相对应。

5

在我们编写的大部分代码中，最后一个没给出具体原因的异常往往就是关注点。这里，没有具体原因的异常是 `kotlin.UninitializedPropertyAccessException`。紧接着该异常语句的一行就是其栈跟踪信息的第一行。从该行可以看出发生异常的类和函数以及它所在的源文件及代码行号。点击此处链接，Android Studio 会自动跳转到源代码的对应代码行。

Android Studio 定位的这行代码是 `questionTextView` 变量在 `updateQuestion()` 函数中的首次使用。名为 `UninitializedPropertyAccessException` 的异常暗示了问题所在，即变量没有初始化。

为修正该问题，取消对变量 `questionTextView` 赋值语句的注释，如代码清单 5-2 所示。

代码清单 5-2 取消注释（MainActivity.kt）

```
override fun onCreate(savedInstanceState: Bundle?) {
    ...
    trueButton = findViewById(R.id.true_button)
    falseButton = findViewById(R.id.false_button)
    nextButton = findViewById(R.id.next_button)
    // questionTextView = findViewById(R.id.question_text_view)
    ...
}
```

碰到运行异常时，记得在 LogCat 中寻找最后一个异常及其栈跟踪的第一行（对应着源代码）。这里是问题发生的地方，也是查找解决方案的最佳起点。

如果发生应用崩溃的设备没有与计算机连接，日志信息也不会全部丢失。设备会将最近的日志保存到日志文件中。日志文件的内容长度及保留的时间取决于具体的设备，不过，获取十分钟之内产生的日志信息通常是有保证的。只要将设备连上计算机，在 Devices 视图里选择所用设备，LogCat 会自动打开并显示日志文件保存的内容。

5.1.1 诊断应用异常

即使出了问题，应用也不一定会崩溃。某些时候，应用只是出现了运行异常。例如，每次点击 NEXT 按钮时，应用都毫无反应。这就是一个非崩溃型的应用运行异常。

在 MainActivity.kt 中，修改 nextButton 监听器代码，注释掉 currentIndex 变量递增的语句，如代码清单 5-3 所示。

代码清单 5-3　漏掉一行关键代码（MainActivity.kt）

```
override fun onCreate(savedInstanceState: Bundle?) {
    ...
    nextButton.setOnClickListener {
        // quizViewModel.moveToNext()
        updateQuestion()
    }
    ...
}
```

运行 GeoQuiz 应用，点击 NEXT 按钮。可以看到，应用无响应。

这个问题要比上一个棘手。它没有抛出异常，所以，解决起来不像前面跟踪追溯并消除异常那么简单。有了前面的经验，这里可以推测出导致该问题的两个因素：

- ❑ currentIndex 变量值没有改变；
- ❑ updateQuestion()函数没被调用。

如果实在没有头绪，则需要设法跟踪并找出问题所在。在接下来的几节里，我们将学习两种跟踪问题的方法：

- ❑ 记录栈跟踪的诊断性日志；
- ❑ 利用调试器设置断点调试。

5.1.2　记录栈跟踪日志

在 MainActivity 中，为 updateQuestion()函数添加日志输出语句，如代码清单 5-4 所示。

代码清单 5-4　方便实用的调试方式（MainActivity.kt）

```
private fun updateQuestion() {
    Log.d(TAG, "Updating question text", Exception())
    val questionTextResId = quizViewModel.currentQuestionText
    questionTextView.setText(questionTextResId)
}
```

如同前面 UninitializedPropertyAccessException 的异常，Log.d(String, String, Throwable)函数记录并输出整个栈跟踪日志。这样，就可以很容易看出 updateQuestion()函数在哪些地方被调用了。

作为参数传入 Log.d(String, String, Throwable)函数的异常不一定就是已捕获的抛出异常。你可以创建一个全新的 Exception，把它作为不抛出的异常对象传入该函数。借此，我们可以得到异常发生位置的记录报告。

运行 GeoQuiz 应用，点击 NEXT 按钮，然后在 LogCat 中查看输出结果，如图 5-3 所示。

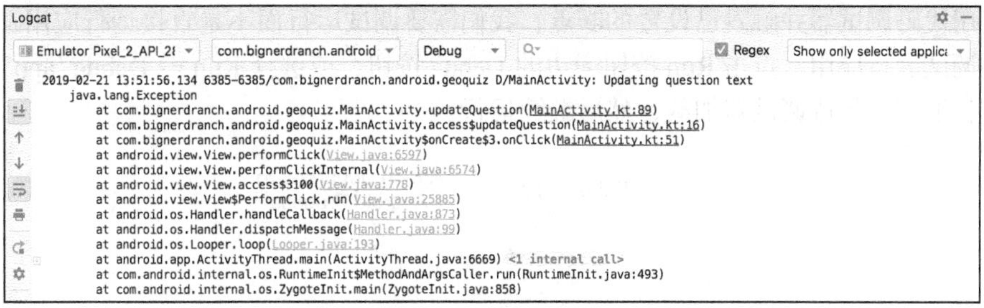

```
Logcat
Emulator Pixel_2_API_28   com.bignerdranch.android   Debug   Regex   Show only selected applica
2019-02-21 13:51:56.134 6385-6385/com.bignerdranch.android.geoquiz D/MainActivity: Updating question text
    java.lang.Exception
        at com.bignerdranch.android.geoquiz.MainActivity.updateQuestion(MainActivity.kt:89)
        at com.bignerdranch.android.geoquiz.MainActivity.access$updateQuestion(MainActivity.kt:16)
        at com.bignerdranch.android.geoquiz.MainActivity$onCreate$3.onClick(MainActivity.kt:51)
        at android.view.View.performClick(View.java:6597)
        at android.view.View.performClickInternal(View.java:6574)
        at android.view.View.access$3100(View.java:778)
        at android.view.View$PerformClick.run(View.java:25885)
        at android.os.Handler.handleCallback(Handler.java:873)
        at android.os.Handler.dispatchMessage(Handler.java:99)
        at android.os.Looper.loop(Looper.java:193)
        at android.app.ActivityThread.main(ActivityThread.java:6669) <1 internal call>
        at com.android.internal.os.RuntimeInit$MethodAndArgsCaller.run(RuntimeInit.java:493)
        at com.android.internal.os.ZygoteInit.main(ZygoteInit.java:858)
```

图 5-3 输出结果

栈跟踪日志的第一行即调用异常记录函数的地方。紧接着的两行表明，updateQuestion()函数是在 onClick(View)实现里被调用的。点击该行链接跳转至注释掉的问题索引递增代码行。暂时不要修正，下一节还会使用设置断点调试的方法重新查找该问题。

记录栈跟踪日志虽然是个强大的工具，但也存在缺陷。比如，大量的日志输出很容易导致 LogCat 窗口信息混乱难读。此外，通过阅读详细直白的栈跟踪日志并分析代码意图，竞争对手可以轻易剽窃我们的创意。

另外，既然有可能从栈跟踪日志看出代码的真实意图，那么在 Stack Overflow 网站或者 Big Nerd Ranch 论坛上求助时，附上一段栈跟踪日志往往有助于解决问题。如果需要这样做，你可以直接从 LogCat 中复制并粘贴日志内容。

继续学习之前，先删除日志记录代码，如代码清单 5-5 所示。

代码清单 5-5 再见，老朋友（MainActivity.kt）

```
private fun updateQuestion() {
    Log.d(TAG, "Updating question text", Exception())
    val questionTextResId = quizViewModel.currentQuestionText
    questionTextView.setText(questionTextResId)
}
```

5.1.3 设置断点

要使用 Android Studio 自带调试器调试上一节中的问题，首先要在 updateQuestion()中设置断点，以确认该函数是否被调用。断点会在断点设置行的前一行处停止代码执行，然后我们可以逐行检查代码，看看接下来到底发生了什么。

在 MainActivity.kt 文件中，找到 updateQuestion()函数，点击第一行代码左边的灰色栏区域。可以看到，灰色栏上出现了一个圆点。这就是已设置的一处断点，如图 5-4 所示。把光标放在想打断点的那一行，使用 Command+F8（Ctrl+F8）可以启用和禁用断点。

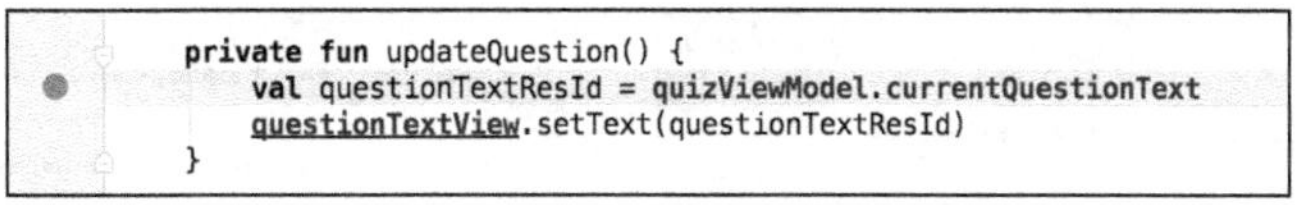

```
private fun updateQuestion() {
    val questionTextResId = quizViewModel.currentQuestionText
    questionTextView.setText(questionTextResId)
}
```

图 5-4 已设置的一处断点

为启用代码调试器并触发已设置的断点，我们需要调试运行而不是直接运行应用。如图 5-5 所示，要调试运行应用，点击 Run 按钮旁边的 Debug 按钮，或选择 Run → Debug 'app' 菜单项。设备会报告说正在等待调试器加载，然后继续运行。

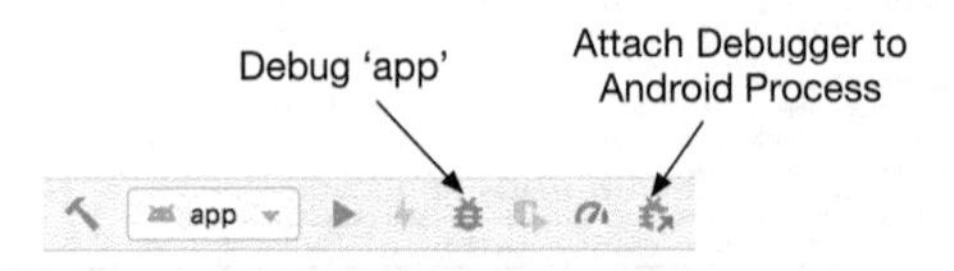

图 5-5　调试应用按钮

某些时候，你可能不想重新运行应用而直接调试运行中的应用。如图 5-5 所示，点击 Attach Debugger to Android Process 按钮，或选择 Run → Attach to process...菜单项，你可以加载调试器调试运行中的应用。在弹出的对话框里，选择应用进程后点击 OK 按钮，调试器就加载到运行的应用了。注意，调试器加载后，当前运行代码执行到的断点才会激活，之前打的断点都会被忽略。

我们打算从头开始调试 GeoQuiz 应用，所以使用了 Debug 'app' 菜单项。应用启动并加载调试器运行后，就会暂停。应用首先会调用 `MainActivity.onCreate(Bundle?)`，该函数又会调用 `updateQuestion()`函数，然后触发断点。（如果应用运行之后才加载调试器，那么应用可能不会在断点处停下，因为在加载调试器之前 `MainActivity.onCreate(Bundle?)`已执行完毕。）

如图 5-6 所示，MainActivity.kt 已经在代码编辑区打开了，断点设置所在行的代码也被加亮显示了。应用在断点处停止运行。这时，由 Frames 和 Variables 视图组成的 Debug 工具窗口出现在了屏幕底部。（如果 Debug 工具窗口没有自动打开，点击 Android Studio 窗口底部的 Debug 按钮即可。）

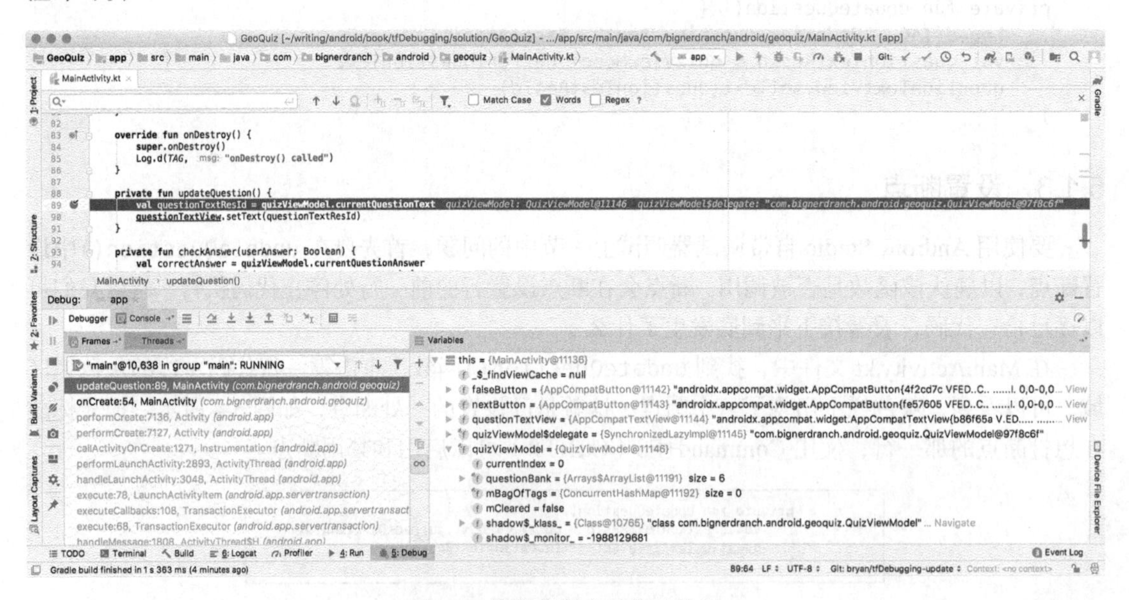

图 5-6　代码在断点处停止执行

如图 5-7 所示，使用 Debug 工具窗口顶部的箭头按钮可单步执行应用代码。调试过程中，可以使用 Evaluate Expression 按钮按需执行简单的 Kotlin 语句。这个工具很强大，应该利用好它。

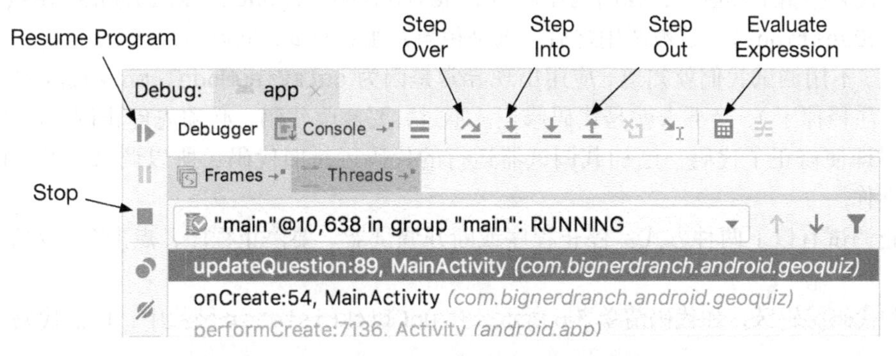

图 5-7 Debug 工具窗口中的控制按钮

从栈列表可以看出，`updateQuestion()`已经在 `onCreate(Bundle?)`中被调用了。不过，我们关心的是 NEXT 按钮被点击后的行为。因此，点击 Resume Program 按钮继续。然后，点击 GeoQuiz 中的 NEXT 按钮，观察断点是否被激活并停止执行代码（应该如此）。

既然程序执行停在了断点处，就可以趁机看看其他视图。变量视图窗口（Variables）可以让我们观察到程序中各对象的值。你应该可以看到在 `MainActivity` 中创建的变量，以及一个特别的 `this` 变量值（`MainActivity` 本身）。

展开 `this` 变量后可看到很多变量。它们是 `MainActivity` 类的 `Activity` 超类、`Activity` 超类的超类（一直追溯到继承树顶端）的全部变量。现在，你只需要关注自己创建的变量。

我们只需关心 `quizViewModel.currentIndex` 变量值。如图 5-8 所示，在变量视图窗口里向下滚动，先找到 `quizViewModel`，然后展开 `quizViewModel` 找到 `currentIndex`。

```
Variables
this = {MainActivity@11136}
    _$_findViewCache = null
  falseButton = {AppCompatButton@11142} "androidx.appcompat.widget.AppCompatButton{4f2cd7c VFED..C.. ......I. 0,0-0,0... View
  nextButton = {AppCompatButton@11143} "androidx.appcompat.widget.AppCompatButton{fe57605 VFED..C.. ......I. 0,0-0,0... View
  questionTextView = {AppCompatTextView@11144} "androidx.appcompat.widget.AppCompatTextView{b86f65a V.ED..... ........ View
  quizViewModel$delegate = {SynchronizedLazyImpl@11145} "com.bignerdranch.android.geoquiz.QuizViewModel@97f8c6f"
  quizViewModel = {QuizViewModel@11146}
      currentIndex = 0
    questionBank = {Arrays$ArrayList@11191}  size = 6
```

图 5-8 查看运行时变量值

变量 `currentIndex` 的值应该是 `1`，因为点击 NEXT 按钮会让它从 `0` 递增到 `1`。然而，如图 5-8 所示，`currentIndex` 的值为 `0`。

在编辑器工具窗口中查看代码，可以看到，`MainActivity.updateQuestion()`中代码只是根据 `QuizViewModel` 内容更新题目文字。代码看上去没问题，那么问题出在哪儿呢？

为继续追查，需跳出当前函数，看看 MainActivity.updateQuestion()之前执行的是什么语句。点击 Step Out 按钮。

查看代码编辑工具窗口，我们现在跳到了 nextButton 的 OnClickListener 函数，正好是在 updateQuestion()函数被调用之后。真是相当方便的调试，问题解决了。

当然，不用调试我们就知道，应用出现异常是因为 quizViewModel.moveToNext()从未被调用（被注释掉了）。接下来就是代码修正。不过，要修改代码，必须先停止调试应用。注意，在调试时即使修正了代码，已加载调试器运行的代码还是旧代码，所以调试器给出的信息可能会误导你。

停止调试有以下两种方式：停止程序或断开调试器。要停止程序，点击图 5-7 所示的 Stop 按钮。

回到代码编辑区，如代码清单 5-6 所示，在 OnClickListener 函数中，取消代码注释。

代码清单 5-6　取消代码注释（MainActivity.kt）

```
override fun onCreate(savedInstanceState: Bundle?) {
    ...
    nextButton.setOnClickListener {
        // quizViewModel.moveToNext()
        updateQuestion()
    }
    ...
}
```

至此，我们尝试了两种不同的代码跟踪调试方法：

- 记录栈跟踪的诊断性日志；
- 利用调试器设置断点调试。

哪种方法更好？没有肯定的答案，它们各有所长。实际体验之后，或许各有所爱吧。

栈跟踪记录的优点是，在同一日志记录中可以看到多处栈跟踪信息；缺点是，必须学习如何添加日志记录函数，重新编译、运行应用并跟踪排查应用问题。

相对而言，代码调试的方法更为方便。应用以调试模式运行后，可在应用运行的同时，在不同的地方设置断点，寻找解决问题的线索。

5.2　Android 特有的调试工具

大多数 Android 应用调试和 Kotlin 应用调试没什么两样。然而，Android 也有其特有的应用调试场景，比如应用资源问题。显然，Kotlin 编译器并不擅长处理此类问题。本节我们来学习两类 Android 特有问题：Android Lint 问题和 R 类问题。

5.2.1　使用 Android Lint

Android Lint（或 Lint）是 Android 应用代码的**静态分析器**（static analyzer）。作为一个特殊程序，它能在不运行代码的情况下检查代码错误。凭着对 Android 框架的熟练掌握，Android Lint

能深入检查代码，找出编译器无法发现的问题。大多数情况下，Android Lint 检查出的问题值得重视。

在第 7 章中，我们会看到 Android Lint 对设备兼容问题的警告。此外，Android Lint 能够检查定义在 XML 文件中的对象类型。

假如想主动查看项目中的所有潜在问题，可以选择 Analyze → Inspect Code...菜单项手动运行 Lint。在被问及检查项目的哪部分时，选择 Whole project。Android Studio 会立即运行 Lint 和其他一些静态分析器开始分析代码（拼写或 Kotlin 语法检查）。

检查完毕，所有的潜在问题都会在检查工具窗口按类别列出。如图 5-9 所示，展开 Android Lint 类别，可看到具体的 Lint 信息。

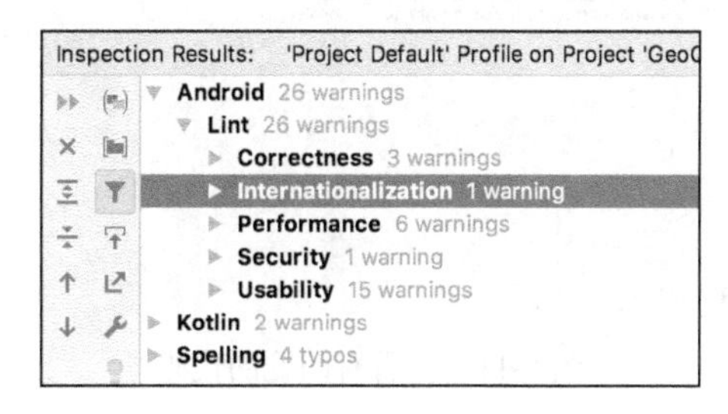

图 5-9 Lint 警告信息

（你可能会看到不同数目的 Lint 警告。这是因为 Android 工具链还在不断进化，新的检查点还会不断加入，新的限制也会往 Android 框架中添加，甚至还有新版本的开发工具和依赖库。）

如图 5-10 所示，展开 Internationalization，然后展开其下的 Bidirectional Text，可以看到相关问题更加详细的信息。点击 Using left/right instead of start/end attributes，来看看这个特别的警示到底是什么意思。

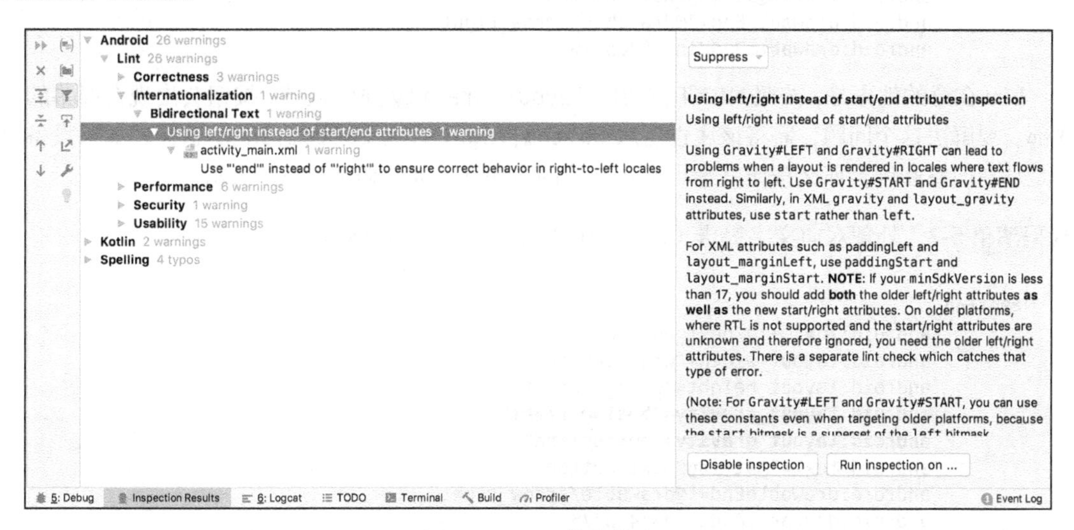

图 5-10 Lint 警告描述

Lint 正警告你，如果应用运行设备的语言是自右向左阅读，那么使用 `right` 和 `left` 值的布局属性可能会有问题。（第 17 章会学习如何让应用支持国际化使用。）

进一步深挖，可以知道到底是哪个文件、哪里的代码有问题。如图 5-11 所示，展开 Using left/right instead of start/end attributes，点击 activity_main.xml 这个惹麻烦的文件，查看有问题的代码片段。

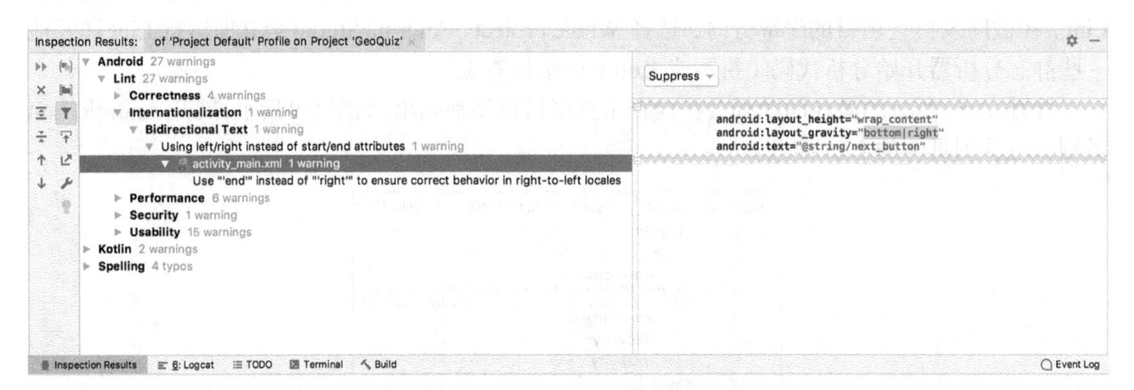

图 5-11　查看有问题的代码

双击文件名下的警告描述，res/layout/land/activity_main.xml 文件会在代码编辑器工具窗口打开，而且鼠标光标会停在发出警告的那行代码处。

```
<Button
        android:id="@+id/next_button"
        android:layout_width="wrap_content"
        android:layout_height="wrap_content"
        android:layout_gravity="bottom|right"
        android:text="@string/next_button"
        android:drawableEnd="@drawable/arrow_right"
        android:drawablePadding="4dp"/>
```

Lint 在意的地方是，按照 NEXT 按钮的 `layout_gravity` 属性设置，按钮会出现在屏幕的右底部。要解决这个问题，需将该属性值从 `bottom|right` 改为 `bottom|end`。这样，如果设备语言是从右向左阅读，那么按钮就会出现在屏幕的左底部，如代码清单 5-7 所示。

代码清单 5-7　处理双向文字警告（res/layout/land/activity_main.xml）

```
...
<Button
        android:id="@+id/next_button"
        android:layout_width="wrap_content"
        android:layout_height="wrap_content"
        android:layout_gravity="bottom|right"
        android:layout_gravity="bottom|end"
        android:text="@string/next_button"
        android:drawableEnd="@drawable/arrow_right"
        android:drawablePadding="4dp"/>
...
```

重新运行 Lint，确认刚处理过的双向文字警告问题不再出现在 Lint 检查结果里。如图 5-12 所示，要预览布局在语言环境设置为自右向左的设备上是什么样，在编辑器工具窗口打开 Design 选项页，在 Locale for Preview 下拉列表里将 Default (en-us)改为 Preview Right to Left。如果看不到 Locale for Preview，请点击预览面板顶部的>>以查看更多预览控制选项。

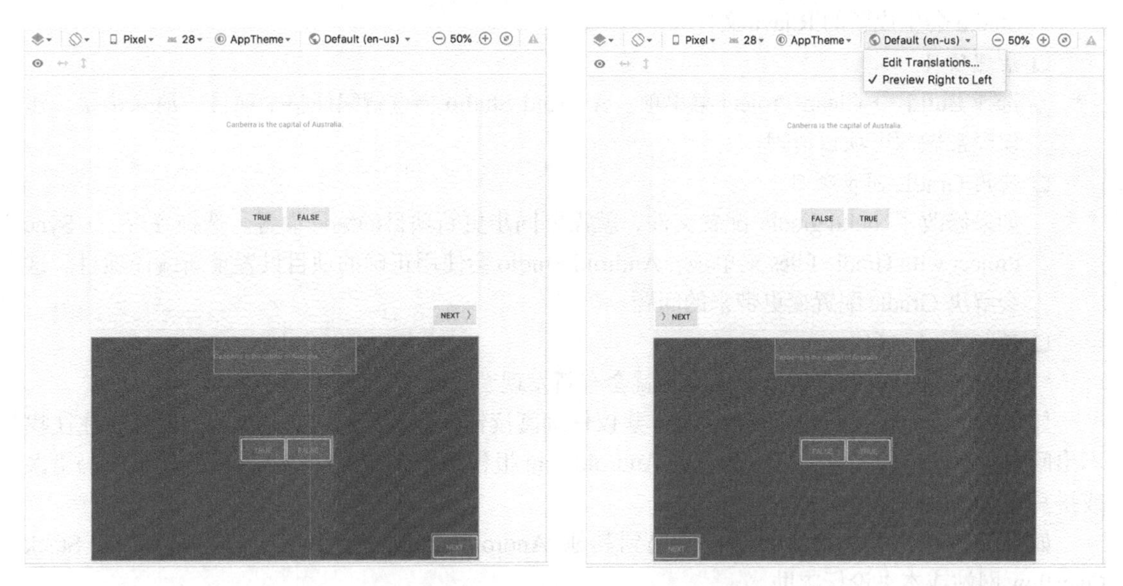

图 5-12 从左向右预览和从右向左预览

大多数情况下，即使不解决 Lint 报出的问题，应用也能运行得很好。不过，及时处理 Lint 警告可以防患于未然，或使应用的用户体验更好。建议认真对待每一个 Lint 警告信息，哪怕你不打算处理它们。这样，你就不会习惯性忽略 Lint 检查出的问题，并能避免应用将来出现严重问题。

针对发现的每个问题，Lint 工具都提供了详细的信息，并给出了解决建议。作为练习，请仔细查看 Lint 针对 GeoQuiz 应用检查出的问题。当然，你可以选择忽略，也可以按 Lint 建议修正问题，或者直接点击问题描述面板上的 Suppress 按钮阻止其发出警告。在 GeoQuiz 应用的后续开发学习过程中，我们的策略是不处理 Lint 检查出的其他问题。

5.2.2 R 类的问题

对于引用还未添加的资源，或者删除仍被引用的资源而导致的编译错误，我们已经很熟悉了。通常，在添加资源或删除引用后重新保存文件，Android Studio 会准确无误地重新编译项目。

不过，资源编译错误有时会一直存在或莫名其妙地出现。如果遇到这种情况，请尝试如下操作。

- 重新检查资源文件中 XML 文件的有效性

  如果最近一次编译时未生成 R.java 文件，那么项目中资源引用的地方都会出错。通常，这是由某个布局 XML 文件中的拼写错误引起的。既然布局 XML 文件有时无法得到有效校验，拼写错误自然也就难以发现了。修正找到的错误并重新保存 XML 文件，Android Studio 会生成新的 R.java 文件。

- 清理项目

  选择 Build → Clean Project 菜单项。Android Studio 会重新编译整个项目，消除错误。建议经常做深度项目清理。

- 使用 Gradle 同步项目

  如果修改了 build.gradle 配置文件，就需要同步更新项目的编译设置。选择 File → Sync Project with Gradle Files 菜单项，Android Studio 会使用正确的项目设置重新编译项目。这会解决 Gradle 配置变更带来的问题。

- 运行 Android Lint

  仔细查看 Lint 警告信息，没准儿就会有新发现。

如果仍有资源相关问题或其他问题，建议仔细阅读错误提示并检查布局文件。慌乱时往往找不出问题。不妨冷静一下，再重新查看 Android Lint 报告的错误和警告，或许就能找出代码错误或拼写输入错误。

如果上述操作无法解决问题，或遇到其他 Android Studio 使用问题，还可以访问 Stack Overflow 网站或本书论坛求助。

5.3 挑战练习：探索布局检查器

为了调试布局文件，可使用布局检查器以交互的方式检查布局文件，研究它是如何在屏幕上渲染显示的。要使用布局检查器，首先在模拟器上启动 GeoQuiz 应用，然后选择 Tools → Layout Inspector 菜单项。布局检查器激活后，点击布局检查器视图里的元素，就可以查看布局属性了。

5.4 挑战练习：探索 Android 性能分析器

应用如何使用 Android 设备的 CPU 和内存资源，Android Studio 的性能分析工具窗口能给出详细报告。这样的分析报告有助于你评估和优化应用的性能表现。

要查看性能分析工具窗口，首先在 Android 设备或模拟器上运行应用，然后选择 View → Tool Windows → Profiler 菜单项。性能分析器打开之后，你就能看到按 CPU、内存、网络和能耗等资源分区的时间线。

点击某个具体资源分区就可以看到应用使用该资源的详细信息。在 CPU 分区，点击 Record 按钮可以捕获更多 CPU 使用信息。与应用交互记录下性能分析信息后，记得点击 Stop 按钮停止记录。

第 6 章

第二个 activity

本章，我们为 GeoQuiz 应用添加第二个 activity。一个 activity 控制一屏信息，新 activity 将带来第二个用户界面，方便用户偷看当前问题的答案，如图 6-1 所示。

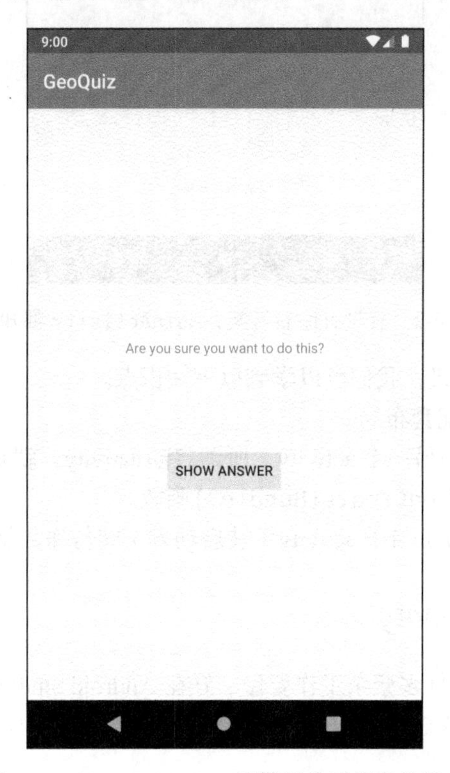

图 6-1　CheatActivity 提供了偷看答案的机会

如果用户选择先看答案，然后返回 MainActivity 答题，则会收到一条信息，如图 6-2 所示。

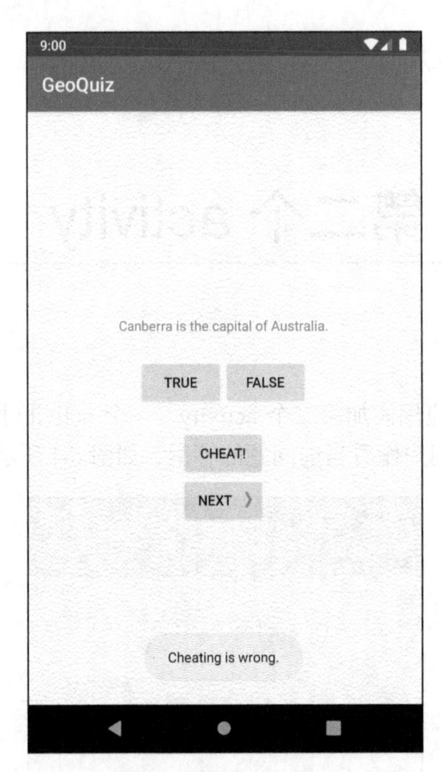

图 6-2　有没有偷看答案，MainActivity 都知道

完成 GeoQuiz 应用的升级，我们可以学到以下知识点。

- 创建新的 activity 及配套布局。
- 从一个 activity 中启动另一个 activity。所谓**启动** activity，就是请求 Android 系统创建新的 activity 实例并调用其 onCreate(Bundle?)函数。
- 在父 activity（启动方）与子 activity（被启动方）间传递数据。

6.1　创建第二个 activity

要创建新的 activity，有好多繁杂工作要做。好在 Android Studio 有省心的新建 activity 向导。

感受向导的魔力之前，先打开 res/values/strings.xml 文件，添加本章要用的所有字符串资源，如代码清单 6-1 所示。

代码清单 6-1　添加字符串资源（res/values/strings.xml）

```
<resources>
    ...
    <string name="incorrect_toast">Incorrect!</string>
    <string name="warning_text">Are you sure you want to do this?</string>
    <string name="show_answer_button">Show Answer</string>
```

```
    <string name="cheat_button">Cheat!</string>
    <string name="judgment_toast">Cheating is wrong.</string>

</resources>
```

6.1.1 创建新的 activity

创建新的 activity 至少涉及三个文件：Kotlin 类文件、XML 布局文件和应用的 manifest 文件。这三个文件关联密切，搞错了就有大麻烦。因此，强烈建议使用 Android Studio 的新建 activity 向导功能。

在项目工具窗口中，右键单击 app/java 文件夹，选择 New → Activity → Empty Activity 菜单项启动新建 activity 向导，如图 6-3 所示。

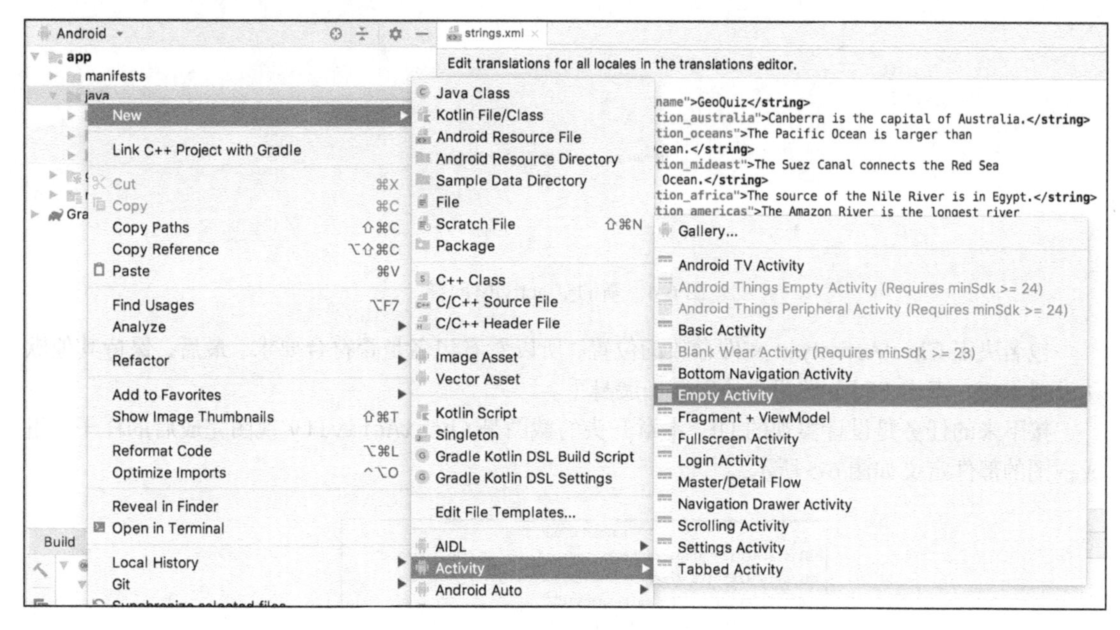

图 6-3 新建 activity 向导菜单

你应该会看到如图 6-4 所示的对话框，在 Activity Name 处输入 `CheatActivity`。这是 `Activity` 子类的名字。可以看到，Layout Name 自动赋值为 `activity_cheat`。这是向导为布局文件创建的基本名称。

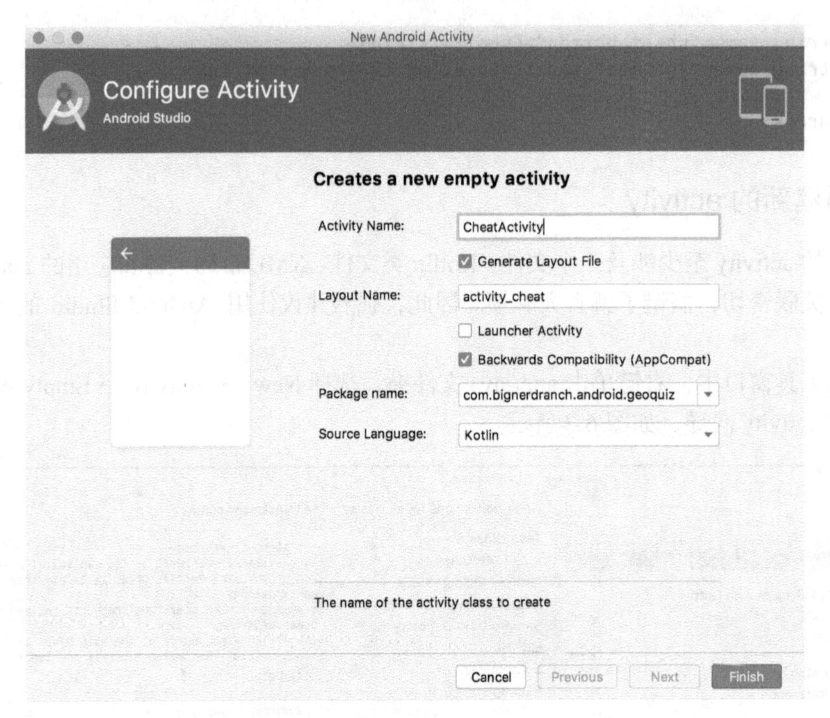

图 6-4　新的空 activity 向导

包名决定 CheatActivity.kt 文件存放的位置，所以看看包名是否符合要求。最后，保持其他默认设置不变，点击 Finish 按钮，让向导一展身手。

接下来的任务是设计美观的 UI。本章开头的截图是 `CheatActivity` 视图完成后的样子。组成视图的部件定义如图 6-5 所示。

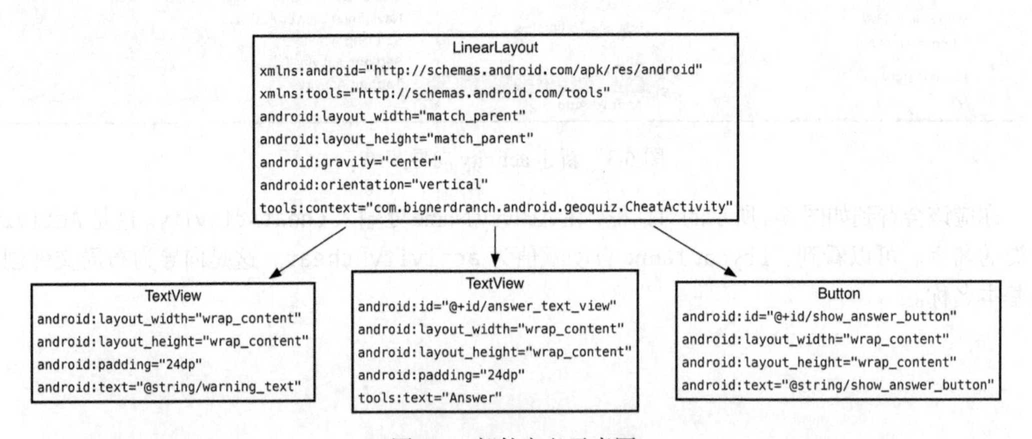

图 6-5　部件定义示意图

打开 res/layout/activity_cheat.xml 文件并切换至文字视图模式。

参照图 6-5 创建布局 XML 文件，依次以 LinearLayout 部件替换样例布局。完成后，记得对照代码清单 6-2 核查。

代码清单 6-2　第二个 activity 的布局部件定义（res/layout/activity_cheat.xml）

```
<LinearLayout xmlns:android="http://schemas.android.com/apk/res/android"
    xmlns:tools="http://schemas.android.com/tools"
    android:layout_width="match_parent"
    android:layout_height="match_parent"
    android:gravity="center"
    android:orientation="vertical"
    tools:context="com.bignerdranch.android.geoquiz.CheatActivity">

    <TextView
        android:layout_width="wrap_content"
        android:layout_height="wrap_content"
        android:padding="24dp"
        android:text="@string/warning_text"/>
    <TextView
        android:id="@+id/answer_text_view"
        android:layout_width="wrap_content"
        android:layout_height="wrap_content"
        android:padding="24dp"
        tools:text="Answer"/>

    <Button
        android:id="@+id/show_answer_button"
        android:layout_width="wrap_content"
        android:layout_height="wrap_content"
        android:text="@string/show_answer_button"/>

</LinearLayout>
```

我们没有创建设备横屏时使用的布局文件，不过，借助开发工具，可以预览默认布局在设备横屏时的显示效果。

在预览工具窗口中，找到预览界面上方工具栏里一个画着旋转设备的按钮（带弧形箭头）。点击该按钮切换布局预览方位，如图 6-6 所示。

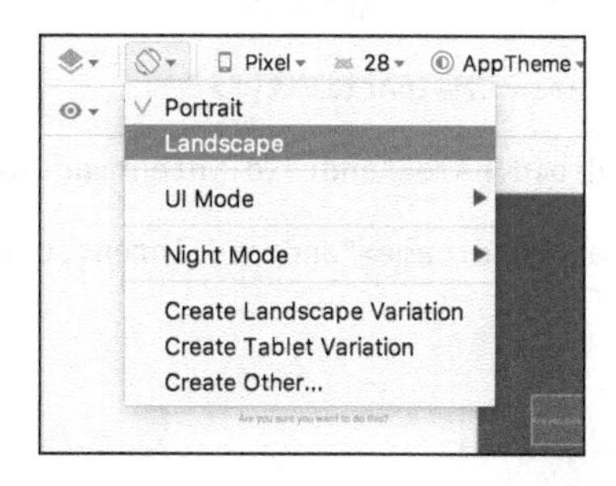

图 6-6　横屏预览布局（activity_cheat.xml）

可以看到，默认布局在竖屏和横屏时效果都不错。布局搞定了，接着是创建新的 activity 子类。

6.1.2　创建新的 activity 子类

CheatActivity.kt 文件已自动在编辑器工具窗口打开。如果没有，在项目工具窗口中找到并打开它。

当前，`CheatActivity` 类已有 `onCreate(Bundle?)` 的默认实现，用来将 activity_cheat.xml 文件中的布局资源 ID 传递给 `setContentView(...)`。

`CheatActivity` 类的 `onCreate(Bundle?)` 函数还有很多事情要做。现在，先一起来看看新建 activity 向导自动完成的另一件事：在应用 manifest 配置文件中声明 `CheatActivity`。

6.1.3　在 manifest 配置文件中声明 activity

manifest 配置文件是一个包含元数据的 XML 文件，用来向 Android 操作系统描述应用。该文件总是以 AndroidManifest.xml 命名，可在项目的 app/manifests 目录中找到它。

在项目工具窗口中，找到并打开 manifests/AndroidManifest.xml。还可使用 Android Studio 的快速打开文件功能：使用 Command+Shift+O（或 Ctrl+Shift+N）快捷键，“呼出”快速打开对话框，利用提示功能或直接输入目标文件名，按回车键打开。

应用的所有 activity 都必须在 manifest 配置文件中声明，这样操作系统才能够找到它们。

创建 `MainActivity` 时，由于使用了新建应用向导，因此向导已自动完成声明工作。同样，如代码清单 6-3 灰底部分所示，新建 activity 向导也自动声明了 `CheatActivity`。

代码清单 6-3　在 manifest 配置文件中声明 `CheatActivity`（manifests/AndroidManifest.xml）

```
<manifest xmlns:android="http://schemas.android.com/apk/res/android"
    package="com.bignerdranch.android.geoquiz">

    <application
        android:allowBackup="true"
        android:icon="@mipmap/ic_launcher"
        android:label="@string/app_name"
        android:roundIcon="@mipmap/ic_launcher_round"
        android:supportsRtl="true"
        android:theme="@style/AppTheme">
        <activity android:name=".CheatActivity">
        </activity>
        <activity android:name=".MainActivity">
            <intent-filter>
                <action android:name="android.intent.action.MAIN" />

                <category android:name="android.intent.category.LAUNCHER" />
            </intent-filter>
        </activity>
    </application>

</manifest>
```

这里的 `android:name` 属性是必需的。属性值前面的点号（`.`）告诉操作系统：activity 类文件位于 manifest 配置文件头部包属性值指定的包路径下。

android:name 属性值也可以设置成完整的包路径，比如 android:name="com.bignerdranch.android.geoquiz.CheatActivity"，这与代码清单 6-3 里的写法效果相同。

manifest 配置文件里还有很多有趣的东西。不过，现在还是先集中精力搞定 CheatActivity 的配置和运行。在后续章节中，我们还将学习到更多有关 manifest 配置文件的知识。

6.1.4 为 MainActivity 添加 CHEAT!按钮

按照开发计划，用户在 MainActivity 用户界面上点击某个按钮，应用会立即创建 CheatActivity 实例，并显示其用户界面。这就需要在 res/layout/activity_main.xml 和 res/layout-land/activity_main.xml 布局文件中定义新按钮。

从图 6-2 可知，新添加的 CHEAT!按钮应该放在 NEXT 按钮的上方。在默认的垂直布局中，添加新按钮定义并设置其为根 LinearLayout 的直接子类。新按钮应该定义在 NEXT 按钮之前，如代码清单 6-4 所示。

代码清单 6-4　在默认布局中添加 CHEAT!按钮（res/layout/activity_main.xml）

```
        ...
    </LinearLayout>

    <Button
        android:id="@+id/cheat_button"
        android:layout_width="wrap_content"
        android:layout_height="wrap_content"
        android:layout_marginTop="24dp"
        android:text="@string/cheat_button" />

    <Button
        android:id="@+id/next_button"
        .../>

</LinearLayout>
```

在水平布局模式中，新按钮定义在根 FrameLayout 的底部居中位置，如代码清单 6-5 所示。

代码清单 6-5　在水平布局中添加 CHEAT!按钮（res/layout-land/activity_main.xml）

```
        ...
    </LinearLayout>

    <Button
        android:id="@+id/cheat_button"
        android:layout_width="wrap_content"
        android:layout_height="wrap_content"
        android:layout_gravity="bottom|center_horizontal"
        android:text="@string/cheat_button" />

    <Button
        android:id="@+id/next_button"
        .../>

</FrameLayout>
```

重新打开 MainActivity.kt 文件，添加新按钮变量以及资源引用代码。最后为 CHEAT!按钮添加 View.onClickListener 监听器代码存根，如代码清单 6-6 所示。

代码清单 6-6　启用 CHEAT!按钮（MainActivity.kt）

```
class MainActivity : AppCompatActivity() {

    private lateinit var trueButton: Button
    private lateinit var falseButton: Button
    private lateinit var nextButton: Button
    private lateinit var cheatButton: Button
    private lateinit var questionTextView: TextView
    ...
    override fun onCreate(savedInstanceState: Bundle?) {
        ...
        nextButton = findViewById(R.id.next_button)
        cheatButton = findViewById(R.id.cheat_button)
        questionTextView = findViewById(R.id.question_text_view)
        ...
        nextButton.setOnClickListener {
            quizViewModel.moveToNext()
            updateQuestion()
        }

        cheatButton.setOnClickListener {
            // Start CheatActivity
        }

        updateQuestion()
    }
    ...
}
```

准备工作做完了，下面来学习如何启动 CheatActivity。

6.2　启动 activity

一个 activity 启动另一个 activity 最简单的方式是使用 startActivity(Intent)函数。

你也许会想当然地认为，startActivity(Intent) 函数是一个静态函数，启动 activity 就是调用 Activity 子类的该函数。实际并非如此。activity 调用 startActivity(Intent) 函数时，调用请求实际发给了操作系统。

准确地说，调用请求发送给了操作系统的 ActivityManager。ActivityManager 负责创建 Activity 实例并调用其 onCreate(Bundle?)函数，如图 6-7 所示。

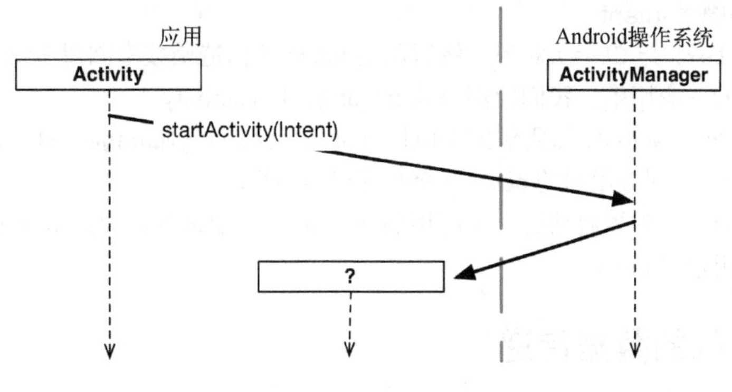

图 6-7 启动 activity

ActivityManager 该启动哪个 activity 呢？那就要看 Intent 参数里的信息了。

基于 intent 的通信

intent 对象是 component 用来与操作系统通信的一种媒介工具。目前为止，我们唯一见过的 component 就是 activity。实际上还有其他一些 component：service、broadcast receiver 以及 content provider。

intent 是一种多用途通信工具。Intent 类有多个构造函数，能满足不同的使用需求。

在 GeoQuiz 应用中，intent 用来告诉 ActivityManager 该启动哪个 activity，因此可使用以下构造函数：

```
Intent(packageContext: Context, class: Class<?>)
```

在 cheatButton 的监听器代码中，创建包含 CheatActivity 类的 Intent 实例，然后将其传入 startActivity(Intent)函数，如代码清单 6-7 所示。

代码清单 6-7 启动 CheatActivity（MainActivity.kt）

```
cheatButton.setOnClickListener {
    // Start CheatActivity
    val intent = Intent(this, CheatActivity::class.java)
    startActivity(intent)
}
```

传入 Intent 构造函数的 Class 类型参数告诉 ActivityManager 应该启动哪个 activity。Context 参数告诉 ActivityManager 在哪里可以找到它。

在启动 activity 前，ActivityManager 会确认指定的 Class 是否已在 manifest 配置文件中声明。如果已完成声明，则启动 activity，应用正常运行。反之，则抛出 ActivityNotFoundException 异常，应用崩溃。这就是必须在 manifest 配置文件中声明应用的全部 activity 的原因。

运行 GeoQuiz 应用。点击 CHEAT!按钮，新 activity 实例的用户界面将显示在屏幕上。点击后退按钮，CheatActivity 实例会被销毁，MainActivity 实例的用户界面又回来了。

显式 intent 与隐式 intent

通过指定 Context 与 Class 对象，然后调用 intent 的构造函数来创建 Intent，这样创建的是**显式** intent。在同一应用中，我们使用显式 intent 来启动 activity。

同一应用里的两个 activity 却要借助于应用外部的 ActivityManager 通信，这似乎有点怪。不过，这种模式会让不同应用间的 activity 交互变得容易很多。

一个应用的 activity 如需启动另一个应用的 activity，可通过创建隐式 intent 来处理。我们会在第 15 章学习使用隐式 intent。

6.3　activity 间的数据传递

MainActivity 和 CheatActivity 都已就绪，现在可以考虑它们之间的数据传递了。图 6-8 展示了两个 activity 间传递的数据信息。

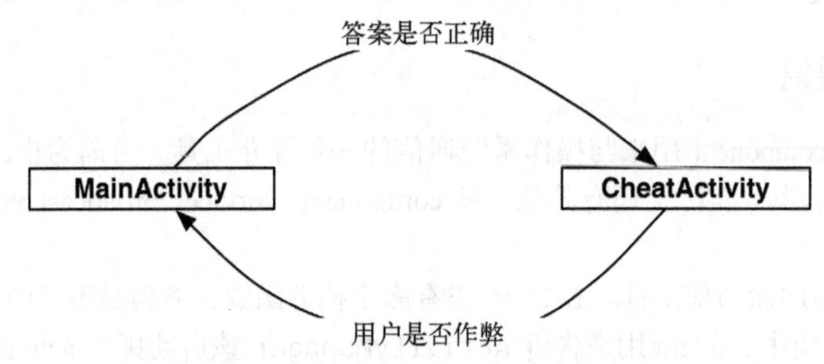

图 6-8　MainActivity 与 CheatActivity 的对话

CheatActivity 启动后，MainActivity 会通知它当前问题的答案。

用户知道答案后，点击回退键回到 MainActivity，CheatActivity 随即被销毁。在销毁前的瞬间，它会将用户是否作弊的数据传递给 MainActivity。

接下来，首先处理从 MainActivity 到 CheatActivity 的数据传递。

6.3.1　使用 intent extra

为通知 CheatActivity 当前问题的答案，需将以下语句的返回值传递给它：

```
questionBank[currentIndex].answer
```

该值将作为 extra 信息，附加在传入 startActivity(Intent)函数的 Intent 上发送出去。

extra 信息可以是任意数据，它包含在 Intent 中，由启动方 activity 发送出去。可以把 extra 信息想象成构造函数参数，虽然我们无法使用带自定义构造函数的 activity 子类。（Android 创建 activity 实例，并负责管理其生命周期。）接受方 activity 接收到操作系统转发的 intent 后，访问并获取其中的 extra 数据信息，如图 6-9 所示。

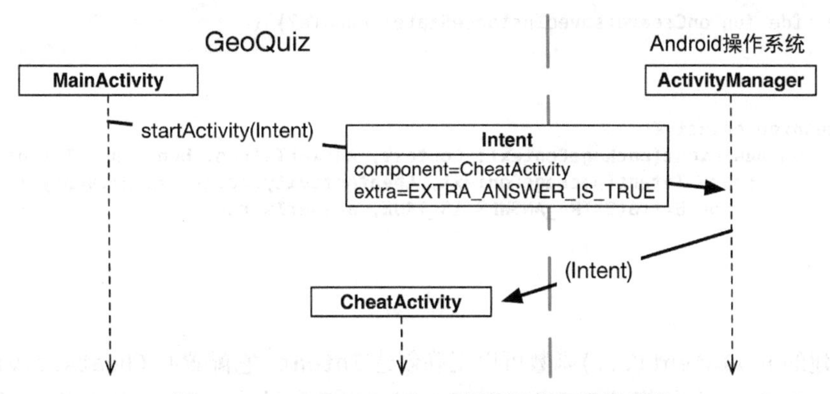

图 6-9 intent extra：activity 间的通信与数据传递

如同`MainActivity.onSaveInstanceState(Bundle)`函数中用来保存`currentIndex`值的键值结构，extra 也是一种键值结构。要将 extra 数据信息添加给 intent，需要调用`Intent.putExtra(...)`函数。确切地说，是调用如下函数：

```
putExtra(name: String, value: Boolean)
```

`Intent.putExtra(...)`函数形式多变。不变的是，它总是有两个参数。一个参数是固定为`String`类型的键，另一个参数是键值，可以是各种数据类型。该函数返回 intent 自身，因此，需要时可进行链式调用。

在 CheatActivity.kt 中，为 extra 数据信息新增键值对中的键，如代码清单 6-8 所示。

代码清单 6-8　添加 extra 常量（CheatActivity.kt）

```
private const val EXTRA_ANSWER_IS_TRUE =
        "com.bignerdranch.android.geoquiz.answer_is_true"

class CheatActivity : AppCompatActivity() {
    ...
}
```

activity 可能启动自不同的地方，所以，应该在获取和使用 extra 信息的 activity 那里，为它定义键。如代码清单 6-8 所示，记得使用包名修饰 extra 数据信息，这样，可避免来自不同应用的 extra 间发生命名冲突。

现在，可以返回到`MainActivity`，将 extra 附加到 intent 上。不过我们有个更好的实现方法。对于`CheatActivity`处理 extra 信息的实现细节，`MainActivity`和应用的其他代码无须知道。因此，我们可转而在`newIntent(...)`函数中封装这些逻辑。

在`CheatActivity`中，创建`newIntent(...)`函数，把它放在一个 companion 对象里，如代码清单 6-9 所示。

代码清单 6-9　`CheatActivity`中的`newIntent(...)`函数（CheatActivity.kt）

```
class CheatActivity : AppCompatActivity() {
```

```
    override fun onCreate(savedInstanceState: Bundle?) {
        ...
    }

    companion object {
        fun newIntent(packageContext: Context, answerIsTrue: Boolean): Intent {
            return Intent(packageContext, CheatActivity::class.java).apply {
                putExtra(EXTRA_ANSWER_IS_TRUE, answerIsTrue)
            }
        }
    }
}
```

使用新建的 newIntent(...)函数可以正确创建 Intent，它配置有 CheatActivity 需要的 extra。answerIsTrue 布尔值以 EXTRA_ANSWER_IS_TRUE 常量放入 intent 以供解析。稍后，我们会取出这个值。

即使没有类实例，使用 companion 对象也可以调用类函数，这点和 Java 里的静态函数类似。像这样在 companion 对象里使用 newIntent(...)函数用于 CheatActivity，其他代码就很容易配置它们的启动 intent。

说到其他代码，就是在 MainActivity 的按钮监听器中使用 newIntent(...)函数，如代码清单 6-10 所示。

代码清单 6-10　用 extra 启动 CheatActivity（MainActivity.kt）

```
cheatButton.setOnClickListener {
    // Start CheatActivity
    val intent = Intent(this, CheatActivity::class.java)
    val answerIsTrue = quizViewModel.currentQuestionAnswer
    val intent = CheatActivity.newIntent(this@MainActivity, answerIsTrue)
    startActivity(intent)
}
```

这里只需一个 extra，但如果有需要，也可以附加多个 extra 到同一个 Intent 上。如果附加多个 extra，也要给 newIntent(...)函数相应添加多个参数。

要从 extra 获取数据，会用到如下函数：

```
Intent.getBooleanExtra(String, Boolean)
```

第一个参数是 extra 的名字。getBooleanExtra(...)函数的第二个参数是指定默认值（默认答案），它在无法获得有效键值时使用。

在 CheatActivity 代码中，在 onCreate(Bundle?)里，从目标 extra 里取值，存入成员变量中，如代码清单 6-11 所示。

代码清单 6-11　获取 extra 信息（CheatActivity.kt）

```
class CheatActivity : AppCompatActivity() {

    private var answerIsTrue = false
```

```
    override fun onCreate(savedInstanceState: Bundle?) {
        super.onCreate(savedInstanceState)
        setContentView(R.layout.activity_cheat)

        answerIsTrue = intent.getBooleanExtra(EXTRA_ANSWER_IS_TRUE, false)
    }
    ...
}
```

请注意，Activity.getIntent()函数返回了由 startActivity(Intent)函数转发的 Intent 对象。

最后，在 CheatActivity 代码中，实现点击 SHOW ANSWER 按钮后获取答案并将其显示在 TextView 上，如代码清单 6-12 所示。

代码清单 6-12　提供作弊机会（CheatActivity.kt）

```
class CheatActivity : AppCompatActivity() {

    private lateinit var answerTextView: TextView
    private lateinit var showAnswerButton: Button

    private var answerIsTrue = false

    override fun onCreate(savedInstanceState: Bundle?) {
        ...

        answerIsTrue = intent.getBooleanExtra(EXTRA_ANSWER_IS_TRUE, false)
        answerTextView = findViewById(R.id.answer_text_view)
        showAnswerButton = findViewById(R.id.show_answer_button)
        showAnswerButton.setOnClickListener {
            val answerText = when {
                answerIsTrue -> R.string.true_button
                else -> R.string.false_button
            }
            answerTextView.setText(answerText)
        }
    }
    ...
}
```

以上代码比较直观。TextView.setText(Int)函数用来设置 TextView 要显示的文字。TextView.setText(...)函数有多种变体。这里通过传入资源 ID 调用该函数。

运行 GeoQuiz 应用。点击 CHEAT!按钮弹出 CheatActivity 的用户界面，然后点击 SHOW ANSWER 按钮偷看当前问题的答案。

6.3.2　从子 activity 获取返回结果

现在，用户可以毫无顾忌地偷看答案了。如果 CheatActivity 能把用户是否看过答案的情况通知给 MainActivity 就更好了。下面来解决这个问题。

需要从子 activity 获取返回信息时，可调用如下函数：

```
Activity.startActivityForResult(Intent, Int)
```

该函数的第一个参数同前述的 intent。第二个参数是**请求代码**。请求代码是先发送给子 activity，然后再返回给父 activity 的整数值，由用户定义。在一个 activity 启动多个不同类型的子 activity 且需要判断消息回馈方时，就会用到该请求代码。虽然 `MainActivity` 只启动一种类型的子 activity，但为应对未来的需求变化，现在就应设置请求代码常量。

在 `MainActivity` 中，修改 `cheatButton` 的监听器，调用 `startActivityForResult(Intent, Int)` 函数，如代码清单 6-13 所示。

代码清单 6-13　调用 `startActivityForResult(...)` 函数（MainActivity.kt）

```
private const val TAG = "MainActivity"
private const val KEY_INDEX = "index"
private const val REQUEST_CODE_CHEAT = 0

class MainActivity : AppCompatActivity() {
    ...
    override fun onCreate(savedInstanceState: Bundle?) {
        ...
        cheatButton.setOnClickListener {
            ...
            startActivity(intent)
            startActivityForResult(intent, REQUEST_CODE_CHEAT)
        }

        updateQuestion()
    }
    ...
}
```

1. 设置返回结果

实现子 activity 发送返回信息给父 activity，有以下两种函数可用：

```
setResult(resultCode: Int)
setResult(resultCode: Int, data: Intent)
```

一般来说，参数 `resultCode` 可以是以下任意一个预定义常量。

- ❑ `Activity.RESULT_OK`
- ❑ `Activity.RESULT_CANCELED`

（如需自己定义结果代码，还可使用另一个常量：`RESULT_FIRST_USER`。）

在父 activity 需要依据子 activity 的完成结果采取不同操作时，设置结果代码就非常有用。

例如，假设子 activity 有一个 OK 按钮和一个 Cancel 按钮，并且每个按钮的点击动作分别设置有不同的结果代码。那么，根据不同的结果代码，父 activity 就能采取不同的操作。

子 activity 可以不调用 `setResult(...)` 函数。如果不需要区分附加在 intent 上的结果或其他信息，可让操作系统发送默认的结果代码。如果子 activity 是以调用 `startActivityForResult(...)`

函数启动的，结果代码则总是会返回给父 activity。在没有调用 setResult(...)函数的情况下，如果用户按了后退按钮，父 activity 则会收到 Activity.RESULT_CANCELED 的结果代码。

2. 返还 intent

在 GeoQuiz 应用中，数据信息需要回传给 MainActivity。因此，我们需要创建一个 Intent，附加上 extra 信息后，调用 Activity.setResult(Int, Intent) 函数将信息回传给 MainActivity。

如代码清单 6-14 所示，在 CheatActivity 代码中，为 extra 的键增加常量，再创建一个私有函数，用来创建 intent、附加 extra 并设置结果值。然后在 SHOW ANSWER 按钮的监听器代码中调用它。

代码清单 6-14 设置结果值（CheatActivity.kt）

```
const val EXTRA_ANSWER_SHOWN = "com.bignerdranch.android.geoquiz.answer_shown"
private const val EXTRA_ANSWER_IS_TRUE =
        "com.bignerdranch.android.geoquiz.answer_is_true"

class CheatActivity : AppCompatActivity() {
    ...
    override fun onCreate(savedInstanceState: Bundle?) {
        ...
        showAnswerButton.setOnClickListener {
            ...
            answerTextView.setText(answerText)
            setAnswerShownResult(true)
        }
    }

    private fun setAnswerShownResult(isAnswerShown: Boolean) {
        val data = Intent().apply {
            putExtra(EXTRA_ANSWER_SHOWN, isAnswerShown)
        }
        setResult(Activity.RESULT_OK, data)
    }
    ...
}
```

用户点击 SHOW ANSWER 按钮时，CheatActivity 调用 setResult(Int, Intent)函数将结果代码以及 intent 打包。

然后，在用户按回退键回到 MainActivity 时，ActivityManager 调用父 activity 的以下函数：

```
onActivityResult(requestCode: Int, resultCode: Int, data: Intent)
```

该函数的参数来自 MainActivity 的原始请求代码以及传入 setResult(Int, Intent)函数的结果代码和 intent。

图 6-10 展示了应用内部的交互时序。

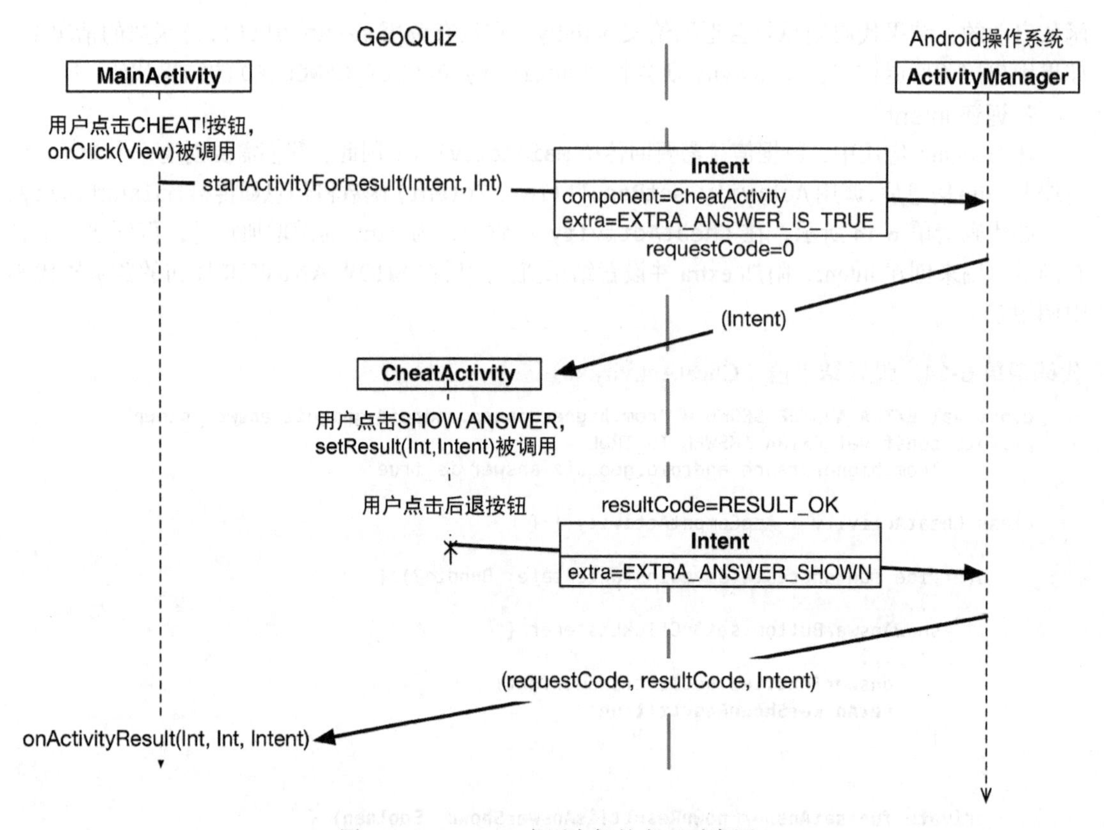

图 6-10　GeoQuiz 应用内部的交互时序图

最后，在 MainActivity 里覆盖 onActivityResult(Int, Int, Intent) 函数来处理返回结果。

3. 处理返回结果

在 QuizViewModel.kt 里，添加一个新属性来保存 CheatActivity 传回的值。用户是否作弊属于 UI 状态数据。UI 状态数据保存在 ViewModel 里不会像 activity 那样因设备配置改变被销毁而丢失数据，这在第 4 章已探讨过。所以，我们选择使用 QuizViewModel，而不是 MainActivity 来保存这类数据，如代码清单 6-15 所示。

代码清单 6-15　在 QuizViewModel 里记录是否作弊（QuizViewModel.kt）

```
class QuizViewModel : ViewModel() {

    var currentIndex = 0
    var isCheater = false
    ...
}
```

接下来，在 MainActivity.kt 中新增一个成员变量来保存 CheatActivity 回传的值，然后覆盖

onActivityResult(...)函数获取它。别忘了检查请求代码和返回代码是否符合预期。实践证明，这样做会方便将来的代码维护。onActivityResult(...)函数的实现如代码清单 6-16 所示。

代码清单 6-16 onActivityResult(...)函数的实现（MainActivity.kt）

```
class MainActivity : AppCompatActivity() {
    ...
    override fun onCreate(savedInstanceState: Bundle?) {
        ...
    }

    override fun onActivityResult(requestCode: Int,
                                  resultCode: Int,
                                  data: Intent?) {
        super.onActivityResult(requestCode, resultCode, data)

        if (resultCode != Activity.RESULT_OK) {
            return
        }

        if (requestCode == REQUEST_CODE_CHEAT) {
            quizViewModel.isCheater =
                data?.getBooleanExtra(EXTRA_ANSWER_SHOWN, false) ?: false
        }
    }
    ...
}
```

最后，修改 MainActivity 中的 checkAnswer(Boolean)函数，确认用户是否偷看答案并作出相应的反应。基于 isCheater 变量值改变 toast 消息的做法如代码清单 6-17 所示。

代码清单 6-17 基于 isCheater 变量值改变 toast 消息（MainActivity.kt）

```
class MainActivity : AppCompatActivity() {
    ...
    private fun checkAnswer(userAnswer: Boolean) {
        val correctAnswer: Boolean = quizViewModel.currentQuestionAnswer

        val messageResId = if (userAnswer == correctAnswer) {
            R.string.correct_toast
        } else {
            R.string.incorrect_toast
        }
        val messageResId = when {
            quizViewModel.isCheater -> R.string.judgment_toast
            userAnswer == correctAnswer -> R.string.correct_toast
            else -> R.string.incorrect_toast
        }
        Toast.makeText(this, messageResId, Toast.LENGTH_SHORT)
                .show()
    }
}
```

运行 GeoQuiz 应用。点击 CHEAT!按钮，然后在作弊界面点击 SHOW ANSWER 按钮。偷看答案后，点击回退键。在回答当前问题时，你会看到作弊警告消息弹出。

不再作弊，继续答下一题会是什么情况呢？依然被判作弊！这就有点严苛了。如果想得到更合情理的评判，请动手完成 6.6 节的挑战练习，完善作弊评判逻辑。

目前为止，就功能方面来讲，GeoQuiz 应用已开发完成。下一章，我们要给 GeoQuiz 应用加入 activity 过场动画，更流畅地展示 CheatActivity，让应用表现得更出色。借此，我们将学习在给应用加入最新功能的同时，如何让其兼容老版本 Android 系统。

6.4　activity 的使用与管理

来看看当我们在各 activity 间往返的时候，操作系统层面到底发生了什么。首先，在桌面启动器中点击 GeoQuiz 应用时，操作系统并没有启动应用，而只是启动了应用中的一个 activity。确切地说，它启动了应用的 launcher activity。在 GeoQuiz 应用中，MainActivity 就是它的 launcher activity。

使用应用向导创建 GeoQuiz 应用以及 MainActivity 时，MainActivity 默认被设置为 launcher activity。配置文件中，MainActivity 声明的 intent-filter 元素节点下，可看到 MainActivity 被指定为 launcher activity，如代码清单 6-18 所示。

代码清单 6-18　MainActivity 被指定为 launcher activity（manifests/AndroidManifest.xml）

```
<manifest xmlns:android="http://schemas.android.com/apk/res/android"
    ... >

    <application
        ... >
        <activity android:name=".CheatActivity">
        </activity>
        <activity android:name=".MainActivity">
            <intent-filter>
                <action android:name="android.intent.action.MAIN"/>

                <category android:name="android.intent.category.LAUNCHER"/>
            </intent-filter>
        </activity>
    </application>

</manifest>
```

MainActivity 实例出现在屏幕上后，用户可点击 CHEAT!按钮。CheatActivity 实例随即在 MainActivity 实例之上被启动。此时，它们都处于 activity 栈中，如图 6-11 所示。

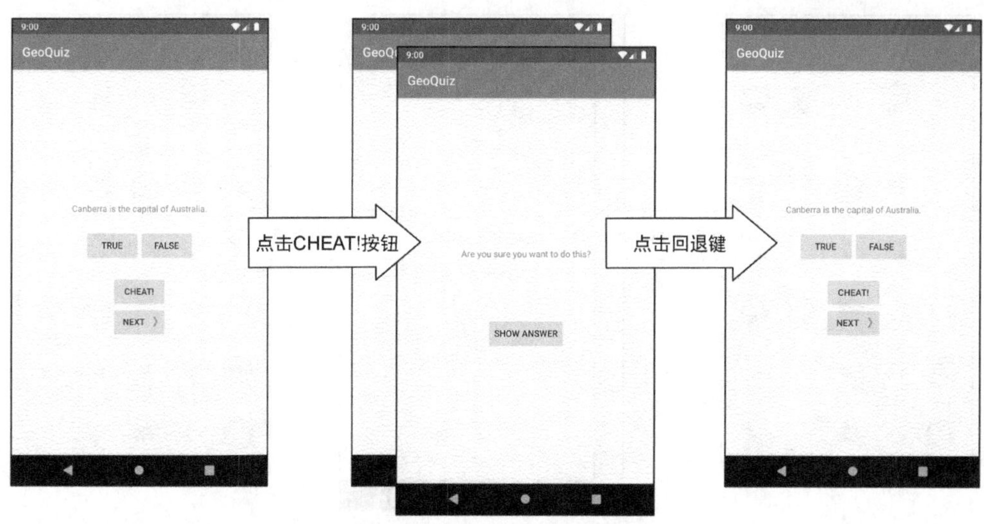

图 6-11 GeoQuiz 的回退栈

按回退键，CheatActivity 实例被弹出栈外，MainActivity 重新回到栈顶部，如图 6-11 所示。

在 CheatActivity 中调用 Activity.finish()函数同样可以将 CheatActivity 从栈里弹出。

如果运行 GeoQuiz 应用，在 MainActivity 界面按回退键，MainActivity 将从栈里弹出，我们将退回到 GeoQuiz 应用运行前的画面，如图 6-12 所示。

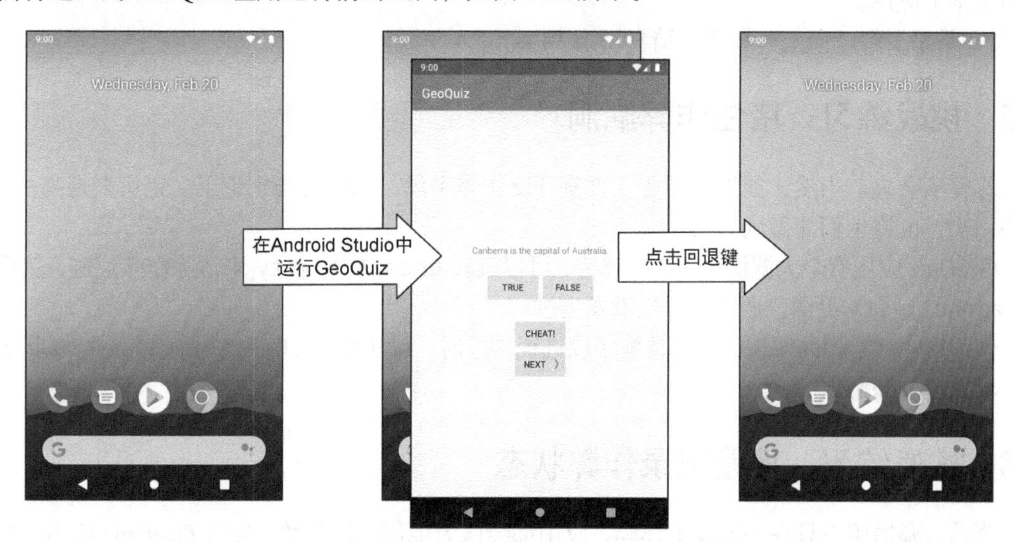

图 6-12 后退返回至桌面

如果从桌面启动器启动 GeoQuiz 应用，在 MainActivity 界面按回退键，将退回到桌面启动器界面，如图 6-13 所示。

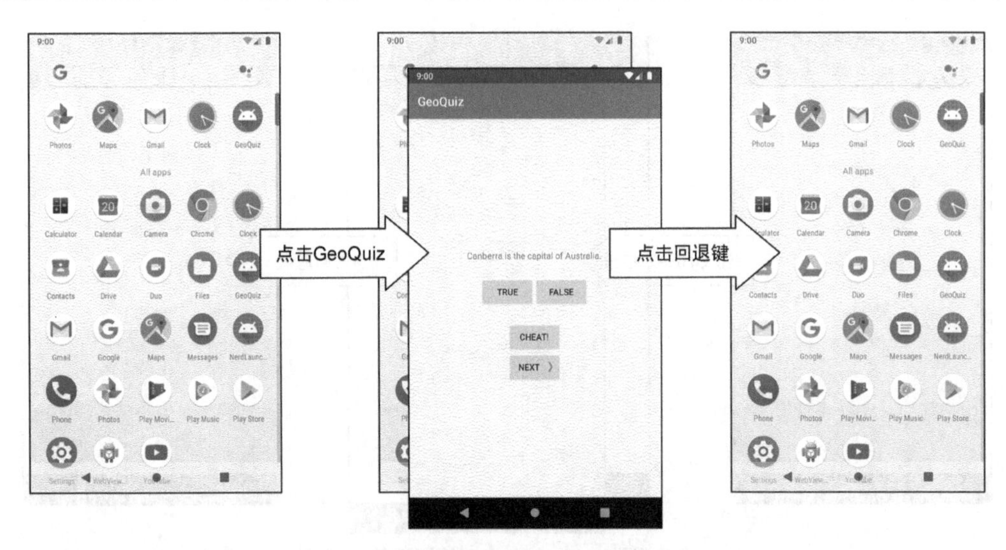

图 6-13　从桌面启动器启动 GeoQuiz 应用

在桌面启动器界面，按回退键，将返回到桌面启动器启动前的系统界面。

至此，可以看到，`ActivityManager` 维护着一个非特定应用独享的**后退栈**。所有应用的 activity 都共享该后退栈。这也是将 `ActivityManager` 设计成操作系统级的 activity 管理器来负责启动应用 activity 的原因之一。显然，后退栈是作为一个整体共享于操作系统及设备，而不单单用于某个应用。

（如果想了解"向上"按钮，请参阅第 14 章。）

6.5　挑战练习：堵住作弊漏洞

作弊不会赢。当然，如果他们能一直避开反作弊手段，那就另当别论了。正所谓道高一尺，魔高一丈，也许他们能做到。

GeoQuiz 应用有个大漏洞。用户作弊后，可以旋转 `CheatActivity` 来清除作弊痕迹，然后回到 `MainActivity` 界面，假装什么也没发生过。

使用第 4 章学到的知识，在设备旋转或进程销毁时，设法保存 `CheatActivity` 的 UI 状态数据，堵住这个漏洞。

6.6　挑战练习：按题记录作弊状态

当前，哪怕用户只在一道题上作弊，应用都会认为他们题题作弊。完善 GeoQuiz 应用，按题记录用户作弊情况。也就是说，如果用户偷看了某道题的答案，那就在他回答那道题时，弹出作弊警告消息。然后在继续答题过程中，如果用户不再作弊了，就给出答案正确与否的评判。

第7章 Android SDK版本与兼容

开发完GeoQuiz应用，你已经有了初步的开发体验。本章，我们学习Android系统版本的相关知识。在学习本书后续章节，以及应对未来实际的复杂应用开发时，你就会明白，掌握本章内容有多么重要。

7.1 Android SDK版本

表7-1显示了各SDK版本、它们相应的Android固件版本，以及截至2019年5月使用各版本的设备比例。

表7-1 Android API级别、固件版本以及在用设备比例

API级别	代　　号	设备固件版本	在用设备比例（%）
28	Pie	9.0	10.4
27	Oreo	8.1	15.4
26		8.0	12.9
25	Nougat	7.1	7.8
24		7.0	11.4
23	Marshmallow	6.0	16.9
22	Lollipop	5.1	11.5
21		5.0	3.0
19	KitKat	4.4	6.9
18	Jelly Bean	4.3	0.5
17		4.2	1.5
16		4.1	1.2
15	Ice Cream Sandwich	4.0.3, 4.0.4	0.3
10	Gingerbread	2.3.3 – 2.3.7	0.3

* 注意，本表已忽略比例低于0.1%的在用设备。

每一个有发布代号的版本随后都会有相应的增量版本。例如，Ice Cream Sandwich最初的发布版本为Android 4.0（API 14级），但没过多久，Android 4.0.3及4.0.4（API 15级）的增量发行

版本就取代了它。

当然，表 7-1 中的比例会动态变化，但这些数字已揭示一种重要趋势，即新版本发布后，运行老版本的 Android 设备不会立即进行升级或更换。截至 2019 年 5 月，11%左右的设备仍然运行着 KitKat 或更早版本的系统。而 KitKat（Android 4.4）早在 2013 年 10 月就发布了。

（如果感兴趣，可去 Android 开发者分发信息中心网站查看表 7-1 数据的动态更新。）

为什么仍有这么多设备运行着老版本 Android 系统？主要原因在于 Android 设备生产商和运营商之间的激烈竞争。每个运营商都希望拥有专属定制机。设备生产商也有同样的压力——所有手机都基于相同的操作系统，而他们又想与众不同。最终，屈服于市场和运营商的双重压力，各种专属的、无法升级的定制版 Android 设备涌向市场，令人眼花缭乱、目不暇接。

定制版 Android 设备不能运行 Google 发布的新版本 Android 系统。因此，用户只能寄望于定制版的兼容升级。然而，即便可以升级，通常也是 Google 新版本发布后数月的事情了。生产商往往更愿意投入资源推出新设备，而不是持续升级旧设备。

7.2　Android 编程与兼容性问题

各种设备版本升级滞后以及 Google 会定期发布新版本，都给 Android 编程带来了严重的兼容性问题。为扩大市场份额，对于运行之前 3~4 个较早系统版本，以及任何最新版本的 Android 设备（还要考虑各种尺寸），Android 开发人员必须保证应用都能兼容。

还好，开发应用时，不同尺寸设备的处理要比想象中的简单。手机屏幕尺寸虽然多样，但 Android 布局系统为编程适配做了很好的工作。要基于屏幕尺寸提供定制资源和布局，可使用配置修饰符搞定（详见第 17 章）。不过，对于同样运行着 Android 系统的 Android TV 和 Android Wear 设备，由于 UI 差异太大，应用的交互模式和设计通常需要重新考虑。

7.2.1　比较合理的版本

本书支持的最老版本是 API 21 级（Lollipop）。虽然还在支持，但我们更应该将精力投入在较新系统版本上（API 21+级）。当前，Gingerbread、Ice Cream Sandwich、Jelly Bean 和 KitKat 系统版本的市场份额正逐月下降，还在这些老设备上投入过多显然得不偿失。

对于增量版本，向下兼容一般问题不大。主要版本向下兼容才是大麻烦。也就是说，仅支持 5.*x* 版本的工作量不大，但如果需要支持到 4.*x*，考虑到这么多不同版本的差异，工作量就相当大了。谢天谢地，Google 提供了一些兼容库，大大降低了开发难度。后续章节会详细介绍它们。

新建 GeoQuiz 项目时，在新建应用向导界面，我们设置过最低 SDK 版本，如图 7-1 所示。（注意，Android 的“SDK 版本”和“API 级别”两者叫法可以交替使用。）

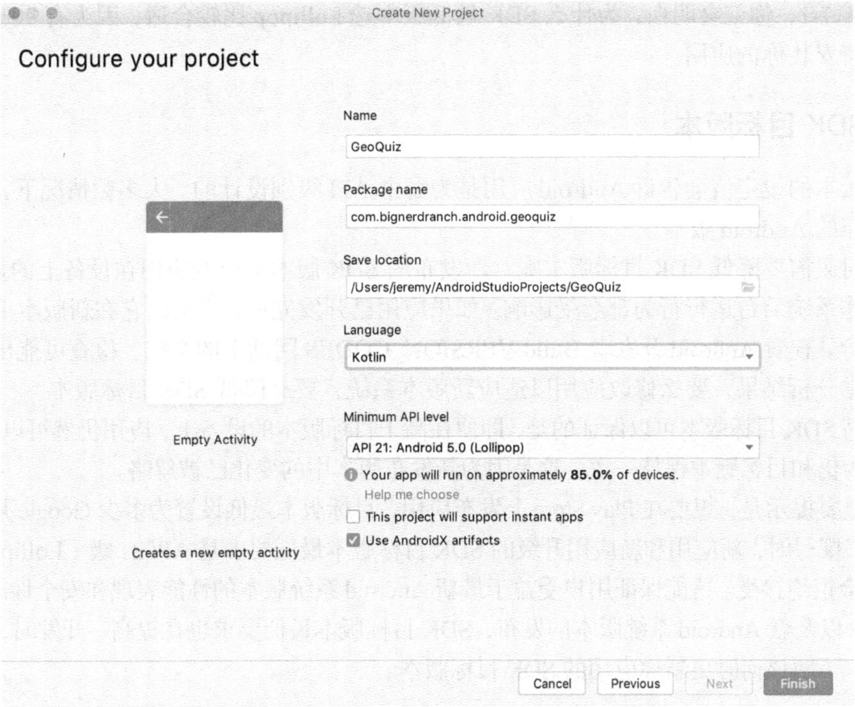

图 7-1 设置最低 SDK 版本

除了最低支持版本，还可以设置**目标版本**和**编译版本**。下面来看看还有哪些默认选项，以及新建项目时该如何选择。

所有的设置都保存在应用模块的 build.gradle 文件中。编译版本独占该文件。虽然最低版本和目标版本也设置在该文件中，但它们的作用是覆盖和设置 AndroidManifest.xml 配置文件。

打开应用模块下的 build.gradle 文件，查看 `compileSdkVersion`、`minSdkVersion` 和 `targetSdkVersion` 的属性值：

```
compileSdkVersion 28
defaultConfig {
    applicationId "com.bignerdranch.android.geoquiz"
    minSdkVersion 21
    targetSdkVersion 28
```

7.2.2 SDK 最低版本

以最低版本设置值为标准，操作系统会拒绝将应用安装在低于此标准的设备上。

例如，设置版本为 API 21 级（Lollipop），便赋予了系统在运行 Lollipop 及以上版本的设备上安装 GeoQuiz 应用的权限。而在运行 Lollipop 之前版本的设备上，Android 系统会拒绝安装 GeoQuiz 应用。

再看表7-1，你就会明白，为什么SDK最低版本选Lollipop比较合适，因为有90%左右的在用设备支持安装你的应用。

7.2.3 SDK目标版本

目标版本的设定值会告诉Android应用是为哪个API级别设计的。大多数情况下，目标版本即最新发布的Android版本。

什么时候需要降低SDK目标版本呢？新发布的SDK版本会改变应用在设备上的显示方式，甚至连操作系统后台运行行为都会受影响。如果应用已开发完成，应确认它在新版本上能否按预想正常运行。查看Android开发者Build.VERSION_CODES网站上的文档，检查可能出现问题的地方。根据分析结果，要么修改应用以适应新版本系统，要么降低SDK目标版本。

不提高SDK目标版本可以保证的是，即便在高于目标版本的设备上，应用仍然可以正常运行，且运行行为仍和目标版本保持一致。这是因为新发布版本中的变化已被忽略。

一个重要提示是，想要在Play Store上发布应用，目标版本最低设置为多少Google是有严格要求的。本书撰写时，新应用和新应用升级的SDK目标版本最低要求是API 21级（Lollipop），否则Play Store会拒绝接受。这能保证用户受益于最新Android系统版本的性能表现和安全性改进。随着时间推移，以及新Android系统版本的发布，SDK目标版本最低要求也在提高。开发时，记得关注相关文档，了解该何时更新你应用的SDK目标版本。

7.2.4 SDK编译版本

最后要说的SDK编译版本设置是`compileSdkVersion`。该设置不会出现在manifest配置文件里。SDK最低版本和目标版本会通知给操作系统，而SDK编译版本只是你和编译器之间的私有信息。

Android的特色功能是通过SDK中的类和函数展现的。在编译代码时，SDK编译版本（编译目标）指定具体要使用的系统版本。Android Studio在寻找类包导入语句中的类和函数时，编译目标确定具体的基准系统版本。

编译目标的最佳选择为最新的API级别。当然，如有需要，也可以改变应用的编译目标。例如，Android新版本发布时，可能就需要更新编译目标，以便使用新版本引入的函数和类。

可以修改build.gradle文件中的SDK最低版本、目标版本以及编译版本。不过要注意，修改完毕，项目和Gradle更改重新同步后才能生效。

7.2.5 安全添加新版本API中的代码

GeoQuiz应用的SDK最低版本和编译版本间的差异较大，由此带来的兼容性问题需要处理。例如，在GeoQuiz应用中，如果调用了Lollipop（API 21级）以后的SDK版本中的代码会怎么样呢？结果显示，在Lollipop设备上安装运行时，应用会崩溃。

这个问题可以说是曾经的测试噩梦。然而，受益于Android Lint的不断改进，现在在老版本系统上调用新版本代码时，在编译时就能发现潜在问题。也就是说，如果使用了高版本系统 API 中的代码，Android Lint 会提示编译错误。

目前，GeoQuiz 应用中的简单代码都来自 API 21 级或更早版本。现在，我们来增加 API 21 级（Lollipop）之后的代码，看看会发生什么。

打开 MainActivity.kt 文件，在 CHEAT!按钮的 `OnClickListener` 中添加代码清单 7-1 所示代码，在显示 CheatActivity 时，加入过场动画。

代码清单 7-1 添加动画特效代码（MainActivity.kt）

```
class MainActivity : AppCompatActivity() {
    ...
    override fun onCreate(savedInstanceState: Bundle?) {
        ...
        cheatButton.setOnClickListener { view ->
            // Start CheatActivity
            val answerIsTrue = quizViewModel.currentQuestionAnswer
            val intent = CheatActivity.newIntent(this@MainActivity, answerIsTrue)
            val options = ActivityOptions
                    .makeClipRevealAnimation(view, 0, 0, view.width, view.height)

            startActivityForResult(intent, REQUEST_CODE_CHEAT, options.toBundle())
        }

        updateQuestion()
    }
    ...
}
```

以上代码中，我们使用 `ActivityOptions` 类来定制该如何启动 activity。调用 `makeClipRevealAnimation(...)` 可以让 `CheatActivity` 出现时带动画效果。传入 `makeClipRevealAnimation(...)` 中的参数值指定了视图动画对象（这里是指 CHEAT!按钮）、显示新 activity 位置的 *x* 和 *y* 坐标（相对于动画源对象），以及新 activity 的初始高宽值。

请注意，这里直接使用了命名 lambda 值参 `view`，而不是默认的 `it` 名字。在设置点击监听器的上下文中，lambda 值参表示被点击的视图。虽然不一定需要明确命名，但代码可读性提高了。对于这种使用值参的 lambda 体，阅读代码的新人无法很快知道值参的含义，因此推荐做好命名。

最后，调用 `options.toBundle()` 把 `ActivityOptions` 信息打包到 `Bundle` 对象里，然后传给 `startActivityForResult(...)`。随后，`ActivityManager` 就知道该如何展现你的 activity 了。

你可能注意到了，调用 `ActivityOptions.makeClipRevealAnimation(...)` 的地方 Android Lint 报错了，在函数名下打出了波浪线，点击该函数，还会弹出一个红灯泡图标。Android 直到 SDK API 23 级才加入 `makeClipRevealAnimation(...)` 函数。因此，这段代码在低版本（API 22 级或更低）设备上运行时会让应用崩溃。

因为 SDK 编译版本为 API 28 级，编译器本身编译代码没有问题，而 Android Lint 知道项目 SDK 最低版本，所以及时指出了问题。

虽然 Lint 提示了类似 Call requires API level 23 (Current min is 21)的警告信息，但是你可以忽略它。不过，出了问题可别怪 Lint 没有提醒你。

该怎么消除这些错误信息呢？一种办法是提升 SDK 最低版本到 23。然而，提升 SDK 最低版本只是回避了兼容性问题。如果应用不能安装在 API 23 级和更老版本设备上，那么也就不存在新老系统的兼容性问题了。因此，实际上这并没有真正解决兼容性问题。

比较好的做法是将高 API 级别代码置于检查 Android 设备版本的条件语句中，如代码清单 7-2 所示。

代码清单 7-2 首先检查设备的编译版本（MainActivity.kt）

```
class MainActivity : AppCompatActivity() {
    ...
    @SuppressLint("RestrictedApi")
    override fun onCreate(savedInstanceState: Bundle?) {
        ...
        cheatButton.setOnClickListener { view ->
            ...
            if (Build.VERSION.SDK_INT >= Build.VERSION_CODES.M) {
                val options = ActivityOptions
                        .makeClipRevealAnimation(view, 0, 0, view.width, view.height)

                startActivityForResult(intent, REQUEST_CODE_CHEAT, options.toBundle())
            } else {
                startActivityForResult(intent, REQUEST_CODE_CHEAT)
            }
        }

        updateQuestion()
    }
```

Build.VERSION.SDK_INT 常量代表了 Android 设备的版本号。可将该常量同代表 Marshmallow 版本的常量进行比较。

现在动画特效代码只有在 API 23 级或更高版本的设备上运行应用才会被调用。应用代码在 API 21 级设备上终于安全了，Android Lint 应该也满意了吧。

在 Marshmallow 或更高系统版本的设备上运行 GeoQuiz 应用。尝试偷看某题的答案，确认看到了新动画效果。

过场动画一闪而过，快到可能看不出新旧变化。为了看出差异，可以调整设备来减慢其速度。打开设置应用，导航至开发者选项（System → Advanced → Developer options）。找到 Transition animation scale 设置项，将其值设置为 Animation Scale 10x，如图 7-2 所示。

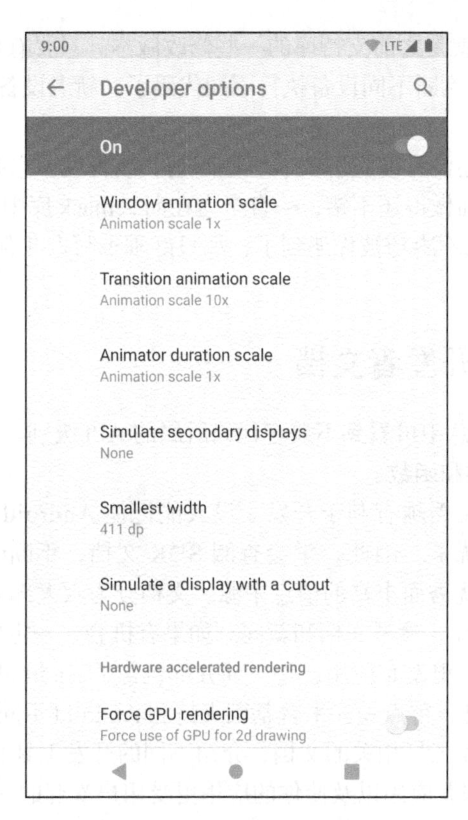

图 7-2　调慢过场动画

设置后，动画效果的速度是原来的十分之一，这下应该能清楚地看到新动画效果了。重新运行 GeoQuiz 应用，查看慢速的新过场动画。作为对比，也可以恢复到旧代码，查看之前的 activity 展现效果。继续学习之前，记得把刚才的过场动画设置恢复为默认值。

还可以在 Lollipop 设备（虚拟或实体）上运行 GeoQuiz 应用。当然，动画特效是看不到了，但可验证应用仍能正常运行。

在第 27 章，你还会看到通过系统版本检查安全使用新 API 的例子。

7.2.6　JETPACK 库

判断 API 级别执行不同代码逻辑虽然有用，但至少有两个理由告诉我们这不是最好的办法。首先，这意味着开发者适配不同系统版本的工作量变大了。其次，不同设备用户运行同一应用的体验有很大差异。

在第 4 章中我们已初步了解了 Jetpack 库和 AndroidX。除了提供新功能（比如 `ViewModel`），Jetpack 库还支持新功能向后兼容，尽量让新老设备保持一致的用户体验。即使不能完全解决，至少能做到让开发者少写一些 API 级别的条件判断代码。

许多 AndroidX 库文件就是之前支持库的一些修改版本。只要有可能，建议都要用。这样的话，就不用检查 API 级别，判断不同设备执行不同代码了。新老设备用户的应用体验也一致了，开发因此会轻松好多。

不幸的是，Jetpack 库还没有彻底解决兼容性问题。或者说，它并不拥有所有你想要的新功能。当然，Android 团队目前做得还不错，一直全力在向 Jetpack 库中添加新 API，但是你仍然会发现某些 API 不可用。如果不凑巧被你遇到了，那只好乖乖写点儿判断代码，等待 Jetpack 版本的新 API 加入了。

7.3　使用 Android 开发者文档

从 Android Lint 错误信息中可看到不兼容代码所属的 API 级别。也可在 Android 开发者文档里查看各 API 级别特有的类和函数。

越早熟悉使用开发者文档越有利于开发。没人能记住 Android SDK 中的海量信息，更不要说定期发布的新版本系统了。因此，学会查阅 SDK 文档，不断学习新的知识尤显重要。

Android 开发者文档是优秀而丰富的信息来源。文档分为六大部分：平台、Android Studio、Google Play、Android Jetpack、参考文档和新闻。如果有机会，一定要仔细研读这些资料。从开发起步到在 Google Play 商店里发布应用，每一部分都包含了 Android 开发方方面面的内容。

- 平台：基本平台信息、重点关注平台基础支持和 Android 不同的系统版本。
- Android Studio：开发工具相关的文档，介绍不同的开发工具和流程以方便开发。
- Google Play：帮助部署应用以及使你的应用更受用户欢迎的一些指导和小技巧。
- Android Jetpack：介绍 Jetpack 库以及 Android 团队是如何致力提高开发体验的。本书只用了部分 Jetpack 库，建议你查看全部库内容，熟悉它们。
- 参考文档：开发者文档主页。在这里，可以找到开发框架中各种类的使用信息，以及各种开发学习教程和实验代码。用好它们，可以帮你提高开发水平。
- 新闻：最新文章和新闻消息，方便你了解 Android 开发的最新动态。

你也可以将开发者文档下载到本地离线使用。在 Android Studio 的 SDK Manager（Tools → SDK Manager）中，点击 SDK Tools 选项页。选中 Documentation for Android SDK，然后点击 Apply 按钮。随后弹出页面提示下载内容大小，待你确认后即开始下载。下载完成后，当初下载 SDK 工具的目录（如果不知道在哪里，可以在 SDK Manager 里查看）中会新增一个 docs 目录，里面包含了全部的开发者文档。

在文档网站上，为确定 `makeClipRevealAnimation(...)`类所属的 API 级别，使用文档浏览器右上角的搜索框搜索它。选择 `ActivityOptions`（很可能是第一条搜索结果），可导航至该类的参考文档页面，如图 7-3 所示。该页面右边的链接可以链接到不同的部分。

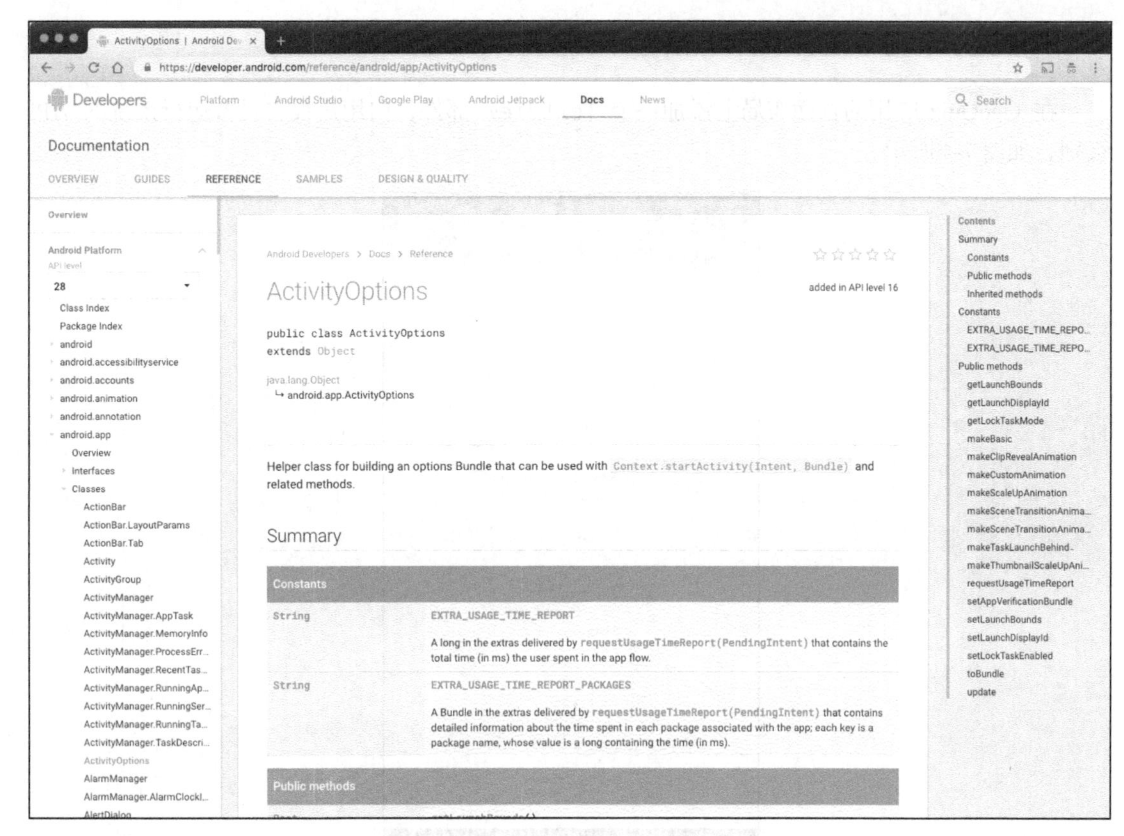

图 7-3　ActivityOptions 参考文档页面

向下滚动，找到并点击 makeClipRevealAnimation(...)函数，查看具体的描述。从该函数名的右边可以看到，该函数最早被引入的 API 级别是 API 23 级。

如果想查看 ActivityOptions 的哪些方法可用于 API 21 级，可按 API 级别过滤引用。在页面左边按包索引的类列表上方，找到 API 级别过滤框，目前它显示为 API level: 28。展开下拉表单，选择数字 21。可以看到，所有 API 21 级以后引入的方法都会被过滤掉，并自动变为灰色。

API 级别过滤非常有用，可以让你知道应用要用到的类在哪个 API 级别可用。例如，在参考文档页搜索 Activity 类，以 API 21 级过滤。结果显示，诸如 onMultiWindowModeChanged(...) 的很多方法是在 API 21 级才开始添加的。而在 Nougat SDK 中，onMultiWindowModeChanged(...) 属于附加方法，用于及时通知 activity 从全屏向多窗口模式转换（或相反）。

在后续章节的学习过程中，一定要经常查阅开发者文档。完成章末的挑战练习，以及探究某些类、函数或其他主题时，都需要查阅相关的文档资料。Google 还在不断地更新和改进 Android 文档，新知识和新概念也因此不断涌现，学无止境。

7.4　挑战练习：报告编译版本

在 GeoQuiz 应用的页面布局上添加一个 TextView 部件，向用户报告设备运行系统的 API 级别，如图 7-4 所示。

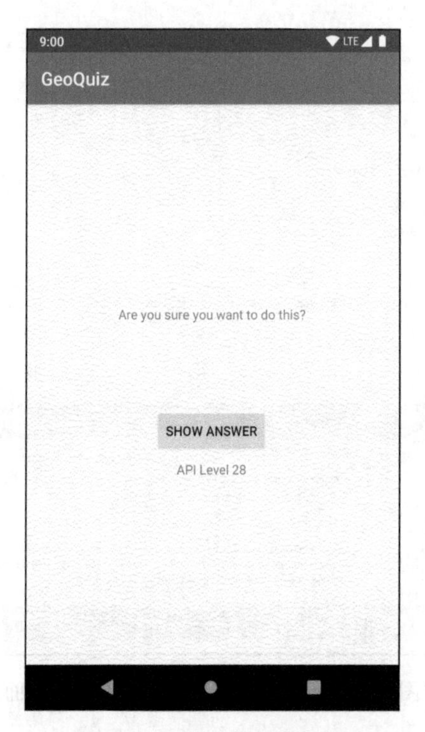

图 7-4　完成后的用户界面

应用运行时才能知道设备的编译版本，所以不能直接在布局上设置 TextView 值。打开 Android 文档中的 TextView 参考文档页，查找 TextView 的文本赋值函数。寻找可以接受字符串或 CharSequence 的单参数函数。

另外，可使用 TextView 参考文档里列出的其他 XML 属性来调整文本的尺寸或样式。

7.5　挑战练习：限制作弊次数

允许用户最多作弊三次。记录用户偷看答案的次数，在 CHEAT!按钮下显示剩余次数。超出后，禁用偷看按钮。

第 8 章

UI fragment 与 fragment 管理器

本章，我们开始开发一个名为 CriminalIntent 的应用。该应用可详细记录各种办公室陋习，如随手将脏盘子丢在休息室水池里，或者自己打印完文件就走，全然不顾公共打印机里已缺纸，等等。

用 CriminalIntent 应用记录陋习时可以添加标题、日期和照片，它还支持在联系人中查找当事人，以及通过 E-mail、Twitter、Facebook 或其他应用提出抗议。看见陋习，记录下来，舒缓了心情，就可以继续专心做手头上的工作了。

CriminalIntent 应用比较复杂，需要 11 章的篇幅来完成。如图 8-1 所示，应用的用户界面由列表以及记录明细组成。主屏幕会显示已记录陋习的列表，用户可新增记录或查看和编辑现有记录。

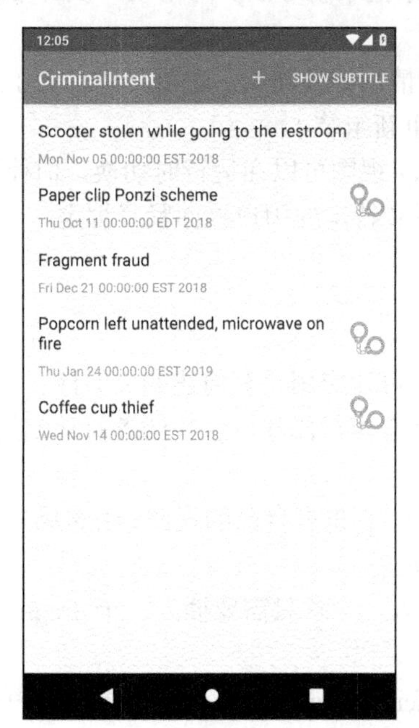

图 8-1　CriminalIntent，一个列表明细类应用

8.1　UI 设计的灵活性需求

你可能会认为，开发一个由两个 activity 组成的列表明细类应用就够了，一个负责管理记录列表界面，另一个负责管理记录明细界面。点击列表中某条记录会启动其明细 activity 实例，按回退键会销毁明细 activity 并返回到记录列表 activity 界面。想看下一条记录，同样操作即可。

理论上这种想法行得通，但如果需要更复杂的用户界面及多屏幕跳转，该怎么办呢？

- 假设用户正在平板设备上运行 CriminalIntent 应用。平板设备以及大尺寸手机的屏幕较大，能够同时显示列表和记录明细（最起码在横屏模式下是这样），如图 8-2 所示。

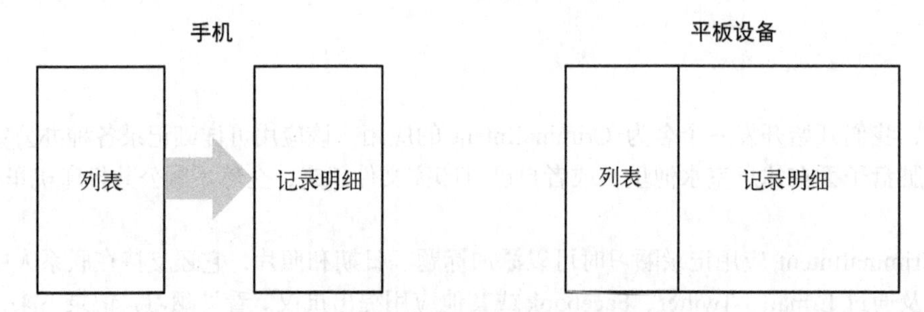

图 8-2　手机和平板设备上理想的列表明细界面

- 假设用户正在手机上查看记录明细信息，并想查看列表中的下一条记录信息。如果无须返回列表界面，滑动屏幕就能查看下一条记录就好了。每滑动一次屏幕，应用便自动切换到下一条记录明细。

可以看出，灵活多变的 UI 设计是以上假设情景的共同点。也就是说，为了适应用户或设备的需求，activity 界面可以在运行时组装，甚至重新组装。

activity 自身并不具备这样的灵活性。activity 视图可以在运行时切换，但控制视图的代码必须在 activity 中实现。结果，各个 activity 还是得和特定的用户界面紧紧绑定。

8.2　引入 fragment

采用 fragment 而不是 activity 来管理应用 UI 可让应用具有前述的灵活性。

fragment 是一种控制器对象，activity 可委派它执行任务。这些任务通常就是管理用户界面。受管的用户界面可以是一整屏或整屏的一部分。

管理用户界面的 fragment 又称为 UI fragment。它也有自己的视图（由布局文件实例化而来）。fragment 视图包含了用户可以交互的可视化 UI 元素。

activity 视图能预留位置供 fragment 视图插入。本章只需要插入一个 fragment。如果有多个 fragment 要插入，activity 视图就提供多个位置。

根据应用和用户的需求，可联合使用 fragment 及 activity 来组装或重组用户界面。在整个生命周期中，activity 视图还是那个视图。因此不必担心会违反 Android 系统的 activity 使用规则。

下面来看看应用该如何支持在同一屏中显示列表与明细内容。我们应用的 activity 视图会由一个列表 fragment 和一个明细 fragment 组成。明细视图负责显示列表项的明细内容。

选择不同的列表项就显示对应的明细视图，activity 负责以一个明细 fragment 替换另一个明细 fragment，如图 8-3 所示。这样，视图切换的过程中，也不用销毁 activity 了。有 fragment 助阵，一切就这么简单。

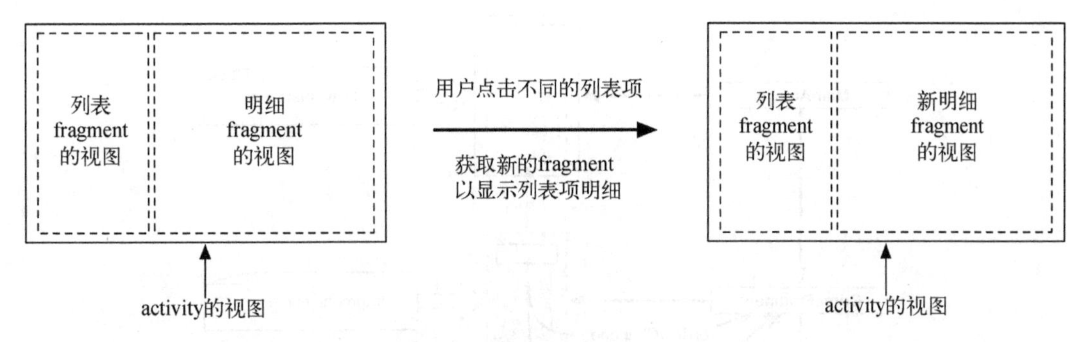

图 8-3 明细 fragment 的切换

除列表明细类应用外，使用 UI fragment 将应用的 UI 分解成构建块，同样适用于其他类型的应用。例如，利用单个构建块，可以方便地构建分页界面、动画侧边栏界面等更多定制界面。另外，一些新的 Android Jetpack API，比如导航控制器（navigation controller），就能完美地支持 fragment。所以，请放心整合使用 fragment 和 Jetpack API。

8.3 着手开发 CriminalIntent

CriminalIntent 应用比较复杂，本章先开发应用的记录明细部分。完成后的界面如图 8-4 所示。

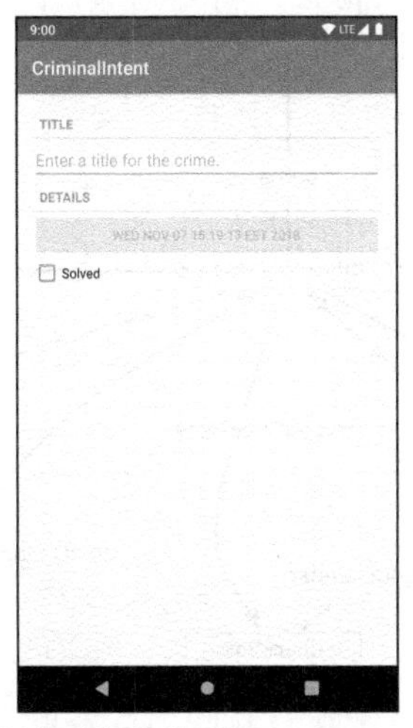

图 8-4 本章要完成的 CriminalIntent 应用界面

图 8-4所示的用户界面是由一个叫CrimeFragment的UI fragment来管理的，而CrimeFragment实例会由一个叫 MainActivity 的 activity 来**托管**。

所谓托管，可以参照图 8-5 这样理解：activity 在其视图层级里提供一个位置，用来放置fragment 视图。fragment 本身没有在屏幕上显示视图的能力。因此，只有将它的视图放置在 activity的视图层级结构中，fragment 视图才能显示在屏幕上。

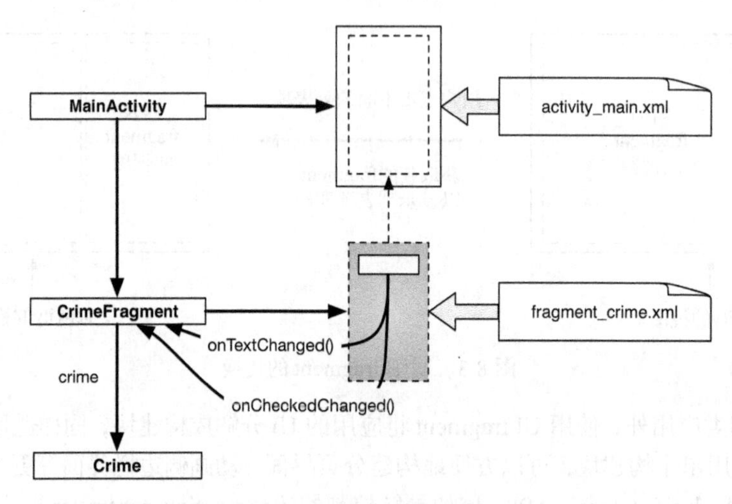

图 8-5　MainActivity 托管着 CrimeFragment

CriminalIntent 是个大项目，借助对象图解可以更好地理解它。图 8-6 展示了 CriminalIntent项目涉及的对象以及对象间的关系。可以不去记忆，但开工前，最好对开发对象有一个整体认识。

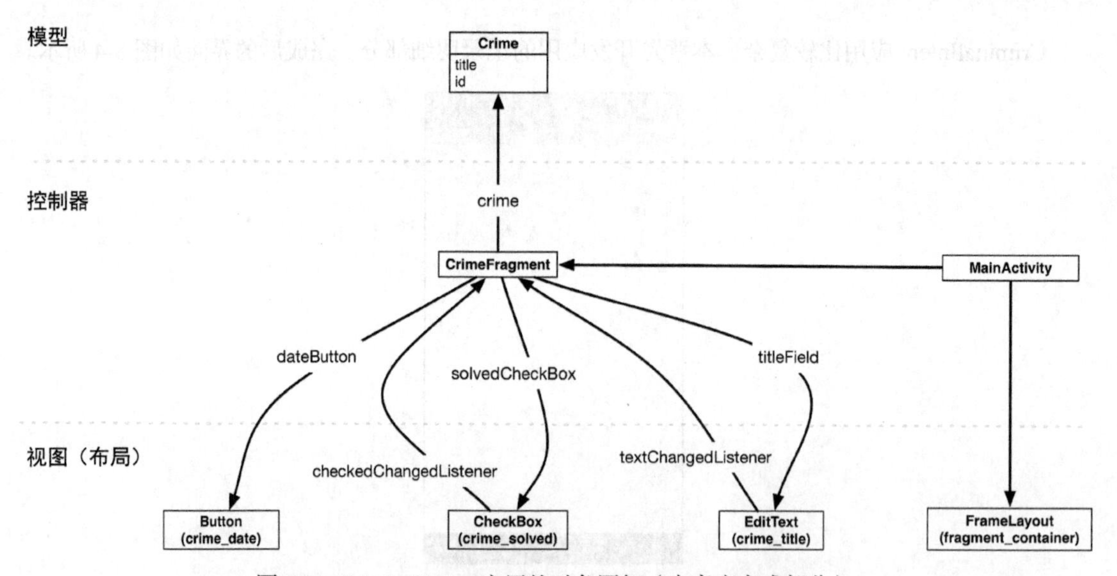

图 8-6　CriminalIntent 应用的对象图解（本章应完成部分）

可以看到，同 activity 在 GeoQuiz 应用中扮演的角色差不多，CrimeFragment 也负责创建并管理用户界面，以及与模型对象进行交互。

图 8-6 中的 Crime、CrimeFragment 以及 MainActivity 是我们要开发的三个类。

Crime 实例代表某种办公室陋习。在本章中，一个 crime 有一个标题、一个标识 ID、一个日期和一个表示陋习是否被解决的布尔值。标题是一个描述性名称，比如"向水槽中倾倒有毒物"或"某人偷了我的酸奶!"等。标识 ID 是识别 Crime 实例的唯一元素。

简单起见，本章只使用一个 Crime 实例。它会被存放在 CrimeFragment 类的成员变量（crime）中。

MainActivity 视图由 FrameLayout 部件组成，FrameLayout 部件为 CrimeFragment 视图安排了显示位置。

CrimeFragment 视图由一个 LinearLayout 部件及其三个子视图组成。这三个子视图包括一个 EditText 部件、一个 Button 部件和一个 CheckBox 部件。CrimeFragment 类中有存储它们的属性，并设有监听器，会在响应用户操作时，更新模型层数据。

创建新项目

介绍了这么多，是时候创建新应用了。选择 File → New → New Project...菜单项创建新的 Android 应用。如图 8-7 所示，选择 Empty Activity 模板后，点击 Next 按钮继续。

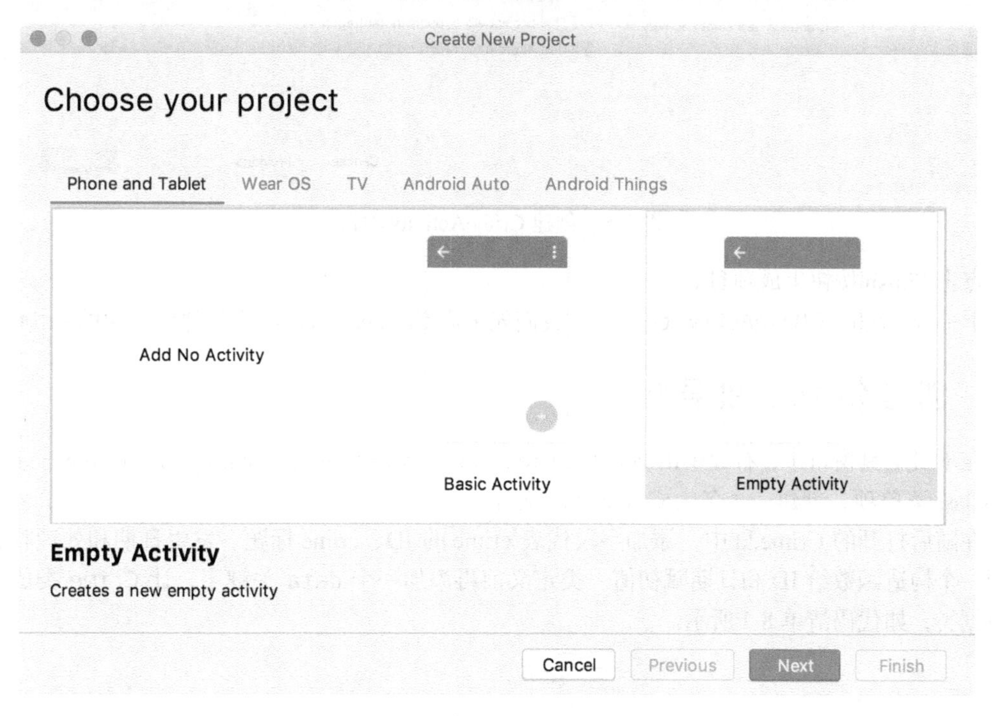

图 8-7　创建 CriminalIntent 应用

参照图 8-8 配置项目，将应用命名为 CriminalIntent，包名填入 com.bignerdranch.android.criminalintent，开发语言选 Kotlin，SDK 最低版本指定为 API 21: Android 5.0 (Lollipop)，最后确认勾选了 Use AndroidX artifacts。

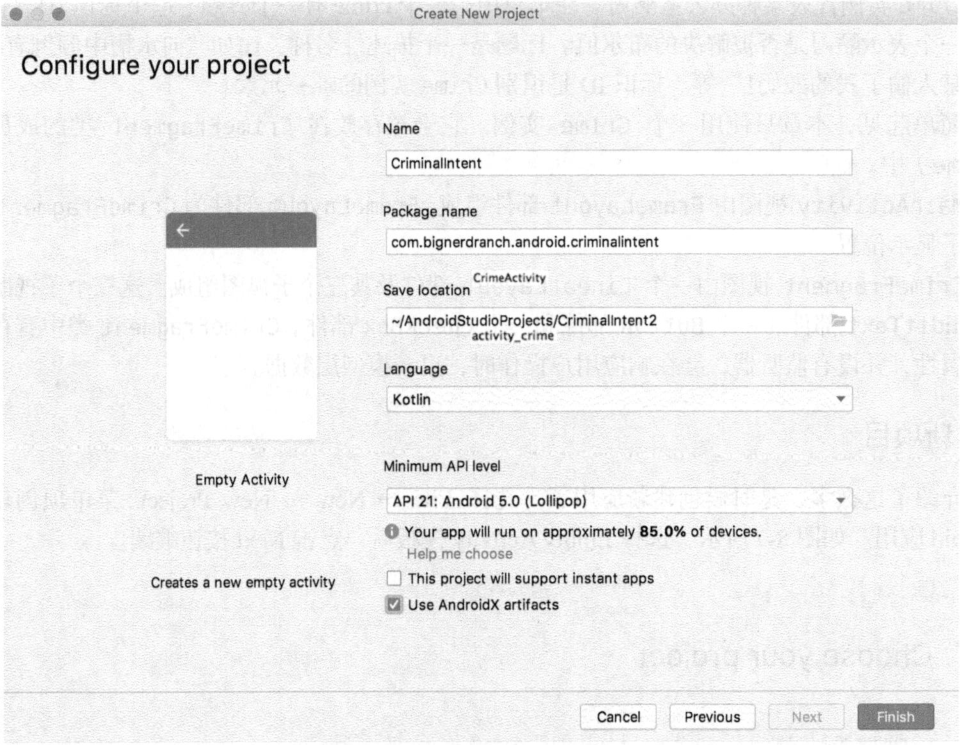

图 8-8　创建 CrimeActivity 项目

点击 Finish 按钮生成项目。

下一步，在完善 `MainActivity` 之前，我们先来为 CriminalIntent 应用创建模型层的 `Crime` 类。

8.4　创建 `Crime` 数据类

在项目工具窗口中，右键单击 com.bignerdranch.android.criminalintent 包，选择 New → Kotlin File/Class 菜单项，创建一个名为 Crime.kt 的文件。

在随后打开的 Crime.kt 中，添加字段代表 crime 的 ID、crime 标题、发生日期和处理状态，使用一个构造函数给 ID 和日期赋初值。类定义前再添加一个 `data` 关键字，让 `Crime` 类成为一个数据类，如代码清单 8-1 所示。

代码清单 8-1 创建 Crime 数据类(Crime.kt)

```
data class Crime(val id: UUID = UUID.randomUUID(),
                 var title: String = "",
                 var date: Date = Date(),
                 var isSolved: Boolean = false)
```

导入类包时,在确认应导入哪个版本的 Date 类时,选择 java.util.Date 类。

UUID 是 Android 框架里的工具类。有了它,生成唯一 ID 值就方便多了。在构造函数里,调用 UUID.randomUUID()生成一个随机唯一 ID 值。

使用默认的 Date 构造函数初始化 Date 变量。设置 Date 变量值为当前日期,作为 crime 的默认发生时间。

以上是本章 CriminalIntent 模型层及 Crime 类所需的全部代码实现工作。

至此,除了模型层,我们还创建了能够托管 fragment 的 activity。接下来,继续学习 activity 托管 fragment 的具体实现。

8.5 创建 UI fragment

创建 UI fragment 与创建 activity 的步骤相同:

- 定义 UI 布局文件;
- 创建 fragment 类并设置其视图为第一步定义的布局;
- 编写代码以实例化部件。

8.5.1 定义 CrimeFragment 的布局

CrimeFragment 视图用来显示包含在 Crime 类实例中的信息。

首先,打开 res/values/strings.xml,参照代码清单 8-2,添加需要的字符串资源。

代码清单 8-2 添加字符串资源(res/values/strings.xml)

```
<resources>
    <string name="app_name">CriminalIntent</string>
    <string name="crime_title_hint">Enter a title for the crime.</string>
    <string name="crime_title_label">Title</string>
    <string name="crime_details_label">Details</string>
    <string name="crime_solved_label">Solved</string>
</resources>
```

然后,定义 UI。CrimeFragment 的视图布局包含一个垂直 LinearLayout 部件,这个部件又含有五个子部件:两个 TextView、一个 EditText、一个 Button 和一个 CheckBox。

要创建布局文件,在项目工具窗口中,右键单击 res/layout 文件夹,选择 New → Layout resource file 菜单项。命名布局文件为 fragment_crime.xml,输入 LinearLayout 作为根元素节点。

Android Studio 会创建文件,并自动添加 LinearLayout。在 res/layout/fragment_crime.xml 文件中,添加组成 fragment 布局的其他部件,结果如代码清单 8-3 所示。

代码清单 8-3　fragment 视图的布局文件（res/layout/fragment_crime.xml）

```
<LinearLayout xmlns:android="http://schemas.android.com/apk/res/android"
    xmlns:tools="http://schemas.android.com/tools"
    android:orientation="vertical"
    android:layout_width="match_parent"
    android:layout_height="match_parent"
    android:layout_margin="16dp">

    <TextView
            style="?android:listSeparatorTextViewStyle"
            android:layout_width="match_parent"
            android:layout_height="wrap_content"
            android:text="@string/crime_title_label"/>

    <EditText
            android:id="@+id/crime_title"
            android:layout_width="match_parent"
            android:layout_height="wrap_content"
            android:hint="@string/crime_title_hint"/>

    <TextView
            style="?android:listSeparatorTextViewStyle"
            android:layout_width="match_parent"
            android:layout_height="wrap_content"
            android:text="@string/crime_details_label"/>

    <Button
            android:id="@+id/crime_date"
            android:layout_width="match_parent"
            android:layout_height="wrap_content"
            tools:text="Wed Nov 14 11:56 EST 2018"/>

    <CheckBox
            android:id="@+id/crime_solved"
            android:layout_width="match_parent"
            android:layout_height="wrap_content"
            android:text="@string/crime_solved_label"/>

</LinearLayout>
```

（第一个 TextView 定义里出现了新语法：style="? android:listSeparatorTextViewStyle"。不要担心，学完 10.4 节，你就会明白了。）

之前说过，有了 tools 命名空间，你就可以提供一些文字信息，供预览时使用。这里，我们为 date 按钮添加了日期文字。这样，在预览界面，日期按钮就有了示例文字。切换至 Design 视图，预览已完成的 CrimeFragment 布局，如图 8-9 所示。

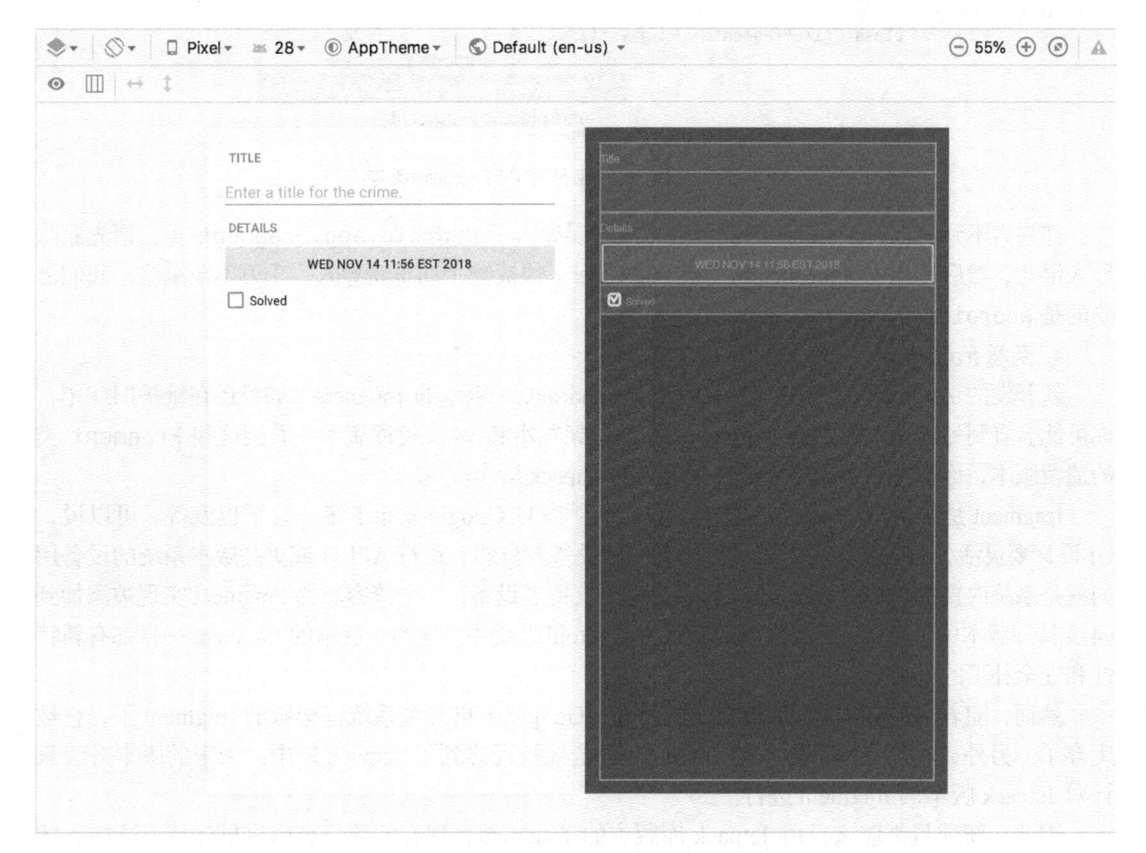

图 8-9 预览 `CrimeFragment` 布局

8.5.2 创建 `CrimeFragment` 类

为 `CrimeFragment` 类创建另一个 Kotlin 文件。这次，文件类型选择 Class，Android Studio 会自动创建空的类定义。修改代码，让 `CrimeFragment` 类继承 `Fragment` 类，如代码清单 8-4 所示。

代码清单 8-4 继承 `Fragment` 类（CrimeFragment.kt）

```
class CrimeFragment : Fragment() {
}
```

如图 8-10 所示，修改代码继承 `Fragment` 类时，Android Studio 会找到两个同名 `Fragment` 类：`android.app.Fragment` 和 `androidx.fragment.app.Fragment`。前者是 Android 操作系统内置版 Fragment，而我们要用的是 Jetpack 库版 Fragment，所以选择后者。（要知道，Jetpack 库是在 androidx 打头的包里的。）

图 8-10　选择 Jetpack 库中的 Fragment 类

如果看不到 Android Studio 的提示框，或者误导入了 android.app.Fragment 类，请先删除导入语句，然后使用 Option+Return（或 Alt+Enter）快捷键手动重新导入。千万不要搞错，我们需要的是 androidx.fragment.app.Fragment。

1. 两类 fragment

新开发的 Android 应用都应该用 Jetpack（androidx）版本的 fragment。如果还在维护旧应用，你可能会看到另外两个版本的 fragment：系统框架版本和 v4 支持库版本。看到这些 Fragment 类的遗留版本，你都应该考虑尽快迁移到最新的 Jetpack 版本。

fragment 是在 API 11 级系统版本中引入的，当时 Google 发布了第一台平板设备。可以说，UI 设计要灵活，首先是针对平板这样的大屏幕设备。自然，运行 API 11 或更高版本系统的设备用的就是系统内置的框架版 fragment。随后，为了支持老设备，一个兼容版的 Fragment 实现被添加到 v4 支持库版本中。自然，后面推出的新版本 Android 系统中，这两个版本的 fragment 一直都有新特性和安全补丁的升级。

然而，随着 Android 9.0（API 28）的发布，Google 不再升级系统框架版的 fragment 了，它被废弃了。另外，早期支持库版本的 fragment 也全部被迁移到了 Jetpack 库中。未来的版本升级只针对 Jetpack 版本的 fragment 进行了。

因此，新项目都应该只用 Jetpack 库版本的 fragment，现有的项目也应尽早迁移。这样，才能保证用上 fragment 的新特性，相关 bug 也能得到及时修复。

2. 实现 fragment 生命周期函数

CrimeFragment 类是与模型及视图对象交互的控制器，用于显示特定 crime 的明细信息，并在用户修改这些信息后立即进行更新。

在 GeoQuiz 应用中，activity 通过其生命周期函数完成了大部分逻辑控制工作。而在 CriminalIntent 应用中，这些工作是由 fragment 的生命周期函数完成的。fragment 的许多生命周期函数对应着我们熟知的 Activity 函数，比如 onCreate(Bundle?) 函数（fragment 生命周期函数详见 8.6.2 节）。

在 CrimeFragment.kt 中，新增一个 Crime 实例属性以及一个 Fragment.onCreate(Bundle?) 实现函数。

编写覆盖函数时，Android Studio 能够提供便利。在输入 onCreate(Bundle?)函数名时，Android Studio 会弹出建议函数清单，如图 8-11 所示。

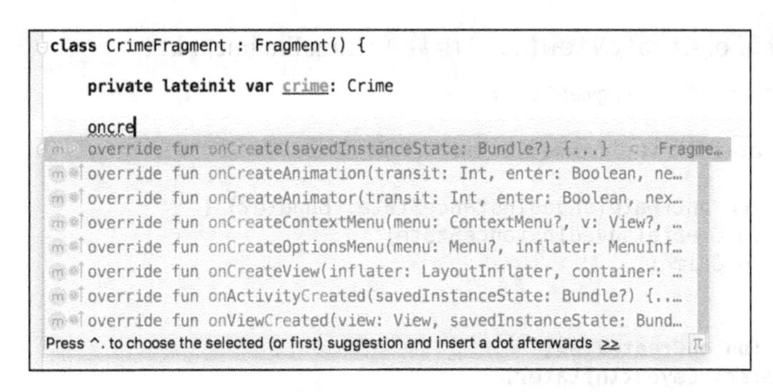

图 8-11　覆盖 onCreate(Bundle?)函数

按回车键选择 onCreate(Bundle?) 函数，Android Studio 会自动创建函数存根，包括调用超类实现。更新代码创建一个新 crime，结果如代码清单 8-5 所示。

代码清单 8-5　覆盖 Fragment.onCreate(Bundle?)（CrimeFragment.kt）

```
class CrimeFragment : Fragment() {

    private lateinit var crime: Crime

    override fun onCreate(savedInstanceState: Bundle?) {
        super.onCreate(savedInstanceState)
        crime = Crime()
    }
}
```

以上实现代码有以下几点值得一说。

首先，Fragment.onCreate(Bundle?)是公共函数，而 Activity.onCreate(Bundle?)是受保护函数。（如果没有可见性修饰符，那么 Kotlin 函数默认是公共的。）Fragment.onCreate(Bundle?)函数及其他 Fragment 生命周期函数必须是公共函数，因为托管 fragment 的 activity 要调用它们。

其次，类似于 activity，fragment 同样具有保存及获取状态的 bundle。如同使用 Activity.onSaveInstanceState(Bundle)函数那样，你也可以根据需要覆盖 Fragment.onSaveInstanceState(Bundle)函数。

最后，fragment 的视图并**没有**在 Fragment.onCreate(Bundle?)函数中生成。虽然我们在该函数中配置了 fragment 实例，但创建和配置 fragment 视图是另一个 Fragment 生命周期函数完成的：onCreateView(LayoutInflater, ViewGroup?, Bundle?)。

该函数会实例化 fragment 视图的布局，然后将实例化的 View 返回给托管 activity。LayoutInflater 及 ViewGroup 是实例化布局的必要参数。Bundle 用来存储恢复数据，可供该函数从保存状态下重建视图。

在 CrimeFragment.kt 中，添加 onCreateView(...)函数的实现代码，从 fragment_crime.xml 布局中实例化并返回视图，如代码清单 8-6 所示。（可使用图 8-11 所示的方法完成函数定义。）

代码清单 8-6　覆盖 onCreateView(...)函数（CrimeFragment.kt）

```
class CrimeFragment : Fragment() {

    private lateinit var crime: Crime

    override fun onCreate(savedInstanceState: Bundle?) {
        super.onCreate(savedInstanceState)
        crime = Crime()
    }

    override fun onCreateView(
        inflater: LayoutInflater,
        container: ViewGroup?,
        savedInstanceState: Bundle?
    ): View? {
        val view = inflater.inflate(R.layout.fragment_crime, container, false)
        return view
    }
}
```

在 onCreateView(...)函数中，fragment 的视图是直接通过调用 LayoutInflater.inflate(...)函数并传入布局的资源 ID 生成的。第二个参数是视图的父视图，我们通常需要父视图来正确配置部件。第三个参数告诉布局生成器是否立即将生成的视图添加给父视图。这里传入了 false 参数，因为 fragment 的视图将由 activity 的容器视图托管。稍后，activity 会处理。

3. 在 fragment 中实例化部件

现在来生成 fragment 中的 EditText、CheckBox 和 Button 部件。它们也是在 onCreateView(...)函数里实例化。

首先处理 EditText 部件。视图生成后，使用 findViewById 引用它，如代码清单 8-7 所示。

代码清单 8-7　生成并使用 EditText 部件（CrimeFragment.kt）

```
class CrimeFragment : Fragment() {

    private lateinit var crime: Crime
    private lateinit var titleField: EditText
    ...
    override fun onCreateView(
        inflater: LayoutInflater,
        container: ViewGroup?,
        savedInstanceState: Bundle?
    ): View? {
        val view = inflater.inflate(R.layout.fragment_crime, container, false)

        titleField = view.findViewById(R.id.crime_title) as EditText

        return view
    }
}
```

Fragment.onCreateView(...)函数中的部件引用几乎等同于 Activity.onCreate(Bundle?)函数的处理。唯一的区别是，你调用了 fragment 视图的 View.findViewById(Int)函数。以前

使用的 Activity.findViewById(Int)函数十分便利，能够在后台自动调用 View.findViewById(Int)函数，而 Fragment 类没有这样的便利函数，因此必须手动调用。

接下来，在 onStart()生命周期回调里给 EditText 部件添加监听器，如代码清单 8-8 所示。

代码清单 8-8 给 EditText 部件添加监听器（CrimeFragment.kt）

```
class CrimeFragment : Fragment() {
    ...
    override fun onCreateView(
        inflater: LayoutInflater,
        container: ViewGroup?,
        savedInstanceState: Bundle?
    ): View? {
        ...
    }

    override fun onStart() {
        super.onStart()

        val titleWatcher = object : TextWatcher {

            override fun beforeTextChanged(
                sequence: CharSequence?,
                start: Int,
                count: Int,
                after: Int
            ) {
                // This space intentionally left blank
            }

            override fun onTextChanged(
                sequence: CharSequence?,
                start: Int,
                before: Int,
                count: Int
            ) {
                crime.title = sequence.toString()
            }

            override fun afterTextChanged(sequence: Editable?) {
                // This one too
            }
        }

        titleField.addTextChangedListener(titleWatcher)
    }
}
```

fragment 中监听器函数的设置和 activity 中完全一样。这里是创建实现 TextWatcher 监听器接口的匿名内部类。TextWatcher 有三个函数，不过现在只需关注其中的 onTextChanged(...)函数。

在 onTextChanged(...)函数中，调用 CharSequence（代表用户输入）的 toString()函数。该函数最后返回用来设置 Crime 标题的字符串。

注意，TextWatcher 监听器是设置在 onStart()里的。有些监听器不仅能在用户与之交互时触发，也能在因设备旋转，视图恢复后导致数据重置时触发。能响应数据输入的监听器有 EditText 的 TextWatcher 以及 CheckBox 的 OnCheckChangedListener。

而 OnClickListener 只能响应用户交互。之前在开发 GeoQuiz 时，我们只会用到点击事件监听器，不会遇到设备旋转后再触发监听事件的场景。因此，所有的监听器触发事件工作都是在 onCreate(...)里完成的。

视图状态在 onCreateView(...)之后和 onStart()之前恢复。视图状态一恢复，EditText 的内容就要用 crime.title 的当前值重置。这时候，如果有针对 EditText 的监听器（比如在 onCreate(...)或 onCreateView(...)当中），那么 TextWatcher 的 beforeTextChanged(...)、onTextChanged(...)和 afterTextChanged(...)函数就会执行。在 onStart()里设置监听器可以避免这种情况的发生，因为视图状态恢复后才会触发监听器事件。

接下来处理 Button 部件，让它显示 crime 的发生日期，如代码清单 8-9 所示。

代码清单 8-9　设置 Button 文字（CrimeFragment.kt）

```
class CrimeFragment : Fragment() {

    private lateinit var crime: Crime
    private lateinit var titleField: EditText
    private lateinit var dateButton: Button
    ...
    override fun onCreateView(
        inflater: LayoutInflater,
        container: ViewGroup?,
        savedInstanceState: Bundle?
    ): View? {
        val view = inflater.inflate(R.layout.fragment_crime, container, false)

        titleField = view.findViewById(R.id.crime_title) as EditText
        dateButton = view.findViewById(R.id.crime_date) as Button

        dateButton.apply {
            text = crime.date.toString()
            isEnabled = false
        }

        return view
    }
}
```

禁用 Button 按钮，确保它不会响应用户点击。按钮应处于灰色状态，这样用户一看就知道按钮是不可以点击的。在第 13 章中，Button 按钮会重新启用，并允许用户随意选择 crime 日期。

最后处理 CheckBox 部件。在 onCreateView(...)里引用它，然后在 onStart()里设置监听器，根据用户操作，更新 solvedCheckBox 状态，如代码清单 8-10 所示。虽然 CheckBox 部件的监听器不会因 fragment 的状态恢复而触发，但把它放在 onStart()里，代码逻辑会更清楚，后续也更容易查找。

代码清单 8-10 监听 CheckBox 的变化（CrimeFragment.kt）

```
class CrimeFragment : Fragment() {

    private lateinit var crime: Crime
    private lateinit var titleField: EditText
    private lateinit var dateButton: Button
    private lateinit var solvedCheckBox: CheckBox
    ...
    override fun onCreateView(
        inflater: LayoutInflater,
        container: ViewGroup?,
        savedInstanceState: Bundle?
    ): View? {
        val view = inflater.inflate(R.layout.fragment_crime, container, false)

        titleField = view.findViewById(R.id.crime_title) as EditText
        dateButton = view.findViewById(R.id.crime_date) as Button
        solvedCheckBox = view.findViewById(R.id.crime_solved) as CheckBox
        ...
    }

    override fun onStart() {
        ...
        titleField.addTextChangedListener(titleWatcher)

        solvedCheckBox.apply {
            setOnCheckedChangeListener { _, isChecked ->
                crime.isSolved = isChecked
            }
        }
    }
}
```

CrimeFragment 类的代码实现部分完成了，但现在还不能运行应用查看用户界面和检验代码。这是因为 fragment 自己无法在屏幕上显示视图，怎么办？把 CrimeFragment 添加给 MainActivity。

8.6 托管 UI fragment

为托管 UI fragment，activity 必须：

- 在其布局中为 fragment 的视图安排位置；
- 管理 fragment 实例的生命周期。

可以写代码把 fragment 添加给 activity。这样，你自己便能决定何时添加 fragment，以及随后可以完成何种任务。你也可以移除 fragment，用其他 fragment 代替当前 fragment，甚至重新添加已移除的 fragment。

具体代码稍后会给出。现在，先来定义 MainActivity 的布局。

8.6.1 定义容器视图

虽然已选择在托管 activity 代码中添加 UI fragment，但还是要在 activity 视图层级结构中为 fragment 视图安排位置。找到并打开 MainActivity 的布局文件 res/layout/activity_main.xml，使用一个 FrameLayout 替换默认布局。完成后的 XML 文件应如代码清单 8-11 所示。

代码清单 8-11 创建 fragment 容器布局（res/layout/activity_main.xml）

```
<androidx.constraintlayout.widget.ConstraintLayout
        xmlns:android="http://schemas.android.com/apk/res/android"
        xmlns:tools="http://schemas.android.com/tools"
        xmlns:app="http://schemas.android.com/apk/res-auto"
        android:layout_width="match_parent"
        android:layout_height="match_parent"
        tools:context=".MainActivity">

    <TextView
            android:layout_width="wrap_content"
            android:layout_height="wrap_content"
            android:text="Hello World!"
            app:layout_constraintBottom_toBottomOf="parent"
            app:layout_constraintLeft_toLeftOf="parent"
            app:layout_constraintRight_toRightOf="parent"
            app:layout_constraintTop_toTopOf="parent"/>

</androidx.constraintlayout.widget.ConstraintLayout>
<FrameLayout
        xmlns:android="http://schemas.android.com/apk/res/android"
        android:id="@+id/fragment_container"
        android:layout_width="match_parent"
        android:layout_height="match_parent"/>
```

FrameLayout 是服务于 CrimeFragment 的容器视图。注意该容器视图是个通用视图，不单单用于 CrimeFragment 类，还可以用它托管其他的 fragment。

注意，当前的 activity_main.xml 布局文件仅由一个服务于单个 fragment 的容器视图组成，但托管 activity 布局本身也可以非常复杂。除自身部件外，托管 activity 布局还可定义多个容器视图。

运行 CriminalIntent 应用验证实现代码。你会看到一个包含应用名的空 FrameLayout，如图 8-12 所示。

图 8-12 一个空的 FrameLayout

现在只能看到一个空的 FrameLayout，因为 MainActivity 还没有托管任何 fragment。稍后，我们会编写代码，将 fragment 的视图放置到 FrameLayout 中。不过，首先要有一个 fragment。

（按 Android Studio 当前对 activity 的配置，应用顶部的工具栏默认就有。关于如何定制工具栏，请阅读第 14 章。）

8.6.2 向 FragmentManager 中添加 UI fragment

自 Honeycomb 开始引入 Fragment 类的时候，为协同工作，Activity 类中便添加了 FragmentManager 类。如图 8-13 所示，这个 FragmentManager 类具体管理的对象有 fragment 队列和 fragment 事务回退栈（稍后会学习）。它负责将 fragment 视图添加到 activity 的视图层级结构中。

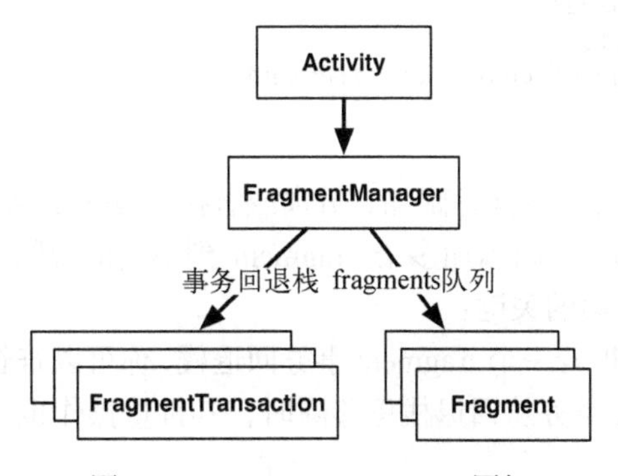

图 8-13 FragmentManager 图解

就 CriminalIntent 应用来说，我们只需要关心 FragmentManager 管理的 fragment 队列。

1. fragment 事务

获取 FragmentManager 之后，再获取一个 fragment 交给它管理，如代码清单 8-12 所示。（现在只需对照添加，稍后会逐行解读代码。）

代码清单 8-12　添加一个 CrimeFragment（MainActivity.kt）

```
class MainActivity : AppCompatActivity() {

    override fun onCreate(savedInstanceState: Bundle?) {
        super.onCreate(savedInstanceState)
        setContentView(R.layout.activity_main)

        val currentFragment =
            supportFragmentManager.findFragmentById(R.id.fragment_container)

        if (currentFragment == null) {
            val fragment = CrimeFragment()
            supportFragmentManager
                .beginTransaction()
                .add(R.id.fragment_container, fragment)
                .commit()
        }
    }
}
```

为了以代码的方式把 fragment 添加给 activity，这里显式调用了 activity 的 FragmentManager。我们使用 supportFragmentManager 属性就能获取 activity 的 fragment 管理器。因为使用了 Jetpack 库版本的 fragment 和 AppCompatActivity 类，所以这里用的是 supportFragmentManager。前缀 support 表明它最初来自 v4 支持库。现在，支持库已重新打包为 androidx 放在 Jetpack 库里。

以上代码中，获取 fragment 不难理解。add(...)函数及其相关代码才是重点。这段代码创建并提交了一个 fragment 事务：

```
if (currentFragment == null) {
    val fragment = CrimeFragment()
    supportFragmentManager
        .beginTransaction()
        .add(R.id.fragment_container, fragment)
        .commit()
}
```

fragment 事务被用来添加、移除、附加、分离或替换 fragment 队列中的 fragment。它们允许你按组执行多个操作，例如，同时添加多个 fragment 到不同的视图容器里。这是使用 fragment 动态组装和重新组装用户界面的关键。

FragmentManager 维护着一个 fragment 事务回退栈，你可以查看、历数它们。如果 fragment 事务包含多个操作，那么在事务从回退栈里移除时，其批量操作也会回退。基于这个原因，UI 状态更好控制了。

FragmentManager.beginTransaction()函数创建并返回 FragmentTransaction 实例。FragmentTransaction 类支持**流接口**（fluent interface）的链式函数调用，以此配置 FragmentTransaction 再返回它。因此，以上灰底代码可解读为："创建一个新的 fragment 事务，执行一个 fragment 添加操作，然后提交该事务。"

add(...)函数是整个事务的核心，它有两个参数：容器视图资源 ID 和新创建的 CrimeFragment。容器视图资源 ID 你应该很熟悉了，它是定义在 activity_main.xml 中的 FrameLayout 部件的资源 ID。

容器视图资源 ID 的作用有：

- 告诉 FragmentManager，fragment 视图应该出现在 activity 视图的什么位置；
- 唯一标识 FragmentManager 队列中的 fragment。

如需从 FragmentManager 中获取 CrimeFragment，使用容器视图资源 ID 就行了：

```
val currentFragment =
    supportFragmentManager.findFragmentById(R.id.fragment_container)

if (currentFragment == null) {
    val fragment = CrimeFragment()
    supportFragmentManager
        .beginTransaction()
        .add(R.id.fragment_container, fragment)
        .commit()
}
```

FragmentManager 使用 FrameLayout 的资源 ID 来识别 CrimeFragment，这看上去可能有点怪。但实际上，使用容器视图资源 ID 识别 UI fragment 就是 FragmentManager 的一种内部实现机制。如果要向 activity 中添加多个 fragment，通常需要分别为每个 fragment 创建具有不同 ID 的各种容器。

现在，从头至尾对代码清单 8-12 中的新增代码做一个总结。

首先，使用 R.id.fragment_container 的容器视图资源 ID，向 FragmentManager 请求并获取 fragment。如果要获取的 fragment 在队列中，FragmentManager 就直接返回它。

为什么要获取的 fragment 可能已在队列中了呢？前面说过，设备旋转或回收内存时，Android 系统会销毁 MainActivity，而后**重建**时，会调用 MainActivity.onCreate(Bundle?)函数。activity 被销毁时，它的 FragmentManager 会将 fragment 队列保存下来。这样，activity 重建时，新的 FragmentManager 会首先获取保存的队列，然后重建 fragment 队列，从而恢复到原来的状态。

当然，如果指定容器视图资源 ID 的 fragment 不存在，则 fragment 变量为空值。这时应该新建 CrimeFragment，并启动一个新的 fragment 事务，将新建 fragment 添加到队列中。

MainActivity 现在托管着 CrimeFragment。运行 CriminalIntent 应用验证这一点，应该可以看到定义在 fragment_crime.xml 中的视图，如图 8-14 所示。

图 8-14　MainActivity 托管的 CrimeFragment 视图

2. FragmentManager 与 fragment 生命周期

图 8-15 展示了 fragment 的生命周期。fragment 有类似于 activity 的生命周期：有同样的停止、暂停和运行状态；有可以覆盖的函数，让你能在某些关键时点执行特定任务，而且，这些函数大多和 activity 生命周期相对应。

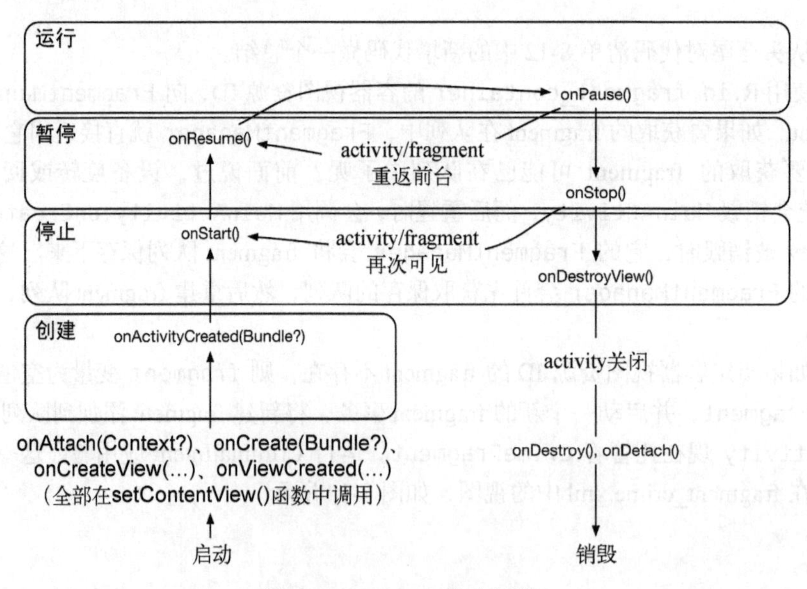

图 8-15　fragment 生命周期

这个对应太重要了。因为 fragment 代表 activity 工作，所以它的状态要能反映 activity 状态。因此，需要对应的生命周期函数处理 activity 的工作。

activity 的生命周期函数由操作系统负责调用，而 fragment 的生命周期函数由托管 activity 的 FragmentManager 负责调用。对于 activity 用来管理事务的 fragment，操作系统概不知情。添加 fragment 供 FragmentManager 管理时，onAttach(Context?)、onCreate(Bundle?) 和 onCreateView(...) 函数会被调用。

托管 activity 的 onCreate(Bundle?) 函数执行后，onActivityCreated(Bundle?) 函数也会被调用。因为是在 MainActivity.onCreate(Bundle?) 函数中添加 CrimeFragment，所以 fragment 被添加后，该函数会被调用。

在 activity 处于运行状态时，添加 fragment 会发生什么呢？这种情况下，FragmentManager 会立即驱赶 fragment，调用一系列必要的生命周期函数，快速跟上 activity 的步伐（与 activity 的最新状态保持同步）。例如，向处于运行状态的 activity 中添加 fragment 时，以下 fragment 生命周期函数会被依次调用：onAttach(Context?)、onCreate(Bundle?)、onCreateView(...)、onViewCreated(...)、onActivityCreated(Bundle?)、onStart() 以及 onResume()。

一旦追上，托管 activity 的 FragmentManager 就会边接收操作系统的调用指令，边调用其他生命周期函数，让 fragment 与 activity 保持步调一致。

8.7 采用 fragment 的应用架构

设计应用时，正确使用 fragment 非常重要。然而，许多开发者学习了 fragment 之后，为了复用部件，只要可能，就直接使用 fragment。这实际是在滥用 fragment。

使用 fragment 的本意是封装关键部件以方便复用。这里所说的关键部件，是针对应用的整个屏幕来讲的。如果单屏就使用大量 fragment，不仅应用代码充斥着 fragment 事务处理，模块的职责分工也会不清晰。如果有很多零碎小部件要复用，比较好的架构设计是使用定制视图（使用 View 子类）。

总之，一定要合理使用 fragment。如图 8-16 所示，实践证明，应用单屏最多使用 2 ~ 3 个 fragment。

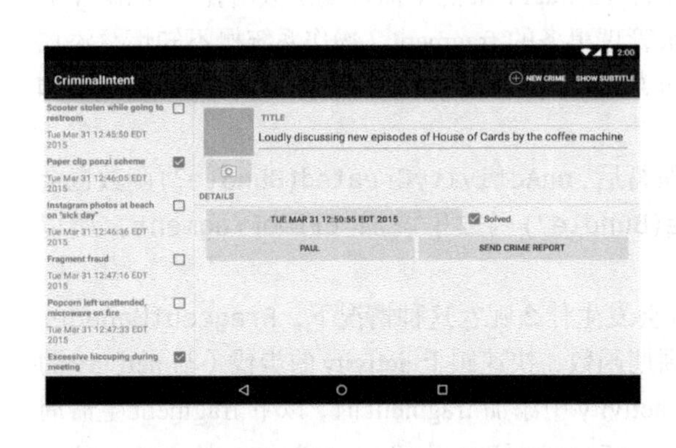

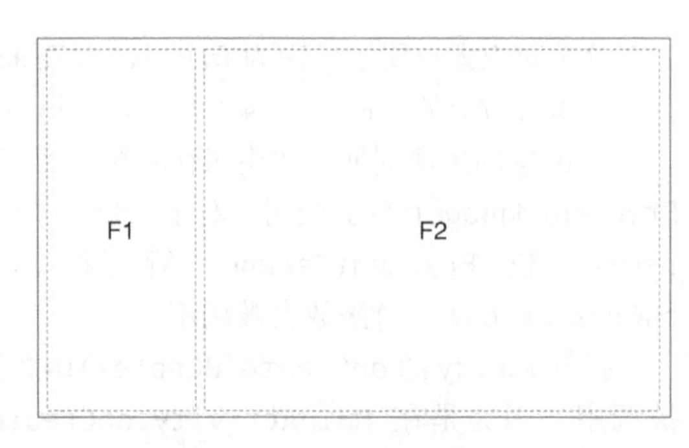

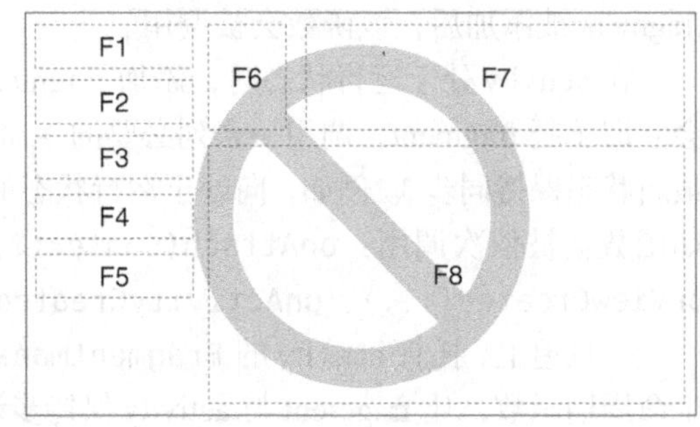

图 8-16　少即是多

使用 fragment 的理由

使用 fragment 一直是 Android 社区争论的焦点。有些人认为，fragment 及其生命周期会让项目变得复杂，因而从不用它。我们认为，这种做法过于极端，因为有好几个 Android API，比如 `ViewPager` 和 JetPack 导航库，都依赖于 fragment。所以，如果要用这些 API，就得使用 fragment。

除了使用依赖 fragment 的 API 外，对于需求复杂的大型应用而言，fragment 还是很好用的。至于简单的单屏应用，fragment 及其生命周期确实显得有点复杂了，因此没必要使用。

不幸的是，经验表明，后期添加 fragment 就如同掉进泥坑。从 activity 管理用户界面调整到由 activity 托管 UI fragment 虽然不难，但会有一大堆恼人的问题等着你。你也可能会想让部分用户界面仍由 activity 管理，部分用户界面改用 fragment 管理，这只会让事情更糟。哪些不改，哪些要改，光厘清这些问题就够你头痛的了。显然，从一开始就使用 fragment 更容易，既不用返工，也不会出现厘不清哪个部分使用了哪种视图控制风格这种事了。

因而，对于是否使用 fragment，我们有自己的原则：总是使用 fragment。如果你知道要开发的应用很简单，多花力气去用 fragment 就不太值得了，因此不用也罢。对于大型应用，fragment 带来的灵活性能抵消其复杂性，给项目带来的好处显而易见。

从现在开始，本书大部分应用开发会使用 fragment。不过，假如某一章只需开发一个小应用，简单起见，就不用 fragment 了。然而，对于稍复杂些的应用，不用多想，肯定要用 fragment。这样既方便应用的未来扩展，也能让你获得足够多的开发体验。

第 9 章

使用 RecyclerView 显示列表

当前，CriminalIntent 应用的模型层仅包含一个 `Crime` 实例。本章，我们将更新 CriminalIntent 应用以支持显示 crime 列表。列表会显示每个 `Crime` 实例的标题及其发生日期，如图 9-1 所示。

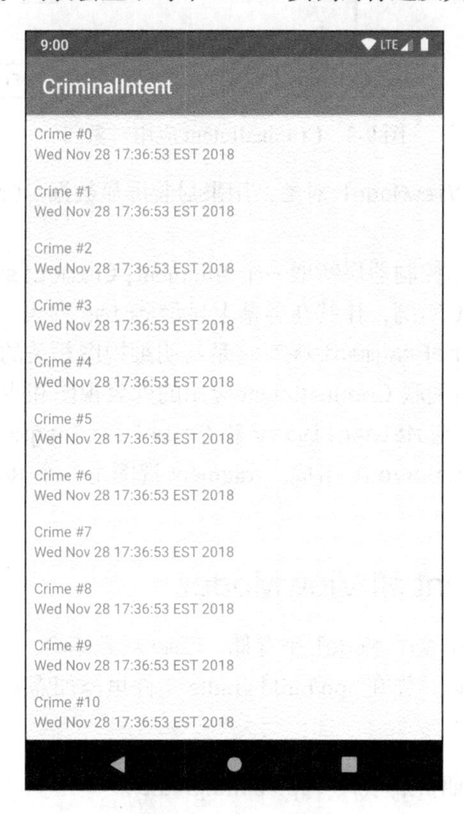

图 9-1　crime 列表

图 9-2 是 CriminalIntent 应用在本章的整体规划图。

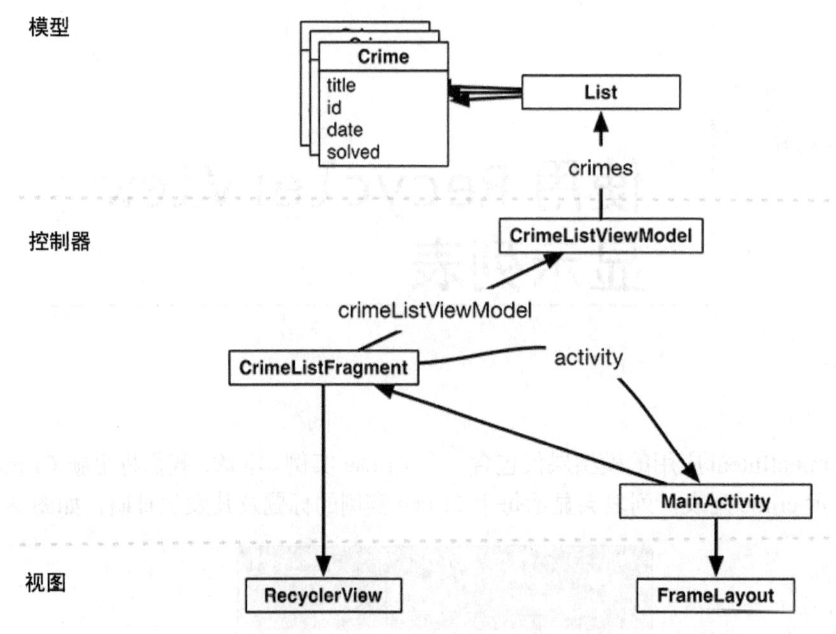

图 9-2　CriminalIntent 应用对象图

应用控制层将新增一个 ViewModel 对象，用来封装屏显数据。CrimeListViewModel 用来存储 Crime 对象列表。

显示 crime 列表需在应用控制器层新增一个 fragment：CrimeListFragment。MainActivity 会托管 CrimeListFragment 实例，让其在屏幕上显示 crime 列表。

（图 9-2 中怎么没有 CrimeFragment 呢？它是与明细视图相关的类，所以这里没有显示。在第 12 章中，我们将学习如何关联 CriminalIntent 应用的列表视图和明细视图。）

在图 9-2 中，也可以看到与 MainActivity 和 CrimeListFragment 关联的视图对象。activity 视图由包含 fragment 的 FrameLayout 组成。fragment 视图由一个 RecyclerView 组成。稍后会学习 RecyclerView 类。

9.1　添加新 Fragment 和 ViewModel

首先，我们需要添加一个 ViewModel 来存储 Crime 对象集合。第 4 章告诉我们，ViewModel 类属于生命周期扩展库。所以，先在 app/build.gradle 文件里添加需要的生命周期扩展依赖，如代码清单 9-1 所示。

代码清单 9-1　添加生命周期扩展依赖（app/build.gradle）

```
dependencies {
    ...
    implementation 'androidx.appcompat:appcompat:1.1.0-alpha02'
    implementation 'androidx.core:core-ktx:1.1.0-alpha04'
```

```
    implementation 'androidx.lifecycle:lifecycle-extensions:2.0.0'
    ...
}
```

添加完成后，别忘了同步 Gradle 文件。

接下来，新建一个名为 CrimeListViewModel 的 Kotlin 类，让其继承 ViewModel，再添加一个存储 Crime 列表的属性。在 init 初始化块里批量生成数据，如代码清单 9-2 所示。

代码清单 9-2　生成 100 个 Crime（CrimeListViewModel.kt）

```
class CrimeListViewModel : ViewModel() {

    val crimes = mutableListOf<Crime>()

    init {
        for (i in 0 until 100) {
            val crime = Crime()
            crime.title = "Crime #$i"
            crime.isSolved = i % 2 == 0
            crimes += crime
        }
    }
}
```

最后，新建 List 将包含用户自建的 Crime，用户可自由存取它们。现在，先批量存入 100 个乏味的 Crime 对象。

CrimeListViewModel 并不是一个持久化保存数据的方案，但它确实封装了 CrimeListFragment 视图要显示的全部数据。第 11 章会学习持久化数据保存方法，更新 CriminalIntent 应用，把 crime 列表保存在数据库里。

下一步是创建 CrimeListFragment 类，将其与 CrimeListViewModel 关联起来。以 androidx.fragment.app.Fragment 为子类，让 Android Studio 创建 CrimeListFragment 类文件，如代码清单 9-3 所示。

代码清单 9-3　实现 CrimeListFragment（CrimeListFragment.kt）

```
private const val TAG = "CrimeListFragment"

class CrimeListFragment : Fragment() {

    private val crimeListViewModel: CrimeListViewModel by lazy {
        ViewModelProviders.of(this).get(CrimeListViewModel::class.java)
    }

    override fun onCreate(savedInstanceState: Bundle?) {
        super.onCreate(savedInstanceState)
        Log.d(TAG, "Total crimes: ${crimeListViewModel.crimes.size}")
    }
```

```
    companion object {
        fun newInstance(): CrimeListFragment {
            return CrimeListFragment()
        }
    }
}
```

当前，CrimeListFragment 还是个空壳，只会记录 CrimeListViewModel 中存放的 crime 对象数。

以上代码中，为了让 activity 调用获取 fragment 实例，我们添加了一个 newInstance(...)函数。这是个不错的做法，和在 GeoQuiz 里使用 newIntent()很相似。如何把数据传递给 fragment，留待第 12 章介绍。

ViewModel 生命周期与 fragment

和 activity 配对使用 ViewModel 有什么样的生命周期，你在第 4 章已经看到了。现在，和 fragment 配合使用，ViewModel 的生命周期就有点不一样了。尽管还是只有创建和销毁（或不存在）这两种状态，但它现在是和 fragment 的生命周期紧紧绑定了。

只要 fragment 视图还在屏幕上，ViewModel 就会一直处于活动状态。即使因设备旋转当前 fragment 实例不存在了，ViewModel 依然能保留下来，还可以供新的 fragment 实例使用。

如果当前 fragment 被销毁，那么其关联 ViewModel 也随之销毁。这在用户按回退键退出当前应用界面时就会发生。另外，在托管 activity 使用不同的 fragment 替换当前 fragment 时也是如此。也就是说，即使托管 activity 还在，但被托管的 fragment 和其关联 ViewModel 都会被销毁，因为它们没用了。

不过，在你把 fragment 事务添加到回退栈时，即便托管 activity 使用其他 fragment 替换了当前 fragment，当前 fragment 实例和它的关联 ViewModel 也不会被销毁。这是一个很特殊的情况。应用之前的状态会恢复：如果用户按了回退键，fragment 事务会回退，被替换的原始 fragment 视图会重新出现在屏幕上，ViewModel 里的数据也得以保留。

接下来，更新 MainActivity，让其托管 CrimeListFragment，如代码清单 9-4 所示。

代码清单 9-4　使用 fragment 事务添加 CrimeListFragment（MainActivity.kt）

```
class MainActivity : AppCompatActivity() {

    override fun onCreate(savedInstanceState: Bundle?) {
        ...
        if (currentFragment == null) {
            val fragment = CrimeFragment() CrimeListFragment.newInstance()
            supportFragmentManager
                .beginTransaction()
                .add(R.id.fragment_container, fragment)
                .commit()
        }
    }
}
```

当前，我们硬编码让 MainActivity 只显示 CrimeListFragment。在第 12 章中，我们还会更新 MainActivity，让其根据用户应用内导航需要，动态显示 CrimeListFragment 和 CrimeFragment。

运行 CriminalIntent 应用，你会看到 MainActivity 的 FrameLayout 托管了一个无内容的 CrimeListFragment，如图 9-3 所示。

图 9-3 无内容的 MainActivity 界面

搜索 CrimeListFragment 的 Logcat 输出日志，你会看到一条日志给出了总的 crime 对象数。

```
2019-02-25 15:19:39.950 26140-26140/com.bignerdranch.android.criminalintent
    D/CrimeListFragment: Total crimes: 100
```

9.2 添加 RecyclerView

我们需要 CrimeListFragment 向用户展示 crime 列表，这需要用到一个 RecyclerView 类。

RecyclerView 类在另一个 Jetpack 库里，要使用它，首先要添加 RecyclerView 库依赖，如代码清单 9-5 所示。

代码清单 9-5　添加 RecyclerView 依赖（app/build.gradle）

```
dependencies {
    ...
    implementation 'androidx.lifecycle:lifecycle-extensions:2.0.0'
    implementation 'androidx.recyclerview:recyclerview:1.0.0'
    ...
}
```

同样，添加完记得同步 Gradle 文件。

RecyclerView 视图需在 CrimeListFragment 的布局文件中定义，所以需要先创建一个布局文件。如图 9-4 所示，创建一个布局资源文件，命名为 fragment_crime_list，Root element 指定为 androidx.recyclerview.widget.RecyclerView。

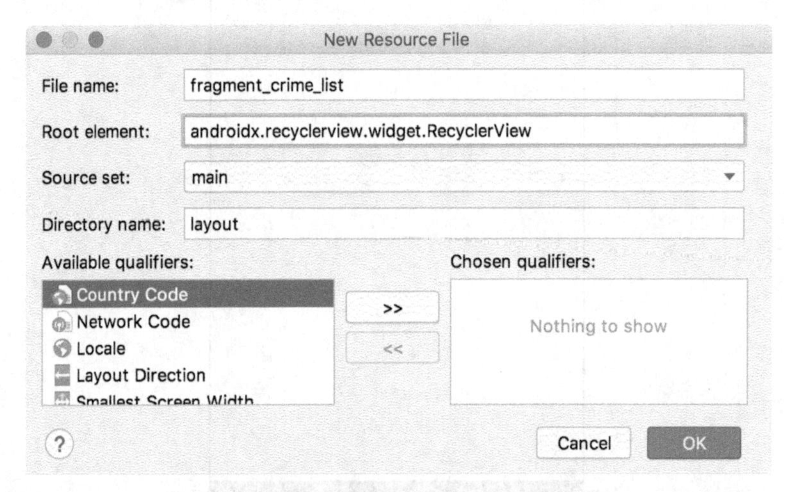

图 9-4　添加 CrimeListFragment 布局文件

如代码清单 9-6 所示，打开 layout/fragment_crime_list.xml 文件，给 RecyclerView 添加 ID 属性。既然后面不再给 RecyclerView 添加任何子元素了，那么这里删除闭合标签，改用自闭合标签。

代码清单 9-6　在布局文件中添加 RecyclerView（layout/fragment_crime_list.xml）

```
<androidx.recyclerview.widget.RecyclerView
        xmlns:android="http://schemas.android.com/apk/res/android"
        android:id="@+id/crime_recycler_view"
        android:layout_width="match_parent"
        android:layout_height="match_parent">
        android:layout_height="match_parent"/>

</androidx.recyclerview.widget.RecyclerView>
```

CrimeListFragment 的视图搞定了，接下来就可以用了。如代码清单 9-7 所示，修改 CrimeListFragment 类，使用 fragment_crime_list 布局，找到其中的 RecyclerView。

代码清单 9-7 为 CrimeListFragment 配置视图（CrimeListFragment.kt）

```
class CrimeListFragment : Fragment() {

    private lateinit var crimeRecyclerView: RecyclerView

    private val crimeListViewModel: CrimeListViewModel by lazy {
        ViewModelProviders.of(this).get(CrimeListViewModel::class.java)
    }

    override fun onCreate(savedInstanceState: Bundle?) {
        super.onCreate(savedInstanceState)
        Log.d(TAG, "Total crimes: ${crimeListViewModel.crimes.size}")
    }

    override fun onCreateView(
        inflater: LayoutInflater,
        container: ViewGroup?,
        savedInstanceState: Bundle?
    ): View? {
        val view = inflater.inflate(R.layout.fragment_crime_list, container, false)

        crimeRecyclerView =
            view.findViewById(R.id.crime_recycler_view) as RecyclerView
        crimeRecyclerView.layoutManager = LinearLayoutManager(context)

        return view
    }
}
```

可以看到，以上代码中，新创建的 RecyclerView 还需要一个名为 LayoutManager 的对象。没有它的支持，RecyclerView 将无法工作。如果你忘了这一步，代码会崩溃。

RecyclerView 本身无法在屏幕上给要显示的列表项安排位置。它把这项工作委托给 LayoutManager 处理。LayoutManager 不仅要安排列表项出现的位置，还负责定义如何滚屏。因此，没有 LayoutManager 在场，让 RecyclerView 做这些事，立马就会出大问题。

Android 操作系统有好几个 LayoutManager 实现版本可选，第三方库也有一些实现版本。这里，我们用的是 LinearLayoutManager，它可以竖直列表的形式摆放列表项。后面我们还会使用 GridLayoutManager，以网格的形式摆放列表项。

9.3 创建列表项视图布局

RecyclerView 是 ViewGroup 的子类。它显示的列表项都是一个个 View 子对象，因此又叫**列表项 View**。每一个列表项 view 展现的是数据集合里的单个对象（在 CriminalIntent 应用里，指的是 crime 集合里的某项 crime 事件）。根据列表项要显示的内容，这些 View 子对象可简单可复杂。

首先来实现简单的列表项显示，即每个列表项只显示 crime 事件的标题和日期，如图 9-5 所示。

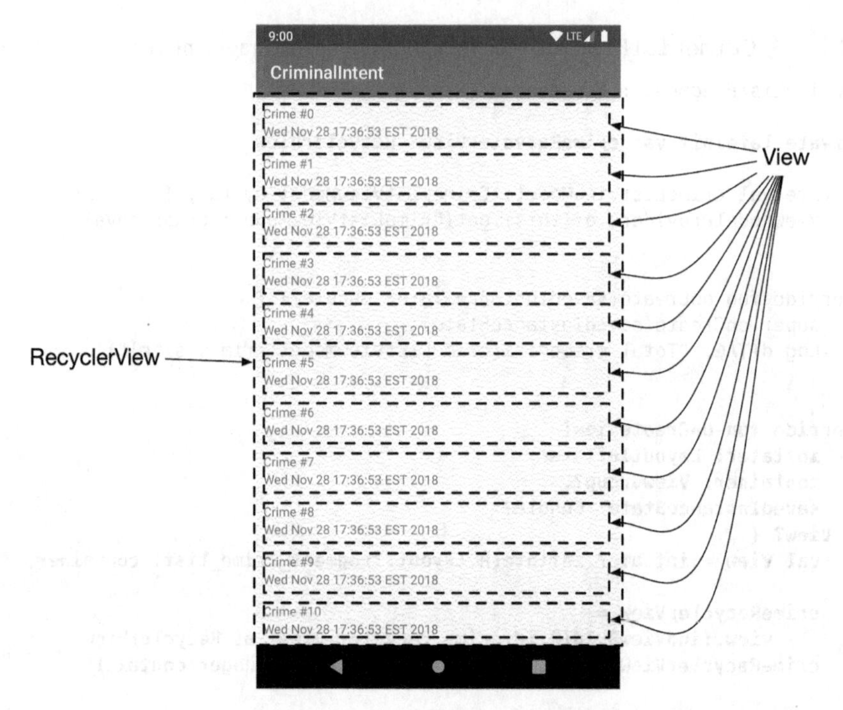

图 9-5　显示子 View 的 RecyclerView

如同 CrimeFragment 的视图，显示在 RecyclerView 上的列表项都有自己的视图层级结构。准确地说，每一行的 View 对象都是一个包含两个 TextView 部件的 LinearLayout。

创建列表项视图布局和创建 activity 或 fragment 视图布局没什么不同。在项目工具窗口，右键单击 res/layout 目录，选择 New → Layout resource file 菜单项。在弹出的对话框中，命名布局文件为 list_item_crime，设置根元素为 LinearLayout，点击 OK 按钮完成。

如代码清单 9-8 所示，更新布局文件给 LinearLayout 添加边距属性，再添加两个 TextView 定义。

代码清单 9-8　更新列表项布局文件（layout/list_item_crime.xml）

```
<LinearLayout xmlns:android="http://schemas.android.com/apk/res/android"
              android:orientation="vertical"
              android:layout_width="match_parent"
              android:layout_height="match_parent">
              android:layout_height="wrap_content"
              android:padding="8dp">

    <TextView
            android:id="@+id/crime_title"
            android:layout_width="match_parent"
            android:layout_height="wrap_content"
            android:text="Crime Title"/>
```

```
    <TextView
            android:id="@+id/crime_date"
            android:layout_width="match_parent"
            android:layout_height="wrap_content"
            android:text="Crime Date"/>

</LinearLayout>
```

查看预览设计界面，你会看到已创建的一个长条形列表项视图。

9.4 ViewHolder 实现

RecyclerView 的任务仅限于回收和摆放屏幕上的 View。列表项 View 能够显示数据还离不开另外两个类的支持：ViewHolder 子类和 Adapter 子类（详见下一节）。ViewHolder 会引用列表项视图（有时也会引用列表项视图里的某个具体部件）。

如代码清单 9-9 所示，继承 RecyclerView.ViewHolder，在 CrimeListFragment 里添加一个内部类。

代码清单 9-9 ViewHolder 登场（CrimeListFragment.kt）

```
class CrimeListFragment : Fragment() {
    ...
    override fun onCreateView(
        inflater: LayoutInflater,
        container: ViewGroup?,
        savedInstanceState: Bundle?
    ): View? {
        ...
    }

    private inner class CrimeHolder(view: View)
        : RecyclerView.ViewHolder(view) {

    }
}
```

CrimeHolder 的构造函数首先接收并保存 view，然后将其作为值参传递给 RecyclerView.ViewHolder 的构造函数。这样，这个 ViewHolder 基类的一个名为 itemView 的属性就能引用列表项视图了，如图 9-6 所示。

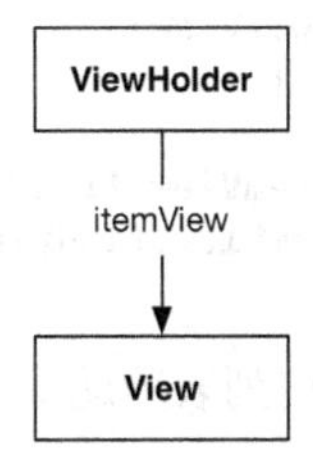

图 9-6 ViewHolder 和它的 itemView 属性

RecyclerView 并不会创建 View，它只会创建 ViewHolder。从图 9-7 可以看出，是 ViewHolder 带着其引用着的 itemView 展现一行行列表项的。

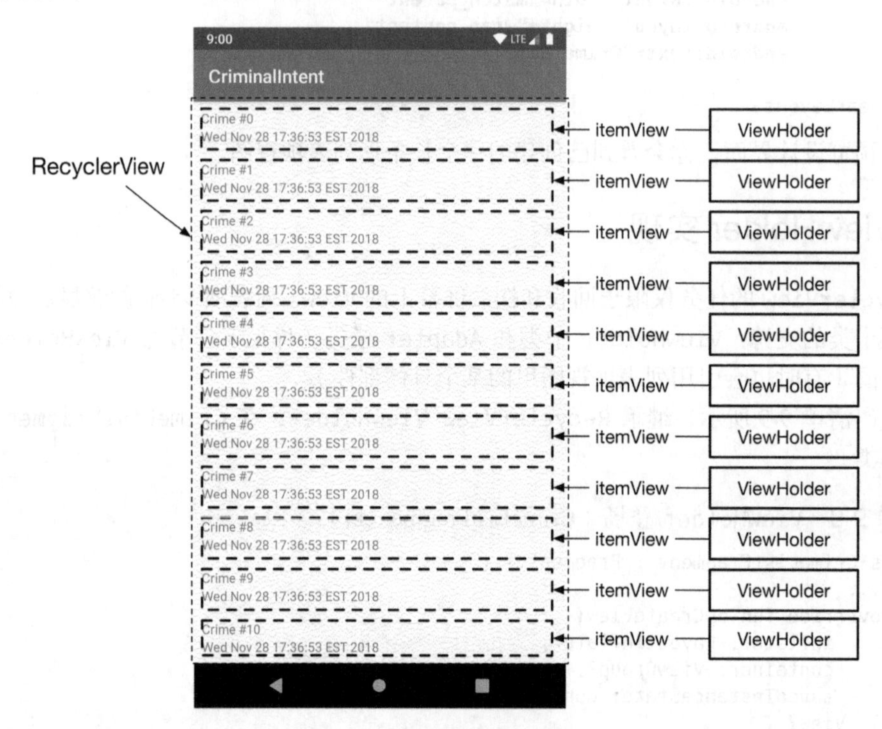

图 9-7　可视化的 ViewHolder

如果列表项 View 很简单，那么 ViewHolder 的工作也会相对简单。如果显示的列表项 View 很复杂，ViewHolder 会处理安排好各个 itemView 的不同部分视图，再以简单高效的方式展现 Crime 项。（例如，每次需要设置列表项题头时，有 ViewHolder 帮忙，你就不用通过查找列表项视图层级结构来找题头文字视图了。）

如代码清单 9-10 所示，更新 CrimeHolder，在当前实例的 itemView 视图层级结构里找到显示题头和日期文字的视图，将它们保存到各自的属性里。

代码清单 9-10　在构造函数里生成视图（CrimeListFragment.kt）

```
private inner class CrimeHolder(view: View)
    : RecyclerView.ViewHolder(view) {

    val titleTextView: TextView = itemView.findViewById(R.id.crime_title)
    val dateTextView: TextView = itemView.findViewById(R.id.crime_date)
}
```

现在，升级后的 CrimeHolder 会引用列表项题头和日期文字，之后想修改它们的值就很容易了，如图 9-8 所示。

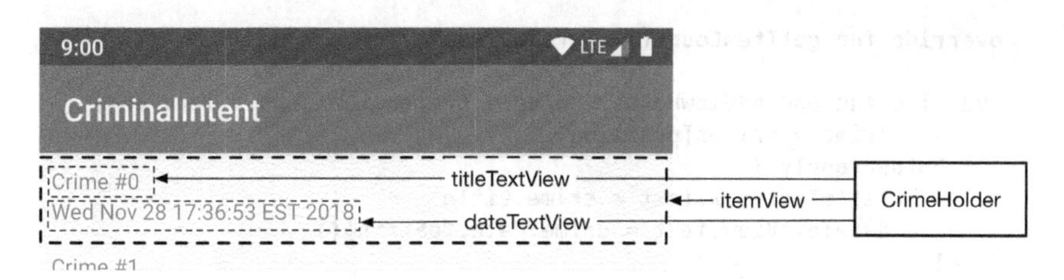

图 9-8 ViewHolder 图形化

注意到了吗？CrimeHolder 假定传给其构造函数的视图都有两个 TextView 子视图。它们的 ID 分别是 R.id.crime_title 和 R.id.crime_date。"谁创建了 CrimeHolder 实例呢？传给其构造函数的视图层级结构里肯定有我想要的部件吗？" 别急，答案稍后揭晓。

9.5 使用 Adapter 填充 RecyclerView

图 9-7 做了简化，隐藏了一些信息。RecyclerView 自己不创建 ViewHolder，它请 Adapter 来帮忙。Adapter 是一个控制器对象，其作为沟通的桥梁，从模型层获取数据，然后提供给 RecyclerView 显示。

Adapter 负责：

- 创建必要的 ViewHolder；
- 绑定 ViewHolder 至模型层数据。

RecyclerView 负责：

- 请 Adapter 创建 ViewHolder；
- 请 Adapter 绑定 ViewHolder 至具体的模型层数据。

是时候创建 Adapter 了。如代码清单 9-11 所示，在 CrimeListFragment 里添加一个名为 CrimeAdapter 的内部类。使用一个主构造函数接收 crime 集合，存入一个变量中。

代码清单 9-11 创建 CrimeAdapter（CrimeListFragment.kt）

```
class CrimeListFragment : Fragment() {
    ...
    private inner class CrimeHolder(view: View)
        : RecyclerView.ViewHolder(view) {
        ...
    }

    private inner class CrimeAdapter(var crimes: List<Crime>)
        : RecyclerView.Adapter<CrimeHolder>() {

        override fun onCreateViewHolder(parent: ViewGroup, viewType: Int)
                : CrimeHolder {
            val view = layoutInflater.inflate(R.layout.list_item_crime, parent, false)
            return CrimeHolder(view)
        }
```

```
        override fun getItemCount() = crimes.size

        override fun onBindViewHolder(holder: CrimeHolder, position: Int) {
            val crime = crimes[position]
            holder.apply {
                titleTextView.text = crime.title
                dateTextView.text = crime.date.toString()
            }
        }
    }
}
```

在 CrimeAdapter 新建内部类里，我们要覆盖三个函数：onCreateViewHolder(...)、onBindViewHolder(...)和 getItemCount()。为了少敲字（或避免拼写错误），可让 Android Studio 自动生成这些覆盖函数。输入初始行新代码后，把光标放在 CrimeAdapter 上，然后按 Option+Return（Alt+Enter）快捷键。从弹出窗口中选 Implement members，然后在 Implement members 对话框中选择三个目标函数名，点击 OK 按钮完成。最后，参照代码清单 9-11 补全内容。

Adapter.onCreateViewHolder(...)负责创建要显示的视图，将其封装到一个 ViewHolder 里并返回结果。这里，我们从 list_item_view.xml 布局实例化视图，将其传递给 CrimeHolder。（onCreateViewHolder(...)函数的参数现在可以忽略。要在同一 RecyclerView 里显示不同视图时，我们才需要关心该如何设置参数值。详细信息可参看 9.10 节。）

Adapter.onBindViewHolder(holder: CrimeHolder, position: Int)负责将数据集里指定位置的 crime 数据发送给指定 ViewHolder。这里，我们首先从 crime 集合里取出指定位置的 crime 数据，然后使用其中的题头和日期信息设置相应的 TextView 视图。

RecyclerView 想知道数据集里到底有多少数据时，会让 Adapter 调用 Adapter.getItemCount()函数。这里，响应 RecyclerView，getItemCount()会返回 crime 数据集里有多少个列表项要显示。

如图 9-9 所示，Crime 对象是什么样的或者数据集里有多少 Crime 对象，RecyclerView 完全不关心，什么也不知道。CrimeAdapter 则对这些信息了如指掌，它不仅知道 Crime 对象的具体内容，还知道数据集里有多少条要显示的 crime 列表项。

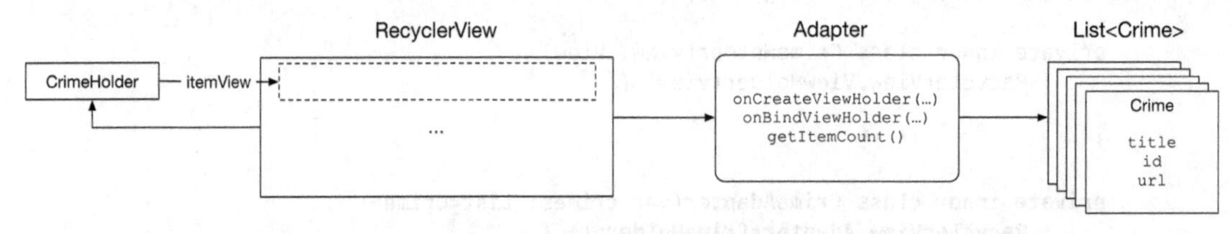

图 9-9　Adapter 是沟通的桥梁

RecyclerView 需要显示视图对象时，就会去找它的 Adapter。图 9-10 展示了 RecyclerView 可能发起的会话。

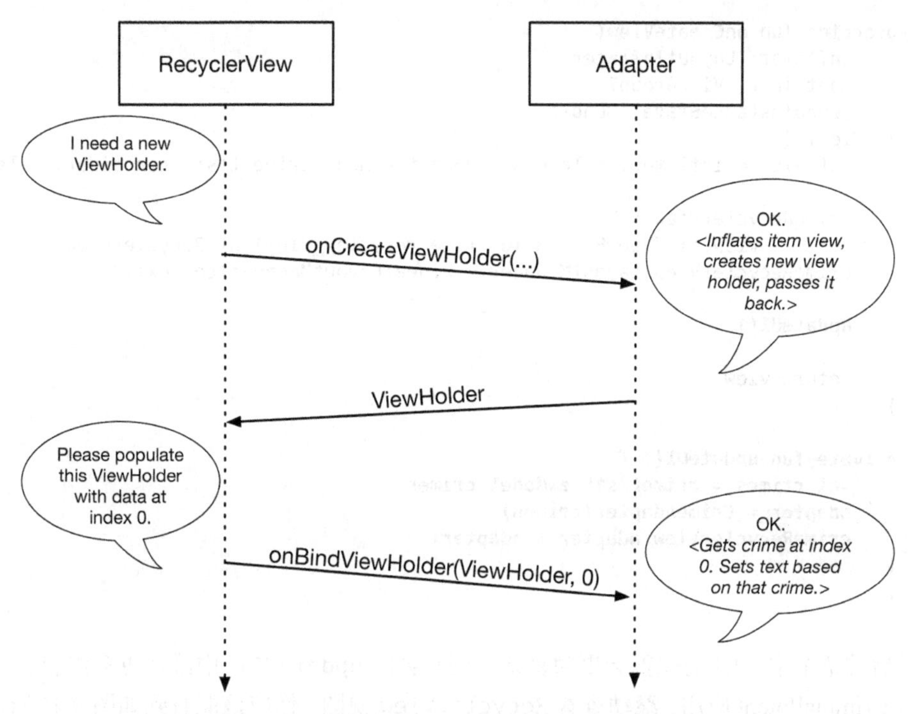

图 9-10 生动有趣的 RecyclerView-Adapter 会话

首先，RecyclerView 会调用 Adapter 的 onCreateViewHolder(ViewGroup, Int)函数创建 ViewHolder 及其要显示的视图。此时，Adapter 创建并返给 RecyclerView 的 ViewHolder（和它的 itemView）还没有数据。

然后，RecyclerView 会调用 onBindViewHolder(ViewHolder, Int)函数，传入 ViewHolder 和 Crime 对象的位置。Adapter 会找到目标位置的数据并将其**绑定**到 ViewHolder 的视图上。所谓绑定，就是使用模型对象数据填充视图。

整个过程执行完毕，RecyclerView 就能在屏幕上显示 crime 列表项了。

为 RecyclerView 配置 adapter

搞定了 Adapter，最后要做的就是将它和 RecyclerView 关联起来。实现一个设置 CrimeListFragment 的 UI 的 updateUI 函数，该函数会创建 CrimeAdapter，然后配置给 RecyclerView，如代码清单 9-12 所示。

代码清单 9-12 设置 Adapter（CrimeListFragment.kt）

```
class CrimeListFragment : Fragment() {

    private lateinit var crimeRecyclerView: RecyclerView
    private var adapter: CrimeAdapter? = null
    ...
```

```
    override fun onCreateView(
        inflater: LayoutInflater,
        container: ViewGroup?,
        savedInstanceState: Bundle?
    ): View? {
        val view = inflater.inflate(R.layout.fragment_crime_list, container, false)

        crimeRecyclerView =
                view.findViewById(R.id.crime_recycler_view) as RecyclerView
        crimeRecyclerView.layoutManager = LinearLayoutManager(context)

        updateUI()

        return view
    }

    private fun updateUI() {
        val crimes = crimeListViewModel.crimes
        adapter = CrimeAdapter(crimes)
        crimeRecyclerView.adapter = adapter
    }
    ...
}
```

在稍后的章节中，UI 的配置会更为复杂，到时会向 updateUI()中添加更多内容。

运行 CriminalIntent 应用，滚动查看 RecyclerView 视图。你应该能看到如图 9-11 所示画面。

图 9-11　塞满数据的 RecyclerView

上下滑动，你会看到更多的 crime 视图在屏幕上滚进滚出。每一个看得到的 CrimeHolder 显示的都是完全一样的 Crime 对象。（如果看到列表项行宽过大，或者一个列表项只能看到一行数据，请仔细检查一下 LinearLayout 的 layout_height 属性值是不是 wrap_content。）

试试看，即便一通猛滑，列表项应该还是滚动得非常流畅。这要归功于 onBindViewHolder(...) 函数。任何时候，都要尽量确保这个函数轻巧、高效。

9.6 循环使用视图

在图 9-11 中，可以看到 11 行 View 对象。你可以滑动屏幕查看所有 100 个 crime 列表项。这是不是意味着内存里要有 100 个 View 对象呢？不是！因为我们有 RecyclerView 帮忙。

一次为所有列表项创建 View 很容易将应用搞垮。可以想象，真实应用要显示的列表项远不止 100 个，其内容更复杂。另外，在屏幕上显示时，一个 crime 列表项对应一个 View 就行了。因此，完全没必要同时准备 100 个 View，按需创建视图对象才是比较合理的解决方案。

RecyclerView 就是这么做的。它只创建刚好充满屏幕的 View 对象，而不是 100 个。用户滑动屏幕时，滚出屏幕的视图会被回收利用。顾名思义，RecyclerView 所做的就是回收再利用，循环往复。

这样一来，相比 onBindViewHolder(ViewHolder, Int)，onCreateViewHolder(ViewGroup, Int) 的调用就少多了。ViewHolder 一旦够用，RecyclerView 就会停止调用 onCreateViewHolder(...)，转而回收旧 ViewHolder，将其传给 onBindViewHolder(ViewHolder, Int)使用，这样既省时又省内存。

9.7 清理绑定

当前，在 Adapter.onBindViewHolder(...)函数里，Adapter 是把 crime 数据直接和 CrimeHolder 的 TextView 视图绑定的。这么做虽然可行，但最好是把 ViewHolder 和 Adapter 各自该做的工作分清。Adapter 应尽量不插手 ViewHolder 的内部工作和细节。

因此，我们推荐把数据和视图的绑定工作都放在 CrimeHolder 里处理。如代码清单 9-13 所示，首先添加一个存储 Crime 的属性，再顺手把 TextView 属性变为私有，然后向 CrimeHolder 中添加一个 bind(Crime)函数，处理绑定工作。在新添加函数里，把绑定的 crime 对象赋值给属性变量，并设置 titleTextView 和 dateTextView 视图的显示文字。

代码清单 9-13 实现 bind(Crime)函数（CrimeListFragment.kt）

```
private inner class CrimeHolder(view: View)
    : RecyclerView.ViewHolder(view) {

    private lateinit var crime: Crime

    private val titleTextView: TextView = itemView.findViewById(R.id.crime_title)
    private val dateTextView: TextView = itemView.findViewById(R.id.crime_date)
```

```
        fun bind(crime: Crime) {
            this.crime = crime
            titleTextView.text = this.crime.title
            dateTextView.text = this.crime.date.toString()
        }
    }
```

现在，只要取到一个要绑定的 Crime，CrimeHolder 就会更新显示 TextView 标题视图和 TextView 日期视图。

最后，修改 CrimeAdapter 类，调用 bind(Crime) 函数。每次 RecyclerView 要求 CrimeHolder 绑定对应的 Crime 时，都会调用 bind(Crime) 函数，如代码清单 9-14 所示。

代码清单 9-14　调用 bind(Crime) 函数（CrimeListFragment.kt）

```
private inner class CrimeAdapter(var crimes: List<Crime>)
    : RecyclerView.Adapter<CrimeHolder>() {

        override fun onCreateViewHolder(parent: ViewGroup, viewType: Int): CrimeHolder {
            ...
        }

        override fun onBindViewHolder(holder: CrimeHolder, position: Int) {
            val crime = crimes[position]
            holder.apply {
                titleTextView.text = crime.title
                dateTextView.text = crime.date.toString()
            }
            holder.bind(crime)
        }

        override fun getItemCount() = crimes.size
}
```

再次运行 CriminalIntent 应用，看到的用户界面应该与之前一样（图 9-11）。

9.8　响应点击

为了使 RecyclerView 锦上添花，CriminalIntent 应用的列表项应该能够响应用户的点击。在第 12 章中，用户点击列表项时，应用会弹出新界面显示 Crime 明细信息。现在，先实现弹出一个 Toast 消息。

你应该注意到了，虽然 RecyclerView 功能强大，但它只专注于做好本职工作。（这或许值得我们学习。）因此，要自己动手处理触摸事件了。当然，如果真有需要，RecyclerView 也能帮你转发触摸事件，不过大多数时候没有必要这样做。

很自然，我们想到的常用解决方案是设置 OnClickListener 监听器。既然列表项视图都关联着 ViewHolder，那么就可以让 ViewHolder 为它监听用户触摸事件。

我们通过修改 CrimeHolder 类来处理用户点击事件，如代码清单 9-15 所示。

代码清单 9-15 检测用户点击事件（CrimeListFragment.kt）

```
private inner class CrimeHolder(view: View)
    : RecyclerView.ViewHolder(view), View.OnClickListener {

    private lateinit var crime: Crime

    private val titleTextView: TextView = itemView.findViewById(R.id.crime_title)
    private val dateTextView: TextView = itemView.findViewById(R.id.crime_date)

    init {
        itemView.setOnClickListener(this)
    }

    fun bind(crime: Crime) {
        this.crime = crime
        titleTextView.text = this.crime.title
        dateTextView.text = this.crime.date.toString()
    }

    override fun onClick(v: View) {
        Toast.makeText(context, "${crime.title} pressed!", Toast.LENGTH_SHORT)
                .show()
    }
}
```

在以上代码中，CrimeHolder 类实现了 OnClickListener 接口；而对于 itemView 来说，CrimeHolder 承担了接收用户点击事件的任务。

运行 CriminalIntent 应用。点击某个列表项，可看到弹出的 Toast 响应消息。

9.9 深入学习：ListView 与 GridView

Android 操作系统核心库包含 ListView、GridView 和 Adapter 这三个类。Android 5.0 之前，创建列表项或网格项都应该优先使用这些类。

这些类的 API 与 RecyclerView 的 API 非常相似。ListView 和 GridView 不关心具体的展示项，只负责展示项的滚动。Adapter 负责创建列表项的所有视图。不过，使用 ListView 和 GridView 时不一定非要使用 ViewHolder 模式（虽然可以并且应该使用）。

过去传统的实现方式现已被 RecyclerView 的实现方式取代，因此不用再费力地调整 ListView 和 GridView 的工作行为了。

举例来说，ListView API 不支持创建水平滚动的 ListView，因此需要许多额外的定制工作。使用 RecyclerView 时，虽然创建定制布局和滚动行为也需要额外的工作，但 RecyclerView 天生支持拓展，所以使用体验还不错。

此外，RecyclerView 还有支持列表项动画效果的优点。如果让 ListView 和 GridView 支持添加和删除列表项的动画效果，那么实现起来既复杂又容易出错；而对于天生支持动画特效的 RecyclerView 来说，对付这些任务简直是小菜一碟。

例如，如果 crime 列表项要从位置 0 移动到位置 5，那么下面这段代码就可以做到。

```
recyclerView.adapter.notifyItemMoved(0, 5)
```

9.10　挑战练习：RecyclerView 的 ViewType

请在 RecyclerView 中创建两类列表项：一般性 crime 和需警方介入的 crime。要完成这个挑战，需要用到 RecyclerView.Adapter 的视图类别（view type）功能。在 Crime 对象里，再添加一个 requiresPolice 新属性，使用它并借助 getItemViewType(Int)函数，确定该加载哪个视图到 CrimeAdapter。

在 onCreateViewHolder(ViewGroup, Int)函数里，基于 getItemViewType(Int)函数返回的 viewType 值，你需要添加逻辑返回不同的 ViewHolder。如果是一般性 crime，那么仍然使用原始布局；如果是需警方介入的 crime，则使用一个有“联系警方”按钮的新布局。

第 10 章

使用布局与部件创建用户界面

本章，我们来给 RecyclerView 列表项添加一些样式，借此学习更多有关布局和部件的知识。同时，我们还会重点学习使用一个叫作 ConstraintLayout 的新工具。至本章结束时，CrimeListFragment 视图会有明显改观，整个应用看起来更加大气漂亮，如图 10-1 所示。

图 10-1　美观大气的 CriminalIntent 应用

前几章，在布置部件时，我们使用了嵌套布局。如在第 1 章 GeoQuiz 应用的 layout/activity_main.xml 布局文件中，用一个 LinearLayout 嵌套了另一个 LinearLayout。显然，这样的布局嵌套代码难以阅读和维护。更糟的是，嵌套布局还会影响应用的性能表现，因为 Android 操作系统要花更多的时间度量和布置视图。这意味着，应用启动后，用户要等一会儿才能看到视图出现在屏幕上。

ConstraintLayout 最适合用来设计扁平或是复杂又漂亮的非嵌套布局。不过，在深入探索 ConstraintLayout 新工具之前，先来做点准备工作。你需要把图 10-1 中漂亮的手铐图像复制一份放入项目。打开随书文件，找到并打开 10_LayoutsAndWidgets/CriminalIntent/app/src/main/res 目录，把各个版本的 ic_solved.png 复制到项目对应的 drawable 目录里。另外，Android Studio 没有自动引入的话，还需要手动引入项目依赖：implementation ‘androidx.constraintlayout:constraintlayout: 1.1.3’。

10.1　初识 ConstraintLayout 布局

可以不使用嵌套布局，而使用 ConstraintLayout 工具给布局添加一系列约束（constraint）。把约束想象为橡皮筋，它会向中间拉拢分系两头的东西。例如，如图 10-2 所示，从 ImageView 视图右边到其父视图右边（ConstraintLayout 自己），你可以添加一个约束。这个约束向右拉着 ImageView 视图。

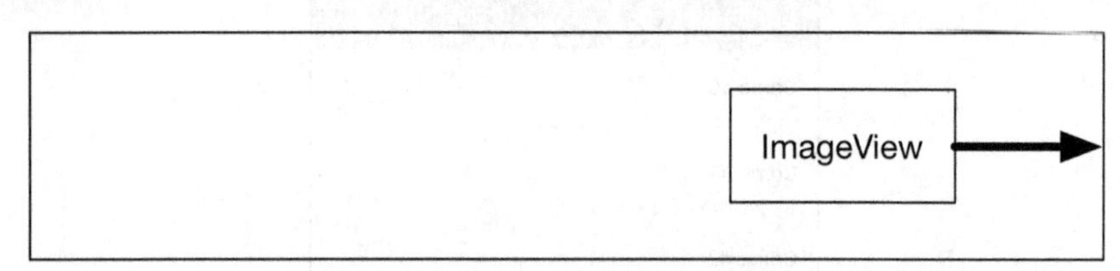

图 10-2　右边添加了约束的 ImageView

你也可以创建四个方向上的约束（左、上、右、下）。如图 10-3 所示，如果创建两个相反方向的约束，它们会均等地向相反的方向拉，ImageView 视图就会处于正中间位置。

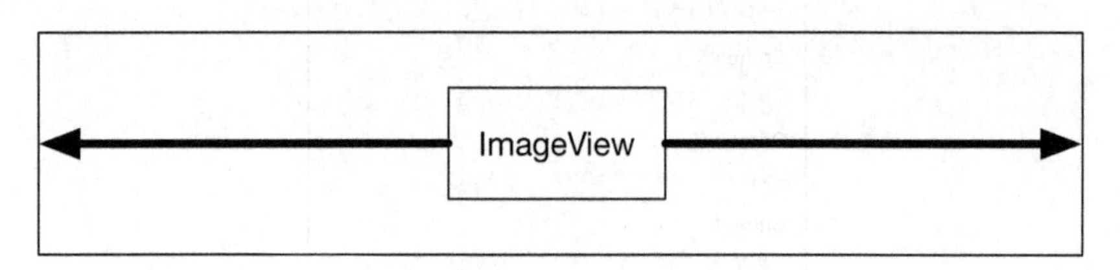

图 10-3　两边都有约束的 ImageView

综上所述可以得出重点：想要在 ConstraintLayout 里布置视图，不用拖来拖去，给它们添加上约束就可以了。

位置摆放有办法了，那如何控制部件大小呢？有三个选择：让部件自己决定（使用 wrap_content）、手动调整、让部件充满约束布局。

有了上述部件布置方法，只需一个 ConstraintLayout，就可以布置多个布局。不需要嵌套布局了。接下来，一起来看看如何使用约束布置 list_item_crime 布局文件。

10.2 图形布局编辑器

目前为止，布局都是以手动输入 XML 的方式创建的。本节，我们开始使用 Android Studio 图形布局工具。

打开 layout/list_item_crime.xml 布局文件，然后选择窗口底部的 Design 标签页，如图 10-4 所示。

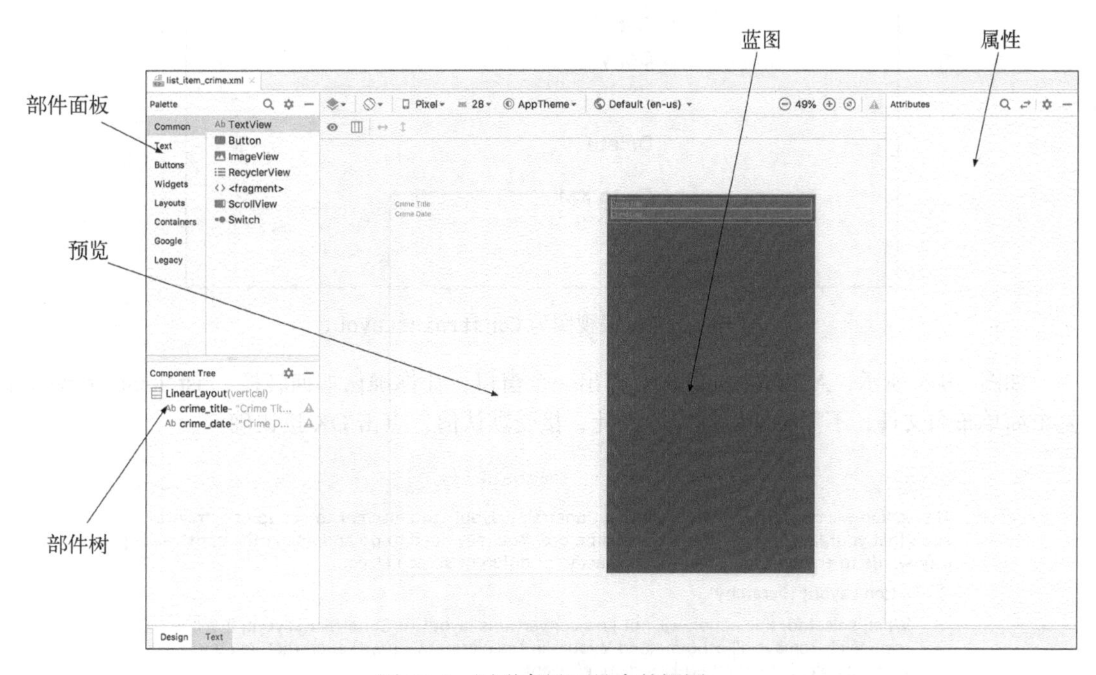

图 10-4 图形布局工具中的视图

图形布局工具界面的中间区域是布局的界面预览窗口。右边紧挨的是**蓝图**（blueprint）视图。蓝图和预览视图有点像，但它能显示各个部件视图的轮廓。预览让你看到视图长什么样，而从蓝图可以看出各个部件视图的大小比例。

图形布局工具界面的左边是**部件面板视图**，它包含了所有你可能用到的部件，按类别组织。左下是部件树，部件树表明部件是如何在布局中组织的。如果看不到部件面板和部件树，请点击预览窗口的左边打开。

图形布局工具界面的右边是**属性视图**（attribute view）。在此视图中，你可以查看并编辑部件树中已选中的部件属性。

首先我们转换 list_item_crime.xml 布局，改用 `ConstraintLayout`。如图 10-5 所示，在部件树窗口中，右键单击根 `LinearLayout`，然后选择 Convert LinearLayout to ConstraintLayout 菜单项。

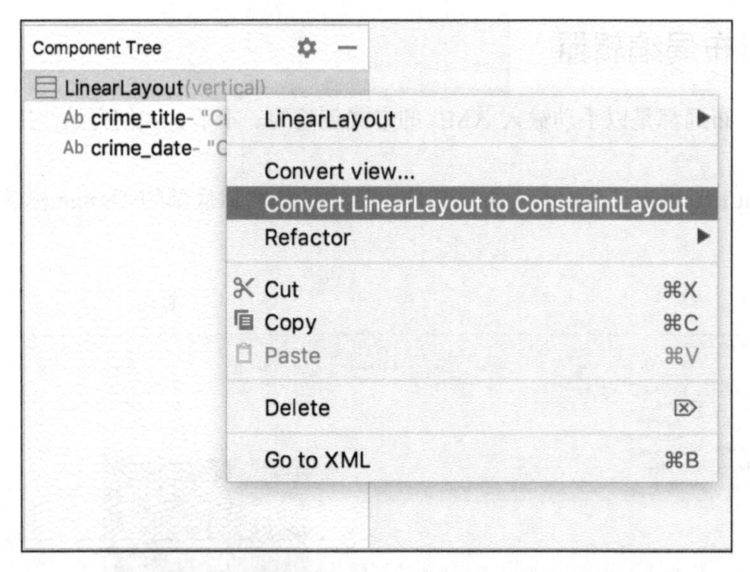

图 10-5　转换根视图为 `ConstraintLayout`

如图 10-6 所示，Android Studio 会弹出一个窗口，让你确认如何转换。list_item_crime.xml 是个简单布局文件，不需要深度优化。因此，接受默认值，点击 OK 按钮确认。

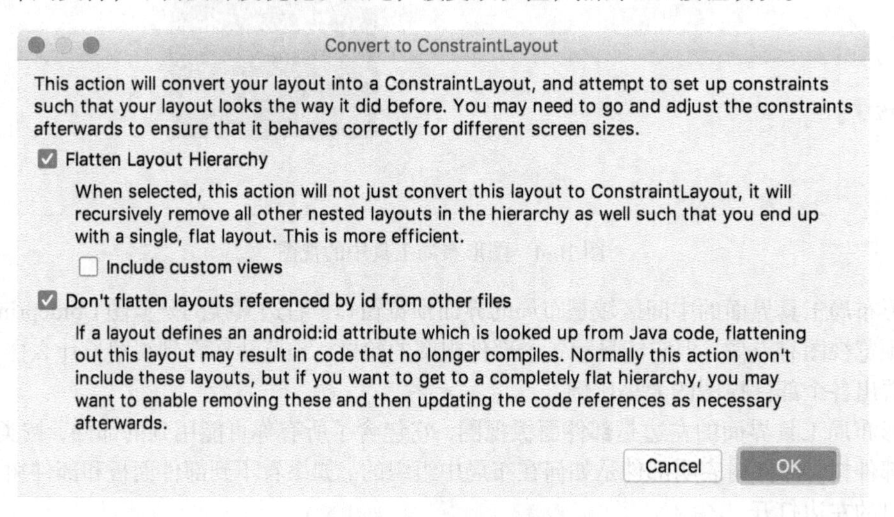

图 10-6　转换默认配置

转换需要点时间，耐心等一会儿。如图 10-7 所示，转换完成后，我们就可以用上全新的 `ConstraintLayout` 布局了。

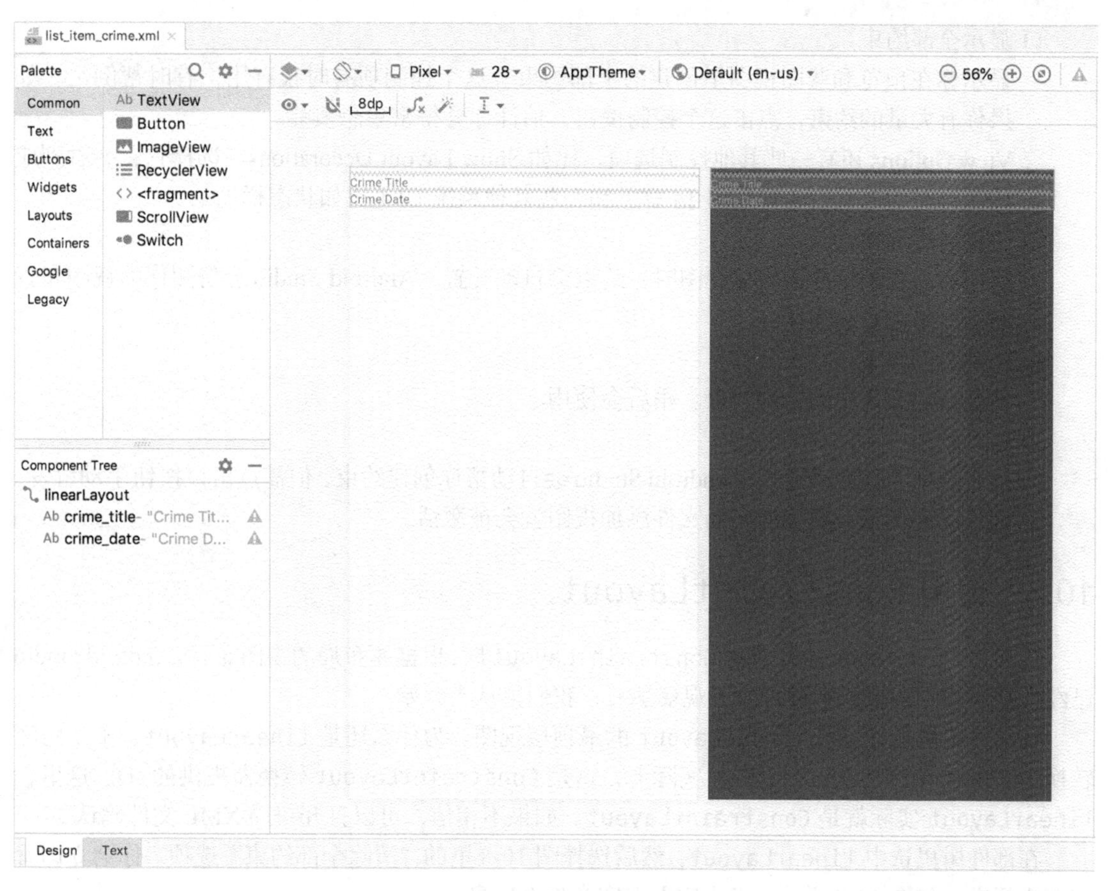

图 10-7　使用 `ConstraintLayout` 布局

（奇怪，为什么在部件树界面看到的还是 `linearLayout`？别着急，稍后会解释。）

如图 10-8 所示，在靠近布局预览窗口顶部的工具栏上，可以看到一些约束编辑选项。下面看一下它们分别有什么作用。

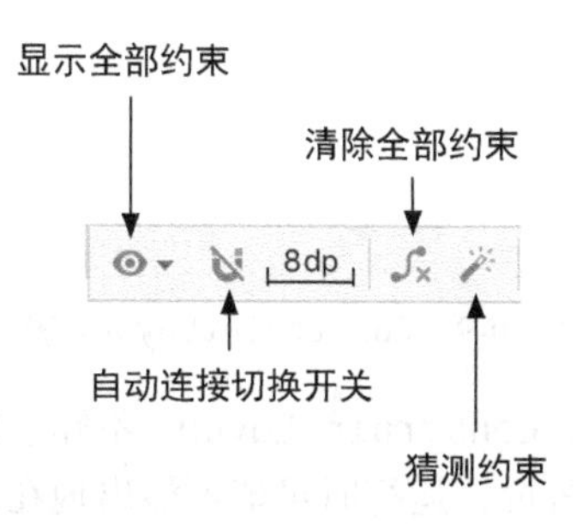

图 10-8　约束编辑选项

- 显示全部约束

  显示你在预览和蓝图视图里创建的全部约束。这个控制项有时很有用，有时帮倒忙。如果你有大量的约束，点击这个控制按钮，估计你会得密集恐惧症。

  View Options 还有一些其他控制选项，比如 Show Layout Decorations。选择它，会看到应用运行时的工具栏（详见第 14 章）和一些其他系统 UI（比如状态栏）。

- 自动连接切换开关

  启用后，在预览界面拖移视图时，约束会自动配置。Android Studio 会猜测你的视图布置意图，帮你自动连接。

- 清除全部约束

  清除布局文件中的全部约束。稍后会使用。

- 推断约束

  这个选项类似自动连接，Android Studio 会自动帮你创建约束，但需点击该按钮手动触发，而自动连接是只要你向布局文件添加视图就会被激活。

10.3 使用 ConstraintLayout

转换 list_item_crime.xml 使用 ConstraintLayout 时，根据原布局的视图布置，Android Studio 已经自动添加了约束。不过，为了观察学习，我们得从头开始。

在部件树里选择标着 linearLayout 的最顶层视图。为什么还是 linearLayout，不是已经转换为 ConstraintLayout 了吗？实际上，这是 ConstraintLayout 转换器提供的 ID。这里，linearLayout 实际就是 ConstraintLayout。如果不相信，可以打开布局 XML 文件确认。

在部件树里选中 linearLayout，然后选择图 10-8 里的"清除全部约束"选项。你会立即看到警告标志，如图 10-9 所示，点击它看看究竟怎么回事。

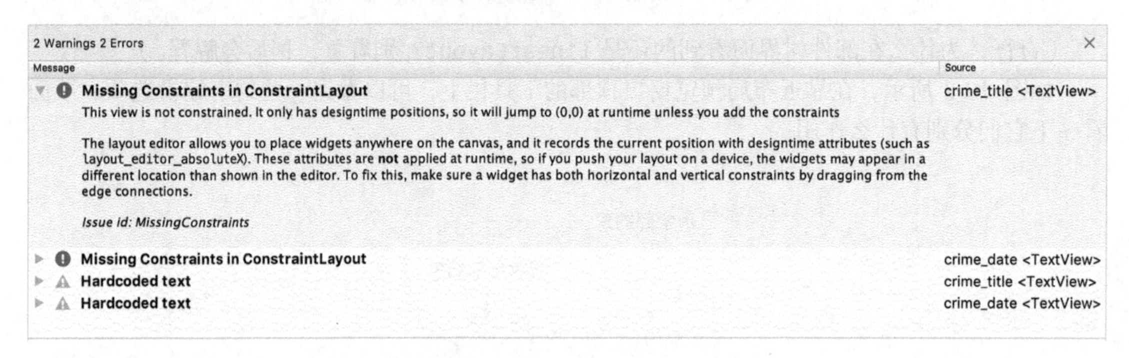

图 10-9　ConstraintLayout 警告

原来，视图没有足够的约束，ConstraintLayout 不知道该如何布局了。TextView 部件根本没有约束，因此它们都收到警告说，运行时可能不能出现在正确位置。

稍后，我们会添加需要的约束来修正这个问题。在添加过程中，注意查看是否有警告信息，以避免运行时的异常行为。

10.3.1 腾出空间

两个 TextView 部件占据了整个区域，再难容下其他部件。现在，需要把它们缩小。

在部件树里，选中 crime_title，然后查看右边的属性视图窗口，如图 10-10 所示。如果对应的属性面板没打开，请点击右边的属性页打开它。

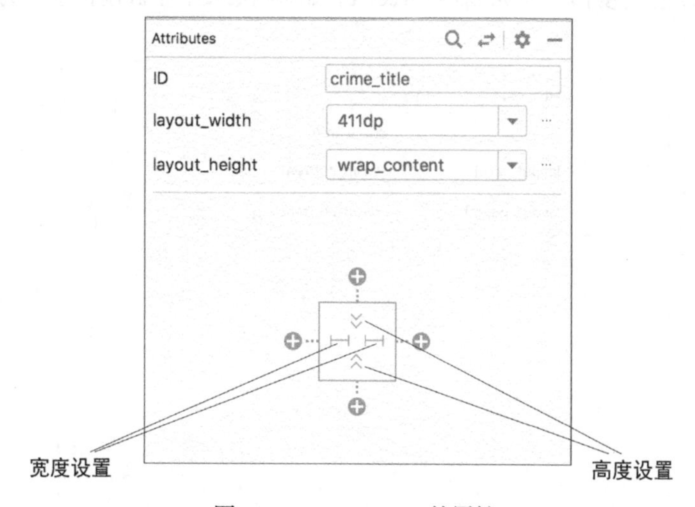

图 10-10 TextView 的属性

TextView 水平方向和竖直方向的尺寸分别由宽度设置和高度设置决定。能设置的值有以下三种，如图 10-11 所示。每种值都对应 layout_width 或 layout_height 的一个值。

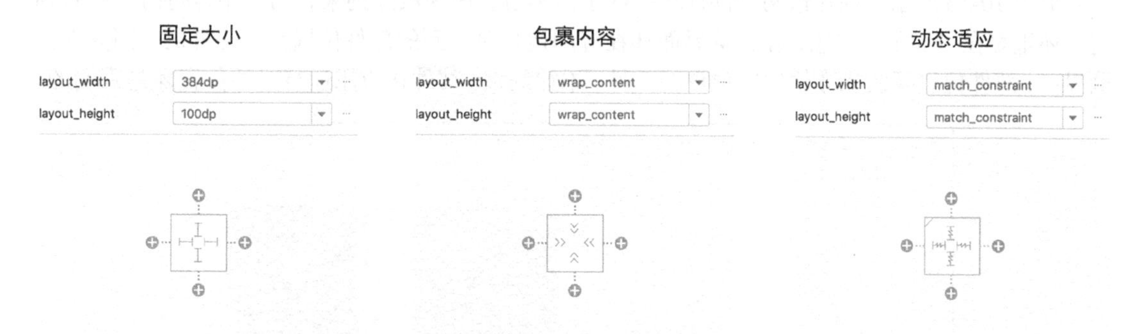

图 10-11 三种视图尺寸设置

表 10-1 列举了视图尺寸设置类型及其设置值和用法。

表 10-1　视图尺寸设置类型

设置类型	设 置 值	用 法
固定大小	Xdp	以 dp 为单位，为视图指定固定值（dp 稍后介绍）。如果不太清楚 dp 单位的概念，请参看 2.6 节
包裹内容	wrap_content	设置视图想要的尺寸（随内容走），也就是说，大到足够容纳内容
动态适应	match_constraint	允许视图缩放以满足指定约束

当前，crime_title 和 crime_date 都设定了一个最大的固定宽度值，所以占据了整个屏幕。选中 crime_title，把宽度值设为 wrap_content，如果有必要，把高度值也设为 wrap_content，如图 10-12 所示。

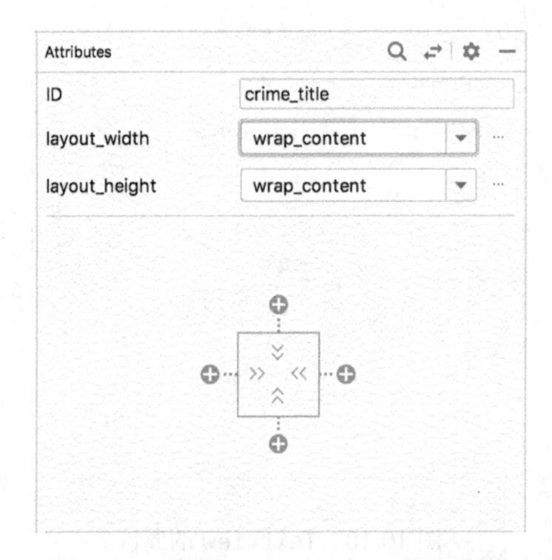

图 10-12　调整 crime_title 的宽高值

重复上述步骤，设置 crime_date 的宽高值。

如图 10-13 所示，现在这两个部件小一些了。不过，因为没加约束，当应用运行时，会看到它们还重叠在一起了。注意，在预览界面和在应用运行时看到的部件位置是不一样的。因为在预览界面，部件位置摆放要方便你定位视图部件，添加约束。部件在应用运行时的位置才是真实的。

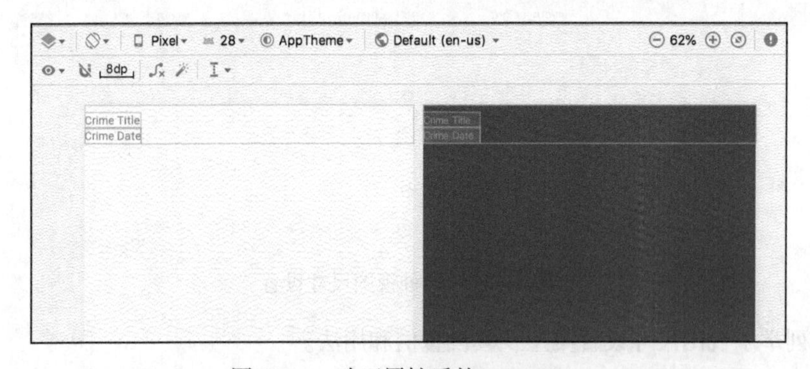

图 10-13　改正属性后的 TextView

稍后，我们会给 TextView 部件添加正确的约束。现在，先来添加布局里需要的其他部件。

10.3.2 添加部件

处理完两个 TextView，可以向布局文件里添加手铐图片了。首先添加一个 ImageView 视图。如图 10-14 所示，在部件面板里找到 ImageView 部件，把它拖入部件树，并作为 ConstraintLayout 的子部件，放在 crime_date 下面。

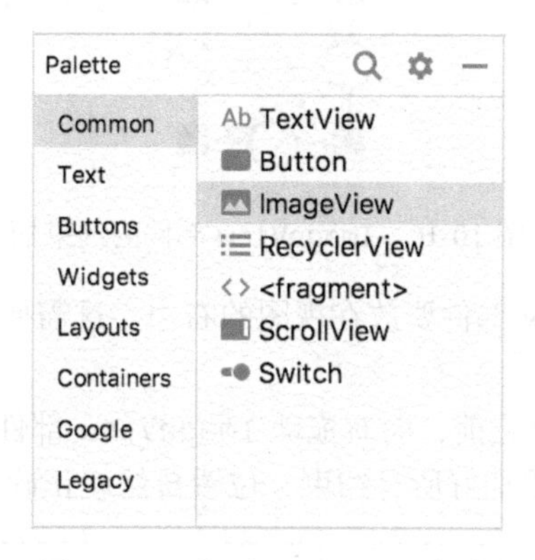

图 10-14 找到 ImageView 部件

在随后弹出的对话框里，选择 ic_solved 作为 ImageView 部件的资源，如图 10-15 所示。这个图片用来表明 crime 已经解决。

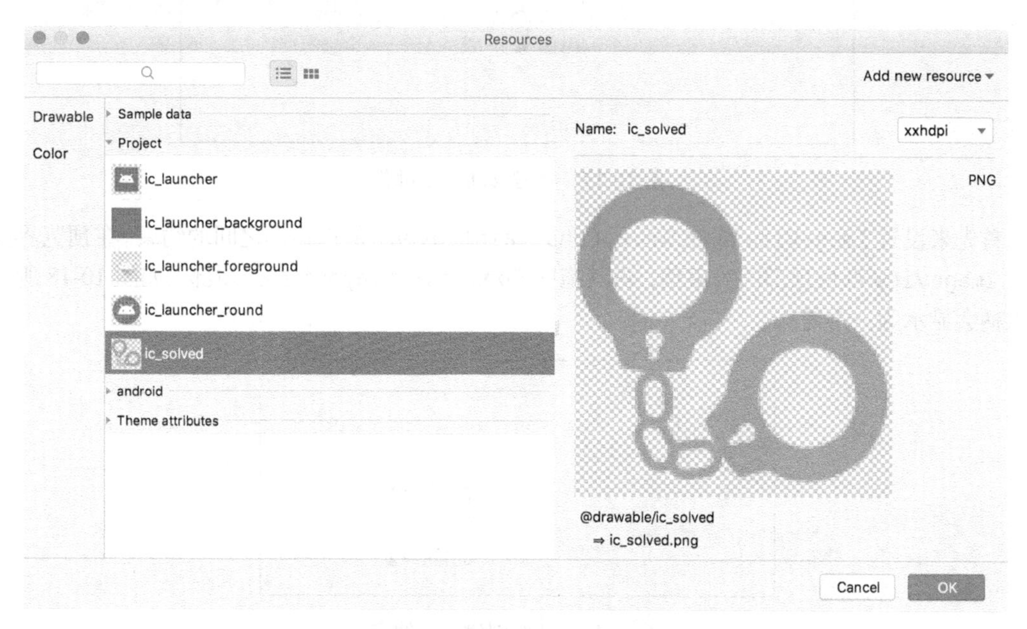

图 10-15 选择 ImageView 部件资源

ImageView 部件添加完了，但它还没有任何约束。虽然它现在有个位置，但这个位置没有任何意义。

现在为它添加约束。在部件树或者预览界面里选中 ImageView 部件。（如果想看的清楚些，可以放大预览界面。缩放控制在约束工具上面的工具栏内。）可看到 ImageView 的四边都有圆点，如图 10-16 所示，这些点表示**约束柄**。

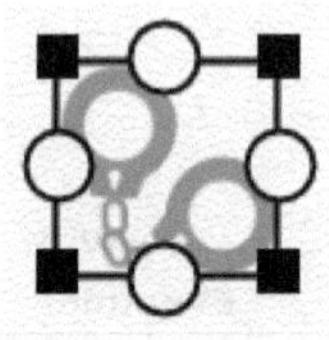

图 10-16　ImageView 部件的约束柄

按照设计构想，ImageView 部件要放在视图的右边。这需要给 ImageView 部件的上、下和右三条边添加约束。

如图 10-17 所示，添加约束之前，向右拖动 ImageView 部件，离两个 TextView 远一点儿。不要担心暂时的摆放位置，等添加好所有约束，位置自然就正确了。

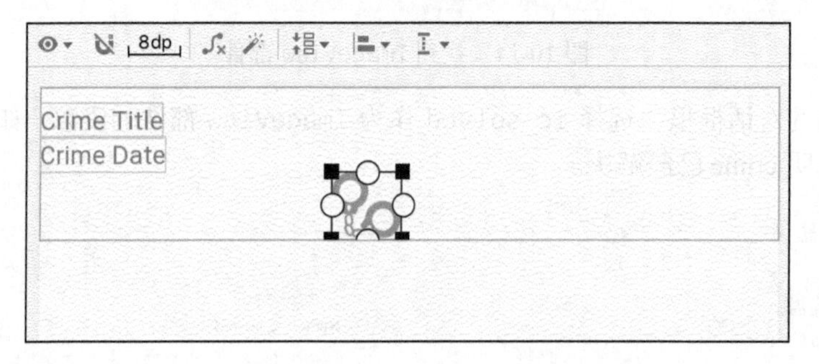

图 10-17　暂时移动一个部件

首先来设置 ImageView 部件顶部和 ConstraintLayout 部件顶部之间的约束。在预览界面，拖住 ImageView 部件顶部的约束柄，将其拖向 ConstraintLayout 部件顶部。如图 10-18 所示，约束柄会显示为一个箭头。

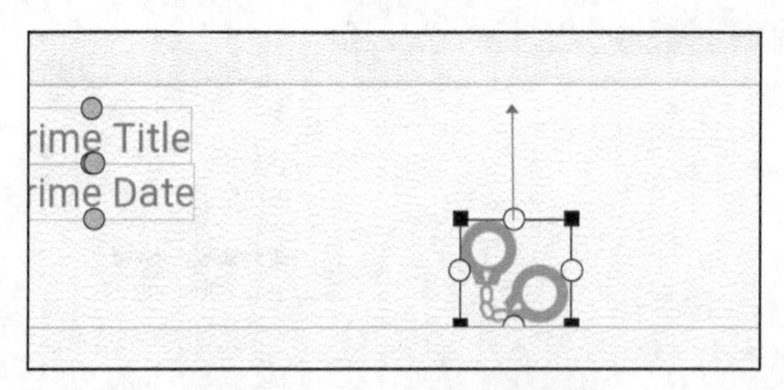

图 10-18　开始创建顶部约束

继续向上拖，直到约束柄变蓝，再松开鼠标创建顶部约束，如图 10-19 所示。

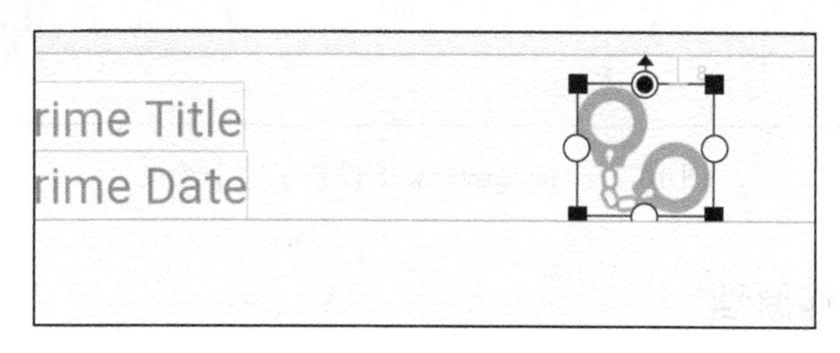

图 10-19 创建顶部约束

注意，光标变为拐角形状时，不要点击，因为这会改变 `ImageView` 部件的尺寸。另外，还要小心别把约束设到 `TextView` 部件上。如果真的搞错了，就点击约束柄删掉后重做。

松开鼠标设置约束时，视图会立即就位以表明现在有了一个新约束。这就是视图在 `ConstraintLayout` 里摆放的方式——设置和删除约束。

想确认 `ImageView` 顶部和 `ConstraintLayout` 顶部是不是已经连接了约束，可在 `ImageView` 悬停鼠标，如果是，应该会出现如图 10-20 所示的形状。

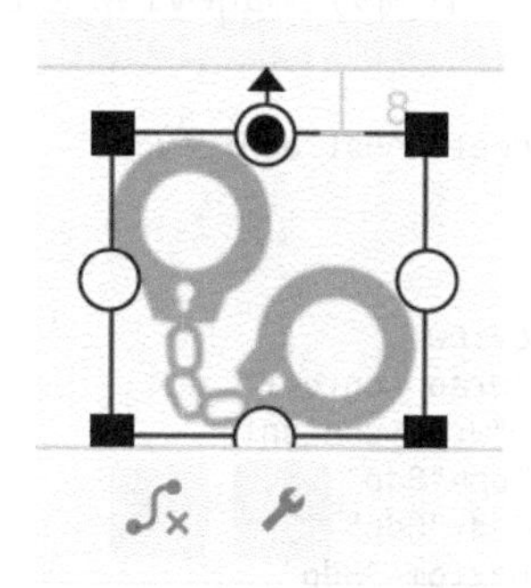

图 10-20 带顶部约束的 `ImageView`

按同样的方式，拖住 `ImageView` 部件底部的约束柄，拖到根视图的底部。同样，不要拖到 `TextView` 上，如图 10-21 所示。

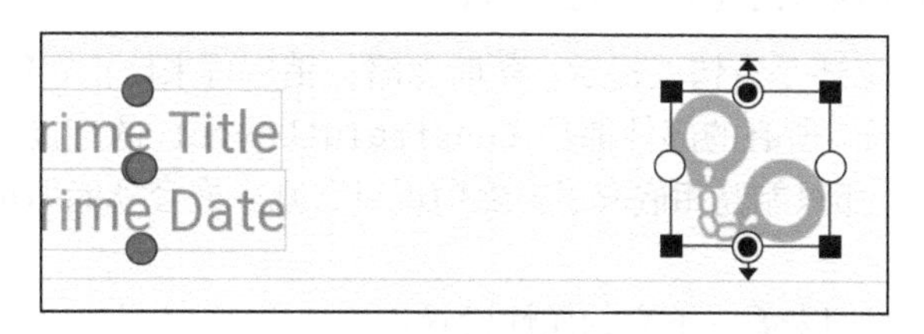

图 10-21 带顶部和底部约束的 `ImageView`

最后，向根视图右边拖曳 `ImageView` 的右约束柄，设置右边约束。完成后，将鼠标悬停在 `ImageView` 部件上，确认所有的约束都已正确设置，如图 10-22 所示。

10

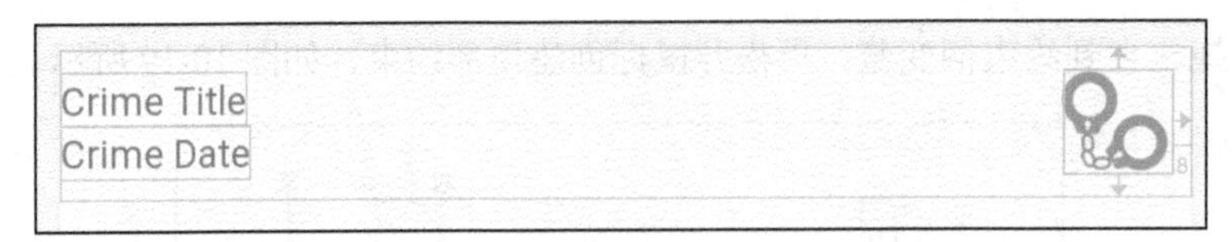

图 10-22　ImageView 上设置了三个约束

10.3.3　约束的工作原理

最终，图形布局编辑器窗口的任何编辑都会体现在 XML 文件里。当然，如果你愿意，也可以直接编辑原生 ConstraintLayout XML。不过，显然还是使用图形布局编辑器设置初始约束更容易。ConstraintLayout 比其他 ViewGroup 部件更为复杂，手动添加初始约束工作量很大。在 XML 文件里做一些布局小改动更合适。

（图形布局编辑器很有用，尤其是在使用 ConstraintLayout 布置部件时。当然，并不是每个人都喜欢用这种编辑器。你不需要选边站，可以在图形化和 XML 编辑之间随时切换，怎么方便怎么来。）

将布局切换到 XML 文件模式。看看刚为 ImageView 创建的三个约束都向 XML 文件里添加了什么内容。

```
<androidx.constraintlayout.widget.ConstraintLayout
        ... >
    ...
    <ImageView
        android:id="@+id/imageView"
        android:layout_width="wrap_content"
        android:layout_height="wrap_content"
        android:layout_marginTop="8dp"
        android:layout_marginEnd="8dp"
        android:layout_marginBottom="8dp"
        app:layout_constraintBottom_toBottomOf="parent"
        app:layout_constraintEnd_toEndOf="parent"
        app:layout_constraintTop_toTopOf="parent"
        app:srcCompat="@drawable/ic_solved" />

</android.support.constraint.ConstraintLayout>
```

（两个 TextView 定义还是有错误提示。暂时忽略，稍后再来修正它们。）

现在，没有嵌套布局，所有的部件都是 ConstraintLayout 的直接子部件。同样的布局，如果用 LinearLayout，那只能互相嵌套了。之前说过，减少嵌套就能缩短布局绘制时间，大大提高应用的用户体验。

以顶部约束为例，我们来看一下它的属性设置：

```
app:layout_constraintTop_toTopOf="parent"
```

这个属性以 layout_ 开头。凡是以 layout_ 开头的属性都属于**布局参数**（layout parameter）。与其他属性不同的是，部件的布局参数是用来向其父部件做指示的，即用于告诉父布局如何安排自己。目前为止，我们已经见识过好几个这样的布局参数，比如 layout_width 和 layout_height。

约束的名字是 constraintTop。这表示它是 ImageView 的顶部约束。

最后，属性以 toTopof="parent"结束，这表明，约束是连接到父部件（ConstraintLayout）顶部的。

好了，一口气做了这么多，该歇一歇了。不过，事情还没完，我们回到图形布局编辑器窗口。

10.3.4 编辑属性

现在，ImageView 部件的位置已经摆正确了。接下来的任务是布置和调整标题 TextView 部件。

首先，在部件树里选中 crime_date，把它拖曳到别处，如图 10-23 所示。注意，在预览界面，拖到别处看上去是换了位置，但应用运行时，你依然看不到这种位置变化。应用运行时，只有约束起作用。

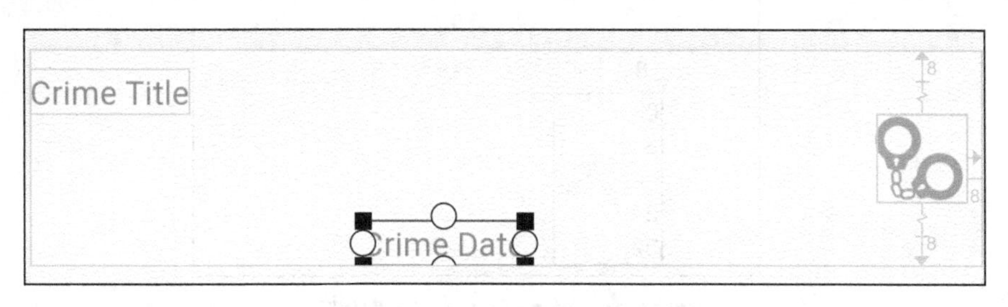

图 10-23 把 crime_date 拖到别处

现在，在部件树里选中 crime_title 视图。这也会让预览界面的 crime_title 部件处于加亮状态。它的目标位置是布局的左上角，ImageView 部件的左边。这需要添加以下三个约束：

- 从 crime_title 视图的左边到其父部件的左边；
- 从 crime_title 视图的顶部到其父部件的顶部；
- 从 crime_title 视图的右边到 ImageView 部件的左边。

创建上述约束。定位、拖曳需要耐心和技巧，不行就多用 Command+Z（或 Ctrl+Z）撤销快捷键反复试几次。确认约束都添加完成，如图 10-24 所示。

图 10-24 TextView 视图的约束

现在，我们要给 TextView 上的约束添加边距值。在预览界面，选中 crime_title 部件，查看右边的属性面板。既然已经给 TextView 添加了顶部、左边和右边约束，就能为它们从下拉菜单选择边距值。如图 10-25 所示，左边距和顶部边距设置值为 16dp，右边距设置值为 8dp。

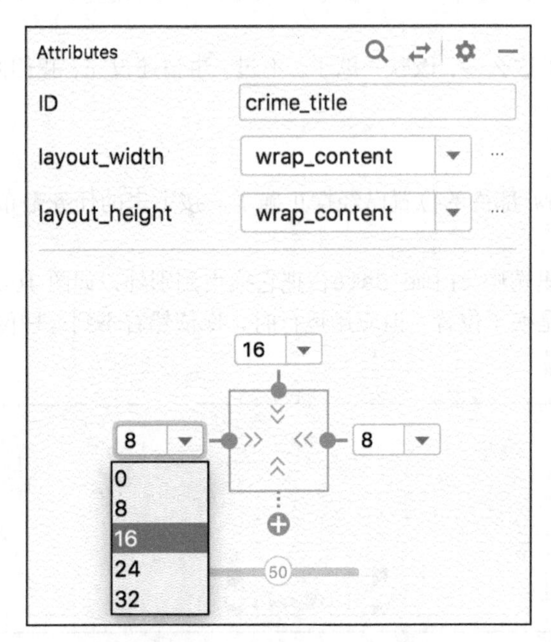

图 10-25　给 TextView 设置边距

对于边距值，Android Studio 默认会选 16dp 或 8dp。这种默认值设置遵循 Android 的 material design 原则。

确认 crime_title 的约束设置如图 10-26 所示。（如果选中部件的约束被拉长，则都会显示为细密的波浪线。）

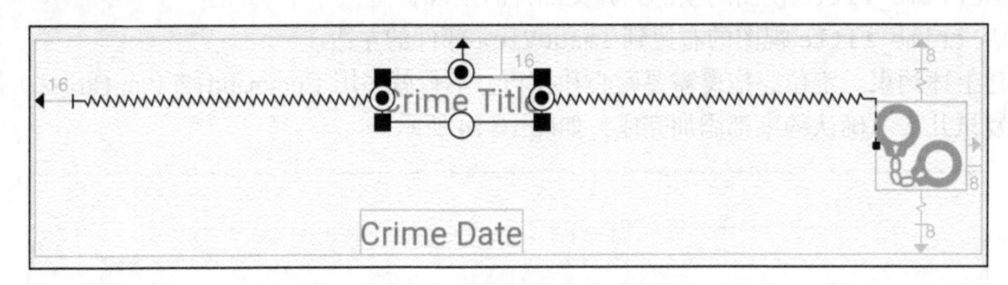

图 10-26　crime_title 视图的约束

搞定了 crime_title 的约束，现在设置视图尺寸。视图水平宽度设置为动态适应（match_constraint），这样标题文字就可以占满约束之间的空间了。视图垂直高度设置为包裹内容（wrap_content），以便刚好显示出 crime 标题。最后，确认设置结果如图 10-27 所示。

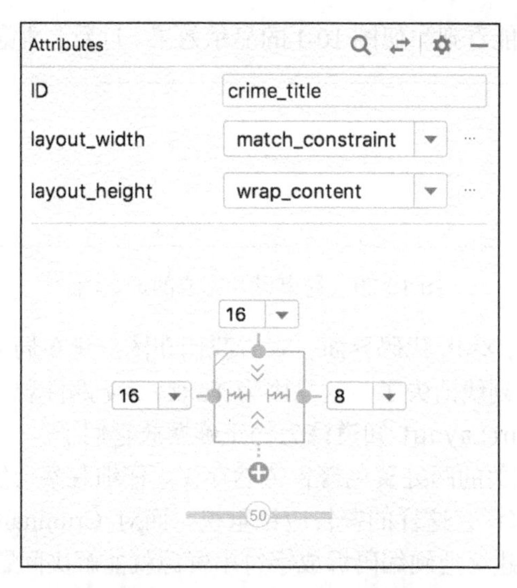

图 10-27 crime_title 视图设置

接下来处理 crime_date 视图。在部件树里选中它，参照 crime_title 约束添加步骤，为其添加以下三个约束：

- 从 crime_date 视图的左边到其父部件的左边，带 16dp 的边距；
- 从 crime_date 视图的顶部到 crime_title 视图的底部，带 8dp 的边距；
- 从 crime_date 视图的右边到 ImageView 部件的左边，带 8dp 的边距。

完成约束设置后，开始设置视图尺寸。和 crime_title 视图一样，设置视图宽度为动态适应（match_constraint），高度为包裹内容（wrap_content）。最后，确认设置结果如图 10-28 所示。

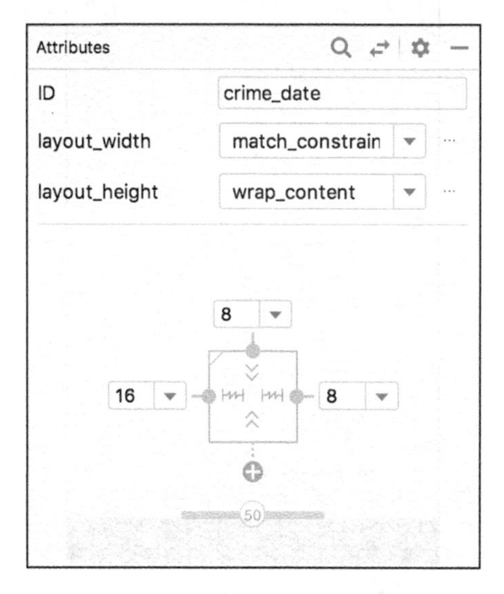

图 10-28 crime_date 视图设置

现在，查看预览，应该能看到类似图 10-1 的显示效果。近看，预览界面应该和图 10-29 一样。

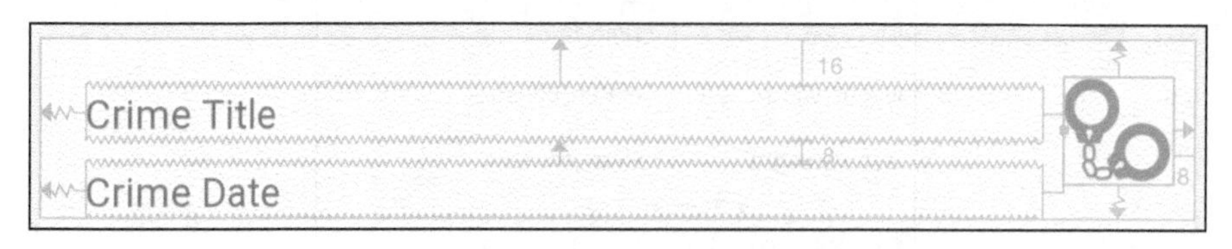

图 10-29　约束设置完成的近观图

从布局预览界面切换到 XML 代码界面，查看我们在图形化布局编辑器中所做的设置结果。`TextView` 定义处的红色下划线消失了。这是因为 `TextView` 部件现在已被约束好了。应用运行时，包含它们的 `ConstraintLayout` 知道该怎样正确摆放它们了。

不过，与 `TextView` 相关的两处黄色警告依然存在。仔细观察会发现，警告和它们的硬编码文字有关。对生产级应用来说，这样的警告应该重视。而对 CriminalIntent 应用来说，可以忽略不管。（想管也可以，按照建议把硬编码拆成字符串资源就能解决问题。）

另外，`ImageView` 部件定义处也有一处警告提示你忘记为它设置内容描述了。现在，还是忽略掉好了。第 18 章会解决这个问题。当然，应用功能现在没啥问题。不过，使用屏幕阅读功能的人（视力障碍用户）就没法知道照片是什么内容了。

运行 CriminalIntent 应用，确认三个部件在 `RecyclerView` 视图中都显示得上下齐整、疏落有致，如图 10-30 所示。

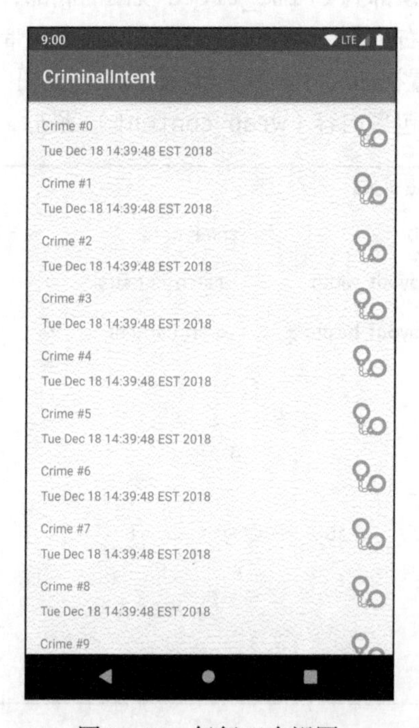

图 10-30　每行三个视图

10.3.5 动态设置列表项

当前，应用运行时，每行都显示了手铐图片。这和实际不符，需要修改 `ImageView` 部件解决。

首先，更新 `ImageView` 部件的 ID（部件添加时已设置了默认名）。在部件树里选中它，然后在视图属性窗口将 ID 修改为 crime_solved，如图 10-31 所示。Android Studio 会询问是否更新所有用到该 ID 的地方，点击 Yes 按钮确认。

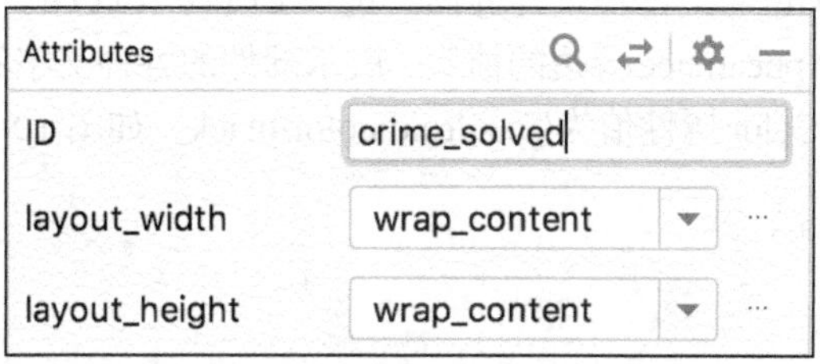

图 10-31 更新 `ImageView` 部件的 ID

你可能注意到了，在 list_item_crime.xml 和 fragment_crime.xml 布局里，都用了 crime_solved 这一 ID。这样会不会有问题呢？别担心，这么做没问题。只有在同一布局里，系统才会要求所有部件都使用唯一 ID。

更新完 ID，代码也要做对应更新。打开 CrimeListFragment.kt 文件，在 `CrimeHolder` 类中，添加一个 `ImageView` 实例变量。然后，根据 `crime` 记录的解决状态控制图片的显示，如代码清单 10-1 所示。

代码清单 10-1 控制手铐图片显示（CrimeListFragment.kt）

```
private inner class CrimeHolder(view: View)
    : RecyclerView.ViewHolder(view), View.OnClickListener {
    ...
    private val dateTextView: TextView
    private val solvedImageView: ImageView = itemView.findViewById(R.id.crime_solved)

    init {
        ...
    }

    fun bind(crime: Crime) {
        this.crime = crime
        titleTextView.text = this.crime.title
        dateTextView.text = this.crime.date.toString()
        solvedImageView.visibility = if (crime.isSolved) {
            View.VISIBLE
        } else {
            View.GONE
        }
    }
    ...
}
```

运行 CriminalIntent 应用，确认手铐图片能按问题解决情况正确显示。

10.4 深入学习布局属性

本节，我们再来微调一下 list_item_crime.xml 布局设计，同时解答一些可能令人困扰的部件与属性相关问题。

回到 list_item_crime.xml 布局图形设计界面。选中 crime_title，在属性视图窗口，我们来调整一些属性。点击 textAppearance 旁边的箭头，展示部件的各种文字和字体属性。修改 textSize 属性值为 18sp，修改 textColor 属性值为@android:color/black，如图 10-32 所示。

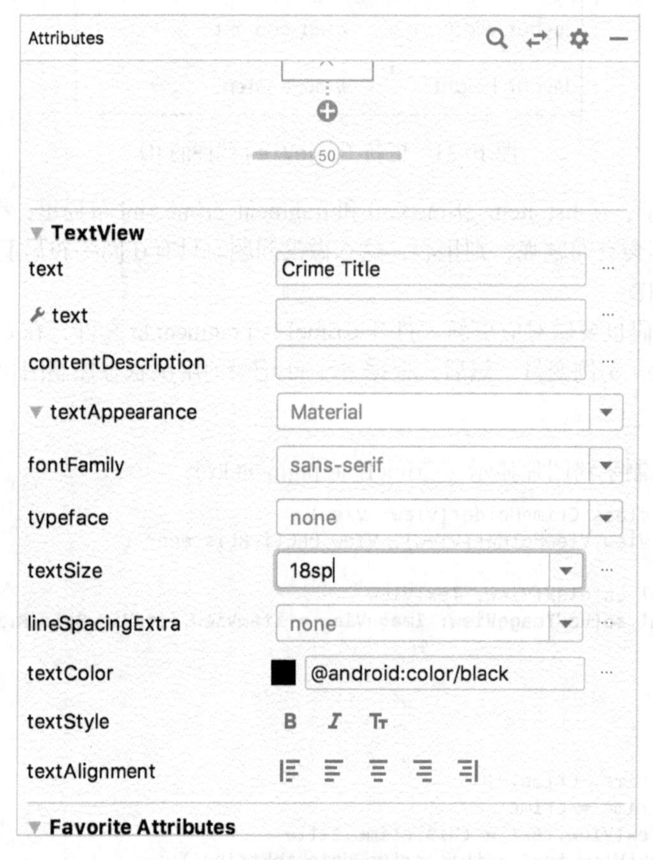

图 10-32　调整标题文字大小和颜色

有多种方式可以调整属性值。例如，在属性面板直接输入属性值、从下拉列表选值，或者点击带三个小点的按钮选择资源。

运行 CriminalIntent 应用。可以看到，整个应用界面的显示效果非常好，像是新刷了漆，如图 10-33 所示。

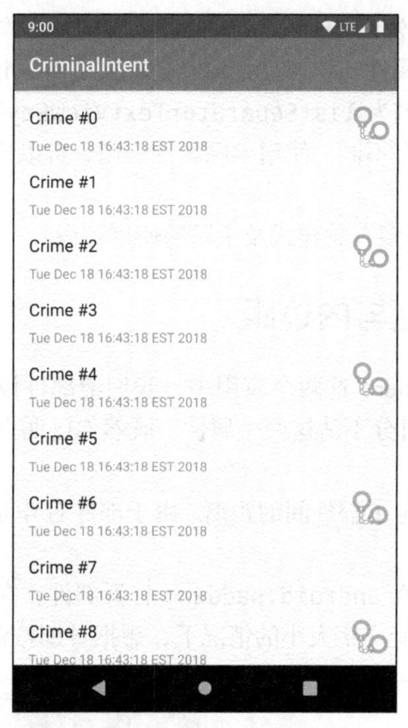

图 10-33　新刷漆效果

样式、主题及主题属性

样式（style）是 XML 资源文件，含有用来描述部件行为和外观的属性定义。例如，使用下列样式配置部件，就能显示比正常大小更大的文字：

```
<style name="BigTextStyle">
  <item name="android:textSize">20sp</item>
  <item name="android:padding">3dp</item>
</style>
```

你可以创建自己的样式文件（参见第 21 章）。具体做法是将属性定义添加并保存在 res/values/目录下的样式文件中，然后在布局文件中以@style/my_own_style（样式文件名）的形式引用。

再来看看 layout/fragment_crime.xml（别搞错，不是 list_item_crime.xml）文件中的两个 TextView 部件。每个部件都有一个引用 Android 自带样式文件的 style 属性。该预定义样式来自应用的**主题**，能让屏幕上的 TextView 部件看起来是以列表样式分隔开的。主题是各种样式的集合。从结构上来说，主题本身也是一种样式资源，只不过它的属性指向了其他样式资源。

Android 自带了一些供应用使用的平台主题。例如，在创建 CriminalIntent 应用时，向导就设置了默认主题（是在 manifest 文件的 application 标签下引用的）。

使用**主题属性引用**，可将预定义的应用主题样式添加给指定部件。在 fragment_crime.xml 文件中，样式属性值?android:listSeparatorTextViewStyle 的使用就是这样一个例子。

使用主题属性引用，就是告诉 Android 运行资源管理器："在应用主题里找到名为 listSeparatorTextViewStyle 的属性。该属性指向其他样式资源，请将其资源值放在这里。"

所有 Android 主题都包括名为 listSeparatorTextViewStyle 的属性。不过，基于特定主题的整体风格，它们的定义稍有不同。使用主题属性引用，可以确保 TextView 部件在应用中拥有正确一致的显示风格。

你还会在第 21 章学习到更多有关样式及主题的使用知识。

10.5　深入学习：边距与内边距

在 GeoQuiz 和 CriminalIntent 这两个应用中，我们给部件设置过边距（margin）与内边距（padding）属性。开发新手有时分不清这两个属性。既然你已明白什么是布局参数，那么二者的区别也就显而易见了。

边距属性是布局参数，决定了部件间的距离。由于部件对外界一无所知，因此边距必须由该部件的父部件负责。

内边距不是布局参数。属性 android:padding 告诉部件：在绘制部件自身时，要比所含内容大多少。举例说明：在不改变文字大小的情况下，想把日期按钮变大一些，如图 10-34 所示。

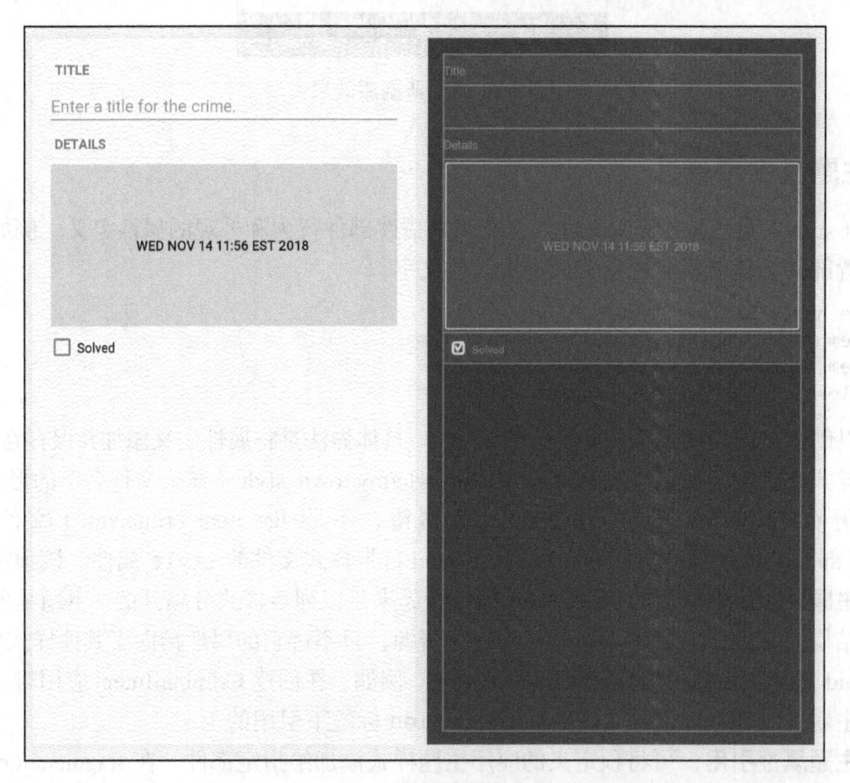

图 10-34　把日期按钮变大

可将下面的属性添加给 Button：

```
<Button
    android:id="@+id/crime_date"
    android:layout_width="match_parent"
    android:layout_height="wrap_content"
    android:padding="80dp"
    tools:text="Wed Nov 14 11:56 EST 2018"/>
```

大按钮很方便，但很可惜，继续学习前，还是应该删除这个属性。

10.6 深入学习：ConstraintLayout 的发展动态

ConstraintLayout 本领很多，能协助我们布置子视图。本章，通过在 TextView、ImageView 和它们的父视图、相邻视图之间设置约束关系，我们正确摆放了它们的位置。ConstraintLayout 还有 Guideline 这样的帮助视图可用，可以更好地帮你在屏幕上布置视图部件。

Guideline 帮助视图不会出现在应用屏幕上，它们的作用仅限于帮助布置视图。Guideline 还有水平和竖直类型之分。按照 dp 值或屏幕比例值，你可以把它们放在特定的位置上，让其他视图和它们之间保持某种约束关系，即使屏幕尺寸有变化也能保持定位准确。

图 10-35 是一个竖直 Guideline 的使用示例。它现在处于 20%父视图宽度的位置。crime_date 和 crime_title 视图和它之间都有一个约束关系。

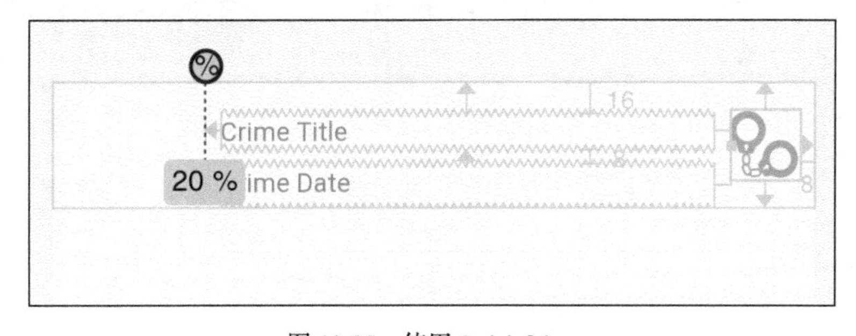

图 10-35　使用 Guideline

MotionLayout 是 ConstraintLayout 的一个扩展。有了它，向视图添加动画就容易多了。为了使用 MotionLayout，你可以创建一个 MotionScene 文件，约定如何执行动画，以及在开始和结束布局里各个视图的映射关系是什么。你也可以设置 keyframe 作为动画过程中的中间视图。然后，MotionLayout 开始执行动画，从启动视图开始，经过 keyframe，直到视图动画正确播放至结束视图。

10.7 挑战练习：日期格式化

与其说 Date 对象是普通日期，不如说是时间戳。调用 Date 对象的 toString()函数，就能得到一个时间戳。RecyclerView 视图上显示的就是一个时间戳。时间戳虽然凑合能用，但如果能显示人们习惯看到的日期应该会更好，比如“Jul 22, 2019”。要实现此目标，可使用 `android.text.format.DateFormat` 类实例。具体怎么用，请查阅 Android 文档库中有关该类的说明。

使用 `DateFormat` 类中的函数，可获得常见格式的日期；也可以自己定制字符串格式。最后，再来一个更有挑战的练习：创建一个包含星期的字符串格式，比如“Monday, Jul 22, 2019”。

第 11 章

数据库与 Room 库

几乎所有应用都有持久化保存数据的需要。本章，我们将首先为 CriminalIntent 应用创建一个数据库并使用种子数据进行填充。然后，更新应用从数据库读取数据并显示在 crime 列表项中，如图 11-1 所示。

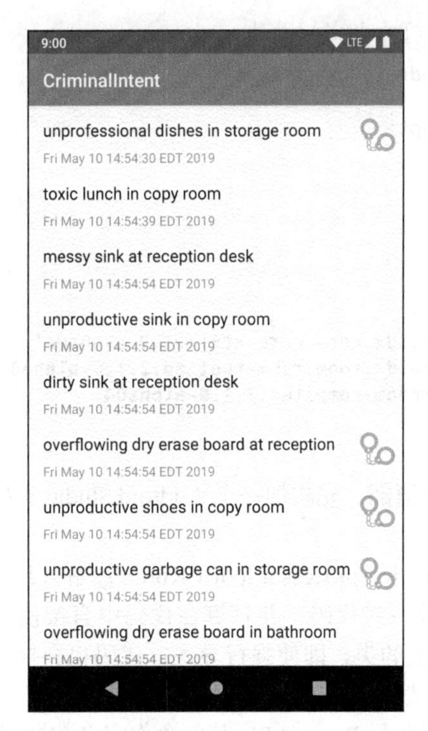

图 11-1　来自数据库的 crimes 数据

在第 4 章中，为应对设备旋转和进程销毁，你已学会使用 `ViewModel` 和保留实例状态来保存 UI 状态数据。这两种方式非常适合与 UI 相关的少量数据的保存。不过，对于那些非 UI 数据，或者虽然与 UI 状态相关，但不和 activity 或 fragment 绑定的数据，就需要寻求不同的数据保存办法了。

一般来讲，非 UI 相关数据要么保存在本地（本地文件系统，或者是稍后就要为 CriminalIntent 创建的数据库），要么保存在 Web 服务器上。

11.1　Room 架构组建库

Room 是一个 Jetpack 架构组件库，它支持使用 Kotlin 注解类来定义你的数据库结构和查询，数据库的创建和访问工作也因此变得更简单。

一套 API、一些注解类和一个编译器就组成了 Room 工具库。Room API 包含一些用来定义数据库和创建数据库实例的类。注解类用来确定哪些类需要保存在数据库里，哪个类代表数据库，哪个类指定数据库表访问函数这样的事情。编译器负责处理注解类，生成数据库实现代码。

要使用 Room，首先要添加项目依赖。如代码清单 11-1 所示，在 app/build.gradle 文件中，添加 `room-runtime` 和 `room-compiler` 依赖。

代码清单 11-1　添加依赖项（app/build.gradle）

```
apply plugin: 'kotlin-android-extensions'

apply plugin: 'kotlin-kapt'

android {
    ...
}
...
dependencies {
    ...
    implementation 'androidx.core:core-ktx:1.1.0-alpha04'
    implementation 'androidx.room:room-runtime:2.1.0-alpha04'
    kapt 'androidx.room:room-compiler:2.1.0-alpha04'
    ...
}
```

在 app/build.gradle 文件的顶部，先添加一个 Android Studio 新**插件**。插件用于给 IDE 添加新功能。

Kotlin-kapt 是 Kotlin annotation processor tool（Kotlin 注解处理工具）的缩写形式。在项目开发过程中，你会用工具库生成一些代码，并打算在代码中直接使用生成的类。但默认情况下，Android Studio 看不到这些生成的类，即使强行导入，代码也会报错。添加 Kotlin-kapt 插件就是让 Android Studio 识别它们。然后，你就可以直接导入使用了。

第一个 `room-runtime` 依赖是 Room API，其包含你定义数据库时需要使用的一些类和注解。第二个 `room-compiler` 是 Room 编译器。基于你指定的各类注解，它会生成数据库实施代码文件。注意，Room 编译器使用的关键字是 `kapt`，而不是 `implementation`，这样 Room 工具库生成的类文件就能在 Android Studio 里直接使用。Kotlin-kapt，感谢有你！

最后，别忘了同步 app/build.gradle 文件。配置好项目依赖之后，接下来就可以准备待存储的模型层了。

11.2 创建数据库

使用 Room 工具库创建数据需要以下三个步骤。

(1) 注解模型类，使之成为一个数据库实体。

(2) 创建数据库代表类。

(3) 创建类型转换器，让数据库能够处理模型数据。

稍后，你会看到，Room 处理这三个步骤的工作既简单又直接。

11.2.1 定义实体

Room 基于你定义的**实体**为应用构建数据库表。实体是你创建的模型类，使用@Entity 注解。使用@Entity 注解一个类，然后交给 Room 处理，一张数据库表就诞生了。

要想在数据库里保存 `Crime` 对象，你需要把 `Crime` 类改造为 Room 实体。打开 Crime.kt 文件，添加两个注解，如代码清单 11-2 所示。

代码清单 11-2 创建 Crime 实体（Crime.kt）

```
@Entity
data class Crime(@PrimaryKey val id: UUID = UUID.randomUUID(),
                 var title: String = "",
                 var date: Date = Date(),
                 var isSolved: Boolean = false)
```

第一个@Entity 是个类级别的注解，这个注解表示被注解的类定义了一张或多张数据库表结构。这里，数据库表的每一条记录就代表一个 `Crime` 对象。`Crime` 类定义的每一个属性对应表里的一个字段，属性名就是字段名。我们要创建的 crime 数据表有四个表字段：`id`、`title`、`date` 和 `isSolved`。

另一个@PrimaryKey 注解添加给了 `id` 属性。这个注解的作用是指定数据库里哪一个字段是**主键**（primary key）。主键是数据库中的某个字段，其值在一条记录里具有唯一性，可以用来查找单条记录。对每一个 `Crime` 对象来说，其 `id` 属性是唯一的。因此，我们把@PrimaryKey 注解添加给它。这样，就可以使用 `Crime` 的 `id` 从数据库里查找到单独一条记录了。

搞定了 `Crime` 类的实体注解，接下来的任务是创建数据库类。

11.2.2 创建数据库类

实体类定义数据库表结构。同一个实体类也可以用于多个数据库，比如一个应用用到多个数据库的情况。这种情况虽不多见，但确实会有。有鉴于此，Room 不会拿到一个实体类就用它来创建数据库表，除非你明确指定一个实体类和一个数据库相关联。

创建数据库类之前，首先创建一个 `database` 新包用于管理数据库相关的源代码。在项目工具窗口中，右键单击 com.bignerdranch.android.criminalintent 文件夹，选择 New→Package 菜单项，创建 database 新包。

现在，在 database 包里，创建一个名为 CrimeDatabase 的新类，其类定义如代码清单 11-3 所示。

代码清单 11-3　创建 CrimeDatabase 类（database/CrimeDatabase.kt）

```
@Database(entities = [ Crime::class ], version=1)
abstract class CrimeDatabase : RoomDatabase() {
}
```

@Database 注解告诉 Room，CrimeDatabase 类就是应用里的数据库。这个注解本身也需要两个参数。第一个参数是实体类集合，告诉 Room 在创建和管理数据库表时该用哪个实体类。这里只传入了 Crime 类，因为整个应用就这么一个实体。

第二个参数是数据库版本。对于新建数据库来说，版本号应该是 1。随着未来应用升级，你可能会添加新的实体类，或者给现有实体类添加新属性。如果是这样，就需要修改实体类集合，增加数据库版本号，让 Room 知道数据库要升级了。

当前，数据库类还是空的。CrimeDatabase 继承自 RoomDatabase，被定义成一个抽象类，暂时还不能直接实例化。稍后会学习如何使用 Room 实例化一个可用数据库。

创建类型转换器

Room 的后台数据库引擎是 SQLite。SQLite 是类似于 MySQL 和 PostgreSQL 的开源关系型数据库。（SQL 是 Structured Query Language 的缩写形式，是同数据库打交道的一种标准语言。）与其他数据库不同，SQLite 使用单个文件存储数据，读写数据要靠 SQLite 库。Android 标准库包含 SQLite 库以及配套的一些辅助类。

通过在 Kotlin 对象和 SQLite 数据库之间建立一个对象关系映射层，Room 能让你轻松优雅地使用 SQLite 数据库。使用 Room 时，你不用了解或者关心如何使用 SQLite。如果实在感兴趣，可以访问 www.sqlite.org 查看 SQLite 使用手册。

Room 能直接在后台 SQLite 数据库表里存储基本类型数据，但遇到其他数据类型就会有问题。Crime 类要靠 Date 和 UUID 对象支持。但 Room 默认不知道该如何存储这些数据类型。这就需要采取一定措施来转换这些数据类型，让 Room 能正确存储和读取它们。

为了让 Room 知道该如何做数据类型转换，你需要指定一个**类型转换器**（type converter）。类型转换器会告诉 Room 如何转换要保存的特定类型的数据。要完成 Date 和 UUID 的数据类型转换，需要四个分别用@TypeConverter 注解的函数——每种数据类型两个，一个用来告诉 Room 如何转换成可保存的数据类型，另一个用来告诉 Room 如何再恢复成原来的数据类型。

在 database 包里，创建一个名为 CrimeTypeConverters 的新类，然后为 Date 和 UUID 数据类型分别添加两个转换函数，如代码清单 11-4 所示。

代码清单 11-4　添加 TypeConverter 函数（database/CrimeTypeConverters.kt）

```
class CrimeTypeConverters {

    @TypeConverter
```

```
    fun fromDate(date: Date?): Long? {
        return date?.time
    }

    @TypeConverter
    fun toDate(millisSinceEpoch: Long?): Date? {
        return millisSinceEpoch?.let {
            Date(it)
        }
    }

    @TypeConverter
    fun toUUID(uuid: String?): UUID? {
        return UUID.fromString(uuid)
    }

    @TypeConverter
    fun fromUUID(uuid: UUID?): String? {
        return uuid?.toString()
    }
}
```

前两个函数用于处理 `Date` 对象，后两个函数用于处理 `UUID` 对象。需要导包时，确认导入了 java.util.Date 版本的 `Date` 类。

仅定义好数据类型转换函数还不行，因为数据库类不知道怎么用。如代码清单 11-5 所示，你还需要把类型转换类添加到数据库类里。

代码清单 11-5　使用 `CrimeTypeConverters`（database/CrimeDatabase.kt）

```
@Database(entities = [ Crime::class ], version=1)
@TypeConverters(CrimeTypeConverters::class)
abstract class CrimeDatabase : RoomDatabase() {
}
```

通过添加@TypeConverters 注解，并传入 `CrimeTypeConverters` 类，你告诉数据库，需要转换数据类型时，请使用 `CrimeTypeConverters` 类里的函数。

至此，数据库和数据库表的定义完成了。

11.3　定义数据库访问对象

数据库表的内容要能编辑和访问，否则也就失去了其价值。和数据库表交互的第一步是创建一个**数据库表访问对象**（又叫 DAO）。DAO 对象实际就是定义了各种数据库操作函数的一个接口。本章，CriminalIntent 应用的 DAO 对象需要两个查询函数：一个返回数据库中的所有 `Crime` 对象，一个返回匹配给定 `UUID` 的单个 `Crime` 对象。

在 `database` 包里，添加一个名为 CrimeDao.kt 的新文件。然后打开它，定义一个名为 `CrimeDao` 的空接口，并使用 Room 的@Dao 注解它，如代码清单 11-6 所示。

代码清单 11-6　创建一个空 DAO 对象（database/CrimeDao.kt）

```
@Dao
interface CrimeDao {
}
```

@Dao 注解告诉 Room，CrimeDao 是一个数据访问对象。把 CrimeDao 和数据库类关联起来后，Room 会自动给 CrimeDao 接口里的函数生成实现代码。

既然说到接口函数，那就往 CrimeDao 里添加两个查询函数，如代码清单 11-7 所示。

代码清单 11-7　添加数据库查询函数（database/CrimeDao.kt）

```
@Dao
interface CrimeDao {

    @Query("SELECT * FROM crime")
    fun getCrimes(): List<Crime>

    @Query("SELECT * FROM crime WHERE id=(:id)")
    fun getCrime(id: UUID): Crime?
}
```

@Query 注解表明，getCrimes()和 getCrime(UUID)是从数据库读取数据，不是插入、更新或删除数据。DAO 接口里查询函数的返回类型也就是数据库查询要返回数据的类型。

@Query 注解需要包含 SQL 指令的字符串参数。大多数情况下，即便对 SQL 知之甚少也不影响你正常使用 Room。如果有兴趣学习，可访问 www.sqlite.org 查看 SQL 语法专区。

SELECT * FROM crime 语句告诉 Room 取出 crime 数据库表里所有记录及其所有字段。SELECT * FROM crime WHERE id=(:id)是取出匹配给定 ID 的某条记录的所有字段。

现在，至少对本章来说，CrimeDao 接口实现基本完成了。第 12 章会添加更新数据的函数。第 14 章会添加插入新数据的函数。

接下来是把 DAO 类和数据库类关联起来。既然 CrimeDao 是个接口，Room 就会负责实现它，当然，前提是你要让数据库类生成一个 DAO 的实例。

为关联 DAO，打开 CrimeDatabase.kt，添加一个返回类型是 CrimeDao 的抽象函数，如代码清单 11-8 所示。

代码清单 11-8　在数据库类里登记 DAO（database/CrimeDatabase.kt）

```
@Database(entities = [ Crime::class ], version=1)
@TypeConverters(CrimeTypeConverters::class)
abstract class CrimeDatabase : RoomDatabase() {

    abstract fun crimeDao(): CrimeDao
}
```

现在，数据库创建后，Room 会生成 DAO 的具体实现代码。然后，你可以引用到它，调用里面定义的各个函数与数据库交互。

11.4 使用仓库模式访问数据库

要访问数据库，需要使用 Google 在应用架构指导里建议的**仓库模式**（repository pattern）。

仓库类封装了从单个或多个数据源访问数据的一套逻辑。它决定如何读取和保存数据，无论是从本地数据库，还是远程服务器。UI 代码直接从仓库获得要使用的数据，不关心如何与数据库打交道（这是仓库内部的事）。

CriminalIntent 是个简单应用，仓库只要处理数据库数据读取就可以了。

在 com.bignerdranch.android.criminalintent 包中，创建一个名为 CrimeRepository 的新类，在其中定义一个伴生对象，如代码清单 11-9 所示。

代码清单 11-9 实现仓库类（CrimeRepository.kt）

```
class CrimeRepository private constructor(context: Context) {

    companion object {
        private var INSTANCE: CrimeRepository? = null

        fun initialize(context: Context) {
            if (INSTANCE == null) {
                INSTANCE = CrimeRepository(context)
            }
        }

        fun get(): CrimeRepository {
            return INSTANCE ?:
            throw IllegalStateException("CrimeRepository must be initialized")
        }
    }
}
```

CrimeRepository 是个**单例**（singleton），也就是说，在应用进程里，只会有一个实例。

只要应用还在内存里，单例就会一直在那里。因此，保存在单例里的属性不受 activity 和 fragment 生命周期变化的影响。不过，要是 Android 从内存里删除了应用，单例自然也就不复存在了。显然 CrimeRepository 单例不适合持久化保存数据。相反，它只是应用里 crime 数据的主人，为在控制类之间传递数据提供方便。

要让 CrimeRepository 成为单例，你需要在伴生对象里添加两个函数：一个初始化生成仓库新实例，一个读取仓库数据。另外，CrimeRepository 类的构造函数还用了 private 关键字，以此保证不让其他类捣乱生成新的类实例。

注意，如果在 CrimeRepository 的 initialize()函数执行之前有人调用数据读取函数，它就会抛出 IllegalStateException 异常。因此，你需要在应用启动后就初始化 CrimeRepository。

为了在应用一启动就完成这件事，可以创建一个 Application 子类。这样就能掌握应用的生命周期信息了。创建一个名为 CriminalIntentApplication 的类，让它继承 Application 类，然后覆盖 Application.onCreate()函数进行 CrimeRepository 类的初始化，如代码清单 11-10 所示。

代码清单 11-10　创建 Application 子类（CriminalIntentApplication.kt）

```
class CriminalIntentApplication : Application() {

    override fun onCreate() {
        super.onCreate()
        CrimeRepository.initialize(this)
    }
}
```

类似 Activity.onCreate(...)，应用一加载到内存里，系统就会调用 Application.onCreate()函数。对于这种一次性的初始化工作，Application.onCreate()函数很不错。

应用程序实例在应用启动后创建，在应用进程被销毁时销毁，不会像 activity 和 fragment 那样时常被销毁和重建。对于 CriminalIntent 应用来说，你唯一要覆盖的生命周期函数是 Application.onCreate()。

稍后，还要把应用实例作为 Context 对象传给 CrimeRepository。只要应用进程还在内存里，Context 对象就是有效的，因此在 CrimeRepository 里引用它很安全。

不过，系统要能使用应用程序类，还需要在 manifest 文件里先登记。打开 AndroidManifest.xml 文件，使用 android:name 属性登记好 CriminalIntentApplication，如代码清单 11-11 所示。

代码清单 11-11　登记 CriminalIntentApplication 子类（manifests/AndroidManifest.xml）

```
<manifest xmlns:android="http://schemas.android.com/apk/res/android"
        package="com.bignerdranch.android.criminalintent">

    <application
            android:name=".CriminalIntentApplication"
            android:allowBackup="true"
            ... >
        ...
    </application>
</manifest>
```

登记好 CriminalIntentApplication 之后，应用一启动，操作系统就会调用 CriminalIntentApplication 的 onCreate()函数。然后，CrimeRepository 就完成了初始化，欢迎其他对象随时来访。

接下来，在 CrimeRepository 里添加两个属性，用来保存数据库和 DAO 对象，如代码清单 11-12 所示。

代码清单 11-12　配置仓库属性（CrimeRepository.kt）

```
private const val DATABASE_NAME = "crime-database"

class CrimeRepository private constructor(context: Context) {

    private val database : CrimeDatabase = Room.databaseBuilder(
        context.applicationContext,
        CrimeDatabase::class.java,
```

```
        DATABASE_NAME
    ).build()

    private val crimeDao = database.crimeDao()

    companion object {
        ...
    }
}
```

Room.databaseBuilder()使用三个参数具体实现了 CrimeDatabase 抽象类。第一个参数是 Context 对象，因为数据库要访问文件系统。这里传入的是应用上下文。之前说过，它要比任何 activity 类都“活得久”。

第二个参数是 Room 用来创建数据库的类。第三个参数是 Room 将要创建的数据库文件的名字。由于没有外部访问需要，因此这里定义使用了私有字符串常量。

接下来，完善 CrimeRepository 类，让其他类能通过它访问到数据库。如代码清单 11-13 所示，添加两个仓库函数，访问到 DAO 对象的相应数据库操作函数。

代码清单 11-13 添加仓库函数（CrimeRepository.kt）

```
class CrimeRepository private constructor(context: Context) {

    ...
    private val crimeDao = database.crimeDao()

    fun getCrimes(): List<Crime> = crimeDao.getCrimes()

    fun getCrime(id: UUID): Crime? = crimeDao.getCrime(id)

    companion object {
        ...
    }
}
```

既然 Room 提供 DAO 里的查询方法实现，我们就通过仓库调用它们。这样处理，仓库代码不仅简洁，还易于理解。

看到这里，你可能会有忙活了半天没干多少实事的感觉。不要慌，稍后我们就会添加一些功能来封装仓库需要处理的工作。

11.5 测试数据库访问

CrimeRepository 搞定了，要测试数据库访问还得做最后一件事。当前，crime 数据库还没有数据。为提高效率，我们需要上传填充了数据的数据库文件到模拟器上。本书随书文件里提供了该数据库文件，请下载解压后使用。

当然，也可以编码生成种子数据写入数据库中，比如之前使用的 100 个 crime 数据。不过，我们还没实现向数据库写入数据的 DAO 函数（第 14 章会实现）。上传预先准备的数据库文件不仅省了修改应用代码的麻烦，还能让你借此机会使用 Device File Explorer 查看一下本地存储系统里的内容。

说到查看设备文件，就不得不提上传数据库文件做测试的一个缺陷。你只能访问应用的私有文件（数据库文件所在的目录，且还要在模拟器或 root 过的设备上）。想把数据库文件上传到物理设备是行不通的。

上传测试数据

Android 设备上的应用都有一个沙盒目录。将文件保存在沙盒中，可以阻止其他应用甚至是设备用户的访问和窥探。（当然，如果设备被 root，那用户就可以为所欲为了。）

应用的沙盒目录是 data/data/后跟应用的包名称。例如，CriminalIntent 应用的沙盒目录是 data/data/com.bignerdranch.android.criminalintent。

要上传数据库文件，首先要确认模拟器已经启动运行，然后在 Android Studio 里打开 Device File Explorer 工具栏窗口。如图 11-2 所示，文件浏览器面板会展示模拟上的所有文件。

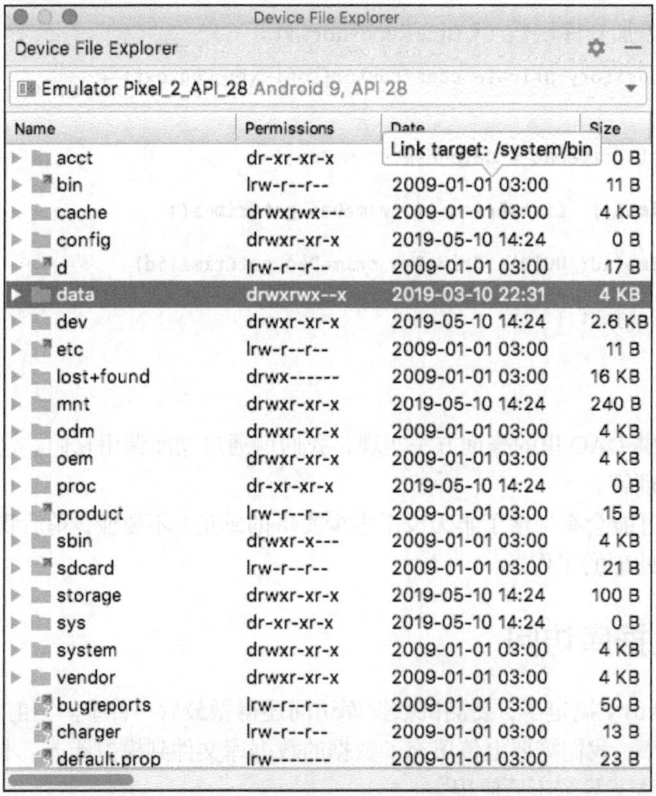

Device File Explorer

Device File Explorer

Emulator Pixel_2_API_28 Android 9, API 28

Name	Permissions	Date	Size
acct	dr-xr-xr-x	Link target: /system/bin	0 B
bin	lrw-r--r--	2009-01-01 03:00	11 B
cache	drwxrwx---	2009-01-01 03:00	4 KB
config	drwxr-xr-x	2019-05-10 14:24	0 B
d	lrw-r--r--	2009-01-01 03:00	17 B
data	drwxrwx--x	2019-03-10 22:31	4 KB
dev	drwxr-xr-x	2019-05-10 14:24	2.6 KB
etc	lrw-r--r--	2009-01-01 03:00	11 B
lost+found	drwx------	2009-01-01 03:00	16 KB
mnt	drwxr-xr-x	2019-05-10 14:24	240 B
odm	drwxr-xr-x	2009-01-01 03:00	4 KB
oem	drwxr-xr-x	2009-01-01 03:00	4 KB
proc	dr-xr-xr-x	2019-05-10 14:24	0 B
product	lrw-r--r--	2009-01-01 03:00	15 B
sbin	drwxr-x---	2009-01-01 03:00	4 KB
sdcard	lrw-r--r--	2009-01-01 03:00	21 B
storage	drwxr-xr-x	2019-05-10 14:24	100 B
sys	dr-xr-xr-x	2019-05-10 14:24	0 B
system	drwxr-xr-x	2009-01-01 03:00	4 KB
vendor	drwxr-xr-x	2009-01-01 03:00	4 KB
bugreports	lrw-r--r--	2009-01-01 03:00	50 B
charger	lrw-r--r--	2009-01-01 03:00	13 B
default.prop	lrw-------	2009-01-01 03:00	23 B

图 11-2　设备文件浏览器窗口

要找到 CriminalIntent 应用的沙盒目录，首先打开 data/data 目录，找到以对应项目包名命名的子目录，如图 11-3 所示。此目录下的文件就是应用的默认私有文件，其他应用没有权限访问。这里就是要上传数据库文件的地方。

Device File Explorer

Emulator Book_Screenshot_Device Android 9, API 28

Name	Permissions	Date	Size
com.android.wallpaper.livepicker	drwxrwx--x	2019-02-07 11:13	4 KB
com.android.wallpaperbackup	drwxrwx--x	2019-02-07 11:13	4 KB
com.bignerdranch.android.beatbox	drwxrwx--x	2019-02-07 11:13	4 KB
com.bignerdranch.android.criminalintent	drwxrwx--x	2019-02-07 11:13	4 KB
com.bignerdranch.android.geoquiz	drwxrwx--x	2019-02-07 11:13	4 KB

图 11-3　应用沙盒目录

为上传我们准备的 databases 目录，右键单击项目包名目录，选择 Upload...菜单项，如图 11-4 所示。

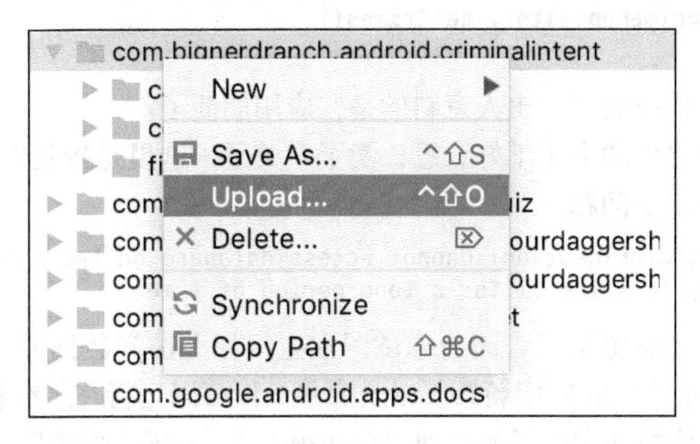

图 11-4　上传 database 文件

在随后弹出的文件浏览窗口，找到随书文件本章对应目录里的数据库文件。上传文件时，确认上传了整个 databases 目录。Room 操作的数据库文件都要放在一个名为 databases 的目录里，否则它会罢工。完成文件上传后，你的应用沙盒目录应该如图 11-5 所示。

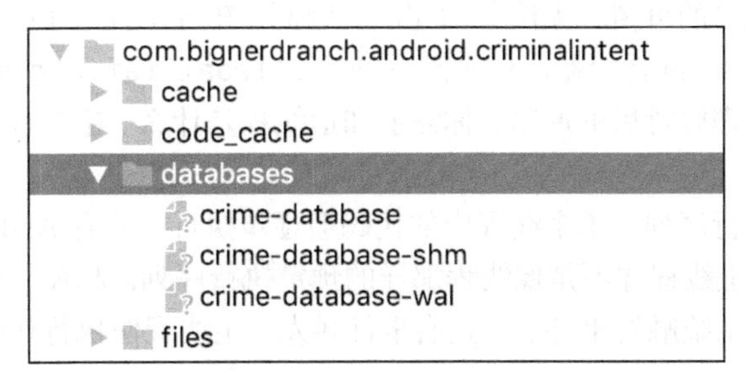

图 11-5　已上传的数据库文件

上传完数据库文件，现在可以使用仓库模式来查询数据库了。当前，CrimeListViewModel 自己创建了 100 个供展示的 Crime 对象。删除这段数据生成代码，改用 CrimeRepository 的 getCrimes()函数从数据库读取 crime 数据，如代码清单 11-14 所示。

代码清单 11-14　在 ViewModel 里访问仓库（CrimeListViewModel.kt）

```
class CrimeListViewModel : ViewModel() {

    val crimes = mutableListOf<Crime>()

    init {
        for (i in 0 until 100) {
            val crime = Crime()
            crime.title = "Crime #$i"
            crime.isSolved = i % 2 == 0
            crimes += crime
        }
    }

    private val crimeRepository = CrimeRepository.get()
    val crimes = crimeRepository.getCrimes()
}
```

现在，运行应用来检验成果。出人意料的是，应用崩溃了。

不要慌，这是意料之中的事（不好意思，卖了个关子，这里是指我们早有预料）。在 Logcat 里查看异常，看看哪里出了问题：

```
java.lang.IllegalStateException: Cannot access database on the main thread since
it may potentially lock the UI for a long period of time.
```

Room 抛出了异常。它罢工了，因为你试图在主线程上访问数据库。下一节，我们将学习 Android 的线程模型、主线程的使用场景，以及哪些工作可以运行在主线程上等与线程相关的知识。然后，我们会把操作数据库的任务移到后台线程上去。这样就能解决异常错误，让 Room 满意，应用也就不会崩溃了。

11.6 应用线程

读取数据库是个费时的事情，无法立即完成。因而，Room 不允许在主线程上执行任何数据库操作。如强行为之，Room 就会抛出你刚刚看到的 IllegalStateException 异常。

为什么这样呢？要理解背后的原因，你需要知道线程是什么、主线程是什么，以及主线程应该做什么。

线程是一个单一执行序列。单个线程中的代码会逐步执行。所有 Android 应用的运行都是从**主线程**开始的。然而，主线程并不是像线程那样的预定执行序列。相反，它处于一个无限循环的运行状态，等着用户或系统触发事件。一旦有事件触发，主线程便执行代码做出响应，如图 11-6 所示。

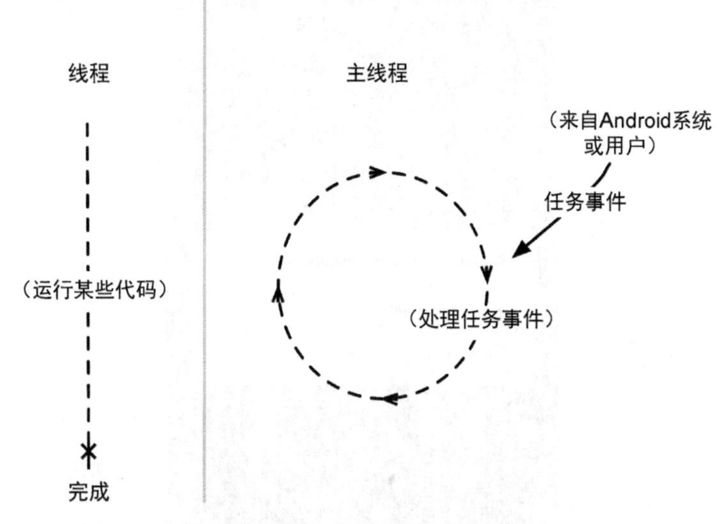

图 11-6 一般线程与主线程

把应用想象成一家大型鞋店，闪电侠是这家鞋店唯一的员工。为了让客户满意，他要做很多事，比如布置商品、为顾客取鞋、为顾客量尺寸等。闪电侠并非浪得虚名，即便所有工作都由他一人完成，客户也能得到及时响应，感到满意。

为了及时完成任务，闪电侠不能在一件事情上耗太久。如果一批货丢了怎么办？这时，必须有人花时间打电话调查此事。假设让闪电侠去做，那店里等候的顾客就要不耐烦了。

闪电侠就像应用里的主线程。它运行着所有更新 UI 的代码，其中包括响应 activity 的启动、按钮的点击等不同 UI 相关事件的代码。（由于响应的事件基本都与 UI 相关，因此主线程有时也叫 **UI 线程**。）

事件处理循环让 UI 代码总是按顺序执行。这样，事件就能一件件处理，不用担心互相冲突，同时代码也能够快速执行，及时响应。目前，我们编写的所有代码都是在主线程中执行的。

后台线程

数据库访问如同致电分销商：相比其他任务，它更耗时。等待响应期间，UI 毫无反应，这可能会导致**应用无响应**（application not responding，ANR）现象发生。

如果 Android 系统监控服务确认主线程无法响应重要事件，比如点击回退键等，则 ANR 会发生。用户就会看到如图 11-7 所示的画面。

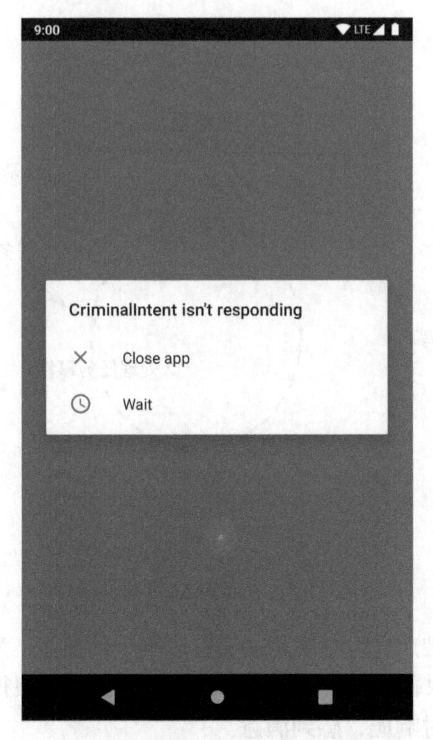

图 11-7　应用无响应

回到假想的鞋店中，要解决问题，自然想到再雇一名闪电侠负责联络分销商。Android 系统中的做法与之类似，即创建一个**后台线程**，然后从该线程访问数据库。

给应用添加后台线程时，需要考虑以下两个重要原则。

- **所有耗时任务都应该在后台线程上完成。**这能够保证主线程有空处理 UI 相关的任务，以使 UI 及时响应用户操作。
- **UI 只能在主线程上更新。**试图从后台线程更新 UI 会让应用报错，因此，后台线程生成的 UI 更新数据都要确保发到主线程上执行。

Android 有很多办法能让你在后台线程上执行任务。我们会在第 24 章中学习如何发起异步网络请求，在第 25 章中学习如何使用 `Handler` 处理一些后台小任务，在第 27 章中学习如何使用 WorkManager 执行周期性的后台任务。

对 CriminalIntent 应用来说，要想在后台线程上访问数据库，办法有两个。本章我们会首先学习使用 `LiveData` 来封装数据库查询数据，然后在第 12 章和第 14 章中会学习使用 `Executor` 来插入和更新数据库数据。

11.7　使用 LiveData

`LiveData` 是 Jetpack `lifecycle-extensions` 库里的一个数据持有类。Room 原生支持与

LiveData 协同工作。在第 4 章中，你已经在 app/build.gradle 文件里添加过 lifecycle-extensions 库依赖。现在可以在项目里直接用 LiveData 类了。

Google 开发 LiveData 的目的是让应用不同模块之间的数据传递简单一些，比如从 CrimeRepository 到显示 crime 数据的 CrimeListFragment。另外，LiveData 也能在线程之间传递数据。显然，之前讨论的线程使用规则，它肯定会严格遵守。

你可以在 Room DAO 里配置查询返回 LiveData，Room 会自动在后台线程上执行查询操作，完成后会把结果数据发布到 LiveData 对象。你再配置 activity 或 fragment 来观察目标 LiveData 对象。这样，被观察的 LiveData 一准备就绪，你的 activity 或 fragment 就会在主线程上收到结果通知。

本章会重点关注并使用 LiveData 的跨线程沟通的功能，借助它执行数据库查询操作。首先，打开 CrimeDao.kt，更新数据查询函数，改用 LiveData 对象作为其返回数据类型，如代码清单 11-15 所示。

代码清单 11-15　在 DAO 里返回 LiveData（database/CrimeDao.kt）

```
@Dao
interface CrimeDao {

  @Query("SELECT * FROM crime")
  fun getCrimes(): List<Crime>
  fun getCrimes(): LiveData<List<Crime>>

  @Query("SELECT * FROM crime WHERE id=(:id)")
  fun getCrime(id: UUID): Crime?
  fun getCrime(id: UUID): LiveData<Crime?>
}
```

从 DAO 类返回 LiveData 实例，就是告诉 Room 要在后台线程上执行数据库查询。查询到 crime 数据后，LiveData 对象会把结果发到主线程并通知 UI 观察者。

接下来，如代码清单 11-16 所示，让 CrimeRepository 里的查询函数也返回 LiveData 对象。

代码清单 11-16　从 CrimeRepository 返回 LiveData（CrimeRepository.kt）

```
class CrimeRepository private constructor(context: Context) {
  ...
  private val crimeDao = database.crimeDao()

  fun getCrimes(): List<Crime> = crimeDao.getCrimes()
  fun getCrimes(): LiveData<List<Crime>> = crimeDao.getCrimes()

  fun getCrime(id: UUID): Crime? = crimeDao.getCrime(id)
  fun getCrime(id: UUID): LiveData<Crime?> = crimeDao.getCrime(id)
  ...
}
```

观察 LiveData

为显示数据库中的crime数据，让CrimeListFragment观察从CrimeRepository.getCrimes()返回的LiveData。

首先，打开CrimeListViewModel.kt，给crimes属性换个更醒目的名字，如代码清单11-17所示。

代码清单 11-17 在 ViewModel 里访问数据仓库（CrimeListViewModel.kt）

```
class CrimeListViewModel : ViewModel() {

    private val crimeRepository = CrimeRepository.get()
    val crimes crimeListLiveData = crimeRepository.getCrimes()
}
```

如代码清单11-18所示，由于CrimeListViewModel会暴露来自数据仓库的LiveData，你需要重新整理CrimeListFragment类。首先删除onCreate(...)实现函数（既然该函数内引用的 crimeListViewModel.crimes 不存在了，之前的日志记录也就不需要了）。然后，移除updateUI()函数里的crimeListViewModel.crimes引用，给它添加一个接受crime集合的参数。最后，如代码清单11-18所示，从onCreateView(...)里删除updateUI()。稍后会换个地方调用它。

代码清单 11-18 移除旧版本 ViewModel 引用（CrimeListFragment.kt）

```
private const val TAG = "CrimeListFragment"

class CrimeListFragment : Fragment() {
    ...
    override fun onCreate(savedInstanceState: Bundle?) {
        super.onCreate(savedInstanceState)
        Log.d(TAG, "Total crimes: ${crimeListViewModel.crimes.size}")
    }
    ...
    override fun onCreateView(
        ...
    ): View? {
        ...
        crimeRecyclerView.layoutManager = LinearLayoutManager(context)

        updateUI()

        return view
    }

    private fun updateUI() {
    private fun updateUI(crimes: List<Crime>) {
        val crimes = crimeListViewModel.crimes
        adapter = CrimeAdapter(crimes)
```

```
        crimeRecyclerView.adapter = adapter
    }
    ...
}
```

现在，更新 CrimeListFragment，观察 CrimeRepository.getCrimes()返回的 crimeList-LiveData。既然 CrimeListFragment 改用数据库里的 crime 数据填充目标 crimeRecyclerView，那就先用一个空 crime 集合初始化循环视图的 adapter。然后在 LiveData 有了新数据后，更新给 crimeRecyclerView 的 adapter。如代码清单 11-19 所示。

代码清单 11-19 关联 RecyclerView（CrimeListFragment.kt）

```
private const val TAG = "CrimeListFragment"

class CrimeListFragment : Fragment() {

    private lateinit var crimeRecyclerView: RecyclerView
    private var adapter: CrimeAdapter? = null
    private var adapter: CrimeAdapter? = CrimeAdapter(emptyList())
    ...
    override fun onCreateView(
        ...
    ): View? {
        ...
        crimeRecyclerView.layoutManager = LinearLayoutManager(context)
        crimeRecyclerView.adapter = adapter
        return view
    }

    override fun onViewCreated(view: View, savedInstanceState: Bundle?) {
        super.onViewCreated(view, savedInstanceState)
        crimeListViewModel.crimeListLiveData.observe(
            viewLifecycleOwner,
            Observer { crimes ->
                crimes?.let {
                    Log.i(TAG, "Got crimes ${crimes.size}")
                    updateUI(crimes)
                }
        })
    }
    ...
}
```

上述代码中，LiveData.observe(LifecycleOwner, Observer)函数用来给 LiveData 实例登记观察者，让观察者和类似 activity 或 fragment 这样的其他组件同呼吸共命运。

observe(...)函数的第二个参数是一个 Observer 实现。这个对象负责响应 LiveData 的新数据通知。这里，观察者代码块在 crimeListLiveData 的 crime 集合数据有更新时执行。收到 LiveData 数据更新消息后，只要 crime 属性有值，观察者对象就会打印出日志记录。

除非退订，或者让你的 Observer 实现不再监听目标 LiveData 的变化，否则，即便 fragment 的视图处于失效状态（比如被销毁了），你的 Observer 实现也会尝试更新它。试图更新失效状态视图会让应用崩溃。

这时，就该 LiveData.observe(...)的第一个参数 LifecycleOwner 登场了。你指定的 Observer 实现的生命周期会和 LifecycleOwner 所代表的 Android 组件的生命周期保持一致。在上述代码中，就是指你的 Observer 实现和 CrimeListFragment 视图的生命周期保持一致了。

只要 Observer 实现同步的**生命周期拥有者**（lifecycle owner）处于有效生命周期状态，LiveData 对象一有数据更新就会通知它的观察者。当与 Observer 实现有着相同生命周期的关联对象不存在了，LiveData 对象会自动和 Observer 实现解除订阅关系。因为 LiveData 能响应生命周期变化，所以它还有个名字叫**生命周期感知组件**（lifecycle-aware component）。有关生命周期感知组件的更多内容，详见第 25 章。

生命周期拥有者是实现了 LifecycleOwner 接口并包含 Lifecycle 对象的一种 Android 组件。Lifecycle 对象用来记录 Android 生命周期当前状态。（之前说过，activity、fragment、view，甚至是应用进程本身都有它们各自的生命周期。）像已创建和继续运行这样的生命周期状态可以在 Lifecycle.State 里枚举。你可以使用 Lifecycle.getCurrentState()函数查询 Lifecycle 的状态，或者用它登记接收生命周期状态变化通知。

AndroidX 版 Fragment 就是一个生命周期拥有者。它实现了 LifecycleOwner 接口，有一个表示 fragment 实例生命周期状态的 Lifecycle 对象。

fragment 视图的生命周期由 FragmentViewLifecycleOwner（每个 Fragment 都有一个 FragmentViewLifecycleOwner 实例）记录和管理。

以上代码中，通过把 viewLifecycleOwner 传给 observe(...)函数，你观察到同步的不是 fragment 自身的生命周期，而是 fragment 视图的生命周期。虽然是两个不同的生命周期，但 fragment 视图的生命周期和 Fragment 实例自身的生命周期是一致的。不过，如果**保留** fragment，你可以改变这种默认行为。我们会在第 25 章学习更多视图生命周期和保留 fragment 的知识。

Fragment.onViewCreated(...)是在 Fragment.onCreateView(...)函数之后调用的，调用到它表明 fragment 视图层级结构已创建完毕。在 onViewCreated(...)函数里观察 LiveData 可以保证展示 crime 数据的视图已准备完毕。这也解释了为什么你传给 observe()函数的不是 fragment 自身，而是 viewLifecycleOwner（fragment 视图）。只有你的 fragment 视图处于有效状态（还在屏幕上），你才需要接收 crime 数据更新。

从数据库读取到 crime 数据后，你定义的 Observer 实现就会打印日志信息，发送收到的数据给 updateUI()准备 adapter。

至此，一切都准备就绪，我们运行 CriminalIntent 应用。应用不再崩溃了。如果没有其他问题，你会看到来自模拟器数据库里的 crime 人造数据，如图 11-8 所示。

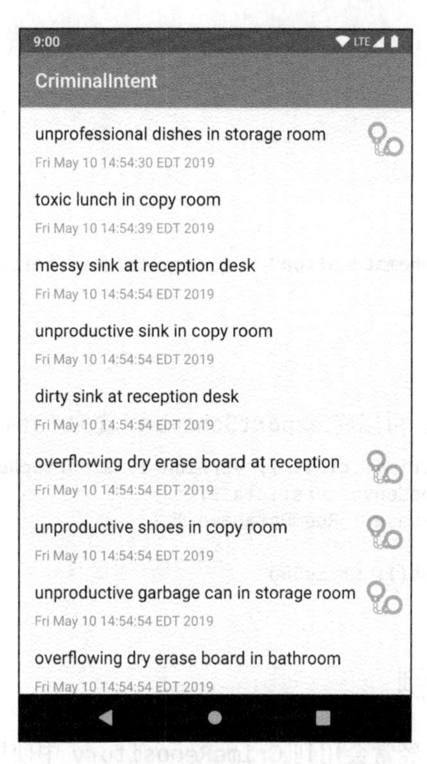

图 11-8　来自数据库的 crime 数据

下一章，我们会关联 crime 列表项界面和 crime 明细界面，用户点击某个 crime 列表项，就会弹出一个 crime 明细界面。

11.8　挑战练习：解决 Schema 警告

如果仔细翻查项目的构建日志，你会看到一条警告说应用没有提供 schema 导出目录：

```
warning: Schema export directory is not provided to the annotation processor
so we cannot export the schema. You can either provide `room.schemaLocation`
annotation processor argument OR set exportSchema to false.
```

数据库 schema 就是数据库结构，其包含的主要元素有：数据库里有哪些数据表、这些表里有哪些栏位，以及数据表之间的关系和约束是什么。Room 支持导出数据库 schema 到一个文件。这很有用，因为你可以把它保存在版本控制系统中进行版本历史控制。

以上警告表明，你需要提供一个文件保存位置让 Room 保存数据库 schema。要消除它，有两种方法：给@Database 注解提供 schema 文件保存位置，或者禁用导出功能。请任选一种方法来消除 schema 导出警告。

要提供 schema 文件导出位置，你可以提供文件路径给注解处理器的 `room.schemaLocation` 属性。具体做法是在 app/build.gradle 文件里添加以下 `kapt{}`代码块：

```
...
android {
    ...
    buildTypes {
        ...
    }
    kapt {
        arguments {
            arg("room.schemaLocation", "some/path/goes/here/")
        }
    }
}
...
```

要禁用 schema 导出功能，可以将 exportSchema 设置为 false：

```
@Database(entities = [ Crime::class ], version=1, exportSchema = false)
@TypeConverters(CrimeTypeConverters::class)
abstract class CrimeDatabase : RoomDatabase() {

    abstract fun crimeDao(): CrimeDao
}
```

11.9　深入学习：单例

在 Android 开发实践中，经常会用到 CrimeRepository 中使用过的单例模式。然而，单例若使用不当，会导致应用难以维护，因此它也常遭人诟病。

Android 开发常用单例的一大原因是，它们比 fragment 或 activity “活得久”。例如，在设备旋转或是在 fragment 和 activity 间跳转的场景下，单例依然还在，而旧的 fragment 或 activity 已经不复存在了。

单例还能方便地存储和控制模型对象。假设有一个比 CriminalIntent 更为复杂的应用，它的许多个 activity 和 fragment 会修改 crime 数据。某个控制单元修改了 crime 数据之后，怎么保证发送给其他控制单元的是最新数据呢？

如果 CrimeRepository 掌控数据对象，所有的修改都由它来处理，那么是不是控制数据的一致性就容易多了？而且，在控制单元间流转时，你还可以给每个 crime 添加 ID 标识，让控制单元使用 ID 标识从 CrimeRepository 获取完整的 crime 数据。

当然，单例也有缺点。虽然单例能存储数据，“活得”也比控制单元久，但这并不代表它能永存。在我们切换至其他应用时，Android 会在某个时刻回收内存，单例连同那些实例变量也就不复存在了。结论很明显：单例不适合做持久存储。（将文件写入磁盘或是发送到 Web 服务器是很好的数据持久化存储方案。）

单例还不利于单元测试（单元测试的更多信息参见第 20 章）。例如，如果应用代码直接调用 CrimeRepository 对象的静态函数，测试时以模拟版本的 CrimeRepository 代替实际的 CrimeRepository 实例就不太现实。实践中，Android 开发人员会使用**依赖注入**（依赖注入的更多信息参见 24.8 节）工具解决这个问题。这个工具允许以单例模式使用对象，对象也可以按需替换。

使用单例很方便，因而它很容易被滥用。在想用就用、想存就存之前，希望你能深思熟虑：数据究竟用在哪里？在哪里能真正解决问题？

假如不慎重对待这个问题，很可能后来人在查看你的单例代码时，就像打开了一个乱糟糟的废品抽屉，里面堆满了废电池、拉链扣、旧照片等物品。它们有什么存在的意义？再强调一次：请确保有充足的理由使用单例模式存储你的共享数据！

若使用得当，单例就是架构优秀的 Android 应用中的关键部件。

第 12 章

Fragment Navigation

本章，我们将关联 CriminalIntent 应用的列表与明细部分。用户点击某个 crime 列表项时，MainActivity 会使用一个 CrimeFragment 新实例来替换 CrimeListFragment。CrimeFragment 会展现用户所选 Crime 实例的明细信息，如图 12-1 所示。

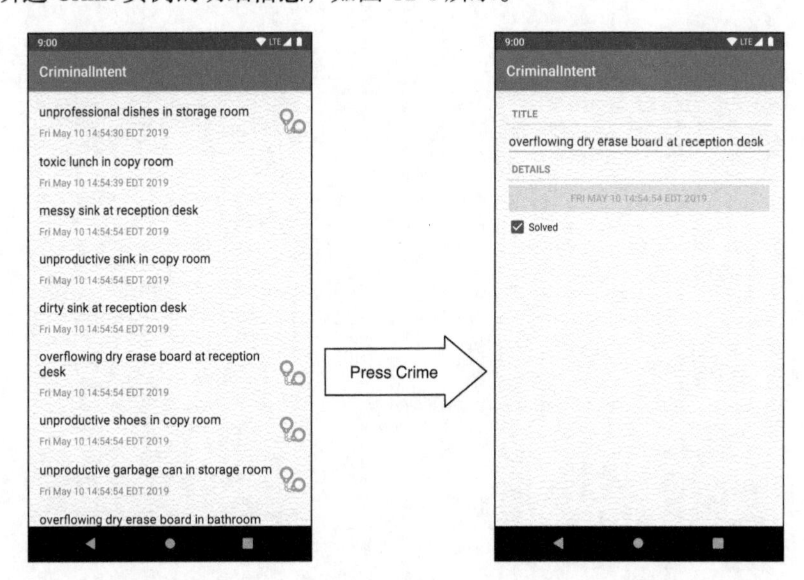

图 12-1　用 CrimeFragment 替换 CrimeListFragment

要完成上述目标，你需要学习如何通过托管 activity 响应用户操作交换显示不同的 fragment，以实现用户界面导航。你还要学习如何使用 fragment argument 把数据传递给 fragment 实例，以及如何使用 LiveData transformation 响应 UI 状态变化加载不可变数据。

12.1　单 Activity 多 Fragment

在 GeoQuiz 应用里，要切换用户界面，我们要让一个 activity（MainActivity）启动另一个 activity（CheatActivity）。在 CriminalIntent 应用里，我们换个方式：采用单 activity 多 fragment 架构。在采用这种架构的应用里，activity 只有一个，fragment 则有多个，其中 activity 责任重大，

负责响应用户事件，交替使用各个 fragment。

要实现从 CrimeListFragment 到 CrimeFragment 的页面导航，你可能会想到利用托管 activity 的 fragment 管理器发起一个 fragment 事务来处理。具体来讲，就是在 CrimeListFragment 的 CrimeHolder.onClick(View)函数里，首先取到 MainActivity 的 FragmentManager，然后提交一个以 CrimeFragment 替换 CrimeListFragment 的事务。

之后，你在 CrimeListFragment.CrimeHolder 里写下了如下代码：

```
fun onClick(view: View) {
    val fragment = CrimeFragment.newInstance(crime.id)
    val fm = activity.supportFragmentManager
    fm.beginTransaction()
      .replace(R.id.fragment_container, fragment)
      .commit()
}
```

没错，这行得通，但有经验的 Android 程序员都不会这么做。Fragment 生来就是一种可组装的独立部件。如果你编写出一个 fragment，让它向托管 activity 的 FragmentManager 添加其他 fragment，那这个 fragment 就得知道托管 activity 是如何工作的，它也就不再是一个可组装的独立部件了。

例如，在上面的代码中，CrimeListFragment 把 CrimeFragment 添加给了 MainActivity。这样做显然要有一个前提：CrimeListFragment 认为 MainActivity 的布局里会有一个 fragment_container。但我们知道，这是 CrimeListFragment 的托管 activity 该做的事。

为维护 fragment 的独立性，我们将在 fragment 里面定义回调接口，把不该它做的事都交给它的托管 activity 来做。也就是说，像管理调度 fragment 以及决定布局依赖关系这样的任务，就让托管 activity 通过实现回调接口去完成。

12.1.1 Fragment 回调接口

要代理任务给托管 activity，被托管的 fragment 就要定义一个名为 Callbacks 的自定义回调接口。这个接口里定义的就是被托管的 fragment 要求它的托管 activity 做的工作。对于这样的 fragment，谁托管它，谁就得实现它定义的接口。

有了这样的回调接口，fragment 就能调用托管 activity 的函数了。至于是什么样的 activity 在托管它，它没必要知道。

下面就来定义这样一个回调接口，把 CrimeListFragment 界面的点击事件代理给它的托管 activity。首先，打开 CrimeListFragment.kt 文件，定义只有一个回调函数的 Callbacks 接口。再添加一个 callbacks 属性用来保存实现 Callbacks 接口的对象。最后，覆盖 onAttach(Context) 和 onDetach()函数以设置和取消 callbacks 属性，如代码清单 12-1 所示。

12

代码清单 12-1 添加 callback 接口（CrimeListFragment.kt）

```
class CrimeListFragment : Fragment() {

    /**
     * Required interface for hosting activities
     */
```

```
    interface Callbacks {
        fun onCrimeSelected(crimeId: UUID)
    }

    private var callbacks: Callbacks? = null

    private lateinit var crimeRecyclerView: RecyclerView
    private var adapter: CrimeAdapter = CrimeAdapter(emptyList())
    private val crimeListViewModel: CrimeListViewModel by lazy {
        ViewModelProviders.of(this).get(CrimeListViewModel::class.java)
    }

    override fun onAttach(context: Context) {
        super.onAttach(context)
        callbacks = context as Callbacks?
    }

    override fun onCreateView(
        ...
    ): View? {
        ...
    }

    override fun onViewCreated(view: View, savedInstanceState: Bundle?) {
        ...
    }

    override fun onDetach() {
        super.onDetach()
        callbacks = null
    }
    ...
}
```

当 fragment 附加到 activity 时，会调用 Fragment.onAttach(Context)生命周期函数。这里，我们把传给 onAttach(...)的 Context 值参保存到 callbacks 属性里。既然 CrimeListFragment 是由一个 activity 托管着的，那么传给 onAttach(...)的 Context 对象就是托管它的 activity 实例。

之前说过，Activity 是 Context 的子类，显然，onAttach(...)函数使用 Context 做参数会更合适且更安全。因为对于 onAttach(...)函数来说，onAttach(Activity)函数签名版已被废弃，说不定就会在未来版本的 API 中被删除。

与 Fragment.onAttach(Context)函数相呼应，在 Fragment.onDetach()这个没落生命周期函数里，我们把 callbacks 属性值设置为 null。之所以这么做，是因为 fragment 随后就要和它的托管 activity"说再见"了。

注意，CrimeListFragment 做了一个未经检查的类型转换，把它的托管 activity 转成了 CrimeListFragment.callbacks。这样一来，托管 activity 就必须要实现 CrimeListFragment.callbacks 接口了。

现在，CrimeListFragment 有办法调用其托管 activity 的函数了。至于托管 activity 是谁并不重要，只要它实现 CrimeListFragment.callbacks 接口，CrimeListFragment 都一样工作。

接下来，如代码清单 12-2 所示，在 CrimeHolder.onClick(View)函数里，调用 Callbacks 接口的 onCrimeSelected(Crime)函数，响应用户点击 crime 列表项事件。

代码清单 12-2 调用 callbacks（CrimeListFragment.kt）

```
class CrimeListFragment : Fragment() {
    ...
    private inner class CrimeHolder(view: View)
        : RecyclerView.ViewHolder(view), View.OnClickListener {
        ...
        fun bind(crime: Crime) {
            ...
        }

        override fun onClick(v: View?) {
            Toast.makeText(context, "${crime.title} clicked!", Toast.LENGTH_SHORT)
                .show()
            callbacks?.onCrimeSelected(crime.id)
        }
    }
    ...
}
```

最后，如代码清单 12-3 所示，更新 MainActivity，先在 onCrimeSelected(UUID)里打印调试日志，以此实现 CrimeListFragment.callbacks 接口。

代码清单 12-3 实现 callbacks 接口（MainActivity.kt）

```
private const val TAG = "MainActivity"
class MainActivity : AppCompatActivity(),
    CrimeListFragment.Callbacks {

    override fun onCreate(savedInstanceState: Bundle?) {
        ...
    }

    override fun onCrimeSelected(crimeId: UUID) {
        Log.d(TAG, "MainActivity.onCrimeSelected: $crimeId")
    }
}
```

运行 CriminalIntent 应用。搜索或过滤 Logcat 以查看 MainActivity 的日志记录。在 crime 列表项界面，每点一条 crime 记录，就能看到 Logcat 窗口打印出一条日志。这表明，通过 Callbacks.onCrimeSelected(UUID)，点击事件从 CrimeListFragment 传递到了 MainActivity。

12.1.2 替换 fragment

搞定了回调接口，下面更新 MainActivity 的 onCrimeSelected(UUID)函数。用户只要在 CrimeListFragment 界面点击某一条 crime 记录，就用 CrimeFragment 实例替换 CrimeListFragment（crimeId 暂时先忽略），如代码清单 12-4 所示。

代码清单 12-4　用 CrimeFragment 替换 CrimeListFragment（MainActivity.kt）

```
class MainActivity : AppCompatActivity(),
    CrimeListFragment.Callbacks {

    override fun onCreate(savedInstanceState: Bundle?) {
        ...
    }

    override fun onCrimeSelected(crimeId: UUID) {
        Log.d(TAG, "MainActivity.onCrimeSelected: $crimeId")
        val fragment = CrimeFragment()
        supportFragmentManager
            .beginTransaction()
            .replace(R.id.fragment_container, fragment)
            .commit()
    }
}
```

使用新提供的 fragment，FragmentTransaction.replace(Int, Fragment)替换了 MainActivity 托管的 fragment（在指定资源 ID 的容器里）。如果指定容器里没有 fragment，那就添加一个新的 fragment，这相当于调用了 FragmentTransaction.add(Int, fragment)函数。

再次运行 CriminalIntent 应用。在 crime 列表项界面点击任一记录，你应该能看到如图 12-2 所示的 crime 明细界面弹出。

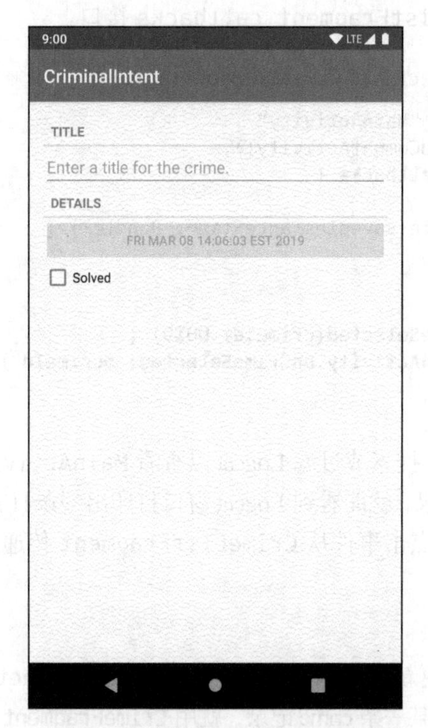

图 12-2　空空的 CrimeFragment

因为没有告诉 CrimeFragment 该显示哪条 crime 记录，所以 crime 明细界面空空如也。稍后我们会填充数据。当务之急，页面导航实现还有一个麻烦事要解决。

按回退键，整个应用界面退出了。这是因为启动应用后，MainActivity 是应用回退栈里唯一一个实例。

显然，通过按回退键，用户期望从 crime 明细界面回到 crime 列表项界面。要实现这个效果，需要把替换事务添加到回退栈里，如代码清单 12-5 所示。

代码清单 12-5 把 fragment 事务添加到回退栈（MainActivity.kt）

```
class MainActivity : AppCompatActivity(),
    CrimeListFragment.Callbacks {
    ...
    override fun onCrimeSelected(crimeId: UUID) {
        val fragment = CrimeFragment()
        supportFragmentManager
            .beginTransaction()
            .replace(R.id.fragment_container, fragment)
            .addToBackStack(null)
            .commit()
    }
}
```

把一个事务添加到回退栈后，在用户按回退键时，事务会回滚。因此，在这种情况下，CrimeFragment 又被替换回了 CrimeListFragment。

如果想给回退栈状态取个名字，可以将一个 String 传给 FragmentTransaction.addToBackStack(String)函数。这样做是可选的，并且，由于有没有名字无所谓，因此你传入了 null。

运行 CriminalIntent 应用。点选 crime 列表项里任一记录启动 CrimeFragment 界面。按回退键又回到 CrimeListFragment 界面。页面导航终于符合用户预期了。

12.2 Fragment argument

现在，用户点击某个 crime 列表项，CrimeListFragment 就能通知其托管 activity（MainActivity），并传入所选 crime 记录的 ID。

这虽然很棒，但我们真正需要的是如何从 MainActivity 传递 crime ID 给 CrimeFragment。这样，CrimeFragment 就能用从数据库取到的对应 crime 数据填充 UI 了。

这个问题可以用 Fragment argument 来解决。有了 Fragment argument，你就可以把一段数据保存在属于 fragment 的“某个地方”。这个专属于 fragment 的地方实际指的是它的 argument bundle。不用靠谁（托管 activity 或其他对象），fragment 自己就能从 argument bundle 取到保存数据。

Fragment argument 可以帮你把一个 fragment 很好地封装起来。封装良好的 fragment 就是一个可复用的构建单元，可以交给任何 activity 托管。

要创建 Fragment argument，需要先创建 Bundle 对象。Bundle 包含键值对，我们可以像附加 extra 到 Activity 的 intent 中那样使用它。一个键值对即一个 argument。然后，使用 Bundle

限定类型的 put 函数（类似于 Intent 函数），将 argument 添加到 bundle 中：

```
val args = Bundle().apply {
  putSerializable(ARG_MY_OBJECT, myObject)
  putInt(ARG_MY_INT, myInt)
  putCharSequence(ARG_MY_STRING, myString)
}
```

每个 fragment 实例都可以附带一个 fragment argument Bundle 对象。

12.2.1　将 argument 附加到 fragment

要将 argument bundle 附加到某个 fragment，你需要调用 Fragment.setArguments(Bundle) 函数。而且，还必须在这个 fragment 创建后、添加给某个 activity 前完成。

为满足上述要求，Android 开发人员采取的习惯做法是：添加一个包含 newInstance(...) 函数的伴生对象给 Fragment 类。使用 newInstance(...)函数，你可以创建 fragment 实例及 Bundle 对象，然后再设置其 argument。

托管 activity 需要某个 fragment 实例时，我们让它转去调用 newInstance(...)函数，而不是直接调用其构造函数。而且，为满足 fragment 创建其 argument 的需求，activity 可以给 newInstance(...)函数传入任何需要的参数。

在 CrimeFragment 类中，编写可以接受 UUID 参数的 newInstance(UUID)函数，创建一个 argument bundle 和一个 fragment 实例，然后把新建 argument 附加给 fragment 实例，如代码清单 12-6 所示。

代码清单 12-6　编写 newInstance(UUID)函数（CrimeFragment.kt）

```
private const val ARG_CRIME_ID = "crime_id"

class CrimeFragment : Fragment() {
    ...
    override fun onStart() {
        ...
    }

    companion object {

        fun newInstance(crimeId: UUID): CrimeFragment {
            val args = Bundle().apply {
                putSerializable(ARG_CRIME_ID, crimeId)
            }
            return CrimeFragment().apply {
                arguments = args
            }
        }
    }
}
```

现在，要创建 CrimeFragment，MainActivity 应该调用 CrimeFragment.newInstance(UUID)

函数，并传入从 MainActivity.onCrimeSelected(UUID)获取的 UUID 参数值，如代码清单 12-7 所示。

代码清单 12-7 使用 CrimeFragment.newInstance(UUID)函数（MainActivity.kt）

```
class MainActivity : AppCompatActivity(),
    CrimeListFragment.Callbacks {
    ...
    override fun onCrimeSelected(crimeId: UUID) {
        val fragment = CrimeFragment()
        val fragment = CrimeFragment.newInstance(crimeId)
        supportFragmentManager
            .beginTransaction()
            .replace(R.id.fragment_container, fragment)
            .addToBackStack(null)
            .commit()
    }
}
```

注意，activity 和 fragment 不需要也无法同时相互保持独立。MainActivity 必须了解 CrimeFragment 的内部细节，比如知道它内部有个 newInstance(UUID)函数。这很正常。托管 activity 应该知道这些细节，以便托管 fragment，但 fragment 不需要知道其托管 activity 的细节问题，至少在需要保持 fragment 独立的时候应该如此。

12.2.2 获取 argument

当 fragment 需要获取它的 argument 时，会先读取 Fragment 类的 arguments 属性，再调用 Bundle 限定类型的 get 函数，比如 getSerializable(...)。

回到 CrimeFragment.onCreate(...)函数中，改从 fragment 的 argument 中获取 UUID。另外再日志输出 crime ID，确认 argument 附加没问题，如代码清单 12-8 所示。

代码清单 12-8 从 argument 中获取 crime ID（CrimeFragment.kt）

```
private const val TAG = "CrimeFragment"
private const val ARG_CRIME_ID = "crime_id"

class CrimeFragment : Fragment() {
    ...
    override fun onCreate(savedInstanceState: Bundle?) {
        super.onCreate(savedInstanceState)
        crime = Crime()
        val crimeId: UUID = arguments?.getSerializable(ARG_CRIME_ID) as UUID
        Log.d(TAG, "args bundle crime ID: $crimeId")
        // Eventually, load crime from database
    }
    ...
}
```

运行 CriminalIntent 应用。虽然运行结果一样，但你应该由衷地感到高兴，因为 CrimeFragment 不仅取到了 Crime ID，而且也变得更通用了。

12.3 使用 LiveData 数据转换

有了 crime ID 之后，CrimeFragment 需要从数据库里取出对应 crime 对象在页面上显示。既然需要数据库查询，你也不想因设备旋转而重复去数据库查找数据，那就需要添加一个 CrimeDetailViewModel 来管理数据库查询。

这样，当 CrimeFragment 需要显示给定 ID 的 crime 数据时，它的 CrimeDetailViewModel 就应该发起 getCrime(UUID)数据库查询请求。拿到数据后，CrimeDetailViewModel 还应该告知 CrimeFragment，并把查来的 crime 数据传给它。

创建一个名为 CrimeDetailViewModel 的新类，对外暴露一个 LiveData 属性来存储和发布从数据库取出的 crime 数据。再使用 LiveData 实现一个逻辑：crime ID 一变就触发新的数据库查询，如代码清单 12-9 所示。

代码清单 12-9　为 CrimeFragment 添加 ViewModel（CrimeDetailViewModel.kt）

```
class CrimeDetailViewModel() : ViewModel() {

    private val crimeRepository = CrimeRepository.get()
    private val crimeIdLiveData = MutableLiveData<UUID>()

    var crimeLiveData: LiveData<Crime?> =
        Transformations.switchMap(crimeIdLiveData) { crimeId ->
            crimeRepository.getCrime(crimeId)
        }

    fun loadCrime(crimeId: UUID) {
        crimeIdLiveData.value = crimeId
    }
}
```

在上述代码中，crimeRepository 属性引用着 CrimeRepository。你不一定需要这么做，但后面 CrimeDetailViewModel 和 CrimeRepository 在多个地方会有交互，因而这个属性之后会有用。

crimeIdLiveData 保存着 CrimeFragment 当前显示（或将要显示）的 crime 对象的 ID。CrimeDetailViewModel 刚创建时，这个 crime ID 还没有设置。但最终，CrimeFragment 会调用 CrimeDetailViewModel.loadCrime(UUID)以让 ViewModel 知道该加载哪个 crime 对象。

注意，我们明确地把 crimeLiveData 的类型定义为 LiveData<Crime?>。既然 crimeLiveData 是对外暴露的，你就应该确保它对外暴露的不是 MutableLiveData。一般来讲，ViewModel 从不应该对外暴露 MutableLiveData。

你可能觉得奇怪，既然 crime ID 归 CrimeDetailViewModel 私有，这里为什么把 crime ID 封装在 LiveData 里。CrimeDetailViewModel 里有谁要侦听私有 ID 的变化呢？

答案就在 LiveData 的 Transformation 语句中。LiveData 数据转换（live data transformation）是设置两个 LiveData 对象之间触发和反馈关系的一个解决办法。一个数据转换函数需要两个参数：一个用作触发器（trigger）的 LiveData 对象，一个返回 LiveData 对象的映射函数（mapping function）。数据转换函数会返回一个**数据转换结果**（transformation result）——其实就是一个新 LiveData 对象。每次只要触发器 LiveData 有新值设置，数据转换函数返回的新 LiveData 对象的值就会得到更新。

数据转换结果的值要靠执行映射函数算出。从映射函数返回的 LiveData 的 value 属性会被用来设置数据转换结果（新 LiveData 对象）的 value 属性。

这样使用数据转换意味着 CrimeFragment 只需观察 CrimeDetailViewModel.crimeLiveData 一次。当 CrimeFragment 更改了要显示 crime 记录的 ID，CrimeDetailViewModel 就会把新的 crime 数据发布给 LiveData 数据流。

打开 CrimeFragment.kt 文件，关联 CrimeFragment 和 CrimeDetailViewModel。让 CrimeDetailViewModel 在 onCreate(...)函数里加载 crime 对象，如代码清单 12-10 所示。

代码清单 12-10 关联 CrimeFragment 和 CrimeDetailViewModel（CrimeFragment.kt）

```
class CrimeFragment : Fragment() {

    private lateinit var crime: Crime
    ...
    private lateinit var solvedCheckBox: CheckBox
    private val crimeDetailViewModel: CrimeDetailViewModel by lazy {
        ViewModelProviders.of(this).get(CrimeDetailViewModel::class.java)
    }

    override fun onCreate(savedInstanceState: Bundle?) {
        super.onCreate(savedInstanceState)
        crime = Crime()
        val crimeId: UUID = arguments?.getSerializable(ARG_CRIME_ID) as UUID
        Log.d(TAG, "args bundle crime ID: $crimeId")
        // Eventually, load crime from database
        crimeDetailViewModel.loadCrime(crimeId)
    }
    ...
}
```

下一步，观察 CrimeDetailViewModel 的 crimeLiveData，一有新数据发布就更新 UI，如代码清单 12-11 所示。

代码清单 12-11 观察数据变化（CrimeFragment.kt）

```
class CrimeFragment : Fragment() {

    private lateinit var crime: Crime
    ...

    override fun onCreateView(
        ...
    ): View? {
        ...
    }
```

```
    override fun onViewCreated(view: View, savedInstanceState: Bundle?) {
        super.onViewCreated(view, savedInstanceState)
        crimeDetailViewModel.crimeLiveData.observe(
            viewLifecycleOwner,
            Observer { crime ->
                crime?.let {
                    this.crime = crime
                    updateUI()
                }
            })
    }

    override fun onStart() {
        ...
    }

    private fun updateUI() {
        titleField.setText(crime.title)
        dateButton.text = crime.date.toString()
        solvedCheckBox.isChecked = crime.isSolved
    }
    ...
}
```

（确认导入了 androidx.lifecycle.Observer。）

你也许注意到了，CrimeFragment 自己的 Crime 状态是保存在它的 crime 属性里的。这个 crime 属性里的值就是用户当前所做的编辑。而 CrimeDetailViewModel.crimeLiveData 里的 crime 数据是当前保存在数据库里的数据。CrimeFragment 在进入停止状态时，会发布用户编辑数据——把数据更新写入数据库。

运行 CriminalIntent 应用。点击列表项里任一 crime 记录。如果没有其他问题，你会看到 crime 明细界面出现了，页面上显示的正是对应 crime 记录的数据，如图 12-3 所示。

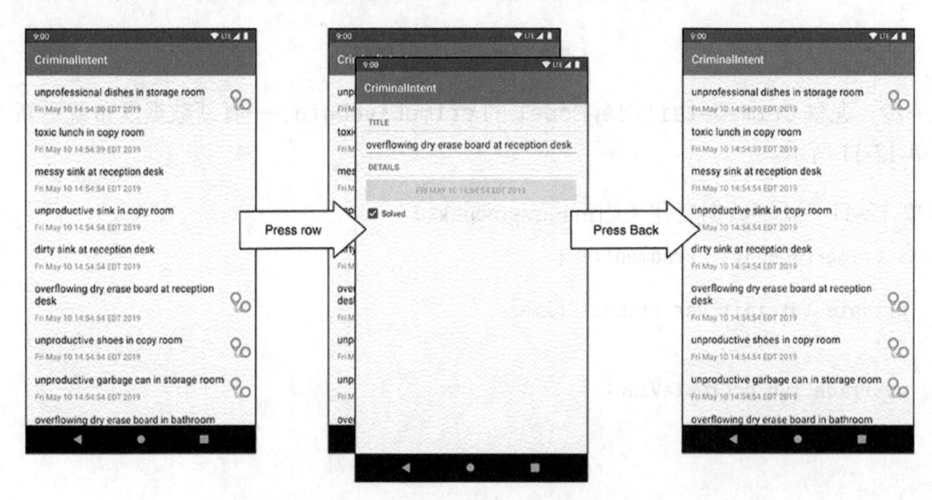

图 12-3　CriminalIntent 应用的回退栈

CrimeFragment 页面跳出时，如果页面显示的 crime 记录处于已解决状态，那么你会看到勾选框被勾选的动画。这个现象是正常的，因为勾选框被勾选是一个异步操作的结果。用户首次启动 CrimeFragment 时，待显示 crime 对象的数据库查询也在进行。数据库查询结束，CrimeFragment 的 crimeDetailViewModel.crimeLiveData 数据观察者会得到通知，它随即就更新了部件上要显示的数据。

为了跳过 checkbox 的勾选动画，我们改用代码的方式设置勾选框的勾选状态。这需要调用 View.jumpDrawablesToCurrentState()函数来实现。注意，根据应用需要，如果 crime 明细界面加载数据滞后严重，你可以考虑提前预加载 crime 数据到内存里（例如，在应用启动时），把它保存在某个共享位置。至于 CriminalIntent 应用，一点点数据加载滞后没什么影响，选择直接跳过勾选框勾选动画就够了，如代码清单 12-12 所示。

代码清单 12-12　跳过 checkbox 动画（CrimeFragment.kt）

```
class CrimeFragment : Fragment() {
    ...
    private fun updateUI() {
        titleField.setText(crime.title)
        dateButton.text = crime.date.toString()
        solvedCheckBox.isChecked = crime.isSolved
        solvedCheckBox.apply {
            isChecked = crime.isSolved
            jumpDrawablesToCurrentState()
        }
    }
    ...
}
```

再次运行 CriminalIntent 应用。选择某个已解决 crime 项。可以看到，明细页面跳出时，勾选框勾选动画没有了。手动清除再勾选，动画又出现了。这就是我们想要的结果。

现在，编辑 crime 记录标题。然后按回退键回到 crime 列表项界面。很不幸，你刚做的修改没有保存下来。幸运的是，这个问题很好解决。

12.4　更新数据库

crime 数据只能保存在数据库里。在 CriminalIntent 应用里，用户离开 crime 明细页面时，他们所做的任何修改都应及时存入数据库。（不同的应用会有不同的需求，比如添加一个“save”按钮，或用户边输入边保存。）

首先，打开 CrimeDao.kt 文件，添加一个函数更新现有 crime 数据。顺便再添加一个插入新 crime 数据的函数（添加创建新 crime 记录菜单项之后使用，详见第 14 章），如代码清单 12-13 所示。

代码清单 12-13　添加数据更新和插入函数（database/CrimeDao.kt）

```
@Dao
interface CrimeDao {
```

```
    @Query("SELECT * FROM crime")
    fun getCrimes(): LiveData<List<Crime>>

    @Query("SELECT * FROM crime WHERE id=(:id)")
    fun getCrime(id: UUID): LiveData<Crime?>

    @Update
    fun updateCrime(crime: Crime)

    @Insert
    fun addCrime(crime: Crime)
}
```

新增函数使用的注解不需要任何参数。Room 会使用它们产生合适的 SQL 操作命令。

updateCrime()函数使用@Update 注解。根据传入的 crime 对象的 ID，该函数首先找到数据库里的对应记录，然后使用新数据更新它。

addCrime()函数使用@Insert 注解。传入该函数的 crime 参数就是要写入数据库的数据。

接下来，就是更新 CrimeRepository，调用刚添加的插入和更新 DAO 函数。回忆之前章节，我们知道，CrimeDao.getCrimes()和 CrimeDao.getCrime(UUID)这两个 DAO 函数返回的是 LiveData，因此 Room 会在后台线程上自动执行它们的数据库查询。而且，LiveData 还会自动把数据发回主线程供你更新 UI。

然而，和之前不一样，Room 不会自动在后台线程上执行数据库插入和更新操作。没办法，你只能自己手动在后台线程上执行这些 DAO 调用了。具体怎么做，这里有一个常用的办法：使用 executor。

12.4.1 使用 executor

Executor 是一个需要引用线程的对象。executor 实例有个函数叫 execute，可以执行指定代码块。代码块中的代码会在 executor 实例引用的线程上执行。

我们来创建一个使用新线程（只会是后台线程）的 executor 实例。既然代码块里的代码都会在新的后台线程上执行，那我们就可以放心地在上面进行数据库操作了。

你不能直接在 CrimeDao 里实现一个 executor，因为 Room 会基于你定义的接口自动产生函数实现。所以，我们转而在 CrimeRepository 里实现它。如代码清单 12-14 所示，添加一个 executor 属性引用 Executor 对象，然后使用它执行数据更新和插入。

代码清单 12-14 使用 executor 执行数据更新和插入（CrimeRepository.kt）

```
class CrimeRepository private constructor(context: Context) {
    ...
    private val crimeDao = database.crimeDao()
    private val executor = Executors.newSingleThreadExecutor()

    fun getCrimes(): LiveData<List<Crime>> = crimeDao.getCrimes()

    fun getCrime(id: UUID): LiveData<Crime?> = crimeDao.getCrime(id)
```

```
    fun updateCrime(crime: Crime) {
        executor.execute {
            crimeDao.updateCrime(crime)
        }
    }

    fun addCrime(crime: Crime) {
        executor.execute {
            crimeDao.addCrime(crime)
        }
    }
    ...
}
```

newSingleThreadExecutor()函数会返回一个指向新线程的 executor 实例。使用这个 executor 实例执行的工作都会发生在它指向的后台线程上。

updateCrime()和 addCrime()函数都封装在 execute {}代码块里。前面说过，这可以保证它们在后台线程上执行，不会阻塞你的 UI 刷新。

12.4.2 数据库写入与 fragment 生命周期

最后，更新应用，当用户离开 crime 明细页面时，将他输入的值写入数据库。

打开 CrimeDetailViewModel.kt 文件，添加一个函数把 crime 数据写入数据库，如代码清单 12-15 所示。

代码清单 12-15 添加数据保存功能（CrimeDetailViewModel.kt）

```
class CrimeDetailViewModel() : ViewModel() {
    ...
    fun loadCrime(crimeId: UUID) {
        crimeIdLiveData.value = crimeId
    }

    fun saveCrime(crime: Crime) {
        crimeRepository.updateCrime(crime)
    }
}
```

上述代码中，saveCrime(Crime)函数接收传入的 Crime 对象，调用 crimeRepository.updateCrime(crime)函数在后台更新数据库。

现在，更新 CrimeFragment，如代码清单 12-16 所示，把用户编辑后的数据写入数据库。

代码清单 12-16 在 onStop 里保存数据（CrimeFragment.kt）

```
class CrimeFragment : Fragment() {
    ...
    override fun onStart() {
        ...
    }
```

```
    override fun onStop() {
        super.onStop()
        crimeDetailViewModel.saveCrime(crime)
    }

    private fun updateUI() {
        ...
    }
    ...
}
```

只要 fragment 进入停止状态（在屏幕上完全看不到），Fragment.onStop()函数就会被调用。这里，是指用户离开 crime 明细页面（比如按了回退键），数据就会被保存下来。如果用户切换任务（比如按了 Home 键或者使用概览屏），用户数据也会得到保存。所以，无论是用户离开，还是切换任务，甚至是因内存不够用进程被“杀”，在 onStop()函数中保存数据都能保证用户编辑数据不会丢失。

运行 CriminalIntent 应用。任选一条 crime 记录，启动 crime 明细页面做出修改。然后，按回退键返回来欣赏你的成果：所有修改都生效了。下一章，我们会在 crime 明细界面添加日期按钮，让用户选择 crime 事件的发生日期。

12.5　深入学习：为何要用 Fragment Argument

本章，通过给 fragment 类添加 newInstance(...)函数，我们在创建一个 fragment 新实例时把 argument 传递了下去。这种模式方便你组织代码，同时就 fragment argument 这个例子来看，你只能这么做。因为，想使用一个构造函数就把 argument 传给 fragment 实例是不可能的。

例如，不添加 newInstance(UUID)函数，你可能想到直接添加一个以 UUID 为参数的构造函数给 CrimeFragment。然而这种办法是有缺陷的。我们知道，在设备配置改变时，当前 activity 的 fragment 管理器会自动重建 activity 之前托管的 fragment，然后，把新建的 fragment 添加给新的 activity。

设备配置改变后，fragment 管理器重建 fragment 时，它会默认调用 fragment 的无参数构造函数。结果就是，设备旋转后，新的 fragment 实例就收不到 crime ID 数据了。

这样看来，使用 fragment argument 有什么不同吗？即使 fragment 被销毁了，Fragment argument 也可以保存下来。然后，在 fragment 管理器因设备旋转重建 fragment 时，会把原来保存的 argument 重新附加给新建 fragment。这样，新建 fragment 就能用它重建自己的状态了。

以上方案似乎都很复杂。为什么不直接在 CrimeFragment 里创建一个实例变量呢？

创建实例变量的方式也不可靠。在操作系统重建 fragment 时（设备配置发生改变）用户暂时离开当前应用（操作系统按需回收内存），任何实例变量都将不复存在。尤其是内存不够、操作系统强制“杀掉”应用的情况，可以说是无人能挡。

因此，可以说，fragment argument 就是为应对上述场景而生。

还有另一个方法应对上述场景，那就是使用实例状态保存机制。具体来说，就是将 crime ID

赋值给实例变量，然后在 `onSaveInstanceState(Bundle)` 函数中保存下来。要用时，从 `onCreate(Bundle?)` 函数的 `Bundle` 中取回。

然而，这种解决方案的维护成本高。举例来说，如果你在若干年后要修改 fragment 代码以添加其他 argument，很可能会忘记在 `onSaveInstanceState(Bundle)` 函数里保存新增的 argument。

Android 开发人员更喜欢 fragment argument 这个解决方案，因为这种方式很清楚直白。若干年后，再回头修改老代码时，一眼就能看出，crime ID 是以 argument 保存和传递使用的。即使要新增 argument，也会记得使用 argument bundle 保存它。

12.6　深入学习：Navigation 架构组件库

你已经看到了，实现应用内的页面导航有多重途径。例如，创建多个 activity，一个页面对应一个，用户与 UI 交互，启动它们。或者创建一个启动 activity 和多个 fragment，然后用 activity 托管各个 UI fragment。

为简化应用内的导航，作为 Jetpack 库的一部分，Android 团队引入了 Navigation 架构组件库。如图 12-4 所示，这个新架构库提供了一个可视化编辑器，能让你轻松配置页面导航流。

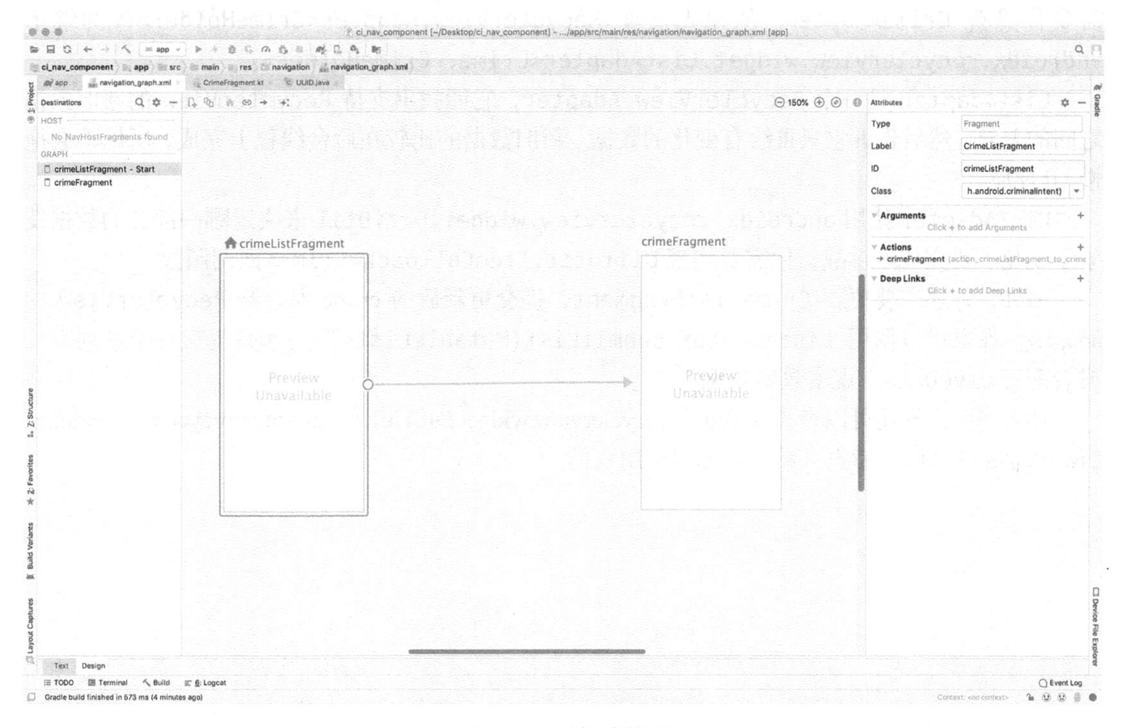

图 12-4　导航编辑器

如何实现应用里的页面导航，Navigation 库有自己的坚持。相比一个 activity 一个页面，它更倾向于使用单 activity 多 fragment 架构。在页面导航编辑工具里，你可以直接给 fragment 设置

argument 值。

作为一次挑战，请复制 CriminalIntent 项目，使用 Navigation 架构组件实施应用的页面导航。在实施过程中，查阅文档会非常有帮助。搭建环境有点复杂，要安装配置不少东西。不过，辛苦是值得的，环境搭好用起来，你就会知道加加屏幕，然后把它们关联起来就轻轻松松实现了应用的页面导航。

本书撰写时，稳定版的 Navigation 架构组件才刚刚正式发布，实在没时间在本书里应用它了。但是这个工具很有前途，未来肯定会得到开发者们的青睐。我们一直在试用它，推荐你也试试，看看是否有同样的感受。

12.7　挑战练习：实现高效的 RecyclerView 刷新

当前，用户编辑完某项 crime 信息返回列表项界面时，CrimeListFragment 会重绘 RecyclerView 里可见的所有 crime 记录。显然，这页面刷新效率太低了，因为一次最多只有一条记录有变化。

更新 CrimeListFragment 的 RecyclerView 实现逻辑，只重绘有过修改的 crime 记录。这需要你更新 CrimeAdapter，从原先继承 RecyclerView.Adapter<CrimeHolder>改为继承 androidx.recyclerview.widget.ListAdapter<Crime, CrimeHolder>。

ListAdapter 是一个 RecyclerView.Adapter，它能找出支持 RecyclerView 的新旧数据之间的差异，然后告诉它只重绘有变化的数据。新旧数据的比较在后台线程上完成，所以不会拖慢 UI 反应。

ListAdapter 使用 androidx.recyclerview.widget.DiffUtil 来决定哪一部分的数据发生了变化。要完成本挑战，你需要实现 DiffUtil.ItemCallback<Crime>回调函数。

另外，你还需要更新 CrimeListFragment，提交更新后的 crime 列表给 RecyclerView 的 adapter。你也可以调用 ListAdapter.submitList(MutableList<T>?)函数提交一个新列表，或者配置 LiveData，观察数据变化。

如果需要，你还可以查看 androidx.recyclerview.widget.DiffUtil 和 androidx.recyclerview.widget.ListAdapter 的 API 参考页，看看该如何使用它们。

第 13 章

对 话 框

对话框既能引起用户的注意也可接收用户的输入。在提示重要信息或提供用户选项方面，它都非常有用。本章，我们会为 CriminalIntent 应用添加对话框，以方便用户修改 crime 记录日期。用户点击 `CrimeFragment` 中的日期按钮时，应用会弹出对话框，如图 13-1 所示。

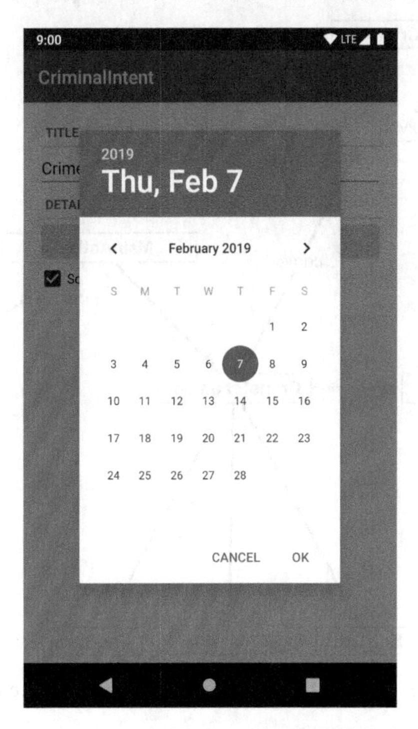

图 13-1　可选择 crime 日期的对话框

图 13-1 中的对话框是 `DatePickerDialog` 类的一个实例，`DatePickerDialog` 是 `AlertDialog` 的一个子类。`DatePickerDialog` 可以弹出一个日期选择提示给用户，再提供一个监听器接口用以获取用户选择。如果要创建更多定制对话框，那么应该使用 `AlertDialog` 类这个最常用的多用途 `Dialog` 子类。

13.1 创建 DialogFragment

要使用 DatePickerDialog，最好是将它封装在 DialogFragment（Fragment 的子类）实例中。当然，不使用 DialogFragment 也可显示 DatePickerDialog 视图，但不推荐这样做。使用 FragmentManager 管理 DatePickerDialog，有更多的定制选项来显示对话框。

另外，如果旋转设备，单独使用的 DatePickerDialog 会消失，而封装在 fragment 中的 DatePickerDialog 不会有此问题（旋转后，对话框会被重建恢复）。

就 CriminalIntent 应用来说，我们首先会创建名为 DatePickerFragment 的 DialogFragment 子类。然后，在 DatePickerFragment 中，创建并配置显示一个 DatePickerDialog 实例。DatePickerFragment 将由 MainActivity 托管。

图 13-2 展示了以上各对象间的关系。

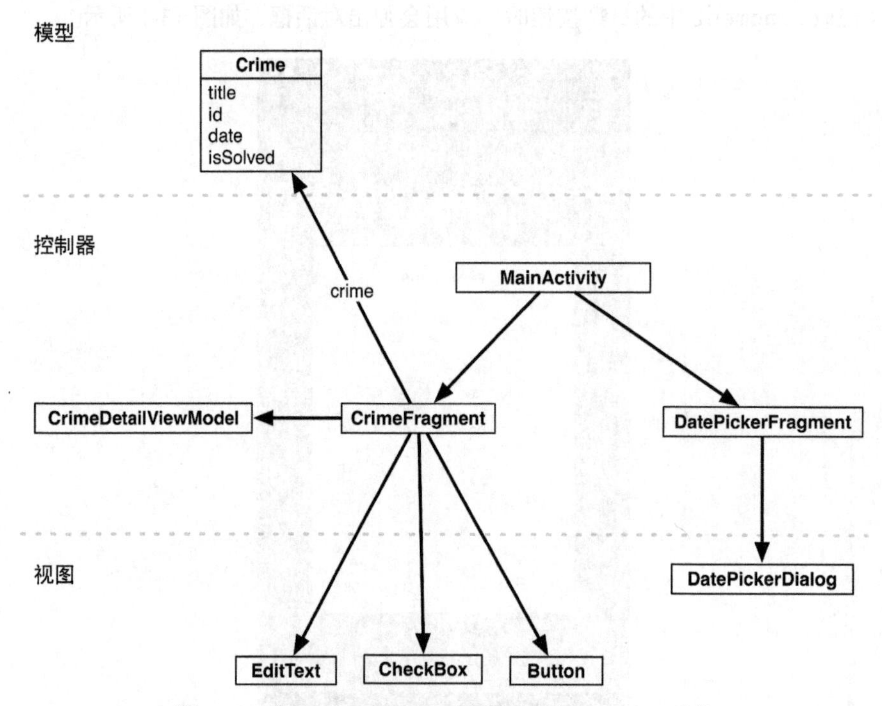

图 13-2　由 MainActivity 托管的两个 fragment 对象

要显示对话框，首先应完成以下任务：

- ❑ 创建 DatePickerFragment 类；
- ❑ 构建 DatePickerFragment；
- ❑ 借助 FragmentManager 在屏幕上显示对话框。

稍后，我们还将在 CrimeFragment 和 DatePickerFragment 之间传递数据。

创建一个名为 DatePickerFragment 的新类，并设置其 DialogFragment 超类为 Jetpack 版

的 androidx.fragment.app.DialogFragment 类。

DialogFragment 类包含如下函数：

```
onCreateDialog(savedInstanceState: Bundle?): Dialog
```

为了在屏幕上显示 DialogFragment，托管 activity 的 FragmentManager 会调用它。

在 DatePickerFragment.kt 中，添加 onCreateDialog(Bundle?)函数的实现代码，创建一个带当前日期的 DatePickerDialog，如代码清单 13-1 所示。

代码清单 13-1　创建 DialogFragment（DatePickerFragment.kt）

```
class DatePickerFragment : DialogFragment() {

    override fun onCreateDialog(savedInstanceState: Bundle?): Dialog {
        val calendar = Calendar.getInstance()
        val initialYear = calendar.get(Calendar.YEAR)
        val initialMonth = calendar.get(Calendar.MONTH)
        val initialDay = calendar.get(Calendar.DAY_OF_MONTH)

        return DatePickerDialog(
            requireContext(),
            null,
            initialYear,
            initialMonth,
            initialDay
        )
    }
}
```

DatePickerDialog 构造函数需要好几个参数。第一个参数是用来获取视图相关必需资源的 context 对象。第二个参数是日期监听器，稍后会添加，现在先传入 null。最后三个参数是供日期选择器初始化使用的年、月、日初始值。在知道某 crime 的具体发生日期前，先初始化其为当前日期。

显示 DialogFragment

和其他 fragment 一样，DialogFragment 实例也是由托管 activity 的 FragmentManager 管理的。

要将 DialogFragment 添加给 FragmentManager 管理并放置到屏幕上，可调用 fragment 实例的以下函数：

```
show(manager: FragmentManager, tag: String)
show(transaction: FragmentTransaction, tag: String)
```

String 参数可唯一识别 FragmentManager 队列中的 DialogFragment。如果传入 FragmentTransaction 参数，你自己负责创建并提交事务；如果传入 FragmentManager 参数，系统会自动创建并提交事务。

这里，我们选择传入 FragmentManager 参数。

在 CrimeFragment 中，为 DatePickerFragment 添加一个 tag 常量。

然后，在 onCreateView(...)函数中，删除禁用日期按钮的代码。为 dateButton 按钮添加 OnClickListener 监听器接口，实现点击日期按钮展现 DatePickerFragment 界面，如代码清单 13-2 所示。

代码清单 13-2　显示 DialogFragment（CrimeFragment.kt）

```
private const val TAG = "CrimeFragment"
private const val ARG_CRIME_ID = "crime_id"
private const val DIALOG_DATE = "DialogDate"

class CrimeFragment : Fragment() {
    ...
    override fun onCreateView(inflater: LayoutInflater,
                              container: ViewGroup?,
                              savedInstanceState: Bundle?): View? {
        ...
        solvedCheckBox = view.findViewById(R.id.crime_solved) as CheckBox

        dateButton.apply {
            text = crime.date.toString()
            isEnabled = false
        }

        return view
    }
    ...
    override fun onStart() {
        ...
        solvedCheckBox.apply {
            ...
        }

        dateButton.setOnClickListener {
            DatePickerFragment().apply {
                show(this@CrimeFragment.requireFragmentManager(), DIALOG_DATE)
            }
        }
    }
    ...
}
```

我们需要 this@CrimeFragment 来调用 requireFragmentManager()。注意，这里是从 CrimeFragment 而不是 DatePickerFragment 调用 requireFragmentManager()的。在 apply 函数块里，this 引用的是外部的 DatePickerFragment，因此，这里要加 this 关键字。

DialogFragment 的 show(FragmentManager, String)函数需要一个非空值的 fragment 管理器值参。Fragment.fragmentManager 属性是可空类型值，所以，这里用的是 Fragment.requireFragmentManager()函数（会返回一个非空值 FragmentManager）。在调用 Fragment.requireFragmentManager()函数时，如果 Fragment.fragmentManager 属性是空

值，该函数会抛出 `IllegalStateException` 异常。这表明，目标 fragment 当前没有关联的 fragment 管理器。

运行 CriminalIntent 应用。点击日期按钮弹出对话框，如图 13-3 所示。

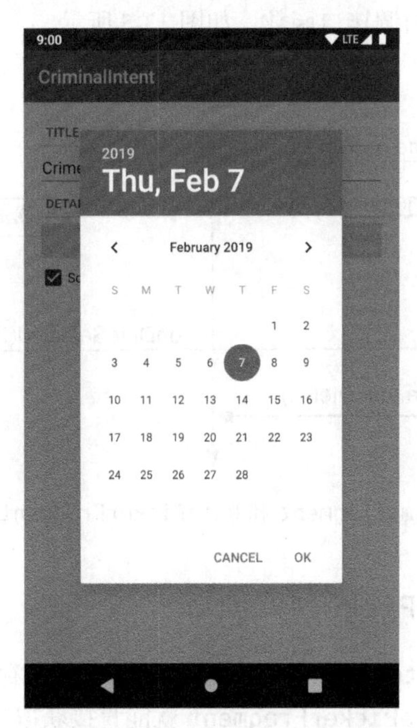

图 13-3　已配置的日期对话框

日期选择对话框看上去不错。下一节，我们会配置它显示 crime 日期，并允许用户自己修改。

13.2　fragment 间的数据传递

前面，我们实现了 activity 之间（使用 intent 附加信息）、fragment 和 activity 之间（使用回调接口）的数据传递。现在需实现同一 activity 托管的两个 fragment（`CrimeFragment` 和 `DatePickerFragment`）之间的数据传递，如图 13-4 所示。

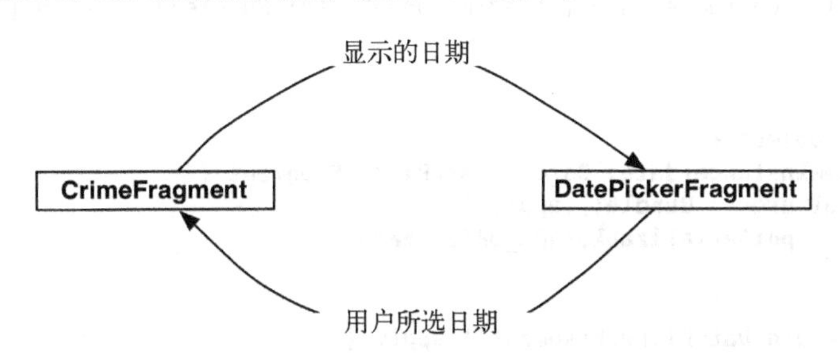

图 13-4　`CrimeFragment` 与 `DatePickerFragment` 间的对话

要传递 crime 的日期给 DatePickerFragment，需新建一个 newInstance(Date)函数，然后将 Date 作为 argument 附加给 fragment。

为返回新日期给 CrimeFragment，并更新模型层以及对应视图，你需要在 DatePickerFragment 里声明一个以新日期为参数的回调接口函数，如图 13-5 所示。

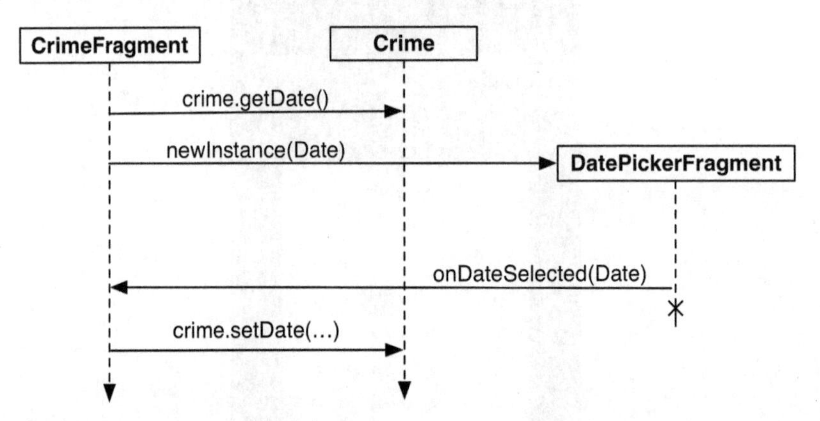

图 13-5　CrimeFragment 和 DatePickerFragment 间的事件流

13.2.1　传递数据给 DatePickerFragment

要传递 crime 日期给 DatePickerFragment，需将它保存在 DatePickerFragment 的 argument bundle 中。这样，DatePickerFragment 就能直接获取它。

创建和设置 fragment argument 通常是在 newInstance(...)函数中完成的（详见第 12 章）。在 DatePickerFragment.kt 中，在一个伴生对象中添加一个 newInstance(Date)函数，如代码清单 13-3 所示。

代码清单 13-3　添加 newInstance(Date)函数（DatePickerFragment.kt）

```
private const val ARG_DATE = "date"

class DatePickerFragment : DialogFragment() {

    override fun onCreateDialog(savedInstanceState: Bundle?): Dialog {
        ...
    }

    companion object {
        fun newInstance(date: Date): DatePickerFragment {
            val args = Bundle().apply {
                putSerializable(ARG_DATE, date)
            }

            return DatePickerFragment().apply {
                arguments = args
```

```
                }
            }
        }
    }
```

然后，在 CrimeFragment 中，用 DatePickerFragment.newInstance(Date)函数替换 DatePickerFragment 的构造函数，如代码清单 13-4 所示。

代码清单 13-4 添加对 newInstance(...)的调用（CrimeFragment.kt）

```
override fun onStart() {
    ...
    dateButton.setOnClickListener {
        DatePickerFragment().apply {
        DatePickerFragment.newInstance(crime.date).apply {
            show(this@CrimeFragment.requireFragmentManager(), DIALOG_DATE)
        }
    }
}
```

DatePickerFragment 使用 Date 中的信息来初始化 DatePickerDialog 对象。然而，DatePickerDialog 对象的初始化需整数形式的月、日、年。Date 是时间戳，无法直接提供整数值。

要达到目的，必须首先创建一个 Calendar 对象，然后用 Date 对象配置它，再从 Calendar 对象中取回所需信息。

在 onCreateDialog(Bundle?)函数中，从 argument 中获取 Date 对象，然后用它和 Calendar 对象初始化 DatePickerDialog，如代码清单 13-5 所示。

代码清单 13-5 获取 Date 对象并初始化 DatePickerDialog（DatePickerFragment.kt）

```
class DatePickerFragment : DialogFragment() {

    override fun onCreateDialog(savedInstanceState: Bundle?): Dialog {
        val date = arguments?.getSerializable(ARG_DATE) as Date
        val calendar = Calendar.getInstance()
        calendar.time = date
        val initialYear = calendar.get(Calendar.YEAR)
        val initialMonth = calendar.get(Calendar.MONTH)
        val initialDate = calendar.get(Calendar.DAY_OF_MONTH)

        return DatePickerDialog(
            requireContext(),
            null,
            initialYear,
            initialMonth,
            initialDate
        )
    }
    ...
}
```

现在，CrimeFragment 成功地向 DatePickerFragment 传递了日期。运行 CriminalIntent 应用，看看效果如何。

13.2.2 返回数据给 CrimeFragment

要让 CrimeFragment 接收 DatePickerFragment 返回的日期数据，首先需要搞清楚它们之间的关系。

如果是 activity 的数据回传，那么我们调用 startActivityForResult(...)函数，ActivityManager 负责跟踪管理 activity 父子关系。回传数据后，子 activity 被销毁，但 ActivityManager 知道哪个 activity 该接收数据。

1. 设置目标 fragment

类似于 activity 间的关联，可将 CrimeFragment 设置成 DatePickerFragment 的目标 fragment。这样，在 CrimeFragment 和 DatePickerFragment 被销毁并重建后，操作系统会重新关联它们。调用以下 Fragment 函数可建立这种关联：

```
setTargetFragment(fragment: Fragment, requestCode: Int)
```

该函数有两个参数：目标 fragment 以及类似于传入 startActivityForResult(...)函数的请求代码。需要时，目标 fragment 使用请求代码确认是哪个 fragment 在回传数据。

目标 fragment 和请求代码由 FragmentManager 负责跟踪管理，我们可访问 fragment（设置目标 fragment 的 fragment）的 targetFragment 和 targetRequestCode 属性获取它们。

在 CrimeFragment.kt 中，创建请求代码常量，然后将 CrimeFragment 设为 DatePickerFragment 实例的目标 fragment，如代码清单 13-6 所示。

代码清单 13-6 设置目标 fragment（CrimeFragment.kt）

```
private const val DIALOG_DATE = "DialogDate"
private const val REQUEST_DATE = 0

class CrimeFragment : Fragment() {
    ...
    override fun onStart() {
        ...
        dateButton.setOnClickListener {
            DatePickerFragment.newInstance(crime.date).apply {
                setTargetFragment(this@CrimeFragment, REQUEST_DATE)
                show(this@CrimeFragment.requireFragmentManager(), DIALOG_DATE)
            }
        }
    }
    ...
}
```

2. 传递数据给目标 fragment

建立 CrimeFragment 与 DatePickerFragment 之间的联系后，需将数据回传给 CrimeFragment。这需要在 DatePickerFragment 里创建一个回调接口，然后在 CrimeFragment 中去实现。

在 DatePickerFragment 类中，创建只有一个名为 onDateSelected()的函数的回调接口，如代码清单 13-7 所示。

代码清单 13-7 创建回调接口（DatePickerFragment.kt）

```
class DatePickerFragment : DialogFragment() {

    interface Callbacks {
        fun onDateSelected(date: Date)
    }

    override fun onCreateDialog(savedInstanceState: Bundle?): Dialog {
        ...
    }
    ...
}
```

在 CrimeFragment 中，实现 Callbacks 回调接口。在 onDateSelected()函数里，设置 crime 日期并更新 UI，如代码清单 13-8 所示。

代码清单 13-8 实现回调接口（CrimeFragment.kt）

```
class CrimeFragment : Fragment(), DatePickerFragment.Callbacks {
    ...
    override fun onStop() {
        ...
    }

    override fun onDateSelected(date: Date) {
        crime.date = date
        updateUI()
    }
    ...
}
```

既然 CrimeFragment 能响应新日期，在用户选了日期后，DatePickerFragment 就需要把日期传递出去。在 DatePickerFragment 里，给 DatePickerDialog 添加一个监听器，把日期发回给 CrimeFragment，如代码清单 13-9 所示。

代码清单 13-9 发回日期（DatePickerFragment.kt）

```
class DatePickerFragment : DialogFragment() {
    ...
    override fun onCreateDialog(savedInstanceState: Bundle?): Dialog {
        val dateListener = DatePickerDialog.OnDateSetListener {
                _: DatePicker, year: Int, month: Int, day: Int ->

            val resultDate : Date = GregorianCalendar(year, month, day).time

            targetFragment?.let { fragment ->
                (fragment as Callbacks).onDateSelected(resultDate)
            }
        }
```

```
        val date = arguments?.getSerializable(ARG_DATE) as Date
        ...
        return DatePickerDialog(
            requireContext(),
            null,
            dateListener,
            initialYear,
            initialMonth,
            initialDate
        )
    }
    ...
}
```

OnDateSetListener 能够获取到用户选择的新日期。第一个参数是指确定日期的 DatePicker。这里不需要用它，所以用了一个_做名字。_表示不使用的参数，是一个 Kotlin 编码约定。

用户选择的日期是年、月、日的形式，而我们需要一个 Date 对象才能返回 CrimeFragment。因此，我们把年、月、日数据传给 GregorianCalendar，再访问它的 time 属性得到需要的 Date 对象。

取到想要的日期后，就要把它发回给 CrimeFragment。targetFragment 属性保存的是启动 DatePickerFragment 的 fragment 实例。既然目标 fragment 可能为空，那么我们把它放在一个结合了安全调用操作符的 let 函数里。然后，把 fragment 实例类型转换为 Callbacks 接口，调用 onDateSelected()函数传入新日期。

日期数据的双向流动完成了。运行 CriminalIntent 应用，确保可以控制日期的传递与显示。修改某项 Crime 的日期，确认 CrimeFragment 视图显示了新日期。然后返回 crime 列表项界面，查看对应 Crime 的日期，并确认模型层数据也得到了更新。

13.3　挑战练习：时间选择对话框

写一个名为 TimePickerFragment 的对话框 fragment，让用户使用一个 TimePicker 部件选择 crime 发生的具体时间。在 CrimeFragment 界面上再添加一个按钮，当用户点击时就显示 TimePickerFragment 时间选择对话框。

第 14 章

应用栏

优秀的 Android 应用都注重**应用栏**设计。应用栏可放置菜单选项操作、提供应用导航，还能帮助统一设计风格、塑造品牌形象。

本章，我们将为 CriminalIntent 应用创建应用栏菜单，让用户能够新增 crime 记录，如图 14-1 所示。

图 14-1　CriminalIntent 的应用栏

应用栏还有其他的不同叫法，比如**操作栏**或**工具栏**。虽然大家经常交替使用这些术语，但它们还是有一些细微差异的。详情请参阅 14.4 节。

14.1 AppCompat 默认应用栏

如图 14-2 所示，CriminalIntent 应用已经有了一个简单的应用栏。

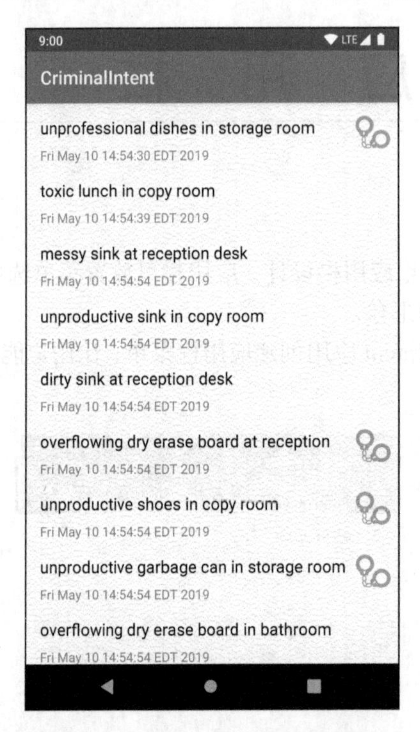

图 14-2　CriminalIntent 应用的应用栏

这是因为 Android Studio 在创建新项目时，会为所有继承 `AppCompatActivity` 的 activity 添加一个默认应用栏。具体做法如下：

- 添加 Jetpack AppCompat 基础依赖项；
- 采用自带应用栏的一种 AppCompat 主题。

打开 app/build.gradle 文件，可以看到 Android Studio 添加的 AppCompat 依赖项：

```
dependencies {
    ...
    implementation 'androidx.appcompat:appcompat:1.0.0-beta01'
    ...
```

"AppCompat"是"application compatibility"（应用兼容性）的缩写。Jetpack 版 AppCompat 基础库里有很多核心类和资源，可以让各个 Android 系统版本的应用 UI 保持风格统一。AppCompat 子包里到底有哪些 API，可详见 Google 官方 API 清单。

在创建新项目时，Android Studio 会自动设置新应用的**主题**为 Theme.AppCompat.Light.DarkActionBar。在 res/values/styles.xml 文件中，该主题为整个应用指定默认样式：

```
<resources>

    <!-- Base application theme. -->
    <style name="AppTheme" parent="Theme.AppCompat.Light.DarkActionBar">
      <!-- Customize your theme here. -->
      <item name="colorPrimary">@color/colorPrimary</item>
      <item name="colorPrimaryDark">@color/colorPrimaryDark</item>
      <item name="colorAccent">@color/colorAccent</item>
    </style>

</resources>
```

在 AndroidManifest.xml 文件中，主题可以按应用级别设置，也可以按 activity 设置。打开 manifests/AndroidManifest.xml 文件，查看`<application>`标签的`android:theme`属性，应该可以看到如下主题设置：

```
<manifest ... >
    <application
        ...
        android:theme="@style/AppTheme" >
        ...
    </application>
</manifest>
```

在第 21 章中，我们还会进一步学习样式和主题相关的知识。现在，可以着手添加应用栏菜单了。

14.2 应用栏菜单

应用栏菜单由**菜单项**（又称**操作项**）组成，它占据着应用栏的右上方区域。菜单项的操作应用于当前屏幕，甚至整个应用。现在，我们来添加允许用户新增 crime 记录的菜单项。

菜单及菜单项需用到一些字符串资源。参照代码清单 14-1，将它们添加到 res/values/strings.xml 文件中。

代码清单 14-1 添加字符串资源（res/values/strings.xml）

```
<resources>
    ...
    <string name="crime_solved_label">Solved</string>
    <string name="new_crime">New Crime</string>

</resources>
```

14.2.1 在 XML 文件中定义菜单

菜单是一种类似于布局的资源。创建菜单定义文件并将其放置在 res/menu 目录后，Android 会自动生成相应的资源 ID。随后，在代码中实例化菜单时，就可以直接使用。

在项目工具窗口中，右键单击 res 目录，选择 New → Android resource file 菜单项。在弹出的窗口界面，选择 Menu 资源类型，并命名资源文件为 fragment_crime_list，点击 OK 按钮确认，如图 14-3 所示。

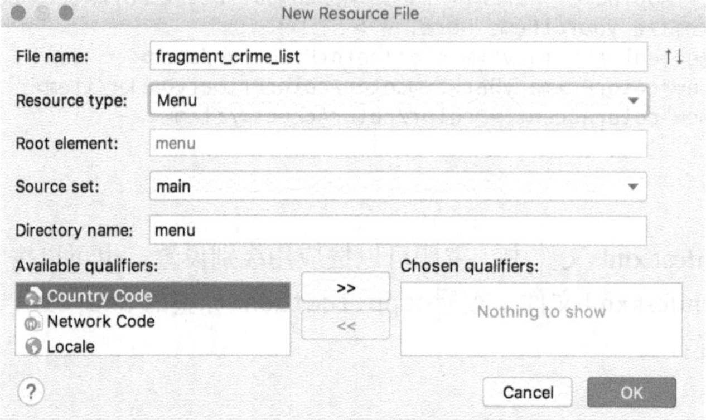

图 14-3　创建菜单定义文件

这里，菜单定义文件遵循了与布局文件一样的命名原则。Android Studio 会创建 res/menu/fragment_crime_list.xml 文件。这个文件和 `CrimeListFragment` 的布局文件同名，但分别位于不同的目录中。打开新建的 fragment_crime_list.xml 文件。参照代码清单 14-2，添加新的 `item` 元素。

代码清单 14-2　创建菜单资源（res/menu/fragment_crime_list.xml）

```
<menu xmlns:android="http://schemas.android.com/apk/res/android"
    xmlns:app="http://schemas.android.com/apk/res-auto">
  <item
      android:id="@+id/new_crime"
      android:icon="@android:drawable/ic_menu_add"
      android:title="@string/new_crime"
      app:showAsAction="ifRoom|withText"/>
</menu>
```

`showAsAction` 属性用于指定菜单项是显示在应用栏上，还是隐藏于**溢出菜单**（overflow menu）中。该属性当前设置为 `ifRoom` 和 `withText` 的组合值。因此，只要空间足够，菜单项图标及其文字描述都会显示在应用栏上。如果空间仅够显示菜单项图标，文字描述就不会显示；如果空间大小不够显示任何项，菜单项就会隐藏到溢出菜单中。

如果溢出菜单包含其他项，它们就会以三个点表示（位于应用栏最右端），如图 14-4 所示。稍后，我们会更新代码添加这样的菜单项。

图 14-4　应用栏中的溢出菜单

属性 `showAsAction` 还有另外两个可选值：`always` 和 `never`。不推荐使用 `always`，应尽量

使用 ifRoom 属性值，让操作系统决定如何显示菜单项。对于那些很少用到的菜单项，never 属性值是个不错的选择。总之，为了避免用户界面混乱，应用栏上只应放置常用菜单项。

app 命名空间

注意，不同于常见的 android 命名空间声明，fragment_crime_list.xml 文件使用 xmlns 标签定义了全新的 app 命名空间。指定 showAsAction 属性时，就用了这个新定义的命名空间。

出于兼容性考虑，AppCompat 库需要使用 app 命名空间。应用栏 API（有时又叫"操作栏"）随 Android 3.0 引入。为了支持各种旧系统版本设备，早期创建的 AppCompat 库捆绑了兼容版操作栏。这样一来，不管新旧，所有设备都能用上操作栏。在运行 Android 2.3 或更早版本系统的设备上，菜单及其相应的 XML 文件确实是存在的，但 android:showAsAction 属性是随着操作栏的发布才添加的。

AppCompat 库不希望使用原生 showAsAction 属性，因此，它提供了定制版 showAsAction 属性（app:showAsAction）。

14.2.2 创建菜单

在代码中，Activity 类提供了管理菜单的回调函数。需要选项菜单时，Android 会调用 Activity 的 onCreateOptionsMenu(Menu)函数。

然而，按照 CriminalIntent 应用的设计，与选项菜单相关的回调函数需在 fragment 而非 activity 里实现。不用担心，Fragment 有一套自己的选项菜单回调函数。稍后，我们会在 CrimeListFragment 中实现这些函数。以下为创建菜单和响应菜单项选择事件的两个回调函数：

```
onCreateOptionsMenu(menu: Menu, inflater: MenuInflater)
onOptionsItemSelected(item: MenuItem): Boolean
```

在 CrimeListFragment.kt 中，覆盖 onCreateOptionsMenu(Menu, MenuInflater)函数，实例化 fragment_crime_list.xml 中定义的菜单，如代码清单 14-3 所示。

代码清单 14-3　实例化选项菜单（CrimeListFragment.kt）

```
class CrimeListFragment : Fragment() {
    ...
    override fun onDetach() {
        super.onDetach()
        callbacks = null
    }

    override fun onCreateOptionsMenu(menu: Menu, inflater: MenuInflater) {
        super.onCreateOptionsMenu(menu, inflater)
        inflater.inflate(R.menu.fragment_crime_list, menu)
    }
    ...
}
```


在以上函数中，我们调用 MenuInflater.inflate(Int, Menu) 函数并传入菜单文件的资源 ID，将布局文件中定义的菜单项目填充到 Menu 实例中。

注意，我们也调用了超类的 onCreateOptionsMenu(...)函数。当然，也可以不调用，但作为一项开发约定，有理由推荐这么做。调用该超类函数，任何超类定义的选项菜单功能在子类函数中都能获得应用。不过，onCreateOptionsMenu(...)的基类实现什么也没做，仅仅是遵循约定而已。

Fragment.onCreateOptionsMenu(Menu, MenuInflater)函数是由 FragmentManager 负责调用的。因此，当 activity 接收到操作系统的 onCreateOptionsMenu(...)函数回调请求时，我们必须明确告诉 FragmentManager，其管理的 fragment 应接收 onCreateOptionsMenu(...)函数的调用指令。要通知 FragmentManager，需调用以下函数：

```
setHasOptionsMenu(hasMenu: Boolean)
```

定义 CrimeListFragment.onCreate(Bundle?)函数，让 FragmentManager 知道 CrimeListFragment 需接收选项菜单函数回调，如代码清单 14-4 所示。

代码清单 14-4　接收选项菜单函数回调（CrimeListFragment.kt）

```
class CrimeListFragment : Fragment() {
    ...
    override fun onAttach(context: Context) {
        ...
    }

    override fun onCreate(savedInstanceState: Bundle?) {
        super.onCreate(savedInstanceState)
        setHasOptionsMenu(true)
    }
    ...
}
```

运行 CriminalIntent 应用，查看新创建的菜单项，如图 14-5 所示。

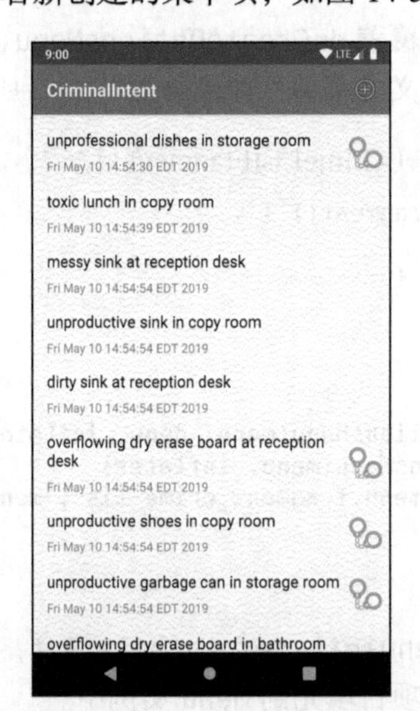

图 14-5　显示在应用栏上的菜单项图标

菜单项标题怎么没有显示？大多数手机在竖屏模式下屏幕空间有限。因此，应用的应用栏只够显示菜单项图标。长按应用栏上的菜单项图标，可弹出标题，如图 14-6 所示。

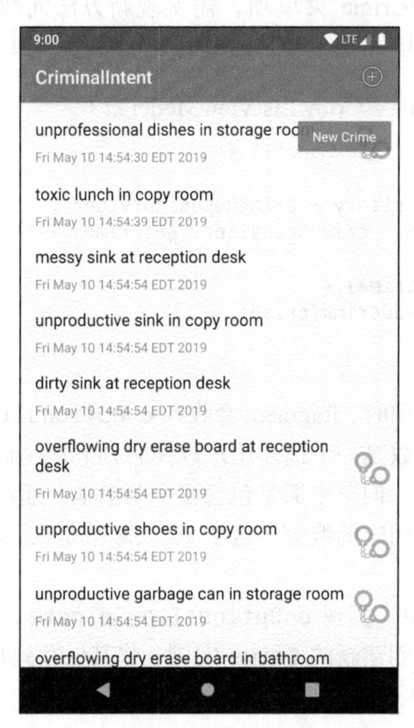

图 14-6　长按应用栏上的图标，显示菜单项标题

横屏模式下，应用栏会有足够的空间同时显示菜单项图标和标题，如图 14-7 所示。

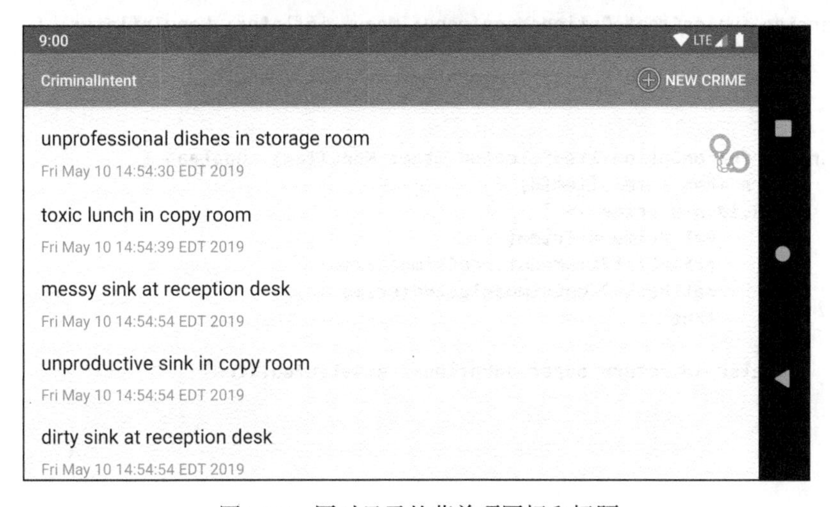

图 14-7　同时显示的菜单项图标和标题

14.2.3 响应菜单项选择

为了响应用户点击 New Crime 菜单项，需实现新方法向数据库中添加新的 Crime。在 CrimeListViewModel.kt 中，新增一个 addCrime(Crime)函数，如代码清单 14-5 所示。

代码清单 14-5　添加新的 crime（CrimeListViewModel.kt）

```
class CrimeListViewModel : ViewModel() {

    private val crimeRepository = CrimeRepository.get()
    val crimeListLiveData = crimeRepository.getCrimes()

    fun addCrime(crime: Crime) {
        crimeRepository.addCrime(crime)
    }
}
```

当用户点击菜单中的菜单项时，fragment 会收到 onOptionsItemSelected(MenuItem)函数的回调请求。传入该函数的参数是一个描述用户选择的 MenuItem 实例。

当前菜单仅有一个菜单项，但菜单通常包含多个菜单项。通过检查菜单项 ID，可确定被选中的是哪个菜单项，然后做出相应的响应。这个 ID 实际就是在菜单定义文件中赋予菜单项的资源 ID。

在 CrimeListFragment.kt 中，实现 onOptionsItemSelected(MenuItem)函数，以响应菜单项的选择事件。在该函数中，创建新的 Crime 实例，将其保存到数据库中，然后通知父 activity 实例，新 Crime 记录已被选中，如代码清单 14-6 所示。

代码清单 14-6　响应菜单项选择事件（CrimeListFragment.kt）

```
class CrimeListFragment : Fragment() {
    ...
    override fun onCreateOptionsMenu(menu: Menu, inflater: MenuInflater) {
        super.onCreateOptionsMenu(menu, inflater)
        inflater.inflate(R.menu.fragment_crime_list, menu)
    }

    override fun onOptionsItemSelected(item: MenuItem): Boolean {
        return when (item.itemId) {
            R.id.new_crime -> {
                val crime = Crime()
                crimeListViewModel.addCrime(crime)
                callbacks?.onCrimeSelected(crime.id)
                true
            }
            else -> return super.onOptionsItemSelected(item)
        }
    }
    ...
}
```

注意，onOptionsItemSelected(MenuItem)函数返回的是布尔值。一旦完成菜单项事件处理，该函数应该返回 `true` 值以表明任务已完成。如果返回 `false` 值，就调用托管 activity 的 `onOptionsItemSelected(MenuItem)`函数继续。（如果托管 activity 托管了其他 fragment，那么它们也会调用 `onOptionsItemSelected` 函数。）另外，默认情况下，如果菜单项 ID 不存在，超类版本函数会被调用。

现在，既然你能自己添加新 crime 记录，那么之前准备的种子数据库数据就可以删除了。打开 Device File Explorer 工具窗口，展开 data/data 文件夹，找到并展开以你的应用包名命名的文件夹，右键单击 databases 文件夹并删除，如图 14-8 所示。

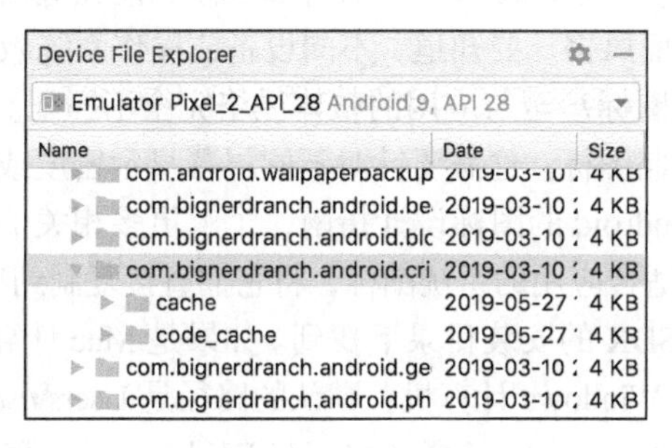

图 14-8 删除数据库文件

注意，你的 data/data/*your.package.name* 文件夹里的文件可能和图 14-8 所示的不太一样，这没关系，只要数据库文件删掉了就可以。

运行 CriminalIntent 应用，你会看到一个空列表。尝试使用菜单，添加一条 crime 记录，如图 14-9 所示。

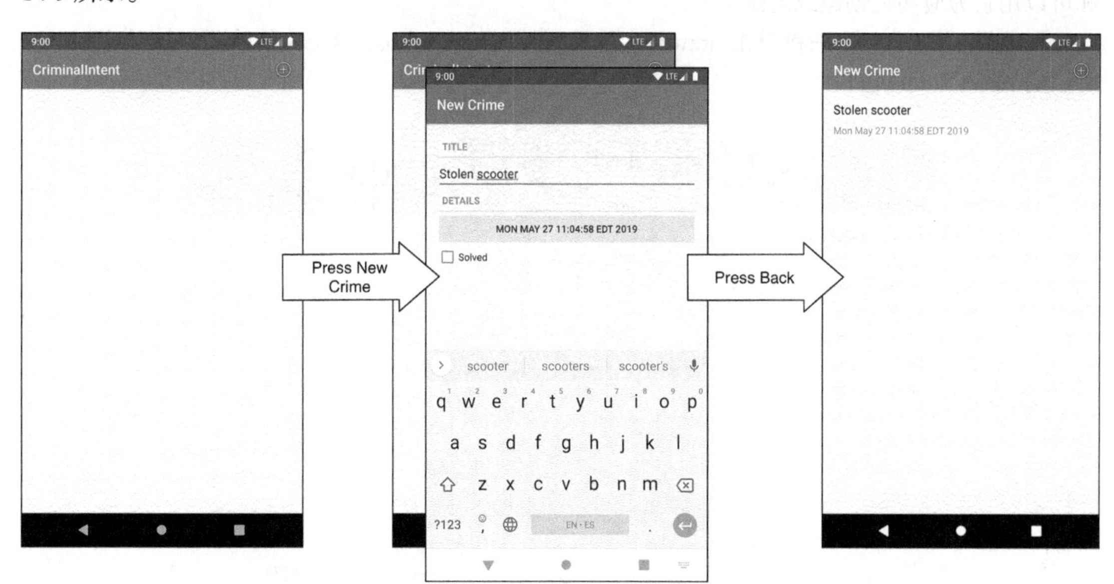

图 14-9 创建新 crime 记录

新增 crime 记录前，空空如也的列表看上去不够专业。不过，不用担心，完成 14.6 节的“挑战练习”后，你就知道该怎么做了。

14.3　使用 Android Asset Studio

应用使用的图标有两种：系统图标和项目资源图标。**系统图标**（system icon）是 Android 操作系统内置的图标。`android:icon` 属性值`@android:drawable/ic_menu_add` 就引用了系统图标。

在应用原型设计阶段，使用系统图标不会有什么问题；而在应用发布时，无论用户运行什么设备，最好能统一应用的界面风格。要知道，不同设备或操作系统版本间，系统图标的显示风格差异很大。有些设备的系统图标甚至与应用的整体风格完全不匹配。

一种解决方案是创建定制图标。这需要针对不同屏幕显示密度或各种可能的设备配置，准备不同版本的图标。可查看 Android 的图标设计指南，了解更多相关信息。

另一种解决方案是找到适合应用的系统图标，将它们直接复制到项目的 drawable 资源目录中。

系统图标可在 Android SDK 的安装目录下找到。如果是 Mac 计算机，路径通常为/Users/*user*/Library/Android/sdk；如果是 Windows 计算机，默认的路径是\Users*user*\sdk。此外，还可以打开项目结构窗口（File → Project Structure），选择 Android SDK location 来确认 SDK 的具体存放路径。

打开 SDK 目录，可找到包括 ic_menu_add 在内的 Android 系统资源。资源的具体目录是/platforms/android-XX/data/res，路径中的数字 XX 代表 Android 的 API 级别。例如，对于 API 28 级，Android 资源路径是 platforms/android-28/data/res。

还有第三个、也是最容易的解决方案：使用 Android Studio 内置的 Android Asset Studio 工具。你可以用它为应用栏创建或定制图片。

在项目工具窗口中，右键单击 drawable 目录，选择 New → Image Asset 菜单项，弹出如图 14-10 所示的 Asset Studio 窗口。

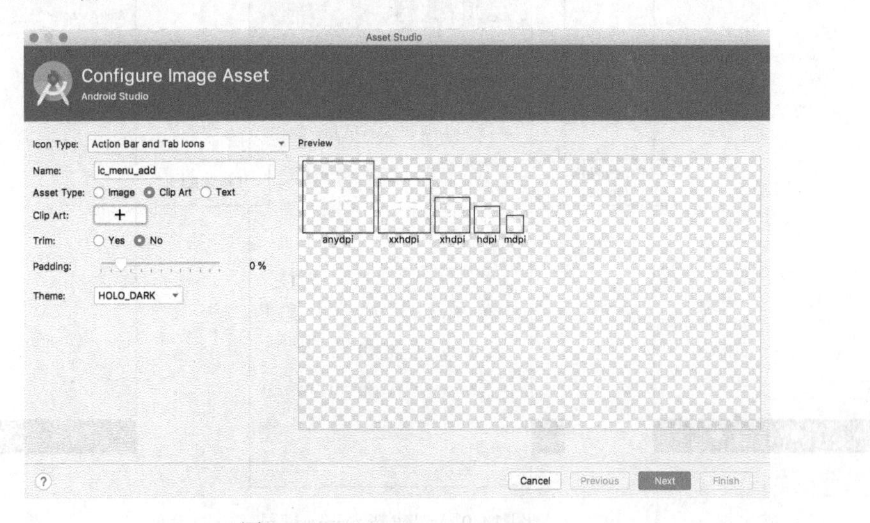

图 14-10　Android Asset Studio

这里，你可以生成各种图标。作为测试，我们来给新建 crime 操作项制作一个新图标。在 Icon Type 一栏选择 Action Bar and Tab Icons，在 Name 一栏输入 ic_menu_add，在 Asset Type 处选择 Clip Art。

更新 Theme 为 HOLO_DARK。由于应用栏使用了深色系主题，因此图标应选浅色。

现在，点击 Clip Art 按钮挑选剪贴画图片。在弹出的剪贴画窗口，选择看上去像+号的图片，如图 14-11 所示。（你也可以在左上搜索框里输入“add”节约查找时间。）

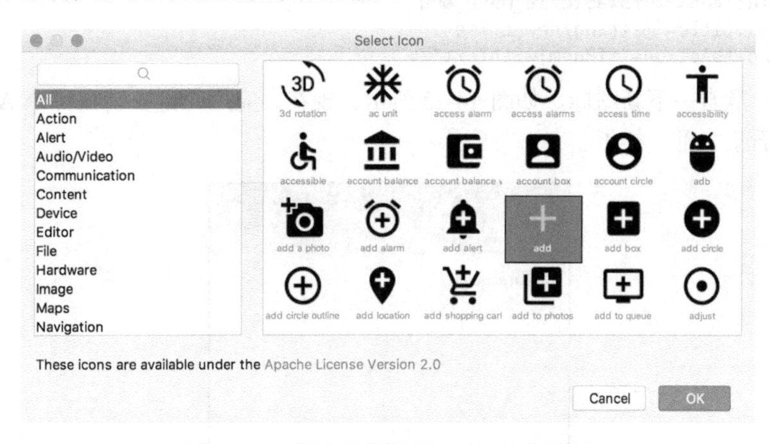

图 14-11　可选的剪贴画——+号在哪里

点击 OK 按钮确认，然后点击 Next 按钮进入如图 14-12 所示的预览画面。这个预览画面告诉我们，Asset Studio 会产生 hdpi、mdpi、xhdpi 和 xxhdpi 类型的图标。真是太方便了！

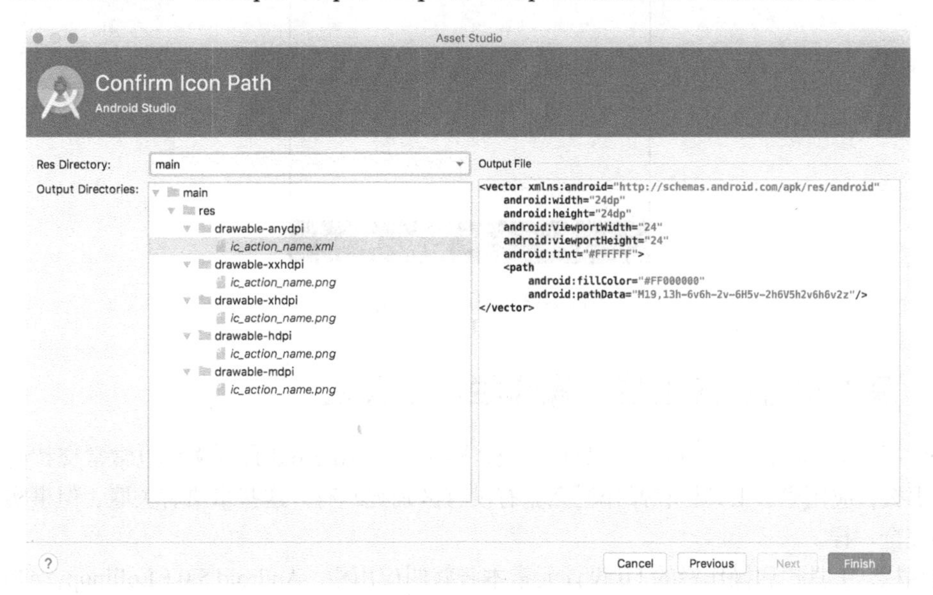

图 14-12　Asset Studio 的生成文件

点击 Finish 按钮生成图像。然后，修改布局文件中的 android:icon 属性，在项目中使用新图像，如代码清单 14-7 所示。

代码清单 14-7　引用本地资源（res/menu/fragment_crime_list.xml）

```
<item
    android:id="@+id/new_crime"
    android:icon="@android:drawable/ic_menu_add"
    android:icon="@drawable/ic_menu_add"
    android:title="@string/new_crime"
    app:showAsAction="ifRoom|withText"/>
```

运行应用，欣赏一下新图标。如图 14-13 所示，现在，应用无论安装在哪个 Android 系统版本上，新图标看上去都一样了。

图 14-13　更新后的新图标

14.4　深入学习：应用栏、操作栏与工具栏

经常听到人们把应用栏称作“工具栏”或“操作栏”。Android 官方文档也常常交替使用这些术语。那么，应用栏、工具栏和操作栏究竟有没有区别呢？有。这些术语有关联，但事实上，它们并不完全一样。

应用栏、工具栏和操作栏的 UI 设计元素本身就叫应用栏。Android 5.0（Lollipop，API 21 级）之前，应用栏都是使用 ActionBar 类来实现的。那时，术语“操作栏”和“应用栏”就是完全一样的概念。自 Android 5.0 开始，应用栏都是优先使用新引入的 `Toolbar` 类来实现的。

本书撰写时，AppCompat 使用 Jetpack 版 `Toolbar` 部件来实现应用栏，如图 14-14 所示。

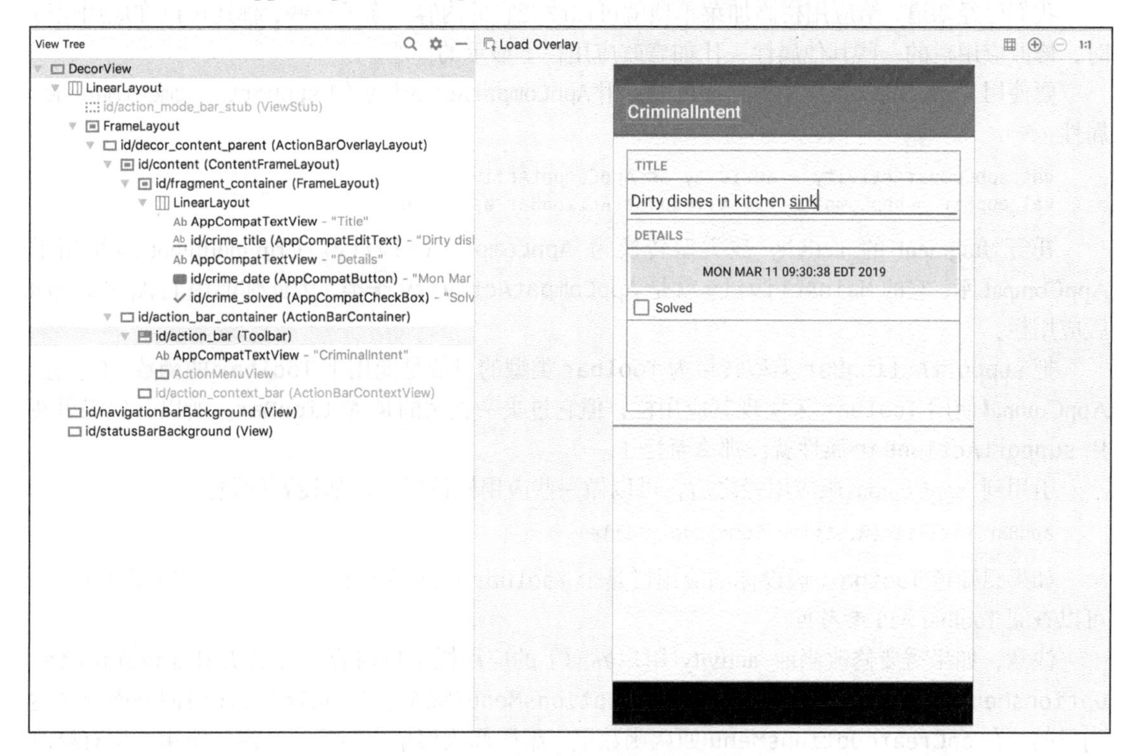

图 14-14　应用栏视图布局检查器

`ActionBar` 和 `Toolbar` 是两个非常相似的组件。工具栏建立在操作栏基础之上。除了 UI 视觉上调整，在使用上，工具栏比操作栏更灵活。

操作栏的使用限制很多，比如，整个应用只能配置一个操作栏且位置及尺寸必须固定（在屏幕顶部）。工具栏就没有这些限制。

本章使用的工具栏应用了 AppCompat 主题。如果有需要，也可以通过 activity 和 fragment 布局定制标准视图的工具栏。可以在屏幕的任何位置摆放工具栏，甚至可以在同一屏幕配置多个工具栏。应用设计的自由度由此大大提高了，例如，可以为每个 fragment 定制专用工具栏。可以想象，在同一个用户界面托管多个 fragment 时，每个 fragment 都由自己的工具栏控制，这比所有 fragment 共享一个位于屏幕顶部的工具栏方便多了。

此外，工具栏还能支持内嵌视图和调整高度，这极大地丰富了应用的交互模式。毫不夸张地说，应用设计最大的局限就是人类想象力的局限。

了解了应用栏相关 API 的历史演变，查阅应用栏相关官方开发者文档就更加有的放矢了。如果不了解，则应用栏相关术语概念很容易迷惑人。学完本节，在增加知识的同时，希望你乐于分享，也能帮助未来的开发者搞清它们的异同。

14.5　深入学习：AppCompat 版应用栏

我们已经知道，给应用栏添加菜单项就可以改变它的内容。除了这些，你还可以在应用运行时，修改应用栏的一些其他属性，比如修改应用栏上显示的标题。

要使用 AppCompat 版应用栏，你可以引用 AppCompatActivity 的 supportFragmentManager 属性：

```
val appCompatActivity = activity as AppCompatActivity
val appBar = appCompatActivity.supportActionBar as Toolbar
```

托管 fragment 的 activity 被类型转换为 AppCompatActivity。CriminalIntent 应用用了 AppCompat 库，它的 MainActivity 就是 AppCompatActivity 子类，因此你能用上 AppCompat 版应用栏。

把 supportActionBar 类型转换为 Toolbar 类型的目的是能用上 Toolbar 的函数。（注意，AppCompat 使用 Toolbar 来实现其应用栏，但它过去一直用的是 ActionBar。所以，代码里使用 supportActionBar 属性就没那么奇怪了。）

引用到 AppCompat 版应用栏之后，可以做一些应用栏设置，比如设置标题：

```
appBar.setTitle(R.string.some_cool_title)
```

如果想知道 Toolbar（假设你的应用栏是个 Toolbar）还有哪些设置应用栏内容的函数可用，可以查阅 Toolbar API 参考页。

注意，如果需要修改当前 activity 用户界面上的应用栏菜单内容，可以调用 invalidateOptionsMenu()函数，让它触发 onCreateOptionsMenu(Menu, MenuInflater)回调函数来达到目的。在 onCreateOptionsMenu 回调函数里，编码修改菜单内容后，回调一结束，所有修改立即生效。

14.6　挑战练习：RecyclerView 空视图

当前，CriminalIntent 应用启动后，你会看到一个空空如也的 RecyclerView。从用户体验上来讲，即使 crime 列表是空的，也应给个提示或做出解释。

请配置空 RecyclerView 显示类似“There are no crime”的信息。再添加一个按钮，方便用户直接创建新的 crime 记录。

判断 crime 列表是否包含数据，然后使用所有视图类都有的 visibility 属性动态控制占位视图的显示。

第 15 章

隐式 intent

在 Android 系统中，可利用**隐式** intent 启动其他应用的 activity。在**显式** intent 中，指定要启动的 activity 类，操作系统会负责启动它。在**隐式** intent 中，只要描述要完成的任务，操作系统就会找到合适的应用，并在其中启动相应的 activity。

本章，我们将使用隐式 intent 发送短消息给 `Crime` 嫌疑人。用户首先从某个联系人应用中选取联系人，然后从短消息应用列表中选取目标应用发送消息，如图 15-1 所示。

图 15-1　打开联系人应用和消息发送应用

对于开发者来说，使用隐式 intent 利用其他应用完成常见任务，远比自己编写代码从头实现要容易得多。对于用户来说，他们也乐意在应用中调用自己熟悉或喜爱的应用。

创建隐式 intent 之前，需完成以下准备工作：

- 在 CrimeFragment 的布局上添加 CHOOSE SUSPECT 按钮和 SEND CRIME REPORT 按钮；
- 在 Crime 类中添加保存嫌疑人名字的 suspect 属性；
- 使用格式化的字符串资源创建消息模板。

15.1　添加按钮部件

首先，在 CrimeFragment 布局中添加两个投诉用按钮：一个嫌疑人选取按钮（CHOOSE SUSPECT 按钮）和一个消息发送按钮（SEND CRIME REPORT 按钮）。添加按钮前，先来添加显示在按钮上的字符串资源，如代码清单 15-1 所示。

代码清单 15-1　添加按钮字符串（res/values/strings.xml）

```
<resources>
    ...
    <string name="new_crime">New Crime</string>
    <string name="crime_suspect_text">Choose Suspect</string>
    <string name="crime_report_text">Send Crime Report</string>
</resources>
```

然后，在 res/layout/fragment_crime.xml 布局文件中，添加两个按钮部件，如代码清单 15-2 所示。

代码清单 15-2　添加按钮定义（res/layout/fragment_crime.xml）

```
<LinearLayout xmlns:android="http://schemas.android.com/apk/res/android"
          ... >
    ...
    <CheckBox
            android:id="@+id/crime_solved"
            android:layout_width="match_parent"
            android:layout_height="wrap_content"
            android:text="@string/crime_solved_label"/>

    <Button
            android:id="@+id/crime_suspect"
            android:layout_width="match_parent"
            android:layout_height="wrap_content"
            android:text="@string/crime_suspect_text"/>

    <Button
            android:id="@+id/crime_report"
            android:layout_width="match_parent"
            android:layout_height="wrap_content"
            android:text="@string/crime_report_text"/>
</LinearLayout>
```

现在，可以预览新布局了。当然，也可以直接运行 CriminalIntent 应用，确认看到了新增按钮。

15.2 添加嫌疑人信息至模型层

接下来，返回到 Crime.kt 中，新增存储嫌疑人名字的 suspect 成员变量，如代码清单 15-3 所示。

代码清单 15-3 添加 suspect 成员变量（Crime.kt）

```
@Entity
data class Crime(@PrimaryKey val id: UUID = UUID.randomUUID(),
                 var title: String = "",
                 var date: Date = Date(),
                 var isSolved: Boolean = false,
                 var suspect: String = "")
```

现在，需要新增 crime 数据库字段。这需要增加 CrimeDatabase 类的版本号，以及告诉 Room 如何在不同版本间迁移数据库。

为告诉 Room 数据库版本有变化，你需要添加一个 Migration。打开 CrimeDatabase.kt，修改数据库版本，再添加一个 Migration，如代码清单 15-4 所示。

代码清单 15-4 添加数据库迁移类（database/CrimeDatabase.kt）

```
@Database(entities = [ Crime::class ], version=1 version=2)
@TypeConverters(CrimeTypeConverters::class)
abstract class CrimeDatabase : RoomDatabase() {

    abstract fun crimeDao(): CrimeDao
}

val migration_1_2 = object : Migration(1, 2) {
    override fun migrate(database: SupportSQLiteDatabase) {
        database.execSQL(
            "ALTER TABLE Crime ADD COLUMN suspect TEXT NOT NULL DEFAULT ''"
        )
    }
}
```

由于数据库初始版本是 1，因此现在修改为 2。然后创建一个 Migration 对象更新数据库。

Migration 类构造函数需要两个参数，第一个是迁移前的数据库版本，第二个是迁移到的版本。这里就是版本号 1 和 2。

Migration 对象里唯一需要实现的函数是 migrate(SupportSQLiteDatabase)。使用 database 参数，可以执行任何升级数据库表的 SQL 命令（第 11 章讲过，Room 的后台支持是 SQLite）。这里的 ALTER TABLE 命令就是把嫌疑人字段添加到 crime 数据库表里。

创建了 Migration 后，需要把它提交给数据库。打开 CrimeRepository.kt，在创建 CrimeDatabase 实例时，把 Migration 添加给 Room，如代码清单 15-5 所示。

代码清单 15-5 把 Migration 添加给 Room（CrimeRepository.kt）

```
class CrimeRepository private constructor(context: Context) {

    private val database : CrimeDatabase = Room.databaseBuilder(
```

```
            context.applicationContext,
            CrimeDatabase::class.java,
            DATABASE_NAME
        ).build()
        ).addMigrations(migration_1_2)
            .build()
        private val crimeDao = database.crimeDao()
        ...
}
```

调用 build()函数之前，首先调用 addMigrations(...)创建数据库迁移。addMigrations(...)函数接受多个 Migration 对象参数，你可以把声明好的多个 addMigrations(...)全部传给它。

当应用启动，Room 创建数据库时，它会检查设备上现有数据库的版本。如果检查到的版本和定义在@Database 注解里的不一样，Room 会找到合适的 Migration 以更新数据库到最新版本。

为数据库转换提供迁移很重要。如果不提供，Room 则会先删除旧版本数据库，再创建新版本数据库。这意味着数据会全部丢失，用户肯定会抱怨的。

数据库迁移准备好后，可以运行 CriminalIntent 应用看看是否一切正常。应用表现应该和之前一样，你会看到第 14 章中添加的 crime 数据。稍后，我们就来使用新加的数据库栏位。

15.3 使用格式化字符串

最后一项准备工作是创建消息模板。应用运行前，我们无法获知具体的陋习细节。因此，必须使用带有占位符（可在应用运行时替换）的格式化字符串。下面是待用的格式化字符串：

```
%1$s! The crime was discovered on %2$s. %3$s, and %4$s
```

%1$s、%2$s 等特殊字符串是占位符，它们接受字符串参数。在代码中，我们将调用 getString(...)函数，并传入格式化字符串资源 ID 以及另外四个字符串参数（与要替换的占位符顺序一致）。

首先，在 strings.xml 中，添加如代码清单 15-6 所示的字符串资源。

代码清单 15-6　添加字符串资源（res/values/strings.xml）

```
<resources>
    ...
    <string name="crime_suspect_text">Choose Suspect</string>
    <string name="crime_report_text">Send Crime Report</string>
    <string name="crime_report">%1$s!
      The crime was discovered on %2$s. %3$s, and %4$s
    </string>
    <string name="crime_report_solved">The case is solved</string>
    <string name="crime_report_unsolved">The case is not solved</string>
    <string name="crime_report_no_suspect">there is no suspect.</string>
    <string name="crime_report_suspect">the suspect is %s.</string>
    <string name="crime_report_subject">CriminalIntent Crime Report</string>
    <string name="send_report">Send crime report via</string>
</resources>
```

然后，在 CrimeFragment.kt 中，添加 getCrimeReport()函数，创建四段字符串信息，并返回拼接完整的消息，如代码清单 15-7 所示。

代码清单 15-7 新增 getCrimeReport()方函数（CrimeFragment.kt）

```
private const val REQUEST_DATE = 0
private const val DATE_FORMAT = "EEE, MMM, dd"

class CrimeFragment : Fragment(), DatePickerFragment.Callbacks {
    ...
    private fun updateUI() {
        ...
    }

    private fun getCrimeReport(): String {
        val solvedString = if (crime.isSolved) {
            getString(R.string.crime_report_solved)
        } else {
            getString(R.string.crime_report_unsolved)
        }

        val dateString = DateFormat.format(DATE_FORMAT, crime.date).toString()
        var suspect = if (crime.suspect.isBlank()) {
            getString(R.string.crime_report_no_suspect)
        } else {
            getString(R.string.crime_report_suspect, crime.suspect)
        }

        return getString(R.string.crime_report,
                crime.title, dateString, solvedString, suspect)
    }

    companion object {
        ...
    }
}
```

（注意，DateFormat 类有多个，我们要用的是 android.text.format.DateFormat。）

至此，准备工作全部完成了，接下来学习如何使用隐式 intent。

15.4 使用隐式 intent

Intent 对象用来向操作系统说明需要处理的任务。使用**显式** intent 时，我们需要指定让操作系统启动的 activity。下面是之前创建过的显式 intent：

```
val intent = Intent(this, CheatActivity::class.java)
startActivity(intent)
```

使用**隐式** intent 时，只需告诉操作系统你想要做什么，操作系统就会去启动能够胜任工作任务的 activity。如果找到多个符合的 activity，用户会看到一个可选应用列表，然后就看用户如何选择了。

15

15.4.1　隐式 intent 的组成

下面是隐式 intent 的主要组成部分，可以用来定义你想做的事。

(1) 要执行的**操作**

通常以 Intent 类中的常量来表示。例如，要访问某个 URL，可以使用 Intent.ACTION_VIEW；要发邮件，可以使用 Intent.ACTION_SEND。

(2) 待访问**数据**的位置

这可能是设备以外的资源，比如某个网页的 URL，也可能是指向某个文件的 URI，或者是指向 ContentProvider 中某条记录的某个**内容 URI**（content URI）。

(3) 操作涉及的**数据类型**

这指的是 MIME 形式的数据类型，比如 text/html 或 audio/mpeg3。如果一个 intent 包含数据位置，那么通常可以从中推测出数据的类型。

(4) 可选**类别**

操作用于描述具体**要做什么**，而类别通常用来描述你打算**何时**、**何地**或者**如何使用**某个 activity。例如，Android 的 android.intent.category.LAUNCHER 类别表明，activity 应该显示在顶级应用启动器中；而 android.intent.category.INFO 类别表明，虽然 activity 向用户显示了包信息，但它不应该出现在启动器中。

所以，举个例子，一个查看某个网址的简单隐式 intent 会包括一个 Intent.ACTION_VIEW 操作，以及某个具体 URL 网址的 Uri 数据。

基于以上信息，操作系统将启动适用的 activity。（如果有多个应用适用，则用户自己选择。）

通过配置文件中的 intent 过滤器设置，activity 会对外宣称自己适合处理 ACTION_VIEW。例如，如果想开发一款浏览器应用，为了响应 ACTION_VIEW 操作，你会在 activity 声明中包含以下 intent 过滤器：

```
<activity
    android:name=".BrowserActivity"
    android:label="@string/app_name" >
    <intent-filter>
        <action android:name="android.intent.action.VIEW" />
        <category android:name="android.intent.category.DEFAULT" />
        <data android:scheme="http" android:host="www.bignerdranch.com" />
    </intent-filter>
</activity>
```

为响应隐式 intent，必须在 intent 过滤器中明确设置 activity 的 DEFAULT 类别。action 元素告诉操作系统，activity 能够胜任指定任务。DEFAULT 类别告诉操作系统（问谁可以做时），activity 愿意处理某项任务。DEFAULT 类别实际隐含添加给了几乎所有隐式 intent。（当然也有例外，详见第 23 章。）

和显式 intent 一样，隐式 intent 也可以包含 extra 信息。不过，操作系统在寻找适用的 activity 时，不会使用附加在隐式 intent 上的任何 extra。

注意，显式 intent 也可以使用隐式 intent 的操作和数据部分。这相当于要求特定的 activity 去做特定的事。

15.4.2 发送消息

在 CriminalIntent 应用中，通过创建发送消息的隐式 intent，我们来看看它是如何工作的。消息是由字符串组成的文本信息，我们的任务是发送一段文本信息，因此隐式 intent 的操作是 `ACTION_SEND`。它不指向任何数据，也不包含任何类别，但会指定数据类型为 `text/plain`。

在 `CrimeFragment.onCreateView(...)`函数中，首先以资源 ID 引用 SEND CRIME REPORT 按钮并为其设置一个监听器。然后在监听器接口实现中，创建一个隐式 intent 并传入 `startActivity(Intent)`函数，如代码清单 15-8 所示。

代码清单 15-8 发送消息（CrimeFragment.kt）

```
class CrimeFragment : Fragment(), DatePickerFragment.Callbacks {
    ...
    private lateinit var solvedCheckBox: CheckBox
    private lateinit var reportButton: Button
    ...
    override fun onCreateView(
        ...
    ): View? {
        ...
        dateButton = view.findViewById(R.id.crime_date) as Button
        solvedCheckBox = view.findViewById(R.id.crime_solved) as CheckBox
        reportButton = view.findViewById(R.id.crime_report) as Button

        return view
    }
    ...
    override fun onStart() {
        ...
        dateButton.setOnClickListener {
            ...
        }

        reportButton.setOnClickListener {
            Intent(Intent.ACTION_SEND).apply {
                type = "text/plain"
                putExtra(Intent.EXTRA_TEXT, getCrimeReport())
                putExtra(
                    Intent.EXTRA_SUBJECT,
                    getString(R.string.crime_report_subject))
            }.also { intent ->
                startActivity(intent)
            }
        }
    }
    ...
}
```

以上代码使用了一个接受字符串参数的 `Intent` 构造函数，我们传入的是一个定义操作的常量。取决于要创建的隐式 intent 类别，还有一些其他形式的构造函数可用。可以查阅 `Intent` 参考文档进一步了解。因为没有接受数据类型的构造函数可用，所以必须专门设置它。

消息内容和主题是作为 extra 附加到 intent 上的。注意，这些 extra 信息使用了 `Intent` 类中定义的常量。因此，任何响应该 intent 的 activity 都知道这些常量，自然也知道该如何使用它们的关联值。

从 fragment 启动 activity 和从 activity 启动 activity 的工作原理没多大差别。你调用 Fragment 的 `startActivity(Intent)` 函数，该函数在后台再调用相应的 `Activity` 函数。

运行 CriminalIntent 应用并点击 SEND CRIME REPORT 按钮。因为刚创建的 intent 会匹配设备上的许多 activity，所以你很可能会看到长长的候选 activity 列表，如图 15-2 所示。

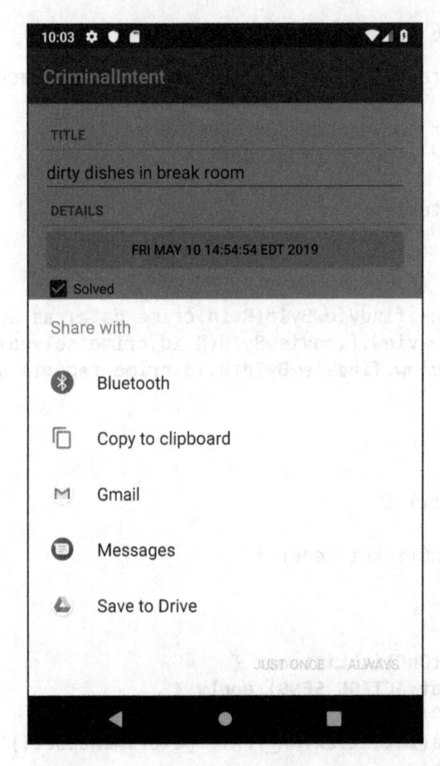

图 15-2　支持发送消息的全部 activity

从列表中做出选择后，可以看到消息加载到了所选应用中。接下来，只需填入地址，点击发送即可。

注意，像 Gmail 和 Google Drive 这样的应用需要 Google 账号才能登录。所以，选择不用登录的短消息应用会简单一些。在 Select conversation 对话框窗口中，点击 New message，然后输入电话号码，再点击如图 15-3 所示的“发送到指定号码”标签。可以看到，要发送的消息已经置入短消息窗口。

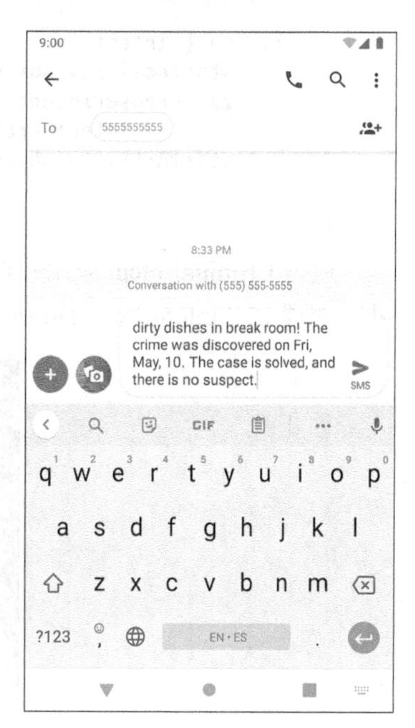

图 15-3 使用短消息应用发送消息

然而，有时可能看不到候选 activity 列表。出现这种情况通常有两个原因：要么是针对某个隐式 intent 设置了默认响应应用，要么是设备上仅有一个 activity 可以响应隐式 intent。

通常，对于某项操作，最好使用用户的默认应用。不过，在 CriminalIntent 应用中，针对 `ACTION_SEND` 操作，应该总是将选择权交给用户。要知道，也许今天用户想低调处理问题，只采取邮件的形式发送陋习报告，而明天就改变主意了：更希望通过 Twitter 公开抨击那些公共场所的陋习。

使用隐式 intent 启动 activity 时，也可以创建每次都显示的 activity 选择器。和以前一样，创建隐式 intent 后，调用以下 `Intent` 函数并传入创建的隐式 intent 以及用作选择器标题的字符串：

```
Intent.createChooser(Intent, String)
```

然后，将 `createChooser(...)` 函数返回的 intent 传入 `startActivity(...)` 函数。

在 CrimeFragment.kt 中，创建一个选择器显示响应隐式 intent 的全部 activity，如代码清单 15-9 所示。

代码清单 15-9 使用选择器（CrimeFragment.kt）

```
reportButton.setOnClickListener {
    Intent(Intent.ACTION_SEND).apply {
        type = "text/plain"
        putExtra(Intent.EXTRA_TEXT, getCrimeReport())
        putExtra(
            Intent.EXTRA_SUBJECT,
            getString(R.string.crime_report_subject))
```

```
        }.also { intent ->
            startActivity(intent)
            val chooserIntent =
                    Intent.createChooser(intent, getString(R.string.send_report))
            startActivity(chooserIntent)
        }
    }
```

运行 CriminalIntent 应用并点击 SEND CRIME REPORT 按钮。可以看到，只要有多个 activity 可以处理隐式 intent，就会得到一个候选 activity 列表，如图 15-4 所示。

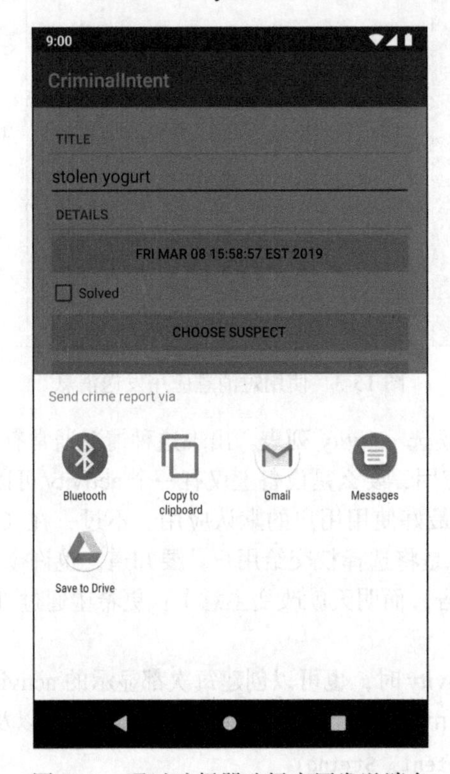

图 15-4　通过选择器选择应用发送消息

15.4.3　获取联系人信息

现在，创建另一个隐式 intent，让用户从联系人应用里选择嫌疑人。这个隐式 intent 将由操作以及数据获取位置组成。操作为 `Intent.ACTION_PICK`。联系人数据获取位置为 `ContactsContract.Contacts.CONTENT_URI`。简而言之，就是请 Android 从联系人数据库里获取某个具体联系人。

因为要获取启动 activity 的返回结果，所以我们调用 `startActivityForResult(...)` 函数并传入 intent 和请求代码。在 CrimeFragment.kt 中，新增请求代码常量和按钮成员变量，如代码清单 15-10 所示。

代码清单 15-10 添加嫌疑人按钮成员变量（CrimeFragment.kt）

```
private const val REQUEST_DATE = 0
private const val REQUEST_CONTACT = 1
private const val DATE_FORMAT = "EEE, MMM, dd"

class CrimeFragment : Fragment(), DatePickerFragment.Callbacks {
    ...
    private lateinit var reportButton: Button
    private lateinit var suspectButton: Button
    ...
}
```

在 onCreateView(...)函数的末尾，引用新增按钮。在 onStart()函数中，为其设置监听器。在监听器接口实现中，创建一个隐式 intent 并传入 startActivityForResult(...)函数。最后，如果找到联系人，就将其名字显示在按钮上，如代码清单 15-11 所示。

代码清单 15-11 发送隐式 intent（CrimeFragment.kt）

```
class CrimeFragment : Fragment(), DatePickerFragment.Callbacks {
    ...
    override fun onCreateView(
        ...
    ): View? {
        ...
        reportButton = view.findViewById(R.id.crime_report) as Button
        suspectButton = view.findViewById(R.id.crime_suspect) as Button

        return view
    }
    ...
    override fun onStart() {
        ...
        reportButton.setOnClickListener {
            ...
        }

        suspectButton.apply {
            val pickContactIntent =
                    Intent(Intent.ACTION_PICK, ContactsContract.Contacts.CONTENT_URI)

            setOnClickListener {
                startActivityForResult(pickContactIntent, REQUEST_CONTACT)
            }
        }
    }
    ...
}
```

稍后还会使用 pickContactIntent，这里没有将它放在 OnClickListener 监听器代码中。

接下来，修改 updateUI()，如果能找到 crime 事件嫌疑人，就在 CHOOSE SUSPECT 按钮上显示他的名字，如代码清单 15-12 所示。

代码清单 15-12　设置按钮文字（CrimeFragment.kt）

```
private fun updateUI() {
    titleField.setText(crime.title)
    dateButton.text = crime.date.toString()
    solvedCheckBox.apply {
        isChecked = crime.isSolved
        jumpDrawablesToCurrentState()
    }
    if (crime.suspect.isNotEmpty()) {
        suspectButton.text = crime.suspect
    }
}
```

运行 CriminalIntent 应用并点击 CHOOSE SUSPECT 按钮，应该能看到一个类似图 15-5 所示的联系人列表。

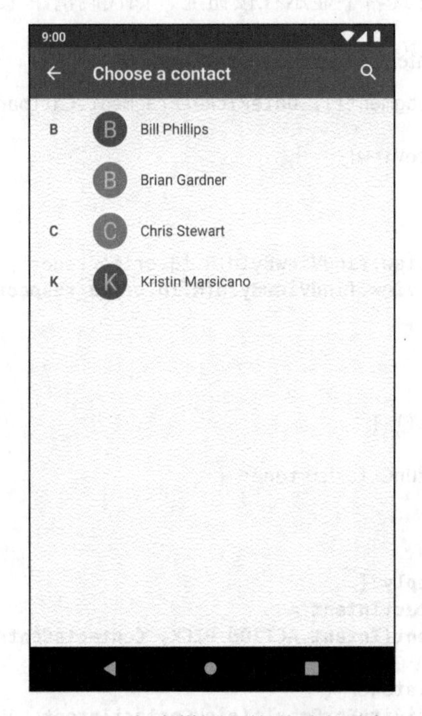

图 15-5　包含嫌疑人的联系人列表

注意，如果设备上安装了其他联系人应用，应用界面可能会有所不同。另外可以看到，从当前应用中调用联系人应用时，完全不用知道应用的名字。因此，用户可以安装任何喜爱的联系人应用，操作系统会负责找到并启动它。

1. 从联系人列表中获取联系人数据

现在，需要从联系人应用中获取返回结果。很多应用都会共享联系人信息，因此 Android 提供了一个深度定制的 API 用于处理联系人信息：`ContentProvider` 类。该类的实例封装了联系人数据库并提供给其他应用使用。我们可以通过 ContentResolver 访问 ContentProvider。(联系人数据库是一个比较复杂的主题，这里不会展开讨论。如需详细了解，可以阅读 Content Provider API 指南。)

前面，我们以 ACTION_PICK 启动了 activity 并要求返回结果，因此调用 onActivityResult(...)函数会接收到一个 intent。该 intent 包括了数据 URI。这个 URI 是个数据定位符，指向用户所选的联系人。

在 CrimeFragment.kt 中，实现 onActivityResult(...)函数，从联系人应用里获取联系人名字，如代码清单 15-13 所示。

代码清单 15-13 获取联系人姓名（CrimeFragment.kt）

```
class CrimeFragment : Fragment(), DatePickerFragment.Callbacks {
    ...
    private fun updateUI() {
        ...
    }

    override fun onActivityResult(requestCode: Int, resultCode: Int, data: Intent?) {
        when {
            resultCode != Activity.RESULT_OK -> return

            requestCode == REQUEST_CONTACT && data != null -> {
                val contactUri: Uri? = data.data
                // Specify which fields you want your query to return values for
                val queryFields = arrayOf(ContactsContract.Contacts.DISPLAY_NAME)
                // Perform your query - the contactUri is like a "where" clause here
                val cursor = requireActivity().contentResolver
                    .query(contactUri, queryFields, null, null, null)
                cursor?.use {
                    // Verify cursor contains at least one result
                    if (it.count == 0) {
                        return
                    }

                    // Pull out the first column of the first row of data -
                    // that is your suspect's name
                    it.moveToFirst()
                    val suspect = it.getString(0)
                    crime.suspect = suspect
                    crimeDetailViewModel.saveCrime(crime)
                    suspectButton.text = suspect
                }
            }
        }
    }
    ...
}
```

以上代码创建了一条查询语句，要求返回全部联系人的名字。然后查询联系人数据库，获得一个可用的 Cursor。因为已经知道 Cursor 只包含一条记录，所以将 Cursor 移动到第一条记录并获取它的字符串形式。该字符串即为嫌疑人的姓名。然后，用它设置 `Crime` 嫌疑人，并显示在 CHOOSE SUSPECT 按钮上。

一旦取到嫌疑人数据，crime 记录就需要再次保存到数据库里。这么做的原因有点微妙。在 `CrimeFragment` 继续运行时，`onViewCreated(...)`函数会被调用，这会从数据库查询当前处理的 crime 记录。但 `onActivityResult(...)`又是在 `onViewCreated(...)`函数之前被调用，所以，再次取出的 crime 记录会覆盖带嫌疑人信息的记录。为避免丢失嫌疑人数据，你就得及时把带嫌疑人数据的 crime 记录写入数据库。

现在，完整信息应该稳妥保存在数据库里了。`CrimeFragment` 还是会取到旧 crime 记录，但数据更新一完成，`LiveData` 就会及时通知到你。

稍后，你会运行 CriminalIntent 应用。运行前，先确认你的设备上有联系人应用。如果没有，请使用 Android 虚拟设备。如果正在使用虚拟设备，运行 CriminalIntent 应用前，记得先打开联系人应用添加一些联系人信息。

挑选一个嫌疑人，他的名字出现在了 CHOOSE SUSPECT 按钮上。再尝试发送 crime 事件消息，嫌疑人名字同样会出现在消息内容里，如图 15-6 所示。

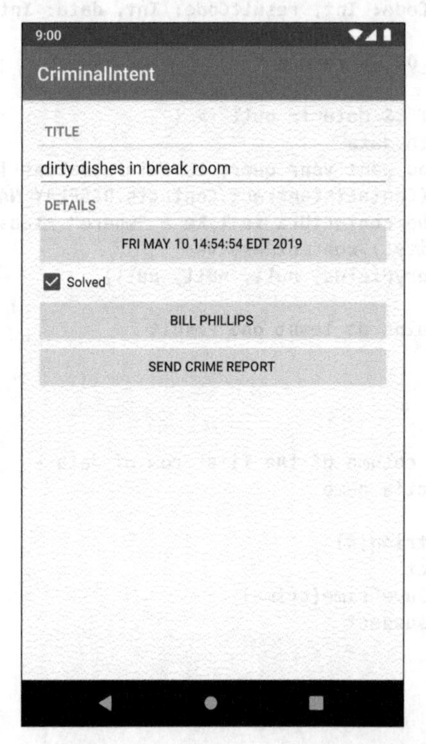

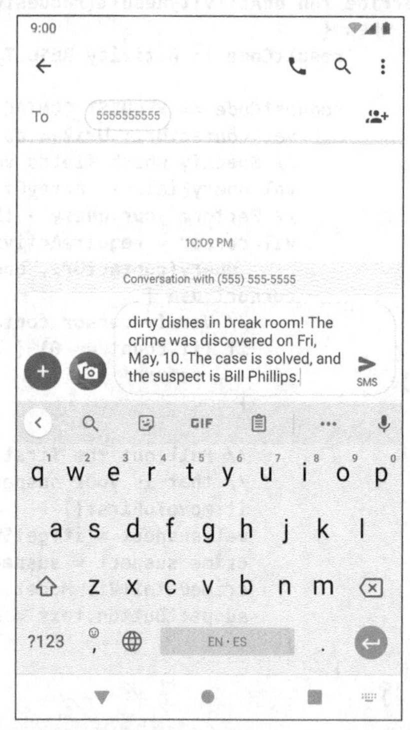

图 15-6　嫌疑人名字出现在按钮和消息内容里

2. 联系人信息使用权限

读取联系人数据库的权限是如何获取的呢？实际上，这是联系人应用将其权限临时赋予了我们。联系人应用拥有使用联系人数据库的全部权限。联系人应用返回包含在 intent 中的 URI 数据给父 activity 时，会添加一个 Intent.FLAG_GRANT_READ_URI_PERMISSION 标志。该标志告诉 Android，CriminalIntent 应用中的父 activity 可以使用联系人数据一次。这很有用，因为你不需要访问整个联系人数据库，只要访问其中的一条联系人信息就可以了。

15.4.4 检查可响应任务的 activity

本章创建的第一个隐式 intent 总是会以某种方式得到响应，因为就算没有可用的消息发送应用，至少还会出现一个应用选择器；但第二个就不一定了，因为有些设备上根本没有联系人应用。如果操作系统找不到匹配的 activity，应用就会崩溃。

解决办法是首先通过操作系统中的 PackageManager 类进行自检。在 onStart()函数中实现检查，如代码清单 15-14 所示。

代码清单 15-14 检查是否存在联系人应用（CrimeFragment.kt）

```
override fun onStart() {
    ...
    suspectButton.apply {
        val pickContactIntent =
            Intent(Intent.ACTION_PICK, ContactsContract.Contacts.CONTENT_URI)

        setOnClickListener {
            startActivityForResult(pickContactIntent, REQUEST_CONTACT)
        }

        val packageManager: PackageManager = requireActivity().packageManager
        val resolvedActivity: ResolveInfo? =
            packageManager.resolveActivity(pickContactIntent,
                PackageManager.MATCH_DEFAULT_ONLY)
        if (resolvedActivity == null) {
            isEnabled = false
        }
    }
}
```

Android 设备上安装了哪些组件以及包括哪些 activity，PackageManager 全都知道。（本书后续章节还会介绍更多组件。）调用 resolveActivity(Intent, Int)函数，可以找到匹配给定 Intent 任务的 activity。flag 标志 MATCH_DEFAULT_ONLY 限定只搜索带 CATEGORY_DEFAULT 标志的 activity。这和 startActivity(Intent)函数类似。

如果搜到目标，它会返回 ResolveInfo 告诉我们找到了哪个 activity；如果找不到，必须禁用嫌疑人按钮，否则应用就会崩溃。

如果想验证过滤器，但手头又没有不带联系人应用的设备，可临时添加额外的类别给 intent。这个类别没有实际的作用，只是阻止任何联系人应用和你的 intent 匹配。过滤器验证代码如代码清单 15-15 所示。

代码清单 15-15　过滤器验证代码（CrimeFragment.kt）

```
override fun onStart() {
    ...
    suspectButton.apply {
        ...
        pickContactIntent.addCategory(Intent.CATEGORY_HOME)
        val packageManager: PackageManager = requireActivity().packageManager
        ...
    }
}
```

现在，再次运行 CriminalIntent 应用，你应该会看到嫌疑人选取按钮被禁用了，如图 15-7 所示。

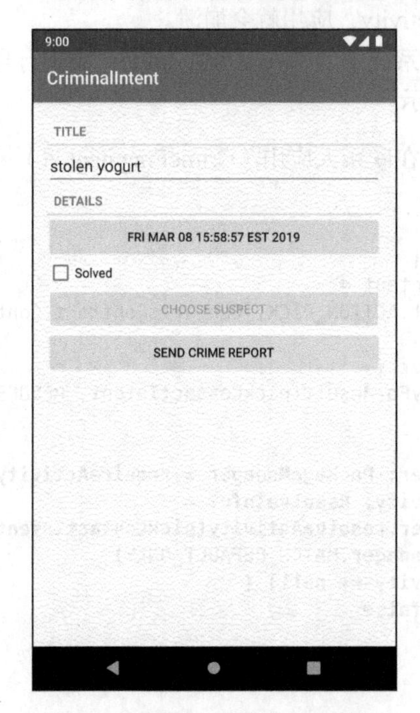

图 15-7　嫌疑人选取按钮已禁用

验证完毕，记得删除相关代码，如代码清单 15-16 所示。

代码清单 15-16　删除验证代码（CrimeFragment.kt）

```
override fun onStart() {
    ...
    suspectButton.apply {
        ...
        pickContactIntent.addCategory(Intent.CATEGORY_HOME)
        val packageManager: PackageManager = requireActivity().packageManager
        ...
    }
}
```

15.5　挑战练习：又一个隐式 intent

相较于发送消息，愤怒的用户可能更倾向于直接责问陋习嫌疑人。新增一个按钮，允许用户直接拨打陋习嫌疑人的电话。

要完成这个挑战，首先需要联系人数据库中的手机号码。这需要查询 ContactsContract 数据库中的 CommonDataKinds.Phone 表。如何查询，请查看它们的参考文档。

小提示：你应该使用 android.permission.READ_CONTACTS 权限。这是一个**运行时权限**，所以你需要明确向用户提请授权访问联系人信息。

利用这个权限，可以查询到 ContactsContract.Contacts._ID，然后用它查询 CommonDataKinds.Phone 表。

搞定了电话号码，可以使用电话 URI 创建一个隐式 intent：

```
Uri number = Uri.parse("tel:5551234");
```

与打电话相关的 Intent 操作有两种：Intent.ACTION_DIAL 和 Intent.ACTION_CALL。ACTION_CALL 直接调出手机应用并拨打来自 intent 的电话号码；ACTION_DIAL 则拨好电话号码，然后等用户发起通话。

推荐使用 ACTION_DIAL 操作。这样的话，用户就有了冷静下来改变主意的机会。这种贴心的设计应该会受到欢迎的。

第 16 章

使用 intent 拍照

16

掌握了隐式 intent 之后，可以考虑进一步丰富 crime 记录细节。例如，给陋习现场拍张照片就是个不错的主意。拍照需要用到一些包括隐式 intent 在内的新工具。

隐式 intent 可以启动用户喜爱的相机应用并接收它拍摄的照片。接收到照片后，该如何存储和展示这些照片呢？答案就在本章。

16.1 布置照片

首先要做的是在用户界面上布置照片。这需要新增两个 `View` 对象：显示照片缩略图的 `ImageView` 和拍照按钮。完成后的 UI 如图 16-1 所示。

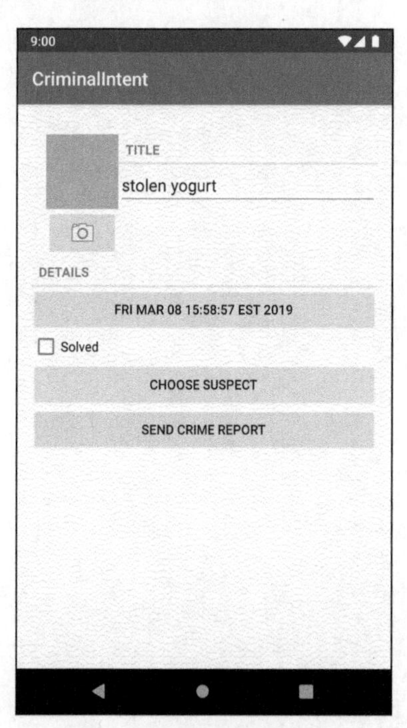

图 16-1 重新布置的 UI

如果在同一行放置照片缩略图和拍照按钮，应用界面就会显得拥挤，给人不专业的感觉。下面就来合理地布置这两个视图。

参照代码清单 16-1，把新视图放入 res/layout/fragment_crime.xml 布局。从左手边开始，首先添加 ImageView 视图用来显示照片，再添加 ImageButton 视图用来拍照。

代码清单 16-1 添加新部件（res/layout/fragment_crime.xml）

```
<LinearLayout xmlns:android="http://schemas.android.com/apk/res/android"
        ... >
    <LinearLayout
            android:layout_width="match_parent"
            android:layout_height="wrap_content"
            android:orientation="horizontal"
            android:layout_marginStart="16dp"
            android:layout_marginTop="16dp">

        <LinearLayout
                android:layout_width="wrap_content"
                android:layout_height="wrap_content"
                android:orientation="vertical">

            <ImageView
                    android:id="@+id/crime_photo"
                    android:layout_width="80dp"
                    android:layout_height="80dp"
                    android:scaleType="centerInside"
                    android:cropToPadding="true"
                    android:background="@android:color/darker_gray"/>

            <ImageButton
                    android:id="@+id/crime_camera"
                    android:layout_width="match_parent"
                    android:layout_height="wrap_content"
                    android:src="@android:drawable/ic_menu_camera"/>
        </LinearLayout>
    </LinearLayout>

    <TextView
            style="?android:listSeparatorTextViewStyle"
            android:layout_width="match_parent"
            android:layout_height="wrap_content"
            android:text="@string/crime_title_label"/>
    ...
</LinearLayout>
```

然后，从右手边开始，把 TextView 标题栏和 EditText 文字框放入一个新 LinearLayout 布局中，再安排其作为新建 LinearLayout 布局的子布局，如代码清单 16-2 所示。

代码清单 16-2 布置标题布局（res/layout/fragment_crime.xml）

```
<LinearLayout xmlns:android="http://schemas.android.com/apk/res/android"
        ... >
    <LinearLayout
```

```
            android:layout_width="match_parent"
            android:layout_height="wrap_content"
            android:orientation="horizontal"
            android:layout_marginStart="16dp"
            android:layout_marginTop="16dp">

        <LinearLayout
                android:layout_width="wrap_content"
                android:layout_height="wrap_content"
                android:orientation="vertical">
                ...
        </LinearLayout>
    </LinearLayout>

        <LinearLayout
                android:orientation="vertical"
                android:layout_width="0dp"
                android:layout_height="wrap_content"
                android:layout_weight="1">

            <TextView
                    style="?android:listSeparatorTextViewStyle"
                    android:layout_width="match_parent"
                    android:layout_height="wrap_content"
                    android:text="@string/crime_title_label"/>

            <EditText
                    android:id="@+id/crime_title"
                    android:layout_width="match_parent"
                    android:layout_height="wrap_content"
                    android:hint="@string/crime_title_hint"/>
        </LinearLayout>
    </LinearLayout>
    ...
</LinearLayout>
```

运行 CriminalIntent 应用，点击某个 crime 项查看其明细界面，应该可以看到如图 16-1 所示的画面。

漂亮的 UI 完成了，但要响应 ImageButton 按钮点击和控制 ImageView 视图的内容展示，我们还要添加引用它们的属性。和以前一样，调用 findViewById(Int) 函数从 fragment_crime.xml 布局中找到相应视图并使用它们，如代码清单 16-3 所示。

代码清单 16-3　添加新属性（CrimeFragment.kt）

```
class CrimeFragment : Fragment() {
    ...
    private lateinit var suspectButton: Button
    private lateinit var photoButton: ImageButton
    private lateinit var photoView: ImageView
    private val crimeDetailViewModel: CrimeDetailViewModel by lazy {
        ViewModelProviders.of(this).get(CrimeDetailViewModel::class.java)
    }
```

```
    ...
    override fun onCreateView(
        inflater: LayoutInflater,
        container: ViewGroup?,
        savedInstanceState: Bundle?
    ): View? {
        ...
        suspectButton = view.findViewById(R.id.crime_suspect) as Button
        photoButton = view.findViewById(R.id.crime_camera) as ImageButton
        photoView = view.findViewById(R.id.crime_photo) as ImageView

        return view
    }
    ...
}
```

与 UI 相关的工作完成了。接下来的任务是编码实现拍照和显示照片功能。

16.2 文件存储

相机拍摄的照片动辄几 MB 大小，保存在 SQLite 数据库中肯定不现实。显然，它们需要在设备文件系统的某个地方保存。

很好，设备上就有这么一个地方：私有存储空间。还记得吗？前面，我们在私有存储空间保存过 SQLite 数据文件。使用类似 Context.getFileStreamPath(String)和 Context.getFilesDir() 这样的函数，像照片这样的文件也可以这么保存。（结果就是照片文件保存在 databases 子目录相邻的某个子目录中。）

Context 类提供的基本文件和目录处理函数如下。

- getFilesDir(): File
  获取/data/data/<包名>/files 目录。
- openFileInput(name: String): FileInputStream
  打开现有文件进行读取。
- openFileOutput(name: String, mode: Int): FileOutputStream
  打开文件进行写入，如果不存在就创建它。
- getDir(name: String, mode: Int): File
  获取/data/data/<包名>/目录的子目录（如果不存在就先创建它）。
- fileList(...): Array<String>
  获取主文件目录下的文件列表。可与其他函数配合使用，比如 openFileInput(String)。
- getCacheDir(): File
  获取/data/data/<包名>/cache 目录。应注意及时清理该目录，并节约使用。

有个情况要说明一下：因为要处理的照片都是私有文件，**只有你自己的应用能读写**。不过，如果存储的文件**仅供应用内部使用**，上述各类函数也够用了。

如果其他应用要读写你的文件，事情就没那么简单了。CriminalIntent 应用就是这个情况：外部相机应用需要在你的应用里保存拍摄的照片。

这种情况下，上述函数作用就有限了。虽然 `Context.MODE_WORLD_READABLE` 可以传入 `openFileOutput(String, Int)` 函数，但这个 flag 已经废弃了。即使强制使用，在新系统设备上也不是很可靠。以前，还可以通过公共外部存储转存，但出于安全考虑，这条路在新版本系统上也被堵住了。

如果想共享文件给其他应用，或是接收其他应用的文件（比如相机应用拍摄的照片），可以通过 `ContentProvider` 把要共享的文件暴露出来。`ContentProvider` 允许你暴露内容 URI 给其他应用。这样，这些应用就可以从内容 URI 下载或向其中写入文件。当然，主动权在你手上，你可以控制读或写。

16.2.1　使用 FileProvider

如果只想从其他应用接收一个文件，自己实现 `ContentProvider` 简直是费力不讨好的事。Google 早已想到这点，因此提供了一个名为 `FileProvider` 的便利类。这个类能帮你搞定一切，而你只要做做参数配置就行了。

首先，声明 `FileProvider` 为 `ContentProvider`，并给予一个指定的权限。在 AndroidManifest.xml 中添加一个 `FileProvider` 声明，如代码清单 16-4 所示。

代码清单 16-4　添加 FileProvider 声明（manifests/AndroidManifest.xml）

```
<activity android:name=".MainActivity">
    ...
</activity>
<provider
        android:name="androidx.core.content.FileProvider"
        android:authorities="com.bignerdranch.android.criminalintent.fileprovider"
        android:exported="false"
        android:grantUriPermissions="true">
</provider>
```

这里的权限是指一个位置：文件保存地。`android:authorities` 属性值在整个系统里要有唯一性。为了做到这点，一个习惯做法是在权限字符串里加上应用包名。（这里用了 com.bignerdranch.android.criminalintent，你要是用了不同的包名，请自行修改。）

把 `FileProvider` 和你指定的位置关联起来，就相当于你给发出请求的其他应用一个目标地。添加 `exported = "false"` 属性就意味着，除了你自己以及你授权的人，其他任何人都不允许使用你的 `FileProvider`。而 `grantUriPermissions` 属性用来给其他应用授权，允许它们向你指定位置的 URI（稍后你会看到，这个位置信息放在 intent 中对外发出）写入文件。

既然已让 Android 知道 `FileProvider` 在哪，那么还需要配置 `FileProvider`，让它知道该暴露哪些文件。这个配置用另外一个 XML 资源文件处理。在项目工具窗口，右键单击 app/res 目录，然后选择 New → Android resource file 菜单项。资源类型选 XML，文件名输入 files，确认并创建这个文件。

打开刚刚创建的 res/xml/files.xml 文件，切换至代码模式，按代码清单 16-5 替换原有内容。

代码清单 16-5 填写路径描述（res/xml/files.xml）

```
<PreferenceScreen xmlns:android="http://schemas.android.com/apk/res/android">

</PreferenceScreen>
<paths>
    <files-path name="crime_photos" path="."/>
</paths>
```

这是个描述性 XML 文件，其表达的意思是，把私有存储空间的根路径映射为 crime_photos。这个名字仅供 FileProvider 内部使用，你不应去用它。

最后，在 AndroidManifest.xml 文件中，添加一个 meta-data 标签，让 FileProvider 能找到 files.xml 文件，如代码清单 16-6 所示。

代码清单 16-6 关联使用路径描述资源（manifests/AndroidManifest.xml）

```
<provider
        android:name="androidx.core.content.FileProvider"
        android:authorities="com.bignerdranch.android.criminalintent.fileprovider"
        android:exported="false"
        android:grantUriPermissions="true">
    <meta-data
            android:name="android.support.FILE_PROVIDER_PATHS"
            android:resource="@xml/files"/>
</provider>
```

16.2.2 指定照片存放位置

现在要处理的是指定照片存放位置。首先，在 Crime.kt 中添加一个计算属性获取图片文件名，如代码清单 16-7 所示。

代码清单 16-7 添加计算属性获取文件名（Crime.kt）

```
@Entity
data class Crime(@PrimaryKey val id: UUID = UUID.randomUUID(),
                 var title: String = "",
                 var date: Date = Date(),
                 var isSolved: Boolean = false,
                 var suspect: String = "") {

    val photoFileName
        get() = "IMG_$id.jpg"
}
```

photoFileName 不知道照片文件该存储在哪个目录。不过，既然文件名基于 Crime ID 制定，它就具有唯一性。

接下来，找到要保存文件的目录。CrimeRepository 负责 CriminalIntent 应用的数据持久化工作。既然如此，那么在 CrimeRepository 类里添加 getPhotoFile(Crime)函数也就再合适不过了，如代码清单 16-8 所示。

代码清单 16-8　定位照片文件（CrimeRepository.kt）

```
class CrimeRepository private constructor(context: Context) {
    ...
    private val executor = Executors.newSingleThreadExecutor()
    private val filesDir = context.applicationContext.filesDir

    fun addCrime(crime: Crime) {
        ...
    }

    fun getPhotoFile(crime: Crime): File = File(filesDir, crime.photoFileName)
    ...
}
```

上述新增函数不会创建任何文件。它的作用就是返回指向某个具体位置的 File 对象。稍后，我们会使用 FileProvider 把路径以 URI 的形式对外暴露。

最后，在 CrimeDetailViewModel 类里添加一个函数，把文件信息告诉 CrimeFragment，如代码清单 16-9 所示。

代码清单 16-9　通过 CrimeDetailViewModel 展示文件信息（CrimeDetailViewModel.kt）

```
class CrimeDetailViewModel : ViewModel() {
    ...
    fun saveCrime(crime: Crime) {
        crimeRepository.updateCrime(crime)
    }

    fun getPhotoFile(crime: Crime): File {
        return crimeRepository.getPhotoFile(crime)
    }
}
```

16.3 使用相机 intent

现在可以实现拍照功能了。这并不难，只要使用一个隐式 intent 就可以了。

首先是保存照片文件存储位置，如代码清单 16-10 所示。（接下来好几个地方会用到它，做好这步会省不少事。）

代码清单 16-10　获取照片文件位置（CrimeFragment.kt）

```
class CrimeFragment : Fragment(), DatePickerFragment.Callbacks {

    private lateinit var crime: Crime
    private lateinit var photoFile: File
    ...
    override fun onViewCreated(view: View, savedInstanceState: Bundle?) {
        ...
        crimeDetailViewModel.crimeLiveData.observe(
            viewLifecycleOwner,
            Observer { crime ->
```

```
                crime?.let {
                    this.crime = crime
                    photoFile = crimeDetailViewModel.getPhotoFile(crime)
                    updateUI()
                }
            })
    }
    ...
}
```

然后是处理相机拍照按钮，触发拍照。相机 intent 定义在 MediaStore 里。这个类负责处理所有与多媒体相关的任务。发送一个带 MediaStore.ACTION_IMAGE_CAPTURE 操作的 intent，Android 会启动相机 activity 拍照。

实现拍照功能的思路已经厘清了，但还有些小细节要处理。

触发拍照

准备工作都已完成，可以使用相机 intent 了。我们需要的 intent 操作是定义在 MediaStore 类中的 ACTION_IMAGE_CAPTURE。MediaStore 类定义了一些公共接口，可用于处理图像、视频以及音乐这些常见的多媒体任务。当然，这也包括触发相机应用的拍照 intent。

ACTION_IMAGE_CAPTURE 打开相机应用，默认只能拍摄缩略图这样的低分辨率照片，而且照片会保存在 onActivityResult(...)返回的 Intent 对象里。

要想获得全尺寸照片，就要让它使用文件系统存储照片。这可以通过传入保存在 MediaStore.EXTRA_OUTPUT 中的指向存储路径的 Uri 来完成。这个 Uri 会指向 FileProvider 提供的位置。

首先，创建一个新属性保存图片 URI，然后使用引用到的 photoFile 初始化它，如代码清单 16-11 所示。

代码清单 16-11 添加图片 URI 属性（CrimeFragment.kt）

```
class CrimeFragment : Fragment(), DatePickerFragment.Callbacks {

    private lateinit var crime: Crime
    private lateinit var photoFile: File
    private lateinit var photoUri: Uri
    ...
    override fun onViewCreated(view: View, savedInstanceState: Bundle?) {
        ...
        crimeDetailViewModel.crimeLiveData.observe(
            viewLifecycleOwner,
            Observer { crime ->
                crime?.let {
                    this.crime = crime
                    photoFile = crimeDetailViewModel.getPhotoFile(crime)
                    photoUri = FileProvider.getUriForFile(requireActivity(),
                        "com.bignerdranch.android.criminalintent.fileprovider",
                        photoFile)
                    updateUI()
```

```
                }
            })
        }
        ...
    }
```

调用 FileProvider.getUriForFile(...)会把本地文件路径转换为相机能使用的 Uri 形式。该函数需要三个参数来创建指向图片文件的 URI：你的 activity、provider 授权和图片文件路径。另外，传给 FileProvider.getUriForFile(...)的授权字符串要和 manifest 文件里的相匹配（参见代码清单 16-4）。

接下来是编写用于拍照的隐式 intent，如代码清单 16-12 所示。拍摄的照片应该保存在 photoUri 指定的地方。同时，别忘了检查设备上是否安装有相机应用，以及是否有地方存储照片。（要确认是否有可用的相机应用，可找 PackageManager 确认是否有响应相机隐式 intent 的 activity。关于查询 PackageManager 的详细内容，参见 15.4.4 节。）

代码清单 16-12　使用相机 intent（CrimeFragment.kt）

```
private const val REQUEST_CONTACT = 1
private const val REQUEST_PHOTO = 2
private const val DATE_FORMAT = "EEE, MMM, dd"

class CrimeFragment : Fragment(), DatePickerFragment.Callbacks {
    ...
    override fun onStart() {
        ...
        suspectButton.apply {
            ...
        }

        photoButton.apply {
            val packageManager: PackageManager = requireActivity().packageManager

            val captureImage = Intent(MediaStore.ACTION_IMAGE_CAPTURE)
            val resolvedActivity: ResolveInfo? =
                packageManager.resolveActivity(captureImage,
                        PackageManager.MATCH_DEFAULT_ONLY)
            if (resolvedActivity == null) {
                isEnabled = false
            }

            setOnClickListener {
                captureImage.putExtra(MediaStore.EXTRA_OUTPUT, photoUri)

                val cameraActivities: List<ResolveInfo> =
                    packageManager.queryIntentActivities(captureImage,
                            PackageManager.MATCH_DEFAULT_ONLY)

                for (cameraActivity in cameraActivities) {
                    requireActivity().grantUriPermission(
                        cameraActivity.activityInfo.packageName,
                        photoUri,
```

```
                        Intent.FLAG_GRANT_WRITE_URI_PERMISSION)
                }

                startActivityForResult(captureImage, REQUEST_PHOTO)
            }
        }

        return view
    }
    ...
}
```

要实际写入文件，还需要给相机应用权限。为了授权，我们授予 Intent.FLAG_GRANT_WRITE_URI_PERMISSION 给所有 cameraImage intent 的目标 activity，以此允许它们在 Uri 指定的位置写文件。当然，还有个前提条件：在声明 FileProvider 的时候添加过 android:grantUriPermissions 属性。

运行 CriminalIntent 应用，点击相机按钮启动相机应用，如图 16-2 所示。

图 16-2 打开设备上的相机应用

16.4 缩放和显示位图

现在，终于可以拍摄陋习现场的照片并保存了。

有了照片，接下来就是找到并加载它，然后展示给用户看。在技术实现上，这需要加载照片到大小合适的 Bitmap 对象中。要从文件生成 Bitmap 对象，我们需要 BitmapFactory 类：

```
val bitmap = BitmapFactory.decodeFile(photoFile.getPath())
```

看到这里，有没有感觉不对劲？肯定有的。否则依照本书代码风格，上述代码就会直接加粗印刷，你对照输入就行了。

不卖关子了，问题在于，介绍 Bitmap 时，我们提到"大小合适"。Bitmap 是个简单对象，它只存储实际像素数据。也就是说，即使原始照片已压缩过，但存入 Bitmap 对象时，文件并不会同样压缩。因此，一张 1600 万像素 24 位的相机照片（存为 JPG 格式大约 5 MB），一旦载入 Bitmap 对象，就会立即膨胀至 48 MB！

这个问题可以设法解决，但需要手动缩放位图照片。具体做法是，首先确认文件到底有多大，然后考虑按照给定区域大小合理缩放文件。最后，重新读取缩放后的文件，创建 Bitmap 对象。

创建名为 PictureUtils.kt 的新文件，并在其中添加 getScaledBitmap(String, Int, Int) 缩放函数，如代码清单 16-13 所示。

代码清单 16-13　创建 getScaledBitmap(...)函数（PictureUtils.kt）

```
fun getScaledBitmap(path: String, destWidth: Int, destHeight: Int): Bitmap {
    // Read in the dimensions of the image on disk
    var options = BitmapFactory.Options()
    options.inJustDecodeBounds = true
    BitmapFactory.decodeFile(path, options)

    val srcWidth = options.outWidth.toFloat()
    val srcHeight = options.outHeight.toFloat()

    // Figure out how much to scale down by
    var inSampleSize = 1
    if (srcHeight > destHeight || srcWidth > destWidth) {
        val heightScale = srcHeight / destHeight
        val widthScale = srcWidth / destWidth

        val sampleScale = if (heightScale > widthScale) {
            heightScale
        } else {
            widthScale
        }
        inSampleSize = Math.round(sampleScale)
    }

    options = BitmapFactory.Options()
    options.inSampleSize = inSampleSize

    // Read in and create final bitmap
    return BitmapFactory.decodeFile(path, options)
}
```

上述函数中，inSampleSize 值很关键。它决定着缩略图像素的大小。如果这个值是 1，就表明缩略图和原始照片的水平像素大小一样。如果是 2，它们的水平像素比就是 1∶2。因此，inSampleSize 值为 2 时，缩略图的像素数就是原始文件的 1/4。

问题总是接踵而来。解决了缩放问题，又冒出了新问题：fragment 刚启动时，没人知道 PhotoView 究竟有多大。onCreate(...)、onStart()和 onResume()函数启动后，才会有首个实例化布局出现。也就在此时，显示在屏幕上的视图才会有大小尺寸。这也是出现新问题的原因。

解决方案有两个：要么等布局实例化完成并显示，要么干脆使用保守估算值。特定条件下，尽管估算比较主观，但确实是唯一切实可行的办法。再添加一个 getScaledBitmap(String, Activity)静态 Bitmap 估算函数，如代码清单 16-14 所示。

代码清单 16-14　编写合理的缩放函数（PictureUtils.kt）

```
fun getScaledBitmap(path: String, activity: Activity): Bitmap {
    val size = Point()
    activity.windowManager.defaultDisplay.getSize(size)

    return getScaledBitmap(path, size.x, size.y)
}

fun getScaledBitmap(path: String, destWidth: Int, destHeight: Int): Bitmap {
    ...
}
```

该函数先确认屏幕的尺寸，然后按此缩放图像。这样，就能保证载入的 ImageView 永远不会过大。无论如何，这是一个比较保守的估算，但能解决问题。

接下来，为了把 Bitmap 载入 ImageView，在 CrimeFragment.kt 中，添加刷新 photoView 的函数，如代码清单 16-15 所示。

代码清单 16-15　更新 photoView（CrimeFragment.kt）

```
class CrimeFragment : Fragment(), DatePickerFragment.Callbacks {
    ...
    private fun updateUI() {
        ...
    }

    private fun updatePhotoView() {
        if (photoFile.exists()) {
            val bitmap = getScaledBitmap(photoFile.path, requireActivity())
            photoView.setImageBitmap(bitmap)
        } else {
            photoView.setImageDrawable(null)
        }
    }

    override fun onActivityResult(requestCode: Int, resultCode: Int, data: Intent?) {
        ...
    }
    ...
}
```

然后，分别在 updateUI()和 onActivityResult(...)函数中调用 updatePhotoView()函数，如代码清单 16-16 所示。

代码清单 16-16　调用 updatePhotoView()函数（CrimeFragment.kt）

```
class CrimeFragment : Fragment(), DatePickerFragment.Callbacks {
    ...
    private fun updateUI() {
        ...
        if (crime.suspect.isNotEmpty()) {
            suspectButton.text = crime.suspect
        }
        updatePhotoView()
    }
    ...
    override fun onActivityResult(requestCode: Int, resultCode: Int, data: Intent?) {
        when {
            resultCode != Activity.RESULT_OK -> return

            requestCode == REQUEST_CONTACT && data != null -> {
                ...
            }

            requestCode == REQUEST_PHOTO -> {
                updatePhotoView()
            }
        }
    }
    ...
}
```

如代码清单 16-17 所示，既然相机已保存了文件，那就再次调用权限，关闭文件访问。这里，在收到有效结果时，在 onActivityResult(...)里执行上述代码。同时，为处理可能的无效返回，也别忘了在 onDetach()里加上同样的处理逻辑。

代码清单 16-17　撤销 URI 权限（CrimeFragment.kt）

```
class CrimeFragment : Fragment(), DatePickerFragment.Callbacks {
    ...
    override fun onStop() {
        ...
    }

    override fun onDetach() {
        super.onDetach()
        requireActivity().revokeUriPermission(photoUri,
            Intent.FLAG_GRANT_WRITE_URI_PERMISSION)
    }

    override fun onActivityResult(requestCode: Int, resultCode: Int, data: Intent?) {
        when {
            ...
```

```
            requestCode == REQUEST_PHOTO -> {
                requireActivity().revokeUriPermission(photoUri,
                    Intent.FLAG_GRANT_WRITE_URI_PERMISSION)
                updatePhotoView()
            }
        }
    }
    ...
}
```

再次运行 CriminalIntent 应用，打开某个 crime 明细界面，使用拍照按钮拍张照。如果没有什么问题，你应该可以看到已拍照片的缩略图了，如图 16-3 所示。

图 16-3 缩略图出现了

16.5 功能声明

应用的拍照功能用起来不错，但还有一件事情要做：告诉潜在用户应用有拍照功能。

假如应用要用到诸如相机、NFC，或者任何其他的随设备走的功能时，都应该让 Android 系统知道。这样，假如设备缺少这样的功能，类似 Google Play 商店的安装程序就会拒绝安装应用。

为了声明应用要使用相机，在 AndroidManifest.xml 中加入`<uses-feature>`标签，如代码清单 16-18 所示。

16

代码清单 16-18　添加<uses-feature>标签（manifest/AndroidManifest.xml）

```
<manifest xmlns:android="http://schemas.android.com/apk/res/android"
    package="com.bignerdranch.android.criminalintent" >

    <uses-feature android:name="android.hardware.camera"
                  android:required="false"/>
    ...
</manifest>
```

注意，我们在代码中使用了 android:required 属性。默认情况下，声明要使用某个设备功能后，应用就无法支持那些无此功能的设备了，但这不适用于 CriminalIntent 应用。这是因为，resolveActivity(...)函数可以判断设备是否支持拍照。如果不支持，就直接禁用拍照按钮。

无论如何，这里设置 android:required 属性为 false，Android 系统因此就知道，尽管不带相机的设备会导致应用功能缺失，但应用仍然可以正常安装和使用。

16.6　挑战练习：优化照片显示

现在虽然能够看到拍摄的照片，但没法看到照片细节。

请创建能显示放大版照片的 DialogFragment。只要点击缩略图，就会弹出这个 DialogFragment，让用户查看放大版的照片。

16.7　挑战练习：优化缩略图加载

本章，我们只能大致估算缩略图的目标尺寸。虽说这种做法可行且实施迅速，但还不够理想。

Android 有个现成的名为 ViewTreeObserver 的 API 工具可用。你可以从 Activity 层级结构中获取任何视图的 ViewTreeObserver 对象：

```
val observer = imageView.viewTreeObserver
```

你可以为 ViewTreeObserver 对象设置包括 OnGlobalLayoutListener 在内的各种监听器。使用 OnGlobalLayoutListener 监听器，可以监听任何布局的传递，控制事件的发生。

修改代码，使用有效的 photoView 尺寸，等到有布局切换时再调用 updatePhotoView()函数。

第 17 章 应用本地化

我们预计 CriminalIntent 应用会走红，因此决定让更多的用户用上它。先期实施的将是应用的中文本地化工作。

本地化是一个基于设备语言设置，为应用提供合适资源的过程。本章会为 CriminalIntent 应用提供中文版 res/values/strings.xml。设备语言如果设置为中文，Android 就会自动找到并使用相应的中文资源，如图 17-1 所示。

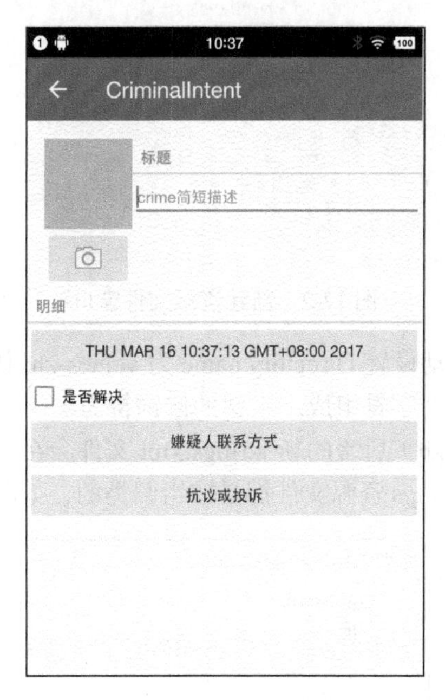

图 17-1　中文版 CriminalIntent 应用

17.1　资源本地化

语言设置是设备配置的一部分（详见 3.5 节）。和处理屏幕方向、屏幕尺寸以及其他配置因素改变一样，Android 也提供了用于不同语言的配置修饰符。本地化处理因而变得简单：创建带目标语言配置修饰符的资源子目录，并放入备选资源。其余工作可以交给 Android 资源系统自动处理了。

在项目工具窗口中，右键单击 res/values 目录，选择 New → Values resource file 菜单项。文件名输入 strings.xml，Source set 选中 main，Directory name 设置为 values。

然后，在 Available qualifiers 列表窗口，选中 Locale，使用>>按钮把它移入 Chosen qualifiers 窗口，在 Language 列表窗口中选中 zh: Chinese，此时，右边的 Specific Region Only 窗口会自动选中 Any Region，这就是我们想要的，无须更改。

现在，新建资源文件窗口应该类似于图 17-2。

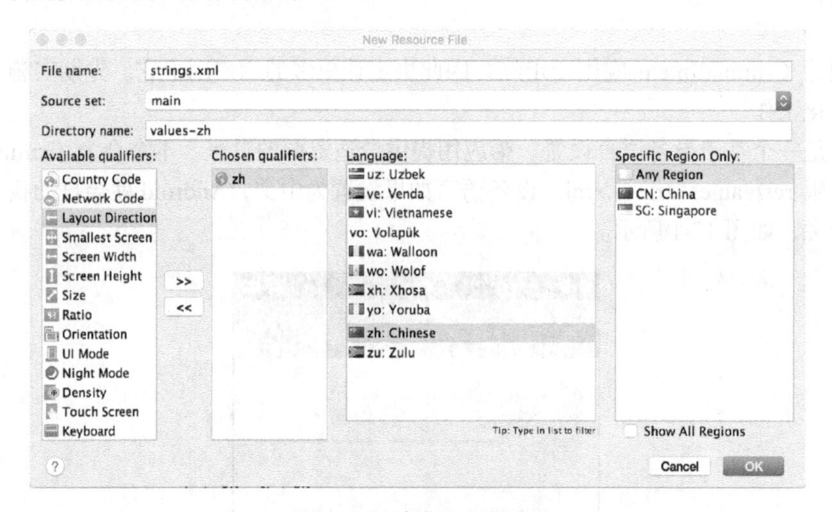

图 17-2　新建资源文件窗口

注意，Android Studio 会自动设置 Directory name 为 values-zh。语言配置修饰符来自 ISO 639-1 标准代码，每个修饰符都由两个字符组成。中文的修饰符为-zh。

点击 OK 按钮完成。带（zh）后缀的新 strings.xml 文件会在 res/values 下列出。现在观察一下，在项目工具窗口，新的 strings 资源文件都是按组归类的，如图 17-3 所示。

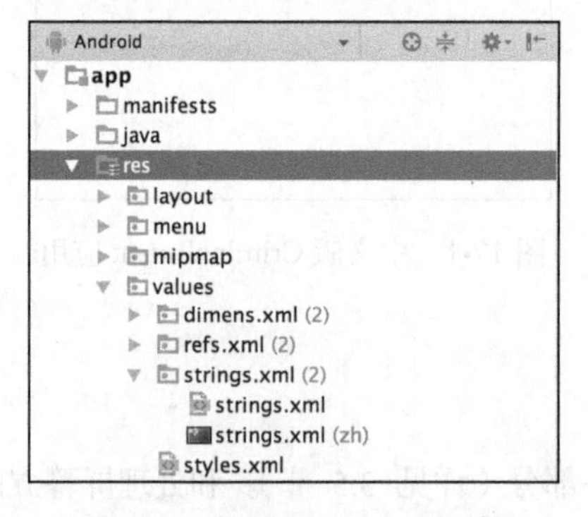

图 17-3　新的 strings.xml 文件

然而，如果查看目录结构，你会看到项目现在有了另一个 values 目录：res/values-zh。新生成的 strings.xml 就放在这个目录里，如图 17-4 所示。

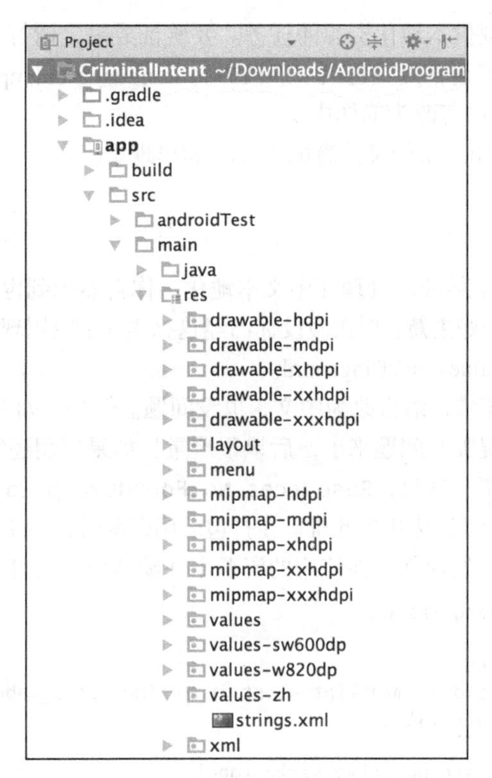

图 17-4 在 Project 视图中查看新的 strings.xml 文件

现在，开始真正的中文定制。添加中文字符串资源给 res/values-zh/strings.xml 文件，如代码清单 17-1 所示。

代码清单 17-1 添加中文备选字符串资源（res/values-zh/strings.xml）

```
<resources>
    <string name="app_name">CriminalIntent</string>
    <string name="crime_title_hint">crime 简短描述</string>
    <string name="crime_title_label">标题</string>
    <string name="crime_details_label">明细</string>
    <string name="crime_solved_label">是否解决</string>
    <string name="new_crime">新增 crime 记录</string>
    <string name="crime_suspect_text">嫌疑人联系方式</string>
    <string name="crime_report_text">抗议或投诉</string>
    <string name="crime_report">%1$s!crime 发生于 %2$s. %3$s, y %4$s</string>
    <string name="crime_report_solved">问题已解决</string>
    <string name="crime_report_unsolved">问题未解决</string>
    <string name="crime_report_no_suspect">没找到嫌疑人</string>
    <string name="crime_report_suspect">嫌疑人是 %s</string>
```

```
    <string name="crime_report_subject">crime 处理情况报告</string>
    <string name="send_report">投诉方式</string>
</resources>
```

这样便完成了为应用提供本地化资源的任务。要验证成果，请打开 Settings，找到语言设置选项（Android 版本繁多，但语言设置选项一般被标为 Language and input、Language and Keyboard 或其他类似名称），将设备语言改为简体中文。

运行 CriminalIntent 应用。亲切又熟悉的中文界面出现了。

17.1.1　默认资源

英文语言的配置修饰符为-en。处理完中文本地化，你自然想到也把原来的 values 目录重命名为 values-en。这可不是个好主意。现在假设你已经这么做了：应用现在有一个英文版 values-en/strings.xml 和一个中文版 values-zh/strings.xml。

运行应用，一切都很正常，语言改为中文，也没问题。但是，如果有个用户把设备语言改为意大利语，会出现什么情况呢？问题来了，后果很严重！如果应用还能运行，Android 将无法找到匹配当前语言设置的资源。这时，Resources.NotFoundException 异常发生，应用会崩溃。

Android Studio 会采取行动让你免遭此难。在打包应用资源时，Android 资源打包工具（AAPT）会做许多检查。如果 AAPT 发现你正在使用的资源不在默认资源文件里，它会在编译时报错：

```
Android resource linking failed

warn: removing resource
com.bignerdranch.android.criminalintent:string/crime_title_label
without required default value.

AAPT: error: resource string/crime_title_label
(aka com.bignerdranch.android.criminalintent:string/crime_title_label)
not found.

error: failed linking file resources.
```

这一事件告诉我们：应为所有资源提供**默认资源**。没有配置修饰符的资源就是 Android 的默认资源。如果无法找到匹配当前配置的资源，Android 就会使用默认资源。默认资源至少能保证应用正常运行。

例外的屏幕显示密度

Android 默认资源使用规则并不适用于屏幕显示密度。项目的 drawable 目录通常按屏幕显示密度要求，带有-mdpi、-xxhdpi 这样的修饰符。不过，Android 决定使用哪一类 drawable 资源并不是简单地匹配设备的屏幕显示密度，也不是在没有匹配的资源时直接使用默认资源。

最终的选择取决于对屏幕尺寸和显示密度的综合考虑。Android 甚至可能会选择低于或高于当前设备屏幕密度的 drawable 资源，然后通过缩放去适配设备。无论如何，请记住一点：不要在 res/drawable/目录下放置默认的 drawable 资源。

17.1.2 检查资源本地化完成情况

是否已为某种语言提供全部本地化资源？应用支持的语言越来越多，想快速确认也越来越难。Google 早已想到这点，所以 Android Studio 提供了资源翻译编辑器这个工具。这个便利工具能集中查看资源翻译完成情况。开始之前，打开默认的 strings.xml，注释掉 crime_details_label 和 crime_title_label 定义，如代码清单 17-2 所示。

代码清单 17-2 注释掉一些资源定义（res/values/strings.xml）

```
<resources>
    <string name="app_name">CriminalIntent</string>
    <string name="crime_title_hint">Enter a title for the crime.</string>
    <!--<string name="crime_title_label">Title</string>-->
    <!--<string name="crime_details_label">Details</string>-->
    <string name="crime_solved_label">Solved</string>
    ...
</resources>
```

要启动资源翻译编辑器，在项目工具窗口右键单击某个语言版本的 strings.xml，选择 Open Translations Editor 菜单项即可。如图 17-5 所示，资源翻译编辑器随即显示了对应语言的全部资源定义。`crime_details_label` 和 `crime_title_label` 的定义已注释，所以它们被标红了。

+ − Show All Keys Show All Locales ?

Key	Resource Folder	Untranslatable	Default Value	Chinese (zh)
app_name	app/src/main/res	☐	CriminalIntent	CriminalIntent
crime_title_hint	app/src/main/res	☐	Enter a title for the crime.	crime简短描述
crime_title_label	app/src/main/res	☐		标题
crime_details_label	app/src/main/res	☐		明细
crime_solved_label	app/src/main/res	☐	Solved	是否解决
new_crime	app/src/main/res	☐	New Crime	新增crime记录
crime_suspect_text	app/src/main/res	☐	Choose Suspect	嫌疑人联系方式
crime_report_text	app/src/main/res	☐	Send Crime Report	抗议或投诉
crime_report	app/src/main/res	☐	%1$s![...]	%1$s!crime 发生于 %2$s. %3$s,
crime_report_solved	app/src/main/res	☐	The case is solved	问题已解决
crime_report_unsolved	app/src/main/res	☐	The case is not solved	问题未解决
crime_report_no_suspect	app/src/main/res	☐	there is no suspect.	没找到嫌疑人
crime_report_suspect	app/src/main/res	☐	the suspect is %s.	嫌疑人是 %s
crime_report_subject	app/src/main/res	☐	CriminalIntent Crime Report	crime处理情况报告
send_report	app/src/main/res	☐	Send crime report via	投诉方式

图 17-5 检查应用本地化完成情况

可以看到，得到要添加到项目中的未处理资源的清单很容易。借此，找到区域配置里所有遗漏未处理的资源，在对应字符串文件里加上它们。

虽然可以直接在资源翻译编辑器中添加字符串资源，但这里只要取消对 `crime_details_label` 和 `crime_title_label` 的注释就可以了。继续学习之前，记得取消资源注释。

17.1.3　区域修饰符

修饰资源目录也可以使用语言加区域修饰符，这样可以让资源使用更有针对性。例如，西班牙语可以使用-es-rES 修饰符，其中，r 代表区域，ES 是西班牙语的 ISO 3166-1-alpha-2 标准码。配置修饰符不区分大小写。但最好遵守 Android 命名约定：语言代码小写，区域代码大写，但前面加个小写的 r。

注意，语言区域修饰符，比如-es-rES，看上去像两个不同的修饰符的合体，实际并非如此。这是因为，区域本身不能单独用作修饰符。

如果一个资源修饰符同时包含 locale 和区域，那么它有两次机会匹配用户的 locale。首先，如果语言和区域修饰同时匹配用户的 locale，那这就是一次精准匹配。如果是非精准匹配，系统会去除区域修饰，然后仅以语言去做精准匹配。

找不到精准匹配资源，系统会选什么样的资源呢？不同版本系统的设备有不同的处理方式。图 17-6 展示了 Android 不同系统版本的区域资源匹配策略（Nougat 之前及之后的系统版本）。

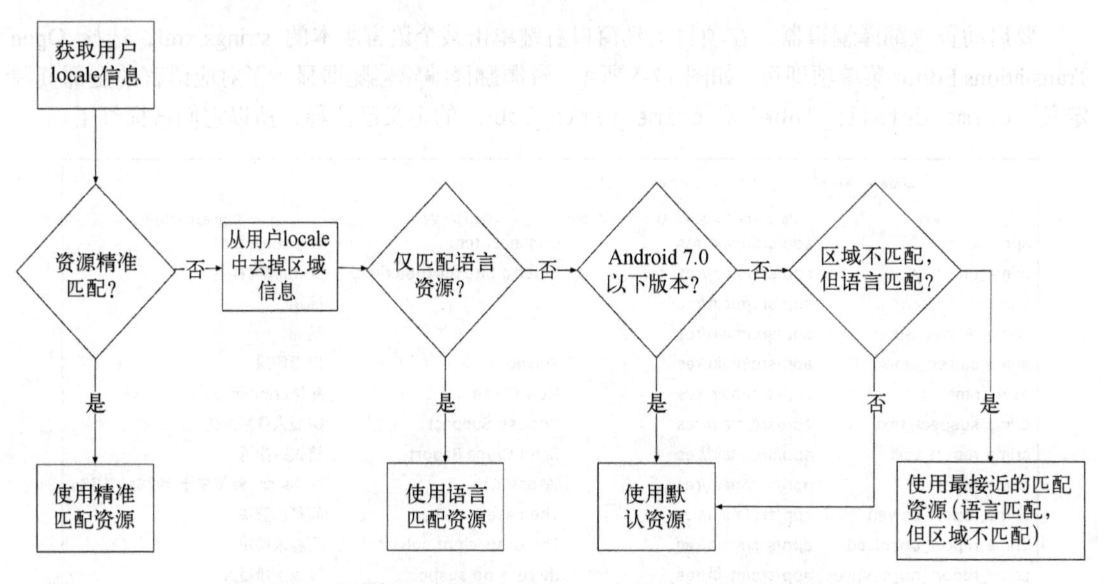

图 17-6　区域资源匹配策略（Nougat 之前及之后的系统版本）

在运行 Nougat 之前的系统版本的设备上，如果找不到匹配的资源，应用就会使用无任何修饰符的默认资源。

Nougat 及其之后的系统版本已优化 locale 支持，支持更多 locale 以及支持同一设备选择多个 locale。因此，为了让应用显示更准确的语言，系统使用了更智能化的资源匹配策略。如果找不到精准匹配，也找不到仅针对语言的匹配，系统就会去匹配有同样语言而区域不同的资源。

来看个例子。假设设备语言设置为西班牙语，区域设置为智利，如图 17-7 所示。应用准备了西班牙版本和墨西哥版本的资源（values-es-rES 和 values-es-rMX），以及默认的 strings.xml 资源。

如果是 Nougat 之前的系统版本，应用会使用默认资源。如果是 Nougat 及其之后的系统版本，应用会使用 values-es-rMX/strings.xml 资源。怎么样，智能多了吧！

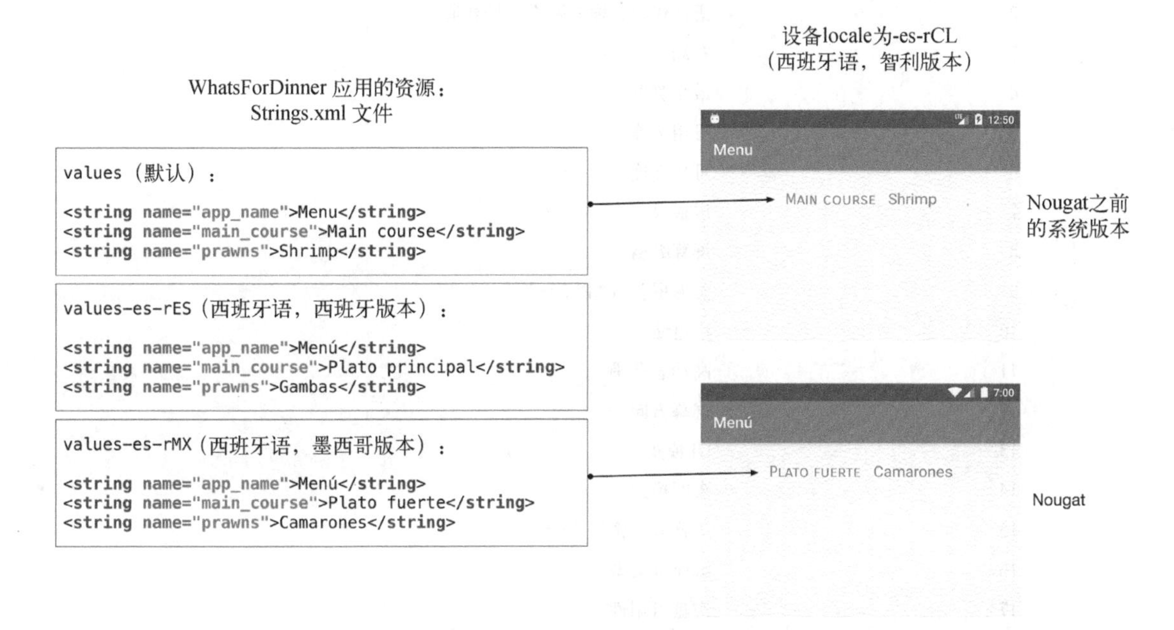

图 17-7 区域匹配实例（Nougat 之前及之后的系统版本）

以上例子有策划之嫌。但无论如何，可从中得出一个重要结论：资源应尽可能通用，最好是使用仅限语言的修饰目录，尽量少用区域修饰。就上例来说，与其维护三类不同区域西班牙语的资源，不如只提供 values-es 版资源。

这样，不仅方便开发维护，也方便适配不同版本的系统（Nougat 之前及之后的系统版本）。另外，上述结论也适用于 values 目录里的其他备选资源。总之，我们应该使用通用目录提供共享资源，那些需要定制化的资源就放在带有更具体修饰符的目录里吧。

17.2 配置修饰符

目前为止，我们已见过好几个配置修饰符，它们都用于提供可选资源，比如语言（values-zh）、屏幕方向（layout-land）和屏幕显示密度（drawable-mdpi）。

表 17-1 列出了一些设备配置特征。针对它们，Android 会使用配置修饰符匹配资源。

表 17-1　可带配置修饰符的设备配置特征

1	移动国家码，通常附有移动网络码
2	语言代码，通常附有区域代码
3	布局方向
4	最小宽度
5	可用宽度
6	可用高度
7	屏幕尺寸
8	屏幕纵横比
9	圆形屏幕（API 23+）
10	广色域
11	高动态范围
12	屏幕方向
13	UI 模式
14	夜间模式
15	屏幕显示密度（dpi）
16	触摸屏类型
17	键盘可用性
18	首选输入法
19	导航键可用性
20	非文本导航方法
21	API 级别

不是所有配置修饰符都能在早期版本 Android 系统获得支持。系统知道这一点，所以会给 Android 1.0 之后出现的修饰符加上平台版本修饰符。例如，圆形屏幕修饰符自 API 23 级别引入，用到它时，系统会自动加上 v23。因此，如果为新设备引入资源修饰符，根本不用担心在旧系统中会遇到问题。

17.2.1　可用资源优先级排定

考虑到有那么多匹配资源的配置修饰符，有时，会出现设备配置与好几个可选资源都匹配的情况。遇到这种状况，Android 会基于表 17-1 的顺序确定修饰符的使用优先级。

为实际了解这种优先级排定，我们为 CriminalIntent 应用再添加一种可选资源：更详细的 `crime_title_hint` 字符串资源（针对屏幕宽度至少 600dp 的设备）。`crime_title_hint` 资源显示在 crime 的可编辑标题框里（用户输入标题前）。应用运行在平板或者横屏的设备上时（屏宽至少 600dp），标题框才会显示更详细的内容，提示用户输入 crime 标题。

参考 17.1 节创建资源文件的步骤，新建一个名为 strings 的字符串资源文件。在 Available qualifiers 列表窗口，选中 Screen Width，使用>>按钮把它移入 Chosen qualifiers 窗口。在 Screen width 栏位处输入 600。可以看到，Directory name 会自动设置为 values-w600dp。-w600dp 会匹配屏幕宽度大于 600dp 的任何设备。当然，如果横屏设备的屏幕符合条件也可以匹配。设置完成后的界面应该和图 17-8 一样。

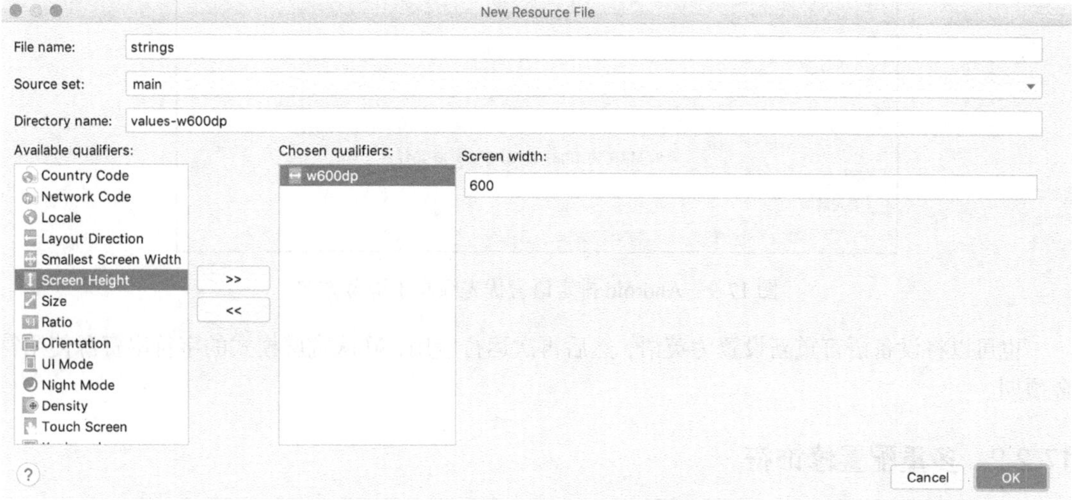

图 17-8 为大屏添加字符串资源

现在，打开 res/values-w600dp/strings.xml 文件，参照代码清单 17-3，为 `crime_title_hint` 添加更详细的文字描述。

代码清单 17-3 针对宽屏的字符串资源（res/values-w600dp/strings.xml）

```
<resources>
    <string name="crime_title_hint">
        Enter a meaningful, memorable title for the crime.
    </string>
</resources>
```

在宽屏上，我们只希望看到 `crime_title_hint` 字符串有不同的描述，所以添加这一个就可以了。基于某些配置修饰，必须用到不同资源时，才需要提供特定字符串备选资源（也包括其他 values 资源）。因此，字符串资源相同时，无须再复制一份。重复的字符串资源越多，将来维护起来就越麻烦。

现在总共有三个版本的 `crime_title_hint` 资源：res/values/strings.xml 文件中的默认版本、res/values-zh/strings.xml 文件中的中文备选版本，以及 res/values-w600dp/strings.xml 文件中的宽屏备选版本。

在设备语言设置为简体中文的前提下，运行 CriminalIntent 应用，然后旋转设备至横屏模式。因为中文备选版本的资源优先级最高，所以我们看到的是来自 values-zh/strings.xml 文件的字符串资源，如图 17-9 所示。

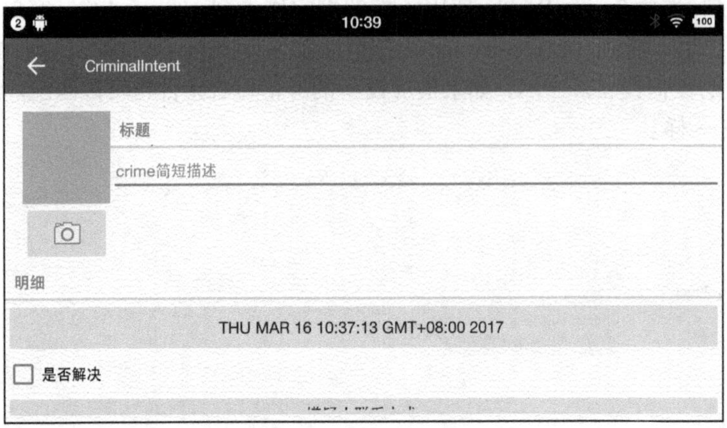

图 17-9　Android 排定语言优先级高于屏幕方向

也可以将设备语言重新设置为英语，然后再次运行应用，确认宽屏模式的字符串资源使用符合预期。

17.2.2　多重配置修饰符

可以在同一资源目录上使用多个配置修饰符。这需要各配置修饰符按照优先级别顺序排列。因此，values-zh-w600dp 是一个有效的资源目录名，values-w600dp-zh 目录名则无效。（在新建资源文件对话框中，工具会自动配置正确的目录名。）

为 CriminalIntent 应用准备宽屏模式的中文字符串资源。创建的资源目录名应为 values-zh-w600dp。参照代码清单 17-4，打开 values-zh-w600dp/strings.xml 文件，为 `crime_title_hint` 添加中文字符串资源。

代码清单 17-4　创建宽屏中文版字符串资源（res/values-zh-w600dp/strings.xml）

```
<resources>
    <string name="crime_title_hint">
        请输入简短、好记的 crime 描述
    </string>
</resources>
```

在设备语言已设置为简体中文的前提下，运行 CriminalIntent 应用，确认能看到新的备选资源，如图 17-10 所示。

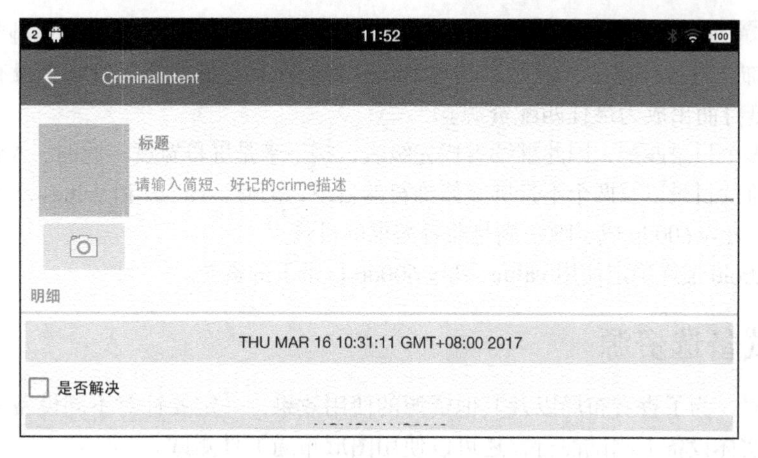

图 17-10　宽屏模式下的中文字符串资源

17.2.3　寻找最匹配的资源

本节，我们来看看 Android 是如何确定 `crime_title_hint` 资源版本的。

首先，当前设备有以下四个版本的字符串备选资源用于 `crime_title_hint`：

- values/strings.xml
- values-zh/strings.xml
- values-w600dp/strings.xml
- values-zh-w600dp/strings.xml

其次，在设备配置方面，有台 Pixel 2，语言设为简体中文，处于横屏状态，屏宽 600dp 以上（可用宽度 731dp，可用高度 411dp）。

1. 排除不兼容的目录

要找到最匹配的资源，Android 首先排除不兼容当前设备配置的资源目录。

结合备选资源和设备配置来看，四个版本的备选资源均兼容设备的当前配置。（如果将设备竖起来，设备配置会改变。此时，values-w600dp/与 values-zh-w600dp/资源目录不兼容当前配置，因此排除。）

2. 按优先级表排除不兼容的目录

筛选掉不兼容的资源目录后，自优先级最高的 MCC（移动国家码）开始，Android 逐项查看并按优先级表继续筛查不兼容目录（表 17-1）。如果有任何以 MCC 为修饰符的资源目录，那么所有不带 MCC 修饰符的都会被排除。如果仍有多个目录匹配，Android 就继续按次高优先级筛选，如此反复，直至找到唯一满足兼容性的目录。

本例中没有目录包含 MCC 修饰符，因此无法筛选掉任何目录。接着，Android 查看到次高优先级的设备语言修饰符。values-zh 和 values-zh-w600dp 目录包含语言修饰符。因此，不包含语言修饰符的 values 和 values-w600dp 可排除。

（然而，本章前面说过，没有任何修饰符的 values 是默认资源，是最后的保障。现在，尽管因缺少语言修饰它被排除掉了，但如果其他 values 目录在某个低优先级修饰上没有资源可匹配，values 依然会挺身而出成为最佳匹配资源。）

由于仍有多个目录匹配，因此继续看优先级表，接下来是屏幕宽度。此时，Android 会找到一个带屏宽修饰符的目录以及两个不带屏宽修饰符的目录，因此，values 和 values-zh 目录也被排除。就这样，values-zh-w600dp 成了唯一满足兼容需求的目录。

因而，Android 最终确定使用 values-zh-w600dp 目录下的资源。

17.3　测试备选资源

开发应用时，为了查看布局以及其他资源的使用效果，一定要针对不同设备配置做好测试。在虚拟设备或实体设备上测试都行，还可以使用图形布局工具测试。

图形布局工具有很多选项，用以预览布局在不同配置下的显示效果。这些选项有屏幕尺寸、设备类型、API 级别以及设备语言等。

要查看这些选项，可在图形布局工具中打开 res/layout/fragment_crime.xml 文件，试用如图 17-11 所示的工具栏上的一些选项设置。

图 17-11　使用图形布局工具预览资源

如果想确认项目是否包括所有必需的默认资源，可设置设备使用未提供本地化资源的语言。运行应用，查看所有视图界面并旋转设备。

在继续下一章之前，你可能需要将设备的语言改回英语。

恭喜！CriminalIntent 应用支持中英文了。有了原生用户界面，应用用起来更高效。怎么样，让应用支持新语言很简单吧，也就是添加带修饰符的额外资源文件而已！

17.4　深入学习：确定设备屏幕尺寸

Android 提供了三个修饰符，用于测试设备尺寸。表 17-2 列出了这些新修饰符。

表 17-2　不同的屏幕尺寸修饰符

修饰符格式	描　述
wXXXdp	可用宽度：大于或等于 XXXdp
hXXXdp	可用高度：大于或等于 XXXdp
swXXXdp	最小宽度：宽或高（看哪个更小）大于或等于 XXXdp

假设要指定一个布局仅在屏幕至少 300dp 宽时使用。据此，你可以使用一个可用的宽度修饰符，把布局文件放在 res/layout-w300dp（w 代表宽度。同理，h 代表高度）这样的目录中。

然而，由于设备旋转，高度和宽度会交换过来。为检测某个特殊的屏幕尺寸，可以使用 sw（**最小宽度**）。这样，就可以指定屏幕的最小尺寸了。由于设备会旋转，这个最小尺寸可以是高度，也可以是宽度。如果屏幕尺寸是 1024 × 800，那么 sw 就是 800；如果屏幕尺寸是 800 × 1024，那么 sw 还是 800。

17.5　挑战练习：日期显示本地化

你可能注意到了，不管设备 locale 怎么调整，CriminalIntent 应用的日期总是美国格式。请按照设备 locale 设置，进一步本地化，让日期以中文年、月、日显示。这个练习应该难不倒你。

查阅开发者文档有关 `DateFormat` 类的用法和指导。`DateFormat` 类有个日期格式化工具，其支持按 locale 进行日期格式化。使用该类内置的配置常量，还可以进一步定制日期显示格式。

第 18 章

Android 辅助功能

本章，我们让 CriminalIntent 应用更**易用**。一个易用的应用适合所有人（包括视力、行动、听力有障碍的人）使用。有些障碍是永久性的，有些障碍是暂时性的或特定场景下的：刚经过眼科检查后，瞳孔放大，眼睛会看不清楚；做饭油乎乎的手难以触碰屏幕；音乐厅里的音乐声盖过了手机的一切声音，等等。总之，应用越易用，用户就越开心。

开发适合所有人的易用应用非常困难，但不能因为有困难就退缩。本章，利用学习开发或设计易用应用的突破口，我们先迈出一小步，让视力障碍用户也能方便地使用 CriminalIntent 应用。

本章所做的工作不会修改用户界面。我们会用一个名为 TalkBack 的辅助工具，让应用更加易用。

18.1 TalkBack

TalkBack 是 Google 开发的 Android 屏幕阅读器。用户可以操作它，读出屏幕上的内容。

TalkBack 实际是一个**辅助服务**，这个特别的部件能读取应用屏幕上的信息（无论哪种应用都可以）。只要不嫌麻烦，谁都可以开发这样的辅助服务。但 TalkBack 已经非常好用，其应用相当广泛。

要使用 TalkBack，首先要通过 Play Store 应用在设备上安装 Android Accessibility Suite，如图 18-1 所示。如果使用虚拟设备，那要确保模拟器镜像里安装了 Play Store 应用。

然后，确认手机没有静音。不过，建议先找副耳机戴着，因为一旦启用 TalkBack，手机就会喋喋不休地说个没完。

要启用 TalkBack，请打开设置，点击辅助功能。在 Screen readers 下，点击 TalkBack 打开它。然后，点击右上角的 Use service 开关启用 TalkBack，如图 18-2 所示。

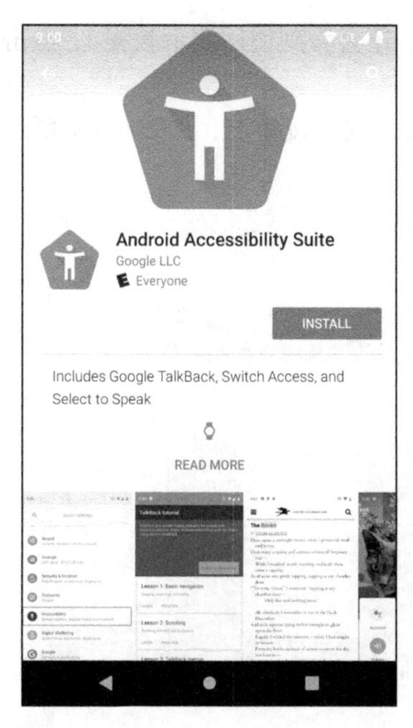

图 18-1 Android Accessibility Suite

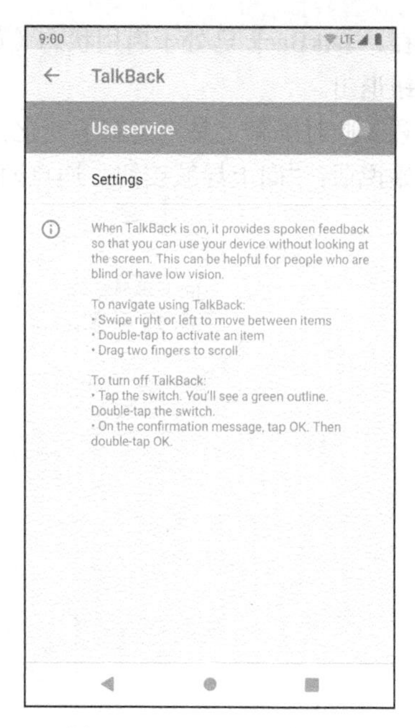

图 18-2 TalkBack 设置屏

如图 18-3 所示，Android 会弹出一个对话框，要求用户对诸如监测用户行为、修改某些设置这样的操作授权。点击 OK 按钮同意即可。

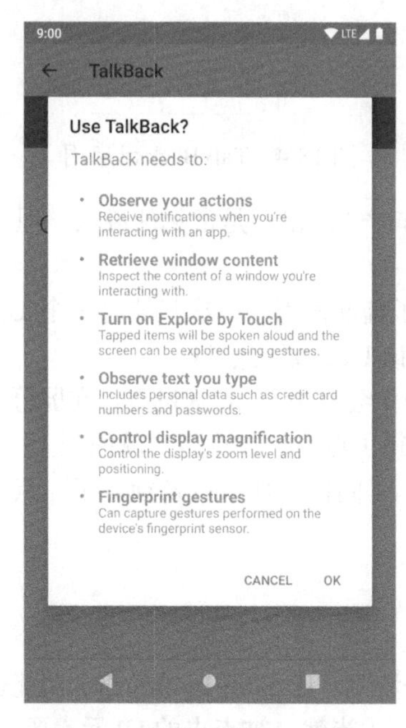

图 18-3 授权使用 TalkBack

现在，TalkBack 已处于启用状态（如果是首次使用，还会看到使用演示教程）。点击工具栏向上按钮退出。

注意，此时屏幕上是不是有了变化？一个方框出现在了向上按钮上，如图 18-4 所示。而且设备开始说话：“向上导航按钮，连点两下可激活它。”

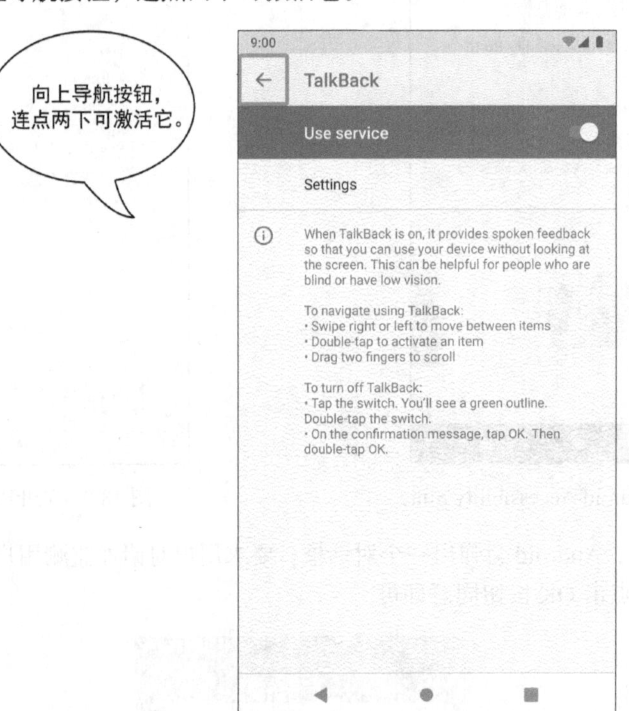

图 18-4　TalkBack 已启用

（虽然在移动设备屏幕上操作时“点击”是常见的说法，但 TalkBack 会使用不常见的“点”以及“连点两下”。）

方框表示当前 UI 元素获得了**辅助焦点**。一次只能有一个 UI 元素得到辅助焦点。UI 元素得到辅助焦点后，TalkBack 会提供该 UI 元素的信息。

设备启用 TalkBack 后，点操作会给予 UI 元素焦点。在屏幕任何位置连点两次，会激活有焦点的元素。所以，当向上按钮获得焦点后，连点两次就回到上一屏了。如果是 checkbox 获得焦点，连点两次就是切换勾选状态。（同样，如果设备锁屏了，点锁屏按钮，然后连点两次屏幕任何地方就会解锁。）

18.1.1　点击浏览

只要启用了 TalkBack，**点击浏览**（Explore by Touch）功能也会开启。这就意味着，点击某 UI 元素，设备就会读出相关信息。（当然，被点击的 UI 元素要有可读信息才行。）

让向上按钮仍处于聚焦状态，连点两次屏幕任何地方，设备会返回到 Accessibility 屏。TalkBack 就会读出屏幕上的信息，聚焦焦点在哪里："向上导航按钮，连点两下可激活它。"

Android 框架里的部件，比如 Toolbar、RecyclerView 和 Button，默认都支持 TalkBack。想要用好 TalkBack 辅助功能，应尽可能多用框架内置部件。当然，也可以让定制部件支持 TalkBack 辅助功能，不过，这个话题比较复杂，已超出本书讨论范畴。

在物理设备上，需要两根手指按住屏幕上下滚动才能滚动列表。在模拟器上，按住键盘上的 Command（Ctrl）键，点击屏幕上两个稍大一些的半透明圆中的一个，向上或向下拖动，如图 18-5 所示。

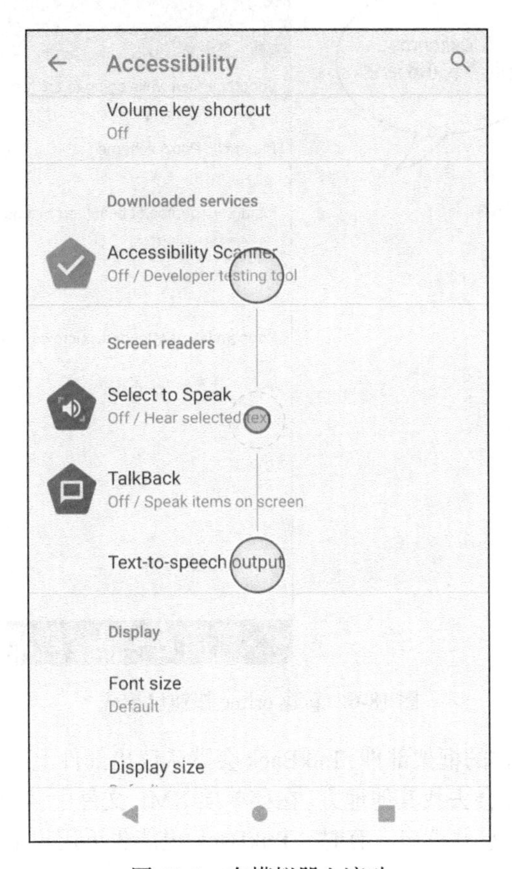

图 18-5 在模拟器上滚动

列表有长有短，滚动时，设备会发出声响。这实际是对滚动的一种声音反馈。

18.1.2 线性浏览

想象一下，你第一次点击浏览一个应用会是什么情况？很可能你不知道应该点击哪个按钮。你明白，要想知道按了什么按钮，只能等 TalkBack 读出聚焦按钮说明才行。这会是一种什么体验？结果很可能是多次按同一个按钮，甚至完全找不到目标。

好在 TalkBack 还有线性浏览功能。事实上，使用 TalkBack 最常见的方式就是使用线性浏览：向右滑屏，辅助焦点移动到下一个 UI 元素；向左滑屏，移动到上一个 UI 元素。这样，用户就可以线性浏览应用，再也不用碰运气了。

下面一起来体验一下。启动 CriminalIntent 应用，进入 crime 明细界面。辅助焦点默认是工具栏上的新建 crime 操作项（如果不是这样，请自己让其聚焦）。如图 18-6 所示，设备开始朗读“添加新 crime，连点两下可激活它。”

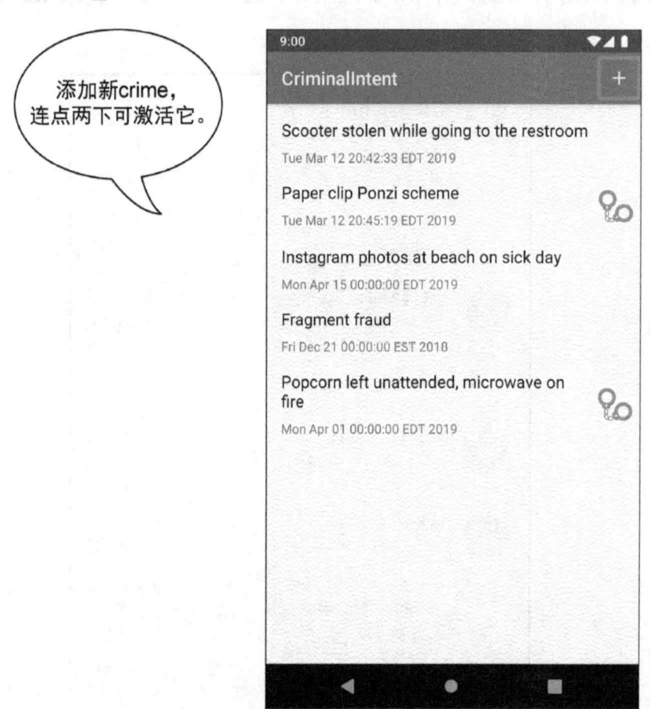

图 18-6　新建 crime 按钮已聚焦

对于菜单项和按钮这样的框架部件，TalkBack 会默认读出部件上显示的文字。添加的新 crime 按钮上没有文字，TalkBack 会去找其他地方。在菜单项 XML 文件中，我们指定过标题信息（title），于是 TalkBack 就找到该信息并读出。有时，TalkBack 也能告诉用户某个部件接受什么操作，或这是什么部件。

现在，向左滑屏。如图 18-7 所示，辅助焦点随即移动到应用工具栏标题上。TalkBack 读到：“CriminalIntent”。

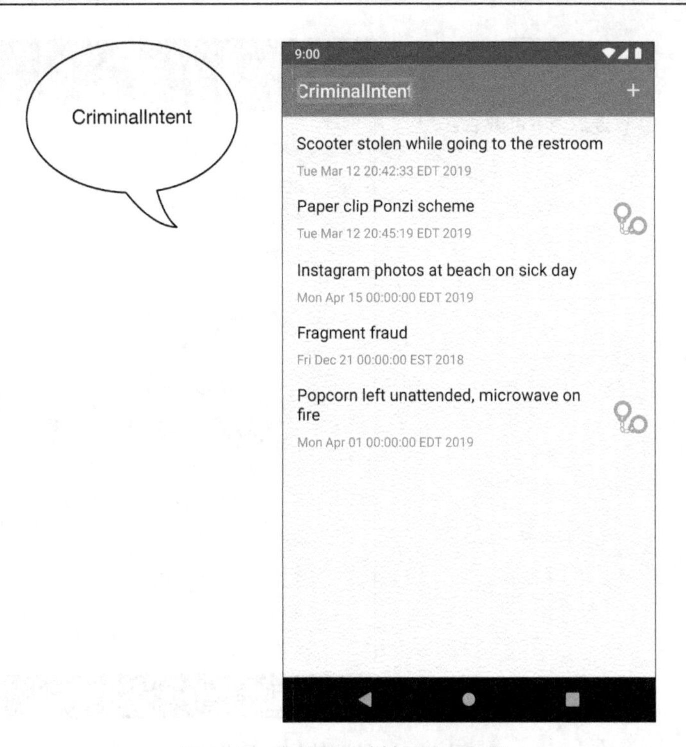

图 18-7 应用工具栏标题已聚焦

向右滑屏，TalkBack 又读出了新建 crime 按钮的相关信息。继续右滑，将辅助焦点移动到第一条 crime 记录上。现在向左滑，辅助焦点又移回到了新建 crime 按钮。总之，Android 会智能有序地移动辅助焦点。这就是 TalkBack 的线性浏览。

18.2 实现非文字型元素可读

现在，点击工具栏上添加新 crime 的按钮，让其聚焦，等 TalkBack 读完按钮相关信息后，连点屏幕任意地方，进入 crime 明细页面。

18.2.1 添加内容描述

在 crime 明细页面，点击聚焦拍照按钮，如图 18-8 所示。TalkBack 开腔了："按钮没文字，连点两下可激活它。"（设备系统版本不同，结果可能稍有出入。）

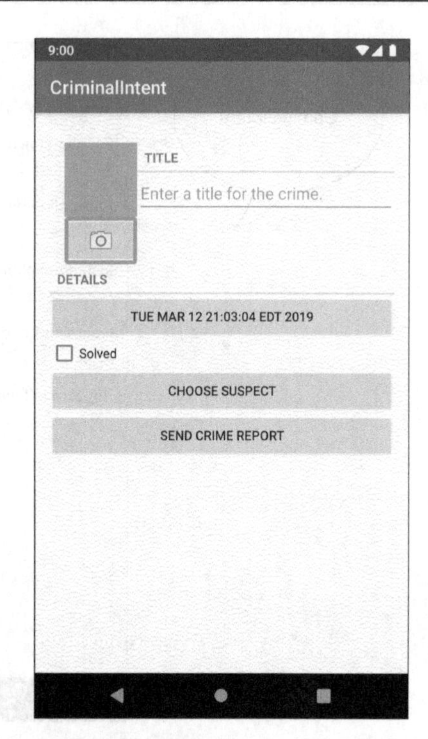

图 18-8　拍照按钮已聚焦

拍照按钮无文字描述，除了告诉用户连点两下激活，TalkBack 没什么好说的。显然，这对于视力有障碍的人来说，并没有多大用处。

没关系，有办法解决。我们可以给 `ImageButton` 添加**内容描述**，这样 TalkBack 就有内容可读了。内容描述是一段针对部件的文字说明，供 TalkBack 朗读。（借处理拍照按钮的机会，一并给 `ImageView` 预览照片部件添加内容描述。）

要给部件添加内容描述，可以在部件的布局 XML 文件里，添加 `android:contentDescription` 属性。当然，也可以在布局实例化代码里，使用 `someView.setContentDescription(someString)` 函数。这两种方式，稍后都会尝试。

添加内容描述时，文字表述要简洁明了。TalkBack 会朗读给用户听，虽然他们可以调快朗读速度，但简洁的文字能节约用户的时间。像“部件是什么类型”这种信息，TalkBack 会自动提供，完全没必要写在内容描述里。

参照代码清单 18-1，打开无资源修饰符的 res/values/strings.xml 文件，为 `ImageButton` 和 `ImageView` 添加内容描述。

代码清单 18-1　添加内容描述字符串（res/values/strings.xml）

```
<resources>
    ...
    <string name="crime_details_label">Details</string>
```

```
    <string name="crime_solved_label">Solved</string>
    <string name="crime_photo_button_description">Take photo of crime scene</string>
    <string name="crime_photo_no_image_description">
        Crime scene photo (not set)
    </string>
    <string name="crime_photo_image_description">Crime scene photo (set)</string>
    ...
</resources>
```

Android Studio 会给新添加的字符串打上下划线，警告说，你没有定义中文版本的字符串资源。为了修正问题，打开 res/values-zh/strings.xml 文件，为 ImageButton 和 ImageView 添加中文内容描述，如代码清单 18-2 所示。

代码清单 18-2　添加中文内容描述字符串（res/values-zh/strings.xml）

```
<resources>
    ...
    <string name="crime_details_label">Details</string>
    <string name="crime_solved_label">Solved</string>
    <string name="crime_photo_button_description">
        陋习现场拍照按钮
    </string>
    <string name="crime_photo_no_image_description">
        陋习现场照片（未拍照）
    </string>
    <string name="crime_photo_image_description">
        陋习现场照片（已拍照）
    </string>
    ...
</resources>
```

然后，打开 res/layout/fragment_crime.xml 文件，参照代码清单 18-3，为 ImageButton 设置内容描述。

代码清单 18-3　为 ImageButton 设置内容描述（res/layout/fragment_crime.xml）

```
<ImageButton
    android:id="@+id/crime_camera"
    android:layout_width="match_parent"
    android:layout_height="wrap_content"
    android:src="@android:drawable/ic_menu_camera"
    android:contentDescription="@string/crime_photo_button_description" />
```

运行 CriminalIntent 应用，聚焦拍照按钮，TalkBack 开始朗读："陋习现场拍照按钮，连点两下激活。"这下，用户总算明白了。

接下来，点击照片预览处（当前显示的是灰色占位图）。你可能以为辅助聚焦框会上移，但聚焦框包围了整个 fragment 视图区域，而并非移到 ImageView 部件上。而且，TalkBack 什么也没说。问题出在哪里？

18.2.2 实现部件可聚焦

原来，ImageView 部件没有做可聚焦登记。有些框架部件，比如 Button，默认是可聚焦的；而像 ImageView 这样的框架部件需要手动登记。设置 android:focusable 属性值为 true 或使用监听器都可以让这些部件可聚焦。也可以添加 android:contentDescription，让部件可聚焦。

如代码清单 18-4 所示，登记 ImageView 为可聚焦部件。

代码清单 18-4　让 ImageView 可聚焦（res/layout/fragment_crime.xml）

```
<ImageView
  android:id="@+id/crime_photo"
  ...
  android:background="@android:color/darker_gray"
  android:contentDescription="@string/crime_photo_no_image_description" />
```

运行 CriminalIntent 应用，点击 crime 缩略图部件，ImageView 终于可聚焦了。如图 18-9 所示，TalkBack 读道："crime 陋习现场照片，当前未拍照。"

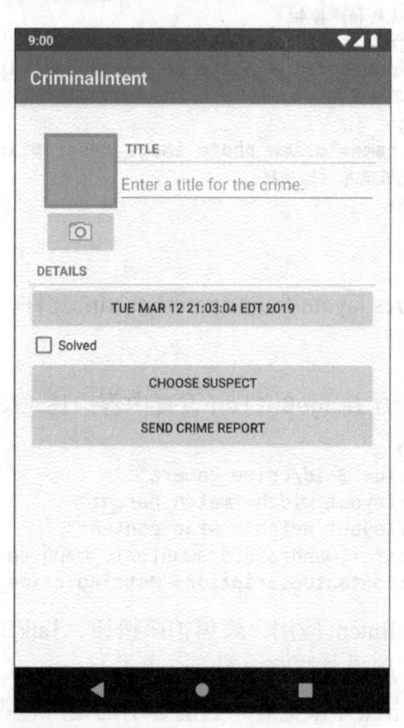

图 18-9　可聚焦的 ImageView

18.3 提升辅助体验

有些 UI 部件，比如 ImageView，虽然会给用户提供一些信息，但没有文字性内容。你也应该给这些部件添加内容描述。如果某个部件提供不了任何有意义的说明，应该把它的内容描述设置为 null，让 TalkBack 直接忽略它。

你可能会认为，既然用户看不见，是不是图片有什么关系呢？知道了又如何？这种想法不对。作为开发人员，理应让所有用户都能用到应用的全部功能，获得同样的信息。即便不同，那也应该是自身体验和使用方式上的差异。

好的辅助易用设计不是一字不漏地读屏幕。相反，应注重用户体验的一致性。重要的信息和上下文一定要全部传达。

现在，crime 预览图就给了用户不好的体验。即使有照片，TalkBack 也总说当前未拍照。现在我们一起感受一下。点击拍照按钮，然后连点屏幕两下激活，相机应用启动了，TalkBack 说道："拍照。"点击并激活快门按钮拍摄一张照片。

确认所拍照片。（对于这个步骤，不同的相机应用可能有不同的操作。但不管怎样，都是先聚焦，再连点两下激活。）crime 明细页面现在显示了刚拍的照片。聚焦 ImageView 视图，TalkBack 读道："crime 陋习现场照片，当前未拍照。"

为了解决这个问题，让用户能听到正确信息，在 updatePhotoView()函数里动态设置 ImageView 的内容描述，如代码清单 18-5 所示。

代码清单 18-5 动态设置内容描述（CrimeFragment.kt）

```
class CrimeFragment : Fragment() {
    ...
    private fun updatePhotoView() {
        if (photoFile.exists()) {
            val bitmap = getScaledBitmap(photoFile.path, requireActivity())
            photoView.setImageBitmap(bitmap)
            photoView.contentDescription =
                getString(R.string.crime_photo_image_description)
        } else {
            photoView.setImageDrawable(null)
            photoView.contentDescription =
                getString(R.string.crime_photo_no_image_description)
        }
    }
    ...
}
```

现在，只要有照片更新，updatePhotoView()函数都会设置内容描述。如果 photoFile 没有值，内容描述会说明没拍照片，否则就明确说明已拍照。

运行 CriminalIntent 应用，查看刚拍过照的 Crime 明细页面。如图 18-10 所示，点击图片聚焦，这次，TalkBack 说道："crime 陋习现场照片，当前已拍照。"

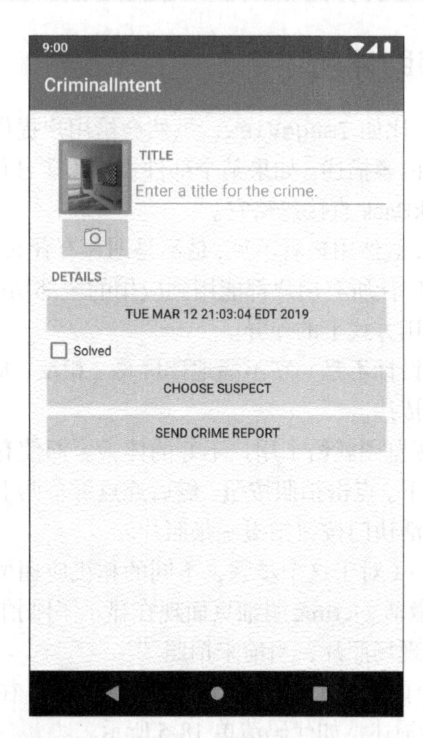

图 18-10　带动态描述的可聚焦 ImageView

恭喜！现在应用的易用性有了很大改善。很多开发人员总是找借口说，对辅助功能这块不熟悉，所以不愿为特殊人群提高应用的易用性。你看到了，让应用更好地支持 TalkBack 并没那么难。而且，有了改善 TalkBack 的基础和经验，就更容易学会改善其他辅助功能了，比如 BrailleBack。

设计和实现带辅助功能的应用容易让人望而却步。要知道，在这个领域，可是有很多专职工程师的。不过，与其害怕做不好而直接忽略，不如从基本做起：确保将屏幕上有意义的信息都传达给 TalkBack 用户；确保给予 TalkBack 用户充分的上下文信息。不要让用户浪费时间听废话。当然，最重要的是，倾听用户的声音，虚心学习。

至此，CriminalIntent 应用完成了。历经 11 章，我们创建了一个复杂的应用，它使用 fragment、支持应用间通信、可以拍照、可以保存数据，甚至可以说中文。

18.4　深入学习：使用辅助功能扫描器

本章，我们专注于让 TalkBack 用户更方便地使用应用。不过，这还没结束，照顾视力障碍人群只是做了辅助工作的一小部分。

理论上，测试应用的辅助功能得靠真正每天在用辅助服务的用户。即使现实不允许，也应竭尽所能。

为此，Google提供了一个辅助功能扫描器。它能评估应用在辅助功能方面做得如何并给出改进意见。现在拿CriminalIntent应用做个测试。

首先，在设备上安装辅助功能扫描器应用，如图18-11所示。

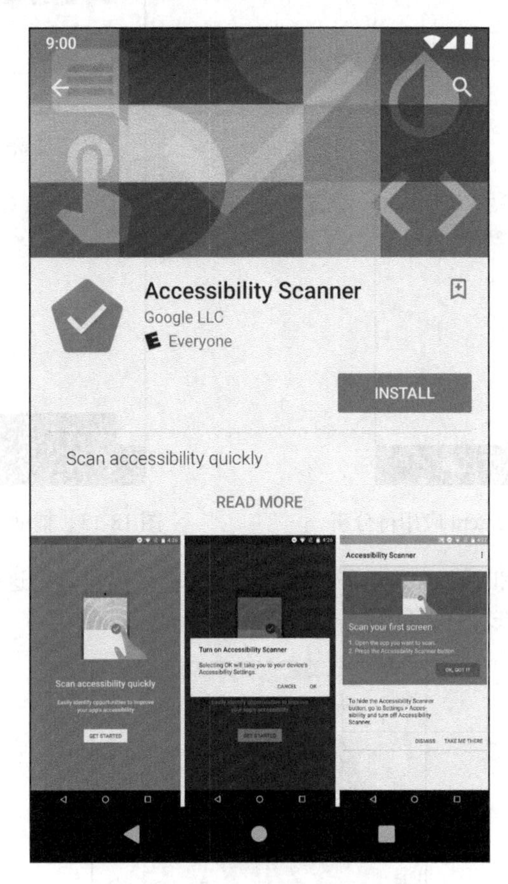

图18-11 安装辅助功能扫描器

安装完成后，手机屏幕上会出现一个打钩图标。好戏开始了，启动CriminalIntent应用，先忽略打钩图标，直接进入应用的crime明细页面，如图18-12所示。

点击打钩图标，辅助功能扫描器开始工作。分析时会看到进度条。一旦完成，会弹出一个窗口给出建议，如图18-13所示。

图 18-12　启动 CriminalIntent 应用待分析

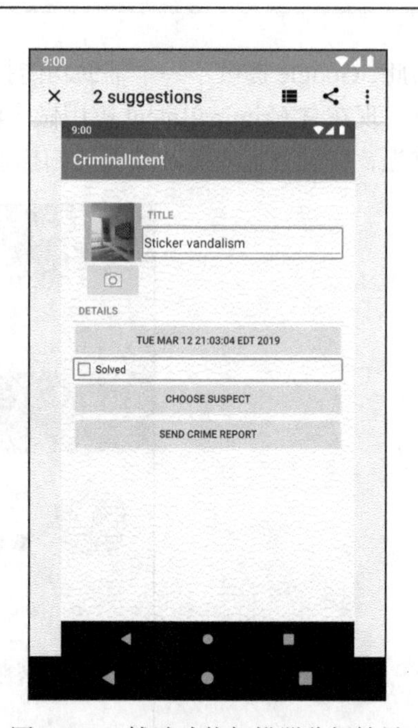

图 18-13　辅助功能扫描器分析结果

可以看到 EditText 和 CheckBox 都带框。这表明，扫描器认为这两个部件有潜在的辅助功能问题。点击 CheckBox 查看它的问题，如图 18-14 所示。

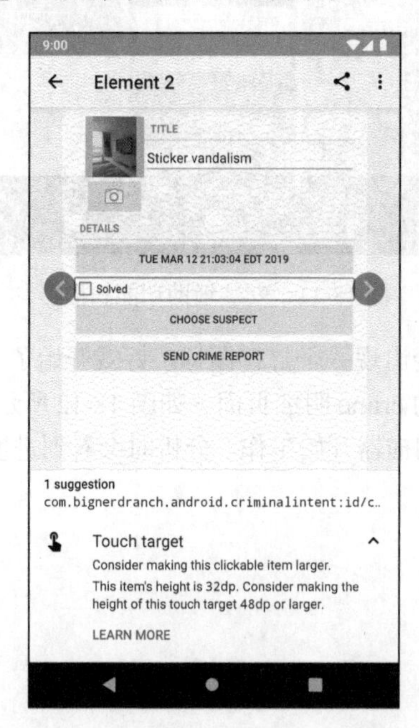

图 18-14　CheckBox 辅助功能改进意见

辅助功能扫描器建议增加 CheckBox 的尺寸。对所有触摸类部件，推荐的最小尺寸是 48dp。CheckBox 的高度不够，这很容易修改，指定它的 android:minHeight 属性就可以了。

点击 LEARN MORE，可查看辅助功能扫描器给出的更多建议。

要关闭辅助功能扫描器，前往设置界面，点击辅助功能，再点击辅助功能扫描器，然后使用开关关掉它，如图 18-15 所示。

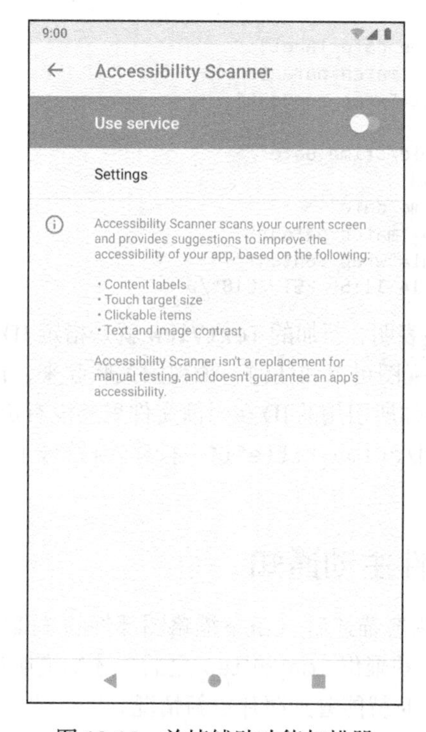

图 18-15 关掉辅助功能扫描器

18.5 挑战练习：优化列表项

在 crime 列表页面，TalkBack 会读出每条 crime 记录的标题和发生日期，但漏掉了 crime 是否已解决这一信息。给手铐图标添加内容描述，解决这个问题。

对于每条 crime 记录，TalkBack 都要花点时间来读，这是因为日期格式很长，而且是否已解决标志位于最右边。现在，再挑战一下自己，为屏幕上的每条记录都动态添加一个待读数据的汇总内容描述。

18.6 挑战练习：补全上下文信息

日期按钮和选择联系人按钮都有类似标题 EditText 的问题。无论是否使用 TalkBack，用户都不太明白带有日期的按钮是用来做什么的。同样，选了联系人作为嫌疑人后，用户也可能不知道联系人按钮的作用是什么。用户也许能猜测出来，但为什么要让用户猜呢？

这就是设计的微妙之处。你或设计团队应该拿出最好的方案，平衡易用和简约的关系。

作为练习，请修改明细页面的设计，让用户充分把握数据和按钮间的上下文关系。和处理 EditText 标题一样，你可以为每个部件都添加 label 标签。为此，你可以为每个按钮都添加 TextView 标签，然后使用 android:labelFor 属性，让它们各自关联起来。

```
<TextView
    android:id="@+id/crime_date_label"
    android:layout_width="match_parent"
    android:layout_height="wrap_content"
    android:text="Date"
    android:labelFor="@+id/crime_date"/>
<Button
    android:id="@+id/crime_date"
    android:layout_width="match_parent"
    android:layout_height="wrap_content"
    tools:text="Wed Nov 14 11:56 EST 2018"/>
```

android:labelFor 属性表明，新加的 TextView 就是指定 ID 的视图的标签。labelFor 定义在 View 类上，因此，一个视图可以和任何一个视图关联起来，让其做自己的标签。这里，你必须使用@+id 语法形式，因为你所引用的 ID 在当前文件里还没有定义。现在，你可以从 EditText 定义里的 android:id="@+id/crime_title"这一行移除+符号了。不过，留着也没问题，你自己看着办吧。

18.7　挑战练习：事件主动通知

给 ImageView 添加动态内容描述后，crime 缩略图部件的 TalkBack 体验获得了极大改善。但是，TalkBack 用户必须等点击并聚焦 ImageView 之后，才知道照片是否已拍或已更新。而视力正常的用户在从相机应用返回时就能看到照片更新情况。

你可以提供类似体验，让 TalkBack 用户在相机关闭时就能掌握照片更新情况。查阅文档研究一下 View.announceForAccessibility(...)函数，看看怎么在 CriminalIntent 应用里使用。

或许你考虑过在 onActivityResult(...)函数里通知。如果要这样做，会出现与 activity 生命周期相关的时间点掌控方面的问题。不过，启动一个 Runnable（详见第 25 章），做个延时处理可以绕开这个问题。以下是参考代码：

```
SomeView.postDelayed(Runnable {
    // Code for making announcements here
}, SOME_DURATION_IN_MILLIS)
```

你也可以避开使用 Runnable，想办法确定发出通知的准确时间点。例如，可考虑在 onResume()函数里通知。当然，前提是，你需要跟踪掌握用户是否刚从相机应用退出。

第 19 章

数据绑定与 MVVM

本章，我们开始开发一个名为 BeatBox 的新应用，如图 19-1 所示。BeatBox 不是传统意义上的节拍盒，而是一个能在拳击运动中帮你击败对手的神奇盒子。不过，像练得比对方更快更壮这样的事它帮不了你，但它能帮你做你难以做到的事：发出调校好的叫喊声吓得对手屈服。

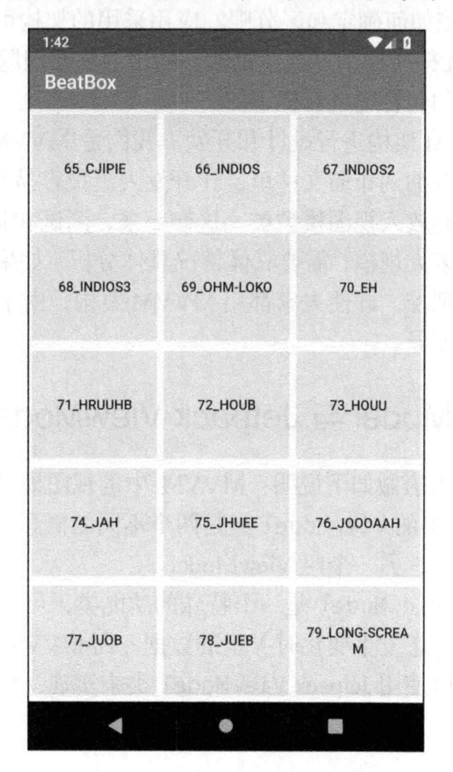

图 19-1　BeatBox 应用完成图

在这个项目里，我们将学习使用 Jetpack 架构组件库中的**数据绑定**（data binding）工具，并用它实现一个名为 Model-View-View Model（MVVM）的新架构。此外，还会学习使用**资源系统**（assets system）存储声音文件。

19.1　为何要用 MVVM 架构

目前为止，我们开发的应用都采用了简单版的 MVC 架构。而且，如果没出什么纰漏，应用都运行良好。那为何要改变这种架构呢？有什么问题吗？

之前实现的 MVC 架构比较适合小而简单的应用，方便开发人员厘清项目结构，快速添加新功能，为后续开发打下坚实基础。应用因此得以快速完成并投入使用，而且在项目的早期阶段能保持稳定运行。

相比本书示例项目，你的项目日渐复杂，问题接踵而来。这和真实项目没什么两样。fragment 和 activity 开始膨胀，逐渐变得难以理解和扩展。添加新功能或修复 bug 需要耗费很长时间。事情发展到一定程度，控制器层就需要做功能拆分了。

怎么拆分？先搞清楚膨胀的控制器类到底做了哪些工作，再把这些工作拆分到独立的小类里。让一个个拆开的小类协同工作。

那么，这些不同的工作该如何确定和区分呢？应用采用的架构可以给你答案。人们高度概括并总结出了 MVC 和 MVVM 架构模型。这就是他们给出的这个问题的答案。无论如何，采用什么样的架构你自己最清楚，如何答题就看你了。

BeatBox 应用采用 MVVM 架构进行设计和开发。我们是 MVVM 架构的粉丝。MVVM 架构很好地把控制器里的臃肿代码抽到布局文件里，让开发人员很容易看出哪些是动态界面。同时，它也抽出部分动态控制器代码放入**视图模型类**。这样一来，测试和验证更容易了。

每个视图模型应控制成多大规模，需要具体情况具体分析。如果视图模型过大，你还可以继续拆分。总之，你的架构你把控。即使大家都用 MVVM 架构，由于业务不同，场景不一样，每个人的具体实现方法也会有差异。

19.2　MVVM View Model 与 Jetpack ViewModel

开始新项目之前，针对术语做如下说明：MVVM 中的视图模型（view model）跟你在第 4 章和第 9 章使用的 Jetpack 库中的 `ViewModel` 类是两个不同的概念。为避免混淆，二者在命名上做如下区分：一个叫视图模型，另一个叫 ViewModel。

你应该还记得，Jetpack `ViewModel` 是一个特殊的功能类，可以用来管理和保留 fragment 和 activity（在它们的生命周期状态发生变化时）里的数据。而 MVVM 里的视图模型是架构方面的一种概念。视图模型当然可以使用 Jetpack `ViewModel` 类来实现，但学完本章你就会知道，不使用 `ViewModel` 类也可以。

19.3　创建 BeatBox 应用

该动手了，首先我们来创建 BeatBox 应用。

在 Android Studio 中，选择 File → New → New Project...菜单项创建新项目。确认选中 Phone and Tablet 选项页和 Empty Activity，项目名称是 BeatBox，包名是 com.bignerdranch.android.beatbox，

记得勾选 Use AndroidX artifacts，其余默认项保持不变，完成项目创建。

MainActivity 会在 RecyclerView 里显示一排按钮。因此，还要在 app/build.gradle 文件里添加 androidx.recyclerview:recyclerview:1.0.0 依赖项（别忘了同步文件）。然后，参照代码清单 19-1，使用 RecyclerView 部件定义替换 res/layout/activity_main.xml 里的默认布局定义。

代码清单 19-1 更新 MainActivity 的布局文件（res/layout/activity_main.xml）

```
<androidx.constraintlayout.widget.ConstraintLayout
        ...
        tools:context=".MainActivity">
        ...
</androidx.constraintlayout.widget.ConstraintLayout>
<androidx.recyclerview.widget.RecyclerView
        xmlns:android="http://schemas.android.com/apk/res/android"
        android:id="@+id/recycler_view"
        android:layout_width="match_parent"
        android:layout_height="match_parent" />
```

运行应用，你会看到一个大空屏。此时可以松一口气了，新项目初见成效。给自己打个气，准备学习数据绑定新知识吧。

19.4 实现简单的数据绑定

接下来的任务是配置使用 RecyclerView。这个任务之前做过。这次，我们使用数据绑定来快速搞定。

使用数据绑定处理布局有几个优点，会让开发更轻松。就本节的简单用例来看，无须调用 findViewById(...)，你也能引用视图。稍后，你会看到数据绑定更高级的用处，比如帮助实现 MVVM 架构。

首先，在应用的 build.gradle 文件里，通过应用 kotlin-kapt 插件，启用数据绑定，如代码清单 19-2 所示。

代码清单 19-2 启用数据绑定（app/build.gradle）

```
apply plugin: 'kotlin-kapt'

android {
    ...
    buildTypes {
        ...
    }
    dataBinding {
        enabled = true
    }
}
```

应用 kotlin-kapt 插件后，数据绑定就可以执行 Kotlin 注解处理了。这很重要，原因稍后解释。

要在布局文件里使用数据绑定，首先要把一般布局改造为数据绑定布局。具体做法是把整个布局定义放入<layout>标签，如代码清单 19-3 所示。

代码清单 19-3　把一般布局改造为数据绑定布局（res/layout/activity_main.xml）

```
<layout xmlns:android="http://schemas.android.com/apk/res/android">
    <androidx.recyclerview.widget.RecyclerView
            xmlns:android="http://schemas.android.com/apk/res/android"
            android:id="@+id/recycler_view"
            android:layout_width="match_parent"
            android:layout_height="match_parent"/>
</layout>
```

<layout>标签告诉数据绑定工具："这个布局应该由你来处理。"接到任务，数据绑定工具会帮你生成一个**绑定类**（binding class）。新生成的绑定类默认以布局文件命名，再加个 Binding 后缀。不过，命名格式不是蛇形式命名（snake_case），而是驼峰式命名（CamelCase）。

现在，activity_main.xml 已经有了一个名为 ActivityMainBinding 的绑定类。这就是要用来做数据绑定的类：现在，无须使用 setContentView(Int)实例化视图层级结构，我们转而实例化 ActivityMainBinding 类。在一个名为 root 的属性里，ActivityMainBinding 引用着布局视图结构，而且也会引用那些在布局文件里以 android:id 标签引用的其他视图。

所以，ActivityMainBinding 类有两个引用：root 和 recyclerView，其中前者指整个布局，后者指 RecyclerView，如图 19-2 所示。

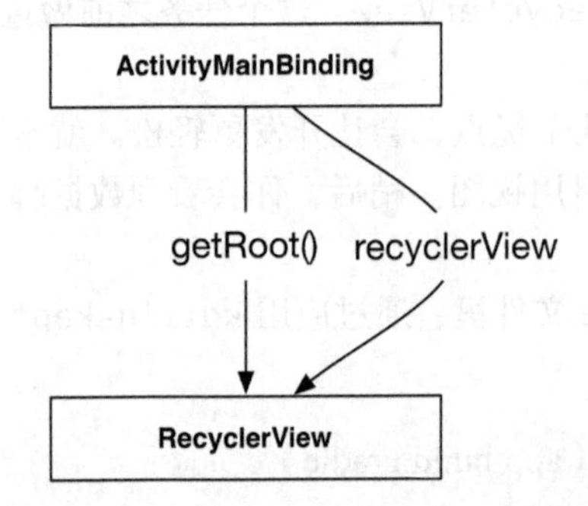

图 19-2　ActivityMainBinding 绑定类

你的布局只有一个视图，所以两个引用都指向了同一个视图：RecyclerView。

下面开始使用这个绑定类。在 MainActivity 里，覆盖 onCreate(Bundle?)函数，然后使用 DataBindingUtil 实例化 ActivityMainBinding，如代码清单 19-4 所示。

代码清单 19-4　实例化绑定类（MainActivity.kt）

```
class MainActivity : AppCompatActivity() {

    override fun onCreate(savedInstanceState: Bundle?) {
        super.onCreate(savedInstanceState)
        setContentView(R.layout.activity_main)
```

```
        val binding: ActivityMainBinding =
            DataBindingUtil.setContentView(this, R.layout.activity_main)
    }
}
```

你需要导入 ActivityMainBinding 类。如果 Android Studio 提示找不到，说明由于某种原因，ActivityMainBinding 没有正常生成。遇到这种情况，请尝试重新编译项目或重启 Android Studio。

实例化绑定类后，就可以获取并配置 RecyclerView 了，如代码清单 19-5 所示。

代码清单 19-5 配置 RecyclerView（MainActivity.kt）

```
class MainActivity : AppCompatActivity() {

    override fun onCreate(savedInstanceState: Bundle?) {
        super.onCreate(savedInstanceState)

        val binding: ActivityMainBinding =
            DataBindingUtil.setContentView(this, R.layout.activity_main)

        binding.recyclerView.apply {
            layoutManager = GridLayoutManager(context, 3)
        }
    }
}
```

接下来，创建按钮布局文件 res/layout/list_item_sound.xml。这个布局也使用数据绑定，所以同样添加<layout>标签，如代码清单 19-6 所示。

代码清单 19-6 创建声音布局文件（res/layout/list_item_sound.xml）

```
<layout xmlns:android="http://schemas.android.com/apk/res/android"
        xmlns:tools="http://schemas.android.com/tools">
    <Button
        android:layout_width="match_parent"
        android:layout_height="120dp"
        tools:text="Sound name"/>
</layout>
```

接下来，创建一个使用 list_item_sound.xml 布局的 SoundHolder，如代码清单 19-7 所示。

代码清单 19-7 创建 SoundHolder（MainActivity.kt）

```
class MainActivity : AppCompatActivity() {

    override fun onCreate(savedInstanceState: Bundle?) {
        ...
    }

    private inner class SoundHolder(private val binding: ListItemSoundBinding) :
            RecyclerView.ViewHolder(binding.root) {
    }
}
```

SoundHolder 要使用刚才数据绑定工具生成的绑定类：ListItemSoundBinding。

接着，创建一个关联 SoundHolder 的 Adapter，如代码清单 19-8 所示。

代码清单 19-8 创建 SoundAdapter（MainActivity.kt）

```
class MainActivity : AppCompatActivity() {
    ...
    private inner class SoundHolder(private val binding: ListItemSoundBinding) :
            RecyclerView.ViewHolder(binding.root) {
    }

    private inner class SoundAdapter() :
        RecyclerView.Adapter<SoundHolder>() {

        override fun onCreateViewHolder(parent: ViewGroup, viewType: Int):
                SoundHolder {
            val binding = DataBindingUtil.inflate<ListItemSoundBinding>(
                layoutInflater,
                R.layout.list_item_sound,
                parent,
                false
            )
            return SoundHolder(binding)
        }

        override fun onBindViewHolder(holder: SoundHolder, position: Int) {
        }

        override fun getItemCount() = 0
    }
}
```

最后，在 onCreate(Bundle?)函数中使用 SoundAdapter，如代码清单 19-9 所示。

代码清单 19-9 使用 SoundAdapter（MainActivity.kt）

```
override fun onCreate(savedInstanceState: Bundle?) {
    super.onCreate(savedInstanceState)

    val binding: ActivityMainBinding =
        DataBindingUtil.setContentView(this, R.layout.activity_main)

    binding.recyclerView.apply {
        layoutManager = GridLayoutManager(context, 3)
        adapter = SoundAdapter()
    }
}
```

现在，你已经用数据绑定配置好 RecyclerView。然而，它还没东西可以显示。下一节，我们会把一些声音文件交给它，解决数据显示问题。

19.5 导入 assets

首先，需要把声音文件添加到项目里，以便应用调用。不过，这里不打算用资源系统，我们改用 assets 打包声音文件。可以把 assets 想象为经过精简的资源：它们也像资源那样打入 APK 包，但不需要配置系统工具管理。

使用 assets 有两面性，优缺点并存：一方面，无须配置系统管理，可以随意命名 assets，并按自己的文件结构组织它们；另一方面，没有配置系统管理，无法自动响应屏幕显示密度、语言这样的设备配置变更，自然也就无法在布局或其他资源里自动使用它们了。

总体上讲，资源系统是更好的选择。然而，如果只想在代码中直接调用文件，那么 assets 就有优势了。大多数游戏就是使用 assets 加载大量图片和声音资源，BeatBox 也这样。

现在我们来导入 assets。首先创建 assets 目录。右键单击 app 模块，选择 New → Folder → Assets Folder 菜单项，这会弹出如图 19-3 所示的画面。不勾选 Change Folder Location 选项，保持 Target Source Set 的 main 选项不变，然后点击 Finish 按钮完成。

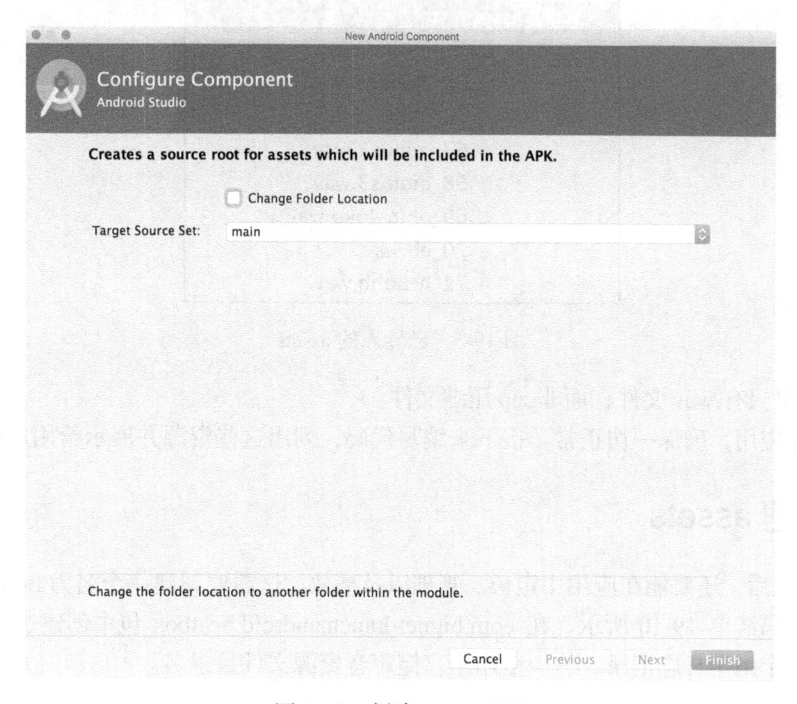

图 19-3　创建 assets 目录

接着，右键单击 assets 目录，选择 New → Directory 菜单项，为声音资源创建 sample_sounds 子目录，如图 19-4 所示。

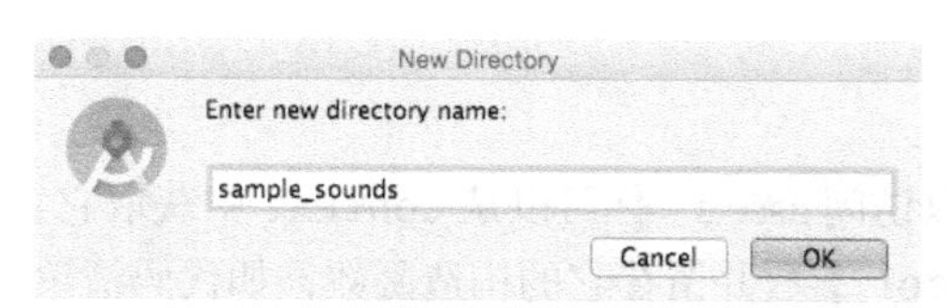

图 19-4　创建 sample_sounds 子目录

assets 目录中的所有文件都会随应用打包。为了方便组织文件，我们创建了 sample_sounds 子目录。与资源不同，assets 一般不需要子目录。我们这么做是为了组织声音文件。

声音文件去哪里找呢？在 FreeSound 网站。plagasul 是这个网站的用户，基于创作共用许可，他发布了一套声音文件。我们已重新打包提供。

下载并解压缩文件至 assets/sample_sounds 目录，如图 19-5 所示。

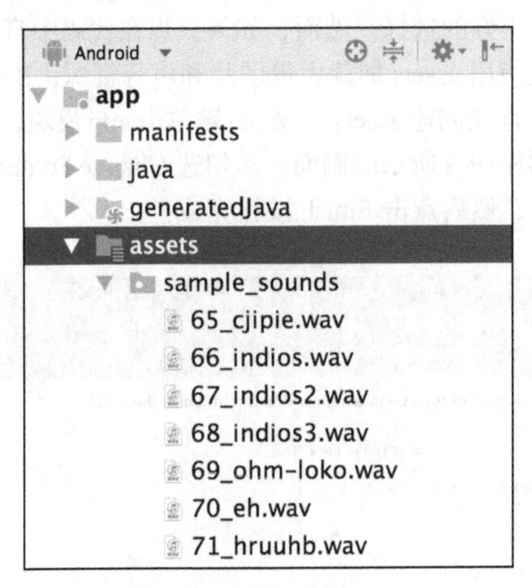

图 19-5　已导入的 assets

（确保这里只有.wav 文件，而非.zip 压缩文件。）

重新编译应用，确保一切正常。接下来编写代码，列出这些资源并展示给用户。

19.6　处理 assets

assets 导入后，还要能在应用中定位、管理以及播放。这需要新建一个名为 BeatBox 的资源管理类。如代码清单 19-10 所示，在 com.bignerdranch.android.beatbox 包中创建这个类，并添加两个常量：一个用于日志记录，另一个用于存储声音资源文件目录名。

代码清单 19-10　创建 BeatBox 类（BeatBox.kt）

```
private const val TAG = "BeatBox"
private const val SOUNDS_FOLDER = "sample_sounds"

class BeatBox {

}
```

AssetManager 类可以访问 assets。你可以从 Context 中获取它。既然 BeatBox 需要，不妨添加一个接受 AssetManager 参数并留存它的构造函数，如代码清单 19-11 所示。

代码清单 19-11 获取 AssetManager 备用（BeatBox.kt）

```
private const val TAG = "BeatBox"
private const val SOUNDS_FOLDER = "sample_sounds"

class BeatBox(private val assets: AssetManager) {

}
```

通常，在访问 assets 时，不用关心究竟使用哪个 Context 对象。这是因为，在实际开发中，就你遇到的场景来说，所有 Context 的 AssetManager 都管理着同一套 assets 资源。

要获得 assets 中的资源清单，可以使用 list(String)函数。如代码清单 19-12 所示，编写一个名为 loadSounds()的函数，调用它给出声音文件清单。

代码清单 19-12 查看 assets 资源（BeatBox.kt）

```
class BeatBox(private val assets: AssetManager) {

    fun loadSounds(): List<String> {
        try {
            val soundNames = assets.list(SOUNDS_FOLDER)!!
            Log.d(TAG, "Found ${soundNames.size} sounds")
            return soundNames.asList()
        } catch (e: Exception) {
            Log.e(TAG, "Could not list assets", e)
            return emptyList()
        }
    }
}
```

AssetManager.list(String)函数能列出指定目录下的所有文件名。因此，只要传入声音资源所在的目录，就能看到其中的所有.wav 文件。

为验证代码逻辑可行，在 MainActivity 中创建一个 BeatBox 实例，并调用 loadSounds()函数，如代码清单 19-13 所示。

代码清单 19-13 创建一个 BeatBox 实例（MainActivity.kt）

```
class MainActivity : AppCompatActivity() {

    private lateinit var beatBox: BeatBox

    override fun onCreate(savedInstanceState: Bundle?) {
        super.onCreate(savedInstanceState)

        beatBox = BeatBox(assets)
        beatBox.loadSounds()

        val binding: ActivityMainBinding =
            DataBindingUtil.setContentView(this, R.layout.activity_main)

        binding.recyclerView.apply {
            layoutManager = GridLayoutManager(context, 3)
```

```
            adapter = SoundAdapter()
        }
    }
    ...
}
```

运行 BeatBox 应用。查看日志输出，看看列出了多少个声音文件。随书文件中提供了 22 个.wav 文件，你应该看到如下结果。

```
...1823-1823/com.bignerdranch.android.beatbox D/BeatBox: Found 22 sounds
```

19.7　使用 assets

获取到资源文件名之后，要显示给用户看，最终还需要播放这些声音文件。因此，你需要创建一个对象，让它管理声音资源文件名、用户可见文件名以及其他一些相关信息。

创建一个这样的 Sound 管理类，如代码清单 19-14 所示。

代码清单 19-14　创建 Sound 对象（Sound.kt）

```
private const val WAV = ".wav"

class Sound(val assetPath: String) {

    val name = assetPath.split("/").last().removeSuffix(WAV)
}
```

为了有效显示声音文件名，在构造函数中对它们做一下处理。首先使用 String.split (String).last()函数分离出文件名，再使用 String.removeSuffix(String)函数删除.wav 后缀。

接下来，在 BeatBox.loadSounds()函数中创建一个 Sound 对象集合，如代码清单 19-15 所示。

代码清单 19-15　创建 Sound 对象集合（BeatBox.kt）

```
class BeatBox(private val assets: AssetManager) {

    val sounds: List<Sound>

    init {
      sounds = loadSounds()
    }

    fun loadSounds(): List<String>List<Sound> {

        val soundNames: Array<String>

        try {
            val soundNames = assets.list(SOUNDS_FOLDER)!!
            Log.d(TAG, "Found ${soundNames.size} sounds")
            return soundNames.asList()
```

```
        } catch (e: Exception) {
            Log.e(TAG, "Could not list assets", e)
            return emptyList()
        }
        val sounds = mutableListOf<Sound>()
        soundNames.forEach { filename ->
            val assetPath = "$SOUNDS_FOLDER/$filename"
            val sound = Sound(assetPath)
            sounds.add(sound)
        }
        return sounds
    }
}
```

再让 SoundAdapter 与 Sound 对象集合关联起来，如代码清单 19-16 所示。

代码清单 19-16　绑定 Sound 对象集合（MainActivity.kt）

```
private inner class SoundAdapter(private val sounds: List<Sound>) :
        RecyclerView.Adapter<SoundHolder>() {
    ...

    override fun onBindViewHolder(holder: SoundHolder, position: Int) {
    }

    override fun getItemCount() = sounds.size
}
```

现在，在 onCreate(Bundle?)函数中传入 BeatBox 声音资源，如代码清单 19-17 所示。

代码清单 19-17　传入声音资源（MainActivity.kt）

```
override fun onCreate(savedInstanceState: Bundle?) {
    ...

    binding.recyclerView.apply {
        layoutManager = GridLayoutManager(context, 3)
        adapter = SoundAdapter(beatBox.sounds)
    }
}
```

最后，删除 onCreate 中的 BeatBox.loadSounds()函数，如代码清单 19-18 所示。

代码清单 19-18　删除 BeatBox.loadSounds()（MainActivity.kt）

```
override fun onCreate(savedInstanceState: Bundle?) {
    ...
    beatBox = BeatBox(assets)
    beatBox.loadSounds()
    ...
}
```

既然 BeatBox.loadSounds()函数只在 BeatBox 的初始化块里调用，那它的 public 外部可见性就不需要了。为了遵循编码规范，避免外部其他代码意外调用，我们把该函数的可见性修

饰符改为 `private`，如代码清单 19-19 所示。

代码清单 19-19　修改 `BeatBox.loadSounds()` 的外部可见性（BeatBox.kt）

```
class BeatBox(private val assets: AssetManager) {
    ...
    private fun loadSounds(): List<Sound> {
        ...
    }
}
```

现在，运行 BeatBox 应用，可以看到满是按钮的网格出现了，如图 19-6 所示。

图 19-6　光秃秃的按钮

要显示按钮文字，还需要使用新的数据绑定小工具。

19.8　绑定数据

使用数据绑定，我们还可以在布局文件中声明数据对象：

```
<layout xmlns:android="http://schemas.android.com/apk/res/android"
        xmlns:tools="http://schemas.android.com/tools">
    <data>
        <variable
```

```
            name="crime"
            type="com.bignerdranch.android.criminalintent.Crime"/>
    </data>
    ...
</layout>
```

然后，使用**绑定双大括号**（binding mustache）操作符@{}，就可以在布局文件中直接使用这些数据对象的值：

```
<CheckBox
    android:id="@+id/list_item_crime_solved_check_box"
    android:layout_width="wrap_content"
    android:layout_height="wrap_content"
    android:layout_alignParentRight="true"
    android:checked="@{crime.isSolved()}"
    android:padding="4dp"/>
```

在对象关系图中，可以如图 19-7 这样表示。

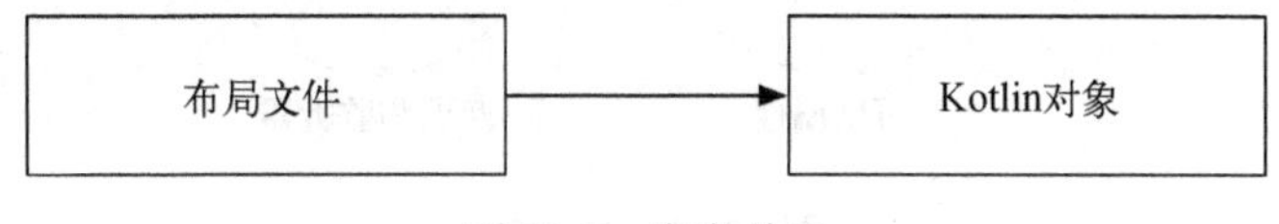

图 19-7　绑定关系

我们的目标是在按钮上显示声音文件名。使用数据绑定，最直接的方式就是绑定 list_item_sound.xml 布局文件中的 Sound 对象，如图 19-8 所示。

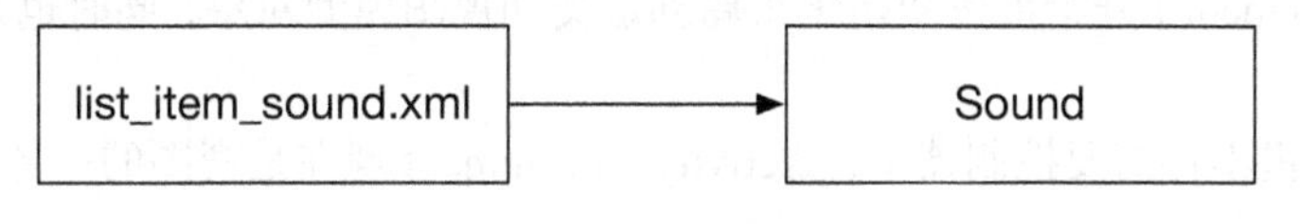

图 19-8　直接绑定

然而，这似乎有架构方面的问题。首先从 MVC 视角看看问题出在哪儿，如图 19-9 所示。

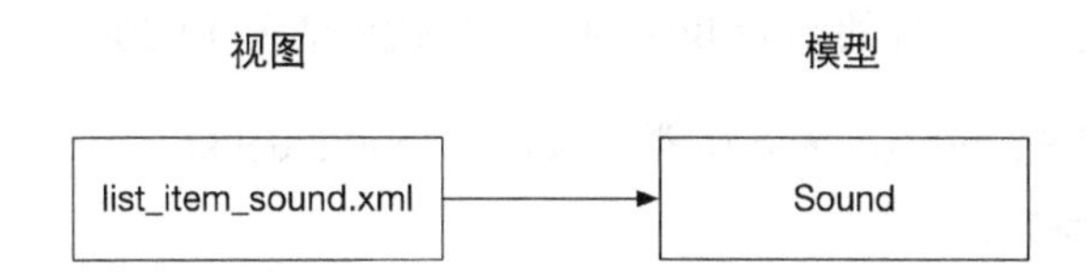

图 19-9　割裂的 MVC

不管是哪种架构，都有一个指导原则：**责任单一性原则**。也就是说，每个类应该只负责一件事情。按此原则，MVC 是这样落实的：模型表明应用如何工作；控制器决定如何显示应用；视图显示你想看到的结果。

使用如图 19-8 所示的数据绑定，就违反了责任划分原则，因为 Sound 模型对象不可避免地需要关心显示问题。很快，代码也就此开始混乱了。不断添加的模型层代码和控制器层代码都扎堆到 Sound.kt 里。

为了避免像 Sound 这样破坏单一性原则的情况，我们引入一种名为视图模型的新对象来配合数据绑定使用。这种新视图模型负责准备视图要显示的数据，如图 19-10 所示。

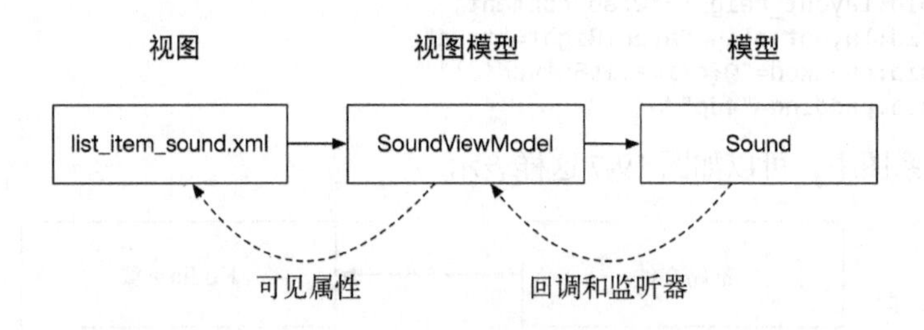

图 19-10　MVVM

这种架构就是我们之前说的 MVVM。从前控制器对象格式化视图数据的工作就转给了视图模型对象。现在，使用数据绑定，部件关联数据就能直接在布局文件里处理了。从前的控制器对象（activity 或 fragment）开始负责初始化布局绑定类和视图模型对象，同时也是它们之间的联系纽带。

MVVM 架构里不再需要控制器了，Activity 和 fragment 现在是视图的一部分。

19.8.1　创建视图模型

首先来创建视图模型类。创建一个名为 SoundViewModel 的新类，然后添加两个属性：一个 Sound 对象，一个播放声音文件的 BeatBox 对象，如代码清单 19-20 所示。

代码清单 19-20　创建 SoundViewModel 类（SoundViewModel.kt）

```
class SoundViewModel {

    var sound: Sound? = null
        set(sound) {
            field = sound
        }
}
```

新添加的属性是 adapter 要用到的接口。对于布局，还需要一个额外的函数来获取按钮要用的文件名。如代码清单 19-21 所示，加上这个函数。

代码清单 19-21 添加绑定函数（SoundViewModel.kt）

```
class SoundViewModel {

    var sound: Sound? = null
        set(sound) {
            field = sound
        }

    val title: String?
        get() = sound?.name
}
```

19.8.2 绑定至视图模型

现在，把视图模型整合到布局文件里。第一步是在布局文件里声明属性，如代码清单 19-22 所示。

代码清单 19-22 声明视图模型属性（res/layout/list_item_sound.xml）

```
<layout xmlns:android="http://schemas.android.com/apk/res/android"
        xmlns:tools="http://schemas.android.com/tools">
    <data>
        <variable
            name="viewModel"
            type="com.bignerdranch.android.beatbox.SoundViewModel"/>
    </data>
    ...
</layout>
```

这在绑定类上定义了一个名为 viewModel 的属性，同时还包括 getter 和 setter 方法。在绑定类里，可以用绑定表达式使用 viewModel，如代码清单 19-23 所示。

代码清单 19-23 绑定按钮文件名（res/layout/list_item_sound.xml）

```
<layout xmlns:android="http://schemas.android.com/apk/res/android"
        xmlns:tools="http://schemas.android.com/tools">
    <data>
        <variable
            name="viewModel"
            type="com.bignerdranch.android.beatbox.SoundViewModel"/>
    </data>
    <Button
        android:layout_width="match_parent"
        android:layout_height="120dp"
        android:text="@{viewModel.title}"
        tools:text="Sound name"/>
</layout>
```

在绑定大括号里，可以写一些简单的 Java 表达式，比如链式函数调用、数学计算等。

最后一步是关联使用视图模型。创建一个 SoundViewModel，把它添加给绑定类，然后在 SoundHolder 里添加一个绑定函数，如代码清单19-24所示。

代码清单19-24　关联使用视图模型（MainActivity.kt）

```
private inner class SoundHolder(private val binding: ListItemSoundBinding) :
        RecyclerView.ViewHolder(binding.root) {

    init {
        binding.viewModel = SoundViewModel()
    }

    fun bind(sound: Sound) {
        binding.apply {
            viewModel?.sound = sound
            executePendingBindings()
        }
    }
}
```

在 SoundHolder 构造函数里，我们创建并添加了一个视图模型。然后，在绑定函数里，更新视图模型要用到的数据。

一般情况下，不需要调用 executePendingBindings()函数。然而，在这里，我们是在 RecyclerView 里更新绑定数据。考虑到 RecyclerView 刷新视图极快，我们要让布局立即刷新，一秒都不想等。这样，RecyclerView 和 RecyclerView.Adapter 才能保持同步。

最后，实现 onBindViewHolder(...)函数以使用视图模型，如代码清单19-25所示。

代码清单19-25　调用 bind(Sound)函数（MainActivity.kt）

```
private inner class SoundAdapter(private val sounds: List<Sound>) :
        RecyclerView.Adapter<SoundHolder>() {
    ...
    override fun onBindViewHolder(holder: SoundHolder, position: Int) {
        val sound = sounds[position]
        holder.bind(sound)
    }

    override fun getItemCount() = sounds.size
}
```

运行应用，如图19-11所示，按钮上的文件名终于出现了。

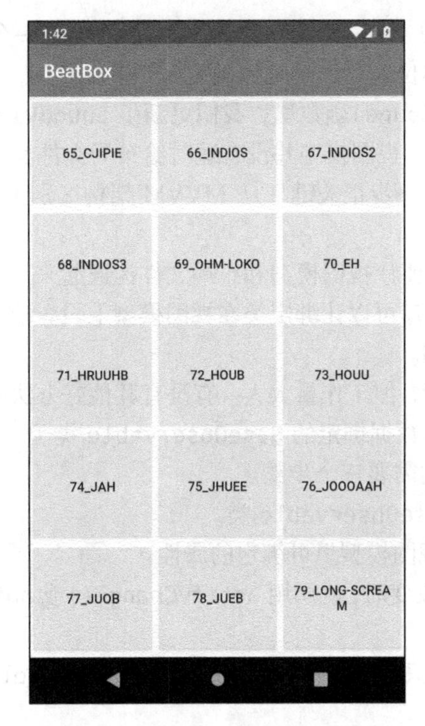

图 19-11 按钮上的文件名出现了

19.8.3 绑定数据观察

一切看上去很好，不过这只是表面现象。如图 19-12 所示，如果向下滚动按钮网格，问题就出现了。

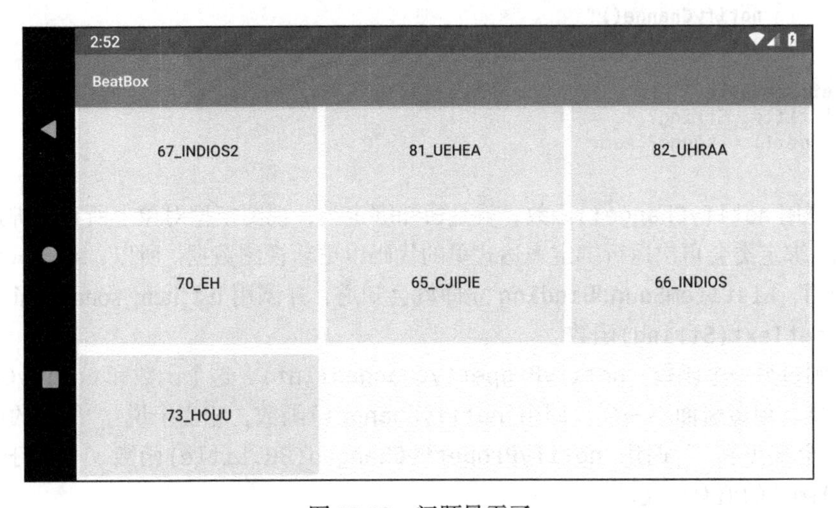

图 19-12 问题暴露了

看到最上面一个按钮上的“67_INDIOS2”了吗？下面也有一个。上下反复滚动几次，还能看到其他重复的文件名，具体位置看样子是随机的。如果没看到，请在设备横屏模式下再试。

在 SoundHolder.bind(Sound)函数里，我们更新了 SoundViewModel 的 Sound，但布局不知道。而且，从图 19-10 可知，视图模型并没有适时给布局文件反馈信息，因而出现了上面的问题。除了清晰的责任划分，这一步很关键，是 MVVM 架构区别于其他架构（比如 MVC）的地方（详见 19.1 节）。

现在任务明确了，我们需要让视图模型和布局文件沟通起来。这需要视图模型实现数据绑定的 Observable 接口。这个接口可以让绑定类在视图模型上设置监听器。这样，只要视图模型有变化，绑定类自动就收到回调。

实现这个接口理论上可行，但工作量太大。有没有其他好办法呢？答案是肯定的。现在就一起来看一个简单的做法（使用数据绑定的 BaseObservable 类）。

使用 BaseObservable 类需要三个步骤。

(1) 在视图模型里继承 BaseObservable 类。

(2) 使用@Bindable 注解视图模型里可绑定的属性。

(3) 每次可绑定的属性值改变时，就调用 notifyChange()或 notifyPropertyChanged(Int)函数。

在 SoundViewModel 里，只有几行代码。更新 SoundViewModel 使其可见，如代码清单 19-26 所示。

代码清单 19-26　使视图模型可见（SoundViewModel.kt）

```
class SoundViewModel : BaseObservable() {

    var sound: Sound? = null
        set(sound) {
            field = sound
            notifyChange()
        }

    @get:Bindable
    val title: String?
        get() = sound?.name
}
```

这里，调用 notifyChange()函数，就是通知绑定类，视图模型对象上所有可绑定属性都已更新。据此，绑定类会再次运行绑定表达式里的代码以更新视图数据。所以，setSound(Sound)函数一被调用，ListItemSoundBinding 立即就会知道，并调用 list_item_sound.xml 布局里指定的 Button.setText(String)函数。

前面提到过另一个函数：notifyPropertyChanged(Int)。这个函数和 notifyChange()函数做同样的事，但覆盖面不一样。调用 notifyChange()函数，相当于说：“所有的可绑定属性都变了，请全部更新。”调用 notifyPropertyChanged(BR.title)函数，相当于说：“只有 getTitle()函数的值有变化。”

BR.title 是数据绑定库生成的一个常量。BR 类名是 binding resource 的缩写。使用@Bindable 注解的属性都会有一个同名 BR 常量。

下面是一些其他的例子：

```
@get:Bindable val title: String // 生成 BR.title
@get:Bindable val volume: Int //生成 BR.volume
@get:Bindable val etcetera: String //生成 BR.etcetera
```


你可能想到，使用 Observable 和使用 LiveData（详见第 11 章）差不多。没错，事实上，本例可以改用 LivedData 来搭配数据绑定。那它们有什么不同？具体可参见 19.10 节。

再次运行应用。这次，无论怎么滚上滚下，都没问题了，如图 19-13 所示。

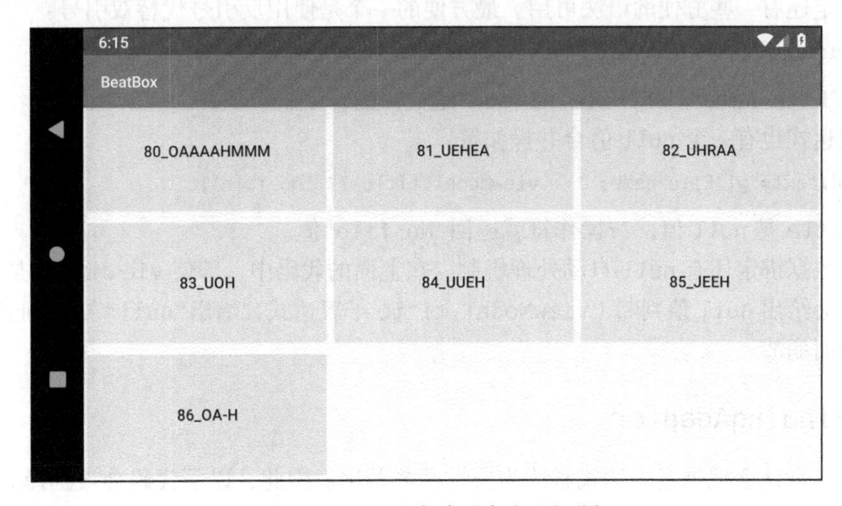

图 19-13　上下滚动不会出现问题

19.9　深入学习：数据绑定再探

数据绑定可学的还有很多，本书无法全部覆盖。不过，如果你有兴趣，多了解一点儿也无妨。

19.9.1　lambda 表达式

在布局文件里，还可以使用 lambda 表达式写点儿短回调。以下是一些简化版的 Java lambda 表达式：

```
<Button
    android:layout_width="match_parent"
    android:layout_height="120dp"
    android:text="@{viewModel.title}"
    android:onClick="@{(view) -> viewModel.onButtonClick()}"
    tools:text="Sound name"/>
```

和Java 8 lambda表达式差不多，上述表达式会转成目标接口实现（这里是View.OnClick-Listener）。和Java 8 lambda表达式不同的是，这些表达式的语法有些特殊：参数必须在括号里，最右边一定还要有一个表达式。

另外，还有一点和Java 8 lambda表达式不同：如果用不到，lambda参数可以不写。下面这个写法也可以。

```
android:onClick="@{() -> viewModel.onButtonClick()}"
```

19.9.2 更多语法糖

数据绑定还有一些方便的语法可用。最方便的一个是使用反引号代替双引号：

```
android:text="@{`File name: ` + viewModel.title}"
```

这里，`File name: `和"File name: "是一样的。

绑定表达式也有一个null值合并操作符：

```
android:text="@{`File name: ` + viewModel.title ?? `No file`}"
```

如果title是null值，??操作符就返回"No file"值。

此外，数据绑定还有null自动处理机制。在上面的代码中，即使viewModel是null值，数据绑定也会给出null值判断（viewModel.title子表达式会给出"null"），保证应用不会因为这个原因而崩溃。

19.9.3 BindingAdapter

数据绑定默认会把绑定表达式解读为属性函数调用。因此，以下代码会被翻译为setText(String)函数调用。

```
android:text="@{`File name: ` + viewModel.title ?? `No file`}"
```

然而，这还不算什么。有时候，你可能会想给某些特别属性赋予一些定制行为。这种情况下，你可以写一个BindingAdapter：

```
@BindingAdapter("app:soundName")
fun bindAssetSound(button: Button, assetFileName: String ) {
    ...
}
```

很简单，在项目的任何地方创建一个文件级别的函数，再应用@BindingAdapter注解，传入想绑定的属性名参数给注解，传入注解作用到的View作为这个函数的第一个参数。（是的，这就可以了。）

上例中，只要数据绑定碰到带app:soundName属性（含绑定表达式）的Button，它就传入这个Button和绑定表达式结果，调用你写的函数。

你也可以给View或ViewGroup这样的顶级视图创建BindingAdapter。上例中的BindingAdapter就适用于View及其所有子类。

例如，如果你想定义一个 app:isGone 属性，基于某个布尔值来设置所有 View 的可见性，可以这么做：

```
@BindingAdapter("app:isGone")
fun bindIsGone(view: View, isGone: Boolean ) {
    view.visibility = if (isGone) View.GONE else View.VISIBLE
}
```

因为 View 是 bindIsGone 的第一个参数，所以这个属性就能作用于 app 模块下的 View 及其所有子类（同样适用于 Button、TextView 和 LinearLayout 等视图部件）。

对于标准库里的部件，很可能你也想用数据绑定做点什么。实际上，有一些常见的操作已经定义了绑定 adapter。例如，TextViewBindingAdapter 就为 TextView 提供了一些特别的属性操作。你可以在 Android Studio 里看看它们的源码。自己动手写解决方案之前，不妨先按 Command+Shift+O（或 Ctrl+Shift+O）搜一搜目标类，打开其关联的绑定 adapter 文件，确认无须重复造轮子。

19.10 深入学习：LiveData 和数据绑定

LiveData 和数据绑定用起来很相似，都能实时观察数据变化，及时做出反应。事实上，你完全可以同时使用 LiveDate 和数据绑定。下面这个例子就是改用 LiveData 让 SoundViewModel 绑定 title 属性。

```
class SoundViewModel : BaseObservable() {

    val title: MutableLiveData<String?> = MutableLiveData()

    var sound: Sound? = null
        set(sound) {
            field = sound
            notifyChange()
            title.postValue(sound?.name)
        }

    @get:Bindable
    val title: String?
        get() = sound?.name
}
```

上例中，你不需要继承 BaseObservable，也不用提供@Bindable 注解，因为 LiveData 有自己的办法来通知观察者。然而，正如你在第 11 章看到的那样，LiveData 不需要 LifecycleOwner。为了告诉数据绑定框架观察 title 属性时要使用哪个 LifecycleOwner，你需要更新 SoundAdapter 类，在创建绑定之后设置 LifecycleOwner 属性：

```
private inner class SoundAdapter(private val sounds: List<Sound>) :
        RecyclerView.Adapter<SoundHolder>() {
    ...
    override fun onCreateViewHolder(parent: ViewGroup, viewType: Int):
            SoundHolder {
```

```
        val binding = DataBindingUtil.inflate<ListItemSoundBinding>(
            layoutInflater,
            R.layout.list_item_sound,
            parent,
            false
        )

        binding.lifecycleOwner = this@MainActivity

        return SoundHolder(binding)
    }
}
```

也就是说，把 MainActivity 设置为 LifecycleOwner。这样，只要 title 属性没有变化，MainActivity 视图就不会变化。

第 20 章

音频播放与单元测试

MVVM 架构极大方便了一项关键编程工作：单元测试。这也是其受欢迎的另一个原因。单元测试是指编写小程序去验证主应用各个单元的独立行为。BeatBox 应用的单元是一个个类。单元测试就是测试这些类。

BeatBox 的音频资源文件已准备就绪，本章将学习如何播放这些.wav 音频文件。在创建音频播放功能并整合的过程中，还会对 SoundViewModel 的功能整合做单元测试。

Android 的大部分音频 API 比较低级，不易掌握。不过没关系，对于 BeatBox 应用，可以使用 SoundPool 这个定制版实用工具。SoundPool 能加载一批声音资源到内存中，并能控制同时播放的音频文件的个数。即使用户一时兴奋，狂按各个按钮播放音频，也不用担心会搞坏应用或让手机掉电。

准备好了吗？开始吧。

20.1 创建 SoundPool

首先要实现音频播放功能，这需要创建一个 SoundPool 对象，如代码清单 20-1 所示。

代码清单 20-1 创建 SoundPool 对象（BeatBox.kt）

```
private const val TAG = "BeatBox"
private const val SOUNDS_FOLDER = "sample_sounds"
private const val MAX_SOUNDS = 5

class BeatBox(private val assets: AssetManager) {

    val sounds: List<Sound>
    private val soundPool = SoundPool.Builder()
        .setMaxStreams(MAX_SOUNDS)
        .build()

    init {
        sounds = loadSounds()
    }
    ...
}
```

SoundPool.Builder 可以创建一个 SoundPool 实例。setMaxStreams(Int)选项可以指定某个时刻同时播放多少个音频。这里指定了五个。已经播放了五个音频时，如果再尝试播放第 6 个，SoundPool 则会停止播放最早播放的那个音频。

除了 setMaxStreams(Int)选项，还可以使用 setAudioAttributes(AudioAttributes)指定其他不同音频流属性。具体有哪些请查看开发者文档。不过，就本例来说，使用默认的音频流属性就够了。

20.2　访问 Assets

之前，我们已把音频文件保存在应用的 assets 里。访问并播放这些音频文件之前，先来讨论一下 assets 的工作原理。

Sound 对象有一个 asset 文件路径定义。如果尝试用 File 对象去打开它们，asset 文件路径则无效。正确的做法是使用 AssetManager 对象。

```
val assetPath = sound.assetPath

val assetManager = context.assets

val soundData = assetManager.open(assetPath)
```

这样，你就能得到一个标准的 InputStream 数据流。然后，你就能像使用 Kotlin 里其他 InputStream 一样用它了。

不过，有些 API（比如 SoundPool）需要的是 FileDescriptor。如果是这样，那么你可以转而调用 AssetManager.openFd(String)：

```
val assetPath = sound.assetPath

val assetManager = context.assets

// AssetFileDescriptors are different from FileDescriptors...
val assetFileDescriptor = assetManager.openFd(assetPath)

// ... but you can get a regular FileDescriptor easily if you need to
val fileDescriptor = assetFileDescriptor.fileDescriptor
```

20.3　加载音频文件

接下来就是使用 SoundPool 加载音频文件。相比其他音频播放方法，SoundPool 还有个快速响应的优势：指令刚一发出，它就立即开始播放，一点儿都不拖沓。

不过反应快也要付出代价，那就是在播放前必须预先加载音频。SoundPool 加载的音频文件都有自己的 Integer 型 ID。如代码清单 20-2 所示，为管理这些 ID，在 Sound 类中添加 soundId 属性。

代码清单 20-2　添加 soundId 属性（Sound.kt）

```
class Sound(val assetPath: String, var soundId: Int? = null) {
    val name = assetPath.split("/").last().removeSuffix(WAV)
}
```

注意，soundId 是个可空类型（Int?）。这样，在 Sound 的 soundId 没有值时，可以设置其为 null 值。

现在处理音频加载。在 BeatBox 中添加 load(Sound)函数载入音频，如代码清单 20-3 所示。

代码清单 20-3　加载音频（BeatBox.kt）

```
class BeatBox(private val assets: AssetManager) {
    ...
    private fun loadSounds(): List<Sound> {
        ...
    }

    private fun load(sound: Sound) {
        val afd: AssetFileDescriptor = assets.openFd(sound.assetPath)
        val soundId = soundPool.load(afd, 1)
        sound.soundId = soundId
    }
}
```

调用 soundPool.load(AssetFileDescriptor, Int)函数，可以把音频文件载入 SoundPool 待播。为了方便管理、重播或卸载音频文件，soundPool.load(...)函数会返回一个 Int 型 ID。这实际就是存储在 soundId 中的 ID。

注意，调用 openFd(String)函数有可能抛出 IOException，调用 load(Sound)函数也是如此。因此，只要调用 load(Sound)，就必须处理可能发生的 IOException 异常。

现在，在 BeatBox.loadSounds()函数中，调用 load(Sound)函数载入全部音频文件，如代码清单 20-4 所示。

代码清单 20-4　载入全部音频文件（BeatBox.kt）

```
private fun loadSounds(): List<Sound> {
    ...
    val sounds = mutableListOf<Sound>()
    soundNames.forEach { filename ->
        val assetPath = "$SOUNDS_FOLDER/$filename"
        val sound = Sound(assetPath)
        sounds.add(sound)
        try {
            load(sound)
            sounds.add(sound)
        } catch (ioe: IOException) {
            Log.e(TAG, "Cound not load sound $filename", ioe)
        }
    }
    return sounds
}
```

运行应用确认音频都已正确加载。否则，会看到 LogCat 中的红色异常日志。

20.4　播放音频

最后一步是播放音频。在 BeatBox 中添加 play(Sound)函数，如代码清单 20-5 所示。

代码清单 20-5　播放音频（BeatBox.kt）

```
class BeatBox(private val assets: AssetManager) {
    ...
    init {
        sounds = loadSounds()
    }

    fun play(sound: Sound) {
        sound.soundId?.let {
            soundPool.play(it, 1.0f, 1.0f, 1, 0, 1.0f)
        }
    }
    ...
}
```

播放前，要检查并确保 soundId 不是 null 值。Sound 加载失败会出现 null 值的情况。

检查通过后，就可以调用 SoundPool.play(Int, Float, Float, Int, Int, Float)函数播放音频了。这些参数依次是：音频 ID、左音量、右音量、优先级（无效）、是否循环和播放速率。我们需要最大音量和常速播放，所以传入值 1.0。是否循环参数传入 0，代表不循环。（如果想无限循环，可以传入-1。相信这会超级讨人厌。）

现在，可以把音频播放功能整合进 SoundViewModel 了。不过，我们打算先做单元测试再整合。具体做法是这样的：先写个肯定会失败的单元测试，然后整合，让单元测试成功通过。

20.5　测试依赖

要编写测试代码，首先需要添加两个测试工具：Mockito 和 Hamcrest。Mockito 是一个方便创建模拟对象的 Java 框架。有了模拟对象，就可以单独测试 SoundViewModel，不用担心会因代码关联关系测到其他对象。

Hamcrest 是个规则匹配器工具库。匹配器可以方便地在代码里模拟匹配条件。如果不能按预期匹配条件定义，测试就通不过。这可以验证代码是否按预期工作。

JUnit 库里已经自带 Hamcrest。而且，在创建项目时，Android Studio 已经自动添加了 JUnit 依赖。所以，我们只需要手动添加 Mockito 依赖就可以了。打开应用模块的 build.gradle 文件，添加 Mockito 依赖，如代码清单 20-6 所示。添加完成后，记得同步 gradle 文件。

代码清单 20-6 添加 Mockito 依赖（app/build.gradle）

```
dependencies {
    ...
    implementation 'androidx.recyclerview:recyclerview:1.0.0'
    testImplementation 'org.mockito:mockito-core:2.25.0'
    testImplementation 'org.mockito:mockito-inline:2.25.0'
}
```

testImplementation 作用范围表示，这两个依赖项只包括在应用的测试编译里。这样就能避免在 APK 包里捎带上无用代码库了。

你用来创建和配置模拟对象的函数都在 mockito-core 里了。而 mockito-inline 是方便 Mockito 搭配 Kotlin 使用的特殊依赖。

在 Kotlin 中，所有的类都是 final 的。也就是说，要想继承这些类，就得用上 open 修饰符。不幸的是，Mockito 主要靠继承来模拟测试类。这样一来，如果 Mockito 想模拟 Kotlin 类，就做不到开箱即用了。mockito-inline 依赖的作用就是绕开 Kotlin 的继承限制，不用修改源文件，就能让 Mockito 模拟 Kotlin 的那些 final 类和函数。

20.6 创建测试类

写单元测试最方便的方式是使用测试框架。测试框架可以让你集中编写和运行测试案例，并且能在 Android Studio 里看到测试结果。

JUnit 是最常用的 Android 单元测试框架，能和 Android Studio 无缝整合。要用它测试，首先要创建一个用作 JUnit 测试的测试类。打开 SoundViewModel.kt 文件，使用 Command+Shift+T（或 Ctrl+Shift+T）组合键。Android Studio 会尝试寻找这个类关联的测试类。如果找不到，它就会提示新建，如图 20-1 所示。

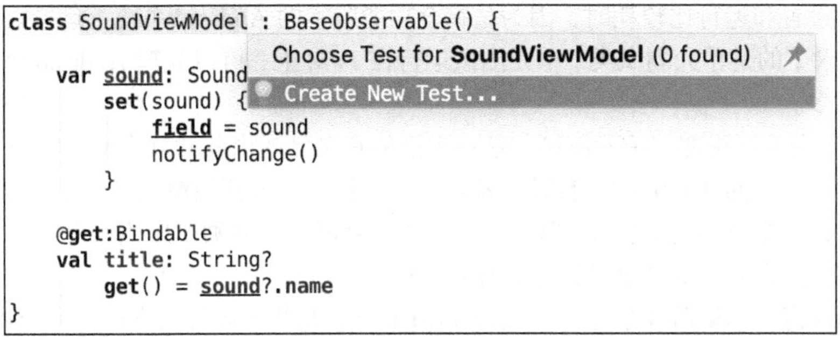

```
class SoundViewModel : BaseObservable() {
                            Choose Test for SoundViewModel (0 found)
    var sound: Sound        Create New Test...
        set(sound) {
            field = sound
            notifyChange()
        }

    @get:Bindable
    val title: String?
        get() = sound?.name
}
```

图 20-1 尝试打开测试类

选择 Create New Test...创建一个新测试类。测试库选择 JUnit4，勾选 setUp/@Before，其他保持默认设置，如图 20-2 所示。

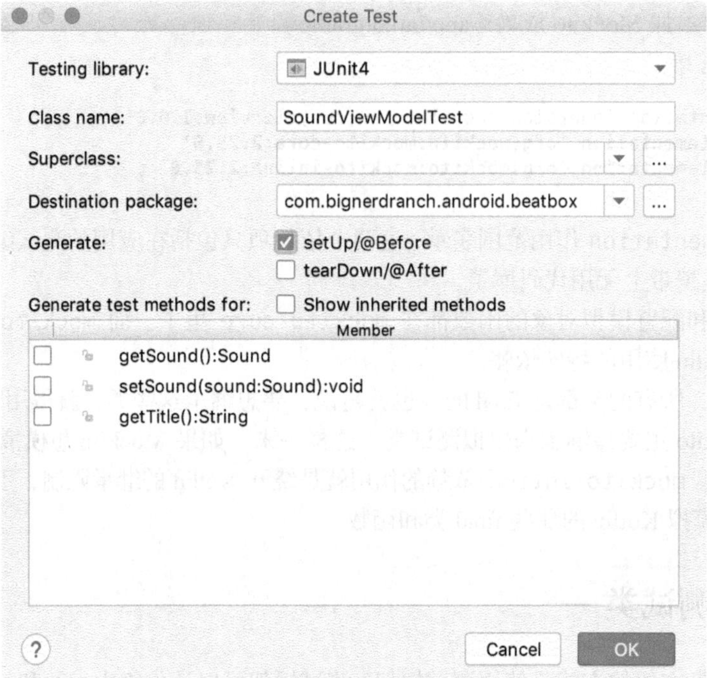

图 20-2　创建测试类

点击 OK 按钮，进入下一个对话框。

最后一步是选择创建哪种测试类，或者说选择哪个测试目录存放测试类（androidTest 和 test）。在 androidTest 目录下的都是**整合测试类**。整合测试可以运行在设备或虚拟设备上。这样做有优点：应用测试所在的运行环境（系统框架和 API）和应用发布后运行在设备上的运行环境是一样的。但也有缺点：设置和运行比较耗时，因为是在全功能版本的 Android 系统上运行。

在 test 目录下的是单元测试类。单元测试运行在 JVM 上，可以脱离 Android 运行时环境，因此速度会快很多。

Android 平台上所讲的"单元测试"这一术语的意义已超出其常规含义。有时，它被用来描述单个类和功能单元的独立测试。有时，就是指 test 目录下的任何测试。然而，test 目录下某个测试看似是验证单个类和功能单元，但实际是个**整合测试**——要测试应用某个部分和其他部分的协同工作。有关整合测试的概念和讨论，详见 20.11 节。

这里提请注意，本章后续学习时，说到 **JVM 测试**，是指 test 目录下任何运行在 JVM 上的测试。说到**单元测试**，是指单个类和功能单元的测试。

单元测试的规模最小：测试单个类。单元测试不需要运行整个应用，也用不到硬件设备。它们可以不影响手头工作，快速反复地执行。考虑到这个因素，如图 20-3 所示，我们选择 test 目录存放测试类，最后点击 OK 按钮完成。

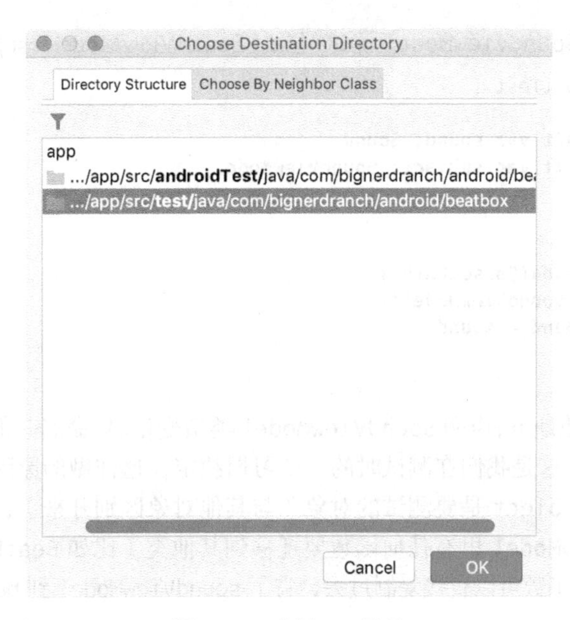

图 20-3 选择 test 目录

20.7 配置测试类

现在来配置 SoundViewModel 测试类。Android Studio 已经为我们创建了一个名为 SoundViewModelTest.kt 的类文件（位于 app 模块内的 test 目录下）。测试框架创建的模板类只有一个 setUp()函数。

```
class SoundViewModelTest {

    @Before
    fun setUp() {
    }
}
```

对大多数对象来说，测试就是要创建对象实例及其依赖的其他对象。为了避免为每一个测试类写重复代码，JUnit 提供了@Before 这个注解。以@Before 注解的包含公共代码的函数会在所有测试之前运行一次。按照约定，所有单元测试类都要有一个以@Before 注解的 setUp()函数。

配置测试对象

在 setUp()函数里，我们会创建一个 SoundViewModel 实例用来测试。这需要 Sound 实例，因为 SoundViewModel 需要 Sound 对象才能知道如何显示按钮标题。

首先创建一个 SoundViewModel 和一个 Sound 对象（Sound 是个简单的数据对象，不容易出问题，这里就不模拟它了），如代码清单 20-7 所示。

代码清单 20-7　创建 SoundViewModel 测试对象（SoundViewModelTest.java）

```
class SoundViewModelTest {

    private lateinit var sound: Sound
    private lateinit var subject: SoundViewModel

    @Before
    fun setUp() {
        sound = Sound("assetPath")
        subject = SoundViewModel()
        subject.sound = sound
    }
}
```

注意，在本书的其他地方，声明 SoundViewModel 类型变量时，命名一般是 soundViewModel。这里用 subject 命名。这是我们在测试时的一个习惯约定，这样做的原因有两点：

- 一看就知道，subject 是要测试的对象（与其他对象区别开来）；
- 如果 SoundViewModel 里有任何函数要迁移到其他类（比如 BeatBoxSoundViewModel）中去，那么测试函数可以直接复制过去，省了 soundViewModel 到 beatBoxSoundViewModel 重命名的麻烦。

20.8　编写测试函数

setUp()支持函数配置完成了，现在可以写测试代码了。实际上，写测试就是在测试类里写一个以@Test 注解的测试函数。

如代码清单 20-8 所示，首先写一个函数，断定 SoundViewModel 里的 title 属性和 Sound 里的 name 属性是有关系的。

代码清单 20-8　测试标题属性（SoundViewModelTest.kt）

```
class SoundViewModelTest {
    ...
    @Before
    fun setUp() {
        ...
    }

    @Test
    fun exposesSoundNameAsTitle() {
        assertThat(subject.title, `is`(sound.name))
    }
}
```

注意，窗口里有两个函数会变红：assertThat(...)和 is(...)函数。在 assertThat(...)函数上使用 Option+Return（或 Alt+Enter）组合键，然后选 org.junit 库里的 Assert.assertThat(...)函数。以同样方式，为 is(...)函数选 org.hamcrest 库里的 Is.is 函数。

这个测试使用了 Hamcrest 匹配器的 `is(...)`函数和 JUnit 的 `assertThat(...)`函数。函数体里的代码很直白：断定测试对象获取标题函数和 sound 的获取文件名函数返回相同的值。如果不同，单元测试失败。

为了运行测试，右键单击 `SoundViewModelTest` 类名，然后选择 Run 'SoundViewModelTest'。随后，Android Studio 的底部窗口会显示测试结果，如图 20-4 所示。

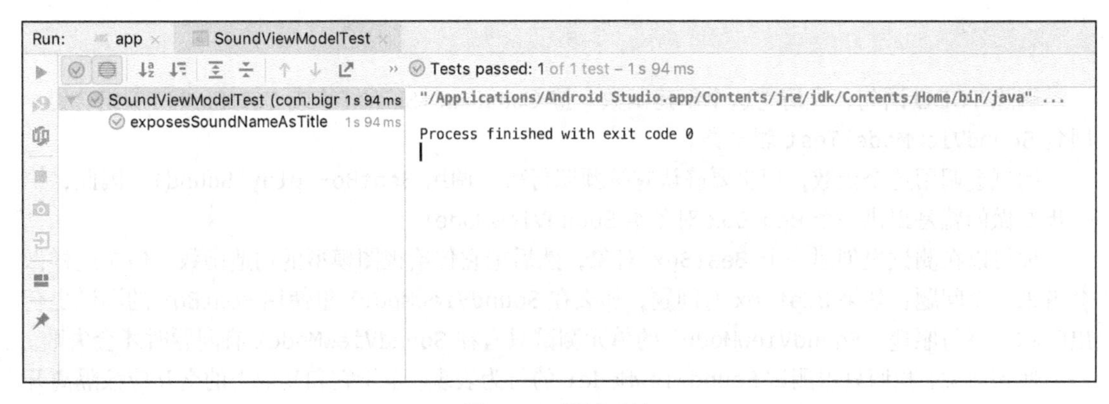

图 20-4　测试过关

测试结果窗口默认只会显示失败的测试。因此，测试通过了。

测试对象交互

刚才做了测试热身，现在处理关键任务：测试 `SoundViewModel` 和 `BeatBox.play(Sound)` 的交互。实践中，通常的做法是，在写新函数之前，先写一个测试验证这个函数的预期结果。我们需要在 `SoundViewModel` 类里写 `onButtonClicked()`函数去调用 `BeatBox.play(Sound)` 函数。如代码清单 20-9 所示，写一个测试方法调用 `onButtonClicked()`函数。

代码清单 20-9　测试 `onButtonClicked()`函数（SoundViewModelTest.kt）

```
class SoundViewModelTest {
    ...
    @Test
    fun exposesSoundNameAsTitle() {
        assertThat(subject.title, `is`(sound.name))
    }

    @Test
    fun callsBeatBoxPlayOnButtonClicked() {
        subject.onButtonClicked()
    }
}
```

注意，这个函数还没写，所以其显示与其他函数不同。将光标移到它身上，按 Option+Return（或 Alt+Enter）组合键，然后选 Create member function 'SoundViewModel.onButtonClicked'创建这

个函数，如代码清单 20-10 所示。

代码清单 20-10　创建 onButtonClicked()函数（SoundViewModel.kt）

```
class SoundViewModel : BaseObservable() {
    fun onButtonClicked() {
        TODO("not implemented") //To change ...
    }
    ...
}
```

删除 TODO 语句，先清空这个新建函数，按 Command+Shift+T（或 Ctrl+Shift+T）组合键，回到 SoundViewModelTest 测试类。

测试会调用这个函数，但也要确认它按预期行事：调用 BeatBox.play(Sound)。因此，第一步要做的就是提供一个 BeatBox 对象给 SoundViewModel。

你可以在测试里创建一个 BeatBox 对象，然后把它传给视图模型的构造函数。但是这样做会带来一个问题：如果 BeatBox 有问题，那么在 SoundViewModel 里使用 BeatBox 的测试也会出问题。事与愿违，SoundViewModel 的单元测试只有在 SoundViewModel 有问题时才会失败。

换句话说，我们只想测试 SoundViewModel 的行为表现。至于它和其他类的交互应该隔离开来。这才是单元测试的关键原则。

解决办法是使用**模拟** BeatBox。这个模拟对象是 BeatBox 的子类，有和 BeatBox 一样的功能，但不做任何事。这样一来，测试 SoundViewModel 时，我们假定它能正确使用 BeatBox。

要使用 Mockito 创建模拟对象，调用 mock(Class)静态函数，传入要模拟的类就可以了。如代码清单 20-11 所示，在 SoundViewModelTest 中创建一个模拟 BeatBox，以及一个保存它的字段。

代码清单 20-11　创建模拟 BeatBox（SoundViewModelTest.kt）

```
class SoundViewModelTest {

    private lateinit var beatBox: BeatBox
    private lateinit var sound: Sound
    private lateinit var subject: SoundViewModel

    @Before
    fun setUp() {
        beatBox = mock(BeatBox::class.java)
        sound = Sound("assetPath")
        subject = SoundViewModel()
        subject.sound = sound
    }
    ...
}
```

就像引用类一样，mock(Class)函数也需要导入。这个函数会自动为你创建一个模拟版 BeatBox。

有了模拟版 BeatBox，就可以用单元测试验证 BeatBox.play(Sound) 函数的调用了。这种烦琐的事就交给 Mockito 吧！对于每次调用，所有的 Mockito 模拟对象都能自我跟踪管理哪些函数被调用了，以及都传入了哪些参数。Mockito 的 verify(Object) 函数可以确认，要测试的函数是否都按预期被调用了。

如代码清单 20-12 所示，调用 verify(Object) 函数，确认 onButtonClicked()函数调用了 BeatBox.play(Sound) 函数。

代码清单 20-12　验证 BeatBox.play(Sound) 函数是否被调用（SoundViewModelTest.kt）

```
class SoundViewModelTest {
    ...
    @Test
    fun callsBeatBoxPlayOnButtonClicked() {
        subject.onButtonClicked()

        verify(beatBox).play(sound)
    }
}
```

verify(Object)使用了流接口，分开写就像这样：

```
verify(beatBox)
beatBox.play(sound)
```

调用 verify(beatBox) 函数就是说："我要验证 beatBox 对象的某个函数是否调用了。"紧跟的 beatBox.play(sound) 函数是说："验证这个函数是这样调用的。"合起来就是说："验证以 sound 作为参数，调用了 beatBox 对象的 play(...)函数。"

SoundViewModel.onButtonClicked()是个空函数，因此，什么也没发生。这意味着测试应该会失败。因为是先写测试，所以这不是问题。如果测试不失败，那说明什么也没测到。

运行测试看结果。（可以按之前步骤运行测试，也可以使用 Control+R（或 Shift+F10）快捷键重复上一次的 Run 命令。）运行结果如图 20-5 所示。

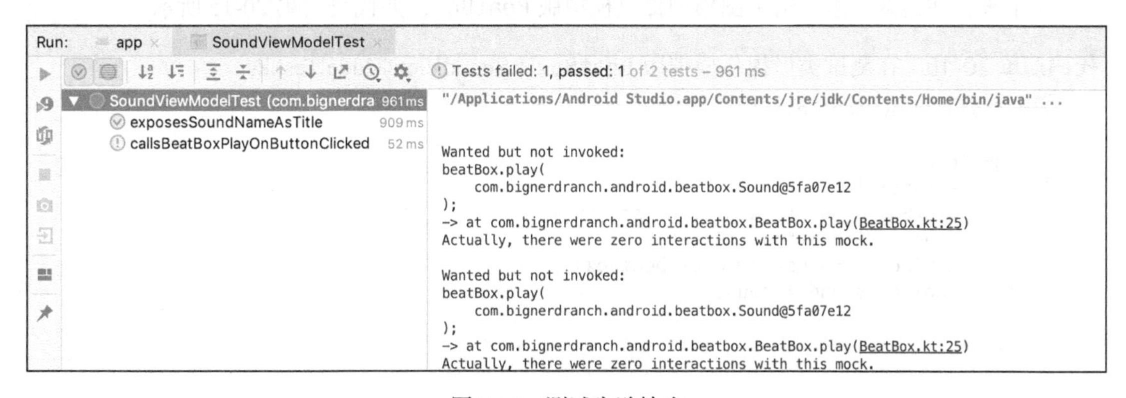

图 20-5　测试失败输出

测试结果表明，测试方法要调用 beatBox.play(sound)，但没成功：

```
Wanted but not invoked:
beatBox.play(
    com.bignerdranch.android.beatbox.Sound@3571b748
);
-> at ....callsBeatBoxPlayOnButtonClicked(SoundViewModelTest.java:28)
Actually, there were zero interactions with this mock.
```

这实际上是说，和 assertThat(...)函数一样，verify(Object)做出某个断定，但断定无效，测试失败并给出问题原因日志。

现在来修正测试代码。首先，为 SoundViewModel 创建一个接受 BeatBox 实例的构造函数属性，如代码清单 20-13 所示。

代码清单 20-13　把 BeatBox 传给 SoundViewModel（SoundViewModel.kt）

```
class SoundViewModel(private val beatBox: BeatBox) : BaseObservable() {
    ...
}
```

这样修改，相应代码会有两处错误：一个在测试代码里，一个在生产代码里。先来修改生产代码。打开 MainActivity.kt，将 beatBox 对象提供给视图模型，如代码清单 20-14 所示。

代码清单 20-14　修正 SoundHolder 里的错误（MainActivity.kt）

```
private inner class SoundHolder(private val binding: ListItemSoundBinding) :
    RecyclerView.ViewHolder(binding.root) {

    init {
        binding.viewModel = SoundViewModel(beatBox)
    }

    fun bind(sound: Sound) {
        ...
    }
}
```

接下来，在测试类里，给视图模型提供模拟版 BeatBox，如代码清单 20-15 所示。

代码清单 20-15　在测试类里提供模拟版 BeatBox（SoundViewModelTest.kt）

```
class SoundViewModelTest {
    ...
    @Before
    fun setUp() {
        beatBox = mock(BeatBox::class.java)
        sound = Sound("assetPath")
        subject = SoundViewModel(beatBox)
        subject.sound = sound
    }
    ...
}
```

离测试目标越来越近了，接下来是实现 onButtonClicked()函数，让测试符合预期，如代码清单 20-16 所示。

代码清单 20-16 实现 onButtonClicked()函数（SoundViewModel.kt）

```
class SoundViewModel(private val beatBox: BeatBox) : BaseObservable() {
    ...
    fun onButtonClicked() {
        sound?.let {
            beatBox.play(it)
        }
    }
}
```

再次运行测试。如图 20-6 所示，这次一路绿灯，测试顺利通过。

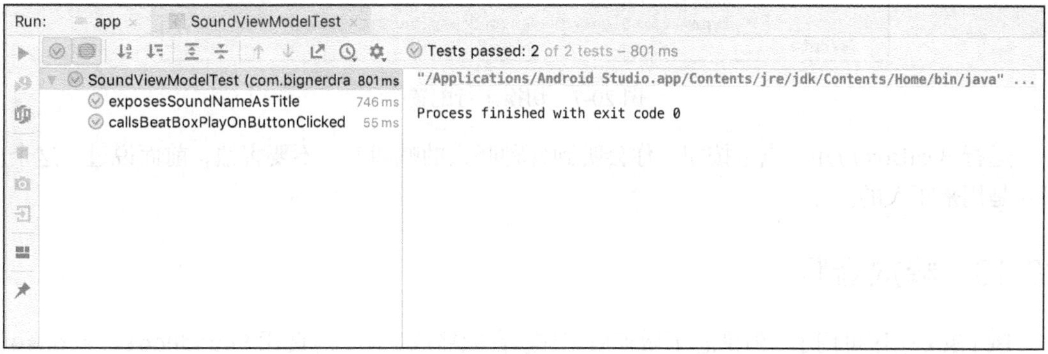

图 20-6 测试全部过关

20.9 数据绑定回调

按钮要响应事件还差最后一步：关联按钮对象和 onButtonClicked()函数。

和前面使用数据绑定关联数据和 UI 一样，你也可以使用 lambda 表达式，让数据绑定帮忙关联按钮和点击监听器（如果忘了，请参见 19.9.1 节）。

如代码清单 20-17 所示，在布局文件里，添加数据绑定 lambda 表达式，让按钮对象和 SoundViewModel.onButtonClicked()函数关联起来。

代码清单 20-17 关联按钮（list_item_sound.xml）

```
<Button
    android:layout_width="match_parent"
    android:layout_height="120dp"
    android:onClick="@{() -> viewModel.onButtonClicked()}"
    android:text="@{viewModel.title}"
    tools:text="Sound name"/>
```

现在，如果运行应用，按钮就能播放声音。然而，如果你尝试使用锤子形的运行按钮，测试又运行了。这是因为右键单击运行测试修改了**运行配置**。这个配置决定点击锤子形的按钮之后，Android Studio 该运行什么。

如图 20-7 所示，为了运行 BeatBox 应用，点击运行按钮旁边的配置选择器，切换至 app 运行配置。

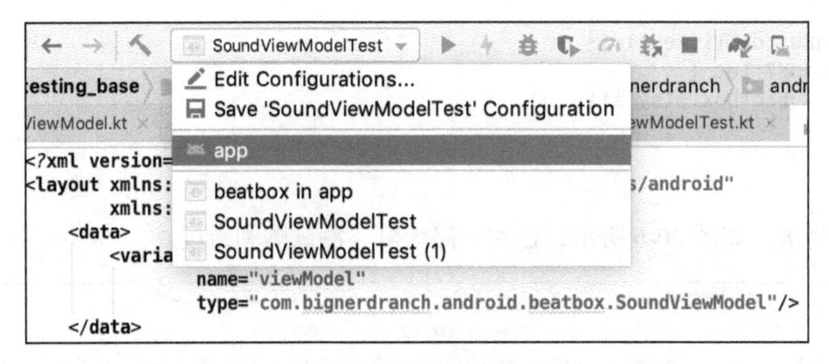

图 20-7　切换运行配置

运行 BeatBox 应用，点击按钮。你会听到各种吓人的喊叫声。不要害怕，前面说过，这个应用就是用来吓人的。

20.10　释放音频

BeatBox 应用可用了，但别忘了做善后工作。音频播放完毕，应调用 SoundPool.release() 函数释放 SoundPool，如代码清单 20-18 所示。

代码清单 20-18　释放 SoundPool（BeatBox.kt）

```
class BeatBox(private val assets: AssetManager) {
    ...
    fun play(sound: Sound) {
        ...
    }

    fun release() {
        soundPool.release()
    }

    private fun loadSounds(): List<Sound> {
        ...
    }
    ...
}
```

同样，在 MainActivity 中，也完成 BeatBox 对象的释放，如代码清单 20-19 所示。

代码清单 20-19　释放 BeatBox（MainActivity.kt）

```
class MainActivity : AppCompatActivity() {

    private lateinit var beatBox: BeatBox
```

```
    override fun onCreate(savedInstanceState: Bundle?) {
        ...
    }

    override fun onDestroy() {
        super.onDestroy()
        beatBox.release()
    }
    ...
}
```

再次运行应用，确认添加 release()函数后，应用工作正常。尝试播放长一点儿的声音，然后旋转设备或点击回退键，声音播放应该会停止。

20.11 深入学习：整合测试

在测试 SoundViewModel 时，我们创建了 SoundViewModelTest 单元测试类。实际上，我们也可以选择创建整合测试。那么，什么是整合测试？

在单元测试里，受测对象是单个类。在整合测试里，受测对象是应用的一部分，包括协同工作的众多对象。这两种测试都很重要，有不同的作用和目的。单元测试保证各个类单元正确运行，相互之间的交互符合预期。整合测试验证受测各部分已正确整合在一起，按预期发挥作用。

整合测试也可以用来测试应用的非 UI 部分，如测试数据库交互等。不过，在 Android 平台上，整合测试通常还是指 UI 级别的测试（和 UI 部件交互，验证它们的行为表现是否符合预期）。例如，在 MainActivity 启动后，可以验证用户界面上的第一个按钮显示了音频库里的第一个文件名：65_cjipie。

针对 UI 的整合测试需要 activity 和 fragment 这样的框架类。有时还需要系统服务、文件系统，以及一些 JVM 测试无法使用的功能部件。基于这个原因，在 Android 平台上，整合测试通常以 instrumentation 测试来实施。

相比应用按设想实现出来，只有当应用按设想正确运行时，整合测试才算通过。修改某个按钮 ID 的名字并不会影响应用的功能。但是，如果你写了这样一个整合测试用例，"调用 findViewById(R.id.button)函数，确认找到的按钮上的文字显示正确"，那么显然这个测试通不过。所以，整合测试应该用 UI 测试框架工具来写，而不是使用像 findViewById(Int)这样的标准库工具。这样可以很容易写出类似这样的用例："确保屏幕上有个按钮，上面显示我设想的文字。"

Espresso 是 Google 开发的一个 UI 测试框架，可用来测试 Android 应用。在 app/build.gradle 文件中，添加 com.android.support.test.espresso:espresso-core 依赖项，作用范围改为 androidTest-Implementation，就可以引入它。不过，Android Studio 在创建新项目时，会自动引入这个依赖。

引入 Espresso 之后，就可以用它来测试某个 activity 的行为了。例如，如果想断定屏幕上某个视图显示了第一个 sample_sounds 受测文件的文件名，就可以编写如下测试用例：

```
@RunWith(AndroidJUnit4::class)
class MainActivityTest {

    @get:Rule
    val activityRule = ActivityTestRule(MainActivity::class.java)

    @Test
    fun showsFirstFileName() {
        onView(withText("65_cjipie"))
                .check(matches(isDisplayed()))
    }
}
```

现在来解读一下样例代码。首先看其中的注解。@RunWith(AndroidJUnit4.class)表明，这是一个 Android 工具测试，需要 activity 和其他 Android 运行时环境支持。之后，activityRule 上的@get:Rule 注解告诉 JUnit，运行测试前，要启动一个 MainActivity 实例。

准备工作做完，接下来就可以在测试函数里对 MainActivity 做断定测试了。在 showsFirstFileName()函数里，onView(withText("65_cjipie"))这行代码会找到显示“65_cjipie”的视图，对其执行测试。check(matches(isDisplayed()))用来判定视图在屏幕上看得见。如果没有，则测试失败。相较于 JUnit 的 assertThat(...)断言函数，check(...)函数是 Espresso 版的断言函数。

有时，你可能还想点击某个视图，然后使用断言验证点击结果。可以让 Espresso 点击这个视图，或者使用下面这样的交互代码：

```
onView(withText("65_cjipie"))
        .perform(click())
```

与视图交互时，Espresso 会等待应用闲置再执行下一个测试。Espresso 有一套探测 UI 是否已更新完毕的方法。如果需要，也可使用一个 IdlingResource 子类告诉 Espresso：多等一会儿，应用还在忙。

有关如何使用 Espresso 做 UI 测试的更详细的信息，请阅读 Espresso 的文档。

单元测试和整合测试作用不同，各有侧重。大多数人更喜欢先做单元测试，直接验证应用单独部分的运行行为和表现。整合测试依赖于那些受测通过的单独部分，验证它们是否已正确整合，并一起协同工作且运行良好。不管怎样，这两类测试都很重要，各自能从不同视角检验应用。只要有条件，两类测试都要做。

20.12　深入学习：模拟对象与测试

相比单元测试，模拟对象在整合测试中扮演了更为不寻常的角色。模拟对象假扮成其他不相干的组件，其作用就是隔离受测对象。单元测试的受测对象是单个类；每个类都有自己不同的依赖关系，所以，每个受测类也有一套不同于其他类的模拟对象。既然都是些不同的模拟对象，那么它们各自的具体行为怎么样，怎么实现，一点儿也不重要。对于单元测试来说，一些模拟化框架，比如能快速创建模拟对象的 Mockito，就非常有用了。

再来看整合测试。在整合测试场景中，模拟对象显然不能用来隔离应用，相反，我们用它把应用和可能的外部交互对象隔离开来，比如提供 Web service 假数据和假反馈。如果是在 BeatBox 应用里，你很可能就要提供模拟 SoundPool，让它告诉你某个声音文件何时播放。显然，相比常见的行为模拟，这种模拟太重了，而且还要在很多整合测试里共享。这真不如手动写假对象。所以，做整合测试时，最好避免使用像 Mockito 这样的自动模拟测试框架。

不管哪种情况，基本原则都一样：模拟对象的效用不应超出受测组件的边界。应着重关注测试范围，防止测试越界。当然，如果受测组件自己失灵，那就另当别论了。

20.13 挑战练习：播放进度控制

让用户快速多听一些声音，请给 BeatBox 应用添加播放进度控制功能。完成后的界面如图 20-8 所示。在 MainActivity 中，使用 SeekBar 部件控制 SoundPool 的 play(Int, Float, Float, Int, Int, Float)函数的播放速率参数值。

图 20-8 带播放进度控制的 BeatBox 应用

20.14　挑战练习：设备旋转问题

当前，播放声音后，设备一旋转，BeatBox 应用就停止播放音频了。请修正这个问题。

一个主要问题是，BeatBox 对象应该保存在哪里。应用的 MainActivity 引用着 BeatBox 对象，但设备旋转后，它会被销毁和重建。结果，初始 BeatBox 会释放 SoundPool，再随设备旋转重建。

在 GeoQuiz 和 CriminalIntent 应用中，我们已经知道如何在设备旋转时保存数据。添加一个 Jetpack 版 ViewModel 给 BeatBox 应用，实现在设备旋转时保存 BeatBox 对象。

你可以把 BeatBox 属性的可见性改为 public，这样，MainActivity 就能从 Jetpack 版 ViewModel 里获取 BeatBox 实例，把它交给数据绑定视图模型。

第 21 章

样式与主题

既然 BeatBox 应用的音效能吓退人，它的用户界面也应透出一定的威慑力。

当前，BeatBox 应用依然还是一副 Android 千年不变的老面孔。按钮普通，配色灰暗。整个应用看上去毫不起眼，没有品牌特色。

不过，我们能让它风格大变。我们具有这样的能力。

应用界面重定制的最终效果如图 21-1 所示。与之前相比，新界面更加美观、引人注目，且独具风格。

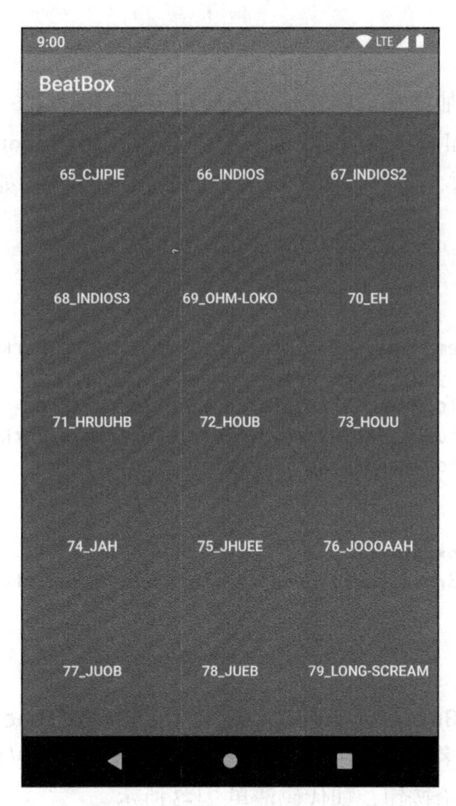

图 21-1　换了主题的 BeatBox

21.1　颜色资源

首先，我们来定义本章要用到的颜色资源。参照代码清单21-1，编辑res/values/colors.xml文件。

代码清单21-1　定义几种颜色（res/values/colors.xml）

```
<resources>
    <color name="colorPrimary">#008577</color>
    <color name="colorPrimaryDark">#00574B</color>
    <color name="colorAccent">#D81B60</color>

    <color name="red">#F44336</color>
    <color name="dark_red">#C3352B</color>
    <color name="gray">#607D8B</color>
    <color name="soothing_blue">#0083BF</color>
    <color name="dark_blue">#005A8A</color>
</resources>
```

使用颜色资源，可以方便地在一个地方定义各种颜色值，然后在整个应用里引用。

21.2　样式

现在，我们来给按钮添加**样式**。样式是能够应用于视图部件的一套属性。

打开res/values/styles.xml样式文件，添加一个名为BeatBoxButton的新样式，如代码清单21-2所示。（创建BeatBox项目时，向导会创建默认的styles.xml文件。如果没有，请自行创建。）

代码清单21-2　添加样式（res/values/styles.xml）

```
<resources>

    <style name="AppTheme" parent="Theme.AppCompat.Light.DarkActionBar">
        <!-- Customize your theme here. -->
        <item name="colorPrimary">@color/colorPrimary</item>
        <item name="colorPrimaryDark">@color/colorPrimaryDark</item>
        <item name="colorAccent">@color/colorAccent</item>
    </style>

    <style name="BeatBoxButton">
        <item name="android:background">@color/dark_blue</item>
    </style>

</resources>
```

新建样式名为BeatBoxButton。该样式仅定义了`android:background`这一个属性，属性值为深蓝色。样式可以为很多部件共用，更改属性时，只修改公共样式定义即可。

定义好样式，把它添加给按钮，如代码清单21-3所示。

代码清单 21-3 使用样式（res/layout/list_item_sound.xml）

```
<Button
    style="@style/BeatBoxButton"
    android:layout_width="match_parent"
    android:layout_height="120dp"
    android:onClick="@{() -> viewModel.onButtonClicked()}"
    android:text="@{viewModel.title}"
    tools:text="Sound name"/>
```

运行 BeatBox 应用。可以看到，所有按钮的背景都是深蓝色了，如图 21-2 所示。

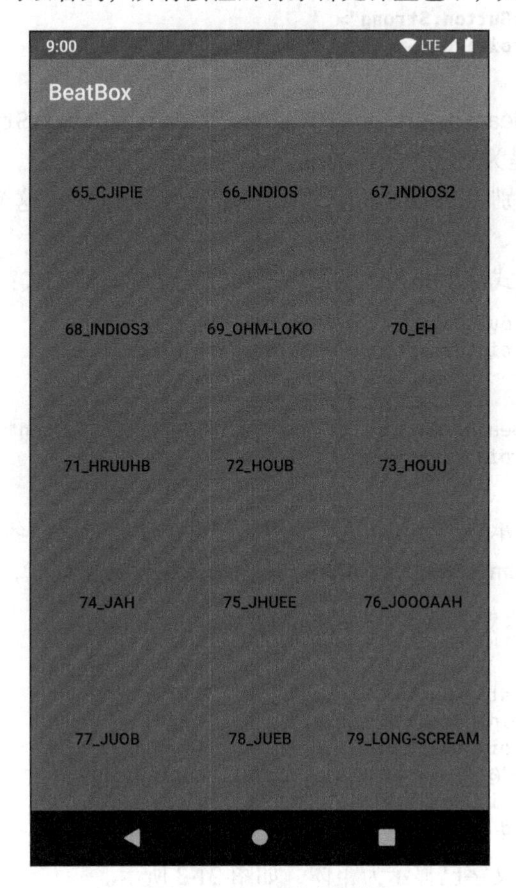

图 21-2 添加了样式的按钮

如有需要，可以创建带多套属性的样式在应用里复用。非常方便。

样式继承

样式也支持继承。一个样式能继承并覆盖其他样式的属性。

创建一个名为 BeatBoxButton.Strong 的新样式。除了继承 BeatBoxButton 样式的按钮背景属性，再添加自己的 android:textStyle 属性，用粗体显示按钮文字，如代码清单 21-4 所示。

代码清单 21-4　继承样式（res/layout/styles.xml）

```
<style name="BeatBoxButton">
    <item name="android:background">@color/dark_blue</item>
</style>

<style name="BeatBoxButton.Strong">
    <item name="android:textStyle">bold</item>
</style>
```

（当然，可以直接为 BeatBoxButton 样式添加这个 android:textStyle 属性。创建 BeatBoxButton.Strong 样式只是为了演示样式继承。）

新样式的命名有点特别。BeatBoxButton.Strong 的命名表明，这个新样式继承了 BeatBoxButton 样式的属性。

除了通过命名表示样式继承关系，也可以采用指定父样式的方式：

```
<style name="BeatBoxButton">
    <item name="android:background">@color/dark_blue</item>
</style>

<style name="StrongBeatBoxButton" parent="@style/BeatBoxButton">
    <item name="android:textStyle">bold</item>
</style>
```

虽然有新方式用于继承样式，BeatBox 应用还是继续使用特殊命名方式。

更新 res/layout/list_item_sound.xml 布局，用上新的粗体文字样式，如代码清单 21-5 所示。

代码清单 21-5　使用粗体文字样式（res/layout/list_item_sound.xml）

```
<Button
    style="@style/BeatBoxButton.Strong"
    android:layout_width="match_parent"
    android:layout_height="120dp"
    android:onClick="@{() -> viewModel.onButtonClicked()}"
    android:text="@{viewModel.title}"
    tools:text="Sound name"/>
```

运行应用，确认按钮文字已显示为粗体，如图 21-3 所示。

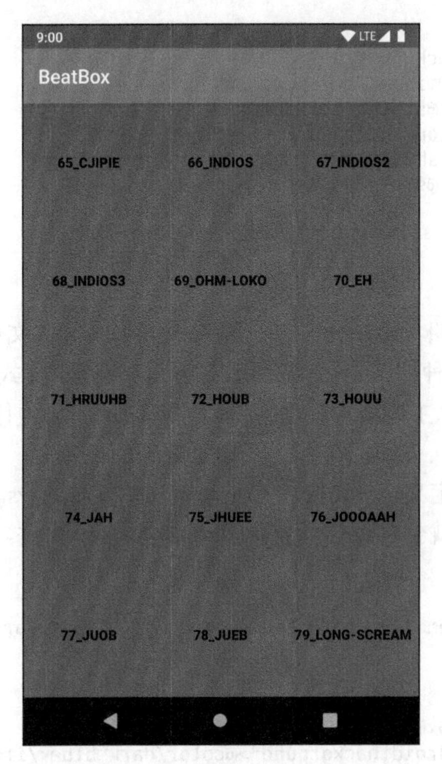

图 21-3 使用了粗体文字样式的 BeatBox

21.3 主题

样式很有用。在 styles.xml 公共文件中，可以为所有部件定义一套样式属性共用。可惜，定义公共样式属性虽方便，实际应用却很麻烦：需要逐个为所有部件添加它们要用到的样式。要是开发一个复杂应用，涉及很多布局、无数按钮，仅仅添加样式工作量就很惊人。

该主题上场施展身手了！主题可被看作样式的进化加强版。同样是定义一套公共主题属性，样式属性需要逐个添加，主题属性则会自动应用于整个应用。主题属性能引用颜色这样的外部资源，也能引用其他样式。使用主题，无须找到每个按钮，告诉它们要用哪个主题。一句话就能搞定："所有按钮都使用这个样式。"

修改默认主题

创建 BeatBox 项目时，向导给了它默认主题。找到并打开 manifests/AndroidManifest.xml 文件，可以看到 application 标签下的 theme 属性。

```
<manifest xmlns:android="http://schemas.android.com/apk/res/android"
    package="com.bignerdranch.android.beatbox" >
```

```
    <application
        android:allowBackup="true"
        android:icon="@mipmap/ic_launcher"
        android:label="@string/app_name"
        android:roundIcon="@mipmap/ic_launcher_round"
        android:supportsRtl="true"
        android:theme="@style/AppTheme">
        ...
    </application>

</manifest>
```

theme 属性指向的主题叫 AppTheme。它也定义在 styles.xml 文件中。

可见，主题实际就是一种样式，但是其指定的属性有别于样式。（稍后会看到。）既然能在 manifest 文件中声明它，那么主题威力就会大增。这同时解释了为什么主题可以自动应用于整个应用。

要查看 AppTheme 主题定义，只要按住 Command 键（Windows 系统是 Ctrl 键），点击@style/AppTheme，Android Studio 就会自动打开 res/values/styles.xml 文件。

```
<resources>

    <style name="AppTheme" parent="Theme.AppCompat.Light.DarkActionBar">
        ...
    </style>

    <style name="BeatBoxButton">
        <item name="android:background">@color/dark_blue</item>
    </style>
    ...
</resources>
```

在 Android Studio 中创建新项目时，你勾选了 Use AndroidX artifacts，项目因此会自带 AppCompat 主题。AppTheme 现在继承了 Theme.AppCompat.Light.DarkActionBar 的全部属性。如有需要，可以添加自己的属性值，或是覆盖父主题的某些属性值。

AppCompat 库自带三大主题。

- Theme.AppCompat——深色主题。
- Theme.AppCompat.Light——浅色主题。
- Theme.AppCompat.Light.DarkActionBar——带深色工具栏的浅色主题。

把 AppTheme 的父主题修改为 Theme.AppCompat，如代码清单 21-6 所示。这样 BeatBox 项目就有了一个深色主题基板。

代码清单 21-6　改用深色主题（res/values/styles.xml）

```
<resources>

    <style name="AppTheme" parent="Theme.AppCompat.Light.DarkActionBar">
        ...
    </style>
    ...
</resources>
```

运行 BeatBox 应用，查看新的深色主题，如图 21-4 所示。

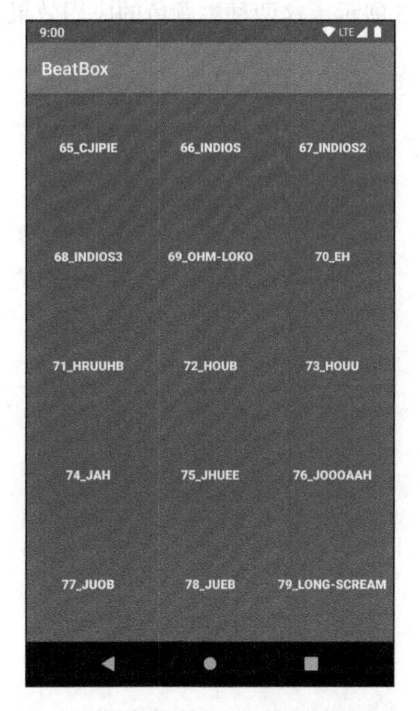

图 21-4 应用了深色主题的 BeatBox

21.4 添加主题颜色

现在，基于 AppTheme 主题模板，我们来定制它的属性。

在 styles.xml 文件中，参照代码清单 21-7 修改现有三个属性。

代码清单 21-7 自定义主题属性（res/values/styles.xml）

```
<style name="AppTheme" parent="Theme.AppCompat">
    <!-- Customize your theme here. -->
    <item name="colorPrimary">@color/colorPrimaryred</item>
    <item name="colorPrimaryDark">@color/colorPrimaryDarkdark_red</item>
    <item name="colorAccent">@color/colorAccentgray</item>
</style>
```

虽然这三个主题属性看上去和前面的样式属性差不多，但它们的应用范围不一样。样式属性仅适用于单个部件，如前面用粗体显示按钮文字的 textStyle。主题属性则适用所有使用同一主题的部件。例如，应用栏会以主题的 colorPrimary 属性设置自己的背景色。

使用这三个主题属性，应用界面大有改观。colorPrimary 属性主要用于应用栏。由于应用名称是显示在应用栏上的，因此 colorPrimary 也可以称为应用品牌色。

colorPrimaryDark 用于屏幕顶部的状态栏。从名字可以看出，它是深色版 colorPrimary。

注意，只有 Lollipop 以后的系统支持状态栏主题色。对于之前的系统，无论指定什么主题色，状态栏都是不变的黑底色。图 21-5 展示了这两种主题色的应用效果。

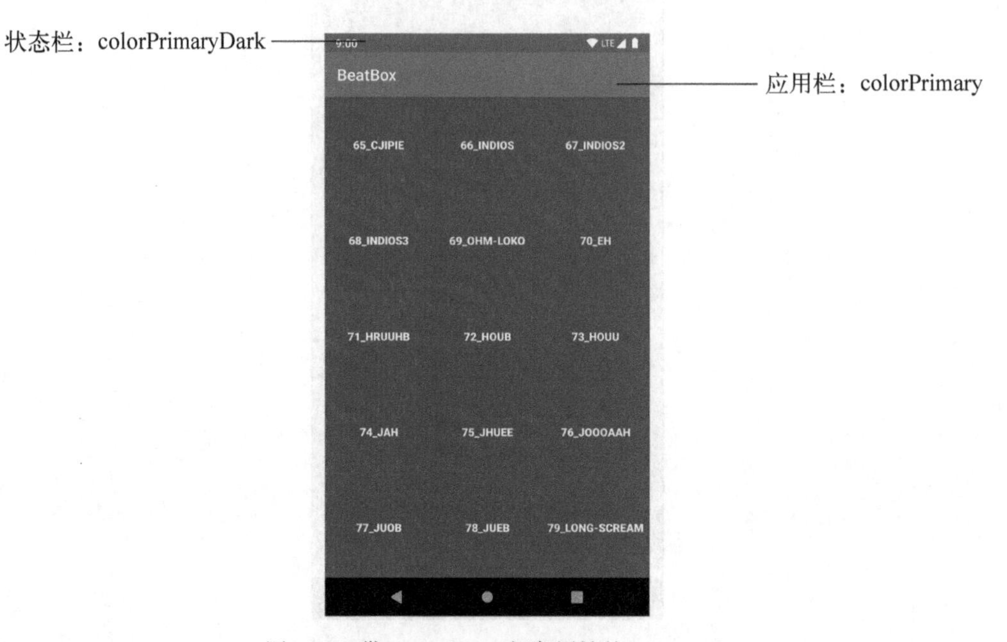

图 21-5　带 AppCompat 颜色属性的 BeatBox

最后，设置 `colorAccent` 为灰色。这个主题色应该和 `colorPrimary` 形成反差效果，主要用于给 `EditText` 这样的部件着色。

按钮部件不支持着色， `colorAccent` 主题色在 BeatBox 项目中没有效果。不管有没有用，这里还是添加了 `colorAccent`，因为最好能配套使用这三个颜色属性。现在，刚设置的主题色融合得很好（继承自父主题的默认 colorAccent 可能会和你指定的其他两种主题色冲突），算是给进一步优化打下了良好基础。

运行应用查看主题效果。现在，应用界面看起来应该与图 21-5 差不多。

21.5　覆盖主题属性

完成了主题配色，我们继续深入，看看都有哪些主题属性可以覆盖。给你提个醒，主题深究之路坎坷崎岖，可不那么好走。有哪些主题属性可用、哪些能覆盖，甚至是某些属性究竟有什么作用，研究诸如此类的问题时，没有官方参考文档还是小事，极有可能你就完全没了方向。对此，我们只有一个建议：阅读本书。

第一个任务是修改主题以更换 BeatBox 应用的背景色。当然，你可以打开 res/layout/activity_main 文件，手动设置 `RecyclerView` 视图的 `android:background` 属性。如果还有其他 fragment 和 activity 要改，都照此处理。这简直是浪费：浪费你的时间，浪费应用资源。

主题已经设置了背景色，在此基础上再设置其他颜色，就是自找麻烦了。而且，在应用里到处复制使用背景属性设置代码也不利于后期维护。

主题探秘

要解决上述问题，应设法覆盖主题背景色属性。为了找出可覆盖属性的名字，先来看看这个目标属性在其 `Theme.AppCompat` 父主题里是怎么设置的。

你可能会想：“不知道名字，我如何知道该覆盖哪个属性呢？”确实是这样。所以，首先查看目标属性的名字，凭直觉挑一个，覆盖它，然后运行应用验证猜想。

你需要找出主题继承的源头。主题继承树有多深，谁也不知道，只能一层层地向上找，直到找到目标为止。

打开 styles.xml 文件，按住 Command 键（Windows 系统是 Ctrl 键）点击 `Theme.AppCompat`，来看看继承有多深。

（如果无法直接在 Android Studio 里追溯主题属性，或是想在工具之外查找，可以在 your-SDK-directory/platforms/android-24/data/res/values 目录找到主题源码。）

Android 开发工具更新频繁，本书撰写时，Android Studio 会定位到一个大文件的这一行：

```
<style name="Theme.AppCompat" parent="Base.Theme.AppCompat" />
```

由此可知 `Theme.AppCompat` 主题属性继承自 `Base.Theme.AppCompat`。有趣的是，`Theme.AppCompat` 本身没有覆盖任何属性，仅仅指向了其父主题。

按住 Command 键（Windows 系统是 Ctrl 键）点击 `Base.Theme.AppCompat`，Android Studio 会提示，这个主题有资源修饰符，有多个版本可选（取决于 Android 系统版本）。

选择 values/values.xml 版本，定位到 `Base.Theme.AppCompat` 主题定义，如图 21-6 所示。

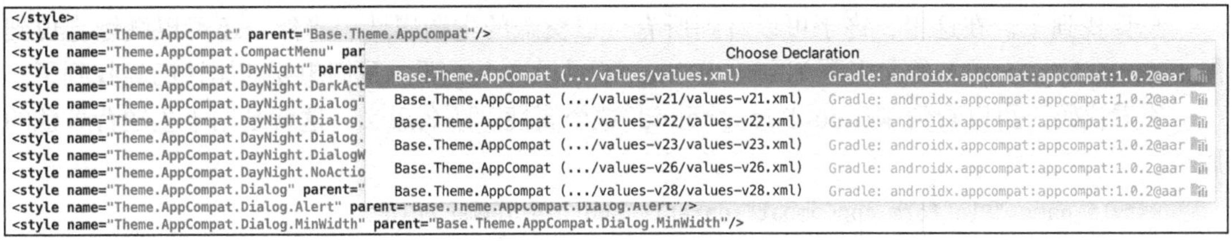

```
</style>
<style name="Theme.AppCompat" parent="Base.Theme.AppCompat"/>
<style name="Theme.AppCompat.CompactMenu" par    Choose Declaration
<style name="Theme.AppCompat.DayNight" parent    Base.Theme.AppCompat (.../values/values.xml)          Gradle: androidx.appcompat:appcompat:1.0.2@aar
<style name="Theme.AppCompat.DayNight.DarkAct    Base.Theme.AppCompat (.../values-v21/values-v21.xml)  Gradle: androidx.appcompat:appcompat:1.0.2@aar
<style name="Theme.AppCompat.DayNight.Dialog"    Base.Theme.AppCompat (.../values-v22/values-v22.xml)  Gradle: androidx.appcompat:appcompat:1.0.2@aar
<style name="Theme.AppCompat.DayNight.Dialog.    Base.Theme.AppCompat (.../values-v23/values-v23.xml)  Gradle: androidx.appcompat:appcompat:1.0.2@aar
<style name="Theme.AppCompat.DayNight.Dialog.    Base.Theme.AppCompat (.../values-v26/values-v26.xml)  Gradle: androidx.appcompat:appcompat:1.0.2@aar
<style name="Theme.AppCompat.DayNight.DialogW    Base.Theme.AppCompat (.../values-v28/values-v28.xml)  Gradle: androidx.appcompat:appcompat:1.0.2@aar
<style name="Theme.AppCompat.DayNight.NoActio
<style name="Theme.AppCompat.Dialog" parent="
<style name="Theme.AppCompat.Dialog.Alert" parent="Base.Theme.AppCompat.Dialog.Alert"/>
<style name="Theme.AppCompat.Dialog.MinWidth" parent="Base.Theme.AppCompat.Dialog.MinWidth"/>
```

图 21-6　选择父主题

既然 BeatBox 支持的最低 API 级别是 21，那么这里还选择无修饰版本似乎不合逻辑。背景主题属性早在 API 21 之前就有了，这说明在原始 `Base.Theme.AppCompat` 版本中肯定也能找到它。这并不奇怪，我们就是要选无修饰版 `Base.Theme.AppCompat`。

```
<style name="Base.Theme.AppCompat" parent="Base.V7.Theme.AppCompat">
</style>
```

`Base.Theme.AppCompat` 这个主题没任何自己的定义，也就是说没覆盖任何属性。继续定位到它的父主题：`Base.V7.Theme.AppCompat`。

```
<style name="Base.V7.Theme.AppCompat" parent="Platform.AppCompat">
    <item name="viewInflaterClass">
            androidx.appcompat.app.AppCompatViewInflater</item>
    <item name="windowNoTitle">false</item>
    <item name="windowActionBar">true</item>
    <item name="windowActionBarOverlay">false</item>
    ...
</style>
```

距离目标越来越近了。Base.V7.Theme.AppCompat 有许多属性，但还是没找到改变背景色的属性。继续定位到 Platform.AppCompat。这个主题也有多个版本，选择 values/values.xml 版本。

```
<style name="Platform.AppCompat" parent="android:Theme.Holo">
    <item name="android:windowNoTitle">true</item>
    <item name="android:windowActionBar">false</item>

    <item name="android:buttonBarStyle">?attr/buttonBarStyle</item>
    <item name="android:buttonBarButtonStyle">?attr/buttonBarButtonStyle</item>
    <item name="android:borderlessButtonStyle">?attr/borderlessButtonStyle</item>
    ...
</style>
```

终于，在这里看到了 Platform.AppCompat 的 android:Theme.Holo 父主题。注意，这里引用的不是 Theme，而是 android:Theme。前面的 android 命名空间不能丢。

AppCompat 库可以被看作 BeatBox 应用的一部分。编译项目时，工具会引入 AppCompat 库和它的一堆 Kotlin（Java）以及 XML 文件。这些文件已包含在应用里，如同你自己编写的文件。如果想引用 AppCompat 库里的资源，像 Theme.AppCompat 这样，直接引用就可以了。

有些主题（比如 Theme）包含在 Android 操作系统里，引用时必须加上指向归属地的命名空间。在引用 Theme 主题时，AppCompat 库使用了 android:Theme 这样的形式，这是因为 Theme 来自 Android 操作系统。

总算找到了。在这里，终于可以看到所有可以覆盖的主题属性。当然，还可以继续定位到 Platform.AppCompat 的父主题 Theme.Holo，不过没这个必要。我们想要的属性已经找到了。

查看代码，可以看到 windowBackground 这个属性。顾名思义，这就是用于主题背景色的属性。

```
<style name="Platform.AppCompat" parent="android:Theme.Holo">
    ...

    <!-- Window colors -->
    ...
    <item name="android:windowBackground">@color/background_material_dark</item>
```

这也是要在 BeatBox 应用中覆盖的属性。回到 styles.xml 文件中，覆盖 windowBackground 这个属性，如代码清单 21-8 所示。

代码清单 21-8　设置窗口背景（res/values/styles.xml）

```
<style name="AppTheme" parent="Theme.AppCompat">
    <!-- Customize your theme here. -->
```

```
    <item name="colorPrimary">@color/red</item>
    <item name="colorPrimaryDark">@color/dark_red</item>
    <item name="colorAccent">@color/gray</item>

    <item name="android:windowBackground">@color/soothing_blue</item>
</style>
```

注意，windowBackground 这个属性来自 Android 操作系统，别忘了使用 android 命名空间。

运行 BeatBox 应用。滚动到 recycler 视图底部查看背景，没有按钮覆盖的地方是浅蓝色，如图 21-7 所示。

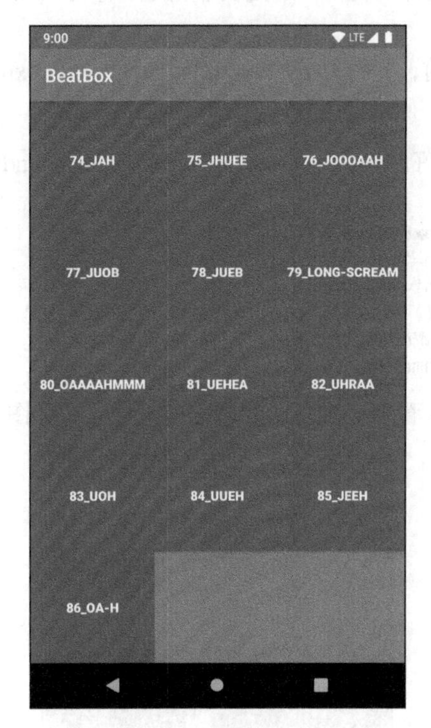

图 21-7　设置了主题背景的 BeatBox

只要想修改应用主题，开发者差不多都要经历刚才查找 windowBackground 属性的过程。没办法，这些属性没有文档可参考，只能去看源代码了。

总结一下，刚才我们定位查看了以下主题：

- Theme.AppCompat
- Base.Theme.AppCompat
- Base.V7.Theme.AppCompat
- Platform.AppCompat

刚才我们自下而上逐层定位，直到找到 AppCompat 根主题。将来，越来越熟练之后，你很可能会跳过中间步骤而直达目标。不过，建议还是按部就班，以此看清楚究竟哪个是根主题。

最后再提个醒，主题继承关系和层次可能有变（发布新系统），但上面介绍的方法不会变。想要知道该覆盖哪个属性，就沿着继承树找吧！

21.6　修改按钮属性

前面，通过在 res/layout/list_item_sound.xml 文件中手动设置样式属性，我们定制过 BeatBox 应用的按钮。如果一个复杂应用在很多 activity 或 fragment 中有按钮，那么再逐个按钮地去设置 `style` 属性就很不应该了。这种情况下，还是要靠主题。你可以在主题中定义一个用于所有按钮的样式。

在主题里添加按钮样式前，先打开 res/layout/list_item_sound.xml 文件，删掉原有样式属性，如代码清单 21-9 所示。

代码清单 21-9　删掉！有更好的办法了（res/layout/list_item_sound.xml）

```
<Button
    style="@style/BeatBoxButton.Strong"
    android:layout_width="match_parent"
    android:layout_height="120dp"
    android:onClick="@{() -> viewModel.onButtonClicked()}"
    android:text="@{viewModel.title}"
    tools:text="Sound name"/>
```

运行 BeatBox 应用。可以看到，按钮回到原来的模样了，如图 21-8 所示。

图 21-8　回到了从前

再次逐级定位查找主题。这次，我们找到 Base.V7.Theme.AppCompat 里的 buttonStyle 属性。

```
<style name="Base.V7.Theme.AppCompat" parent="Platform.AppCompat">
    ...
    <!-- Button styles -->
    <item name="buttonStyle">@style/Widget.AppCompat.Button</item>
    <item name="buttonStyleSmall">@style/Widget.AppCompat.Button.Small</item>
    ...
</style>
```

这个属性指定应用中普通按钮的样式。

这个 buttonStyle 属性没有设置值，而是指向了一个样式资源。前面覆盖 windowBackground 属性时，直接传入了颜色值。这里，buttonStyle 应该指向另一个样式。定位并查看 Widget.AppCompat.Button 样式。如果不能使用快捷键（Command+click 或 Ctrl+click）点击 buttonStyle 属性定义，请直接在 values.xml 文件里找到它的样式定义。

```
<style name="Widget.AppCompat.Button" parent="Base.Widget.AppCompat.Button"/>
```

Widget.AppCompat.Button 样式没有定义任何属性，继续定位找其指向的父样式。你会发现有两个版本可选，选 values/values.xml 版本。

```
<style name="Base.Widget.AppCompat.Button" parent="android:Widget">
    <item name="android:background">@drawable/abc_btn_default_mtrl_shape</item>
    <item name="android:textAppearance">?android:attr/textAppearanceButton</item>
    <item name="android:minHeight">48dip</item>
    <item name="android:minWidth">88dip</item>
    <item name="android:focusable">true</item>
    <item name="android:clickable">true</item>
    <item name="android:gravity">center_verticalcenter_horizontal</item>
</style>
```

BeatBox 应用的所有按钮都使用了这些属性。

在 BeatBox 应用里复用 Android 自身主题。修改 BeatBoxButton 样式的父样式为 Widget.AppCompat.Button。另外，删除 BeatBoxButton.Strong 样式，如代码清单 21-10 所示。

代码清单 21-10 创建按钮样式（res/values/styles.xml）

```
<resources>

    <style name="AppTheme" parent="Theme.AppCompat">
        <item name="colorPrimary">@color/red</item>
        <item name="colorPrimaryDark">@color/dark_red</item>
        <item name="colorAccent">@color/gray</item>

        <item name="android:windowBackground">@color/soothing_blue</item>
    </style>

    <style name="BeatBoxButton" parent="Widget.AppCompat.Button">
        <item name="android:background">@color/dark_blue</item>
    </style>
```

```
    <style name="BeatBoxButton.Strong">
        <item name="android:textStyle">bold</item>
    </style>

</resources>
```

继承 Widget.AppCompat.Button 样式，就是首先让所有按钮都继承常规按钮的属性。然后根据需要，有选择性地修改一些属性。

如果不指定 BeatBoxButton 样式的父样式，所有按钮就会变得不再像按钮，连按钮中间显示的文字都会丢失。

BeatBoxButton 样式已重新定义完毕，可以使用了。经过前面对主题的深挖，我们知道要覆盖 buttonStyle 属性。下面覆盖 buttonStyle 属性，让它指向 BeatBoxButton 样式，如代码清单 21-11 所示。

代码清单 21-11　使用 BeatBoxButton 样式（res/values/styles.xml）

```
<resources>

    <style name="AppTheme" parent="Theme.AppCompat">
        <!-- Customize your theme here. -->
        <item name="colorPrimary">@color/red</item>
        <item name="colorPrimaryDark">@color/dark_red</item>
        <item name="colorAccent">@color/gray</item>

        <item name="android:windowBackground">@color/soothing_blue</item>
        <item name="buttonStyle">@style/BeatBoxButton</item>
    </style>

    <style name="BeatBoxButton" parent="Widget.AppCompat.Button">
        <item name="android:background">@color/dark_blue</item>
    </style>

</resources>
```

注意，定义 buttonStyle 时，我们没有使用 android:前缀。这是因为，要覆盖的 buttonStyle 属性是在 AppCompat 库里实现的。

现在，buttonStyle 属性已被覆盖，你使用了自定义的 BeatBoxButton。

运行 BeatBox 应用，所有的按钮都变成了深蓝色，如图 21-9 所示。没有直接修改任何布局，就改变了普通按钮的样子。Android 主题属性太强大了！

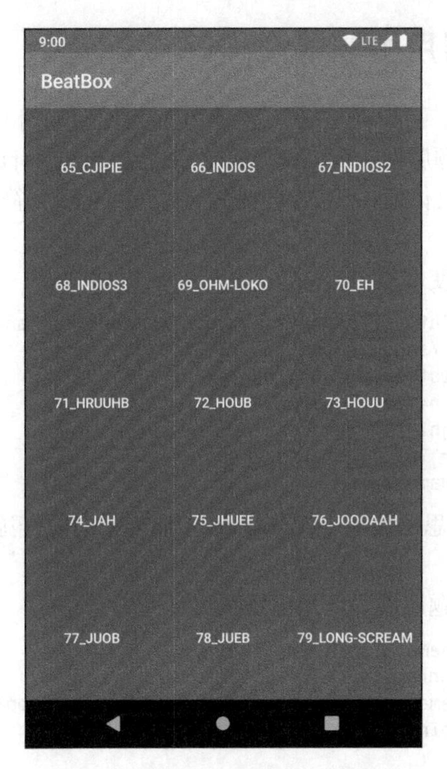

图 21-9　带最终版主题的 BeatBox

按钮没有轮廓，很不明显。下一章会做美化，让它们更美观。

21.7　深入学习：样式继承拾遗

本章前面对样式继承知识点的介绍还不够全面。在进行主题探秘时，你可能已经注意到了，样式继承的表示法时有切换。AppCompat 主题都是使用主题名表示继承，直到碰到 Platform.AppCompat 这个主题。

```
<style name="Platform.AppCompat" parent="android:Theme.Holo">
    ...
</style>
```

这里，继承是直接使用 parent 属性来表示的。为什么呢？

要以主题名的形式指定父主题，有继承关系的两个主题都应处于同一个包中。因此，对于 Android 操作系统内部主题间的继承，就可以直接使用主题名继承表示法。同理，AppCompat 库内部也是这样。然而，一旦 AppCompat 库要跨库继承，就一定要明确使用 parent 属性。

在开发自己的应用时，应遵守同样的规则。如果是继承自己内部的主题，使用主题名指定父主题即可；如果是继承 Android 操作系统中的样式或主题，记得使用 parent 属性。

21.8　深入学习：引用主题属性

在主题中定义好属性后，可以在 XML 或代码中直接使用它们。

为了在 XML 中引用主题属性，我们使用第 8 章中 listSeparatorTextViewStyle 属性用到的符号。在 XML 中引用具体值（比如颜色值）时，我们使用@符号。@color/gray 指向某个特定资源。

在主题中引用资源时，使用?符号。

```
<Button xmlns:android="http://schemas.android.com/apk/res/android"
    xmlns:tools="http://schemas.android.com/tools"
    android:id="@+id/list_item_sound_button"
    android:layout_width="match_parent"
    android:layout_height="120dp"
    android:background="?attr/colorAccent"
    tools:text="Sound name"/>
```

上述 XML 中?符号的意思是使用 colorAccent 属性指向的资源。这里是指定义在 colors.xml 文件中的灰色。

也可以在代码中使用主题属性，但是比较啰唆。

```
val theme: Resources.Theme = activity.theme
val attrsToFetch = intArrayOf(R.attr.colorAccent)
val a: TypedArray = theme.obtainStyledAttributes(R.style.AppTheme, attrsToFetch)
val accentColor = a.getInt(0, 0)
a.recycle()
```

先取得 Theme 对象，然后要求它找到定义在 AppTheme（即 R.style.AppTheme）中的 R.attr.colorAccent 属性。结果得到一个持有数据的 TypedArray 对象。接着，向 TypedArray 对象索要颜色 Int 值以取出颜色。颜色值取出之后就可以使用了，比如，用来更改按钮背景色。

BeatBox 应用中的工具栏和按钮就是采取上述方式使用主题属性美化自己的。

第 22 章 XML drawable

BeatBox 应用的主题设置好了，下面该优化按钮了。

当前，按钮就是个蓝方框，点击它也看不到任何反应。本章，我们将学习使用 XML drawable，继续美化 BeatBox 应用，让它拥有如图 22-1 所示的用户界面。

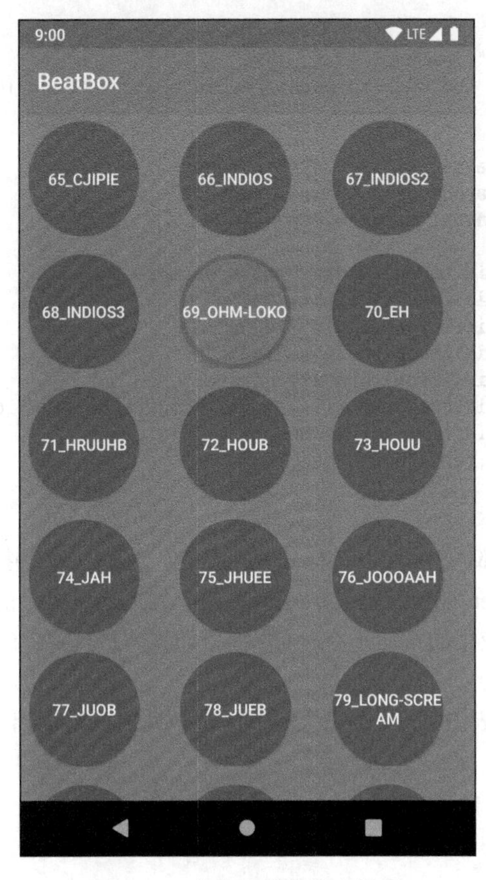

图 22-1　完全改观的用户界面

在 Android 世界里，凡是要在屏幕上绘制的东西都可以叫作 drawable，比如抽象图形、Drawable 类的子类代码、位图图像等。本章，你还会看到更多的 drawable：shape drawable、state list drawable 和 layer list drawable。这三个 drawable 都定义在 XML 文件中，可以归为一类，统称为 XML drawable。

22.1　统一按钮样式

定义 XML drawable 之前，先修改 res/layout/list_item_sound.xml 文件隔开按钮，如代码清单 22-1 所示。

代码清单 22-1　隔开按钮（res/layout/list_item_sound.xml）

```
<layout xmlns:android="http://schemas.android.com/apk/res/android"
        xmlns:tools="http://schemas.android.com/tools">
    <data>
        <variable
                name="viewModel"
                type="com.bignerdranch.android.beatbox.SoundViewModel"/>
    </data>
    <FrameLayout
            android:layout_width="match_parent"
            android:layout_height="wrap_content"
            android:layout_margin="8dp">
        <Button
                android:layout_width="match_parent"
                android:layout_height="120dp"
                android:layout_width="100dp"
                android:layout_height="100dp"
                android:layout_gravity="center"
                android:onClick="@{() -> viewModel.onButtonClicked()}"
                android:text="@{viewModel.title}"
                tools:text="Sound name"/>
    </FrameLayout>
</layout>
```

现在，按钮的宽和高都是 100dp。这样，稍后变为圆形时，这些按钮就不会歪斜了。

不论屏幕大小，recycler 视图总是显示三列按钮。如果还有多余的空间，它会拉伸列格以适配屏幕。不过，BeatBox 应用的按钮不应拉伸，我们把它们封装在 frame 布局里。这样，frame 布局会被拉伸，而按钮不会。

运行 BeatBox 应用。按钮的尺寸都完全统一了，彼此之间还留出了空间，如图 22-2 所示。

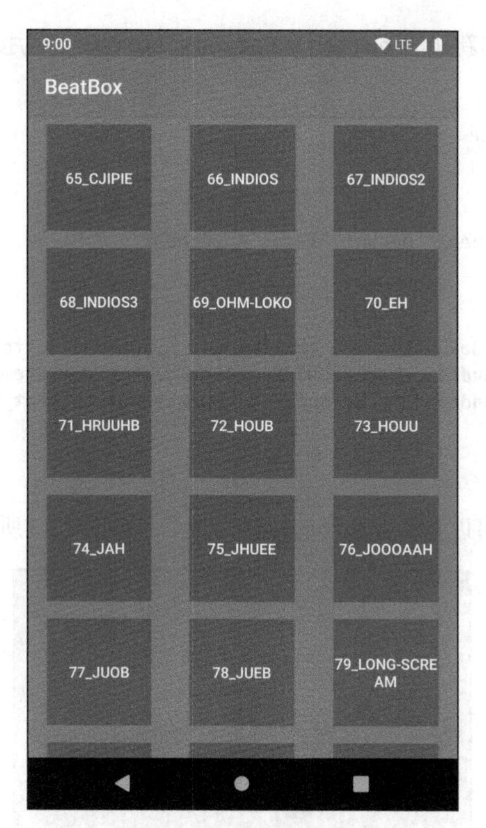

图 22-2 隔开的按钮

22.2 shape drawable

使用 ShapeDrawable，可以把按钮变圆。XML drawable 和屏幕像素密度无关，无须考虑创建特定像素密度目录，直接把它放入默认的 drawable 文件夹就可以了。

打开项目工具窗口，在 res/drawable 目录下创建一个名为 button_beat_box_normal.xml 的文件，如代码清单 22-2 所示。（稍后还会创建一个“非正常”的文件，因而文件名里有 normal 字样。）

代码清单 22-2 创建圆形 drawable（res/drawable/button_beat_box_normal.xml）

```
<shape xmlns:android="http://schemas.android.com/apk/res/android"
        android:shape="oval">

    <solid android:color="@color/dark_blue"/>

</shape>
```

该 XML 文件定义了一个背景为深蓝色的圆形。也可使用 shape drawable 定制其他各种图形，比如长方形、线条以及梯形等。

在 styles.xml 中，使用新建的 button_beat_box_normal 作为按钮背景，如代码清单 22-3 所示。

代码清单 22-3　修改按钮背景（res/values/styles.xml）

```
<resources>

    <style name="AppTheme" parent="Theme.AppCompat">
        ...
    </style>

    <style name="BeatBoxButton" parent="Widget.AppCompat.Button">
        <item name="android:background">@color/dark_blue</item>
        <item name="android:background">@drawable/button_beat_box_normal</item>
    </style>

</resources>
```

运行 BeatBox 应用。可以看到，圆形的按钮出现了，如图 22-3 所示。

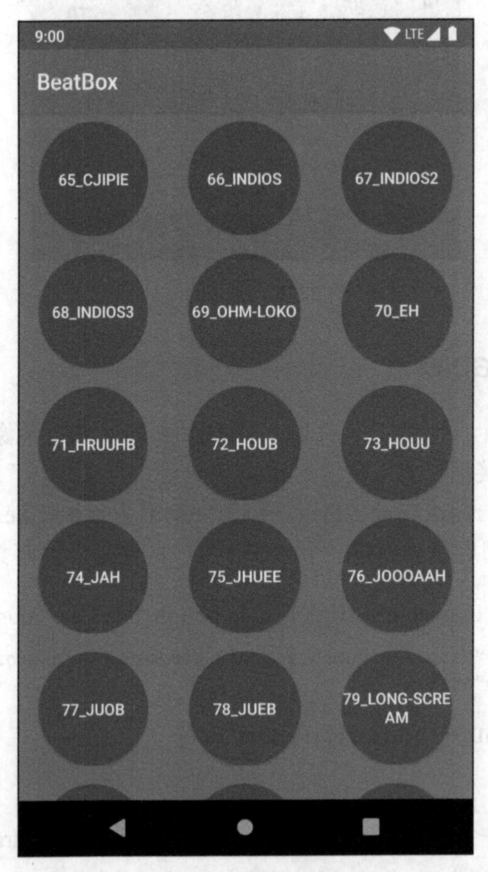

图 22-3　圆形按钮

点击按钮之后会听到播放的声音，可按钮的样子没有任何变化。如果按钮按下去的样子能够表现出来，用户体验则会更好。

22.3 state list drawable

为解决这个问题，首先定义一个用于按钮按下状态的 shape drawable。

在 res/drawable 目录下再创建一个名为 button_beat_box_pressed.xml 的文件，如代码清单 22-4 所示。除了背景颜色是红色外，这个 shape drawable 和前面的正常版本一样。

代码清单 22-4　定义按钮按下时的 shape drawable（res/drawable/button_beat_box_pressed.xml）

```
<shape xmlns:android="http://schemas.android.com/apk/res/android"
        android:shape="oval">

    <solid android:color="@color/red"/>

</shape>
```

接下来，要在按钮按下时使用这个新建的 shape drawable。这需要用到 state list drawable。

根据按钮的状态，state list drawable 可以切换指向不同的 drawable。按钮没有按下的时候指向 `button_beat_box_normal`，按下的时候就指向 `button_beat_box_pressed`。

在 res/drawable 目录中，定义一个 state list drawable，如代码清单 22-5 所示。

代码清单 22-5　创建一个 state list drawable（res/drawable/button_beat_box.xml）

```
<selector xmlns:android="http://schemas.android.com/apk/res/android">
    <item android:drawable="@drawable/button_beat_box_pressed"
          android:state_pressed="true"/>
    <item android:drawable="@drawable/button_beat_box_normal" />
</selector>
```

现在，在 styles.xml 中修改按钮样式，改用 `button_beat_box` 作为按钮背景，如代码清单 22-6 所示。

代码清单 22-6　使用 state list drawable（res/values/styles.xml）

```
<resources>

    <style name="AppTheme" parent="Theme.AppCompat">
        ...
    </style>

    <style name="BeatBoxButton" parent="Widget.AppCompat.Button">
        <item name="android:background">@drawable/button_beat_box_normal</item>
        <item name="android:background">@drawable/button_beat_box</item>
    </style>

</resources>
```

按钮没有按下的时候使用 `button_beat_box_normal` 做背景，按下时就使用 `button_beat_box_pressed` 做背景。

运行 BeatBox 应用。查看按钮按下状态的按钮背景，如图 22-4 所示。

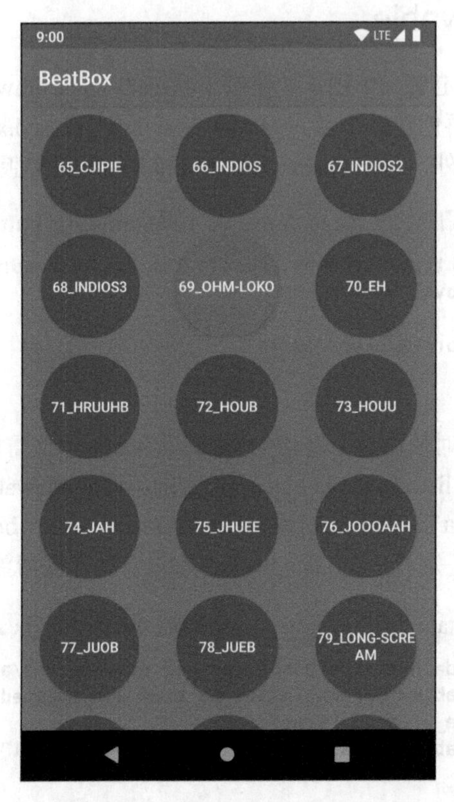

图 22-4　按下状态的按钮

除了按下状态，state list drawable 还支持禁用、聚焦以及激活等状态。

22.4　layer list drawable

BeatBox 应用看起来挺不错了。按钮圆圆的，按下时还有视觉反馈。不过，还要精益求精。

layer list drawable 能让两个 XML drawable 合二为一。借助这个工具，可以为按下状态的按钮添加一个深色的圆环，如代码清单 22-7 所示。

代码清单 22-7　使用 layer list drawable（res/drawable/button_beat_box_pressed.xml）

```
<layer-list xmlns:android="http://schemas.android.com/apk/res/android">
    <item>
        <shape xmlns:android="http://schemas.android.com/apk/res/android"
            android:shape="oval">
```

```
            <solid android:color="@color/red"/>
        </shape>
    </item>
    <item>
        <shape android:shape="oval">

            <stroke android:width="4dp"
                    android:color="@color/dark_red"/>
        </shape>
    </item>
</layer-list>
```

现在，layer list drawable 中指定了两个 drawable。第一个是和以前一样的红圈。第二个则会绘制在第一个圈上，它定义了一个 4dp 粗的深红圈。这会产生一个暗红的圈。

这两个 drawable 可以组成一个 layer list drawable。当然也可以使用多个，那会获得一些更复杂的效果。

运行 BeatBox 应用，随意点击几个按钮。可以看到，在按下状态，按钮有了漂亮的边圈，如图 22-5 所示。

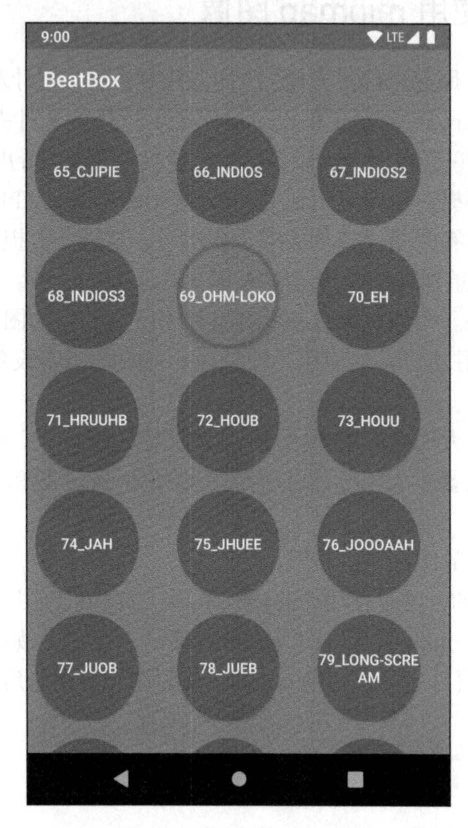

图 22-5　最终版 BeatBox

现在，BeatBox 应用真正完成了。还记得应用最初的样子吗？两相对比，简直云泥之别。显然，精美的应用让人用起来舒心，更容易获得用户的青睐。

22.5 深入学习：为什么要用 XML drawable

应用总需要切换按钮状态，因此 state list drawable 是 Android 开发不可或缺的工具。那 shape drawable 和 layer list drawable 呢？应该用吗？

XML drawable 用起来方便灵活，不仅用法多样，还易于更新维护。搭配使用 shape drawable 和 layer list drawable 可以做出复杂的背景图，连图像编辑器都省了。更改 BeatBox 应用的配色更是简单，直接修改 XML drawable 中的颜色就行了。

另外，XML drawable 独立于屏幕像素密度，可在不带屏幕密度资源修饰符的 drawable 目录中直接定义。如果是普通图像，就需要准备多个版本，以适配不同屏幕像素密度的设备；而 XML drawable 只要定义一次，就能在任何设备的屏幕上表现出色。

22.6 深入学习：使用 mipmap 图像

资源修饰符和 drawable 用起来都很方便。应用要用到图像，就针对不同的设备尺寸准备不同尺寸的图片，再分别放入 drawable-mdpi 和 drawable-hdpi 这样的文件夹。然后，按名字引用它们。剩下的就交给 Android 了，它会根据当前设备的屏幕密度调用相应的图片。

但是，有个问题不得不提。发布应用到 Google 应用商店时，APK 文件包含了项目 drawable 目录里的所有图片。这里面有些图片甚至从来不会用到。这是个负担。

为解决这个问题，有人想到针对设备定制 APK，比如 mdpi APK 一个，hdpi APK 一个，等等。但问题解决得不够彻底。假如想保留各个屏幕像素密度的启动图标呢？

Android 启动器是个常驻主屏幕的应用（详见第 23 章）。点击设备的主屏幕键，会回到启动器应用界面。

有些新版启动器会显示大尺寸应用图标。想让大图标清晰好看，启动器就得使用更高分辨率的图标。对于 hdpi 设备，要显示大图标，启动器就会使用 xhdpi 图标。如果找不到，就只能使用低分辨率的图标。

可想而知，放大拉伸后的图标肯定很糟。

Android 解决这个问题的办法是使用 mipmap 目录。如果你启用 APK 分包，mipmap 目录就不会从 APK 里删除。否则，mipmap 目录就和 drawable 目录没有区别了。

Android Studio 中的新项目会自动使用 mipmap 资源作为应用的启动图标，如图 22-6 所示。

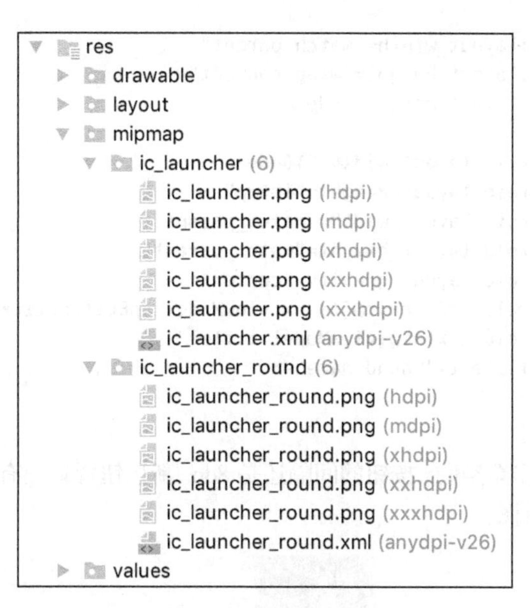

图 22-6　mipmap 图标

据此，我们推荐的做法是：把应用启动器图标放在各个 mipmap 目录中，其他图片都放在各个 drawable 目录中。

22.7　深入学习：使用 9-patch 图像

有时候（也可能经常），按钮背景图必须用到普通图片。那么，如果按钮需要以不同尺寸显示，背景图该如何变化呢？如果按钮的宽度大于背景图的宽度，图片就会被拉伸。拉伸的图片会有很好的效果吗？

朝一个方向拉伸背景图很可能会让图片失去原样，所以得想个办法控制图片拉伸方式。

本节，为改造 BeatBox 应用按钮，我们使用 9-patch 图片做其背景（不明白没关系，稍后就知道了）。注意，之所以改造，并不是说 9-patch 更适合 BeatBox。我们仅仅是想告诉你 9-patch 是如何工作的，在将来需要的时候，你该如何使用它。

首先，修改 list_item_sound.xml 文件，允许按钮随屏幕大小动态调整，如代码清单 22-8 所示。

代码清单 22-8　允许拉伸按钮（res/layout/list_item_sound.xml）

```
<layout xmlns:android="http://schemas.android.com/apk/res/android"
        xmlns:tools="http://schemas.android.com/tools">
    <data>
        <variable
                name="viewModel"
                type="com.bignerdranch.android.beatbox.SoundViewModel"/>
    </data>
    <FrameLayout
```

```
            android:layout_width="match_parent"
            android:layout_height="wrap_content"
            android:layout_margin="8dp">
        <Button
                android:layout_width="100dp"
                android:layout_height="100dp"
                android:layout_width="match_parent"
                android:layout_height="match_parent"
                android:layout_gravity="center"
                android:onClick="@{() -> viewModel.onButtonClicked()}"
                android:text="@{viewModel.title}"
                tools:text="Sound name"/>
    </FrameLayout>
</layout>
```

调整后，按钮会使用多余空间，按钮的间隔还是 8dp。新按钮背景图有个折角和阴影，如图 22-7 所示，这是按钮的新背景图。

图 22-7 新背景图（res/drawable-xxhdpi/ic_button_beat_box_default.png）

在随书文件的 xxhdpi drawable 目录里（对应本章），找到包括按下状态在内的两个新背景图，复制到 BeatBox 项目的 drawable-xxhdpi 目录中。然后修改 button_ beat_box.xml 文件使用它们，如代码清单 22-9 所示。

代码清单 22-9 使用新背景图（res/drawable/button_beat_box.xml）

```
<selector xmlns:android="http://schemas.android.com/apk/res/android">
    <item android:drawable="@drawable/button_beat_box_pressed"
    <item android:drawable="@drawable/ic_button_beat_box_pressed"
        android:state_pressed="true"/>
    <item android:drawable="@drawable/button_beat_box_normal"
    <item android:drawable="@drawable/ic_button_beat_box_default"
</selector>
```

运行应用，查看按钮显示效果，如图 22-8 所示。

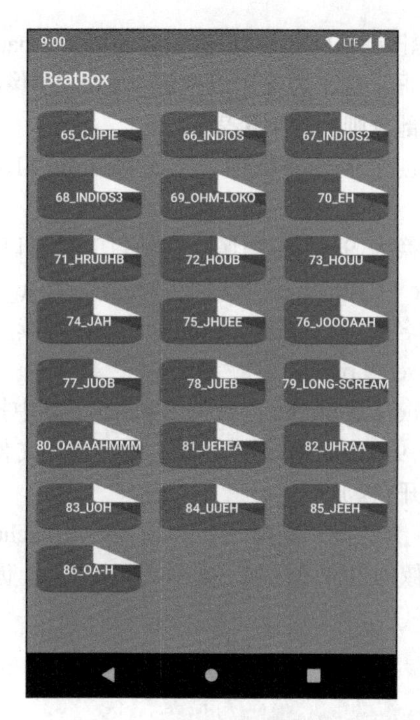

图 22-8　难看的背景图

这也太丑了吧！

为什么这么丑？原来，Android 向四面拉伸了 ic_button_beat_box_default.pn，包括折边和圆角。要是能控制该拉伸的部分拉伸，不该拉伸的不拉伸就好了。

使用 9-patch 图像能解决这个问题。9-patch 图像是一种特别处理过的文件，能让 Android 知道图像的哪些部分可以拉伸，哪些部分不可以。只要处理得当，就能确保背景图的边角与原始图像保持一致。

为什么要叫作 9-patch 呢？9-patch 图像分成 3 × 3 的网格，即由 9 部分或 9 patch 组成的网格。网格角落部分不会被缩放，边缘部分的 4 个 patch 只按一个维度缩放，中间部分则按两个维度缩放，如图 22-9 所示。

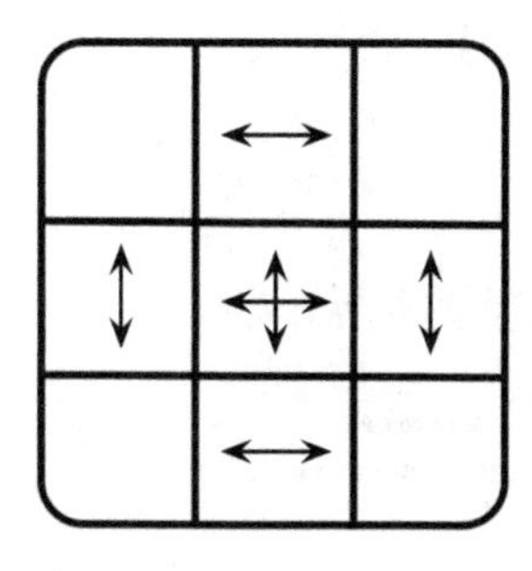

图 22-9　9-patch 拉伸原理

9-patch 图像和普通 PNG 图像十分相似，只有两处不同：9-patch 图像文件名以.9.png 结尾，图像边缘具有 1 像素宽度的边框。这个边框用以指定 9-patch 图像的中间位置。边框像素绘制为黑线，以表明中间位置，边缘部分则用透明色表示。

任意图形编辑器都可用来创建 9-patch 图像，比如 Android SDK 自带的 draw9patch 工具，或直接使用 Android Studio。

首先，把两张新背景图转换为 9-patch 图像。在项目工具窗口中，右键单击 ic_button_beat_box_default.png，选择 Refactor → Rename...菜单项将其改名为 ic_button_beat_box_default.9.png。（如果 Android Studio 提示有同名资源，直接点 Continue 按钮继续。）再用相同的步骤得到另一个文件：ic_button_beat_box_pressed.9.png。

然后，双击默认图片在 Android Studio 内置的 9-patch 工具中打开，如图 22-10 所示。（如果 Android Studio 没能顺利打开 9-patch 编辑器，请先关闭图片文件，并在项目工具窗口中展开 drawable 目录，再尝试重新打开它。）

在 9-patch 工具中，首先，为让图片更醒目，勾选 Show patches 选项。然后，把图像顶部和左边框填充为黑色，以标记图像的可伸缩区域，如图 22-10 所示。你也可以拖曳色边去匹配图像。

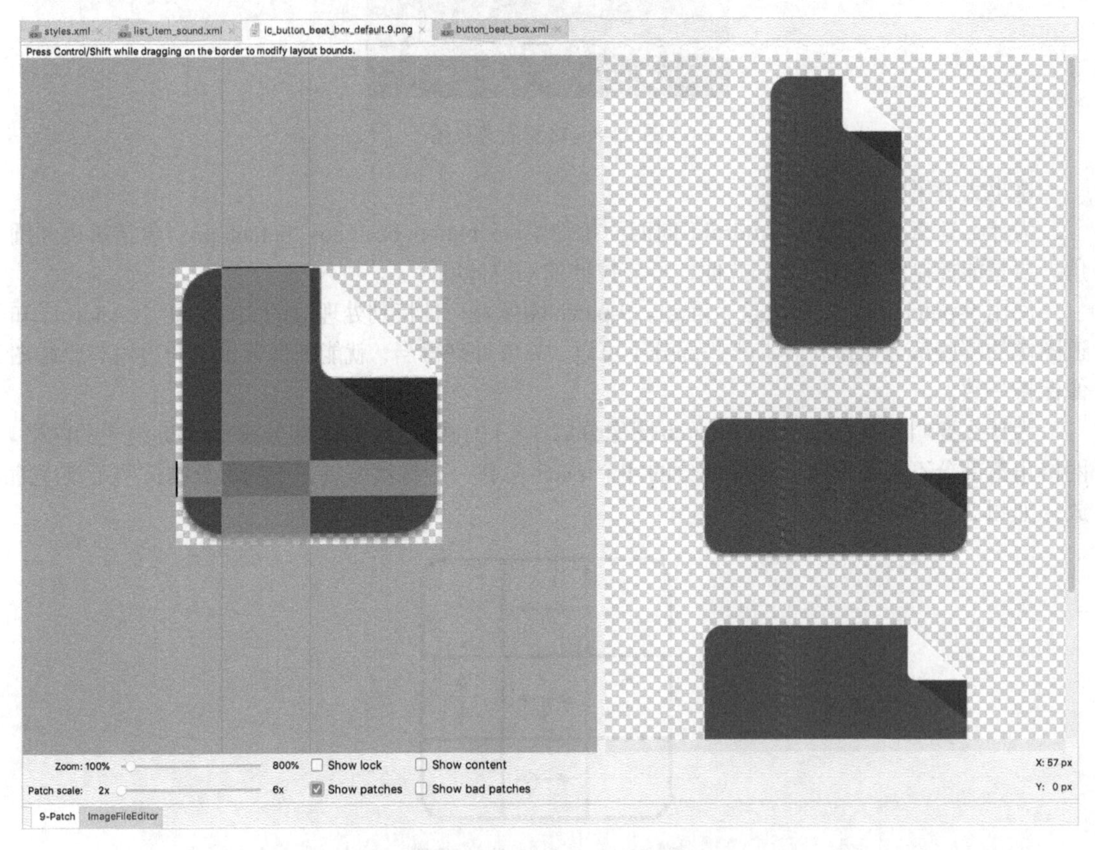

图 22-10　创建 9-patch 图像

图片的顶部黑线指定了水平方向的可拉伸区域。左边的黑线标记在竖直方向上哪些像素可以拉伸。图片被各种拉伸会是什么样，可参看右边的预览结果。

重复上述步骤处理好另一个按下版本的图像。运行应用，看看 9-patch 新图是什么效果，如图 22-11 所示。

图 22-11 9-patch 图像使用效果

顶部以及左边框标记了图像的可拉伸区域，那么底部以及右边框又该如何处理呢？它们定义了 9-patch 图像的可选内容区。内容区是绘制内容（通常是文字）的地方。如果不标记内容区，那么默认与可拉伸区域保持一致。

使用内容区让按钮上的文字居中。现在继续编辑 ic_button_beat_box_default.9.png，如图 22-12 所示，在图片上添加右边和底部两条线。同时勾选 Show content 选项。这个选项会让预览器高亮显示图片的文字显示区。

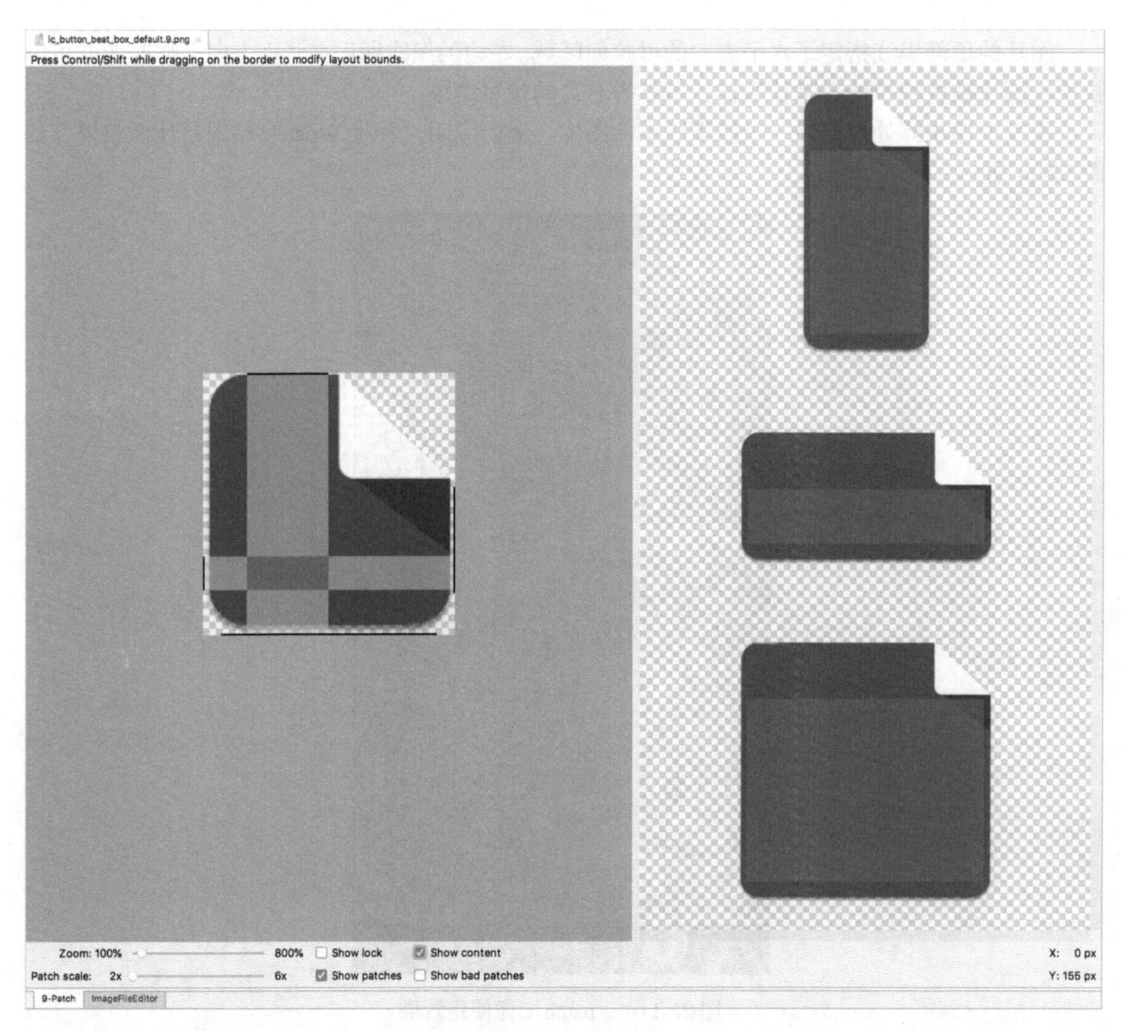

图 22-12　定义内容区

重复上述步骤处理好另一个按下版本的图像。仔细确认两张图像添加的内容区黑线都正确一致。state list drawable 使用 9-patch 图片时（在 BeatBox 应用中），内容区可能会有非预期表现。按钮背景图初始化时，Android 会设置内容区内容，而在用户按下按钮时，内容区内容很可能不会有变化。这说明，两张图片中有一张图片的内容区未定义。这时就要检查看看，state list drawable 使用的所有 9-patch 图片是否都有相同的内容区。

运行 BeatBox 应用，可以看到文字都居中显示了，如图 22-13 所示。

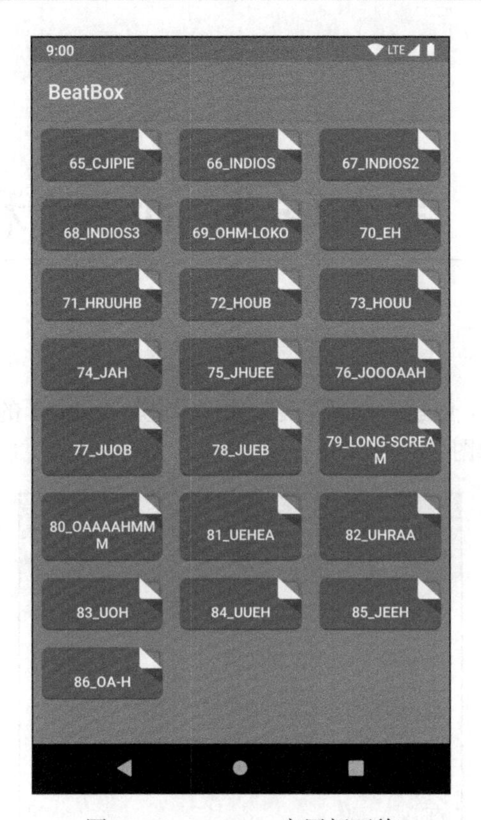

图 22-13 BeatBox 应用新面貌

试着横屏查看应用。可以看到，图像拉伸得更厉害了，不过按钮背景图的效果依然不错，文字依然能居中显示。

22.8 挑战练习：按钮主题

完成应用 9-patch 图片更新后，你可能已注意到，按钮的背景图有点不对劲：图片折角后面似乎有阴影。按下按钮时，它会向你的手指靠拢。

现在，不替换背景图，去掉这个阴影。回顾前面学的主题相关知识，看看这个阴影是怎么产生的。再思考一下：要解决这个问题，有没有其他按钮样式可用（作为 `BeatBoxButton` 样式的父样式）。

第 23 章

深入学习 intent 和任务

本章将使用隐式 intent 创建一个新应用，用来替换 Android 的默认启动器。新应用名为 NerdLauncher，运行画面如图 23-1 所示。

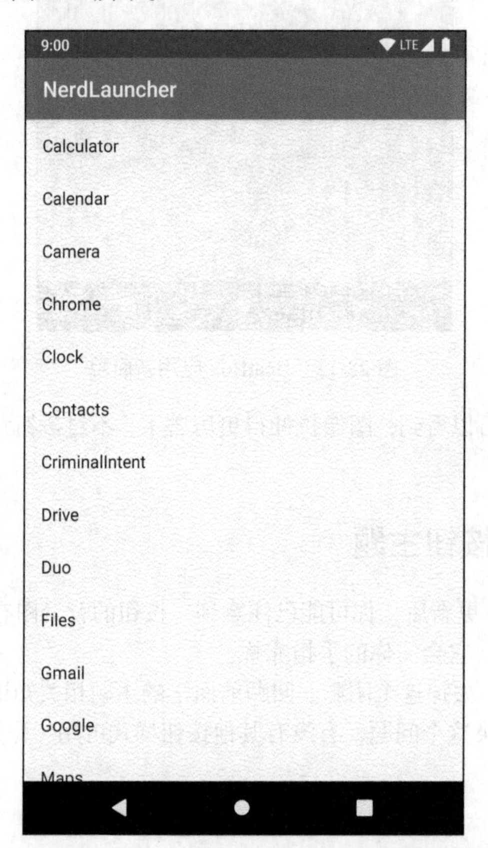

图 23-1　NerdLauncher 运行效果图

NerdLauncher 应用能列出设备上的其他应用。点选任意列表项会启动相应应用。

完成该应用能帮你深入理解 intent 和 intent 过滤器，搞清楚 Android 应用间是如何交互的。

23.1 创建 NerdLauncher 项目

在 Android Studio 中，选择 File → New → New Project...菜单项创建新项目。选择 Phone and Tablet 选项页下的 Add No Activity。应用名输入 NerdLauncher，包名输入 com.bignerdranch.android.nerdlauncher，最后勾选 Use AndroidX artifacts，保持其余默认配置完成项目创建。

等 Android Studio 完成项目初始化工作，选择 File → New → Activity → Empty Activity 创建一个空 activity。命名这个空 activity 为 NerdLauncherActivity，并设置其为启动 activity。

NerdLauncherActivity 要用一个 RecyclerView 来显示应用列表。在 app/build.gradle 中添加 androidx.recyclerview:recyclerview:1.0.0 依赖项。

如代码清单 23-1 所示，使用 RecyclerView 替换 layout/activity_nerd_launcher.xml 中的布局内容。

代码清单 23-1 更新 NerdLauncherActivity 布局（layout/activity_nerd_launcher.xml）

```
<?xml version="1.0" encoding="utf-8"?>
<androidx.recyclerview.widget.RecyclerView
    xmlns:android="http://schemas.android.com/apk/res/android"
    android:id="@+id/app_recycler_view"
    android:layout_width="match_parent"
    android:layout_height="match_parent"/>
```

打开 NerdLauncherActivity.kt，将 RecyclerView 对象存放在 recyclerView 成员变量中，如代码清单 23-2 所示。（稍后会处理 RecyclerView 的数据绑定。）

代码清单 23-2 基本 NerdLauncherActivity 实现（NerdLauncherActivity.kt）

```
class NerdLauncherActivity : AppCompatActivity() {

    private lateinit var recyclerView: RecyclerView

    override fun onCreate(savedInstanceState: Bundle?) {
        super.onCreate(savedInstanceState)
        setContentView(R.layout.activity_nerd_launcher)

        recyclerView = findViewById(R.id.app_recycler_view)
        recyclerView.layoutManager = LinearLayoutManager(this)
    }
}
```

运行应用。如果一切正常，可看到如图 23-2 所示的用户界面。RecyclerView 尚未绑定数据，现在还无法看到应用列表。

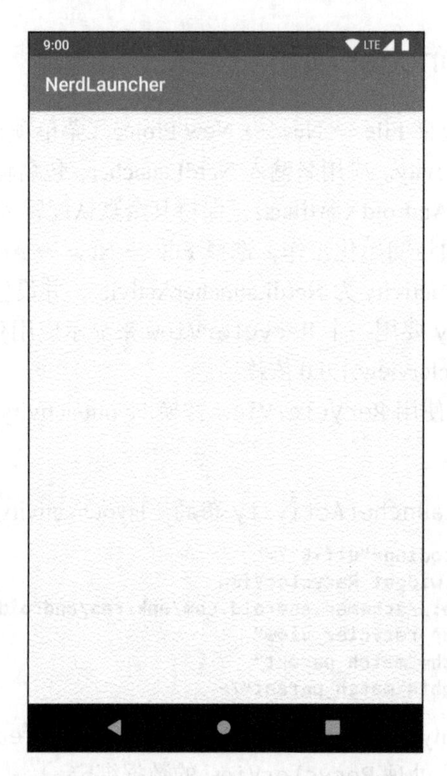

图 23-2　NerdLauncher 应用初始界面

23.2　解析隐式 intent

NerdLaucher 应用会列出设备上的可启动应用。（可启动应用是指点击主屏幕或启动器界面上的图标就能打开的应用。）要实现该功能，它会向系统询问，有哪些可启动的主 activity。

PackageManager（详见第 15 章）可用来获取所有可启动主 activity。可启动主 activity 都带有包含 MAIN 操作和 LAUNCHER 类别的 intent 过滤器。在之前项目的 manifests/AndroidManifest.xml 文件中，你已见过这种 intent 过滤器：

```
<intent-filter>
    <action android:name="android.intent.action.MAIN" />
    <category android:name="android.intent.category.LAUNCHER" />
</intent-filter>
```

在设置 NerdLauncherActivity 为启动 activity 的时候，Android Studio 已自动添加了这些 intent 过滤器。

在 NerdLauncherActivity.kt 中，新增一个名为 setupAdapter()的函数，然后在 onCreate(...)函数中调用它。（该函数最终还会创建 RecyclerView.Adapter 实例并设置给 RecyclerView 对象。现在，它只会生成一个应用列表。）

另外，再创建一个隐式 intent 并从 PackageManager 那里获取匹配它的所有 activity。最后，记录下 PackageManager 返回的 activity 总数，如代码清单 23-3 所示。

代码清单 23-3 向 PackageManager 查询（NerdLauncherActivity.kt）

```
private const val TAG = "NerdLauncherActivity"

class NerdLauncherActivity : AppCompatActivity() {

    private lateinit var recyclerView: RecyclerView

    override fun onCreate(savedInstanceState: Bundle?) {
        super.onCreate(savedInstanceState)
        setContentView(R.layout.activity_nerd_launcher)

        recyclerView = findViewById(R.id.app_recycler_view)
        recyclerView.layoutManager = LinearLayoutManager(this)

        setupAdapter()
    }

    private fun setupAdapter() {
        val startupIntent = Intent(Intent.ACTION_MAIN).apply {
            addCategory(Intent.CATEGORY_LAUNCHER)
        }

        val activities = packageManager.queryIntentActivities(startupIntent, 0)

        Log.i(TAG, "Found ${activities.size} activities")
    }
}
```

这里，我们创建了一个操作设为 ACTION_MAIN、类别设为 CATEGORY_LAUNCHER 的隐式 intent。

调用 PackageManager.queryIntentActivities(Intent, Int)会返回包含所有 activity（有匹配目标 intent 的过滤器）的 ResolveInfo 信息。例如，PackageManager.GET_SHARED_LIBRARY_FILES 能让查询结果附加上额外数据（关联匹配应用的库路径）。这里传入的是 0 参数，表示不打算修改查询结果。

运行 NerdLauncher 应用，在 LogCat 窗口，看看 PackageManager 返回多少个 activity。

在 CriminalIntent 应用中，为使用隐式 intent 发送 crime 报告，我们先创建隐式 intent，再将其封装在选择器 intent 中，最后调用 startActivity(Intent)函数发送给操作系统：

```
val intent = Intent(Intent.ACTION_SEND)
... // Create and put intent extras
chooserIntent = Intent.createChooser(intent, getString(R.string.send_report))
startActivity(chooserIntent)
```

这里没有使用上述处理方式，是不是很费解？原因很简单：MAIN/LAUNCHER intent 过滤器可能无法与通过 startActivity(Intent)函数发送的 MAIN/LAUNCHER 隐式 intent 相匹配。

事实上，startActivity(Intent)函数意味着“启动匹配隐式 intent 的默认 activity”，而

不是想当然地“启动匹配隐式 intent 的 activity”。调用 startActivity(Intent)函数（或 startActivityForResult(...)函数）发送隐式 intent 时，操作系统会悄悄地为目标 intent 添加 Intent.CATEGORY_DEFAULT 类别。

因此，如果希望 intent 过滤器匹配 startActivity(Intent)函数发送的隐式 intent，就必须在对应的 intent 过滤器中包含 DEFAULT 类别。

定义了 MAIN/LAUNCHER intent 过滤器的 activity 是应用的主要入口点。它只负责做好作为应用主要入口点要处理的工作。它通常不关心自己是否为“默认”主要入口点，因此可以不包含 CATEGORY_DEFAULT 类别。

前面说过，MAIN/LAUNCHER intent 过滤器并不一定包含 CATEGORY_DEFAULT 类别，因此不能保证可以与 startActivity(Intent)函数发送的隐式 intent 匹配。于是，我们转而使用 intent 直接向 PackageManager 查询带有 MAIN/LAUNCHER intent 过滤器的 activity。

接下来，需要在 NerdLauncherActivity 的 RecyclerView 视图中显示查询到的 activity 标签。activity 标签是用户可以识别的展示名。既然查询到的 activity 都是启动 activity，标签名通常也就是应用名。

在 PackageManager 返回的 ResolveInfo 对象中，可以获取 activity 标签和其他一些元数据。

首先，使用 ResolveInfo.loadLabel(PackageManager)函数，对 ResolveInfo 对象中的 activity 标签按首字母排序，如代码清单 23-4 所示。

代码清单 23-4　对 activity 标签排序（NerdLauncherActivity.kt）

```
class NerdLauncherActivity : AppCompatActivity() {
    ...
    private fun setupAdapter() {
        val startupIntent = Intent(Intent.ACTION_MAIN).apply {
            addCategory(Intent.CATEGORY_LAUNCHER)
        }

        val activities = packageManager.queryIntentActivities(startupIntent, 0)
        activities.sortWith(Comparator { a, b ->
            String.CASE_INSENSITIVE_ORDER.compare(
                a.loadLabel(packageManager).toString(),
                b.loadLabel(packageManager).toString()
            )
        })

        Log.i(TAG, "Found ${activities.size} activities")
    }
}
```

然后，定义一个 ViewHolder 用来显示 activity 标签名。另外，ResolveInfo 信息经常要用，这里使用成员变量存储它，如代码清单 23-5 所示。

代码清单 23-5 实现 ViewHolder（NerdLauncherActivity.kt）

```
class NerdLauncherActivity : AppCompatActivity() {
    ...
    private fun setupAdapter() {
        ...
    }

    private class ActivityHolder(itemView: View) :
            RecyclerView.ViewHolder(itemView) {

        private val nameTextView = itemView as TextView
        private lateinit var resolveInfo: ResolveInfo

        fun bindActivity(resolveInfo: ResolveInfo) {
            this.resolveInfo = resolveInfo
            val packageManager = itemView.context.packageManager
            val appName = resolveInfo.loadLabel(packageManager).toString()
            nameTextView.text = appName
        }
    }
}
```

接下来实现 RecyclerView.Adapter，如代码清单 23-6 所示。

代码清单 23-6 实现 RecyclerView.Adapter（NerdLauncherActivity.kt）

```
class NerdLauncherActivity : AppCompatActivity() {
    ...
    private class ActivityHolder(itemView: View) :
            RecyclerView.ViewHolder(itemView) {
            ...
    }

    private class ActivityAdapter(val activities: List<ResolveInfo>) :
            RecyclerView.Adapter<ActivityHolder>() {

        override fun onCreateViewHolder(container: ViewGroup, viewType: Int):
                ActivityHolder {
            val layoutInflater = LayoutInflater.from(container.context)
            val view = layoutInflater
                .inflate(android.R.layout.simple_list_item_1, container, false)
            return ActivityHolder(view)
        }

        override fun onBindViewHolder(holder: ActivityHolder, position: Int) {
            val resolveInfo = activities[position]
            holder.bindActivity(resolveInfo)
        }

        override fun getItemCount(): Int {
            return activities.size
        }
    }
}
```

我们在 onCreateViewHolder(...)里实例化 android.R.layout.simple_list_item_1 布局。simple_list_item_1 布局内置在 Android 框架里，因此，这里没有使用 R.layout，而是用了 android.R.layout。

最后，更新 setupAdapter()函数，创建一个 ActivityAdapter 实例并配置给 RecyclerView，如代码清单 23-7 所示。

代码清单 23-7　为 RecyclerView 设置 adapter（NerdLauncherActivity.kt）

```
class NerdLauncherActivity : AppCompatActivity() {
    ...
    private fun setupAdapter() {
        ...
        Log.i(TAG, "Found ${activities.size} activities")
        recyclerView.adapter = ActivityAdapter(activities)
    }
    ...
}
```

运行 NerdLauncher 应用。现在，显示了 activity 标签的 RecyclerView 视图出现了，如图 23-3 所示。

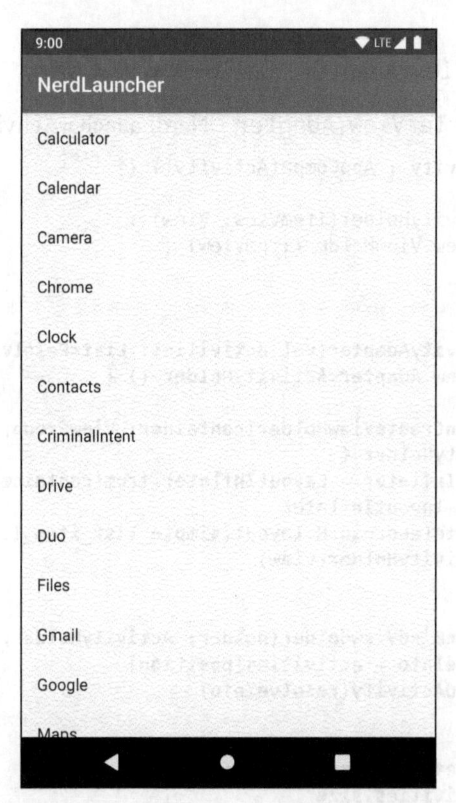

图 23-3　你设备上的全部 activity

23.3 在运行时创建显式 intent

上一节，我们使用隐式 intent 获取目标 activity 并以列表的形式展示。接下来要实现用户点击任一列表项，就启动对应的 activity。这次需要使用显式 intent 来启动 activity。

要创建启动 activity 的显式 intent，需要从 ResolveInfo 对象中获取 activity 的包名与类名。这些信息可以从 ResolveInfo 对象的 ActivityInfo 中获取。（从 ResolveInfo 类中还可以获取其他信息，具体请查阅该类的参考文档。）

更新 ActivityHolder 类实现一个点击监听器。然后，在用户点击某个列表项时，使用 ActivityInfo 对象中的数据信息，创建一个显式 intent 并启动目标 activity，如代码清单 23-8 所示。

代码清单 23-8 启动目标 activity（NerdLauncherActivity.kt）

```
class NerdLauncherActivity : AppCompatActivity() {
    ...
    private class ActivityHolder(itemView: View) :
            RecyclerView.ViewHolder(itemView),
            View.OnClickListener {

        private val nameTextView = itemView as TextView
        private lateinit var resolveInfo: ResolveInfo

        init {
            nameTextView.setOnClickListener(this)
        }

        fun bindActivity(resolveInfo: ResolveInfo) {
            ...
        }

        override fun onClick(view: View) {
            val activityInfo = resolveInfo.activityInfo

            val intent = Intent(Intent.ACTION_MAIN).apply {
                setClassName(activityInfo.applicationInfo.packageName,
                    activityInfo.name)
            }

            val context = view.context
            context.startActivity(intent)
        }
    }
    ...
}
```

注意，作为显式 intent 的一部分，我们还发送了 ACTION_MAIN 操作。发送的 intent 是否包含操作，对于大多数应用来说没有什么差别。不过，有些应用的启动行为可能会有所不同。取决于不同的启动要求，同样的 activity 可能会显示不同的用户界面。开发人员最好能明确启动意图，以便让 activity 完成它应该完成的任务。

在代码清单 23-8 中，使用包名和类名创建显式 intent 时，我们使用了以下 Intent 函数：

```
fun setClassName(packageName: String, className: String): Intent
```

这和以往创建显式 intent 的方式不同。之前，我们使用的是接受 Context 和 Class 对象的 Intent 构造函数：

```
Intent(packageContext: Context, cls: Class<?>)
```

该构造函数使用传入的参数来获取 Intent 需要的 ComponentName。ComponentName 由包名和类名共同组成。传入 Activity 和 Class 创建 Intent 时，构造函数会通过 Activity 类自行确定全路径包名。

```
fun setComponent(component: ComponentName): Intent
```

不过，setClassName(...)函数能够自动创建组件名，用它可以少写不少代码呢。

运行 NerdLauncher 应用并尝试启动一些应用。

23.4　任务与回退栈

Android 使用任务来跟踪应用运行的状态。通过 Android 默认启动器应用打开的应用都有自己的任务。这是我们想要的一种行为。然而，这并不适用于 NerdLaucher 应用。在设法让 NerdLaucher 应用中启动的应用也能有自己的任务之前，先来搞清楚究竟什么是任务，它是如何工作的。

任务是一个 activity 栈。栈底部的 activity 通常称为**基 activity**。栈顶的 activity 用户能看得到。如果按回退键，栈顶 activity 会弹出栈外。如果用户看到的是基 activity，按回退键，系统就会回到主屏幕。

默认情况下，新 activity 都在当前任务中启动。在 CriminalIntent 应用中，无论何时启动新 activity，它都会被添加到当前任务中。即使要启动的 activity 不属于 CriminalIntent 应用（启动其他 activity 发送 crime 报告），它同样也在当前任务中启动，如图 23-4 所示。

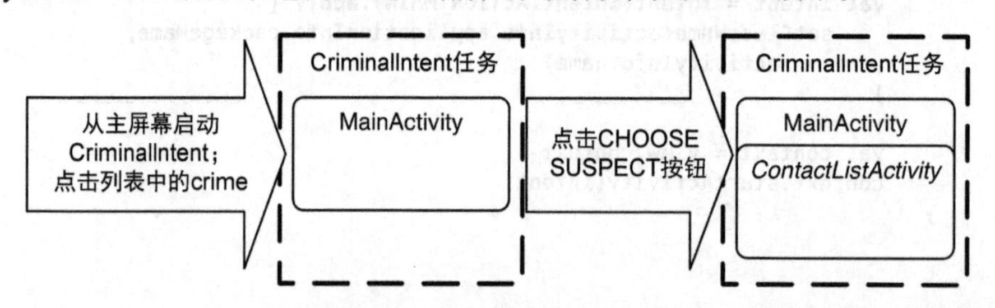

图 23-4　CriminalIntent 任务

在当前任务中启动 activity 的好处是，用户可以在任务内而不是在应用层级间导航返回，如图 23-5 所示。

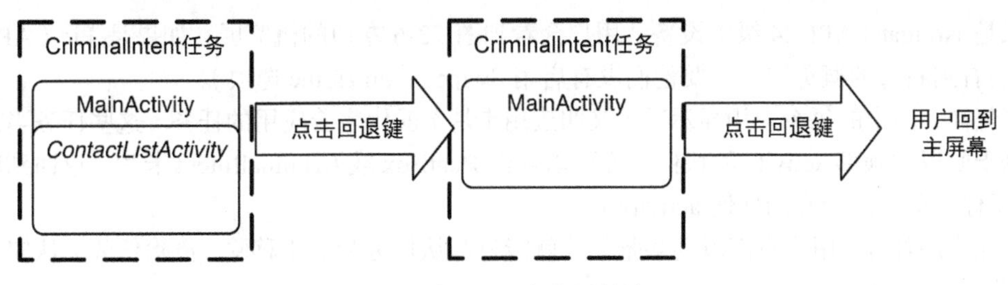

图 23-5　点击回退键

23.4.1　在任务间切换

在不影响各个任务状态的情况下，概览屏（overview screen）可以让我们在任务间切换。例如，一开始你在录联系人信息，然后转到 Twitter 应用看信息，这时就启动了两个任务。如果再回到联系人应用，你在两个任务中所处的状态都会被保存下来。

耳闻不如亲见，你可以在设备或模拟器上试试使用概览屏切换任务。首先，从主屏幕或应用启动器中启动 CriminalIntent 应用。（如果设备或模拟器上的应用已卸载，请打开 Android Studio 中的 CriminalIntent 项目并运行。）

从 crime 列表中选择任意列表项，然后，按主屏幕键回到主屏幕。接着，从主屏幕或应用启动器中启动 BeatBox 应用。最后，按 Recents 按钮打开概览屏，如图 23-6 所示。

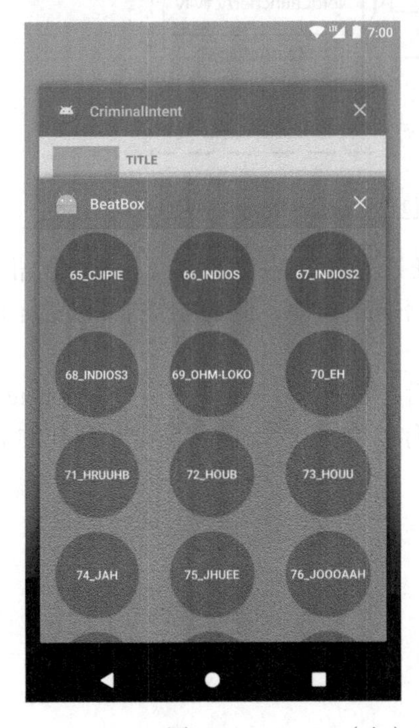

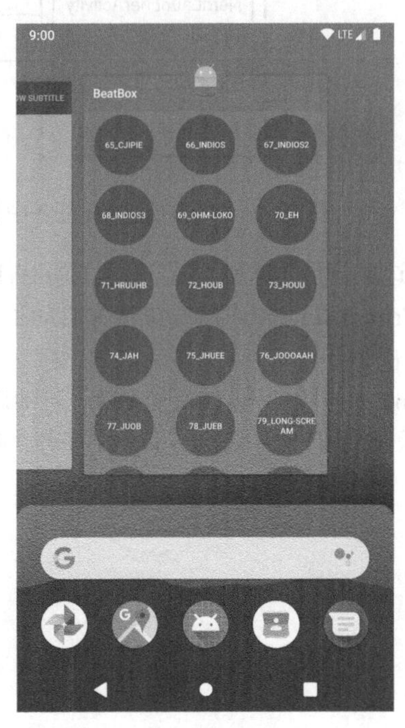

图 23-6　Nougat（左）和 Pie（右）上的概览屏

如果是 Nougat（API 24 级）设备，用户会看到图 23-6 左边的概览屏；如果是 Pie（API 28 级），则会看到右边的概览屏（只要他们没有启用 Swipe up on Home 选项）。

不管怎样，图中的每个应用显示项（又叫**应用卡片**）就代表着应用的任务。这些任务当前显示的是处于回退栈顶部 activity 的快照。你可以点击 BeatBox 或 CriminalIntent 卡片，返回到应用（或应用里你之前与之交互的任何 activity）。

要清除应用任务，用户只需滑动某张卡片就能将其从任务列表里移除。清除任务会从应用回退栈中清除所有 activity。

试着清除 CriminalIntent 应用任务再重启。重启后，你看到的是 crime 列表界面，而不应再是清除前的 crime 编辑界面了。

23.4.2 启动新任务

有时你需要在当前任务中启动 activity，而有时又需要在新任务中启动 activity（独立于启动它的 activity）。

当前，从 NerdLauncher 启动的任何 activity 都会被添加到 NerdLauncher 任务中，如图 23-7 所示。

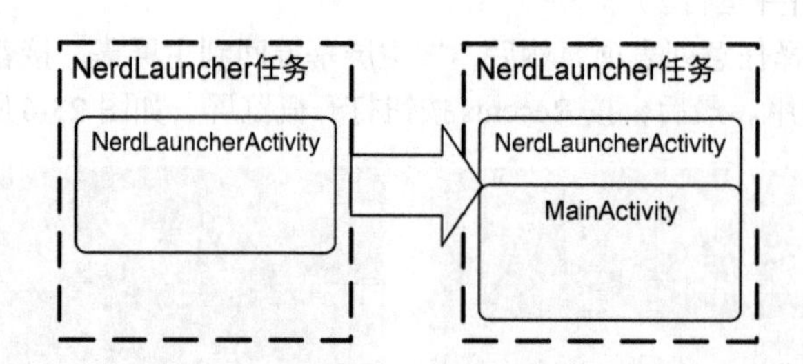

图 23-7 NerdLauncher 任务中包含 CriminalIntent 应用 activity

要想确认这点，可先清除概览屏显示的所有任务。然后，启动 NerdLauncher 并点击 CriminalIntent 应用名启动 CriminalIntent 应用。虽然你启动了不同的应用，但是再次打开概览屏时，只能看到一个任务。

CriminalIntent 应用的 `MainActivity` 启动后，它随即就被添加到了 NerdLauncher 任务中，如图 23-8 所示。只要点击 NerdLauncher 任务，你就会回到启动概览屏之前所在的 CriminalIntent 用户界面。

图 23-8 CriminalIntent 应用在 NerdLauncher 任务中

我们需要 NerdLauncher 在新任务中启动 activity，如图 23-9 所示。这样，点击 NerdLauncher 启动器中的应用项可以让应用拥有自己的任务，用户就可以通过概览屏在运行的应用间自由切换了。

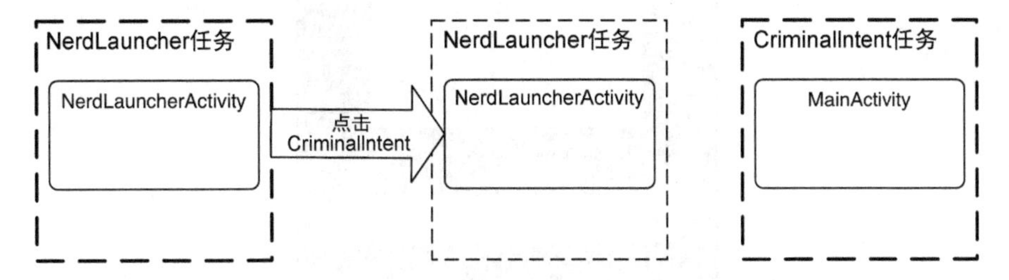

图 23-9 让 CriminalIntent 在自身任务里启动

为了在启动新 activity 时启动新任务，需要为 intent 添加一个标志，如代码清单 23-9 所示。

代码清单 23-9 为 intent 添加新任务标志（NerdLauncherActivity.kt）

```
class NerdLauncherActivity : AppCompatActivity() {
    ...
    private class ActivityHolder(itemView: View) :
            RecyclerView.ViewHolder(itemView),
            View.OnClickListener {
```

```
        ...
        override fun onClick(view: View) {
            val activityInfo = resolveInfo.activityInfo

            val intent = Intent(Intent.ACTION_MAIN).apply {
                setClassName(activityInfo.applicationInfo.packageName,
                    activityInfo.name)
                addFlags(Intent.FLAG_ACTIVITY_NEW_TASK)
            }

            val context = view.context
            context.startActivity(intent)
        }
    }
    ...
}
```

先清除概览屏显示的所有任务，再次运行 NerdLauncher 应用并启动 CriminalIntent。这次，如果启动概览屏，就会看到 CriminalIntent 应用处于一个单独的任务中，如图 23-10 所示。

图 23-10　CriminalIntent 应用处于独立的任务中

如果从 NerdLauncher 应用中再次启动 CriminalIntent 应用，也不会创建第二个 CriminalIntent 任务。`FLAG_ACTIVITY_NEW_TASK` 标志控制每个 activity 仅创建一个任务。`MainActivity` 已经有了一个运行的任务，因此 Android 会自动切换到原来的任务，而不是创建全新的任务。

眼见为实。在 CriminalIntent 应用中，打开任意 crime 的明细界面。然后，使用概览屏切换至 NerdLauncher。点击应用列表中的 CriminalIntent。可以看到，CriminalIntent 应用中打开的 crime 明细界面又回来了。

23.5 用 NerdLauncher 当主屏幕

没人愿意通过启动一个应用来启动其他应用。因此，以替换 Android 主界面（home screen）的方式使用 NerdLauncher 应用会更合适一些。打开 NerdLauncher 项目的 AndroidManifest.xml 文件，向 intent 主过滤器添加以下节点定义，如代码清单 23-10 所示。

代码清单 23-10 修改 NerdLauncherActivity 的类别（manifests/AndroidManifest.xml）

```
<intent-filter>
    <action android:name="android.intent.action.MAIN" />
    <category android:name="android.intent.category.LAUNCHER" />
    <category android:name="android.intent.category.HOME" />
    <category android:name="android.intent.category.DEFAULT" />
</intent-filter>
```


添加 HOME 和 DEFAULT 类别定义后，NerdLauncherActivity 会成为可选的主界面。按主屏幕键可以看到，在弹出的对话框中，NerdLauncher 变成了主界面可选项，如图 23-11 所示。

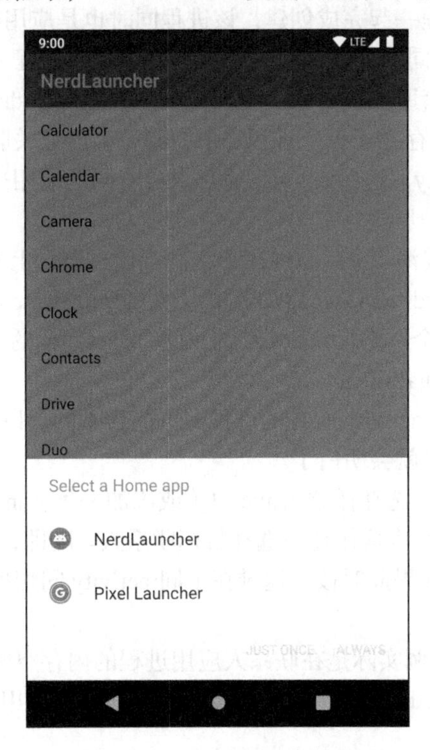

图 23-11 选择主屏幕应用

如果已设置 NerdLauncher 应用为主界面，恢复系统默认设置也很容易。首先，从 NerdLauncher 启动 Settings 应用。选择 Settings → Apps & Notification 菜单项，然后从应用列表中选择 NerdLauncher。（如果应用列表中看不到 NerdLauncher，请选择 See all apps 展开列表，翻找到它。）

选择了 NerdLauncher 后，在应用的信息屏展开 Advanced 设置列表，选择 Open by default，然后点击 CLEAR DEFAULTS 按钮。下次再按主屏幕键时，又可以自主选择了。

23.6 深入学习：进程与任务

对象需要内存和虚拟机的支持才能生存。**进程**是操作系统创建的、供应用对象生存以及应用运行的地方。

进程通常会拥有由操作系统管理着的一些系统资源，比如内存、网络端口以及打开的文件等。进程还拥有至少一个（可能多个）执行线程。在 Android 系统中，每个进程都需要一个**虚拟机**来运行。

Android 4.4（KitKat）之前，Dalvik 是 Android 操作系统使用的进程虚拟机。进程只要一启动，就会有一个 Dalvik 虚拟机新实例跳出来收留它。不过，自 Android 5.0（Lollipop）开始，Android 运行时（ART）取代了 Dalvik，已成为公认的进程虚拟机。

尽管存在未知的异常情况，但总的来说，Android 世界里的每个应用组件都仅与一个进程相关联。应用伴随着自己的进程一起完成创建，该进程同时也是应用中所有组件的默认进程。

（虽然组件可以指派给不同的进程，但我们推荐使用默认进程。如果确实需要在不同进程中运行应用组件，通常也可以借助多线程来实现。相比多进程，Android 多线程的使用更加简单。）

每一个 activity 实例都仅存在于一个进程之中，同一个任务关联。这也是进程与任务的唯一相似之处。任务只包含 activity，这些 activity 通常来自不同的应用进程，而进程包含了应用的全部运行代码和对象。

进程与任务很容易让人混淆，主要原因在于它们不仅在概念上有某种重叠，而且通常会被人以应用名提及。例如，从 NerdLauncher 启动器中启动 CriminalIntent 应用时，操作系统创建了一个 CriminalIntent 进程以及一个以 `MainActivity` 为基栈 activity 的新任务。在概览屏中，可以看到这个任务就被标名为 CriminalIntent。

引用着 activity 的任务和 activity 所在的进程有可能会不同。以 CriminalIntent 应用和联系人应用为例，看看以下具体场景就会明白了。

打开 CriminalIntent 应用，选择任意 crime 项（或添加一条 crime 记录），然后点击 CHOOSE SUSPECT 按钮。这会打开联系人应用让你选择目标联系人。随即，联系人列表 activity 会被加入 CriminalIntent 应用任务中。如果此时按回退键在不同 activity 间切换，用户可能意识不到他们正在进程间切换。

然而，联系人 activity 实例实际是在联系人应用进程的内存空间创建的，而且也是在该应用进程里的虚拟机上运行的。activity 实例状态和该场景下的任务引用如图 23-12 所示。

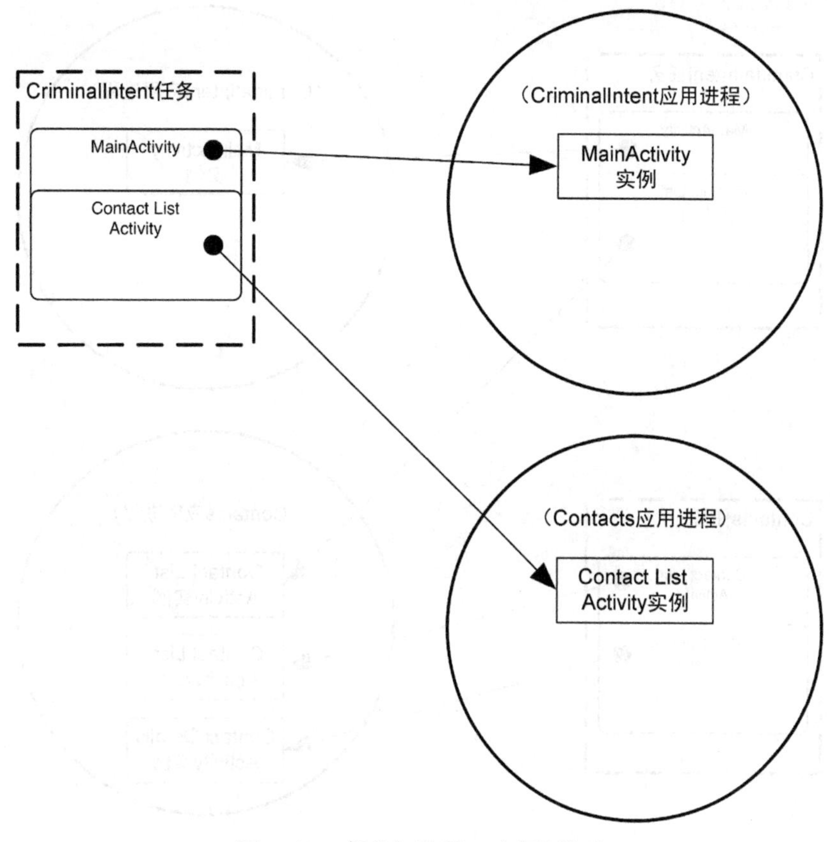

图 23-12 任务与进程一对多的关系

为进一步了解进程和任务的概念，让 CriminalIntent 应用运行的同时，进入联系人列表界面。（继续之前，请确保在概览屏里看不到联系人应用。）按主屏幕键回到主屏幕，从中启动联系人应用。然后从联系人列表中选取任意联系人或添加新联系人。

在这个操作过程中，系统会在联系人应用进程中创建新的联系人列表 activity 和联系人明细界面实例。也会创建联系人应用新任务。这个新任务会引用联系人列表和联系人明细界面 activity 实例，如图 23-13 所示。

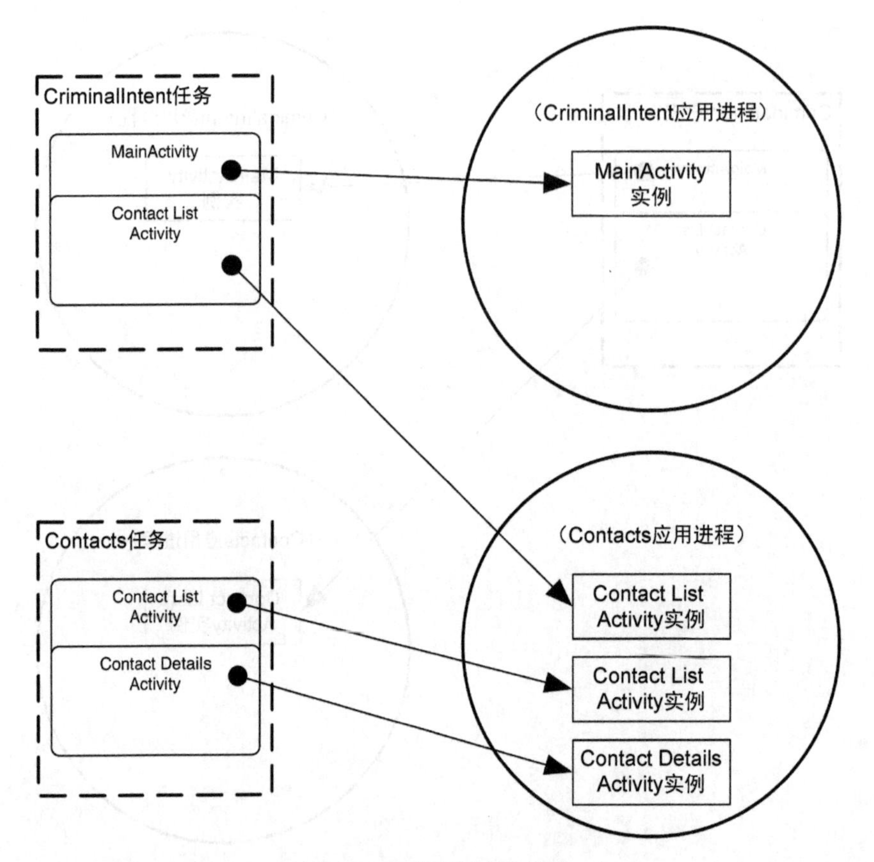

图 23-13　进程对多个任务

本章，我们创建了任务并实现了任务间的切换。有没有想过替换 Android 默认的概览屏呢？很遗憾，做不到，Android 没告诉我们该怎么做。另外，你应该知道，Google Play 商店中一些自称为任务终止器的应用，实际上都是进程终止器。这些应用会“杀掉”某个进程，这表明，它们可能正在销毁其他应用任务引用的 activity。

23.7　深入学习：并发文档

试着运行 CriminalIntent 应用并在应用间分享 crime 数据时，打开概览屏查看任务，你会发现一些有趣的现象。例如，在发送 crime 消息时，你所选择发送消息应用的 activity 不会添加到 CriminalIntent 应用任务中，而是添加到它自己的独立任务中，如图 23-14 所示。

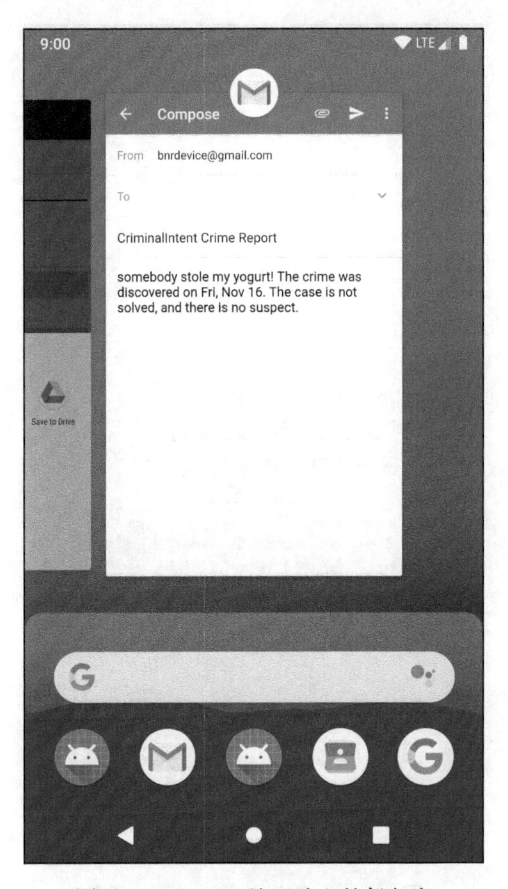

图 23-14 Gmail 处于独立的任务中

对以 `android.intent.action.SEND` 或 `android.intent.action.SEND_MULTIPLE` 启动的 activity，隐式 intent 选择器会创建独立的新任务。

这种行为来源于一个叫作**并发文档**（concurrent document）的新概念。有了并发文档，就可以为运行的应用动态创建任意数目的任务。需要注意的是，这种行为是在 Android Lollipop（API 级别 21）上引入的。如果在老旧设备上做测试，那么在概览屏是看不到并发文档的。在 Lollipop 之前，应用的任务只能预先定义好，而且还要在 manifest 文件中指明。

Google Drive 就是并发文档概念应用的最好实例。用户可以用它打开并编辑多份文档。从概览屏可以看到，这些文档编辑 activity 都处在独立的任务中，如图 23-15 所示。

图 23-15　多个 Google Drive 任务

如果需要应用启动多个任务，可采用两种方式：给 intent 打上 Intent.FLAG_ACTIVITY_NEW_DOCUMENT 标签，再调用 startActivity(...)函数；或者在 manifest 文件中，为 activity 设置如下 documentLaunchMode：

```
<activity
    android:name=".CrimePagerActivity"
    android:label="@string/app_name"
    android:parentActivityName=".MainActivity"
    android:documentLaunchMode="intoExisting" />
```

使用上述方法，一份文档只会对应一个任务。（如果发送带有和已存在任务相同数据的 intent，系统就不会再创建新任务。）如果无论如何都想创建新任务，那就给 intent 同时打上 Intent.FLAG_ACTIVITY_NEW_DOCUMENT 和 Intent.FLAG_ACTIVITY_MULTIPLE_TASK 标签，或者把 manifest 文件中的 documentLaunchMode 属性值改为 always。

23.8 挑战练习：应用图标

本章，为在启动器应用中显示各个 activity 的名称，我们使用了 `ResolveInfo.loadLabel(PackageManager)`函数。`ResolveInfo` 还有另一个类似的名为 `loadIcon()`的函数，你可以用它为每个应用加载显示图标。作为练习，请给 NerdLauncher 应用中显示的所有应用添加图标。

第 24 章

HTTP 与后台任务

信息时代，互联网应用占用了用户的大量时间。餐桌上无人交谈，每个人都只顾低头摆弄手机。一有时间，大家就查看新闻推送、收发短信息，或是玩网络游戏。

为学习 Android 网络应用的开发，我们来创建一个名为 PhotoGallery 的应用。作为图片共享网站 Flickr 的一个客户端应用，PhotoGallery 能获取并展示 Flickr 网站的最新公共图片。应用完成后的界面如图 24-1 所示。

图 24-1　PhotoGallery 应用最终效果图

（PhotoGallery 应用有过滤功能，只能展示不限版权的图片。Flickr 网站上很多图片归上传者私有，使用它们需遵守使用许可限制条款。）

接下来的几章会学习开发 PhotoGallery 应用。本章，你将学习如何使用 Retrofit 库向 REST API 发起请求。获得返回 JSON 数据后，又该如何使用 Gson 库解析成 Kotlin 对象。当前，几乎所有网络服务日常开发都要使用 HTTP 网络协议。Retrofit 能让 Android 应用以类型安全的方式访问 HTTP 和 HTTP/2 网络服务。

本章结束时，你应完成的任务是：获取、解析以及显示 Flickr 图片的标题，如图 24-2 所示。下一章，我们将学习如何获取并显示图片。

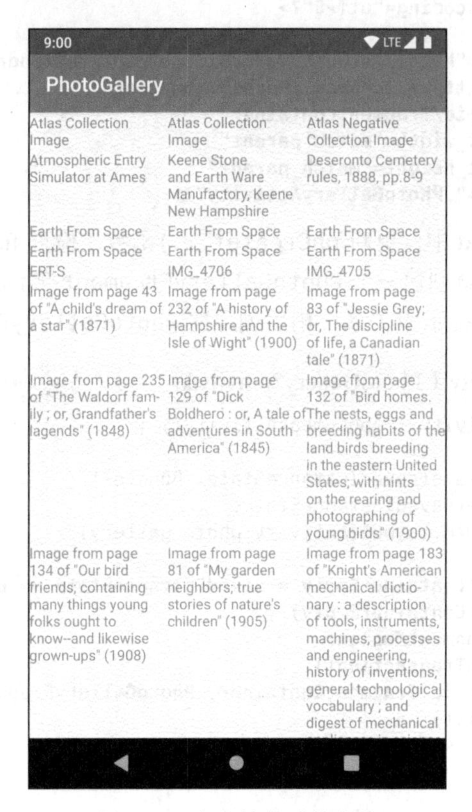

图 24-2　本章结束时的成果

24.1　创建 PhotoGallery 应用

在 Android Studio 中，选择 File → New → New Project...菜单项创建新项目。选择 Phone and Tablet 选项页下的 Add No Activity。应用名输入 PhotoGallery，包名输入 com.bignerdranch.android.photogallery，语言选择 Kotlin，Minimum API level 选择 API 21: Android 5.0 (Lollipop)，最后勾选 Use AndroidX artifacts，保持其余默认配置完成项目创建。

等 Android Studio 完成项目初始化工作，选择 File → New → Activity → Empty Activity 创建一个空 activity。命名这个空 activity 为 PhotoGalleryActivity，并设置其为启动 activity。

PhotoGalleryActivity 会负责托管稍后就创建的 PhotoGalleryFragment。首先，打开 res/layout/activity_photo_gallery.xml，使用一个 FrameLayout 定义替换系统自动生成的布局内容。新添加的 FrameLayout 就是被托管 fragment 的容器视图，其布局 ID 是 fragmentContainer，如代码清单 24-1 所示。

代码清单 24-1　添加 fragment 容器（res/layout/activity_photo_gallery.xml）

```
<?xml version="1.0" encoding="utf-8"?>
<FrameLayout
        xmlns:android="http://schemas.android.com/apk/res/android"
        xmlns:tools="http://schemas.android.com/tools"
        android:id="@+id/fragmentContainer"
        android:layout_width="match_parent"
        android:layout_height="match_parent"
        tools:context=".PhotoGalleryActivity"/>
```

在 PhotoGalleryActivity.kt 中，更新 onCreate(...)函数，检查 fragment 容器里是否已有被托管的 fragment。如果没有，就创建一个 PhotoGalleryFragment 实例并把它添加到容器里，如代码清单 24-2 所示。（有错误提示没关系，稍后创建完 PhotoGalleryFragment 类就好了。）

代码清单 24-2　配置 activity（PhotoGalleryActivity.kt）

```
class PhotoGalleryActivity : AppCompatActivity() {

    override fun onCreate(savedInstanceState: Bundle?) {
        super.onCreate(savedInstanceState)
        setContentView(R.layout.activity_photo_gallery)

        val isFragmentContainerEmpty = savedInstanceState == null
        if (isFragmentContainerEmpty) {
            supportFragmentManager
                .beginTransaction()
                .add(R.id.fragmentContainer, PhotoGalleryFragment.newInstance())
                .commit()
        }
    }
}
```

在 CriminalIntent 应用中，通过在 fragment 容器 ID 上调用 findFragmentById(...)函数，我们判断目标 fragment 容器里是否已有被托管的 fragment。如果有，就不用再添加了。这个检查很有必要，因为发生设备配置改变或者出现系统强杀应用进程后，fragment 管理器会自动重建被托管 fragment 并将其添加给托管 activity。

同样的检查，PhotoGalleryActivity 有不同的处理办法：判断传入 onCreate(...)的 savedInstanceState bundle 是否为空。我们知道，如果 bundle 数据为空，说明托管 activity 刚启动，不会有 fragment 的重建和再托管；如果 bundle 数据不为空，说明托管 activity 正在重建

（设备旋转或进程被“杀死”后），自然它被“杀死”之前托管的 fragment 也会被重建和重新添加回来。

上述两种方法都有效，实际开发中你都会碰到，具体选哪个，你自行决定。

采用检查 `savedInstanceState` 的方式，你要假定代码阅读者理解 `savedInstanceState` 和 fragment 遇设备配置改变后重建的工作原理。

如果是 Android 开发新手，调用 `supportFragmentManager.findFragmentById(R.id.fragment_container)`则更直接且更好理解。当然，缺点也是存在的，例如，即使视图容器里已有 fragment，你还是免不了要和 fragment 管理器打交道。

现在，我们来配置 fragment 视图。PhotoGallery 应用会在 `RecyclerView` 视图中（借助其内置的 `GridLayoutManager`）以网格的形式显示图片。首先是添加 RecyclerView 依赖项。打开 app 模块下的 build.gradle 文件，添加 RecyclerView 依赖项，如代码清单 24-3 所示。完成后记得同步 Gradle 文件。

代码清单 24-3 添加 RecyclerView 依赖项（app/build.gradle）

```
dependencies {
    ...
    implementation 'androidx.constraintlayout:constraintlayout:2.0.0-alpha2'
    implementation 'androidx.recyclerview:recyclerview:1.0.0'
    ...
}
```

接下来，在项目工具窗口右键单击 res/layout，选择 New → Layout resource file 创建一个布局资源文件。将这个文件命名为 fragment_photo_gallery.xml，输入 androidx.recyclerview.widget.RecyclerView 作为 Root element。打开新建文件，设置 `RecyclerView` 的 `android:id` 的属性值为`@+id/photo_recycler_view`，完成后的内容如代码清单 24-4 所示。

代码清单 24-4 添加 `RecyclerView` 视图（res/layout/fragment_photo_gallery.xml）

```
<?xml version="1.0" encoding="utf-8"?>
<androidx.recyclerview.widget.RecyclerView
        xmlns:android="http://schemas.android.com/apk/res/android"
        android:id="@+id/photo_recycler_view"
        android:layout_width="match_parent"
        android:layout_height="match_parent"/>
```

最后，创建 `PhotoGalleryFragment` 类，实例化新建布局并引用 `RecyclerView` 视图。再将 `GridLayoutManager` 设置为 RecyclerView 的 `layoutManager`。当前，先硬编码设置网格为三列（24.12 节会讨论如何动态设置网格列以适配屏幕宽度）。完成后的代码如代码清单 24-5 所示。

代码清单 24-5 创建和配置 `PhotoGalleryFragment`（PhotoGalleryFragment.kt）

```
class PhotoGalleryFragment : Fragment() {

    private lateinit var photoRecyclerView: RecyclerView
```

```
    override fun onCreateView(
        inflater: LayoutInflater,
        container: ViewGroup?,
        savedInstanceState: Bundle?
    ): View {
        val view = inflater.inflate(R.layout.fragment_photo_gallery, container, false)

        photoRecyclerView = view.findViewById(R.id.photo_recycler_view)
        photoRecyclerView.layoutManager = GridLayoutManager(context, 3)

        return view
    }

    companion object {
        fun newInstance() = PhotoGalleryFragment()
    }
}
```

继续学习之前，试着运行 PhotoGallery 应用。如果一切正常，可以看到一个空白视图。

24.2 Retrofit 网络连接基本

Retrofit 是由 Square 公司创建和维护的一个开源库。但本质上，它的 HTTP 客户端封装使用的是 OkHttp 库。

Retrofit 可以用来创建 HTTP 网关类。给 Retrofit 一个带注解方法的接口，它会帮你做接口实现。Retrofit 的接口实现能发起 HTTP 请求，收到 HTTP 响应数据后能解析为一个 `OkHttp.ResponseBody`。然而，`OkHttp.ResponseBody` 无法直接使用：你要将其转换为自己应用需要的数据类型。为解决这个问题，可以注册一个响应数据转换器。随后，在准备网络请求需要的数据以及从网络响应解析数据时，Retrofit 就可以用这个转换器进行各种数据类型的相互转换了。

在 build.gradle 文件中，添加 Retrofit 依赖，如代码清单 24-6 所示。完成后，记得同步 Gradle 文件。

代码清单 24-6　添加 Retrofit 依赖（app/build.gradle）

```
dependencies {
    implementation fileTree(dir: 'libs', include: ['*.jar'])
    implementation"org.jetbrains.kotlin:kotlin-stdlib-jdk7:$kotlin_version"
    ...
    implementation 'com.squareup.retrofit2:retrofit:2.5.0'
}
```

与 Flickr REST API 交互之前，先来配置 Retrofit 抓取并显示 URL 网页内容（Flickr 主页）。使用 Retrofit 要配置很多东西。从简单处入手，就是先抓住基本。稍后，我们会在此基础上构建 Flickr 请求，以及**反序列化**解析 HTTP 响应数据——把序列化数据转化为应用模型层需要的非序列化数据。

24.2.1 定义 Retrofit API 接口

是时候着手定义 PhotoGallery 应用需要的 API 了。首先，创建一个存放 API 类代码的新包。在项目工具窗口，右键单击 com.bignerdranch.android.photogallery，选择 New → Package 菜单项。命名这个新包为 api。

接下来，在 api 新包里添加一个 Retrofit API 接口，也就是使用 Retrofit 注解的标准 Kotlin 接口。在项目工具窗口右键单击 api 文件夹，选择 New → Kotlin File/Class 菜单项，kind 下拉框类型保持 File 不变，创建一个名为 FlickrApi 的文件。如代码清单 24-7 所示，在 FlickrApi.kt 文件中，定义一个名为 `FlickrApi` 的接口，再添加一个代表 GET 请求的函数。

代码清单 24-7 添加 Retrofit API 接口（app/FlickrApi.kt）

```
interface FlickrApi {

    @GET("/")
    fun fetchContents(): Call<String>
}
```

如果需要导入 `Call`，记得选择 retrofit2.Call。

新接口里的每一个函数都对应着一个特定的 HTTP 请求，必须使用 **HTTP 请求方法注解**。其作用是告诉 Retrofit，API 接口定义的各个函数映射的是哪一个 HTTP 请求类型（又叫 HTTP 动词）。一些常见的 HTTP 请求类型有@GET、@POST、@PUT、@DELETE 和@HEAD。

上述代码中，@GET("/")注解的作用是把 `fetchContents()`函数返回的 `Call` 配置成一个 GET 请求。字符串"/"表示一个**相对路径** URL——针对 Flickr API 端点基 URL 来说的相对路径。大多数 HTTP 请求方法注解包括相对路径。这里，"/" 相对路径是指请求会发往你稍后就会提供的基 URL。

所有 Retrofit 网络请求默认都会返回一个 `retrofit2.Call` 对象（一个可执行的网络请求）。执行 `Call` 网络请求就会返回一个相应的 HTTP 网络响应。（也可以配置 Retrofit 返回 RxJava `Observable`，但这超出本书讨论范畴。）

`Call` 的泛型参数是什么类型，Retrofit 在反序列化 HTTP 响应数据后就会生成同样的数据类型。Retrofit 默认会把 HTTP 响应数据反序列化为一个 `OkHttp.ResponseBody` 对象。指定 `Call<String>`就是告诉 Retrofit，你需要的是 `String` 对象，而不是 `OkHttp.ResponseBody` 对象。

24.2.2 构建 Retrofit 对象并创建 API 实例

Retrofit 实例负责实现和创建你的 API 接口实例。为基于定义的 API 接口生成网络请求，你需要 Retrofit 实现并实例化你的 `FlickrAPi` 接口。

首先，构建并配置一个 Retrofit 实例。打开 PhotoGalleryFragment.kt 文件，在 `onCreate(...)` 函数里，先构建一个 Retrofit 对象，然后用它创建并实现你的 `FlickrAPi` 接口，如代码清单 24-8 所示。

代码清单 24-8　使用 Retrofit 对象创建 API 实例（PhotoGalleryFragment.kt）

```
class PhotoGalleryFragment : Fragment() {

    private lateinit var photoRecyclerView: RecyclerView

    override fun onCreate(savedInstanceState: Bundle?) {
        super.onCreate(savedInstanceState)

        val retrofit: Retrofit = Retrofit.Builder()
            .baseUrl("https://www.flickr.com/")
            .build()

        val flickrApi: FlickrApi = retrofit.create(FlickrApi::class.java)
    }
    ...
}
```

`Retrofit.Builder()`是一个流接口，可用来方便地配置并构建 Retrofit 实例。然后，使用`baseUrl(...)`函数提供要访问的基 URL 端点，即 Flickr 主页。这里要注意两个可能的遗漏点：一个是访问 URL 的 https://协议，一个是 URL 后面的/相对路径（保证 Retrofit 能正确附加 API 接口里提供的相对路径到基 URL 上）。

使用`Retrofit.Builder()`对象进行参数设定，然后调用`build()`函数会返回一个配置好的 Retrofit 实例。有了 Retrofit 实例之后，就可以用它来创建你的 API 接口实例了。注意，Retrofit 在编译时不会生成任何代码——相反，它会在运行时做这些事。在你调用`retrofit.create(...)`时，合并使用你的 API 接口中的信息以及构建 Retrofit 实例时指定的信息，Retrofit 会创建并实例化一个匿名类在运行时实现你的 API 接口。

添加 String 类型转换器

之前说过，Retrofit 默认会把网络响应数据反序列化为`OkHttp3.ResponseBody`对象。但要输出网页内容日志，处理字符串类型数据会更方便。要让 Retrofit 把网络响应数据反序列化为 String 类型，构建 Retrofit 对象时就要指定一个**数据类型转换器**。

数据类型转换器知道如何把`ResponseBody`对象解码为其他对象类型。你可以自定义数据类型转换器，但这里不需要。Square 提供了一个名为 scalars converter 的开源数据类型转换器，你可以用它把 Flickr 网站返回的网络响应数据反序列化为 String 对象数据。

要使用 scalars converter，首先要在应用模块的 build.gradle 文件里添加依赖包，如代码清单 24-9 所示。同样，添加完成后，记得同步 Gradle 文件。

代码清单 24-9　添加 scalars converter 依赖（app/build.gradle）

```
dependencies {
    ...
    implementation 'com.squareup.retrofit2:retrofit:2.5.0'
    implementation 'com.squareup.retrofit2:converter-scalars:2.5.0'
}
```

现在，如代码清单 24-10 所示，创建一个 scalars converter 实例，然后把它添加给 Retrofit 对象。

代码清单 24-10 给 Retrofit 对象添加 scalars converter 实例（PhotoGalleryFragment.kt）

```
class PhotoGalleryFragment : Fragment() {

    private lateinit var photoRecyclerView: RecyclerView

    override fun onCreate(savedInstanceState: Bundle?) {
        super.onCreate(savedInstanceState)

        val retrofit: Retrofit = Retrofit.Builder()
            .baseUrl("https://www.flickr.com/")
            .addConverterFactory(ScalarsConverterFactory.create())
            .build()

        val flickrApi: FlickrApi = retrofit.create(FlickrApi::class.java)
    }
    ...
}
```

Retrofit.Builder 的 addConverterFactory(...)函数需要一个 Converter.Factory 实例。数据类型转换器工厂知道如何创建并返回一个特定的数据类型转换器实例。ScalarsConverterFactory.create()首先返回一个 scalars converter 工厂实例（retrofit2.converter.scalars.ScalarsConverterFactory），然后这个工厂实例会向 Retrofit 按需提供一个 scalars converter 实例。

具体来讲，既然你指定 Call<String>作为 FlickrApi.fetchContents()函数的返回类型，scalars converter 工厂就会提供一个字符串数据转换器实例（retrofit2.converter.scalars.StringResponseBodyConverter）。随后，在返回 Call 结果之前，Retrofit 对象就会使用这个字符串数据转换器把 ResponseBody 对象转换为 String 对象。

Square 还为 Retrofit 提供了其他一些开源数据类型转换器。稍后，我们还会使用 Gson 数据类型转换器。

24.2.3 执行网络请求

之前，我们一直在配置网络请求。现在，期待已久的时刻终于到了：执行网络请求并输出返回结果。首先，调用 fetchContents()函数生成一个代表可执行网络请求的 retrofit2.Call 对象，如代码清单 24-11 所示。

代码清单 24-11 创建一个 Call 请求（PhotoGalleryFragment.kt）

```
class PhotoGalleryFragment : Fragment() {

    private lateinit var photoRecyclerView: RecyclerView

    override fun onCreate(savedInstanceState: Bundle?) {
        ...
        val flickrApi: FlickrApi = retrofit.create(FlickrApi::class.java)
```

```
        val flickrHomePageRequest: Call<String> = flickrApi.fetchContents()
    }
    ...
}
```

注意，调用 FlickrApi 的 fetchContents()函数并不是执行网络请求，而是返回一个代表网络请求的 Call<String>对象。然后，由你决定何时执行这个 Call 对象。基于你创建的 API 接口（FlickrApi）和 Retrofit 对象，Retrofit 决定 Call 对象的内部细节。

为了执行代表网络请求的 Call 对象，在 onCreate(savedInstanceState: Bundle?)里调用 enqueue(...)函数，并传入一个 retrofit2.Callback 实例。另外，再添加一个 TAG 常量方便后面查看日志。如代码清单 24-12 所示。

代码清单 24-12　异步执行网络请求（PhotoGalleryFragment.kt）

```
private const val TAG = "PhotoGalleryFragment"

class PhotoGalleryFragment : Fragment() {

    private lateinit var photoRecyclerView: RecyclerView

    override fun onCreate(savedInstanceState: Bundle?) {
        ...
        val flickrHomePageRequest: Call<String> = flickrApi.fetchContents()

        flickrHomePageRequest.enqueue(object : Callback<String> {
            override fun onFailure(call: Call<String>, t: Throwable) {
                Log.e(TAG, "Failed to fetch photos", t)
            }

            override fun onResponse(
                call: Call<String>,
                response: Response<String>
            ) {
                Log.d(TAG, "Response received: ${response.body()}")
            }
        })
    }
}
```

Retrofit 天生就遵循两个最重要的 Android 多线程规则。

(1) 仅在后台线程上执行耗时任务。

(2) 仅在主线程上做 UI 更新操作。

Call.enqueue(...)函数执行代表网络请求的 Call 对象。最关键的是，它是在**后台线程**上执行网络请求的。这一切都由 Retrofit 管理和调度，你完全不用操心。

线程管理着一个工作任务队列。调用 Call.enqueue(...)函数，就是让 Retrofit 把你的网络请求任务放入它的工作任务队列里。你可以一次添加多个工作任务，让 Retrofit 顺序执行它们，直到清空任务队列。（第 25 章将讨论创建和管理后台线程。）

网络请求执行完毕且网络响应回传之后发生的事情由传递给 enqueue(...)函数的 Callback 对象决定。网络请求在后台线程上完成后，Retrofit 会根据不同情况调用主线程上的不同回调函数：如果网络响应数据来自网络服务器，就调用 Callback.onResponse(...)函数；否则，就调用 Callback.onFailure(...)函数。

Retrofit 传递给 onResponse(...)函数的 Response 体里就是网络返回结果内容。结果数据类型和你在 API 接口里指定的数据类型一致。这里，fetchContents()返回的是 Call<String>，因此 response.body()返回的是 String 类型数据。

传递给 onResponse()和 onFailure()函数的 Call 对象就是最初发起网络请求的 Call 对象。

你可以调用 Call.execute()函数并发执行网络请求，但要保证网络请求运行在后台线程上，而不是主 UI 线程上。由第 11 章可知，Android 不允许在主线程上执行网络请求这样的耗时任务。如果强行为之，Android 会抛出 NetworkOnMainThreadException 异常。

24.2.4 获取网络使用权限

要连接网络，还需完成一件事：取得使用网络的权限。正如用户怕被偷拍一样，他们也不想应用耗费流量偷偷下载图片。

要取得网络使用权限，先要在 manifests/AndroidManifest.xml 文件中添加它，如代码清单 24-13 所示。

代码清单 24-13 在配置文件中添加网络使用权限（manifests/AndroidManifest.xml）

```
<manifest xmlns:android="http://schemas.android.com/apk/res/android"
        package="com.bignerdranch.android.photogallery" >

    <uses-permission android:name="android.permission.INTERNET" />

    <application>
        ...
    </application>

</manifest>
```

如今，大部分应用需要联网，因此，Android 视 INTERNET 权限为非危险性权限。这样一来，只要在 manifest 文件里做个声明，就可以直接使用它了。而有些危险性权限（比如获取设备地理位置权限），既需要声明又需要在应用运行时动态申请。

运行 PhotoGallery 应用。如图 24-3 所示，你应该能看到 Flickr 主页的 HTML 代码塞满了 Logcat 窗口。（LogCat 窗口中各类信息混杂，为方便查找，可使用 TAG 常量过滤日志输出。这里，在日志搜索框里，你可以输入 PhotoGalleryFragment 关键字。）

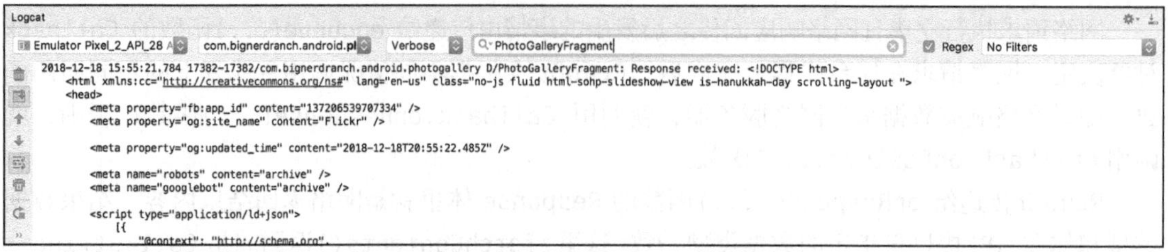

```
Logcat
Emulator Pixel_2_API_28  com.bignerdranch.android.pl  Verbose  PhotoGalleryFragment  Regex  No Filters
2018-12-18 15:55:21.784 17382-17382/com.bignerdranch.android.photogallery D/PhotoGalleryFragment: Response received: <!DOCTYPE html>
    <html xmlns:cc="http://creativecommons.org/ns#" lang="en-us" class="no-js fluid html-sohp-slideshow-view is-hanukkah-day scrolling-layout ">
    <head>
        <meta property="fb:app_id" content="137206539707334" />
        <meta property="og:site_name" content="Flickr" />

        <meta property="og:updated_time" content="2018-12-18T20:55:22.485Z" />

        <meta name="robots" content="archive" />
        <meta name="googlebot" content="archive" />

        <script type="application/ld+json">
            [{
                "@context": "http://schema.org",
```

图 24-3　Logcat 中的 Flickr.com 网页

24.2.5　使用仓库模式联网

当前，应用的联网代码都写在 fragment 里。继续学习之前，先把 Retrofit 配置代码和 API 联网代码转移到一个新类里。

创建一个名为 FlickrFetchr.kt 的新 Kotlin 文件。首先，添加一个属性保存 FlickrApi 实例。然后，从 PhotoGalleryFragment 里把 Retrofit 配置代码和 API 接口实例化代码复制到新类的 init 初始化代码块里，再把原来 flickrApi 的声明和赋值语句拆分为两行，即把 flickrApi 声明为 FlickrFetchr 类的私有属性——不让外部类引用到它。

处理完毕，FlickrFetchr 类的代码应如代码清单 24-14 所示。

代码清单 24-14　创建 FlickrFetchr（FlickrFetchr.kt）

```
private const val TAG = "FlickrFetchr"

class FlickrFetchr {

    private val flickrApi: FlickrApi

    init {
        val retrofit: Retrofit = Retrofit.Builder()
            .baseUrl("https://www.flickr.com/")
            .addConverterFactory(ScalarsConverterFactory.create())
            .build()

        flickrApi = retrofit.create(FlickrApi::class.java)
    }
}
```

回到 PhotoGalleryFragment，删除冗余的 Retrofit 配置代码，如代码清单 24-15 所示。这时，你会发现代码里有错误提示。暂时忽略，稍后 FlickrFetchr 代码完善后就好了。

代码清单 24-15　删除 Retrofit 配置代码（PhotoGalleryFragment.kt）

```
class PhotoGalleryFragment : Fragment() {

    private lateinit var photoRecyclerView: RecyclerView

    override fun onCreate(savedInstanceState: Bundle?) {
```

```
        super.onCreate(savedInstanceState)

        val retrofit: Retrofit = Retrofit.Builder()
            .baseUrl("https://www.flickr.com/")
            .addConverterFactory(ScalarsConverterFactory.create())
            .build()

        val flickrApi: FlickrApi = retrofit.create(FlickrApi::class.java)

        val flickrHomePageRequest : Call<String> = flickrApi.fetchContents()

        ...
    }
    ...
}
```

接下来，向 FlickrFetchr 里添加一个名为 fetchContents()的函数，封装抓取 Flickr 主页内容的 Retrofit API 函数。（大部分代码可以从 PhotoGalleryFragment 复制过来，再做必要调整，最后的结果如代码清单 24-16 所示。）

代码清单 24-16　添加 fetchContents()函数（FlickrFetchr.kt）

```
private const val TAG = "FlickrFetchr"

class FlickrFetchr {

    private val flickrApi: FlickrApi

    init {
        ...
    }

    fun fetchContents(): LiveData<String> {
        val responseLiveData: MutableLiveData<String> = MutableLiveData()
        val flickrRequest: Call<String> = flickrApi.fetchContents()

        flickrRequest.enqueue(object : Callback<String> {

            override fun onFailure(call: Call<String>, t: Throwable) {
                Log.e(TAG, "Failed to fetch photos", t)
            }

            override fun onResponse(
                call: Call<String>,
                response: Response<String>
            ) {
                Log.d(TAG, "Response received")
                responseLiveData.value = response.body()
            }
        })

        return responseLiveData
    }
}
```

在 fetchContents()函数里，首先实例化一个 MutableLiveData<String>空对象并赋值给 responseLiveData 变量。然后把抓取 Flickr 主页的网络请求加入任务队列，并立即返回 responseLiveData（网络请求执行完成之前）。接下来，在网络请求任务成功结束后，赋值 responseLiveData.value 并发布结果。通过这种方式，其他类如 PhotoGalleryFragment 就能观察到 fetchContents()函数返回的 LiveData，并最终收到网络响应数据。

注意，fetchContents()函数返回的是个无法修改的 LiveData<String>。可修改的 LiveData 对象尽量不要对外暴露，以防被其他外部代码篡改。LiveData 里的数据流动应保持一个方向。

在 PhotoGallery 应用里，FlickrFetchr 封装了大部分联网相关的代码（现在只是一小部分，接下来的几章会不断扩充）。fetchContents()函数把网络请求放入任务队列，然后把结果封装在 LiveData 里。现在，应用里的其他组件，比如 PhotoGalleryFragment（或某些 ViewModel、activity 等），就能直接创建 FlickrFetchr 实例，访问网络获得图片数据了。至于 Retrofit 是什么，数据从哪里来，它们完全不用关心。

如代码清单 24-17 所示，更新 PhotoGalleryFragment，使用 FlickrFetchr 体会一下代码封装的魔力。

代码清单 24-17　在 PhotoGalleryFragment 中使用 FlickrFetchr（PhotoGalleryFragment.kt）

```
class PhotoGalleryFragment : Fragment() {

    private lateinit var photoRecyclerView: RecyclerView

    override fun onCreate(savedInstanceState: Bundle?) {
        super.onCreate(savedInstanceState)

        val flickrHomePageRequest : Call<String> = flickrApi.fetchContents()

        flickrHomePageRequest.enqueue(object : Callback<String> {
            override fun onFailure(call: Call<String>, t: Throwable) {
                Log.e(TAG, "Failed to fetch photos", t)
            }

            override fun onResponse(
                call: Call<String>,
                response: Response<String>
            ) {
                Log.d(TAG, "Response received: ${response.body()}")
            }
        })

        val flickrLiveData: LiveData<String> = FlickrFetchr().fetchContents()
        flickrLiveData.observe(
            this,
            Observer { responseString ->
                Log.d(TAG, "Response received: $responseString")
            })
    }
    ...
}
```

刚才代码重构采用了 Google 应用架构指导里推荐的仓库模式。现在，FlickrFetchr 起着基本仓库的作用。这种仓库类封装了从一个或多个数据源获取数据的逻辑。不管是本地数据库，还是远程服务器，它都知道该如何获取或保存各种数据。UI 代码不关心数据的获取和保存（仓库类自己的内部实现），需要数据时，找仓库类就行了。

现在，应用的数据都来自 Flickr 网络服务器。不过，将来你或许还想把数据缓存到本地数据库里。到那时，自然还是由仓库负责从合适的地方获取数据。无须关心数据来自哪里，应用里的其他模块可以直接调用仓库读取数据。

再次运行应用。如果没问题，你应该能看到 Logcat 窗口中打印的 Flickr 主页内容（图 24-3）。

24.3 从 Flickr 获取 JSON 数据

JSON（JavaScript Object Notation）是近年流行开来的一种数据格式，尤其适用于 Web 服务。

Flickr 提供了方便而强大的 JSON API。可从 flickr.com/services/api/文档页查看使用细节。在常用浏览器中打开 API 文档网页，找到 Request Formats 列表。我们只打算使用最简单的 REST 服务。查文档得知，REST 的 API 端点（endpoint）是 api.flickr.com/services/rest/。因此，可以在此端点上调用 Flickr 提供的方法。

回到 API 文档主页，找到 API Methods 列表。向下滚动到 interestingness 区域并找到 flickr.interestingness.getList 方法。点击查看该方法。文档对该方法的描述为："返回最近上传到 flickr 的有趣图片。"这恰好就是 PhotoGallery 应用需要的方法。

getList 方法需要的唯一参数是一个 API key。为获得它，回到 flickr.com/services/api/网页，找到并点击 API keys 链接进行申请（需注册登录）。你可以登录并申请一个非商业用途 API key。申请成功后，可获得类似 4f721bgafa75bf6d2cb9af54f937bb70 这样的 API key。（申请 API key 时，还会得到一个用来访问特定用户信息和图片的 Secret key。这里不需要，忽略即可。）

得到 API key 后，可直接向 Flickr 网络服务发起一个和下面类似的 GET 请求：

```
https://api.flickr.com/services/rest/?method=flickr.interestingness.getList
  &api_key=yourApiKeyHere&format=json&nojsoncallback=1&extras=url_s
```

Flickr 默认返回 XML 格式的数据。要获得有效的 JSON 数据，就需要同时指定 format 和 nojsoncallback 参数。设置 nojsoncallback 为 1 就是告诉 Flickr，返回的数据不应包括封闭方法名和括号。这样才方便 Kotlin 代码解析数据。

指定值为 url_s 的 extras 参数是告诉 Flickr，如有小尺寸的图片，也一并提供它们的 URL。

复制上述链接到浏览器，使用刚获取的 API key 替换 *yourApiKeyHere* 后回车。很快，就能看到如图 24-4 所示的 JSON 返回数据。

https://api.flickr.com/services/rest/?method=flickr.interestingness.getList&api_key=xxx&format=json&nojsoncallback=1&extras=url_s

{"photos":{"page":1,"pages":470,"perpage":100,"total":"46927","photo":
[{"id":"44569688660","owner":"24231108@N08","secret":"3ee8cb884e","server":"4839","farm":5,"title":"WWII
141.B4.F1.1","ispublic":1,"isfriend":0,"isfamily":0,"url_s":"https:\/\/farm5.staticflickr.com\/4839\/44569688660_3ee8cb884e_m.jpg","height_s":
"240","width_s":"193"},{"id":"11194024914","owner":"12403504@N02","secret":"91553593ca","server":"5473","farm":6,"title":"Image taken from
page 38 of 'Rambles round Rossendale. (Second
series.)'","ispublic":1,"isfriend":0,"isfamily":0,"url_s":"https:\/\/farm6.staticflickr.com\/5473\/11194024914_91553593ca_m.jpg","height_s":"1
83","width_s":"240"},{"id":"11124570594","owner":"12403504@N02","secret":"ef8daa94a0","server":"3670","farm":4,"title":"Image taken from page
109 of 'The Doctor's
Dozen'","ispublic":1,"isfriend":0,"isfamily":0,"url_s":"https:\/\/farm4.staticflickr.com\/3670\/11124570594_ef8daa94a0_m.jpg","height_s":"55",
"width_s":"240"},{"id":"11273449483","owner":"12403504@N02","secret":"65e47016b8","server":"3711","farm":4,"title":"Image taken from page 27
of 'English Pictures drawn with pen and
pencil'","ispublic":1,"isfriend":0,"isfamily":0,"url_s":"https:\/\/farm4.staticflickr.com\/3711\/11273449483_65e47016b8_m.jpg","height_s":"175
","width_s":"240"},{"id":"11225189606","owner":"12403504@N02","secret":"ff122a485a","server":"7442","farm":8,"title":"Image taken from page
206 of 'A Midnight Mystery. A
novel'","ispublic":1,"isfriend":0,"isfamily":0,"url_s":"https:\/\/farm8.staticflickr.com\/7442\/11225189606_ff122a485a_m.jpg","height_s":"240"

图 24-4　JSON 数据示例

现在，是时候更新抓取 Flickr 主页的联网代码，转而从 Flickr REST API 获取最近有意思的图片了。首先，在 FlickrApi 接口里添加一个函数。同样，这里的 *yourApiKeyHere* 要替换成你自己的 API Key。现在，先在相对路径字符串里硬编码 URL 查询参数。（稍后，我们会把这些查询参数抽取出来，以代码的方式拼接。）如代码清单 24-18 所示。

代码清单 24-18　定义获取图片的网络请求（api/FlickrApi.kt）

```
interface FlickrApi {

    @GET("/")
    fun fetchContents() : Call<String>

    @GET(
        "services/rest/?method=flickr.interestingness.getList" +
                "&api_key=yourApiKeyHere" +
                "&format=json" +
                "&nojsoncallback=1" +
                "&extras=url_s"
    )
    fun fetchPhotos(): Call<String>
}
```

注意，这里我们赋值的参数有 method、api_key、format、nojsoncallback 和 extras。

接下来，更新 FlickrFetchr 里的 Retrofit 实例配置代码。把基 URL 从 Flickr 主页改为基 API 端点，再把 fetchContents()函数改名为 fetchPhotos()，并在 API 接口上调用新的 fetchPhotos()函数。如代码清单 24-19 所示。

代码清单 24-19　更新基 URL（FlickrFetchr.kt）

```
class FlickrFetchr {

    private val flickrApi: FlickrApi

    init {
        val retrofit: Retrofit = Retrofit.Builder()
            .baseUrl("https://wwwapi.flickr.com/")
            .addConverterFactory(ScalarsConverterFactory.create())
            .build()
```

```
        flickrApi = retrofit.create(FlickrApi::class.java)
    }

    fun fetchContents()fetchPhotos(): LiveData<String> {
        val responseLiveData: MutableLiveData<String> = MutableLiveData()
        val flickrRequest: Call<String> = flickrApi.fetchContents()fetchPhotos()
        ...
    }
}
```

注意，你设置的基 URL 是 api.flickr.com，但实际要访问的是 api.flickr.com/services/rest。这没问题，因为在 `FlickrApi` 的@GET 注解里，你已经指定了 services 和 rest 部分。在发出网络请求之前，Retrofit 会把包括在@GET 注解里的路径和其他信息附加到基 URL 上。

最后，更新 `PhotoGalleryFragment` 类文件，不再抓取 Flickr 的主页内容，转而调用 `fetchPhotos()`新函数去获取最新的有趣图片。和之前一样，当前的序列化返回内容为 String 数据。如代码清单 24-20 所示。

代码清单 24-20　调用 `fetchPhotos()`函数（PhotoGalleryFragment.kt）

```
class PhotoGalleryFragment : Fragment() {

    private lateinit var photoRecyclerView: RecyclerView

    override fun onCreate(savedInstanceState: Bundle?) {
        super.onCreate(savedInstanceState)

        val flickrLiveData: LiveData<String> = FlickrFetchr().fetchContentsPhotos()
        ...
    }
    ...
}
```


运行 PhotoGallery 应用。可看到 LogCat 窗口中的 Flickr JSON 数据，如图 24-5 所示。（在 LogCat 搜索框中输入 PhotoGalleryFragment 可以方便查找。）

图 24-5　Flickr JSON 数据

（LogCat 有时不好“伺候”。假如看不到类似图 24-5 的结果，也不用担心。模拟器连接有时不够稳定，可能无法及时显示日志内容。通常，它能自己恢复。实在不行，请重启应用或重启模拟器。）

本书撰写时，Android Studio 的 LogCat 窗口还无法换行显示。想查看 JSON 字符串完整内容，需向右滚动窗口。或者通过点击如图 24-5 所示的 Use Soft Wraps 按钮包装 Logcat 内容。

成功取得 Flickr JSON 返回结果后，该如何使用呢？和处理其他数据一样，将其存入一个或多个模型对象中。我们马上要为 PhotoGallery 应用创建的模型类名为 GalleryItem。它主要用来保存图片的一些属性信息：图片 title、图片 ID 和图片的来源 URL。

创建 GalleryItem 数据类并添加下列代码，如代码清单 24-21 所示。

代码清单 24-21　创建模型对象类（GalleryItem.kt）

```
data class GalleryItem(
    var title: String = "",
    var id: String = "",
    var url: String = ""
)
```

完成模型层对象的创建后，接下来的任务就是塞入 JSON 解析数据。

反序列化 JSON 数据

浏览器和 LogCat 中显示的 JSON 数据难以阅读。如果用空格回车符格式化后再打印出来，结果大致如图 24-6 所示。

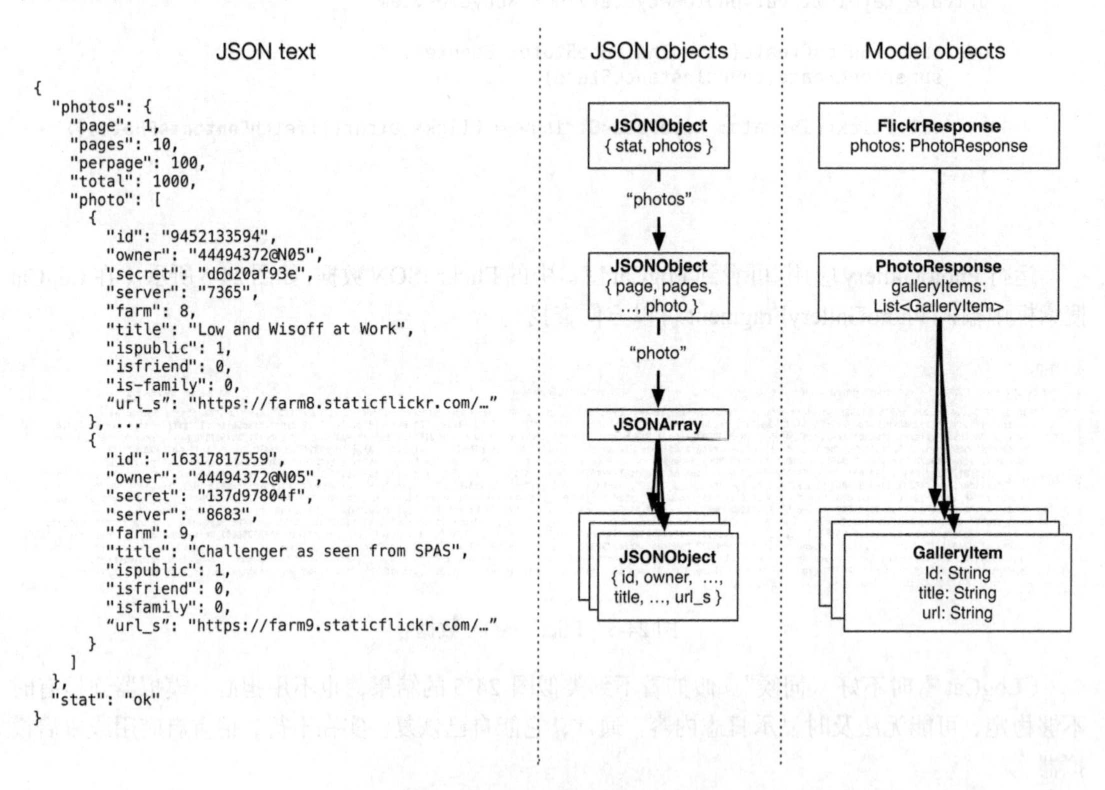

图 24-6　格式化后的 JSON 数据

JSON 对象是一系列包含在{ }中的名值对。JSON 数组是包含在[ ]中用逗号隔开的 JSON 对象列表。对象彼此嵌套形成层级关系。

Android 提供了标准 org.json 包，里面有一些类可以直接创建和解析 JSON 数据（比如 JSONObject 和 JSONArray）。不过，一些聪明的开发人员已创建了不少 JSON 库，可以把 JSON 文本和 Java 对象互相转换。

Gson 就是这样的一个库。Gson 可以帮你自动把 JSON 数据解析为 Kotlin 对象。这样一来，你就不用编写任何 JSON 数据解析代码了。你要做的只是定义 Kotlin 类和 JSON 对象结构之间的映射关系，其余的交给 Gson 处理就好了。

Square 专门为 Retrofit 定制了 Gson 数据转换器。要使用 Gson 和 Retrofit Gson 数据转换库，你需要在应用模块下的 Gradle 文件里添加它们的库依赖，如代码清单 24-22 所示。同样，添加完成后，记得同步 Gradle 文件。

代码清单 24-22　添加 Gson 依赖项（app/build.gradle）

```
dependencies {
    ...
    implementation 'com.squareup.retrofit2:retrofit:2.5.0'
    implementation 'com.squareup.retrofit2:converter-scalars:2.5.0'
    implementation 'com.google.code.gson:gson:2.8.5'
    implementation 'com.squareup.retrofit2:converter-gson:2.4.0'
}
```


接下来是在 Flickr 网络响应里创建映射 JSON 数据的模型对象。之前创建的 GalleryItem 模型类几乎可以直接和图片 JSON 数组里的对象匹配。Gson 默认支持 JSON 对象名和属性名一一匹配。也就是说，如果你的属性名和 JSON 对象名相匹配，那就可以直接用了。

不过，属性名也不是一定要和 JSON 对象名完全一样。对比 GalleryItem.url 属性和 JSON 数据里的"url_s"字段可知，GalleryItem.url 在代码上下文里表意更直白，所以应该保持不变。这种情况下，可以给它添加一个@SerializedName 注解，让 Gson 知道 GalleryItem.url 属性是和哪一个 JSON 字段相对应的。

如代码清单 24-23 所示，更新 GalleryItem 落实以上方案。

代码清单 24-23　覆盖默认的名称属性映射（GalleryItem.kt）

```
data class GalleryItem(
    var title: String = "",
    var id: String = "",
    @SerializedName("url_s") var url: String = ""
)
```

现在，创建一个 PhotoResponse 类映射 JSON 数据里的"photos"对象。这个新类也应该放在 api 包里，因为它是反序列化 Flickr API 实现用到的辅助类，其映射的并不是应用要使用的模型对象数据。

在这个新类里添加一个名为 galleryItems 的属性并以@SerializedName("photo")注解，用来存储图片集，如代码清单 24-24 所示。Gson 会自动创建一个 List 集合，并使用 JSON 数组里的图片对象进行填充。目前，只需关心"photo" JSON 对象里的图片集合即可。稍后，如果想完成 24.10 节的挑战练习，那么你还得去抓取分页数据。

代码清单 24-24　新建 PhotoResponse 类（PhotoResponse.kt）

```
class PhotoResponse {
    @SerializedName("photo")
    lateinit var galleryItems: List<GalleryItem>
}
```

最后，如代码清单 24-25 所示，在 api 包里再添加一个名为 FlickrResponse 的新类。这个类映射的是 JSON 数据的最外层对象（JSON 对象树中的顶层对象，包含在最外层{}里）。再添加一个属性映射 JSON 数据的"photos"字段。

代码清单 24-25　新建 FlickrResponse 类（FlickrResponse.kt）

```
class FlickrResponse {
    lateinit var photos: PhotoResponse
}
```

图 24-6 给出了以上创建的对象和 JSON 数据的映射关系。

现在，准备工作都做好了，可以让 Gson 施展魔力了：配置 Retrofit 使用 Gson 把 JSON 数据反序列化解析为我们刚定义的模型对象。首先，更新 Retrofit API 接口里的返回类型和映射 JSON 最外层对象的自定义模型对象相匹配。这也是告诉 Gson，它应该使用 FlickrResponse 来反序列化 JSON 响应数据，如代码清单 24-26 所示。

代码清单 24-26　更新 fetchPhoto()的返回类型（FlickrApi.kt）

```
interface FlickrApi {

    @GET(...)
    fun fetchPhotos(): Call<StringFlickrResponse>
}
```

接下来是更新 FlickrFetchr 类。首先使用 GsonConverterFactory 替换 ScalarsConverterFactory。更新 fetchPhotos()返回接收图片集合的 LiveData，即把 LiveData 和 MutableLiveData 的类型从 String 改为 List<GalleryItem>。同时也把 Call 和 Callback 的 String 类型改为 FlickrResponse。最后，更新 onResponse(...)函数，从返回数据里取出图片项集合，并赋值给 LiveData 对象，如代码清单 24-27 所示。

代码清单 24-27　为 Gson 更新 FlickrFetchr（FlickrFetchr.kt）

```
class FlickrFetchr {

    private val flickrApi: FlickrApi

    init {
        val retrofit: Retrofit = Retrofit.Builder()
            .baseUrl("https://api.flickr.com/")
            .addConverterFactory(ScalarsConverterFactoryGsonConverterFactory.create())
```

```
            .build()

        flickrApi = retrofit.create(FlickrApi::class.java)
    }

    fun fetchPhotos(): LiveData<StringList<GalleryItem>> {
        val responseLiveData: MutableLiveData<String> = MutableLiveData()
        val responseLiveData: MutableLiveData<List<GalleryItem>> = MutableLiveData()
        val flickrRequest: Call<StringFlickrResponse> = flickrApi.fetchPhotos()

        flickrRequest.enqueue(object : Callback<StringFlickrResponse> {

            override fun onFailure(call: Call<StringFlickrResponse>, t: Throwable) {
                Log.e(TAG, "Failed to fetch photos", t)
            }

            override fun onResponse(
                call: Call<StringFlickrResponse>,
                response: Response<StringFlickrResponse>
            ) {
                Log.d(TAG, "Response received")
                responseLiveData.value = response.body()
                val flickrResponse: FlickrResponse? = response.body()
                val photoResponse: PhotoResponse? = flickrResponse?.photos
                var galleryItems: List<GalleryItem> = photoResponse?.galleryItems
                    ?: mutableListOf()
                galleryItems = galleryItems.filterNot {
                    it.url.isBlank()
                }
                responseLiveData.value = galleryItems
            }
        })

        return responseLiveData
    }
}
```

注意，并不是所有图片都有对应的 `url_s` 链接。因此，上述代码要使用 `filterNot{...}` 过滤那些带空 `url_s` 值的图片。

最后，更新 `PhotoGalleryFragment` 里 `LiveData` 的数据类型，如代码清单 24-28 所示。

代码清单 24-28 更新 PhotoGalleryFragment 里的类型定义（PhotoGalleryFragment.kt）

```
class PhotoGalleryFragment : Fragment() {

    private lateinit var photoRecyclerView: RecyclerView

    override fun onCreate(savedInstanceState: Bundle?) {
        super.onCreate(savedInstanceState)

        val flickrLiveData: LiveData<String> = FlickrFetchr().fetchPhotos()
        val flickrLiveData: LiveData<List<GalleryItem>> = FlickrFetchr().fetchPhotos()
        flickrLiveData.observe(
```

```
                this,
                Observer { responseStringgalleryItems ->
                    Log.d(TAG, "Response received: $responseStringgalleryItems")
                })
        }
        ...
    }
```

运行 PhotoGallery 应用，测试 JSON 解析代码。在 Logcat 窗口中，你应该能看到 toString() 函数的图片集合输出。如果想进一步查看图片集合里的内容，可以在 Observer 里给日志语句打上断点，再使用调试器好好看看 galleryItems 的内容，如图 24-7 所示。

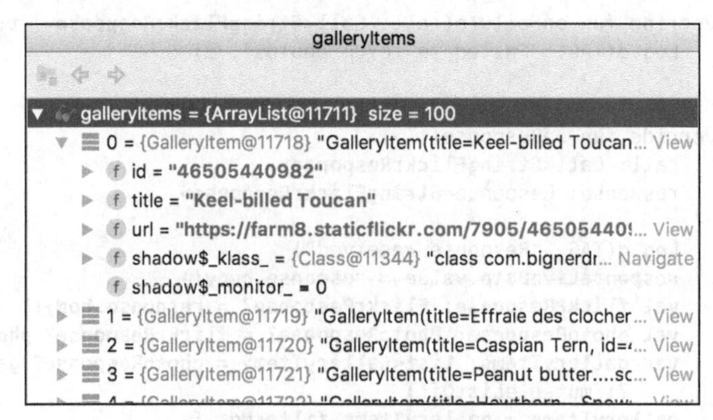

图 24-7　Flickr JSON 数据

如果遭遇 UninitializedPropertyAccessException 异常，请检查你的网络请求是否已正确配置。此外，如遇 API key 失效的情况，Flickr API 会返回一个正常返回码（200），但响应数据为空，因此 Gson 将无法解析到任何有效数据。

24.4　应对设备配置改变

搞定了应用的 JSON 数据解析，现在来看看应用是否能正确应对设备配置改变。运行 PhotoGallery 应用，确认设备或模拟器的自动旋转已经打开，然后连续旋转设备几次。输入 PhotoGalleryFragment 过滤日志后，检查 Logcat 窗口的日志输出，如图 24-8 所示。

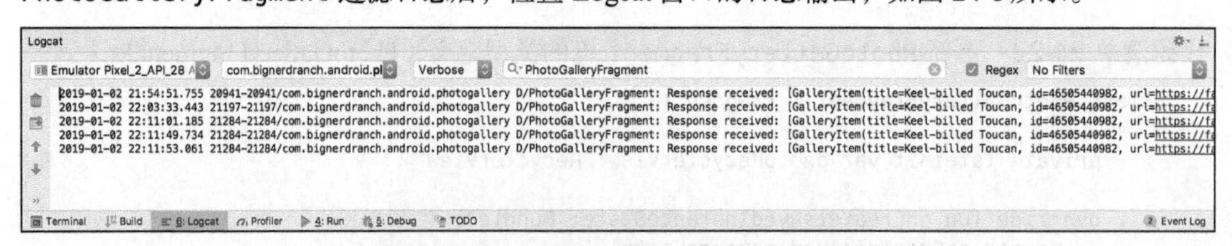

图 24-8　多次设备旋转后的 Logcat 日志输出

怎么回事？每次旋转设备，应用都会发出一个新的网络请求。原来，PhotoGalleryFragment 在设备旋转时都会被销毁再重建，结果在 onCreate(...) 函数里，每次都会重新发起数据下载的网络请求。显然，这是个毫无必要的重复性劳动。即便旋转设备，同样的请求及返回数据都应该保留下来，以保证良好的用户使用体验，同时节约用户的数据流量。

应用应该在 fragment 首次创建并出现在屏幕上时，发起一次网络下载请求获取图片数据。然后，在设备配置改变发生时（比如设备旋转），在内存里缓存结果数据。随后，感知 fragment 生命周期变化，在需要时使用缓存的数据，而不是发起新请求。

ViewModel 是解决这个问题的一个好工具（如果想复习 ViewModel，请阅读第 4 章相关内容）。

首先，你需要在 app/build.gradle 里添加 lifecycle-extensions 依赖，如代码清单 24-29 所示。

代码清单 24-29 添加 lifecycle-extensions 依赖（app/build.gradle）

```
dependencies {
    ...
    implementation 'androidx.appcompat:appcompat:1.0.2'
    implementation 'androidx.lifecycle:lifecycle-extensions:2.0.0'
    ...
}
```

接下来，如代码清单 24-30 所示，新建一个名为 PhotoGalleryViewModel 的 ViewModel 类。添加一个属性，用于保存持有图片数据的 LiveData 对象。在 ViewModel 初始化时发起下载图片的网络请求，并把结果保存在刚添加的属性里。

24

代码清单 24-30 新建一个 ViewModel 类（PhotoGalleryViewModel.kt）

```
class PhotoGalleryViewModel : ViewModel() {

    val galleryItemLiveData: LiveData<List<GalleryItem>>

    init {
        galleryItemLiveData = FlickrFetchr().fetchPhotos()
    }
}
```

在 PhotoGalleryViewModel 的 init{}初始化块中，我们调用 FlickrFetchr().fetchPhotos() 函数发起了下载图片数据的网络请求。既然这个 ViewModel 在其提供者的生命周期内（首次向 ViewModelProviders 类申请）只会创建一次，那么网络请求也只会有一个（用户启动 PhotoGalleryFragment 时）。在发生像设备旋转这样的配置改变时，ViewModel 仍会保留在内存里，这样，销毁后重建的 fragment 就能从它这里获得原始请求的结果。

按照这种设计，即使用户刚启动应用就退出，FlickrFetchr 仓库也会继续执行网络请求。在 PhotoGallery 应用中，网络请求结果会被忽略。但在一个生产应用中，你应该把网络请求结果保存在数据库或某个本地存储设备上，这样应用再次启动后可让图片下载继续完成。

当用户退出应用时，如果想停止进行中的 FlickrFetchr 网络请求，可以更新 FlickrFetchr 把表示网络请求的 Call 对象保存起来，然后在 ViewModel 从内存消失时取消网络请求。（具体如何实现，请阅读 24.7 节。）

更新 PhotoGalleryFragment.onCreate(...)函数，获取 PhotoGalleryViewModel 对象，把它保存在一个属性里，如代码清单 24-31 所示。现在，和 FlickrFetchr 的交互由 PhotoGallery-ViewModel 代劳了，因此还要删除这部分代码。

代码清单 24-31　获取 ViewModel 实例（PhotoGalleryFragment.kt）

```
class PhotoGalleryFragment : Fragment() {

    private lateinit var photoGalleryViewModel: PhotoGalleryViewModel
    private lateinit var photoRecyclerView: RecyclerView

    override fun onCreate(savedInstanceState: Bundle?) {
        super.onCreate(savedInstanceState)

        val flickrLiveData: LiveData<List<GalleryItem>> = FlickrFetchr().fetchPhotos()
        flickrLiveData.observe(
            this,
            Observer { galleryItems ->
                Log.d(TAG, "Response received: $galleryItems")
            })

        photoGalleryViewModel =
                ViewModelProviders.of(this).get(PhotoGalleryViewModel::class.java)
    }

    ...
}
```

之前说过，首次向某个指定生命周期所有者请求 ViewModel 时，一个 ViewModel 新实例会被创建。由于发生像设备旋转这样的设备配置改变时 PhotoGalleryFragment 会被销毁后重建，因此原来的 ViewModel 会保留下来。随后再请求 ViewModel 时，会取到最初创建的同一 ViewModel 实例。

现在，更新 PhotoGalleryFragment，在 fragment 视图创建时，同步观察 PhotoGallery-ViewModel 的 LiveData 的变化，如代码清单 24-32 所示。目前，先输出日志表明数据已接收到。之后，我们会使用返回的图片数据更新 RecyclerView。

代码清单 24-32　观察 ViewModel 的 LiveData（PhotoGalleryFragment.kt）

```
class PhotoGalleryFragment : Fragment() {
    ...
    override fun onCreateView(
        ...
    ): View {
        ...
    }

    override fun onViewCreated(view: View, savedInstanceState: Bundle?) {
        super.onViewCreated(view, savedInstanceState)
        photoGalleryViewModel.galleryItemLiveData.observe(
            viewLifecycleOwner,
```

```
            Observer { galleryItems ->
                Log.d(TAG, "Have gallery items from ViewModel $galleryItems")
                // Eventually, update data backing the recycler view
            })
    }
    ...
}
```

后面，我们还会更新 UI 相关的部件（比如 RecyclerView adapter）响应数据变化。在 onViewCreated(...)函数里开始观察，可以保证 UI 部件和其他关联对象随时做好响应准备。同时，也能让我们有效应对 PhotoGalleryFragment 失去关联而导致其视图被销毁的情况。也就是说，保证 PhotoGalleryFragment 重新被关联，且其视图重建后，LiveData 订阅能重新添加回来。

（实战环境下，你可能会看到 LiveData 观察放在 onCreateView(...)或 onActivityCreated(...)函数里的情况。这么做虽然也可以，但不太容易看出被观察的 LiveData 和视图生命期之间的关系。）

传递 viewLifecycleOwner 作为 LifecycleOwner 参数给 LiveData.observe(LifecycleOwner, Observer)函数，可以保证在 fragment 视图被销毁时，LiveData 能及时删除你的观察者对象。

运行 PhotoGallery 应用。使用 FlickrFetchr 过滤 Logcat 窗口日志。旋转模拟器几次。无论设备怎么旋转，你应该只看到一次 FlickrFetchr: Response received 日志输出。

24.5 在 RecyclerView 里显示结果

作为本章最后一个任务，我们转到视图层，让 PhotoGalleryFragment 的 RecyclerView 显示图片的标题。

首先，在 PhotoGalleryFragment 里定义一个 ViewHolder 类，如代码清单 24-33 所示。

代码清单 24-33 定义一个 ViewHolder 类（PhotoGalleryFragment.kt）

```
class PhotoGalleryFragment : Fragment() {
    ...
    override fun onViewCreated(view: View, savedInstanceState: Bundle?) {
        ...
    }

    private class PhotoHolder(itemTextView: TextView)
        : RecyclerView.ViewHolder(itemTextView) {

        val bindTitle: (CharSequence) -> Unit = itemTextView::setText
    }
    ...
}
```

接下来，添加一个 RecyclerView.Adapter，基于 GalleryItem 按需提供 PhotoHolder，如代码清单 24-34 所示。

代码清单 24-34　添加 RecyclerView.Adapter 实现（PhotoGalleryFragment.kt）

```
class PhotoGalleryFragment : Fragment() {
    ...
    private class PhotoHolder(itemTextView: TextView)
        : RecyclerView.ViewHolder(itemTextView) {

        val bindTitle: (CharSequence) -> Unit = itemTextView::setText
    }

    private class PhotoAdapter(private val galleryItems: List<GalleryItem>)
        : RecyclerView.Adapter<PhotoHolder>() {

        override fun onCreateViewHolder(
                parent: ViewGroup,
                viewType: Int
        ): PhotoHolder {
            val textView = TextView(parent.context)
            return PhotoHolder(textView)
        }

        override fun getItemCount(): Int = galleryItems.size

        override fun onBindViewHolder(holder: PhotoHolder, position: Int) {
            val galleryItem = galleryItems[position]
            holder.bindTitle(galleryItem.title)
        }
    }
    ...
}
```

既然已为 RecyclerView 准备好一切，那就添加代码在 LiveData 观察者回调触发时，关联上带图片数据的 adapter，如代码清单 24-35 所示。

代码清单 24-35　添加 adapter 更新代码（PhotoGalleryFragment.kt）

```
class PhotoGalleryFragment : Fragment() {
    ...
    override fun onViewCreated(view: View, savedInstanceState: Bundle?) {
        super.onViewCreated(view, savedInstanceState)
        photoGalleryViewModel.galleryItemLiveData.observe(
            this,
            Observer { galleryItems ->
                Log.d(TAG, "Have gallery items from ViewModel $galleryItems")
                // Eventually, update data backing the recycler view
                photoRecyclerView.adapter = PhotoAdapter(galleryItems)
            })

        return view
    }
    ...
}
```

至此，本章的任务都完成了。运行 PhotoGallery 应用，你应该可以看到下载图片的一个个文字标题了（类似图 24-2）。

24.6 深入学习：其他 JSON 数据解析器和数据格式

Gson 虽然流行，但它并不是唯一可用的 JSON 数据解析器。Square 公司还有另一个也颇受欢迎的 JSON 数据解析器叫 Moshi。Moshi 借鉴了 Gson 的一些优点，试图让 JSON 数据解析更高效一些。同样，Square 公司也为 Retrofit 提供了 Moshi 版数据类型转换器。

除了 JSON 数据类型，Retrofit 也支持其他常见数据格式，比如 XML，甚至是 Protobufs。除了 Gson 和 Moshi，支持 Retrofit 的数据解析库还有很多，你可以根据自己的数据转换配置自行选择。

24.7 深入学习：撤销网络请求

在当前应用实现里，PhotoGalleryFragment 会让 PhotoGalleryViewModel 发起网络请求下载图片数据。如果应用一启动，用户就快速按回退键，那么网络数据下载请求大概率还是会继续执行。当然，这并不会导致内存泄漏，因为 FlickrFetchr 既没有引用任何 UI 相关的组件，也没有引用 PhotoGalleryViewModel。

然而，因为忽略了网络请求执行，所以它继续执行必然会浪费电力、CPU 运算能力，以及可能的数据流量（假如用户订购了流量包）。不过，也不用担心后果有多严重，因为当前 PhotoGallery 应用只会抓取少量数据。

在大多数生产应用里，你很可能会让数据下载请求继续执行。当然，你可能不会不管下载结果，应该会找个地方（比如数据库）把数据保存起来。

既然当前应用不保存下载数据，那么你可以在 ViewModel 被销毁时撤销网络数据下载请求。具体实现时，可以把代表网络请求的 Call 对象保存起来，然后调用 Call.cancel() 函数撤销网络数据下载请求：

```
class SomeRespositoryClass {

    private lateinit var someCall: Call<SomeResponseType>
    ...
    fun cancelRequestInFlight() {
        if (::someCall.isInitialized) {
            someCall.cancel()
        }
    }
}
```

在你撤销一个 Call 对象时，一个对应的 Callback.onFailure(...) 函数也会被调用。你可以检查 Call.isCancelled 的值，判断 Callback 失败是不是因为撤销了网络请求（返回 true 值表示撤销成功）。

为了绑定 ViewModel 的生命周期，准确地在 ViewModel 被销毁时才撤销网络请求，你可以覆盖 ViewModel.onCleared() 函数。这个函数会在 ViewModel 即将被销毁时（比如用户使用回退键退出应用）调用。

```
class SomeViewModel : ViewModel() {

    private val someRepository = SomeRespositoryClass()
    ...
    override fun onCleared() {
        super.onCleared()
        someRepository.cancelRequestInFlight()
    }
    ...
}
```

24.8 深入学习：管理依赖

FlickrFetchr 对 Flickr 图片数据来源做了一层封装。无须关心数据来自哪里，其他组件（比如 PhotoGalleryFragment）可直接调用它获取 Flickr 数据。

FlickrFetchr 自己也不知道该如何从 Flickr 下载 JSON 数据。事实上，FlickrFetchr 在 FlickrApi 的帮助下，才知道端点 URL 是什么，才能访问它，以及执行实际下载 JSON 数据的任务。这时，我们说 FlickrFetchr 对 FlickrApi 有依赖。

如下代码所示，FlickrApi 是在 FlickrFetchr 的 init 初始化块里进行初始化的。

```
class FlickrFetchr {
    ...
    private val flickrApi: FlickrApi

    init {
        val retrofit: Retrofit = Retrofit.Builder()
            .baseUrl("https://www.flickr.com/")
            .addConverterFactory(ScalarsConverterFactory.create())
            .build()

        flickrApi = retrofit.create(FlickrApi::class.java)
    }

    fun fetchContents(): LiveData<String> {
        ...
    }
}
```

对于简单应用，这种做法没什么问题，但有一些潜在的问题需要注意。

首先，单元测试 FlickrFetchr 会有困难。回顾第 20 章，我们知道，单元测试的目标是验证某个类及其与其他类交互的行为。要想正确单元测试 FlickrFetchr，你需要把它和 FlickrApi 隔离开来。但这有点难办，因为 FlickrApi 要在 FlickrFetchr 的 init 块里初始化。

因而，你没有办法模拟一个 FlickrApi 实例用于 FlickrFetchr 测试。这就有问题了，因为涉及 fetchContents()函数的任何测试都需要发起网络数据下载请求。测试能否成功要依赖于网络状态如何以及测试时 Flickr 后端 API 是否可用。

另外，FlickrApi 实例化也没那么简单。创建 FlickrApi 实例之前，你必须首先构建和配置 Retrofit 实例。无论在哪里，要想创建 FlickrApi 实例，你都得重写一遍 Retrofit 配置代码。

最后，到处创建 FlickrApi 新实例也会有问题。对于移动设备来讲，创建对象还是挺占资源的。实践中，你应该尽量在应用层级共享类实例，避免一些不必要的对象分配。事实上，FlickrApi 是最理想的共享类，因为它不需要变量实例状态。

Dependency injection（DI）是一种设计模式，能把 FlickrApi 的代码逻辑中心化处理，即创建一个各个类都需要的依赖。在 PhotoGallery 里应用 DI 模式后，每次创建 FlickrFetchr 实例的时候，只要传入一个 FlickrApi 实例参数就行了。现在，PhotoGallery 应用能够实现：

- 从 FlickrFetchr 里抽离并封装 FlickrApi 的初始化逻辑；
- 整个应用里只需要一个 FlickrApi 单例实例；
- 在单元测试时可以使用模拟版本的 FlickrApi 了。

应用 DI 模式后，FlickrFetchr 类的代码实现大致这样：

```
class FlickrFetchr(flickrApi: FlickrApi) {
    fun fetchContents(): LiveData<String> {
        ...
    }
}
```

注意，应用 DI 模式并不要求所有依赖都使用单例模式。传入一个 FlickrApi 实例就能创建 FlickrFetchr 实例。FlickrFetchr 的这种实例化方式很灵活。你只需要根据使用场景提供一个 FlickrApi 新实例或共享实例就可以了。

在软件开发领域，DI 模式是个广泛的话题，涉及 Android 开发之外的方方面面。本节讨论的知识点只是一些毛皮而已。市面上有不少整本都讨论 DI 概念的图书。社区也有一些开发库可帮助开发者轻松实现 DI。如果需要在应用里使用 DI，你应该考虑使用一些这样的开发库。这样，你不仅能获得实施指导，还能少写一些代码。

本书撰写时，在 Android 平台上，Google 官方推荐的 DI 实现库是 Dagger 2。

24.9 挑战练习：自定义 Gson 反序列化器

Flickr 返回的 JSON 响应数据包含多层嵌套数据（图 24-6）。在前面的 24.3.1 节中，我们创建过模型对象来映射 JSON 数据结构。但是，如果最外层的数据用不上呢？如果将无用数据对应的模型对象删掉，那么代码会不会更简洁?

通过匹配 Kotlin 属性名（或者是@SerializedName 注解）和 JSON 字段名，Gson 默认会直接把所有 JSON 数据映射到你的模型对象。不过，你可以自定义一个 com.google.gson.JsonDeserializer 来改变 Gson 的默认行为。

请实现一个自定义反序列化器，把外层的 JSON 数据（映射 FlickrResponse 的那层数据）剔除。这个自定义反序列化器应该返回一个持有图片数据的 PhotoResponse 对象。要完成这个任务，首先创建一个继承 com.google.gson.JsonDeserializer 的新类，并覆盖父类的 deserialize(...) 函数：

```
class PhotoDeserializer : JsonDeserializer<PhotoResponse> {

    override fun deserialize(
```

```
        json: JsonElement,
        typeOfT: Type?,
        context: JsonDeserializationContext?
    ): PhotoResponse {
        // Pull photos object out of JsonElement
        // and convert to PhotoResponse object
    }
}
```

查看 Gson API 文档，学习如何解析 JsonElement 并把它转换为模型对象。（小提示：请仔细阅读 JsonElement、JsonObject 和 Gson 这三部分内容。）

搞定了自定义反序列化器后，就可以更新 FlickrFetchr 初始化代码了。

- 使用 GsonBuilder 创建一个 Gson 实例，并登记你的反序列化器为类型适配器。
- 创建一个使用Gson实例作为转换器的 retrofit2.converter.gson.GsonConverterFactory 实例。
- 更新 Retrofit 实例配置以使用自定义的 Gson 数据转换器工厂实例。

最后，从项目里删除 FlickrResponse，并相应更新各处的依赖代码。

24.10　挑战练习：分页

getList 方法默认返回一页 100 个结果的数据。不过，该方法还有个叫作 page 的参数，可以用它返回第二页、第三页等更多页数据。

要完成这个挑战，建议先研究一下 Jetpack 分页库，然后用它搞定 PhotoGallery 应用的分页实现。当然，你也可以自己写代码实现。不过，使用分页库显然工作量更小，且不容易出错。

24.11　挑战练习：动态调整网格列

当前，显示图片标题的网格固定有 3 列。请编写代码动态调整网格列数，实现在横屏或大屏幕设备上显示更多列标题。

实现这个目标有个简单方法：分别为不同的设备配置或屏幕尺寸提供整数修饰资源。这实际和第 17 章中为不同尺寸屏幕提供不同布局的方式差不多。整数修饰资源应放置在 res/values 目录中。具体实施细节可参阅 Android 开发者文档。

然而，提供整数修饰资源的方式不太好确定网格列细分粒度（只能凭经验预先定义列数）。下面再介绍一个颇具挑战的方法：在 fragment 的视图创建时就计算并设置好网格列数。显然，这种方式更加灵活实用。基于 RecyclerView 的当前宽度和预定义网格列宽，就可以计算出列数。

实施前还有个问题要解决：你不能在 onCreateView(...)函数中计算网格列数，因为这个时候 RecyclerView 的大小还没有改变。不过，可以实现 ViewTreeObserver.OnGlobalLayoutListener 监听器方法和计算列数的 onGlobalLayout()函数，然后使用 addOnGlobalLayoutListener() 把监听器添加给 RecyclerView 视图。

第 25 章

Looper、Handler 和 HandlerThread

从 Flickr 下载并解析 JSON 数据后，接下来的任务就是下载并显示图片。本章，我们将学习如何使用 Looper、Handler 和 HandlerThread 动态下载和显示图片。学完本章，你将对应用的主线程有一个比较深入的理解，能够搞清楚主线程和后台线程各自适合执行什么样的任务。最后，你将学习如何实现主线程和后台线程之间的通信。

25.1 配置 RecyclerView 以显示图片

在 PhotoGalleryFragment 中，当前 PhotoHolder 准备了 TextView 供 RecyclerView 的 GridLayoutManager 显示。每个 TextView 显示一个 GalleryItem 标题。

要显示图片，就要让 PhotoHolder 提供 ImageView。最终，每个 ImageView 都应显示一张从 GalleryItem 的 url 地址下载的图片。

首先，为 GalleryItem 创建一个名为 list_item_gallery.xml 的布局文件。该布局包含一个 ImageView 部件，如代码清单 25-1 所示。

代码清单 25-1　GalleryItem 布局（res/layout/list_item_gallery.xml）

```
<?xml version="1.0" encoding="utf-8"?>
<ImageView xmlns:android="http://schemas.android.com/apk/res/android"
           android:layout_width="match_parent"
           android:layout_height="120dp"
           android:layout_gravity="center"
           android:scaleType="centerCrop"/>
```

ImageView 由 RecyclerView 的 GridLayoutManager 负责管理，这意味着其宽度会变，而高度固定。为最大化利用 ImageView 的空间，应设置它的 scaleType 属性值为 centerCrop。这个属性值的作用是先居中放置图片，然后放大较小图片，裁剪较大图片（裁两头）以匹配视图。

接下来更新 PhotoHolder 类，用 ImageView 替换 TextView。同时，用一个新函数替换掉 bindTitle，用来设置 ImageView 的 Drawable，如代码清单 25-2 所示。

代码清单 25-2 更新 PhotoHolder（PhotoGalleryFragment.kt）

```
class PhotoGalleryFragment : Fragment() {
    ...
    private class PhotoHolder(private val itemTextView: TextView)
        : RecyclerView.ViewHolder(itemTextView) {
    private class PhotoHolder(private val itemImageView: ImageView)
        : RecyclerView.ViewHolder(itemImageView) {

        val bindTitle: (CharSequence) -> Unit = itemTextView::setText
        val bindDrawable: (Drawable) -> Unit  = itemImageView::setImageDrawable
    }
    ...
}
```

之前，传入 PhotoHolder 构造函数的是 TextView。现在，新版本 PhotoHolder 构造函数需要一个 ImageView。

如代码清单 25-3 所示，更新 PhotoAdapter 的 onCreateViewHolder(...)函数，实例化 list_item_gallery.xml 布局。然后将结果返回给 PhotoHolder 的构造函数。添加 inner 关键字，让 PhotoAdapter 直接访问到父 activity 的 layoutInflater 属性。（当然，你也可以直接从 parent.context 里得到布局实例工具，但为了方便后面访问父 activity 的属性和函数，这里用了内部类。）

代码清单 25-3 更新 PhotoAdapter 的 onCreateViewHolder(...)函数（PhotoGalleryFragment.kt）

```
class PhotoGalleryFragment : Fragment() {
    ...
    private inner class PhotoAdapter(private val galleryItems: List<GalleryItem>)
        : RecyclerView.Adapter<PhotoHolder>() {

        override fun onCreateViewHolder(
            parent: ViewGroup,
            viewType: Int
        ): PhotoHolder {
            val textView = TextView(activity)
            return PhotoHolder(textView)
            val view = layoutInflater.inflate(
               R.layout.list_item_gallery,
               parent,
               false
            ) as ImageView
            return PhotoHolder(view)
        }
        ...
    }
    ...
}
```

接下来，需要为每个 ImageView 设置占位图，等成功下载图片后再做替换。在随书代码文件中找到 bill_up_close.png，把它复制到项目的 res/drawable 目录中。

更新 PhotoAdapter 的 onBindViewHolder(...)函数，使用占位图设置 ImageView 的 Drawable，如代码清单 25-4 所示。

代码清单 25-4　绑定默认图片（PhotoGalleryFragment.kt）

```
class PhotoGalleryFragment : Fragment() {
    ...
    private inner class PhotoAdapter(private val galleryItems: List<GalleryItem>)
        : RecyclerView.Adapter<PhotoHolder>() {
        ...
        override fun onBindViewHolder(holder: PhotoHolder, position: Int) {
            val galleryItem = galleryItems[position]
            holder.bindTitle(galleryItem.title)
            val placeholder: Drawable = ContextCompat.getDrawable(
                requireContext(),
                R.drawable.bill_up_close
            ) ?: ColorDrawable()
            holder.bindDrawable(placeholder)
        }
    }
    ...
}
```

注意，这里你提供了一个 ColorDrawable 对象，以防 ContextCompat.getDrawable(...) 返回 null 值。

运行 PhotoGallery 应用，你应该能看到 Bill 的一组大头照，如图 25-1 所示。

图 25-1　满屏的 Bill 大头照

25.2　准备下载数据

当前，Retrofit API 接口还不支持下载图片。现在我们就来解决这个问题。添加一个新函数，以字符串 URL 作为其参数，返回一个可执行的 retrofit2.Call 对象（其返回结果是 okhttp3.ResponseBody），如代码清单 25-5 所示。

代码清单 25-5　更新 FlickrApi 接口类（api/FlickrApi.kt）

```
interface FlickrApi {
    ...
    @GET
    fun fetchUrlBytes(@Url url: String): Call<ResponseBody>
}
```

新添加的这个 API 函数和之前的不太一样。它直接使用传入的 URL 参数来决定从哪里下载数据。这里，无参数的@GET 注解和 fetchUrlBytes(...)函数中的@Url 注解搭配起来，会让 Retrofit 覆盖基 URL。也就是说，Retrofit 会使用传入 fetchUrlBytes(...)函数的 URL 去联网。

在 FlickrFetchr 类里，添加一个函数从指定 URL 下载数据，然后解析响应数据为 Bitmap 对象，如代码清单 25-6 所示。

代码清单 25-6　在 FlickrFetchr 类里添加图像下载函数（FlickrFetchr.kt）

```
class FlickrFetchr {
    ...
    @WorkerThread
    fun fetchPhoto(url: String): Bitmap? {
        val response: Response<ResponseBody> = flickrApi.fetchUrlBytes(url).execute()
        val bitmap = response.body()?.byteStream()?.use(BitmapFactory::decodeStream)
        Log.i(TAG, "Decoded bitmap=$bitmap from Response=$response")
        return bitmap
    }
}
```

使用 Call.execute()同步执行网络请求。之前我们一直在强调，在主线程上执行网络请求是不被允许的。@WorkerThread 注解表示，fetchPhoto(...)函数只能在后台线程上执行。

然而，注解本身并不能创建线程，也不知道如何把任务放在后台线程上。这需要你来编码搞定。（如果从一个以@MainThread 或@UiThread 注解的函数里调用 fetchPhoto(...)函数，那么@WorkerThread 注解会产生一个 Lint 错误提示。然而，本书撰写时，还没看到哪个 Android 生命周期有@MainThread 或@UiThread 注解。）最后，从你创建的后台线程调用 fetchPhoto(String)。

使用 ResponseBody.byteStream()函数，我们从响应数据里取出 java.io.InputStream，再传入 BitmapFactory.decodeStream(InputStream)供其创建 Bitmap 对象。

响应流和字节流用完都应该关闭。由于 InputStream 实现了 Closeable 接口，因此 Kotlin 标准函数 use(...)会在 BitmapFactory.decodeStream(...)函数返回值后完成清理工作。

最后，返回 BitmapFactory 构建的 Bitmap 对象，fetchPhoto(...)函数结束使命。现在，我们的 API 接口和仓库有下载图片的能力了。

不过，别高兴得太早，要做的事还有很多。

25.3 批量下载缩略图

当前，PhotoGallery 应用的联网代码会这样工作：PhotoGalleryViewModel 调用 FlickrFetchr().fetchPhotos()函数从 Flickr 下载 JSON 数据。FlickrFetchr 立即返回一个空 LiveData<List<GalleryItem>>对象，并把从 Flickr 下载数据的异步 Retrofit 请求放入任务队列。网络数据下载请求在后台线程上执行。

数据下载完成后，FlickrFetchr 解析 JSON 数据，将结果存入 GalleryItem 集合，然后发布给它返回的 LiveData 对象。最终每个 GalleryItem 都得到一个指向某张缩略图的 URL。

接下来是下载这些 URL 指向的缩略图。具体该怎么做呢？FlickrFetchr 默认只会请求下载 100 个 URL。因此，GalleryItem 集合最多只持有 100 个 URL 下载链接。一个办法是，我们每次下载一张，直到下完 100 张。最后，通知 ViewModel，让所有下载图片全部显示在 RecyclerView 视图中。

然而，一次性下载全部缩略图存在两个问题。首先，下载比较耗时，而且在下载完成前，UI 都无法完成更新。这样，网速较慢时，用户就只能对着 Bill 的照片看好久。

其次，保存缩略图也是个问题。100 张缩略图保存在内存中固然轻松，那 1000 张呢？如果还要实现无限滚动来显示图片呢？显然，内存会耗尽。

考虑到这类问题，很多应用通常会选择仅在需要显示图片时才去下载。显然，RecyclerView 及其 adapter 应负责实现按需下载。adapter 触发图片下载就放在 onBindViewHolder(...)函数中实现。

那到底要怎么做呢？你可能想到为所有图片都准备好异步执行的 Retrofit 网络请求。然而，这样一来，你不仅要管理所有 Call 对象，还要处理它们和各个 ViewHolder 以及 fragment 自身的关联关系。

办法总是有的，你可以创建一个专用后台线程。这个线程专门负责接收并处理网络下载请求，一次一个。然后，在各个下载请求完成时提供相应的下载图片。既然所有的网络请求都能交给后台线程管理，那么要想清除或者全部停掉它们都能轻松办到。

25.4 创建后台线程

继承 HandlerThread 类，创建一个名为 ThumbnailDownloader 的新类。然后，添加一个构造函数、一个名为 queueThumbnail()的存根函数以及一个 quit()覆盖函数（线程退出通知方法，稍后会用到），如代码清单 25-7 所示。

代码清单 25-7　初始线程代码（ThumbnailDownloader.kt）

```
private const val TAG = "ThumbnailDownloader"

class ThumbnailDownloader<in T>
    : HandlerThread(TAG) {

    private var hasQuit = false

    override fun quit(): Boolean {
        hasQuit = true
        return super.quit()
    }

    fun queueThumbnail(target: T, url: String) {
        Log.i(TAG, "Got a URL: $url")
    }
}
```

注意，ThumbnailDownloader 类使用了<T>泛型参数。ThumbnailDownloader 类的使用者（这里指 PhotoGalleryFragment）需要使用某些对象来识别每次下载，并确定该用下载图片更新哪个 UI 元素。这里，相比限制使用特定类型的对象，使用泛型会更灵活。

queueThumbnail()函数需要一个 T 类型对象（标识具体哪次下载）和一个 String 参数（URL 下载链接）。同时，它也是 PhotoAdapter 在其 onBindViewHolder(...)实现函数中要调用的函数。

25.4.1　创建生命周期感知线程

既然 ThumbnailDownloader 的唯一使命是下载并提供图片给 PhotoGalleryFragment，那么我们让这个线程和 PhotoGalleryFragment 生死相依（用户觉察得到）。也就是说，用户启动应用，就让 ThumbnailDownloader 线程运行起来；用户退出应用（按回退键或结束任务），就结束 ThumbnailDownloader 线程。而在用户旋转设备时，不销毁重建这个图片下载线程——应对设备配置改变，保留线程实例。

我们知道，一个 ViewModel 的生命周期是和其关联 fragment 的生命周期同步的。然而，在 PhotoGalleryViewModel 里管理线程不仅实现复杂，还可能会引发视图内存泄漏。因此，把线程管理放到像 FlickrFetchr 仓库这样的组件里会更合适。开发一个真实应用时，你很可能就会这么做。但这里，为了更好地学习理解 HandlerThread，不能这么做。

出于教学需要，本章要把 ThumbnailDownloader 实例和 PhotoGalleryFragment 绑定起来。首先，保留 PhotoGalleryFragment，让它和用户看得到的 fragment 的生命周期保持一致，如代码清单 25-8 所示。

代码清单 25-8　保留 PhotoGalleryFragment（PhotoGalleryFragment.kt）

```
class PhotoGalleryFragment : Fragment() {
    ...
    override fun onCreate(savedInstanceState: Bundle?) {
```

```
            super.onCreate(savedInstanceState)
            retainInstance = true
            ...
        }
        ...
    }
```

（通常情况下，最好不要保留 fragment。这里，保留 fragment 可以简化代码实现，让你聚焦学习 HandlerThread 的工作原理。请阅读 25.7 节，了解保留 fragment 究竟意味着什么。）

保留好了 PhotoGalleryFragment，接下来实现在调用 PhotoGalleryFragment.onCreate(...)函数时启动 ThumbnailDownloader 线程，在调用 PhotoGalleryFragment.onDestroy()函数时退出。你可能会说，这很简单，直接在 PhotoGalleryFragment 的生命周期函数里添加代码就好了。虽然是个办法，但这会让 fragment 类过于复杂。换个思路，我们可以增强 ThumbnailDownloader 的功能，把它打造成一个**生命周期感知线程**。

一个生命周期感知组件，又叫**生命周期观察者**，能够观察**生命周期所有者**的生命周期。Activity 和 Fragment 都是典型的生命周期所有者——它们有生命周期，会实现 LifecycleOwner 接口。

如代码清单 25-9 所示，更新 ThumbnailDownloader 类，让它实现 LifecycleObserver 接口，观察其生命周期所有者的 onCreate(...)和 onDestroy()函数调用。在 onCreate(...)函数被调用时启动自己，在 onDestroy()函数被调用时停止。

代码清单 25-9　让 ThumbnailDownloader 感知生命周期（ThumbnailDownloader.kt）

```
private const val TAG = "ThumbnailDownloader"

class ThumbnailDownloader<in T>
    : HandlerThread(TAG), LifecycleObserver {

    private var hasQuit = false

    override fun quit(): Boolean {
        hasQuit = true
        return super.quit()
    }

    @OnLifecycleEvent(Lifecycle.Event.ON_CREATE)
    fun setup() {
        Log.i(TAG, "Starting background thread")
    }

    @OnLifecycleEvent(Lifecycle.Event.ON_DESTROY)
    fun tearDown() {
        Log.i(TAG, "Destroying background thread")
    }

    fun queueThumbnail(target: T, url: String) {
        Log.i(TAG, "Got a URL: $url")
    }
}
```

实现 LifecycleObserver 接口后，你就能登记 ThumbnailDownloader 接收任何 LifecycleOwner 的生命周期回调函数了。使用@OnLifecycleEvent(Lifecycle.Event)注解可以把某个函数和一个生命周期回调函数关联起来。Lifecycle.Event.ON_CREATE 登记 ThumbnailDownloader.setup() 在 LifecycleOwner.onCreate(...)函数调用时调用。Lifecycle.Event.ON_DESTROY 登记 ThumbnailDownloader.tearDown()在 LifecycleOwner.onDestroy()函数调用时调用。

可以查阅 API 参考手册页来了解 Lifecycle.Event 常量都有哪些。

（顺便说一下，LifecycleObserver、Lifecycle.Event 和 OnLifecycleEvent 在 Jetapck 库的 android.arch.lifecycle 包里。之前在第 24 章，你已经添加过 lifecycle-extensions 依赖，这里可以直接使用。）

接下来，在 PhotoGalleryFragment.kt 里，你需要创建一个 ThumbnailDownloader 实例，注册自己接收 PhotoGalleryFragment 的生命周期回调函数，如代码清单 25-10 所示。

代码清单 25-10　创建一个 ThumbnailDownloader 实例（PhotoGalleryFragment.kt）

```
class PhotoGalleryFragment : Fragment() {

    private lateinit var photoGalleryViewModel: PhotoGalleryViewModel
    private lateinit var photoRecyclerView: RecyclerView
    private lateinit var thumbnailDownloader: ThumbnailDownloader<PhotoHolder>

    override fun onCreate(savedInstanceState: Bundle?) {
        super.onCreate(savedInstanceState)

        retainInstance = true

        photoGalleryViewModel =
                ViewModelProviders.of(this).get(PhotoGalleryViewModel::class.java)

        thumbnailDownloader = ThumbnailDownloader()
        lifecycle.addObserver(thumbnailDownloader)
    }
    ...
    override fun onViewCreated(view: View, savedInstanceState: Bundle?) {
        ...
    }

    override fun onDestroy() {
        super.onDestroy()
        lifecycle.removeObserver(
            thumbnailDownloader
        )
    }
    ...
}
```

ThumbnailDownloader 的泛型参数可以是任何类型。然而，前面说过，这个泛型参数指定的对象将被用来标记下载。这里，PhotoHolder 最合适做标记，因为该视图是最终显示下载图片的地方。

既然 Fragment 实现了 LifecycleOwner 接口，它因此会有一个 lifecycle 属性。你可以用这个属性把观察者添加给 fragment 的 Lifecycle。调用 lifecycle.addObserver(thumbnail-Downloader)函数就能登记 ThumbnailDownloader 接收 PhotoGalleryFragment 的生命周期回调函数。现在，PhotoGalleryFragment.onCreate(...)被调用时，就会触发 Thumbnail-Downloader.setup()的调用。PhotoGalleryFragment.onDestroy()被调用时，就会触发 ThumbnailDownloader.tearDown()的调用。

最后，在 fragment 实例被销毁时，你在 Fragment.onDestroy()里调用 lifecycle.remove-Observer(thumbnailDownloader)函数结束 thumbnailDownloader 的观察者任务。你也可以依赖垃圾回收机制，在垃圾回收器释放 fragment（也可能是 activity）对象图时，捎带清除生命周期观察者以及 fragment 的生命周期。然而，相比让垃圾回收器搜寻，我们更倾向于采用确定性的资源释放方式。这样，应用出现 bug 的概率就会小一些。

运行 PhotoGallery 应用。你看到的应该还是满屏的大头照。查看 Logcat 窗口找到 Thumbnail-Downloader: Starting background thread 日志输出，以此确认 ThumbnailDownloader.setup()函数执行了一次。然后，按回退键退出应用，结束使用 PhotoGalleryActivity（包括它托管的 PhotoGalleryFragment）。再次查看 Logcat 窗口找到 ThumbnailDownloader: Destroying background thread 日志输出，以此确认 ThumbnailDownloader.tearDown()执行了一次。

25.4.2 启停 HandlerThread

既然 ThumbnailDownloader 时刻观察着 PhotoGalleryFragment 的生命周期，那么现在更新 ThumbnailDownloader 类，在 PhotoGalleryFragment.onCreate(...)被调用时，启动 ThumbnailDownloader 线程；在 PhotoGalleryFragment.onDestroy()被调用时，停止自己，如代码清单 25-11 所示。

代码清单 25-11 启停 ThumbnailDownloader 线程（ThumbnailDownloader.kt）

```
class ThumbnailDownloader<in T>
    : HandlerThread(TAG), LifecycleObserver {
    ...
    @OnLifecycleEvent(Lifecycle.Event.ON_CREATE)
    fun setup() {
        Log.i(TAG, "Starting background thread")
        start()
        looper
    }

    @OnLifecycleEvent(Lifecycle.Event.ON_DESTROY)
    fun tearDown() {
        Log.i(TAG, "Destroying background thread")
        quit()
    }

    fun queueThumbnail(target: T, url: String) {
        Log.i(TAG, "Got a URL: $url")
```

```
        }
    }
```

上述代码有两点安全考虑值得注意。首先，访问 Looper（稍后会学习）是在调用 ThumbnailDownloader 的 start()函数之后进行的。这能保证线程就绪，避免潜在竞争（尽管极少发生）。因为只有成功访问了 Looper，才能保证 onLooperPrepared()函数已被调用。这样，queueThumbnail(...)函数因空 Handler 而调用失败的情况就能避免了。

其次，这里调用 quit()函数终止了线程。这非常关键。假如不终止 HandlerThread，它就会一直运行下去，成为“僵尸”。

最后，在 PhotoAdapter.onBindViewHolder(...)函数中，调用线程的 queueThumbnail()函数，并传入放置图片的 PhotoHolder 和 GalleryItem 的 URL，如代码清单 25-12 所示。

代码清单 25-12　关联使用 ThumbnailDownloader（PhotoGalleryFragment.kt）

```
class PhotoGalleryFragment : Fragment() {
    ...
    private inner class PhotoAdapter(private val galleryItems: List<GalleryItem>)
        : RecyclerView.Adapter<PhotoHolder>() {
        ...
        override fun onBindViewHolder(holder: PhotoHolder, position: Int) {
            val galleryItem = galleryItems[position]
            ...
            thumbnailDownloader.queueThumbnail(holder, galleryItem.url)
        }
    }
}
```

运行 PhotoGallery 应用并查看 LogCat 窗口。在 RecyclerView 视图中滑动时，可从 Logcat 窗口里的图片超链接线条看出，ThumbnailDownloader 正在后台处理各个下载请求。不过，你现在仍然只能看到大头照界面（不要着急，稍后就解决）。

成功创建并运行 HandlerThread 线程后，接下来，你的任务是让应用主线程和刚刚新建的后台线程通信。

25.5　Message 与 message handler

虽然我们打算让专用线程负责下载图片，但在无法与主线程直接通信的情况下，它是如何协同 RecyclerView 的 adapter 来实现图片显示的呢？（之前我们说过，后台线程不能执行更新视图的代码——主线程可以；主线程不能执行耗时任务——后台线程可以。）

再次回到闪电侠与鞋店的假想场景。后台工作的闪电侠已结束与分销商的电话沟通。他需要将库存已找回的消息通知给前台闪电侠。如果前台闪电侠在忙，后台闪电侠就不能打扰他。于是，他选择登记预约，等前台闪电侠空闲下来再联系。这方法虽然可行，但效率不高。

比较好的解决方案是为每个闪电侠提供一个收件箱。后台闪电侠写下鞋已入库的信息，并将其放置在前台闪电侠的收件箱顶部。前台闪电侠如需告诉后台闪电侠库存已空的信息，也可以这样做。

实践证明，收件箱的办法非常好用。有时，闪电侠（无论是哪一位）可能需要尽快完成一项任务，但不方便立即去做。这种情况下，他也可以在自己的收件箱放上一条提醒消息，等有空了就赶紧处理。

在 Android 系统中，线程使用的收件箱叫作**消息队列**（message queue）。使用消息队列的线程叫作**消息循环**（message loop）。消息循环会循环检查队列上是否有新消息，如图 25-2 所示。

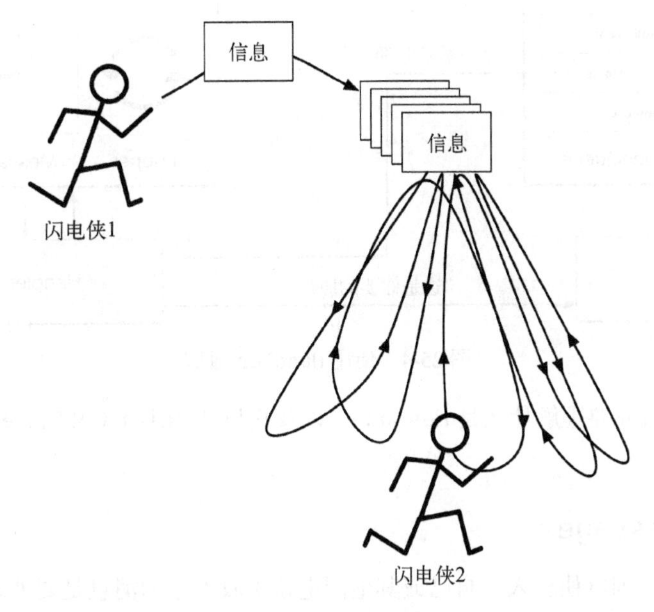

图 25-2 闪电侠之舞

消息循环由线程和 looper 组成。`Looper` 对象管理着线程的消息队列。

主线程就是个消息循环，因此也拥有 looper。主线程的所有工作都是由其 looper 完成的。looper 不断从消息队列中抓取消息，然后完成消息指定的任务，如图 25-3 所示。

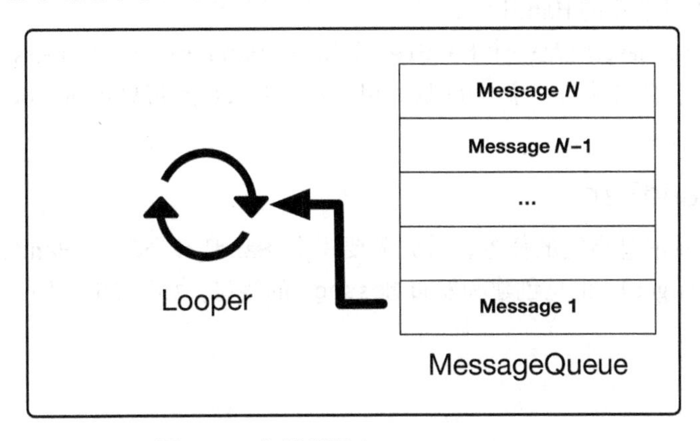

图 25-3 主线程是个 `HandlerThread`

接下来，我们将创建一个消息循环作为后台线程。准备需要的 Looper 时，我们会使用一个名为 HandlerThread 的类。

使用 Handler 往对方消息队列里放消息，主线程和后台线程会互相通信，如图 25-4 所示。

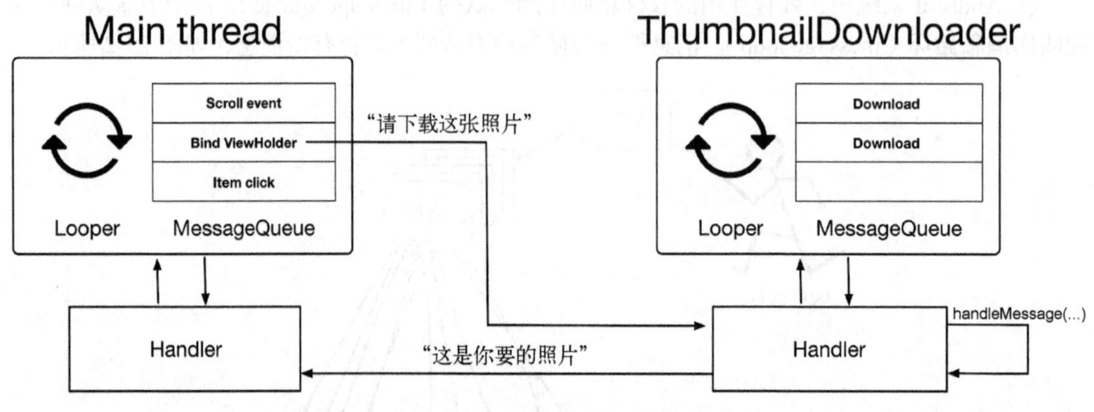

图 25-4　使用 Handler 通信

创建消息前，首先要理解什么是 Message，以及它与 Handler（又叫 message handler）之间的关系。

25.5.1　剖析 Message

首先来看消息。闪电侠放入（自己或其他闪电侠）收件箱的消息是要处理的各种任务。"你跑得真快！"这样的鼓励消息是没空写的。

消息是 Message 类的一个实例，它有好几个实例变量，其中有 3 个需要你定义。

- What：用户定义的 Int 型消息代码，用来描述消息。
- obj：用户指定，随消息发送的对象。
- target：处理消息的 Handler。

Message 的目标（target）是一个 Handler 类实例。Handler 可看作 message handler 的简称。创建 Message 时，它会自动与一个 Handler 相关联。Message 待处理时，Handler 对象负责触发消息处理事件。

25.5.2　剖析 Handler

要处理消息以及消息指定的任务，首先需要一个 Handler 实例。Handler 不仅仅是处理 Message 的目标（target），也是创建和发布 Message 的接口，如图 25-5 所示。

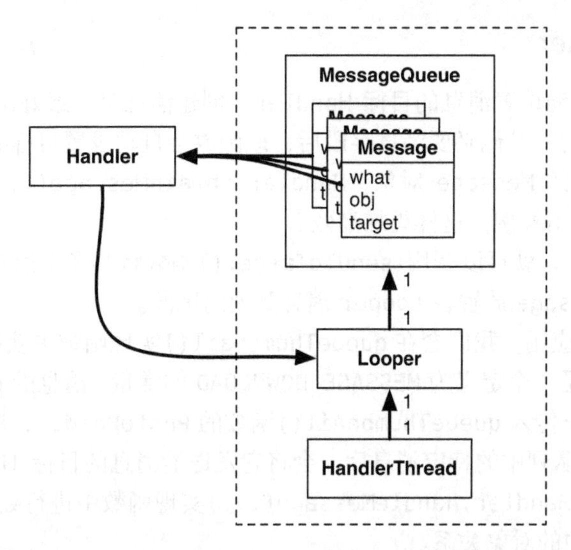

图 25-5 Looper、Handler、HandlerThread 和 Message

Looper 拥有 Message 对象的收件箱，Message 必须在 Looper 上发布或处理。既然有这层关系，为协同工作，Handler 总是引用 Looper。

一个 Handler 仅与一个 Looper 相关联，一个 Message 也仅与一个目标 Handler（也称作 Message 目标）相关联。Looper 拥有整个 Message 队列。多个 Message 可以引用同一目标 Handler（图 25-5）。

多个 Handler 也可只与一个 Looper 相关联，如图 25-6 所示。这意味着一个 Handler 的 Message 可能与另一个 Handler 的 Message 存放在同一消息队列中。

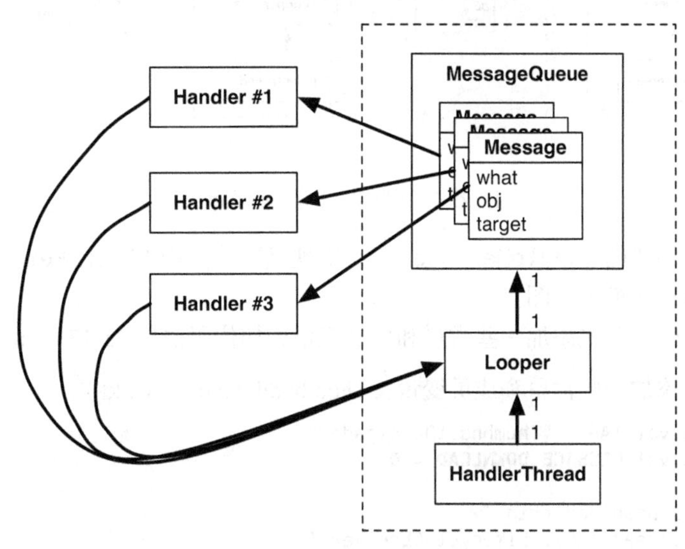

图 25-6 多个 Handler 对应一个 Looper

25.5.3　使用 handler

一般来讲，不应手动设置消息的目标 Handler。创建信息时，最好调用 Handler.obtainMessage(...)函数。传入其他必要消息字段后，该函数会自动设置目标 Handler。

为避免反复创建新的 Message 对象，Handler.obtainMessage(...)函数会从公共回收池里获取消息。相比创建新实例，这样更加高效。

一旦取得 Message，就可以调用 sendToTarget()函数将其发送给它的 Handler。然后，Handler 会将这个 Message 放置在 Looper 消息队列的尾部。

对于 PhotoGallery 应用，我们会在 queueThumbnail()实现函数中获取并发送消息给它的目标。消息的 what 属性是一个定义为 MESSAGE_DOWNLOAD 的常量。消息的 obj 属性是一个 T 类型对象，这里指由 adapter 传入 queueThumbnail()函数的 PhotoHolder，用于标识下载。

Looper 取得消息队列中的特定消息后，会将它发送给消息的目标 Handler 去处理。消息一般是在目标 Handler 的 Handler.handleMessage(...)实现函数中进行处理的。

图 25-7 展示了其中的对象关系。

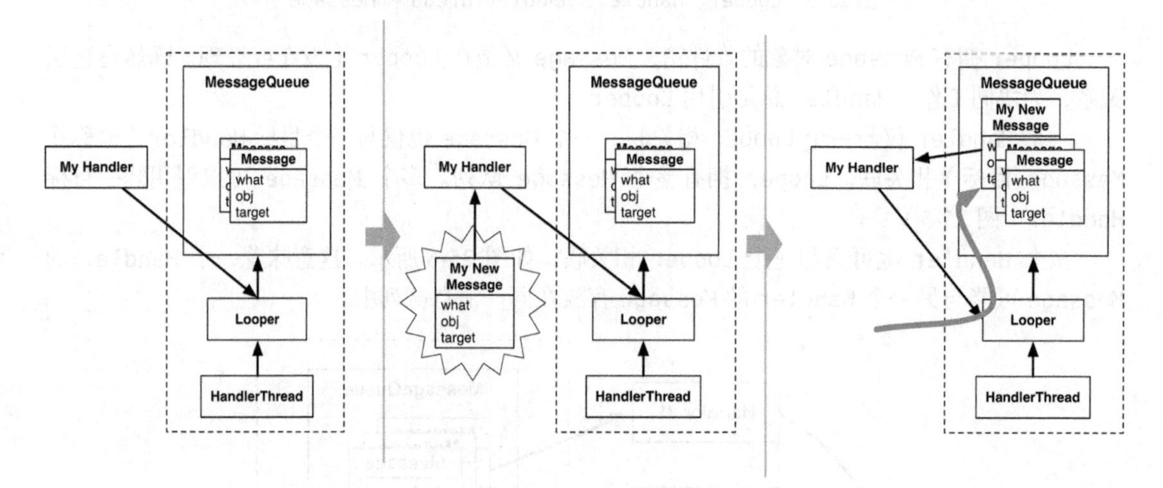

图 25-7　创建并发送 Message

这里，稍后要创建的 handleMessage(...)实现函数将使用 FlickrFetchr 从 URL 下载图片字节数据，然后再转换为位图。

开始写实现代码。首先添加一些常量和成员变量，如代码清单 25-13 所示。

代码清单 25-13　添加一些常量和成员变量（ThumbnailDownloader.kt）

```
private const val TAG = "ThumbnailDownloader"
private const val MESSAGE_DOWNLOAD = 0

class ThumbnailDownloader<in T>
    : HandlerThread(TAG), LifecycleObserver {
```

```
    private var hasQuit = false
    private lateinit var requestHandler: Handler
    private val requestMap = ConcurrentHashMap<T, String>()
    private val flickrFetchr = FlickrFetchr()
    ...
}
```

MESSAGE_DOWNLOAD 用来标识下载请求消息。（ThumbnailDownloader 会把它设为任何新创建下载消息的 what 属性。）

新添加的 requestHandler 用来存储对 Handler 的引用。这个 Handler 负责在 ThumbnailDownloader 后台线程上管理下载请求消息队列。还负责从消息队列里取出并处理下载请求消息。

新添加的 requestMap 是个 ConcurrentHashMap。这是一种线程安全的 HashMap。这里，使用一个标记下载请求的 T 类型对象作为 key，我们可以存取和请求关联的 URL 下载链接。（这个标记对象是 PhotoHolder，下载结果就能很方便地发送给显示图片的 UI 元素。）

新添加的 flickrFetchr 属性会存储对 FlickrFetchr 实例的引用。这样，所有的 Retrofit 配置代码在线程生命周期里只会执行一次。（发起一个网络请求就创建并配置一个 Retrofit 新实例会拖慢应用。）

接下来，在 queueThumbnail(...)函数中添加代码，更新 requestMap 并把下载消息放到后台线程的消息队列中去，如代码清单 25-14 所示。

代码清单 25-14　获取和发送消息（ThumbnailDownloader.kt）

```
class ThumbnailDownloader<in T>
    : HandlerThread(TAG), LifecycleObserver {
    ...
    fun queueThumbnail(target: T, url: String) {
        Log.i(TAG, "Got a URL: $url")
        requestMap[target] = url
        requestHandler.obtainMessage(MESSAGE_DOWNLOAD, target)
            .sendToTarget()
    }
}
```

从 requestHandler 直接获取消息后，requestHandler 也就自动成了这个新 Message 对象的 target。这表明 requestHandler 会负责处理从消息队列中取出的这个消息。这个消息的 what 属性是 MESSAGE_DOWNLOAD。它的 obj 属性是传递给 queueThumbnail(...)函数的 T target 值（这里指 PhotoHolder）。

新消息就代表指定为 T target（RecyclerView 中的 PhotoHolder）的下载请求。还记得吗？在 PhotoGalleryFragment 中，RecyclerView 的 adapter 就是从 onBindViewHolder(...)函数里调用 queueThumbnail(...)，把待下载图片及其 URL 传给 PhotoHolder 的。

注意，消息自身不包含 URL 信息。我们的做法是使用 PhotoHolder 和 URL 的对应关系更新 requestMap。随后，我们会从 requestMap 中取出图片 URL，以保证总是使用了匹配 PhotoHolder 实例的最新下载请求 URL。（这很重要，因为 RecyclerView 中的 ViewHolder 会不断回收重用。）

最后，初始化 requestHandler 并定义该 Handler 在得到消息队列中的下载消息后应执行的任务，如代码清单 25-15 所示。

代码清单 25-15　处理消息（ThumbnailDownloader.kt）

```
class ThumbnailDownloader<in T>
    : HandlerThread(TAG), LifecycleObserver {
    ...
    private val requestMap = ConcurrentHashMap<T, String>()
    private val flickrFetchr = FlickrFetchr()

    @Suppress("UNCHECKED_CAST")
    @SuppressLint("HandlerLeak")
    override fun onLooperPrepared() {
        requestHandler = object : Handler() {
            override fun handleMessage(msg: Message) {
                if (msg.what == MESSAGE_DOWNLOAD) {
                    val target = msg.obj as T
                    Log.i(TAG, "Got a request for URL: ${requestMap[target]}")
                    handleRequest(target)
                }
            }
        }
    }
    ...
    fun queueThumbnail(target: T, url: String) {
        ...
    }

    private fun handleRequest(target: T) {
        val url = requestMap[target] ?: return
        val bitmap = flickrFetchr.fetchPhoto(url) ?: return
    }
}
```

导入 Message 类时，确认选择 android.os.Message 包。

上述代码中，我们是在 onLooperPrepared()函数里实现 Handler.handleMessage(...)函数的。HandlerThread.onLooperPrepared()在 Looper 首次检查消息队列之前调用，所以该函数是创建 Handler 实现的好地方。

在 Handler.handleMessage(...)函数中，首先检查消息类型，再获取 obj 值（T 类型下载请求），然后将其传递给 handleRequest(...)函数处理。（前面说过，队列中的下载消息取出并可以处理时，就会触发调用 Handler.handleMessage(...)函数。）

handleRequest()函数是下载执行的地方。在这里，确认 URL 有效后，就将它传递给本章一开始就创建的 FlickrFetchr.fetchPhoto(...) 函数。

@Suppress("UNCHECKED_CAST")注解告诉 Lint 检查器，这里不用做类型匹配检查了，你确认可以直接把 msg.obj 强制类型转换为 T。因为就你一人在开发 PhotoGallery 代码，所以你很笃定。你负责把消息添加到队列里，并且知道当前放入队列里的消息都有 obj 字段且持有 PhotoHolder 实例（肯定和 ThumbnailDownloader 指定的 T 类型匹配）。

从技术实现来看，创建 Handler 实现也创建了一个内部类。内部类天然持有外部类（这里指 ThumbnailDownloader 类）的实例引用。这样一来，如果内部类的生命周期比外部类长，就会出现外部类的内存泄漏问题。

不过，只有在把 Handler 添加给主线程的 looper 时才会有此问题。这里，使用@SuppressLint("HandlerLeak")的作用是不让 Lint 报警，因为此处创建的 Handler 是添加给后台线程的 looper 的。如果把你创建的 Handler 添加给主线程的 looper，那么它就不会被垃圾回收，自然就会内存泄漏，进而导致它引用的 ThumbnailDownloader 实例也引发内存泄漏问题。

总之，不要轻易强行屏蔽 Lint 警告，除非你真正理解 Lint 发出的警告，且知道这么做很安全。

运行 PhotoGallery 应用，通过 LogCat 窗口的日志确认代码工作正常。

当然，在将位图设置给 PhotoHolder 视图（来自 PhotoAdapter）之前，请求处理还不算完。不过这是 UI 的工作。因此，必须回到主线程上完成它。

目前为止，所有的工作就是在线程上使用 handler 和消息——ThumbnailDownloader 把消息放入自己的收件箱。下一节要学习的内容是：ThumbnailDownloader 如何使用 Handler 向主线程发请求。

25.5.4 传递 handler

当前，使用 ThumbnailDownloader 的 requestHandler，我们已可以从主线程安排后台线程任务，如图 25-8 所示。

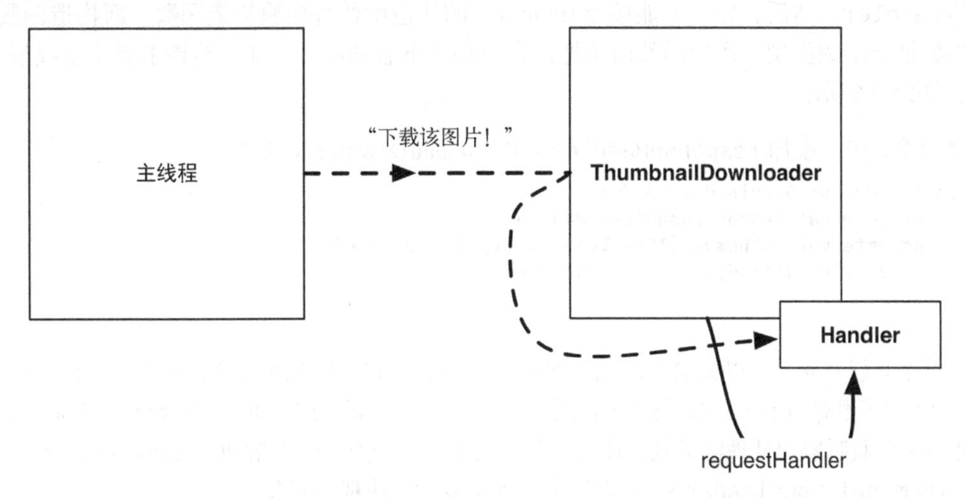

图 25-8 自主线程安排 ThumbnailDownloader 上的任务

反过来，也可以从后台线程使用与主线程关联的 Handler，安排主线程任务，如图 25-9 所示。

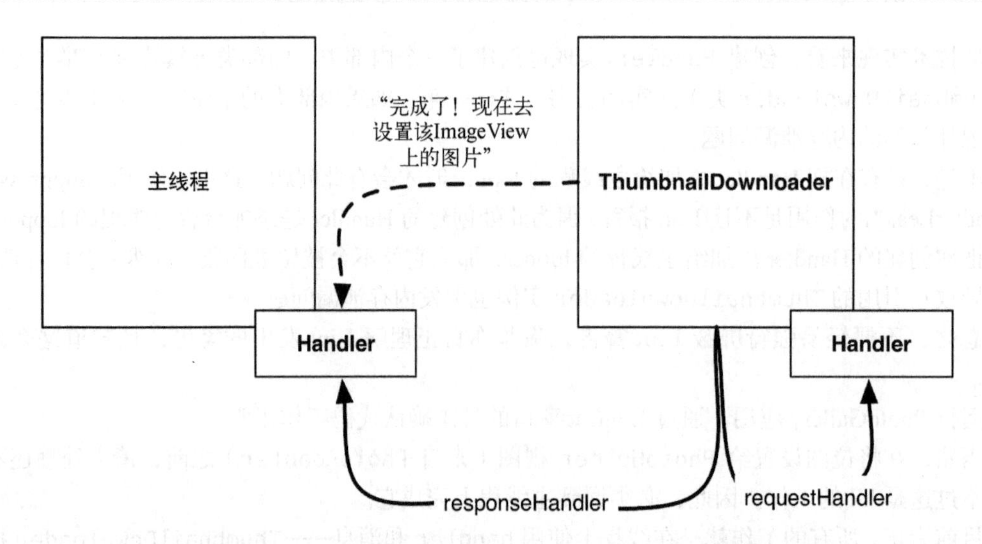

图 25-9　从 ThumbnailDownloader 线程上规划主线程任务

主线程是一个拥有 handler 和 Looper 的消息循环。主线程上创建的 Handler 会自动与它的 Looper 相关联。主线程上创建的 Handler 也可以传递给另一线程。传递出去的 Handler 与创建它的线程 Looper 始终保持着联系。因此，已传出 Handler 负责处理的所有消息都将在主线程的消息队列中处理。

在 ThumbnailDownloader.kt 中，添加图 25-9 中的 responseHandler 属性，用来存放来自主线程的 Handler。然后，以一个能接受 Handler 的构造函数替换原构造函数。新构造函数的另一个参数是个函数类型，作为函数回调把消息反馈（下载的图片）通知给请求者（主线程），如代码清单 25-16 所示。

代码清单 25-16　添加 responseHandler（ThumbnailDownloader.kt）

```
class ThumbnailDownloader<in T>(
    private val responseHandler: Handler,
    private val onThumbnailDownloaded: (T, Bitmap) -> Unit
) : HandlerThread(TAG), LifecycleObserver {
    ...
}
```

在图片下载完成并可以交给 UI 去显示时，定义在新构造函数中的函数类型属性就会被调用。稍后，为了把下载任务和 UI 更新任务（把图片放入 ImageView）分开，取代 ThumbnailDownloader，我们使用这个监听器把处理已下载图片的任务委托给另一个类（这里指 PhotoGalleryFragment）。这样，ThumbnailDownloader 就可以把下载结果传给其他视图对象了。

接下来，修改 PhotoGalleryFragment 类，将主线程关联的 Handler 传递给 Thumbnail-Downloader。另外，再传递一个匿名函数处理已下载图片，如代码清单 25-17 所示。

代码清单 25-17　使用消息反馈 Handler（PhotoGalleryFragment.kt）

```
class PhotoGalleryFragment : Fragment() {
    ...
    override fun onCreate(savedInstanceState: Bundle?) {
        ...
        thumbnailDownloader = ThumbnailDownloader()
        val responseHandler = Handler()
        thumbnailDownloader =
                ThumbnailDownloader(responseHandler) { photoHolder, bitmap ->
                    val drawable = BitmapDrawable(resources, bitmap)
                    photoHolder.bindDrawable(drawable)
                }
        lifecycle.addObserver(thumbnailDownloader)
    }
    ...
}
```

前面说过，Handler 默认与当前线程的 Looper 相关联。这个 Handler 是在 onCreate(...)函数中创建的，它会与主线程的 Looper 相关联。

现在，通过 responseHandler，ThumbnailDownloader 能够使用与主线程 Looper 绑定的 Handler。同时，还有函数类型实现使用返回的 Bitmap 执行 UI 更新操作。具体来说，就是传给 onThumbnailDownloaded 高阶函数的函数会使用新下载的 Bitmap 来设置 PhotoHolder 的 Drawable。

和在后台线程上把图片下载请求放入消息队列类似，我们也可以发送定制 Message 给主线程，要求显示已下载图片。不过，这需要另一个 Handler 子类，以及一个 handleMessage(...)覆盖函数。

方便起见，我们改用另一个 Handler 函数——post(Runnable)。

Handler.post(Runnable)是一个发布 Message 的便利函数。示例如下：

```
var myRunnable: Runnable = object : Runnable {
    override fun run() {
        // Your code here
    }
}
var msg: Message = Message.obtain(someHandler, myRunnable)
// Sets msg.callback to myRunnable
```

Message 设有回调函数属性后，取出队列的消息是不会发给 target Handler 的。相反，存储在回调函数中的 Runnable 的 run()函数会直接执行。

在 ThumbnailDownloader.handleRequest()函数中，使用 responseHandler 把 Runnable 放入主线程队列，如代码清单 25-18 所示。

代码清单 25-18　图片下载与显示（ThumbnailDownloader.kt）

```
class ThumbnailDownloader<in T>(
    private val responseHandler: Handler,
    private val onThumbnailDownloaded: (T, Bitmap) -> Unit
) : HandlerThread(TAG), LifecycleObserver {
    ...
    private fun handleRequest(target: T) {
```

```
        val url = requestMap[target] ?: return
        val bitmap = flickrFetchr.fetchPhoto(url) ?: return

        responseHandler.post(Runnable {
            if (requestMap[target] != url || hasQuit) {
                return@Runnable
            }

            requestMap.remove(target)
            onThumbnailDownloaded(target, bitmap)
        })
    }
}
```

因为 responseHandler 与主线程的 Looper 相关联，所以 UI 更新代码会在主线程中完成。

那么上述代码有什么作用呢？首先，它会再次检查 requestMap。这很有必要，因为 RecyclerView 会循环使用其视图。在 ThumbnailDownloader 下载完成 Bitmap 之后，RecyclerView 可能循环使用了 PhotoHolder 并相应请求了一个不同的 URL。该检查可保证每个 PhotoHolder 都能获取到正确的图片，即使中间发生了其他请求也无妨。

接下来，检查 hasQuit 值。如果 ThumbnailDownloader 已经退出，那么运行任何回调函数可能都不太安全。

最后，从 requestMap 中删除配对的 PhotoHolder-URL，然后将位图设置到目标 PhotoHolder 上。

25.6　观察视图的生命周期

在运行应用并欣赏图片前，还应考虑一个风险点。如果用户旋转屏幕，因 PhotoHolder 视图的失效，ThumbnailDownloader 可能会挂起。此时 ThumbnailDownloader 还要发送图片给已销毁的 PhotoHolder 会让应用崩溃。

要解决这个问题，需要在 fragment 的视图被销毁时，清除下载队列中的所有请求。这需要 ThumbnailDownloader 掌握 fragment 视图的生命周期。（之前说过，fragment 的生命周期和 fragment 视图的生命周期是不同的。既然你选择保留 fragment，那么设备旋转会销毁 fragment 的视图，但 fragment 实例自身还在。）

首先，为添加第二个生命周期观察者实现，重构 fragment 生命周期观察者代码，如代码清单 25-19 所示。

代码清单 25-19　重构 fragment 生命周期观察者代码实现（ThumbnailDownloader.kt）

```
class ThumbnailDownloader<in T>(
    private val responseHandler: Handler,
    private val onThumbnailDownloaded: (T, Bitmap) -> Unit
) : HandlerThread(TAG), LifecycleObserver {

    val fragmentLifecycleObserver: LifecycleObserver =
        object : LifecycleObserver {
```

```
            @OnLifecycleEvent(Lifecycle.Event.ON_CREATE)
            fun setup() {
                Log.i(TAG, "Starting background thread")
                start()
                looper
            }

            @OnLifecycleEvent(Lifecycle.Event.ON_DESTROY)
            fun tearDown() {
                Log.i(TAG, "Destroying background thread")
                quit()
            }
        }

    private var hasQuit = false
    ...
    @OnLifecycleEvent(Lifecycle.Event.ON_CREATE)
    fun setup() {
        start()
        looper
    }

    @OnLifecycleEvent(Lifecycle.Event.ON_DESTROY)
    fun tearDown() {
        Log.i(TAG, "Background thread destroyed")
        quit()
    }
    ...
}
```

接下来，定义一个新的观察者，响应 fragment 视图的生命周期回调事件，如代码清单 25-20 所示。

代码清单 25-20 添加一个视图生命周期观察者（ThumbnailDownloader.kt）

```
class ThumbnailDownloader<in T>(
    private val responseHandler: Handler,
    private val onThumbnailDownloaded: (T, Bitmap) -> Unit
) : HandlerThread(TAG) {

    val fragmentLifecycleObserver: LifecycleObserver =
        object : LifecycleObserver {
        ...
    }

    val viewLifecycleObserver: LifecycleObserver =
        object : LifecycleObserver {

            @OnLifecycleEvent(Lifecycle.Event.ON_DESTROY)
            fun clearQueue() {
                Log.i(TAG, "Clearing all requests from queue")
                requestHandler.removeMessages(MESSAGE_DOWNLOAD)
                requestMap.clear()
            }
```

```
        }
        ...
    }
```

这里，在观察 fragment 视图的生命周期时，Lifecycle.Event.ON_DESTROY 对应着 Fragment.onDestroyView()函数。（如需了解更多与 fragment 生命周期回调对应的 Lifecycle.Event 常量，可查看 Fragment API 参考手册的 getViewLifecycleOwner。）

现在，更新 PhotoGalleryFragment，登记刚重构的 fragment 观察者。另外，登记刚新加的生命周期观察者观察 fragment 视图的生命周期，如代码清单 25-21 所示。

代码清单 25-21　登记视图生命周期观察者（PhotoGalleryFragment.kt）

```
class PhotoGalleryFragment : Fragment() {
    ...
    override fun onCreate(savedInstanceState: Bundle?) {
        ...
        thumbnailDownloader =
            ThumbnailDownloader(responseHandler) {
                ...
        }
        lifecycle.addObserver(thumbnailDownloader.fragmentLifecycleObserver)
    }

    override fun onCreateView(
            inflater: LayoutInflater,
            container: ViewGroup?,
            savedInstanceState: Bundle?
    ): View {
        viewLifecycleOwner.lifecycle.addObserver(
            thumbnailDownloader.viewLifecycleObserver
        )
        ...
    }
    ...
}
```

只需在 onCreateView(...)函数的末尾返回一个非空视图，你即可以安全地在 Fragment.onCreateView(...)函数里观察视图的生命周期。阅读 25.10 节的挑战练习，可以学到更多有关 viewLifecycleOwner 观察的知识。在配置视图生命周期观察时，更为灵活的方式是观察视图的 viewLifecycleOwner。

最后，在 Fragment.onDestroyView()函数里，移除 thumbnailDownloader 这个 fragment 视图生命周期观察者。同时，因之前的代码重构，还需移除 thumbnailDownloader 的 fragment 生命周期观察者，如代码清单 25-22 所示。

代码清单 25-22　删除视图生命周期观察者（PhotoGalleryFragment.kt）

```
class PhotoGalleryFragment : Fragment() {
    ...
    override fun onDestroyView() {
        super.onDestroyView()
        viewLifecycleOwner.lifecycle.removeObserver(
```

```
                thumbnailDownloader.viewLifecycleObserver
            )
        }

        override fun onDestroy() {
            super.onDestroy()
            lifecycle.removeObserver(
                thumbnailDownloader.fragmentLifecycleObserver
            )
        }
        ...
    }
```

和对待 fragment 生命周期观察者一样，你可以不去手动移除 fragment 的 `viewLifecycleOwner.lifecycle` 观察者。fragment 视图生命周期登记处管理着所有视图生命周期管理者，fragment 的视图不存在了，fragment 视图生命周期登记处也会随之失效。不过，和之前一样，我们更喜欢手动做资源清理工作。

至此，本章的所有任务都完成了。运行 PhotoGallery 应用，滚动屏幕查看图片的动态加载，如图 25-10 所示。

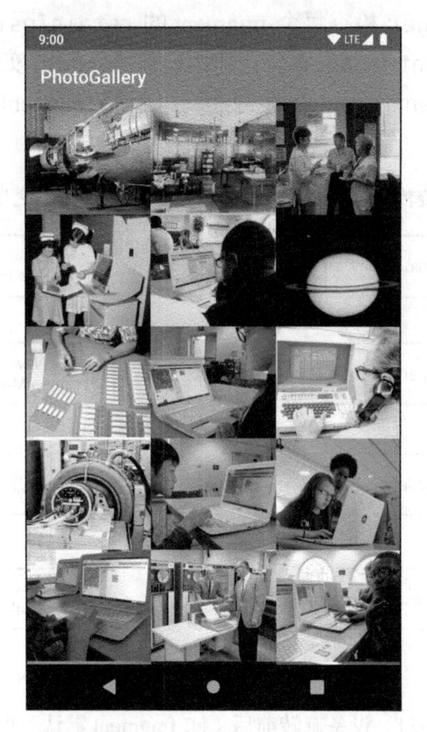

图 25-10 显示 Flickr 图片

PhotoGallery 应用有了下载并显示图片的基本功能。接下来的几章还会为应用添加更多功能，比如搜索图片、在 Web 视图中打开图片所在的 Flickr 网页等。

25.7　保留 fragment

fragment 的 `retainInstance` 属性值默认为 `false`，这表明其不会被保留。因此，设备旋转时，fragment 会随托管 activity 一起被销毁并重建。调用 `setRetainInstance(true)` 函数可保留 fragment。已保留的 fragment 不会随 activity 一起被销毁。相反，它会一直保留，并在需要时原封不动地转给新的 activity。

对于已保留的 fragment 实例，其全部实例变量的值也会保持不变，因此可放心继续使用。

25.7.1　设备旋转与保留 fragment

现在，我们来看看保留 fragment 的工作原理。fragment 之所以能保留，是因为这样一个事实：可以销毁和重建 fragment 的视图，但 fragment 自身可以不被销毁。

设备配置发生改变时，`FragmentManager` 首先销毁队列中 fragment 的视图。在设备配置改变时，总是销毁与重建 fragment 与 activity 的视图，都是基于同样的理由：新的配置可能需要新的资源来匹配；当有更合适的资源可用时，则应重建视图。

紧接着，`FragmentManager` 检查每个 fragment 的 `retainInstance` 属性值。如果属性值为 `false`（初始默认值）`FragmentManager` 会立即销毁该 fragment 实例。随后，为了适应新的设备配置，新 activity 的新 `FragmentManager` 会创建一个新的 fragment 及其视图，如图 25-11 所示。

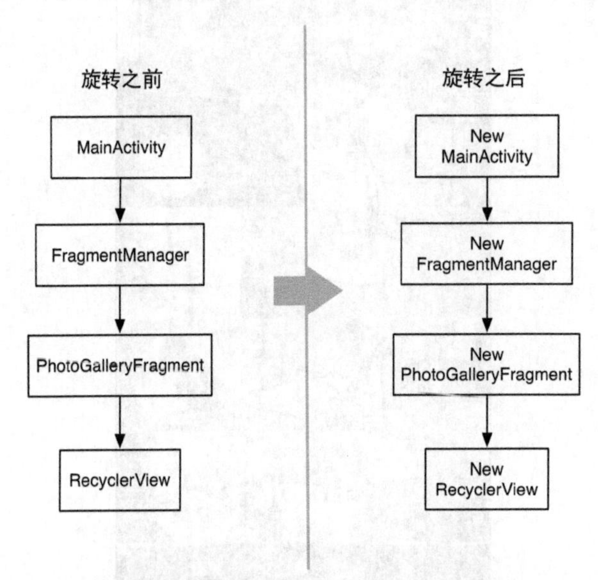

图 25-11　设备旋转前后（UI fragment 默认不保留）

如果属性值为 `true`，则该 fragment 的视图立即被销毁，但 fragment 本身不会被销毁。为了适应新的设备配置，新 activity 创建后，新 FragmentManager 会找到已保留的 fragment，并重新创建它的视图，如图 25-12 所示。

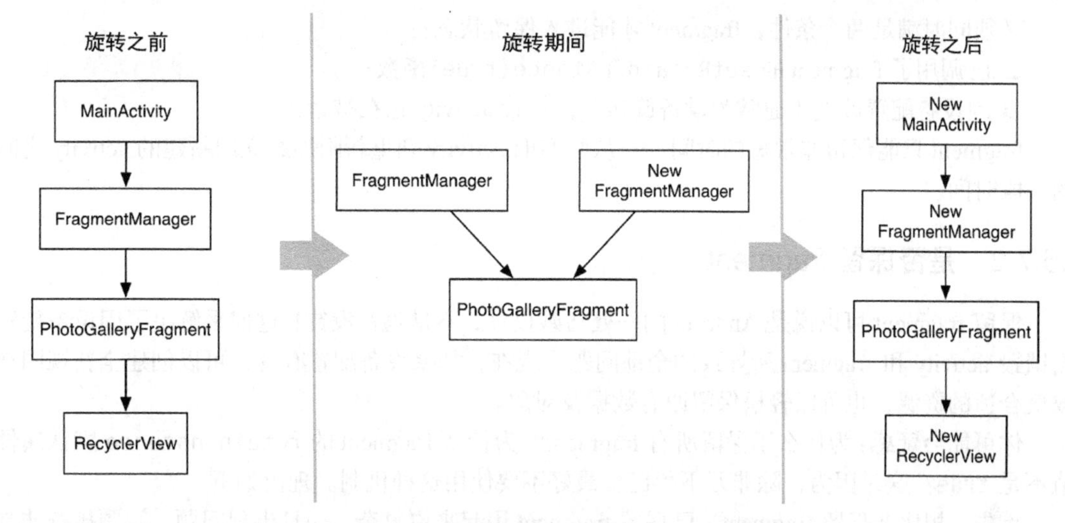

图 25-12 设备旋转与已保留的 UI fragment

虽然已保留的 fragment 没有被销毁，但它已脱离消亡中的 activity 并处于保留状态。尽管此时的 fragment 还在，但已没有任何 activity 托管它，如图 25-13 所示。

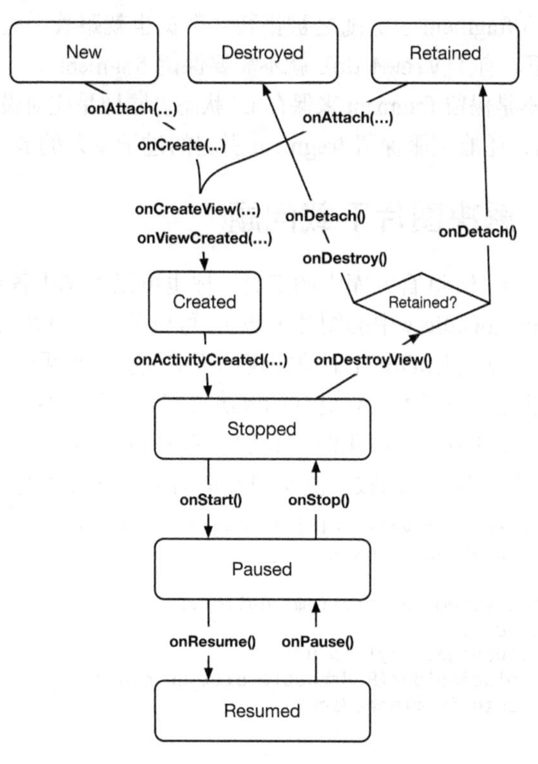

图 25-13 Fragment 生命周期

必须同时满足两个条件，fragment 才能进入保留状态：

- 已调用了 fragment 的 `setRetainInstance(true)` 函数；
- 因设备配置改变（通常为设备旋转），托管 activity 正在被销毁。

fragment 只能保留非常短的时间——从脱离旧 activity 到重新附加给立即新建的 activity 之间的一段时间。

25.7.2　是否保留 fragment

保留 fragment 可以说是 Android 的一处巧妙设计，不是吗？没错！这似乎解决了因设备旋转而销毁 activity 和 fragment 所导致的全部问题。现在，如果设备配置有变，可以创建全新视图获取最合适的资源，也可以轻松保留原有数据及对象。

你可能会疑惑：为什么不保留所有 fragment？为什么 fragment 的 `retainInstance` 默认属性值不是 `true`？这是因为，除非万不得已，最好不要使用这种机制。理由如下。

首先，相比非保留 fragment，已保留 fragment 用起来更复杂。一旦出现问题，问题排查非常耗时。既然它会让程序变得复杂，能不用就不用吧。

其次，fragment 在使用保存实例状态的方式处理设备旋转时，也能够应对所有生命周期场景，但保留的 fragment 只能应付 activity 因设备旋转而被销毁的情况。如果 activity 是因系统回收内存而被销毁，则所有保留的 fragment 也会随之被销毁，数据也就跟着丢失了。

最后，大多数情况下，有了 `ViewModel` 就不需要保留 fragment 了。为应对设备配置改变，应尽量使用 `ViewModel` 而不是保留 fragment 来保存 UI 状态。同样是应对设备配置改变，`ViewModel` 不仅能保存 UI 状态数据，还能克服保留 fragment 引起的过于复杂的 fragment 生命周期管理。

25.8　深入学习：解决图片下载问题

本书教学使用的都是 Android 官方库中的工具。你也可以考虑用各种第三方库。这些库专用于一些特定场景（比如 PhotoGallery 中的图片下载），可以节约大量开发时间。

必须承认，PhotoGallery 应用的图片下载实现远不够完美。如果还想优化性能，实现棘手的缓存功能，很自然就会想到是否别人已有更好的解决方案。答案是肯定的。有好几个高性能图片下载库可供选择。例如，在开发生产应用时，我们就用了 Picasso 库。

使用 Picasso 库，只需调用几个函数就能实现本章的图片下载功能：

```
private class PhotoHolder(private val itemImageView: ImageView)
    : RecyclerView.ViewHolder(itemView) {
        ...
        fun bindGalleryItem(galleryItem: GalleryItem) {
            Picasso.get()
                    .load(galleryItem.url)
                    .placeholder(R.drawable.bill_up_close)
                    .into(itemImageView)
        }
        ...
}
```

上述代码中，流接口需要使用get()得到一个 Picasso 实例。load(String)用于指定要下载图片的 URL。into(ImageView)用于指定加载下载结果的 ImageView 对象。当然，还有一些其他配置选项可用，比如在图片下载下来之前指定占位图片（使用 placeholder(Int)和 placeholder(drawable)）。

在 PhotoAdapter.onBindViewHolder(...)函数中，只要调用 bindGalleryItem(...)函数，就能替换原有大段代码。

Picasso 包办了 ThumbnailDownloader（还有 ThumbnailDownloader.ThumbnailDownloadListener<T>回调函数）的所有工作以及 FlickrFetchr 中的图片处理相关工作，所以可以直接删除 ThumbnailDownloader 实现（FlickrFetchr 中的 JSON 数据下载还是需要的）。使用 Picasso，不仅能简化代码，还能轻松使用它的图片动画、磁盘缓存等高级特性。

你可以在项目结构窗口中将 Picasso 作为库依赖项添加在项目中，就像添加 RecyclerView 等其他依赖项一样。

当然，Picasso 也不是万能的，为追求小而美，它也有功能取舍，比如，它不支持下载动态图片。如果你有这个需求，可以考虑使用 Google 的 Glide 库或 Facebook 的 Fresco 库。这两个各有特点，Glide 比较小巧，Fresco 性能好。

25.9 深入学习：StrictMode

开发 Android 应用时，有些东西最好要避免，比如，让应用崩溃的代码漏洞、安全漏洞等。例如，网络条件不好的情况下，在主线程上发送网络请求大概率会导致设备出现 ANR 错误。

如果表现在后台，你应该会看到 NetworkOnMainThread 异常以及其他大量日志信息。这实际是 StrictMode 针对错误提出的警告。Android 引入了 StrictMode 以帮助开发者探测代码问题。像在主线程上发起网络请求、编码漏洞以及安全漏洞这样的问题都是它探测的对象。

无须任何配置，StrictMode 就会阻止在主线程上发起网络请求这样的代码问题。它还能探测影响系统性能的代码问题。如果想启用 StrictMode 默认防御策略，调用 StrictMode.enableDefaults()函数即可。

一旦调用了 StrictMode.enableDefaults()函数，如果代码有相关问题，就能在 Logcat 看到以下提醒：

- 在主线程上发起网络请求；
- 在主线程上做了磁盘读写；
- Activity 未及时销毁（又叫 activity 泄露）；
- SQLite 数据库游标未关闭；
- 网络通信使用了明文（未使用 SSL/TLS 加密）。

假如应用违反了防御策略，你想定制应对行为，可使用 ThreadPolicy.Builder 和 VmPolicy.Builder 类定制。你可以定制的应对行为有：控制是否抛出异常、弹出对话框或是日志记录违反策略警示信息。

25.10 挑战练习：观察视图 LifecycleOwner 的 LiveData

PhotoGalleryFragment 能够在 Fragment.onCreateView(...)函数里调用 viewLifecycleOwner.lifecycle.observe(...)函数。这种做法不仅可行还很简单，前提是 onCreateView(...)函数返回的视图不为 null。

你不能直接在 Fragment.onCreate(...)函数中观察目标视图的生命周期，因为目标视图只在 Fragment.onCreateView(...)函数调用之后到 Fragment.onDestroyView(...)调用之前这段时间有效。不过，你可以转而调用 Fragment.getViewLifecycleOwnerLiveData()（它返回的是一个 LiveData<LifecycleOwner>）来观察一个 fragment 的视图的生命周期。只要 Fragment.onCreateView(...)函数返回的视图不为 null，Fragment 的 viewLifecycleOwner 就能发布给观察它的 LiveData 对象。之后，它会随 Fragment.onDestroyView(...)的调用被设置为 null 值。

请重构代码，通过 Fragment.getViewLifecycleOwnerLiveData()返回的 LiveData<LifecycleOwner>来观察 fragment 的 viewLifecycleOwner。新添加的观察关系应该和 fragment 实例绑定。只要被观察对象没有发布 null 值，就借助 viewLifecycleOwner.lifecycle 观察目标 fragment 的视图生命周期。

25.11 挑战练习：优化 ThumbnailDownloader

LiveData 是个生命周期感知组件。响应其生命周期所有者的事件通知，它能自动结束扮演观察者角色。请更新 ThumbnailDownloader 类，让它响应其生命周期所有者的 ON_DESTROY 事件通知，自动结束扮演观察者角色。为此，ThumbnailDownloader 需要引用它所观察的各个生命周期所有者。

ThumbnailDownloader 同时观察 fragment 和 fragment 视图的生命周期的事实，让它和 Fragment 绑得过紧。虽然有很多办法解决这个问题，但这里给你个挑战：重构 ThumbnailDownloader 类，让它只观察 fragment 的生命周期。然后，在 Fragment.onDestroyView()函数被调用时，让其观察的 fragment 清除下载任务队列。

25.12 挑战练习：预加载以及缓存

并非所有应用任务都能即时完成，对此，大多数用户表示理解。不过，即便如此，开发者也没停下追求完美的脚步。

为追求极速，大多数真实应用设法在两个方面做代码增强：增加缓存层和预加载图片。

缓存是指存储一定数目 Bitmap 对象的地方。这样，即使不再使用这些对象，它们也依然在那里。缓存的存储空间有限，因此，在缓存空间用完的情况下，需要某种策略对要保存的对象做一番取舍。许多缓存机制使用一种叫作 LRU（least recently used，最近最少使用）的存储策略。基于该种策略，当存储空间用尽时，缓存会清除最近最少使用的对象。

Android 支持库中的 LruCache 类实现了 LRU 缓存策略。作为第一个挑战练习，请使用 LruCache 为 ThumbnailDownloader 增加简单的缓存功能。这样，每次下载完 Bitmap 时，将其存入缓存。随后，准备下载新图片时，应首先查看缓存，确认是否已经有了。

缓存实现完成后，即可在实际使用对象前，就预先将它加载到缓存中。这样，在显示 Bitmap 时，就不会存在下载延迟。

预加载实现起来不容易，但对用户来说，这会带来截然不同的使用体验。作为第二个稍有难度的挑战，请在显示 GalleryItem 时，为前十个和后十个 GalleryItem 预加载 Bitmap。

第 26 章 搜　　索

本章的任务是学习如何使用 `SearchView` 添加搜索功能，实现在 PhotoGallery 应用里搜索 Flickr 网站上的图片。`SearchView` 是个**操作视图**（action view）类，你可以把它嵌入工具栏里。此外，我们还会学习如何使用 `SharedPreferences` 在设备上保存数据。

搜索功能添加后，点击 `SearchView`，用户可以输入查询关键字，提交查询请求搜索 Flickr，返回结果将显示在 `RecyclerView` 中，如图 26-1 所示。用户提交过的查询关键字会保存下来。这样，即便应用或设备重启，依然可以找回用户的最后一次搜索记录。

图 26-1　搜索界面

26.1 搜索 Flickr 网站

搜索 Flickr 网站需要调用 flickr.photos.search 方法。以下为搜索“cat”文本的 GET 请求示例：

```
https://api.flickr.com/services/rest/?method=flickr.photos.search
&api_key=xxx&format=json&nojsoncallback=1&extras=url_s&safe_search=1&text=cat
```

可以看到，搜索方法指定为 flickr.photos.search。一个 text 新参数附加在请求后面，它的内容就是类似“cat”这样的字符串。safe_search=1 的作用是从发回数据里过滤掉不适宜的内容。

有些参数值对常量，比如 format=json，对 flickr.photos.search 和 flickr.interestingness.getList 请求 URL 都适用。你需要把这些共享参数值对单独抽出来放到一个**拦截器**（interceptor）里。拦截器可以按你的预期行事——拦截网络请求和响应消息，在它们完成之前进行某种干预。

在 api 文件夹里创建一个名为 PhotoInterceptor 的新 Interceptor 类。覆盖 intercept(chain) 获取原始网络请求，添加需要的共享参数值对后，产生新的 URL，如代码清单 26-1 所示。（别忘了添加第 24 章创建的 API key，可以直接从 api/FlickrApi.kt 中将其复制过来。）

代码清单 26-1　通过拦截器插入 URL 常量（api/PhotoInterceptor.kt）

```
private const val API_KEY = "yourApiKeyHere"

class PhotoInterceptor : Interceptor {

    override fun intercept(chain: Interceptor.Chain): Response {
        val originalRequest: Request = chain.request()

        val newUrl: HttpUrl = originalRequest.url().newBuilder()
                .addQueryParameter("api_key", API_KEY)
                .addQueryParameter("format", "json")
                .addQueryParameter("nojsoncallback", "1")
                .addQueryParameter("extras", "url_s")
                .addQueryParameter("safesearch", "1")
                .build()

        val newRequest: Request = originalRequest.newBuilder()
                .url(newUrl)
                .build()

        return chain.proceed(newRequest)
    }
}
```

导入 Request 和 Response 包的时候，Android Studio 会提供好几个选择，记得选 okhttp3 库包。

上述代码中，我们首先调用 chain.request() 获取到原始网络请求。然后，使用 originalRequest.url() 函数从原始网络请求中取出原始 URL，再使用 HttpUrl.Builder 添加需要的查询参数，并创建出新的网络请求。最后，调用 chain.proceed(newRequest) 函数产生网络响应消息。（这一步不能少，否则产生不了网络请求。）

现在，打开 FlickrFetchr.kt 文件，把拦截器添加到 Retrofit 参数配置里，如代码清单 26-2 所示。

代码清单 26-2　添加拦截器（FlickrFetchr.kt）

```
class FlickrFetchr {

    private val flickrApi: FlickrApi

    init {
        val client = OkHttpClient.Builder()
            .addInterceptor(PhotoInterceptor())
            .build()

        val retrofit: Retrofit = Retrofit.Builder()
            .baseUrl("https://api.flickr.com/")
            .addConverterFactory(GsonConverterFactory.create())
            .client(client)
            .build()

        flickrApi = retrofit.create(FlickrApi::class.java)
    }
    ...
}
```

上述代码中，我们先创建一个 OkHttpClient 实例，再把 PhotoInterceptor 添加给它。然后，替换原来的客户端，把新创建的 OkHttpClient 配置给 Retrofit。现在，Retrofit 会使用新提供的客户端，针对每一个网络请求执行 PhotoInterceptor.intercept(...)函数。

FlickrApi 里指定的 flickr.interestingness.getList 现在不需要了。在 Retrofit API 里，清理掉它，改用一个 searchPhotos()函数来定义搜索请求，如代码清单 26-3 所示。

代码清单 26-3　向 FlickrApi 中添加搜索函数（api/FlickrApi.kt）

```
interface FlickrApi {

    @GET("services/rest/?method=flickr.interestingness.getList" +
            "&api_key=yourApiKeyHere" +
            "&format=json" +
            "&nojsoncallback=1" +
            "&extras=url_s")
    @GET("services/rest?method=flickr.interestingness.getList")
    fun fetchPhotos(): Call<FlickrResponse>

    @GET
    fun fetchUrlBytes(@Url url: String): Call<ResponseBody>

    @GET("services/rest?method=flickr.photos.search")
    fun searchPhotos(@Query("text") query: String): Call<FlickrResponse>
}
```

@Query 注解允许你动态拼接查询参数后再拼接到 URL 串里。这里，你拼接的查询参数叫 text。text 的配对值由 searchPhotos(String)传入。例如，调用 searchPhotos("robot")的结果就是产生 text=robot 并添加到 URL 里。

如代码清单 26-4 所示，在 FlickrFetchr 中，添加一个搜索函数封装新添加的 FlickrApi.searchPhotos(String)。同时，把异步执行 Call 对象返回结果封装到 LiveData 的这段代码放入辅助工具函数里。

代码清单 26-4　向 FlickrFetchr 中添加搜索函数（FlickrFetchr.kt）

```
class FlickrFetchr {

  private val flickrApi: FlickrApi

  init {
      ...
  }

  fun fetchPhotos(): LiveData<List<GalleryItem>> {
      return fetchPhotoMetadata(flickrApi.fetchPhotos())
  }

  fun searchPhotos(query: String): LiveData<List<GalleryItem>> {
      return fetchPhotoMetadata(flickrApi.searchPhotos(query))
  }

  fun fetchPhotos(): LiveData<List<GalleryItem>> {
  private fun fetchPhotoMetadata(flickrRequest: Call<FlickrResponse>)
          : LiveData<List<GalleryItem>> {
      val responseLiveData: MutableLiveData<List<GalleryItem>> = MutableLiveData()
      val flickrRequest: Call<FlickrResponse> = flickrApi.fetchPhotos()

      flickrRequest.enqueue(object : Callback<FlickrResponse> {
          ...
      })

      return responseLiveData
  }
  ...
}
```

最后，如代码清单 26-5 所示，更新 PhotoGalleryViewModel，发起 Flickr 搜索。现在，先硬编码搜索关键字为“planets”。尽管还没有为用户提供输入查询的 UI，但可以使用硬编码搜索关键字来测试搜索代码。

代码清单 26-5　发起搜索（PhotoGalleryViewModel.kt）

```
class PhotoGalleryViewModel : ViewModel() {

    val galleryItemLiveData: LiveData<List<GalleryItem>>

    init {
        galleryItemLiveData = FlickrFetchr().fetchPhotos()searchPhotos("planets")
    }
}
```

虽然搜索请求 URL 和之前用来请求任意图片的 URL 不一样，但搜索返回的 JSON 数据格式还是一样的。这是好事，因为 Gson 数据解析配置和数据模型映射代码不用另写了，直接用就可以。

运行 PhotoGallery 应用并查看返回结果。如果没有什么问题，应该可以看到一两张地球图片。（如果返回图片和地球完全不搭边，也不要简单地认为搜索有问题。建议试试别的搜索关键字，比如“bicycle”或“llama”，直到看到预期的搜索结果。）

26.2 使用 SearchView

既然 FlickrFetchr 已支持搜索，现在就来用 SearchView 创建搜索界面，让用户输入查询关键字并触发搜索。

SearchView 是个**操作视图**，可以让整个搜索界面完全内置在应用的工具栏中。

接下来，为 PhotoGalleryFragment 创建一个名为 res/menu/fragment_photo_gallery.xml 的菜单 XML 文件。你可以通过这个文件指定工具栏上要显示什么，如代码清单 26-6 所示。

代码清单 26-6　添加菜单 XML 文件（res/menu/fragment_photo_gallery.xml）

```
<menu xmlns:android="http://schemas.android.com/apk/res/android"
    xmlns:app="http://schemas.android.com/apk/res-auto">

    <item android:id="@+id/menu_item_search"
          android:title="@string/search"
          app:actionViewClass="androidx.appcompat.widget.SearchView"
          app:showAsAction="ifRoom" />

    <item android:id="@+id/menu_item_clear"
          android:title="@string/clear_search"
          app:showAsAction="never" />
</menu>
```

新 XML 文件会出现一些错误，因为目前还没有为 android:title 属性定义字符串。暂时忽略这些，稍后会处理。

通过为 app:actionViewClass 属性指定 androidx.appcompat.widget.SearchView 值，代码清单 26-6 中的第一个定义项告诉工具栏要显示 SearchView。（注意，showAsAction 和 actionViewClass 属性都需要使用 app 命名空间。如果不清楚为什么要用，请复习一下第 14 章中的相关内容。）

代码清单 26-6 中的第二个定义项会添加一个 Clear Search 选项。由于 app:showAsAction 属性值设置为了 never，因此这个选项就只能出现在溢出菜单中。后面，我们会配置它，实现点击该选项就删除已保存的搜索字符串。现在先忽略它。

现在来解决菜单 XML 中的未定义字符串错误。打开 res/values/strings.xml 文件，添加缺失的字符串，如代码清单 26-7 所示。

代码清单 26-7　添加搜索字符串（res/values/strings.xml）

```
<resources>
    ...
    <string name="search">Search</string>
    <string name="clear_search">Clear Search</string>

</resources>
```

最后，打开 PhotoGalleryFragment.kt 文件，在 `onCreate(...)` 函数中调用 `setHasOptionsMenu(true)` 函数让 fragment 接收菜单回调函数。然后，如代码清单 26-8 所示，覆盖 `onCreateOptionsMenu(...)` 函数并实例化菜单 XML 文件。这样，工具栏就能显示定义在菜单 XML 中的选项了。

代码清单 26-8　覆盖 `onCreateOptionsMenu(...)` 函数（PhotoGalleryFragment.kt）

```
class PhotoGalleryFragment : Fragment() {
    ...
    override fun onCreate(savedInstanceState: Bundle?) {
        super.onCreate(savedInstanceState)

        retainInstance = true
        setHasOptionsMenu(true)
        ...
    }
    ...
    override fun onDestroy() {
        ...
    }

    override fun onCreateOptionsMenu(menu: Menu, inflater: MenuInflater) {
        super.onCreateOptionsMenu(menu, inflater)
        inflater.inflate(R.menu.fragment_photo_gallery, menu)
    }
    ...
}
```

运行 PhotoGallery 看看 `SearchView` 的界面是什么样的。点击 Search 按钮，会出现一个供用户输入的文本框，如图 26-2 所示。

图 26-2　搜索界面

SearchView 展开后，一个 x 按钮会出现在右边。点击它会删除用户输入文字。再次点击它，SearchView 就会回到只有一个搜索按钮的界面。

现在尝试提交搜索不会有任何结果。不要急，SearchView 稍后就会有响应。

响应用户搜索

用户提交查询后，应用立即开始搜索 Flickr 网站，然后刷新显示搜索结果。首先，更新 PhotoGalleryViewModel，保存用户的最近搜索记录，在查询更改时刷新搜索结果，如代码清单 26-9 所示。

代码清单 26-9　保存最近搜索记录（PhotoGalleryViewModel.kt）

```
class PhotoGalleryViewModel : ViewModel() {

    val galleryItemLiveData: LiveData<List<GalleryItem>>

    private val flickrFetchr = FlickrFetchr()
    private val mutableSearchTerm = MutableLiveData<String>()

    init {
        mutableSearchTerm.value = "planets"

        galleryItemLiveData = FlickrFetchr().searchPhotos("planets")
                Transformations.switchMap(mutableSearchTerm) { searchTerm ->
                    flickrFetchr.searchPhotos(searchTerm)
                }
    }

    fun fetchPhotos(query: String = "") {
        mutableSearchTerm.value = query
    }
}
```

每次搜索关键字更改时，图片列表项要反应最新搜索结果。由于搜索关键字和图片列表项都封装在 LiveData 里，因此你可以使用 Transformations.switchMap(trigger: LiveData<X>, transformFunction: Function<X, LiveData<Y>>)来响应用户搜索（LiveData 数据转换详见第 12 章）。

FlickrFetchr 实例保存在一个属性里，这样，我们可以保证在 ViewModel 实例的生命周期里，只会创建一个 FlickrFetchr 实例。复用同一个 FlickrFetchr 实例的好处是，不用做无用功，执行一次搜索就能新建一个 Retrofit 和 FlickrApi。应用运行速度因此会快很多。

接下来，更新 PhotoGalleryFragment，只要用户通过 SearchView 提交新搜索，就更新 PhotoGalleryViewModel 保存的搜索值。查阅开发文档可知，SearchView.OnQueryTextListener 接口已提供了接收回调的方式，可以响应查询指令。

更新 onCreateOptionsMenu(...)函数，添加一个 SearchView.OnQueryTextListener 监听函数，如代码清单 26-10 所示。

代码清单 26-10 日志记录 SearchView.OnQueryTextListener 事件（PhotoGalleryFragment.kt）

```
class PhotoGalleryFragment : Fragment() {
    ...
    override fun onCreateOptionsMenu(menu: Menu, inflater: MenuInflater) {
        super.onCreateOptionsMenu(menu, inflater)
        inflater.inflate(R.menu.fragment_photo_gallery, menu)

        val searchItem: MenuItem = menu.findItem(R.id.menu_item_search)
        val searchView = searchItem.actionView as SearchView

        searchView.apply {

            setOnQueryTextListener(object : SearchView.OnQueryTextListener {
                override fun onQueryTextSubmit(queryText: String): Boolean {
                    Log.d(TAG, "QueryTextSubmit: $queryText")
                    photoGalleryViewModel.fetchPhotos(queryText)
                    return true
                }

                override fun onQueryTextChange(queryText: String): Boolean {
                    Log.d(TAG, "QueryTextChange: $queryText")
                    return false
                }
            })
        }
    }
    ...
}
```

导入 SearchView 时，记得选择 androidx.appcompat.widget.SearchView。

在 onCreateOptionsMenu(...)函数中，我们首先从菜单中取出 MenuItem 并把它保存在 searchItem 变量中。然后，使用 getActionView()函数从这个变量中取出 SearchView 对象。

取到 SearchView 对象，就可以使用 setOnQueryTextListener(...)函数设置 SearchView.OnQueryTextListener 了。另外，你还必须覆盖 SearchView.OnQueryTextListener 里的 onQueryTextSubmit(String)和 onQueryTextChange(String)函数。

只要 SearchView 文本框里的文字有变化，onQueryTextChange(String)回调函数就会执行。在 PhotoGallery 应用中，除了记日志和返回 false 值，这个回调函数不会做其他任何事。返回 false 值是告诉系统，回调覆盖函数响应了搜索指令变化但没有做出处理。这实际是暗示系统去执行 SearchView 的默认动作（这里指显示相关搜索建议，如果有的话）。

当用户提交搜索查询时，onQueryTextSubmit(String)回调函数就会执行。用户提交的搜索字符串会传给它。搜索请求受理后，该函数会返回 true。这个函数也会调用 PhotoGalleryViewModel.fetchPhotos(queryText)去下载图片。

运行应用并发起搜索查询。如图 26-3 所示，响应你的搜索请求，图片重新加载了。另外，在日志中可以看到 SearchView.OnQueryTextListener 回调函数已成功执行。

图 26-3　搜索界面

注意：如果在模拟器上使用物理键盘（比如笔记本计算机的键盘）提交查询，那么搜索会连续执行两次。从用户角度看，就是先看到下载的搜索结果，然后这些图片又全部重新加载一次。这是 SearchView 的一个 bug，只会出现在模拟器上，可以不用理会。

26.3　使用 sharedpreferences 实现轻量级数据存储

在 PhotoGallery 应用中，一次只有一个激活的查询。应用应该保存这个查询，即使应用或设备重启也不会丢失。

要实现这个目标，可以把查询字符串写入 shared preferences。只要用户提交查询，就把它写入 shared preferences，覆盖掉之前记录的字符串。实际搜索 Flickr 时，就从 shared preferences 中取出查询字符串，把它作为 text 参数值。

shared preferences 本质上就是文件系统中的文件，可使用 SharedPreferences 类读写它。SharedPreferences 实例用起来更像一个键值对仓库（类似于 Bundle），但它可以通过持久化存储保存数据。键值对中的键为字符串，而值是原子数据类型。进一步查看 shared preferences 文件可知，它们实际上是一种简单的 XML 文件，但 SharedPreferences 类已屏蔽了读写文件的实现细节。

shared preferences 文件保存在应用沙盒中，因此，不应用它保存类似密码这样的敏感信息。

如代码清单 26-11 所示，添加一个名为 QueryPreferences 的便利类，用于读取和写入查询字符串。

代码清单 26-11 管理保存的查询字符串（QueryPreferences.kt）

```
private const val PREF_SEARCH_QUERY = "searchQuery"

object QueryPreferences {

    fun getStoredQuery(context: Context): String {
        val prefs = PreferenceManager.getDefaultSharedPreferences(context)
        return prefs.getString(PREF_SEARCH_QUERY, "")!!
    }

    fun setStoredQuery(context: Context, query: String) {
        PreferenceManager.getDefaultSharedPreferences(context)
            .edit()
            .putString(PREF_SEARCH_QUERY, query)
            .apply()
    }
}
```

应用只需要一个能在所有其他组件中共享的 QueryPreferences 实例。因此，我们使用 Object 关键字（而不是 class）声明 QueryPreferences 是一个单例。这样，除了控制只能创建一个实例外，你还能以 ClassName.functionName(...)的语法形式访问这个单例对象里的函数。

PREF_SEARCH_QUERY 是查询字符串的存储 key，读取和写入都要用到它。

PreferenceManager.getDefaultSharedPreferences(Context)函数会返回具有私有权限和默认名称的实例（仅在当前应用内可用）。要获得 SharedPreferences 定制实例，可使用 Context.getSharedPreferences(String, Int)函数。然而，在实际开发中，我们并不关心 SharedPreferences 实例具体什么样，只要它能共享于整个应用就可以了。

getStoredQuery(Context)函数返回 shared preferences 中保存的查询字符串值。不过，它首先要找到指定 context 中的默认 SharedPreferences。（因为 QueryPreferences 类没有自己的 Context，所以该函数的调用者必须传入一个。）

取出查询字符串值非常简单，调用 SharedPreferences.getString(...)就可以了。如果是其他类型数据，就调用对应的取值函数，比如 getInt(...)。SharedPreferences.getString(String, String)函数的第二个参数指定了默认返回值，以防找不到 PREF_SEARCH_ QUERY 对应的值。

SharedPreferences.getString(...)返回类型是个可空 String 类型，因为编译器不能保证 PREF_SEARCH_ QUERY 关联值肯定非空。但你绝对不会让 PREF_SEARCH_QUERY 关联空值。因此，你提供了一个空 String 默认值，这样，即使 setStoredQuery(context: Context, query: String)没调用也没关系。这里，无须 try/catch 语句包裹，使用非空断言操作符就很安全了。

setStoredQuery(Context)函数向指定 context 的默认 shared preferences 写入查询值。在 QueryPreferences 中，调用 SharedPreferences.edit()函数，可获取一个 SharedPreferences.Editor 实例。它就是在 SharedPreferences 中保存查询信息要用到的类。与 FragmentTransaction 的使用类似，利用 SharedPreferences.Editor，可将一组数据操作放入一个事务中。如果你有一批数据要更新，那么在一个事务中批量写入就可以了。

完成所有数据的变更准备后，调用 SharedPreferences.Editor 的 apply()异步函数写入数据。这样，该 SharedPreferences 文件的其他用户就能看到写入的数据了。apply()函数首先在内存中执行数据变更，然后在后台线程上真正把数据写入文件。

QueryPreferences 是 PhotoGallery 应用的数据存储引擎。

既然已经搞定了查询信息的读取和写入，那就更新 PhotoGalleryViewModel 按需读写 Shared Preferences。在首次创建 ViewModel 时读出搜索记录，用它初始化 mutableSearchTerm。一旦 mutableSearchTerm 有变化，就保存搜索记录，如代码清单 26-12 所示。

代码清单 26-12　存储用户提交的查询信息（PhotoGalleryViewModel.kt）

```
class PhotoGalleryViewModel : ViewModel() {
class PhotoGalleryViewModel(private val app: Application) : AndroidViewModel(app) {
    ...
    init {
        mutableSearchTerm.value = "planets"QueryPreferences.getStoredQuery(app)
        ...
    }

    fun fetchPhotos(query: String = "") {
        QueryPreferences.setStoredQuery(app, query)
        mutableSearchTerm.value = query
    }
}
```

PhotoGalleryViewModel 需要一个上下文来使用 QueryPreferences 函数。因此，需要把 PhotoGalleryViewModel 的父类从 ViewModel 改为 AndroidViewModel，让它能访问应用上下文。既然 PhotoGalleryViewModel 没应用上下文"活得久"，那么它引用应用上下文就是安全的。

接下来，在用户从溢出菜单选择 Clear Search 选项时清除存储的查询信息（设置为""），如代码清单 26-13 所示。

代码清单 26-13　清除查询信息（PhotoGalleryFragment.kt）

```
class PhotoGalleryFragment : Fragment() {
    ...
    override fun onCreateOptionsMenu(menu: Menu, inflater: MenuInflater) {
        ...
    }

    override fun onOptionsItemSelected(item: MenuItem): Boolean {
        return when (item.itemId) {
            R.id.menu_item_clear -> {
                photoGalleryViewModel.fetchPhotos("")
```

```
                true
            }
            else -> super.onOptionsItemSelected(item)
        }
    }
    ...
}
```

最后，更新 PhotoGalleryViewModel，在清除查询信息时，获取一些随机图片，如代码清单 26-14 所示。

代码清单 26-14 遇空查询就随机抓取一些图片（PhotoGalleryViewModel.kt）

```
class PhotoGalleryViewModel(private val app: Application) : AndroidViewModel(app) {
    ...
    init {

        mutableSearchTerm.value = QueryPreferences.getStoredQuery(app)

        galleryItemLiveData =
                Transformations.switchMap(mutableSearchTerm) { searchTerm ->
                    if (searchTerm.isBlank()) {
                        flickrFetchr.fetchPhotos()
                    } else {
                        flickrFetchr.searchPhotos(searchTerm)
                    }
                }
    }
    ...
}
```

搜索功能现在应该能用了。运行 PhotoGallery 应用，尝试搜索“unicycle”并查看返回结果。然后，按回退键完全退出应用，或者更进一步，重启设备。不出所料，再次重启应用时，你应该能看到同样的搜索结果。

26

26.4 优化应用

搜索功能实现后，精益求精，可以考虑做点应用优化了。如果用户点击搜索按钮展开 SearchView 时，搜索文本框能显示已保存的查询字符串该多好。

首先，在 PhotoGalleryViewModel 里，添加一个计算属性显示搜索关键字，如代码清单 26-15 所示。

代码清单 26-15 展示搜索关键字（PhotoGalleryViewModel.kt）

```
class PhotoGalleryViewModel(private val app: Application) : AndroidViewModel(app) {
    ...
    private val mutableSearchTerm = MutableLiveData<String>()

    val searchTerm: String
        get() = mutableSearchTerm.value ?: ""
```

```
    init {
        ...
    }
    ...
}
```

用户点击搜索按钮时，SearchView 的 View.OnClickListener.onClick()函数会被调用。利用这个回调函数设置搜索文本框的值，如代码清单 26-16 所示。

代码清单 26-16　预设搜索文本框（PhotoGalleryFragment.kt）

```
class PhotoGalleryFragment : Fragment() {
    ...
    override fun onCreateOptionsMenu(menu: Menu, inflater: MenuInflater) {
        ...
        searchView.apply {

            setOnQueryTextListener(object : SearchView.OnQueryTextListener {
                ...
            })

            setOnSearchClickListener {
                searchView.setQuery(photoGalleryViewModel.searchTerm, false)
            }
        }
    }
    ...
}
```

运行应用，尝试一些搜索。欣赏一下刚才优化的成果。应用优化无止境，就看你是否用心。

26.5　用 Android KTX 编辑 SharedPreferences

Android KTX 是 Jetpack 里的一套 Kotlin 扩展库。有了它，在使用 Java 版 Android API 编写代码时，就可以直接使用 Kotlin 的一些语言特性了。使用 Android KTX 只会让你写的代码更具 Kotlin 风格，不会更改现有 Java API 的功能。

本书撰写时，Android KTX 只为部分 Android Java API 提供了对应的扩展库。具体有哪些，可查看 Android KTX 文档。不过，Android KTX 核心库里有编辑 SharedPreferences 的扩展。

现在，我们就来更新 QueryPreferences 类把 Android KTX 用起来。首先，在 app/build.gradle 文件里添加 Android KTX 库依赖，如代码清单 26-17 所示。

代码清单 26-17　添加 core-ktx 依赖项（app/build.gradle）

```
dependencies {
    implementation fileTree(dir: 'libs', include: ['*.jar'])
    implementation"org.jetbrains.kotlin:kotlin-stdlib-jdk7:$kotlin_version"
    implementation 'androidx.core:core-ktx:1.0.0'
    ...
}
```

接下来，更新 QueryPreferences.setStoredQuery(...)函数以使用 Android KTX，如代码清单 26-18 所示。

代码清单 26-18 使用 Android KTX（QueryPreferences.kt）

```
object QueryPreferences {
    ...
    fun setStoredQuery(context: Context, query: String) {
        PreferenceManager.getDefaultSharedPreferences(context)
            .edit() {
            putString(PREF_SEARCH_QUERY, query)
            .apply()
            }
    }
}
```

SharedPreferences.edit(commit: Boolean = false, action: Editor.() -> Unit)是 core-ktx 里的一个扩展函数。如果代码有错，请检查是否导入了 androidx.core.content.edit。

把要做的修改放在 lambda 参数里，我们把它传入 SharedPreferences.Editor。这里是指 android.content.SharedPreferences.Editor.putString(...)的返回值。

因为 edit 扩展会自动为你调用 apply()函数，所以这里删除了 SharedPreferences.Editor.apply()显式调用。可以通过将 true 作为参数传给 edit 扩展函数来覆盖此默认行为。这样做会导致 edit 调用 SharedPreferences.Editor.commit()而不是 SharedPreferences.Editor.apply()。

运行应用，确保 PhotoGallery 的功能不受影响。现在，shared preferences 代码的 Kotlin 风格更明显了，相信 Kotlin 迷会喜欢的。

26.6 挑战练习：优化 PhotoGallery 应用

你也许注意到了，提交搜索时，RecyclerView 要等一会儿才能刷新显示搜索结果。请接受挑战，让搜索响应更迅速一些。用户一提交搜索，就隐藏软键盘，收起 SearchView 视图（回到只显示搜索按钮的初始状态）。

再来个挑战。用户一提交搜索，就清空 RecyclerView，显示一个搜索结果加载状态界面（使用状态指示器）。下载到 JSON 数据之后，就删除状态指示器。也就是说，一旦开始下载图片，就不应显示加载状态了。

第 27 章 WorkManager

PhotoGallery 应用现在不仅可以下载 Flickr 网站图片，还能让用户输入关键字搜索图片。本章，我们为 PhotoGallery 应用再添一项功能，允许其在后台轮询访问 Flickr，看看有没有新图片发布。

轮询工作会一直在后台悄悄进行，用户打不打开应用都一样。一旦有了新发现，应用会发出通知告诉用户。

为实现这种周期性查看 Flickr 网站新图片的任务， 需要用到 Jetpack WorkManager 架构组件里的一些工具。你会创建一个 Worker 类负责实际工作，然后以一定时间间隔让它执行。一旦发现新图片，就让 NotificationManager 给用户发送一个通知。

27.1 创建 Worker 类

你需要的后台任务逻辑会被放在一个 Worker 类里。创建了 Worker 类之后，你还会创建一个 WorkRequest 告诉系统何时执行任务。

首先，开始准备工作，在 app/build.gradle 文件里添加需要的依赖，如代码清单 27-1 所示。

代码清单 27-1　添加 WorkManager 依赖（app/build.gradle）

```
dependencies {
    ...
    implementation 'androidx.recyclerview:recyclerview:1.0.0'
    implementation "android.arch.work:work-runtime:1.0.1"
    ...
}
```

添加完成后，记得同步项目下载依赖库。

搞定了依赖库之后，接下来就是创建 Worker 类。创建一个名为 PollWorker 的新类，让它继承 Worker 基类。PollWorker 类需要两个参数，一个 Context 和一个 WorkerParameters 对象。它们会被传给超类的构造函数。现在，先覆盖 doWork()函数向控制台打印一些日志，如代码清单 27-2 所示。

代码清单 27-2 创建 Worker 类（PollWorker.kt）

```
private const val TAG = "PollWorker"

class PollWorker(val context: Context, workerParams: WorkerParameters)
    : Worker(context, workerParams) {

    override fun doWork(): Result {
        Log.i(TAG, "Work request triggered")
        return Result.success()
    }
}
```

doWork()会在后台线程上调用，你不能安排它做任何耗时任务。该函数的返回值表示任务执行结果状态。这里，先返回成功状态，因为它当前的任务只是打印一条日志。

如果任务完不成，可以让 doWork()返回失败状态。如果发生这样的事，它的任务就不会再运行了。如果只是遇到一个临时问题，你希望 doWork()里的任务之后能再次运行，可以安排它返回一个重试结果。

PollWorker 只知道如何执行后台任务。至于何时执行，你还需要另一个组件来调度工作。

27.2 调度工作

为调度 PollWorker 执行任务，你需要一个 WorkRequest 类协助。WorkRequest 类本身是个抽象类，根据待执行任务的类型，你需要使用它的某个实现子类。如果要执行一次性任务，就使用 OneTimeWorkRequest 类；如果要定期执行任务，就使用 PeriodicWorkRequest 类。

简单起见，这里先用 OneTimeWorkRequest，以方便验证 PollWorker 是否能正常工作，并学习如何创建和控制 WorkRequest。之后，你将升级应用以使用 PeriodicWorkRequest。

打开 PhotoGalleryFragment.kt，创建一个 WorkRequest，安排其执行，如代码清单 27-3 所示。

代码清单 27-3 调度一个 WorkRequest（PhotoGalleryFragment.kt）

```
class PhotoGalleryFragment : Fragment() {
    ...
    override fun onCreate(savedInstanceState: Bundle?) {
        ...
        lifecycle.addObserver(thumbnailDownloader.fragmentLifecycleObserver)

        val workRequest = OneTimeWorkRequest
            .Builder(PollWorker::class.java)
            .build()
        WorkManager.getInstance()
            .enqueue(workRequest)
    }
    ...
}
```

OneTimeWorkRequest 使用构造器构造实例。这里提供给构造器的是要执行的 Worker 类。WorkRequest 准备好之后，你需要使用 WorkManager 类安排执行。调用 getInstance()函数可以获得一个 WorkManager 实例，然后传入准备好的 WorkRequest，调用 enqueue(...)函数把任务放入队列。这样，基于 WorkRequest 类型及其受限条件，任务就按计划执行了。

运行应用，在 Logcat 窗口输入 PollWorker 搜寻日志。很快，你应该会看到预期的日志输出，如图 27-1 所示。

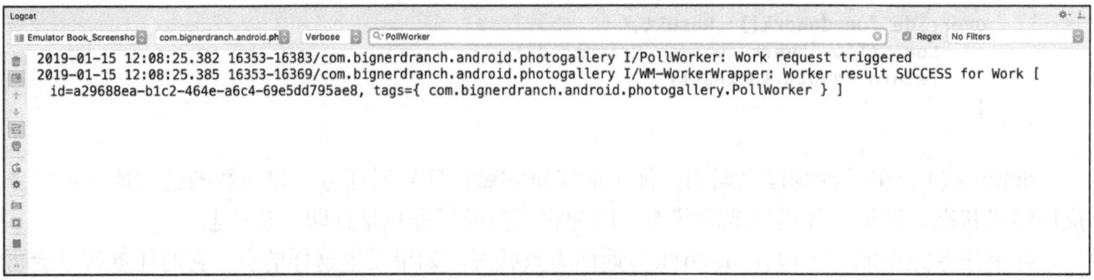
Logcat
Emulator Book_Screensho
com.bignerdranch.android.ph
Verbose
PollWorker
Regex
No Filters
2019-01-15 12:08:25.382 16353-16383/com.bignerdranch.android.photogallery I/PollWorker: Work request triggered
2019-01-15 12:08:25.385 16353-16369/com.bignerdranch.android.photogallery I/WM-WorkerWrapper: Worker result SUCCESS for Work [id=a29688ea-b1c2-464e-a6c4-69e5dd795ae8, tags={ com.bignerdranch.android.photogallery.PollWorker }]

图 27-1　任务执行日志

很多时候，你需要在后台执行的任务会用到网络，比如轮询获取用户想看的新信息，或者把本地数据库的更新发布到远程服务器保存。这些任务虽然离不开网络，但也应精打细算不瞎浪费宝贵的数据流量。最好是在设备连上无线网络再执行你的任务。

你可以使用 Constraints 类给你的工作任务添加受限信息，比如，可以指定在满足某种条件时才能执行预定工作任务。需要满足某种网络条件是一种情况。另外，你也可以设置像电池电量充足或设备处于充电状态等条件。

如代码清单 27-4 所示，在 PhotoGalleryFragment 里编辑 OneTimeWorkRequest，给工作任务添加限制条件。

代码清单 27-4　添加任务受限条件（PhotoGalleryFragment.kt）

```
class PhotoGalleryFragment : Fragment() {
    ...
    override fun onCreate(savedInstanceState: Bundle?) {
        ...
        lifecycle.addObserver(thumbnailDownloader.fragmentLifecycleObserver)

        val constraints = Constraints.Builder()
            .setRequiredNetworkType(NetworkType.UNMETERED)
            .build()
        val workRequest = OneTimeWorkRequest
            .Builder(PollWorker::class.java)
            .setConstraints(constraints)
            .build()
        WorkManager.getInstance()
            .enqueue(workRequest)
    }
    ...
}
```

与 WorkRequest 类似，Constraints 对象也使用一个构造器来配置新实例。这里，为了让 WorkRequest 执行，你要求设备必须连上不计流量网络。

为测试这项功能，你需要在模拟器设备上模拟不同的网络类型。默认情况下，模拟器连接的是一个模拟 Wi-Fi 网络。既然 Wi-Fi 就是不计流量网络，那么如果现在运行应用，你应该能看到来自 PollWorker 的日志输出。

为验证 WorkRequest 不会在按流量计费网络上运行，你需要先修改模拟器的网络设置。退出 PhotoGallery 应用，在消息通知区域下滑展开设备的快捷设置界面。然后，在此区域再次下滑一次，展开一个完整版本的快捷设置界面，如图 27-2 所示。无论哪个系统版本都可以，但在某些旧版 Android 系统上，访问网络设置需要下滑两次。

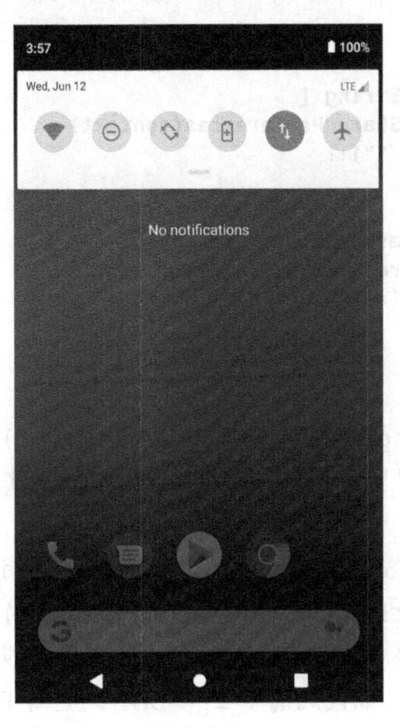

单次下滑

两次下滑

图 27-2　访问快捷设置界面

点击 Wi-Fi 按钮禁用 Wi-Fi 网络，强制模拟器设备使用蜂窝网络（按流量计费）。

禁用 Wi-Fi 网络后，再次运行 PhotoGallery 应用。这次，你应该看不到来自 PollWorker 的日志了。继续学习之前，记得重新启动 Wi-Fi 网络。

27.3　检查新图片

既然 PollWorker 运行起来没问题了，那么接下来开始添加检查新图片的代码逻辑。首先，你需要设法保存用户已查看的最新图片 ID。然后，更新 PollWorker 类获取新图片，并与保存的图片 ID 相比较。如果已有搜索结果，那么 PollWorker 还要决定该发送哪种网络请求。

现在，先来更新 QueryPreferences 类，实现保存最新图片 ID，以及从 shared preferences 取出保存的最新图片 ID，如代码清单 27-5 所示。

代码清单 27-5　保存最新图片 ID（QueryPreference.kt）

```
private const val PREF_SEARCH_QUERY = "searchQuery"
private const val PREF_LAST_RESULT_ID = "lastResultId"

object QueryPreferences {
    ...
    fun setStoredQuery(context: Context, query: String) {
        ...
    }

    fun getLastResultId(context: Context): String {
        return PreferenceManager.getDefaultSharedPreferences(context)
            .getString(PREF_LAST_RESULT_ID, "")!!
    }

    fun setLastResultId(context: Context, lastResultId: String) {
        PreferenceManager.getDefaultSharedPreferences(context).edit {
            putString(PREF_LAST_RESULT_ID, lastResultId)
        }
    }
}
```

与第 26 章的做法一样，这里，因为 getString(PREF_LAST_RESULT_ID, "")不会返回空字符串，所以在 getLastResultId(...)函数里，从默认的 SharedPreferences 实例读取最新结果图片 ID 时，使用了非空断言操作符（!!）。

搞定了图片 ID 的存储，接下来是以轮询的方式获取新图片。你需要更新 FlickrFetchr，允许 PollWorker 执行同步网络请求。当前，fetchPhotos()和 searchPhotos()这两个方函数都是执行异步网络请求并使用 LiveData 发布结果。既然 PollWorker 要在后台线程上执行，它要执行的网络请求就不应让 FlickrFetchr 来做。如代码清单 27-6 所示，更新 FlickrFetchr 类，把 Retrofit Call 对象暴露出来给 PollWorker 使用。

代码清单 27-6　暴露 Call 对象（FlickrFetchr.kt）

```
class FlickrFetchr {
    ...
    fun fetchPhotosRequest(): Call<FlickrResponse> {
        return flickrApi.fetchPhotos()
    }

    fun fetchPhotos(): LiveData<List<GalleryItem>> {
        return fetchPhotoMetadata(flickrApi.fetchPhotos())
        return fetchPhotoMetadata(fetchPhotosRequest())
    }
```

```
    fun searchPhotosRequest(query: String): Call<FlickrResponse> {
        return flickrApi.searchPhotos(query)
    }

    fun searchPhotos(query: String): LiveData<List<GalleryItem>> {
        return fetchPhotoMetadata(flickrApi.searchPhotos(query))
        return fetchPhotoMetadata(searchPhotosRequest(query))
    }
    ...
}
```

有了 FlickrFetchr 中的 Call 对象，就可以把查询添加给 PollWorker 了。判断是否已有查询结果保存，你需要让 PollWorker 知道该发送哪种网络请求。一旦获取最新图片，你需要检查最新图片 ID 和你之前保存的是否一致。如果不匹配，就通知用户。

如代码清单 27-7 所示，首先从 QueryPreferences 中获取当前搜索查询以及上一次最新图片 ID。如果没有读取到搜索查询，就正常抓取图片；如果有搜索查询，就执行搜索网络请求。安全起见，你需要使用一个空集合，以防所有的网络请求都返回不了任何图片。最后，删除之前测试用的日志打印语句。

代码清单 27-7　获取最新图片（PollWorker.kt）

```
class PollWorker(val context: Context, workerParameters: WorkerParameters)
    : Worker(context, workerParameters) {

    override fun doWork(): Result {
        Log.i(TAG, "Work request triggered")
        val query = QueryPreferences.getStoredQuery(context)
        val lastResultId = QueryPreferences.getLastResultId(context)
        val items: List<GalleryItem> = if (query.isEmpty()) {
            FlickrFetchr().fetchPhotosRequest()
                .execute()
                .body()
                ?.photos
                ?.galleryItems
        } else {
            FlickrFetchr().searchPhotosRequest(query)
                .execute()
                .body()
                ?.photos
                ?.galleryItems
        } ?: emptyList()
        return Result.success()
    }
}
```

接下来，如果没有获取到任何图片，就从 doWork()函数里返回。否则，就抓取集合里的第一个最新图片 ID，并与 lastResultId 属性值做比较。为了看到 PollWorker 的输出，添加相应的日志输出语句。另外，如果发现最新图片，就更新 QueryPreferences 里保存的上一次最新图片 ID，如代码清单 27-8 所示。

代码清单 27-8　检查新图片（PollWorker.kt）

```
class PollWorker(val context: Context, workerParameters: WorkerParameters)
    : Worker(context, workerParameters) {

    override fun doWork(): Result {
        val query = QueryPreferences.getStoredQuery(context)
        val lastResultId = QueryPreferences.getLastResultId(context)
        val items: List<GalleryItem> = if (query.isEmpty()) {
            ...
        } else {
            ...
        }

        if (items.isEmpty()) {
            return Result.success()
        }

        val resultId = items.first().id
        if (resultId == lastResultId) {
            Log.i(TAG, "Got an old result: $resultId")
        } else {
            Log.i(TAG, "Got a new result: $resultId")
            QueryPreferences.setLastResultId(context, resultId)
        }

        return Result.success()
    }
}
```

在实体设备或模拟器上运行 PhotoGallery 应用。如果是第一次运行，QueryPreferences 里则没有最新图片 ID。从日志可以看到，PollWorker 没有发现新结果。如果快速重新运行应用，你应该就能看到 PollWorker 找到了同样的最新图片 ID。（注意，如图 27-3 所示，Logcat 应该设置为 No Filters，否则你会看不到日志。）

```
Emulator Book_Screenshc | com.bignerdranch.android.pl | Verbose | PollWorker | Regex | No Filters
2019-01-16 12:30:44.280 16889-16921/com.bignerdranch.android.photogallery I/PollWorker: Got a new result: 31824924597
2019-01-16 12:30:44.284 16889-16906/com.bignerdranch.android.photogallery I/WM-WorkerWrapper: Worker result SUCCESS for Work [
  id=2e98d6f0-d62e-407a-9ccc-c9c3c46f97f5, tags={ com.bignerdranch.android.photogallery.PollWorker } ]
2019-01-16 12:30:49.203 16943-16972/com.bignerdranch.android.photogallery I/PollWorker: Got an old result: 31824924597
2019-01-16 12:30:49.206 16943-16959/com.bignerdranch.android.photogallery I/WM-WorkerWrapper: Worker result SUCCESS for Work [
  id=7dc28b5f-1b86-4c7d-af45-e86b2b67d411, tags={ com.bignerdranch.android.photogallery.PollWorker } ]
```

图 27-3　搜索新旧图片

27.4　通知用户

你的 Worker 服务已在后台运行，执行着发现新图片的任务，不过用户对此毫不知情。如果 PhotoGallery 应用检查到新图片，并且知道用户还没看过，它就应该提醒用户打开应用来看看。

应用需要与用户沟通，一般都是使用**通知**（notification）这个工具。通知是指显示在通知抽屉上的消息条目，用户可从屏幕顶部向下滑动查看通知。

要在运行 Android Oreo（API 级别 26）及更高版本系统的设备上创建通知，首先必须创建一个渠道（`Channel`）。渠道能分类管理通知，提供更精细的通知偏好控制管理。相比之前只有关闭整个应用才能通知一个选项，用户现在可以选择只关闭应用的某一类通知。另外，用户还能按渠道定制静音、震动等其他通知设置渠道。

例如，你获取到了新的可爱动物图片：小猫、小狗以及其他小动物。根据分类，你希望 PhotoGallery 能发送三类通知。这很简单，创建三个渠道，每个渠道对应一种通知分类就可以了，剩下的让用户按自己喜好配置，如图 27-4 所示。

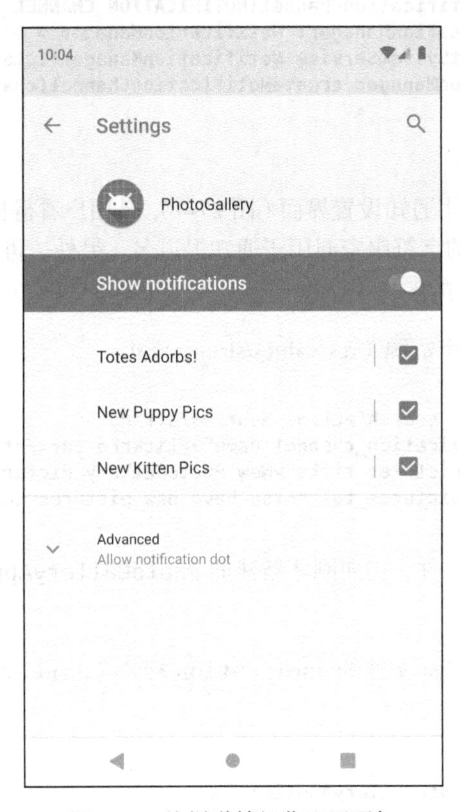

图 27-4 按渠道精细化配置通知

为支持 Android Oreo 及更高版本的新系统，你的应用至少要创建一个通知渠道。虽然 Android 不限制应用可以配置的通知渠道数，但你也应本着够用且合理的原则去配置。要知道，引入通知渠道就是让用户按应用配置通知，太多的渠道反而会让用户无所适从，感觉很糟糕。

如代码清单 27-9 所示，添加一个名为 `PhotoGalleryApplication` 的新类，让它继承 `Application` 父类，并覆盖其 `Application.onCreate()`函数，如果设备是在 Android Orea 或更高版本系统上运行，就创建一个通知渠道。

代码清单 27-9　创建通知渠道（PhotoGalleryApplication.kt）

```
const val NOTIFICATION_CHANNEL_ID = "flickr_poll"

class PhotoGalleryApplication : Application() {

    override fun onCreate() {
        super.onCreate()
        if (Build.VERSION.SDK_INT >= Build.VERSION_CODES.O) {
            val name = getString(R.string.notification_channel_name)
            val importance = NotificationManager.IMPORTANCE_DEFAULT
            val channel =
                    NotificationChannel(NOTIFICATION_CHANNEL_ID, name, importance)
            val notificationManager: NotificationManager =
                    getSystemService(NotificationManager::class.java)
            notificationManager.createNotificationChannel(channel)
        }
    }
}
```

通知渠道名会显示在应用通知设置界面（图 27-4），是用户看得见的字符串。打开 res/values/strings.xml 文件，添加需要的字符串资源用于通知渠道名。另外，再顺手添加一些通知消息需要的其他字符串资源，如代码清单 27-10 所示。

代码清单 27-10　添加字符串资源（res/values/strings.xml）

```
<resources>
    <string name="clear_search">Clear Search</string>
    <string name="notification_channel_name">FlickrFetchr</string>
    <string name="new_pictures_title">New PhotoGallery Pictures</string>
    <string name="new_pictures_text">You have new pictures in PhotoGallery.</string>
</resources>
```

接下来，更新 manifest 文件，指向刚才新建的 PhotoGalleryApplication 类，如代码清单 27-11 所示。

代码清单 27-11　更新 manifest 文件的 application 标签（manifests/AndroidManifest.xml）

```
<manifest ... >
...
  <application
      android:name=".PhotoGalleryApplication"
      android:allowBackup="true"
      ... >

  </application>
</manifest>
```

要想发送通知，首先要创建 Notification 对象。与第 13 章的 AlertDialog 类似，Notification 需使用构造对象来创建。完整的 Notification 至少应包括以下内容：

- 在状态栏上显示的图标（icon）；
- 代表通知信息自身在通知抽屉中显示的视图（view）；

- 用户点击抽屉中的通知时会触发的 PendingIntent；
- 用来应用样式，提供用户通知控制的 NotificationChannel。

另外，你还需要给通知添加记号文字（ticker text）。记号文字不会随通知显示，但会被发送给 Android 辅助服务使用，例如，屏幕阅读器会用它通知有视力障碍的用户。

完成 Notification 对象的创建后，可调用 NotificationManager 系统服务的 notify(Int, Notification)函数发送它。这里的 Int 参数就是应用通知的 ID。

首先是基础代码准备。在 PhotoGalleryActivity.kt 中，添加一个 newIntent(Context)函数，如代码清单 27-12 所示。该函数会返回一个可用来启动 PhotoGalleryActivity 的 Intent 实例。（最后，PollWorker 会调用 PhotoGalleryActivity.newIntent(...)函数，把返回结果封装在一个 PendingIntent 中，然后设置给通知消息。）

代码清单 27-12 给 PhotoGalleryActivity 添加 newIntent(...)函数（PhotoGalleryActivity.kt）

```
class PhotoGalleryActivity : AppCompatActivity() {

    override fun onCreate(savedInstanceState: Bundle?) {
        ...
    }

    companion object {
        fun newIntent(context: Context): Intent {
            return Intent(context, PhotoGalleryActivity::class.java)
        }
    }
}
```

接着，一旦有了新结果，就让 PollWorker 通知用户。也就是说，创建一个 Notification 对象，并调用 NotificationManager.notify(Int, Notification)函数，如代码清单 27-13 所示。

代码清单 27-13 添加一个 Notification（PollWorker.kt）

```
class PollWorker(val context: Context, workerParameters: WorkerParameters)
    : Worker(context, workerParameters) {

    override fun doWork(): Result {
        ...
        val resultId = items.first().id
        if (resultId == lastResultId) {
            Log.i(TAG, "Got an old result: $resultId")
        } else {
            Log.i(TAG, "Got a new result: $resultId")
            QueryPreferences.setLastResultId(context, resultId)

            val intent = PhotoGalleryActivity.newIntent(context)
            val pendingIntent = PendingIntent.getActivity(context, 0, intent, 0)

            val resources = context.resources
            val notification = NotificationCompat
```

```
                .Builder(context, NOTIFICATION_CHANNEL_ID)
                .setTicker(resources.getString(R.string.new_pictures_title))
                .setSmallIcon(android.R.drawable.ic_menu_report_image)
                .setContentTitle(resources.getString(R.string.new_pictures_title))
                .setContentText(resources.getString(R.string.new_pictures_text))
                .setContentIntent(pendingIntent)
                .setAutoCancel(true)
                .build()

            val notificationManager = NotificationManagerCompat.from(context)
            notificationManager.notify(0, notification)
        }

        return Result.success()
    }
}
```

我们从上至下解读一下新增代码。

为了同时支持新老设备，这里使用了 NotificationCompat 类。如果设备运行的是 Oreo 或它之后的系统，NotificationCompat.Builder 会使用传入的渠道 ID 设置通知渠道；如果设备运行的是 Oreo 之前的系统，NotificationCompat.Builder 则会忽略渠道。（注意，这里使用的渠道 ID 是在 PhotoGalleryApplication 里添加的 NOTIFICATION_CHANNEL_ID 常量。）

在代码清单 27-9 里，创建渠道之前，你需要检查 SDK 编译版本，因为没有用于创建渠道的 AppCompat API。这里之所以不需要，是因为 AppCompat 的 NotificationCompat 帮你做了版本检查，代码因此更简洁易读了。这也是我们一直推荐使用 AppCompat 版 Android API 的一个理由。

为配置记号文字和小图标，我们调用 setTicker(CharSequence)和 setSmallIcon(Int)函数。（注意，以 android.R.drawable.ic_menu_report_image 包名形式引用的图标资源已内置于 Android framework 中，就没必要再单独放入资源文件夹了。）

然后，配置 Notification 在下拉抽屉中的外观。虽然可以定制 Notification 视图的外观和样式，但使用带有图标、标题以及文字显示区域的标准视图会更容易些。图标的值来自 setSmallIcon(Int)函数，而设置标题和显示文字需分别调用 setContentTitle(CharSequence)和 setContentText(CharSequence)函数。

接下来，需指定用户点击 Notification 时所触发的动作行为。这里使用的是 PendingIntent 对象。用户在下拉抽屉中点击 Notification 时，传入 setContentIntent(PendingIntent)函数的 PendingIntent 会被触发。调用 setAutoCancel(true)函数可调整上述行为。一旦执行了 setAutoCancel(true)设置函数，用户点击 Notification 时，该通知就会从通知抽屉中删除。

最后，从当前 context（NotificationManagerCompat.from）中取出一个 NotificationManager 实例，并调用 NotificationManager.notify(...)函数发布通知。

传入 notify(...)函数的整数参数是通知的标识符。该值在整个应用中应该是唯一的，但可复用。如果使用同一 ID 发送两条通知，则第二条通知会替换第一条通知；如果没有同样 ID 的通知，系统就会展示一个新的通知。在实际开发中，这也是进度条或其他动态视觉效果的实现方式。

至此，终于搞定了消息通知。现在运行应用。你应该马上就会看到状态栏的通知图标，如图 27-5 所示。

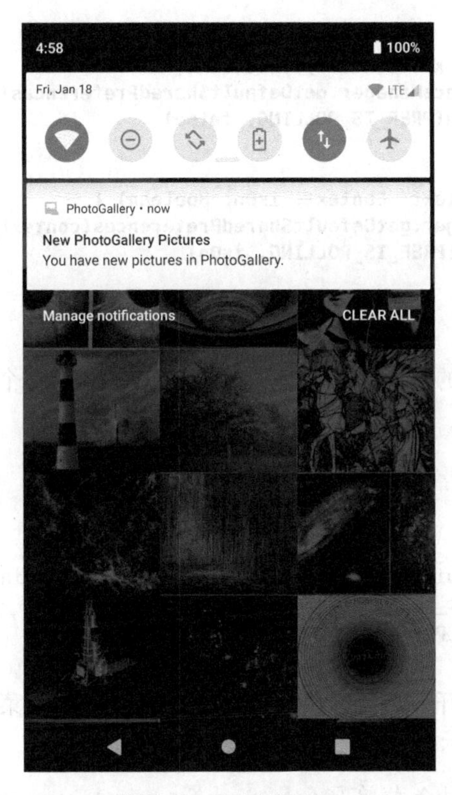

图 27-5 新图片通知

27.5 服务的用户控制

有些用户不喜欢应用在后台运行。你应该提供功能，让用户自己控制启停后台轮询服务。

对于 PhotoGallery 应用，我们会在它的工具栏上添加选项菜单，让用户启停 Worker 服务。另外，还会更新 Worker 服务，让它定期运行，而不是只运行一次。

为了启停 Worker 服务，首先要能判断服务当前是否正在运行。为此，我们使用 QueryPreferences 保存一个表示服务是否启用的标志，如代码清单 27-14 所示。

代码清单 27-14 保存服务状态（QueryPreferences.kt）

```
private const val PREF_SEARCH_QUERY = "searchQuery"
private const val PREF_LAST_RESULT_ID = "lastResultId"
private const val PREF_IS_POLLING = "isPolling"

object QueryPreferences {
```

```
    ...
    fun setLastResultId(context: Context, lastResultId: String) {
        ...
    }

    fun isPolling(context: Context): Boolean {
        return PreferenceManager.getDefaultSharedPreferences(context)
            .getBoolean(PREF_IS_POLLING, false)
    }

    fun setPolling(context: Context, isOn: Boolean) {
        PreferenceManager.getDefaultSharedPreferences(context).edit {
            putBoolean(PREF_IS_POLLING, isOn)
        }
    }
}
```

然后添加选项菜单需要的字符串资源，一个用于启动轮询，一个用于停止轮询，如代码清单 27-15 所示。

代码清单 27-15　添加轮询字符串资源（res/values/strings.xml）

```
<resources>
    ...
    <string name="new_pictures_text">You have new pictures in PhotoGallery.</string>
    <string name="start_polling">Start polling</string>
    <string name="stop_polling">Stop polling</string>
</resources>
```

添加完字符串资源，打开 res/menu/fragment_photo_gallery.xml 菜单文件，添加启停服务的菜单项，如代码清单 27-16 所示。

代码清单 27-16　添加启停服务菜单项（res/menu/fragment_photo_gallery.xml）

```
<?xml version="1.0" encoding="utf-8"?>
<menu xmlns:android="http://schemas.android.com/apk/res/android"
    xmlns:app="http://schemas.android.com/apk/res-auto">
    ...
    <item android:id="@+id/menu_item_clear"
          android:title="@string/clear_search"
          app:showAsAction="never" />

    <item android:id="@+id/menu_item_toggle_polling"
          android:title="@string/start_polling"
          app:showAsAction="ifRoom|withText"/>
</menu>
```

服务选项菜单默认显示着 `start_polling`。你应该切换选项菜单标题，以便和后台服务启停状态匹配。打开 PhotoGalleryFragment.kt 文件，在 `onCreateOptionsMenu(...)` 函数中，检查后台服务的启停状态，然后相应地更新 `menu_item_toggle_polling` 的标题文字，将正确的信息反馈给用户。另外，记得从 `onCreate(...)` 函数里删除不需要的 `OneTimeWorkRequest` 逻辑，如代码清单 27-17 所示。

代码清单 27-17 菜单项切换（PhotoGalleryFragment.kt）

```
class PhotoGalleryFragment : Fragment() {
    ...
    override fun onCreate(savedInstanceState: Bundle?) {
        ...
        lifecycle.addObserver(thumbnailDownloader)

        val constraints = Constraints.Builder()
            .setRequiredNetworkType(NetworkType.UNMETERED)
            .build()
        val workRequest = OneTimeWorkRequest
            .Builder(PollWorker::class.java)
            .setConstraints(constraints)
            .build()
        WorkManager.getInstance()
            .enqueue(workRequest)
    }
    ...
    override fun onCreateOptionsMenu(menu: Menu, inflater: MenuInflater) {
        ...
        searchView.apply {
            ...
        }

        val toggleItem = menu.findItem(R.id.menu_item_toggle_polling)
        val isPolling = QueryPreferences.isPolling(requireContext())
        val toggleItemTitle = if (isPolling) {
            R.string.stop_polling
        } else {
            R.string.start_polling
        }
        toggleItem.setTitle(toggleItemTitle)
    }
    ...
}
```

最后，更新 onOptionsItemSelected(...)函数响应菜单项服务启停点击，如果 Worker 服务没有运行，就创建一个新 PeriodicWorkRequest，用 WorkManager 调度管理它；如果 Worker 服务处于运行状态，就停掉它，如代码清单 27-18 所示。

代码清单 27-18 响应菜单项服务启停点击（PhotoGalleryFragment.kt）

```
private const val TAG = "PhotoGalleryFragment"
private const val POLL_WORK = "POLL_WORK"

class PhotoGalleryFragment : Fragment() {
    ...
    override fun onOptionsItemSelected(item: MenuItem): Boolean {
        return when (item.itemId) {
            R.id.menu_item_clear -> {
                photoGalleryViewModel.fetchPhotos("")
                true
```

```
            }
            R.id.menu_item_toggle_polling -> {
                val isPolling = QueryPreferences.isPolling(requireContext())
                if (isPolling) {
                    WorkManager.getInstance().cancelUniqueWork(POLL_WORK)
                    QueryPreferences.setPolling(requireContext(), false)
                } else {
                    val constraints = Constraints.Builder()
                        .setRequiredNetworkType(NetworkType.UNMETERED)
                        .build()
                    val periodicRequest = PeriodicWorkRequest
                        .Builder(PollWorker::class.java, 15, TimeUnit.MINUTES)
                        .setConstraints(constraints)
                        .build()
                    WorkManager.getInstance().enqueueUniquePeriodicWork(POLL_WORK,
                        ExistingPeriodicWorkPolicy.KEEP,
                        periodicRequest)
                    QueryPreferences.setPolling(requireContext(), true)
                }
                activity?.invalidateOptionsMenu()
                return true
            }
            else -> super.onOptionsItemSelected(item)
        }
    }
    ...
}
```

首先来看新增代码的 else 代码块。如果 Worker 服务当前未运行，就让 WorkManager 调度一个新的 Worker 请求。这里，你使用 PeriodicWorkRequest 类让 Worker 服务以一定的时间间隔发起周期性请求。和之前使用的 OneTimeWorkRequest 一样，这个 Worker 请求也使用构造器（需要 PeriodicWorkRequest 类和时间间隔这两个参数）。

这里设置的 15 分钟时间间隔有点长。如果试着改短一点儿，你会发现，Worker 服务还是会以 15 分钟的时间间隔运行。实际上，这是 PeriodicWorkRequest 允许的最小时间间隔，以防止系统过于频繁地执行同一任务，从而节约系统资源——设备电池寿命。

和 OneTimeWorkRequest 一样，PeriodicWorkRequest 构造器也支持添加不计流量网络要求约束。需要调度安排 Worker 请求时，一般使用 WorkManager 类，但这里使用的是 enqueueUniquePeriodicWork(...)函数。该函数需要三个参数：一个 String 类型的名称、一个当前服务策略以及你的网络服务请求。名称参数允许你唯一地标识你的网络服务请求（停止服务时引用）。

当前服务策略告诉 WorkManager 该如何对待已计划安排好的具名工作任务。这里使用的是 KEEP 策略，意思是保留当前服务，不接受安排新的后台服务。当前服务策略的另一个选择是 REPLACE，顾名思义，就是使用新的后台服务替换当前服务。

如果你的 Worker 后台服务已经在运行，那么就得让 WorkManager 撤销它。这里，给 cancelUniqueWork(...) 传入“POLL_WORK”服务名以删除你的周期性工作任务。

运行 PhotoGallery 应用。你应该能看到启停轮询服务的菜单选项。如果不想苦等 15 分钟，你现在就可以禁用轮询服务，等上几秒，然后重启它。

现在，即使没有运行，PhotoGallery 应用也能让用户知道是否有新图片可看。但有个问题不容忽视：每次有了新图片，用户就会收到通知——即使打开应用也是如此。这会分散用户的注意力，非常不可取。而且，如果用户点击了通知，还会启动多余的 `PhotoGalleryActivity` 新实例。

下一章会更新应用来解决这个问题，以实现只要 PhotoGallery 应用还在运行，系统就阻止后台轮询服务发送通知。在应用更新过程中，你将学习如何监听 broadcast intent，以及如何使用 broadcast receiver 来处理 broadcast intent。

第 28 章 broadcast intent

用户开了应用，已看到新的搜索图片，同时还收到了新图片更新通知，你说是不是既多余又烦人？本章，我们继续优化 PhotoGallery 应用，让用户正在使用应用时，不再收到新图片更新通知。

借此升级，你将学习如何监听系统发送的 broadcast intent，以及如何使用 broadcast receiver 处理它们。此外，还会学习如何在应用运行时动态发送与接收 broadcast intent，以及如何使用有序 broadcast 判断应用是否在前台运行。

28.1 普通 intent 与 broadcast intent

在 Android 设备中，各种事件时有发生，例如，Wi-Fi 时有时无、软件装卸、电话接打、短信收发，等等。

许多系统组件需要掌握这些事件动态，以便按需响应。为满足这样的需求，Android 提供了 broadcast intent 组件。

上述所有事件广播都是由系统发出的，所以又叫**系统广播**。你也可以发送和接收自己的**定制广播**。不过，系统广播和定制广播的接收原理不一样。本章，我们只会使用定制广播。

broadcast intent 的工作原理类似之前学过的 intent，唯一不同的是 broadcast intent 可同时被多个叫作 broadcast receiver 的组件接收，如图 28-1 所示。

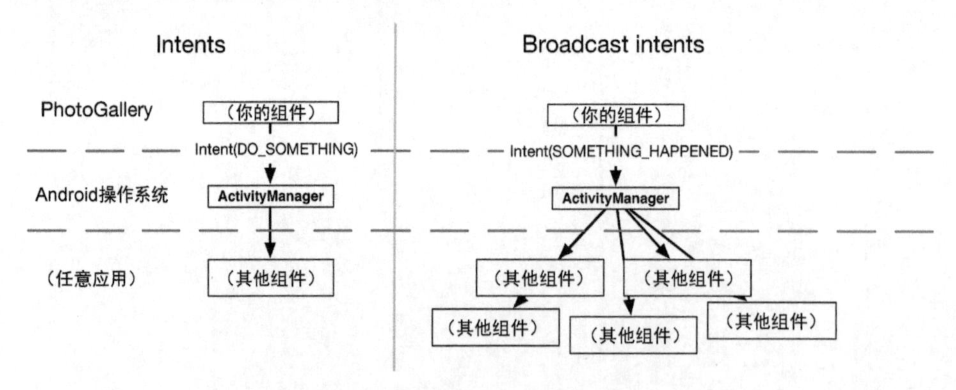

图 28-1　普通 intent 与 broadcast intent

作为公共API的一部分，无论什么时候，activity和服务应该都可以响应隐式intent。如果是用作私有API，使用显式intent差不多也够了。既然这样，如果还需要broadcast intent，那么理由只有一个：它可以发送给多个接收者。虽然broadcast receiver也能响应显式intent，但几乎没人这么用，因为显式intent只允许有一个接收者。

28.2 过滤前台通知

通知虽然很有用，但在应用开着的时候还有通知就不好了。不过，可以使用broadcast intent来改变`PollWorker`的这种行为。

首先，只要获取到新图片，就从`PollWorker`发送一个broadcast intent。然后，我们登记两个broadcast receiver。第一个登记在Android manifest文件里，只要接到`PollWorker`发来的broadcast，它就像之前一样给用户发通知。第二个改用代码动态登记，只在用户打开应用时才激活。它的任务是阻止广播被第一个broadcast receiver接收（收不到消息，自然也就不会发了）。

联合两个broadcast receiver做一件事看起来不太寻常。不过这也是没办法的事，Android没告诉我们该如何判断某个activity或fragment是否正在运行。既然`PollWorker`不知道你的UI是否处于可见状态，自然也就无法通过条件判断来决定是否发送通知。同样，你也无法判断PhotoGallery是否打开，进而有选择地发送广播。因此，我们想到使用两个broadcast receiver互相配合，只让其中一个响应广播来控制通知发送。

28.2.1 发送broadcast intent

首先处理最容易的部分：发送自己定制的broadcast intent。具体来讲，就是发送broadcast告诉监听组件有新的搜索结果了。要发送broadcast intent，只需创建一个intent，并传入`sendBroadcast(Intent)`函数即可。这里，需要通过`sendBroadcast(Intent)`函数广播自定义的操作（action），因此还需要定义一个操作常量。

更新`PollWorker`类，输入代码清单28-1所示代码。

代码清单28-1 发送broadcast intent（PollWorker.kt）

28

```
class PollWorker(val context: Context, workerParams: WorkerParameters) :
    Worker(context, workerParams) {

    override fun doWork(): Result {
        ...
        val resultId = first().id
        if (resultId == lastResultId) {
            Log.i(TAG, "Got an old result: $resultId")
        } else {
            ...
            val notificationManager = NotificationManagerCompat.from(context)
            notificationManager.notify(0, notification)

            context.sendBroadcast(Intent(ACTION_SHOW_NOTIFICATION))
```

```
        }

        return Result.success()
    }

    companion object {
        const val ACTION_SHOW_NOTIFICATION =
            "com.bignerdranch.android.photogallery.SHOW_NOTIFICATION"
    }
}
```

28.2.2　创建并登记 standalone receiver

broadcast 发送出去了，还要有人监听。为了接收 broadcast，我们创建一个 BroadcastReceiver。Android 有两种 broadcast receiver，这里要创建的是一个 standalone broadcast receiver。

standalone receiver 是一个在 manifest 配置文件中声明的 broadcast receiver。即便应用进程已消亡，standalone receiver 也可以被激活。（稍后还会学习到可以同 fragment 或 activity 的生命周期绑定的 dynamic receiver。）

与服务和 activity 一样，broadcast receiver 必须在系统中登记后才能用。如果不登记，系统就不知道该向哪里发送 intent。自然，broadcast receiver 的 onReceive(...)函数也就不能按预期被调用了。

登记 broadcast receiver 之前，首先要创建它。创建一个名为 NotificationReceiver 的 Kotlin 新类，让它继承 android.content.BroadcastReceiver 类，如代码清单 28-2 所示。

代码清单 28-2　你的第一个 broadcast receiver（NotificationReceiver.kt）

```
private const val TAG = "NotificationReceiver"

class NotificationReceiver : BroadcastReceiver() {

    override fun onReceive(context: Context, intent: Intent) {
        Log.i(TAG, "received broadcast: ${intent.action}")
    }
}
```

与服务和 activity 一样，broadcast receiver 是接收 intent 的组件。当有 intent 发送给 NotificationReceiver 时，它的 onReceive(...)函数会被调用。

接下来，打开 manifests/AndroidManifest.xml 配置文件，登记 NotificationReceiver 为 standalone receiver，如代码清单 28-3 所示。

代码清单 28-3　在 manifest 文件中添加 receiver（manifests/AndroidManifest.xml）

```
<application ... >
    <activity android:name=".PhotoGalleryActivity">
        ...
    </activity>
    <receiver android:name=".NotificationReceiver">
```

```
    </receiver>
</application>
```

要有选择地接收 broadcast，receiver 还要有 intent filter。除了过滤对象不一样（broadcast intent 和普通 intent 的区别），这里要添加的 filter 和之前搭配隐式 intent 的 intent filter 没什么不同。如代码清单 28-4 所示，添加一个 intent filter 使其只接收带 SHOW_NOTIFICATION 操作的 intent。

代码清单 28-4　给 receiver 添加 intent filter（manifests/AndroidManifest.xml）

```
<receiver android:name=".NotificationReceiver">
  <intent-filter>
    <action
        android:name="com.bignerdranch.android.photogallery.SHOW_NOTIFICATION" />
  </intent-filter>
</receiver>
```

现在，如果在 Android Oreo 或更高版本系统的设备上运行 PhotoGallery 应用，你看不到预期的日志。事实上，`NotificationReceiver` 的 `onReceive(...)`函数根本没有被调用。但在旧版本 Android 系统上试一下，你会发现代码执行完全符合预期。实际上，这是新版本 Android 系统对 broadcast 的一个限制。不过，不用担心，目前所做的工作并非徒劳。稍后，通过发送一个带权限的 broadcast，你可以绕开新系统的限制。

28.2.3　使用私有权限限制 broadcast

使用 broadcast receiver 存在一个问题，即系统中的任何应用都能监听或者触发你的 receiver。通常来讲，这都不是你希望看到的。给 broadcast 指定权限还能解决 `NotificationReceiver` 无法在新版本系统上工作的问题。

为了阻止未授权应用闯入你的私人领域，你可以给 receiver 应用定制权限，以及给 receiver 标签添加一个 `android:exported="false"`属性。这样，系统中的其他应用就再也无法接触到该 receiver 了。应用权限之后，只有请求授权并被授权的组件才能发送 broadcast 给你的 receiver。

首先，在 AndroidManifest.xml 文件中，声明并获取自己的使用权限，如代码清单 28-5 所示。

代码清单 28-5　添加私有权限（manifests/AndroidManifest.xml）

```
<manifest ...>

    <permission android:name="com.bignerdranch.android.photogallery.PRIVATE"
                android:protectionLevel="signature" />

    <uses-permission android:name="android.permission.INTERNET" />
    <uses-permission android:name="com.bignerdranch.android.photogallery.PRIVATE" />
      ...
</manifest>
```

以上代码中，你使用 protection level 签名定义了自己的定制权限。稍后，还会学习到更多有关 protection level 的知识。如同前面用过的 intent 操作、类别和系统权限，权限本身只是一行简单的字符串。制定了权限之后，哪怕是自己定义的权限，你都必须申请使用权限。这是规则。

注意查看上面代码中灰色加亮常量值。这是定制权限的唯一标识字符串。你会在 manifest 里各处使用它指代你定制的权限。另外，需要向 receiver 发送 broadcast intent 时，你还会在 Kotlin 代码里使用它。无论出现在哪里，这个唯一标识符都应该完全一样，不能有错。你最好复制粘贴，而不是手动输入它。

接下来，给 receiver 标签应用权限，并设置其 android:exported 属性值为"false"，如代码清单 28-6 所示。

代码清单 28-6　应用权限并设置属性值（manifests/AndroidManifest.xml）

```
<manifest ... >
    ...
    <application ... >
        ...
        <receiver android:name=".NotificationReceiver"
                  android:permission="com.bignerdranch.android.photogallery.PRIVATE"
                  android:exported="false">
            ...
        </receiver>
    </application>
</manifest>
```

现在，为使用权限，在代码中定义一个对应常量，然后将其传入 sendBroadcast(...)函数，如代码清单 28-7 所示。

代码清单 28-7　发送带有权限的 broadcast（PollWorker.kt）

```
class PollWorker(val context: Context, workerParams: WorkerParameters) :
    Worker(context, workerParams) {

    override fun doWork(): Result {
        ...
        val resultId = first().id
        if (resultId == lastResultId) {
            Log.i(TAG, "Got an old result: $resultId")
        } else {
            ...
            val notificationManager = NotificationManagerCompat.from(context)
            notificationManager.notify(0, notification)

            context.sendBroadcast(Intent(ACTION_SHOW_NOTIFICATION), PERM_PRIVATE)
        }

        return Result.success()
    }
    companion object {
        const val ACTION_SHOW_NOTIFICATION =
            "com.bignerdranch.android.photogallery.SHOW_NOTIFICATION"
        const val PERM_PRIVATE = "com.bignerdranch.android.photogallery.PRIVATE"
    }
}
```

现在，只有 PhotoGallery 应用才能触发你的 receiver。再次运行 PhotoGallery 应用。查看 Logcat 窗口，你应该能看到来自 NotificationReceiver 的日志（当然，和之前一样，通知消息还是不太懂规矩，应用在前台的时候，它仍会弹出）。

深入学习安全级别

自定义权限必须指定 android:protectionLevel 属性值。Android 根据 protectionLevel 属性值确定自定义权限的使用方式。在 PhotoGallery 应用中，我们使用的 protectionLevel 是 signature。

signature 安全级别表明，如果其他应用需要使用你的自定义权限，就必须使用和当前应用相同的 key 做签名认证。对于仅限应用内部使用的权限，选择 signature 安全级别比较合适。既然其他开发者没有相同的 key，自然也就无法接触到权限保护的东西。此外，有了自己的 key，将来还可用于你开发的其他应用中。

protectionLevel 还有其他几个可选值，表 28-1 汇总如下。

表 28-1 protectionLevel 的可选值

可 选 值	用法描述
normal	用于阻止应用执行危险操作，比如访问个人隐私数据、地图定位等。应用安装前，用户可看到相应的安全级别，但用户不会被明确要求给予授权。android.permission.INTERNET 使用该安全级别。同样，应用让手机振动时，也使用该安全级别
dangerous	用于 normal 安全级别控制以外的任何危险操作，比如访问个人隐私数据、使用可监视用户的硬件功能等。总之，包括一切可能会给用户带来麻烦的行为。相机使用权限、位置权限以及联系人信息使用权限都属于危险操作。从 Marshmallow 开始，dangerous 权限需要在运行时调用 requestPermission(...)函数明确要求用户授权
signature	如果应用签署了与声明应用一致的权限证书，则该权限由系统授予。否则，系统会拒绝授权。权限授予时，系统不会通知用户。它通常适用于应用内部。只要拥有证书，则只有签署了同样证书的应用才能拥有该权限，因此开发者可自由控制权限的使用。前例中，它用来阻止其他应用监听 PhotoGallery 应用发出的 broadcast。不过，如有需要，可开发能够监听它们的其他应用
signatureOrSystem	类似 signature 授权级别。但该授权级别针对 Android 系统镜像中的所有包授权。该授权级别用于系统镜像内应用间的通信。权限授予时，系统不会通知用户。开发人员一般不会用到它

28.2.4 创建并登记动态 receiver

接下来，你需要一个 receiver 接收 ACTION_SHOW_NOTIFICATION broadcast intent。这个 receiver 的任务是在用户正在使用应用时，阻止发送通知消息。

这个 receiver 只应该在你的 activity 处于前台时才登记声明。在配置文件中声明的 standalone receiver 总在接收 intent，其生命周期和应用一致，所以你得设法知道 PhotoGalleryFragment 的运行状态（动态 receiver 不是这么用的）。

使用动态 broadcast receiver 能解决问题。动态 broadcast receiver 是在代码中而不是在配置文件中完成登记声明的。要在代码中登记，可调用 Context.registerReceiver(BroadcastReceiver, IntentFilter)函数；要取消登记，则调用 Context.unregisterReceiver(BroadcastReceiver)函数。receiver 自身通常被定义为一个内部类或一个 lambda，如同一个按钮点击监听器。然而，在 registerReceiver(...)和 unregisterReceiver(...)函数中，你要的是同一个实例，因此需要将 receiver 赋值给一个实例变量。

新建一个 VisibleFragment 抽象类，继承 Fragment 类，如代码清单 28-8 所示。该类是一个隐藏前台通知的通用型 fragment。（在第 29 章，你还会编写另一个这样的 fragment。）

代码清单 28-8　VisibleFragment 自己的 receiver（VisibleFragment.kt）

```
abstract class VisibleFragment : Fragment() {

    private val onShowNotification = object : BroadcastReceiver() {
        override fun onReceive(context: Context, intent: Intent) {
            Toast.makeText(requireContext(),
                    "Got a broadcast: ${intent.action}",
                    Toast.LENGTH_LONG)
                    .show()
        }
    }

    override fun onStart() {
        super.onStart()
        val filter = IntentFilter(PollWorker.ACTION_SHOW_NOTIFICATION)
        requireActivity().registerReceiver(
            onShowNotification,
            filter,
            PollWorker.PERM_PRIVATE,
            null
        )
    }

    override fun onStop() {
        super.onStop()
        requireActivity().unregisterReceiver(onShowNotification)
    }
}
```

注意，要传入一个 IntentFilter，必须先以代码的方式创建它。这里创建的 IntentFilter 同以下 XML 文件定义的 filter 是一样的：

```
<intent-filter>
    <action android:name=
        "com.bignerdranch.android.photogallery.SHOW_NOTIFICATION" />
</intent-filter>
```

任何使用 XML 定义的 IntentFilter 均能以代码的方式定义。要在代码中配置 IntentFilter，可以直接调用 addCategory(String)、addAction(String)和 addDataPath(String)等函数。

使用动态登记的 broadcast receiver 时，要记得事后清理。通常，如果在生命周期启动函数中登记了一个 receiver，就应在相应的停止函数中调用 Context.unregisterReceiver(Broadcast-

Receiver)函数。这里，我们在 onStart()函数里登记，在 onStop()函数里撤销登记。同样，如果在 onCreate(...)函数里登记，就应在 onDestroy()函数里撤销登记。

（顺便要说的是，我们应注意在保留 fragment 中的 onCreate(...)和 onDestroy()函数的使用。设备旋转时，onCreate(...)和 onDestroy()函数中的 getActivity()函数会返回不同的值。因此，如果想在 Fragment.onCreate(...)和 Fragment.onDestroy()函数中实现登记或撤销登记，应改用 requireActivity().getApplicationContext()函数。）

接下来，修改 PhotoGalleryFragment 类，转而继承新的 VisibleFragment，如代码清单 28-9 所示。

代码清单 28-9　设置 fragment 为可见（PhotoGalleryFragment.kt）

```
class PhotoGalleryFragment : Fragment() VisibleFragment() {
  ...
}
```

运行 PhotoGallery 应用。多次开关后台结果检查服务，可看到 toast 提示消息，如图 28-2 所示。

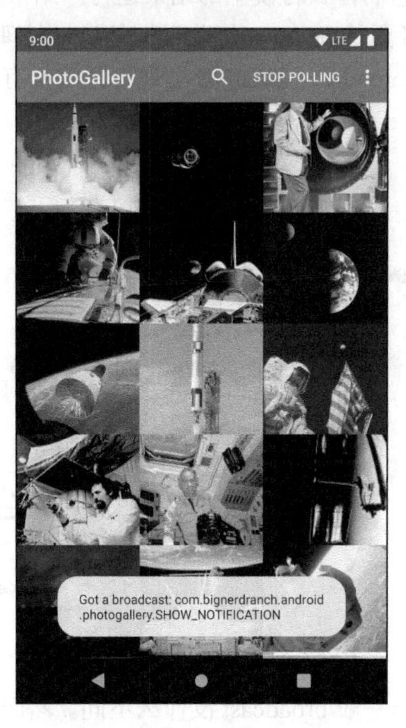

图 28-2　验证收到了 broadcast

28.2.5　使用有序 broadcast 收发数据

最后，你的任务是保证动态登记的 receiver 总是先于其他 receiver 接收到 PollWorker.ACTION_SHOW_NOTIFICATION broadcast。然后，还要修改这个 broadcast，阻止通知消息的发布。

现在，虽然可以发送个人私有的 broadcast 了，但目前还只是发而不收的单向通信，如图 28-3 所示。

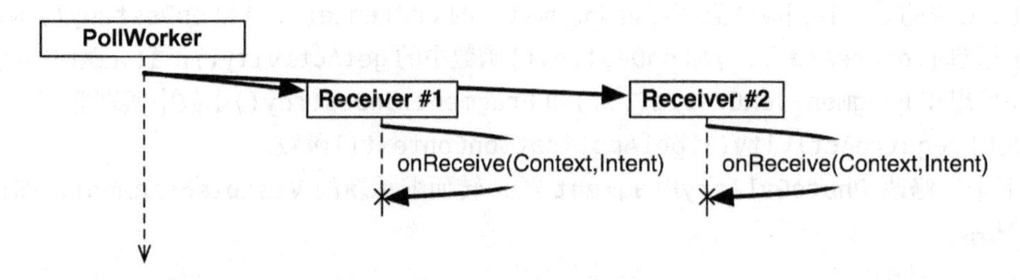

图 28-3　普通 broadcast intent

这是因为，普通 broadcast intent 只是概念上同时被所有人接收。而事实上，`onReceive(...)` 函数是在主线程上调用的，所以各个 receiver 并没有同步并发运行。因而，不可能指望它们按照某种顺序依次运行，也不知道它们什么时候全部结束运行。结果就是，无论是 broadcast receiver 之间要通信，还是 intent 发送者要从 receiver 接收反馈信息，处理起来都很困难。

不过，我们可以使用**有序** broadcast intent 来实现可预测的有序通信，如图 28-4 所示。有序 broadcast 允许多个 broadcast receiver 依序处理 broadcast intent。

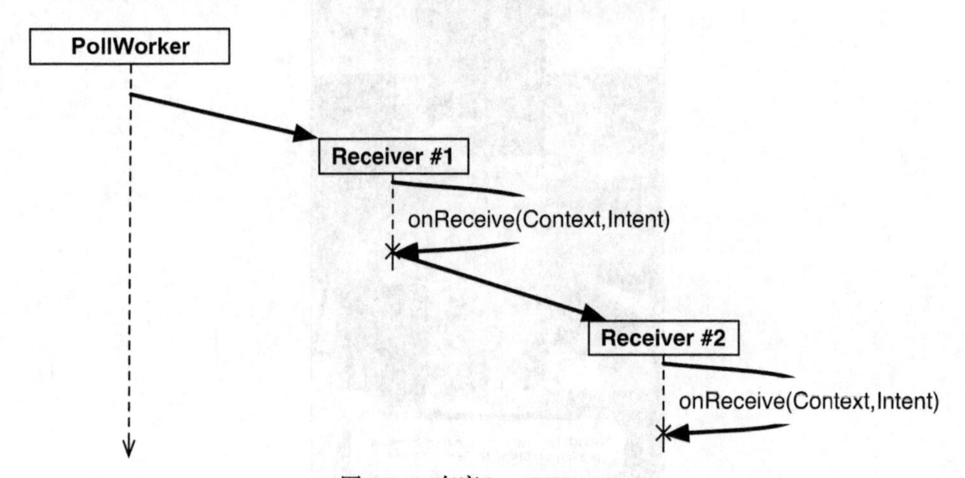

图 28-4　有序 broadcast intent

从接收方来看，这看上去与一般 broadcast 没什么不同。然而，我们因此获得了特别的工具：一套改变传递中的 intent 的函数。这里，我们需要取消通知。这很简单，使用一个简单的整型结果码（设置 `resultCode` 的属性值为 `Activity.RESULT_CANCELED`），将此要求告诉通知发送者就可以了。

修改 `VisibleFragment` 类，告诉 `SHOW_NOTIFICATION` 的发送者应该如何处置通知消息，如代码清单 28-10 所示。这个信息也会发送给接收链中的所有 broadcast receiver。

代码清单 28-10 返回一个简单结果码（VisibleFragment.kt）

```
private const val TAG = "VisibleFragment"

abstract class VisibleFragment : Fragment() {

    private val onShowNotification = object : BroadcastReceiver() {
        override fun onReceive(context: Context, intent: Intent) {
            Toast.makeText(requireActivity(),
                    "Got a broadcast:" + intent.getAction(),
                    Toast.LENGTH_LONG)
                    .show()
            // If we receive this, we're visible, so cancel
            // the notification
            Log.i(TAG, "canceling notification")
            resultCode = Activity.RESULT_CANCELED
        }
    }
    ...
}
```

我们只需要 YES 或 NO 指示，因此使用 Int 结果码就行。如需传递更多复杂数据，可设置 resultData 或调用 setResultExtras(Bundle?)函数。如需设置所有三个参数值，那就调用 setResult(Int, String?, Bundle?)函数。设定返回值后，每个后续接收者均可看到或修改它们。

为了让以上函数发挥作用，broadcast 必须有序。在 PollWorker 类中，编写一个可发送有序 broadcast 的新函数，如代码清单 28-11 所示。该函数打包一个 Notification 调用，然后以一个 broadcast 发出。在 doWork()函数中，删除原来直接发布通知给 NotificationManager 的代码，调用这个新函数发出一个有序 broadcast。

代码清单 28-11 发送有序 broadcast（PollWorker.kt）

```
class PollWorker(val context: Context, workerParams: WorkerParameters) :
    Worker(context, workerParams) {

    override fun doWork(): Result {
        ...
        val resultId = items.first().id
        if (resultId == lastResultId) {
            Log.i(TAG, "Got an old result: $resultId")
        } else {
            ...
            val notification = NotificationCompat
                .Builder(context, NOTIFICATION_CHANNEL_ID)
                ...
                .build()

            val notificationManager = NotificationManagerCompat.from(context)
            notificationManager.notify(0, notification)

            context.sendBroadcast(Intent(ACTION_SHOW_NOTIFICATION), PERM_PRIVATE)
```

```
            showBackgroundNotification(0, notification)
        }

        return Result.success()
    }

    private fun showBackgroundNotification(
        requestCode: Int,
        notification: Notification
    ) {
        val intent = Intent(ACTION_SHOW_NOTIFICATION).apply {
            putExtra(REQUEST_CODE, requestCode)
            putExtra(NOTIFICATION, notification)
        }

        context.sendOrderedBroadcast(intent, PERM_PRIVATE)
    }

    companion object {
        const val ACTION_SHOW_NOTIFICATION =
            "com.bignerdranch.android.photogallery.SHOW_NOTIFICATION"
        const val PERM_PRIVATE = "com.bignerdranch.android.photogallery.PRIVATE"
        const val REQUEST_CODE = "REQUEST_CODE"
        const val NOTIFICATION = "NOTIFICATION"
    }
}
```

Context.sendOrderedBroadcast(Intent, String?)函数用起来和 sendBroadcast(...)差不多，但它能保证你的 broadcast 一次一个地投递给各个 receiver。有序 broadcast 发送出去后，结果码会被设置为 Activity.RESULT_OK。

更新 NotificationReceiver 类，发布通知给目标用户，如代码清单 28-12 所示。

代码清单 28-12　实现 result receiver（NotificationReceiver.kt）

```
private const val TAG = "NotificationReceiver"

class NotificationReceiver : BroadcastReceiver() {

    override fun onReceive(context: Context, intent: Intent) {
        Log.i(TAG, "received broadcast: ${i.action} result: $resultCode")
        if (resultCode != Activity.RESULT_OK) {
            // A foreground activity canceled the broadcast
            return
        }

        val requestCode = intent.getIntExtra(PollWorker.REQUEST_CODE, 0)
        val notification: Notification =
            intent.getParcelableExtra(PollWorker.NOTIFICATION)

        val notificationManager = NotificationManagerCompat.from(context)
        notificationManager.notify(requestCode, notification)
    }
}
```

为保证 NotificationReceiver 在动态登记 receiver 之后接收目标 broadcast（这样，它就知道该不该向 NotificationManager 发出通知），需要为它设置一个低优先级。要让它最后一个运行，设置其优先级值为-999，这是用户能定义的最低优先级（-1000及以下值是系统保留值），如代码清单28-13所示。

代码清单 28-13 修改 notification receiver 的优先级（manifests/AndroidManifest.xml）

```
<receiver ... >
    <intent-filter android:priority="-999">
        <action
            android:name="com.bignerdranch.android.photogallery.SHOW_NOTIFICATION" />
    </intent-filter>
</receiver>
```

运行 PhotoGallery 应用，多次切换后台轮询状态。可以看到，应用开着的时候，通知信息不会出现了。

28.3 receiver 与长时运行任务

如不愿受制于主线程，希望用 broadcast intent 触发一个长时运行任务，该怎么做呢？

有两种选择。第一种选择是将任务交给服务去处理，然后通过 broadcast receiver 瞬时启动服务。这是我们首推的方式。服务可以一直运行，直到完成要处理的任务。服务还能将请求放在队列中，然后依次处理，或按其自认为合适的方式管理全部请求。服务虽然有相对较长的时间窗口来执行任务，但运行时间过长仍可能会被终止。（这个时间阈值到底是多少，不同的系统和设备都不一样，但即便是较新的主流设备，大概也就几分钟的样子。）当然，你可以破除时间限制，直接在前台运行服务。对于备份照片、播放音乐，或者逐向导航这样的耗时任务来说，这是最合适的选择。

第二种选择是使用 BroadcastReceiver.goAsync()函数。该函数返回一个 BroadcastReceiver.PendingResult 对象，随后可使用该对象提供结果。因此，可将 PendingResult 交给一个 AsyncTask 去执行长时任务，然后再调用 PendingResult 的函数响应 broadcast。

goAsync()函数的弊端是不够灵活。我们仍需快速响应 broadcast（10秒内），并且与使用服务相比，没多少架构模式可供选择了。当然，goAsync()函数也有个明显的优势：可调用该函数设置有序 broadcast 的结果。如果别无选择，必须使用，应确保尽快结束。

28

28.4 深入学习：本地事件

broadcast intent 可实现系统内全局性的消息广播。如果仅需要应用进程内的消息事件广播，该怎么做呢？答案是使用**事件总线**（event bus）。

事件总线的设计思路是，提供一个共享总线或数据流供应用内的组件订阅。事件一旦发布到总线上，各订阅组件就会被激活并执行相应的回调代码。

greenrobot 出品的 EventBus 是一个第三方事件总线库，我们已在自己开发的一些应用里用过。你也可以使用其他一些事件总线，比如 Square 的 Otto，或者 RxJava Subject 和 Observable。

为实现在应用内发送 broadcast intent，Android 自己也提供了一个名为 LocalBroadcastManager 的广播管理类。不过，两相比较，还是上述第三方类库用起来更为灵活和方便。

28.4.1　使用 EventBus

要在应用中使用 EventBus，首先需要在项目中添加依赖库。然后，就可以定义事件类了（如果需要传送数据，可以向事件里添加数据字段）：

```
class NewFriendAddedEvent(val friendName: String)
```

在应用的任何地方，都可以把消息事件发布到总线上：

```
val eventBus: EventBus = EventBus.getDefault()
eventBus.post(NewFriendAddedEvent("Susie Q"))
```

在总线上登记监听，应用的其他部分也可以订阅接收事件消息。通常，activity 或 fragment 的登记和撤销登记都是在相应的生命周期函数中处理的，比如 onStart(...)和 onStop(...)函数。

```
// In some fragment or activity...
private lateinit var eventBus: EventBus

public override fun onCreate(savedInstanceState: Bundle?) {
    super.onCreate(savedInstanceState)
    eventBus = EventBus.getDefault()
}

public override fun onStart() {
    super.onStart()
    eventBus.register(this)
}

public override fun onStop() {
    super.onStop()
    eventBus.unregister(this)
}
```

有订阅的事件消息发布时，可实施一个函数，传入合适的事件类型并添加@Subscribe 注解，让订阅者做出响应。如果使用不带参数的@Subscribe 注解，事件消息来自哪个线程，就在哪个线程上处理。如果使用@Subscribe(threadMode = ThreadMode.MAIN)，可确保事件在主线程上处理，哪怕它碰巧来自后台线程。

```
// In some registered component, like a fragment or activity...
@Subscribe(threadMode = ThreadMode.MAIN)
fun onNewFriendAdded(event: NewFriendAddedEvent) {
    // Update the UI or do something in response to an event...
}
```

28.4.2　使用 RxJava

RxJava 也能用来实现事件广播机制。RxJava 库可用来开发 reactive 风格的 Java 代码。上述 reactive 概念有深广的含义，不在本书讨论之列。简而言之，有了 RxJava，就可以发布和订阅各类事件，并且还有很多通用工具用来管理这些事件。

比如，你可以创建一个名为 Subject 的对象，然后发布事件给它以及在其上订阅事件。

```
val eventBus: Subject<Any, Any> =
        PublishSubject.create<Any>().toSerialized()
```

可以像这样发布事件给它：

```
val someNewFriend = "Susie Q"
val event = NewFriendAddedEvent(someNewFriend)
eventBus.onNext(event)
```

并且在其上订阅事件：

```
eventBus.subscribe { event: Any ->
    if (event is NewFriendAddedEvent) {
        val friendName = event.friendName
        // Update the UI
    }
}
```

RxJava 解决方案的优势在于，eventBus 现在也是个 Observable 对象（代表 RxJava 的事件流）了。这意味着 RxJava 的各种事件管理工具都可以为你所用。是不是愈发感兴趣了？去看看 RxJava 项目的 wiki 主页吧。

28.5　深入学习：受限的 Broadcast Receiver

本章开头讲过，在 Android manifest 文件里声明的 broadcast receiver 可能不会响应消息通知。另外，应用运行在 Android Oreo 或更高版本系统的设备上也会有此情况。而使用 registerReceiver(...) 动态登记的 receiver 就不会有此问题。

实际上，Android 限制 broadcast receiver 的行为方式主要是为了省电和提升用户设备的性能表现。假设你已在 manifest 文件里声明一个 broadcast receiver，你的应用也还没运行，这时，只要有广播发给你的 receiver，系统就必须启动一个处理进程。只是一两个应用有此情况还好，如果很多应用都需要接收消息，那么系统肯定会被拖慢。

证明此举会严重影响用户体验的一个例子是，用户有很多应用都来主动备份相机最新拍照，只要用户一按相机快门，系统就启动多个后台进程准备备份。显然，用户因此会觉得相机应用反应迟钝。

为消除这种性能问题，自 Android Oreo 开始，新版 Android 系统不再发送隐式广播给 manifest 文件里声明的 broadcast receiver。（不过，显式广播不受此限制，但你知道，这类广播用得少，且只能发送给一个 receiver。）

一些系统内部广播不受此限制。登记在 manifest 里用于 BOOT_COMPLETE、TIMEZONE_CHANGED 和 NEW_OUTGOING_CALL 的 broadcast receiver 还是能收到它们各自预期的广播。此类广播一般很少发，并且 Android 也没有更好的通知发送解决方案，所以它们不受限制。访问开发者文档页可以看到所有不受限的系统广播清单。

另外，本章学习过程中你也看到了，以 signature-level 权限发送的广播是不受限的。这样一来，你可以继续使用应用私有的 standalone broadcast receiver。当然，这同样适用于你开发的使用同样权限的应用。因为只有同一开发者开发的应用能发送有同样权限的广播，显然，这类广播不会给系统里的其他应用带来性能问题。

28.6　深入学习：探测 fragment 的状态

本章，在实现 PhotoGallery 应用的通知功能时，我们使用了全局性的 broadcast 机制。broadcast 虽然是全局的，但利用定制权限，我们实现限定 broadcast intent 只能在应用内接收。这就不免让人疑惑："既然要限制，为什么还要使用全局机制？使用本地 broadcast 机制不是更好吗？"

这是因为有个难题要解决：如何判断 PhotoGalleryFragment 的活动状态。最终，利用有序 broadcast、standalone receiver 以及动态登记的 receiver，问题总算解决了。虽然没那么干净利落，但这是 Android 目前能提供的最好解决方案。

总而言之，不用本地 broadcast 机制，就是因为 LocalBroadcastManager 既无法处理 PhotoGallery 应用里的这种 broadcast 通知，也无法知晓 fragment 的状态。如果继续深究，原因不外乎两点。

首先，LocalBroadcastManager 不支持有序 broadcast（虽然它有个 sendBroadcastSync(Intent)函数，但依然不行），而在 PhotoGallery 应用中，不使用有序 broadcast，就无法控制 NotificationReceiver 最后一个运行。

其次，sendBroadcastSync(Intent)函数不支持在独立线程上发送和接收 broadcast。而在 PhotoGallery 应用中，需要在后台线程上发送 broadcast（使用 PollWorker.doWork()函数），在主线程上接收 intent（在主线程上的 onStart(...)函数中使用 PhotoGalleryFragment 登记的动态 receiver）。

本书撰写时，关于 LocalBroadcastManager 究竟是如何处理线程上的 broadcast 投递的，Android 还没有确切的说明。但经验告诉我们，它是有规律可循的。例如，如果从后台线程调用 sendBroadcastSync(...)，所有的 pending broadcast 都会在后台线程上涌出，不管是不是来自主线程。

当然，LocalBroadcastManager 也不是一无是处，只不过不适合解决本章的问题而已。

第 29 章

网页浏览

29

从 Flickr 下载的图片都有其关联网页。本章，我们继续升级 PhotoGallery 应用，让用户点击图片就能看到它的 Flickr 网页。我们会以两种不同的方式整合网页内容，结果如图 29-1 所示。左边是使用浏览器应用查看网页，右边是使用 WebView 在应用中显示网页。

图 29-1　以两种方式呈现 Web 内容

29.1　最后一段 Flickr 数据

无论采用哪种方式，都需要取得 Flickr 图片页的 URL。如果查看下载图片的 JSON 文件，可看到图片的网页地址并不包含在内。

```
{
  "photos": {
    ...,
    "photo": [
      {
        "id": "9452133594",
        "owner": "44494372@N05",
        "secret": "d6d20af93e",
        "server": "7365",
        "farm": 8,
        "title": "Low and Wisoff at Work",
        "ispublic": 1,
        "isfriend": 0,
        "isfamily": 0,
        "url_s":"https://farm8.staticflickr.com/7365/9452133594_d6d20af93e_m.jpg"
      }, ...
    ]
  },
  "stat": "ok"
}
```


注意，url_s 是小尺寸版图片的 URL（你需要的是全尺寸版图片）。

因此，你想当然地认为需要获取更多 JSON 内容才行。实际上，并不是这样的。查看 Flickr 官方文档的 Web Page URLs 部分可知，可按以下格式创建单个图片的 URL：

`http://www.flickr.com/photos/user-id/photo-id`

这里的 `photo-id` 即 JSON 数据里的 `id` 属性值。该值已保存在 `GalleryItem` 类的 `id` 属性中。那么 `user-id` 呢？继续查阅 Flickr 文档可知，JSON 文件的 `owner` 属性值就是用户 ID。因此，只需从 JSON 文件解析出 `owner` 属性值，即可创建图片的完整 URL：

`http://www.flickr.com/photos/owner/id`

在 `GalleryItem` 中添加代码清单 29-1 所示代码，创建图片 URL。

代码清单 29-1　添加创建图片 URL 的代码（GalleryItem.kt）

```kotlin
data class GalleryItem(
    var title: String = "",
    var id: String = "",
    @SerializedName("url_s") var url: String = "",
    @SerializedName("owner") var owner: String = ""
) {
    val photoPageUri: Uri
        get() {
            return Uri.parse("https://www.flickr.com/photos/")
                .buildUpon()
                .appendPath(owner)
                .appendPath(id)
                .build()
        }
}
```

以上代码新建了一个 owner 属性，以及一个生成图片 URL 的 photoPageUri 计算属性。Gson 已经帮你把 JSON 数据解析到 GalleryItem 中，无须额外编码就可以直接使用 photoPageUri 属性了。

29.2　简单方式：使用隐式 intent

使用隐式 intent 这个老朋友来访问图片 URL。隐式 intent 可启动浏览器，并在其中打开图片 URL 指向的网页。

首先，监听 RecyclerView 显示项的点击事件。更新 PhotoGalleryFragment 类的 PhotoHolder，实现一个可以发送隐式 intent 的事件监听函数，如代码清单 29-2 所示。

代码清单 29-2　通过隐式 intent 实现网页浏览（PhotoGalleryFragment.kt）

```
class PhotoGalleryFragment : VisibleFragment() {
    ...
    private inner class PhotoHolder(private val itemImageView: ImageView)
        : RecyclerView.ViewHolder(itemImageView),
        View.OnClickListener {

        private lateinit var galleryItem: GalleryItem

        init {
            itemView.setOnClickListener(this)
        }

        val bindDrawable: (Drawable) -> Unit = itemImageView::setImageDrawable

        fun bindGalleryItem(item: GalleryItem) {
            galleryItem = item
        }

        override fun onClick(view: View) {
            val intent = Intent(Intent.ACTION_VIEW, galleryItem.photoPageUri)
            startActivity(intent)
        }
    }
    ...
}
```

给 PhotoHolder 类添加 inner 关键字能让你访问外部类的属性和函数。这里的应用就是从 PhotoHolder 里调用 Fragment.startActivity(Intent)。

然后，在 PhotoAdapter.onBindViewHolder(...) 函数中绑定 PhotoHolder 给 GalleryItem，如代码清单 29-3 所示。

代码清单 29-3　绑定 GalleryItem（PhotoGalleryFragment.kt）

```
class PhotoGalleryFragment : VisibleFragment() {
    ...
    private inner class PhotoAdapter(private val galleryItems: List>GalleryItem>) :
```

```
        RecyclerView.Adapter<PhotoHolder>() {
    ...
    override fun onBindViewHolder(holder: PhotoHolder, position: Int) {
        val galleryItem = galleryItems[position]
        holder.bindGalleryItem(galleryItem)
        val placeholder: Drawable = ContextCompat.getDrawable(
            requireContext(),
            R.drawable.bill_up_close
        ) ?: ColorDrawable()
        holder.bindDrawable(placeholder)
        thumbnailDownloader.queueThumbnail(holder, galleryItem.url)
    }
}
...
}
```

搞定了。启动 PhotoGallery 应用并点击任意图片。浏览器应用应该会弹出并加载显示对应的图片网页（类似图 29-1 的左边）。

29.3 较难的方式：使用 WebView

使用隐式 intent 打开图片网页既简单又高效。但是，如果不想打开独立的浏览器怎么办？

通常，我们只想在 activity 中显示网页内容，而不是打开浏览器。这么做或许是想显示自己生成的 HTML，或许是想以某种方式限制用户使用浏览器。对于大多数需要帮助文档的应用，常见的做法就是以网页的形式提供帮助文档，这样会方便后期的更新与维护。打开浏览器查看帮助文档，既不专业，又妨碍定制应用行为，无法将网页整合进自己的用户界面。

如果想在应用里显示网页内容，你可以使用 `WebView` 类。这就是我们说的较难的方式，但实际也没那么难。（当然，相对隐式 intent 来说，要困难一些。）

首先，创建一个 activity 以及一个显示 `WebView` 的 fragment。依惯例先定义一个名为 res/layout/fragment_photo_page.xml 的布局文件。使用一个 `ConstraintLayout` 作为一级部件。在布局编辑窗口，安排一个 `WebView` 作为 `ConstraintLayout` 的子部件。（`WebView` 位于 Containers 区的下面。）

添加完 `WebView`，相对其父部件，为每一边添加一个约束。具体如下：

- 从 `WebView` 顶部到其父部件顶部；
- 从 `WebView` 底部到其父部件底部；
- 从 `WebView` 左边到其父部件左边；
- 从 `WebView` 右边到其父部件右边。

最后，高和宽设置为 Match Constraint 并设置所有的 margin 为 0。另外，别忘了给 `WebView` 一个 ID：web_view。

是不是认为这里的 `ConstraintLayout` 没什么用？现在是这样，稍后会添加更多部件来完善它。

接下来创建 fragment。新建 `PhotoPageFragment` 类，继承上一章的 `VisibleFragment` 类。

然后，在这个新类中，实例化布局文件，引用 WebView，并转发从 intent 数据中获取的 URL，如代码清单 29-4 所示。

代码清单 29-4 创建网页浏览 fragment（PhotoPageFragment.kt）

```
private const val ARG_URI = "photo_page_url"

class PhotoPageFragment : VisibleFragment() {

    private lateinit var uri: Uri
    private lateinit var webView: WebView

    override fun onCreate(savedInstanceState: Bundle?) {
        super.onCreate(savedInstanceState)

        uri = arguments?.getParcelable(ARG_URI) ?: Uri.EMPTY
    }

    override fun onCreateView(
        inflater: LayoutInflater,
        container: ViewGroup?,
        savedInstanceState: Bundle?
    ): View? {
        val view = inflater.inflate(R.layout.fragment_photo_page, container, false)

        webView = view.findViewById(R.id.web_view)

        return view
    }

    companion object {
        fun newInstance(uri: Uri): PhotoPageFragment {
            return PhotoPageFragment().apply {
                arguments = Bundle().apply {
                    putParcelable(ARG_URI, uri)
                }
            }
        }
    }
}
```

当前，PhotoPageFragment 类还未完成，稍后再来完成它。接下来，新建 PhotoPageActivity 托管类来托管 PhotoPageFragment，如代码清单 29-5 所示。

代码清单 29-5 创建显示网页的 activity（PhotoPageActivity.kt）

```
class PhotoPageActivity : AppCompatActivity() {

    override fun onCreate(savedInstanceState: Bundle?) {
        super.onCreate(savedInstanceState)
        setContentView(R.layout.activity_photo_page)

        val fm = supportFragmentManager
```

```
        val currentFragment = fm.findFragmentById(R.id.fragment_container)

        if (currentFragment == null) {
            val fragment = PhotoPageFragment.newInstance(intent.data)
            fm.beginTransaction()
                .add(R.id.fragment_container, fragment)
                .commit()
        }
    }

    companion object {
        fun newIntent(context: Context, photoPageUri: Uri): Intent {
            return Intent(context, PhotoPageActivity::class.java).apply {
                data = photoPageUri
            }
        }
    }
}
```

创建 PhotoPageActivity 对应的 res/layout/activity_photo_page.xml 布局文件，定义一个 FrameLayout 部件，设置其 ID 为 fragment_container，如代码清单 29-6 所示。

代码清单 29-6　添加 activity 布局（res/layout/activity_photo_page.xml）

```
<?xml version="1.0" encoding="utf-8"?>
<FrameLayout
        xmlns:android="http://schemas.android.com/apk/res/android"
        android:id="@+id/fragment_container"
        android:layout_width="match_parent"
        android:layout_height="match_parent"/>
```

回到 PhotoGalleryFragment 类中，弃用隐式 intent，启动新建的 activity，如代码清单 29-7 所示

代码清单 29-7　启动新建的 activity（PhotoGalleryFragment.kt）

```
class PhotoGalleryFragment : VisibleFragment() {
    ...
    private inner class PhotoHolder(private val itemImageView: ImageView)
        : RecyclerView.ViewHolder(itemImageView),
            View.OnClickListener {
        ...
        override fun onClick(view: View) {
            val intent = Intent(Intent.ACTION_VIEW, galleryItem.photoPageUri)
            val intent = PhotoPageActivity
                .newIntent(requireContext(), galleryItem.photoPageUri)
            startActivity(intent)
        }
    }
    ...
}
```

最后，在配置文件中声明新建的 activity，如代码清单 29-8 所示。

代码清单 29-8 在配置文件中声明 activity（manifests/AndroidManifest.xml）

```
<manifest ... >
    ...
    <application
        ... >
        <activity android:name=".PhotoGalleryActivity">
            ...
        </activity>
        <activity android:name=".PhotoPageActivity"/>
        <receiver android:name=".NotificationReceiver"
                  ... >
            ...
        </receiver>
    </application>
</manifest>
```

运行 PhotoGallery 应用，点击任意图片，可看到一个新的空 activity 弹出。

好了，现在来处理关键部分，让 fragment 发挥其作用。WebView 要显示 Flickr 图片网页，需做三件事。

首先是告诉 WebView 要打开的 URL。

其次是启用 JavaScript。JavaScript 默认是禁用的。虽然并不总是需要启用它，但 Flickr 网站需要。[启用 JavaScript 后，Android Lint 会提示警告信息（担心跨网站的脚本攻击），可以使用 @SuppressLint("SetJavaScriptEnabled")注解 onCreateView(...)函数以禁止 Lint 的警告。]

最后，需要实现一个 WebViewClient 类（用来响应 WebView 上的渲染事件）。添加代码清单 29-9 所示代码。然后，我们来详细解读 PhotoPageFragment 类。

代码清单 29-9 加载 URL（PhotoPageFragment.kt）

```
class PhotoPageFragment : VisibleFragment() {
    ...
    @SuppressLint("SetJavaScriptEnabled")
    override fun onCreateView(
        inflater: LayoutInflater,
        container: ViewGroup?,
        savedInstanceState: Bundle?
    ): View? {
        val view = inflater.inflate(R.layout.fragment_photo_page, container, false)

        webView = view.findViewById(R.id.web_view)
        webView.settings.javaScriptEnabled = true
        webView.webViewClient = WebViewClient()
        webView.loadUrl(uri.toString())

        return view
    }
    ...
}
```

加载 URL 必须等 WebView 配置完成后进行，因此最后再执行这一操作。在此之前，首先访问 settings 属性获得 WebSettings 实例，再设置 WebSettings.javaScriptEnabled = true 启用 JavaScript。WebSettings 是修改 WebView 配置的三种途径之一。另外还有其他一些可设置属性，如用户代理字符串和显示文字大小。

然后，给 WebView 添加一个 WebViewClient。为什么要添加？解释之前，我们先看看没有它会发生什么。

载入一个新 URL 有好几种方式：当前页面刷新让你转入另一个 URL（一个重定向），或者点击一个链接载入。如果没有 WebViewClient，WebView 会要求 activity 管理器找一个新 activity 来载入新 URL。

这不是我们想要的。如果从手机浏览器加载，许多网址（包括 Flickr 图片网页）会重定向到移动版本的网址。因此，发送一个隐式 intent 启动其他浏览器应用解决不了问题。我们需要在自己应用里展示网页。

给 WebView 添加一个 WebViewClient，事情就不一样了。现在，WebView 不会再去麻烦 activity 管理器，它会去找 WebViewClient。按照 WebViewClient 的默认实现，它会说："WebView，自己载入 URL 吧。"这样，目标网页就在 WebView 中打开了。

运行应用，点击任意图片，应该可以看到显示对应图片的 WebView（类似图 29-1 的右边）。

使用 WebChromeClient 优化 WebView 显示

既然花时间实现了自己的 WebView，接下来开始优化，为它添加网页标题和进度条。这些 WebView 外面的装饰和 UI 部分有个名字叫 chrome（不要和 Google 的 Chrome 浏览器搞混了）。

以预览的方式打开 fragment_photo_page.xml，拖入一个 ProgressBar 部件作为 ConstraintLayout 的第二个子部件［使用 ProgressBar（Horizontal）版本］。删除 WebView 最上面的约束。然后为方便使用它的约束 handle，设置其高度值为 Fixed。

完成后，再创建以下额外约束。

- 从 ProgressBar 到其父部件的上、左、右。
- 从 WebView 的顶部到 ProgressBar 的底部。

接下来，重置 WebView 的高度为 Match Constraint，重置 ProgressBar 的高度为 wrap_content、宽度为 Match Constraint。

最后，选中 ProgressBar 部件，在右边的属性窗口，将 visibility 和 tools visibility 分别设置为 gone 和 visible，最后重命名其 ID 为 progress_bar。完成后的结果如图 29-2 所示。

图 29-2 添加 ProgressBar

为使用 ProgressBar，还需使用 WebView:WebChromeClient 的第二个回调函数。如果说 WebViewClient 是响应渲染事件的接口，那么 WebChromeClient 就是一个事件接口，用来响应那些改变浏览器中装饰元素的事件。这包括 JavaScript 警告信息、网页图标、状态条加载，以及当前网页标题的刷新。

在 onCreateView(...)函数中，编码实现使用 WebChromeClient，如代码清单 29-10 所示。

代码清单 29-10 使用 WebChromeClient（PhotoPageFragment.kt）

```
class PhotoPageFragment : VisibleFragment() {

    private lateinit var uri: Uri
    private lateinit var webView: WebView
    private lateinit var progressBar: ProgressBar
    ...
    @SuppressLint("SetJavaScriptEnabled")
    override fun onCreateView(
        inflater: LayoutInflater,
        container: ViewGroup?,
        savedInstanceState: Bundle?
    ): View? {
        val view = inflater.inflate(R.layout.fragment_photo_page, container, false)

        progressBar = view.findViewById(R.id.progress_bar)
        progressBar.max = 100

        webView = view.findViewById(R.id.web_view)
```

29

```
        webView.settings.javaScriptEnabled = true
        webView.webChromeClient = object : WebChromeClient() {
            override fun onProgressChanged(webView: WebView, newProgress: Int) {
                if (newProgress == 100) {
                    progressBar.visibility = View.GONE
                } else {
                    progressBar.visibility = View.VISIBLE
                    progressBar.progress = newProgress
                }
            }

            override fun onReceivedTitle(view: WebView?, title: String?) {
                (activity as AppCompatActivity).supportActionBar?.subtitle = title
            }
        }
        webView.webViewClient = WebViewClient()
        webView.loadUrl(uri.toString())

        return view
    }
    ...
}
```

进度条和标题栏更新都有各自的回调函数，即 onProgressChanged(WebView, Int)和onReceivedTitle(WebView, String)函数。从 onProgressChanged(WebView, Int)函数收到的网页加载进度是一个从0到100的整数值。如果值是100，说明网页已完成加载，因此需设置进度条可见性为View.GONE，将ProgressBar视图隐藏起来。

运行PhotoGallery应用。现在，应看到如图29-3所示的应用画面。

图29-3　漂亮的WebView

点击任意图片，PhotoPageActivity 会出现。网页加载时，会出现进度条，工具栏会出现来自 onReceivedTitle(...)函数的子标题。页面加载完毕，进度条随即消失。

29.4 处理 WebView 的设备旋转问题

尝试旋转设备屏幕。尽管应用工作如常，但 WebView 重新加载了网页。这是因为 WebView 包含太多数据，无法在 onSaveInstanceState(...)函数内全部保存。每次设备旋转，它都必须从头开始加载网页数据。

是不是想到了 PhotoPageFragment 保留？不好意思，这里行不通。因为 WebView 是视图层级结构的一部分，所以旋转后它肯定会销毁并重建。

对于一些类似的类（比如 VideoView），Android 文档推荐让 activity 自己处理设备配置变更。也就是说，无须销毁重建 activity，就能直接调整自己的视图以适应新的屏幕尺寸。这样，WebView 也就不必重新加载全部数据了。

为了让 PhotoPageActivity 自己处理设备配置调整，在 manifests/AndroidManifest.xml 文件中做如下调整，如代码清单 29-11 所示。

代码清单 29-11 自己处理设备配置更改（manifests/AndroidManifest.xml）

```
<manifest ... >
    ...
    <activity android:name=".PhotoPageActivity"
        android:configChanges="keyboardHidden|orientation|screenSize" />
      ...
</manifest>
```

android:configChanges 属性表明，如果因键盘开或关、屏幕方向改变、屏幕大小改变（也包括 Android 3.2 之后的屏幕方向变化）而发生设备配置更改，那么 activity 应自己处理配置更改。事实上，视图会自适应新屏幕尺寸，所以无须额外做一些事情来处理设备的配置变化。

运行应用，再次尝试旋转设备，一切都完美了。

自己处理配置更改的风险

自己处理设备配置更改，我们轻松搞定了 WebView 的设备旋转问题。既然这么简单，为什么不全面推广使用这个方法呢？实际上，事情没那么简单，自己处理配置变更也是有风险的。

首先，资源修饰符无法自动工作了。如果检测到设备配置改变，开发人员则必须手动重载视图。这实际是非常棘手的。

其次，也是更重要的一点，既然 activity 自己处理配置更改了，你很可能不会去覆盖 Activity.onSavedInstanceState(...)函数存储 UI 状态。然而，这依然是必需的，即使自己处理设备配置更改也是一样。因为低内存情况还是要考虑的。（还记得吗？activity 不运行的时候，系统可能会销毁并暂存它的状态，比如在图 4-9 中看到的那样。）

29.5 WebView 与定制 UI

要想完全控制应用的外观和行为表现就得使用原生定制 UI（而不是 WebView）。对用户来说，原生定制 UI 的应用响应更迅速，风格更统一。但使用 WebView 显示网页内容也有其优势。

例如，在 WebView 里显示 Flickr 网站内容方便你快速引入各种新特性。像图片描述、用户账号，或者其他要显示的图片信息等，Flickr 网站中都有现成的，你不用费心去抓取解析，然后再设法展示，直接显示网页内容就可以。

另外，直接显示网页内容还有个优点：即使网页内容随时在变，你的应用也无须跟着改变。例如，如果应用需要展示一些隐私政策或服务条款，你可以选择不在应用里硬编码展示文档，直接展示一个网页。这样，任何内容更新直接推送到网站就可以了，应用完全不用升级。

29.6 深入学习：注入 JavaScript 对象

你已经知道如何使用 WebViewClient 和 WebChromeClient 类响应发生在 WebView 里的特定事件。不过，通过注入任意 JavaScript 对象到 WebView 本身包含的文档中，你还可以做更多事。打开文档网页，找到 addJavascriptInterface(Object, String)函数看看。虽然用的是 Java 方法签名，但 Object 参数就相当于 Kotlin 里的 Any。使用该方法，可注入任意 JavaScript 对象到指定文档中：

```
webView.addJavascriptInterface(object : Any() {
    @JavascriptInterface
    fun send(message: String) {
        Log.i(TAG, "Received message: $message")
    }
}, "androidObject")
```

然后按如下方式调用：

```
<input type="button" value="In WebView!"
    onClick="sendToAndroid('In Android land')" />

<script type="text/javascript">
    function sendToAndroid(message) {
        androidObject.send(message);
    }
</script>
```

上述代码有些地方值得讨论。首先，调用 send(String)函数时，它不是在主线程上，而是在 WebView 拥有的线程上被调用的。因此，要是有 Android UI 更新任务，你需要使用 Handler 将控制传回主线程。

其次，除了 String，其他好多数据类型都没法支持。如果有其他复杂数据类型，那只能转成 String 类型，比如，转成常见的 JSON 格式。使用者收到后，自己再去按需解析。

自 Jelly Bean 4.2（API 17）开始，只有以@JavascriptInterface 注解的公共函数才会暴露给 JavaScrpit。在这之前，所有对象树中的公共函数都是开放访问的。

这可能有风险，因为一些潜在问题网页能够直接接触到应用。安全起见，要么自己掌控局面，要么严控不暴露自己的接口。

29.7 深入学习：WebView 升级

基于 Chromium 开源项目开发，WebView 有和 Android 版 Chrome 应用一样的渲染引擎。它们的页面外观和浏览器行为也基本能保持一致。（然而，WebView 并不具有 Android Chrome 的全部特性。）

WebView 的 Chromium 本质表明，在 Web 标准和 JavaScript 上它也一直保持最新。从开发者的角度看，一个最令人兴奋的新特性就是，WebView 终于支持使用 Chrome DevTools 进行远程调试了（调用 `WebView.setWebContentsDebuggingEnabled()` 函数开启）。

自 Lollipop（Android 5.0）开始，WebView 的 Chromium 层会自动从 Google Play 商店更新。等 Android 发布新系统版本才能升级安全补丁或用上新功能的日子终于熬到头了。到了 Nougat（Android 7.0），WebView 的 Chromium 层又改为直接来自 Chrome APK 安装包。这变化也太快了。不过，无论如何，知道 Google 一直在更新 WebView，我们也就放心了。

29.8 深入学习：Chrome Custom Tabs

我们已经知道，显示网页内容有两种方式：启动用户的网页浏览器和在应用里嵌入网页内容。混合这两种方式，Google 很快又为开发人员提供了第三种方式：Chrome Custom Tabs。

有了 Chrome Custom Tabs，你可以在应用里启动一个 Chrome 网页浏览器，其看起来就像应用里的原生定制界面一般。你也可以定制 Chrome Custom Tabs 的外观，让它看起来已融入你的应用，用户用起来就像没离开过应用一般。图 29-4 所示就是一个使用例子。可以看到，整个画面看起来就是 Google Chrome 和 PhotoPageActivity 的一种混合。

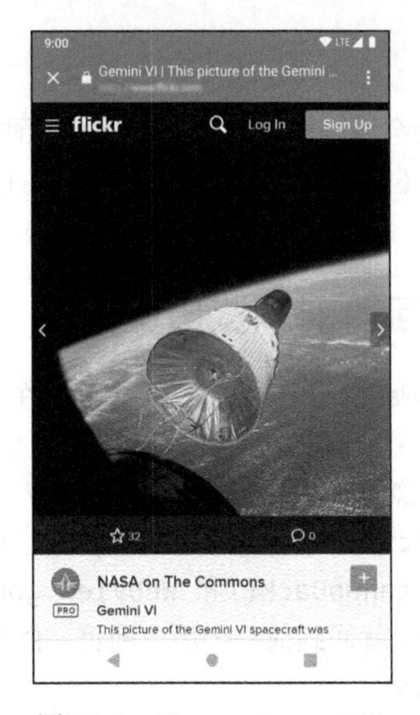

图 29-4 Chrome Custom Tab

Chrome Custom Tab 用起来和 Chrome 差不多。它甚至能访问到 Chrome 浏览器保存的用户密码、浏览器缓存和 Cookies。也就是说，如果用户在 Chrome 浏览器里登录了 Flickr，那么，在 Chrome Custom Tab 里打开 Flickr，也能自动登录。显然，要是使用 WebView，你肯定做不到这样。

当然，Chrome Custom Tab 也不是万能的，相比 WebView，要想控制如何显示内容就没那么容易了。例如，Chrome Custom Tab 无法半屏显示内容，你也无法在其界面的底部添加导航按钮。

要使用 Chrome Custom Tab，首先要添加以下依赖项：

```
implementation 'androidx.browser:browser:1.0.0'
```

随后，就可以编码启动 Chrome Custom Tab 了。例如，在 PhotoGallery 里，你可以这样启动它：

```
class PhotoGalleryFragment : VisibleFragment() {
    ...
    private inner class PhotoHolder(private val itemImageView: ImageView)
        : RecyclerView.ViewHolder(itemImageView),
            View.OnClickListener {
        ...
        override fun onClick(view: View) {
            val intent = PhotoPageActivity
                .newIntent(requireContext(), galleryItem.photoPageUri)
            startActivity(intent)

            CustomTabsIntent.Builder()
                .setToolbarColor(ContextCompat.getColor(
                    requireContext(), R.color.colorPrimary))
                .setShowTitle(true)
                .build()
                .launchUrl(requireContext(), galleryItem.photoPageUri)
        }
    }
    ...
}
```

然后，用户点击某张图片，就会看到如图 29-4 所示的应用画面。（如果用户设备上的 Chrome 版本低于 45，那么 PhotoGallery 还是会后退使用系统浏览器，这就相当于用隐式 intent 方式浏览网页。）

29.9　挑战练习：使用回退键浏览历史网页

你或许注意到了，启动 PhotoPageActivity 之后，还可以在 WebView 中点击跳转到其他链接。然而，不管如何跳转，访问了多少个网页，只要按回退键，就会立即回到 PhotoGalleryActivity。如果想使用回退键在 WebView 里浏览历史网页，该怎么做呢？

提示：首先覆盖回退键函数 Activity.onBackPressed()。在该函数内，再搭配使用 WebView 的历史记录浏览函数（WebView.canGoBack()和 WebView.goBack()）实现想要的浏览逻辑。如果 WebView 里有历史浏览记录，就回到前一个历史网页，否则调用 super.onBackPressed() 函数回到 PhotoGalleryActivity。

第 30 章

定制视图与触摸事件

本章，通过开发一个名为 BoxDrawingView 的定制 View 子类，我们来学习如何处理触摸事件。在新项目 DragAndDraw 中，这个定制 View 会响应用户的触摸与拖动，在屏幕上绘制出矩形框，如图 30-1 所示。

图 30-1　各种形状大小的绘制框

30.1　创建 DragAndDraw 项目

创建 DragAndDraw 新项目，最低 SDK 版本选择 API 21 并使用 AndroidX artifacts。新建空启动 activity 并命名为 DragAndDrawActivity。

DragAndDrawActivity 是 AppCompatActivity 的子类，它的布局由 BoxDrawingView 定制视图组成。稍后会创建这个定制视图类。BoxDrawingView 会处理所有的图形绘制和触摸事件。

30.2　创建定制视图

Android 为开发者准备了很多标准视图与部件，但有时为追求独特的应用视觉效果，创建定制视图不可避免。

虽然定制视图很多，但总体归为以下两大类别。

- **简单视图**。简单视图内部也可以很复杂，之所以归为简单类别，是因为简单视图不包括子视图。简单视图几乎总是用来处理定制绘制。
- **聚合视图**。聚合视图由其他视图对象组成。聚合视图通常用来管理子视图，但不负责处理定制绘制。图形绘制任务都委托给了各个子视图。

以下为创建定制视图的三个步骤。

(1) 选择超类。对于简单定制视图而言，View 是个空白画布，因此它作为超类最常见。对于聚合定制视图，我们应选择合适的超类布局，比如 FrameLayout。

(2) 继承选定的超类，覆盖超类的构造函数。

(3) 覆盖其他关键函数，以定制行为。

创建 BoxDrawingView 视图

BoxDrawingView 是个简单视图，同时也是 View 的直接子类。

以 View 为超类，新建 BoxDrawingView 类。在 BoxDrawingView.kt 中，添加一个构造函数。该构造函数需要两个参数：一个是 Context 对象，另一个是默认值为 null 的可空 AttributeSet，如代码清单 30-1 所示。

代码清单 30-1　初始 BoxDrawingView 视图类（BoxDrawingView.kt）

```
class BoxDrawingView(context: Context, attrs: AttributeSet? = null) :
        View(context, attrs) {

}
```

设置 AttributeSet 默认值为空的妙处是，一下就为视图提供了两个构造函数。这两个构造函数都是必需的，因为视图可从代码或者布局文件实例化。从布局文件中实例化的视图会收到一个 AttributeSet 实例，该实例包含了 XML 布局文件中指定的 XML 属性。即使不打算使用这两个构造函数，按习惯做法也应添加它们。

接下来，更新 res/layout/activity_drag_and_draw.xml 布局文件，以使用 BoxDrawingView 视图，如代码清单 30-2 所示。

代码清单 30-2 在布局中添加 BoxDrawingView（res/layout/activity_drag_and_draw.xml）

```
<androidx.constraintlayout.widget.ConstraintLayout
    xmlns:android="http://schemas.android.com/apk/res/android"
    xmlns:app="http://schemas.android.com/apk/res-auto"
    xmlns:tools="http://schemas.android.com/tools"
    android:layout_width="match_parent"
    android:layout_height="match_parent"
    tools:context="com.bignerdranch.android.draganddraw.DragAndDrawActivity">
</androidx.constraintlayout.widget.ConstraintLayout>
<com.bignerdranch.android.draganddraw.BoxDrawingView
    xmlns:android="http://schemas.android.com/apk/res/android"
    android:layout_width="match_parent"
    android:layout_height="match_parent" />
```

注意，应给出 BoxDrawingView 的全路径类名，这样布局 inflater 才能够找到它。布局 inflater 解析布局 XML 文件，并按视图定义创建 View 实例。如果不给全路径类名，布局 inflater 会转而在 android.view 和 android.widget 包中寻找同名类。显然，如果目标视图类在其他包里，那么布局 inflater 就找不到它，应用就会崩溃。

因此，对于 android.view 和 android.widget 包以外的定制视图类，必须指定它们的全路径类名。

运行 DragAndDraw 应用，如果一切正常，屏幕上会出现一个空视图，如图 30-2 所示。

图 30-2 未绘制的 BoxDrawingView

接下来，让 BoxDrawingView 监听触摸事件，并根据指令在屏幕上绘制矩形框。

30.3 处理触摸事件

监听触摸事件的一种方式是使用以下 View 函数，设置一个触摸事件监听器：

```
fun setOnTouchListener(l: View.OnTouchListener)
```

该函数的工作方式与 setOnClickListener(View.OnClickListener)相同。实现 View.OnTouchListener 接口，供触摸事件发生时触发调用。

不过，由于定制视图是 View 的子类，因此也可走捷径直接覆盖以下 View 函数：

```
override fun onTouchEvent(event: MotionEvent): Boolean
```

该函数接收一个 MotionEvent 类实例。这个类的作用是描述包括位置和动作（action）的触摸事件。动作的作用是描述事件所处的阶段。如表 30-1 所示。

表 30-1　动作常量与动作描述

动作常量	动作描述
ACTION_DOWN	手指触摸到屏幕
ACTION_MOVE	手指在屏幕上移动
ACTION_UP	手指离开屏幕
ACTION_CANCEL	父视图拦截了触摸事件

在 onTouchEvent(MotionEvent)实现中，可调用以下 MotionEvent 函数查看动作值：

```
final fun getAction(): Int
```

在 BoxDrawingView.kt 中，添加一个日志 tag，然后实现 onTouchEvent(MotionEvent)函数，记录可能发生的四个不同动作，如代码清单 30-3 所示。

代码清单 30-3　实现 BoxDrawingView 视图类（BoxDrawingView.kt）

```
private const val TAG = "BoxDrawingView"

class BoxDrawingView(context: Context, attrs: AttributeSet? = null) :
        View(context, attrs) {

    override fun onTouchEvent(event: MotionEvent): Boolean {
        val current = PointF(event.x, event.y)
        var action = ""
        when (event.action) {
            MotionEvent.ACTION_DOWN -> {
                action = "ACTION_DOWN"
            }
            MotionEvent.ACTION_MOVE -> {
                action = "ACTION_MOVE"
            }
            MotionEvent.ACTION_UP -> {
                action = "ACTION_UP"
            }
```

```
            MotionEvent.ACTION_CANCEL -> {
                action = "ACTION_CANCEL"
            }
        }

        Log.i(TAG, "$action at x=${current.x}, y=${current.y}")

        return true
    }
}
```

注意，*X*和 *Y*坐标已经封装到一个名为 PointF 的对象中。稍后，我们需要同时传递这两个坐标值。Android 提供的 PointF 容器类刚好满足了这一需求。

运行 DragAndDraw 应用并打开 LogCat 窗口。触摸屏幕并移动手指（在模拟设备上是点击并拖曳）。可以看到，BoxDrawingView 接收的每一个触摸动作的 *X*和 *Y*坐标都被记录了下来。

跟踪运动事件

不仅仅是记录坐标，BoxDrawingView 还要能在屏幕上绘制矩形框。要实现这一目标，有几个问题需要解决。

首先，要知道定义矩形框的两个坐标点：原始坐标点（手指的初始位置）和当前坐标点（手指的当前位置）。

其次，定义一个矩形框，还需追踪记录来自多个 MotionEvent 的数据。这些数据会保存在 Box 对象中。

新建一个 Box 类，用于表示一个矩形框的定义数据，如代码清单 30-4 所示。

代码清单 30-4　添加 Box 类（Box.kt）

```
class Box(val start: PointF) {

    var end: PointF = start

    val left: Float
        get() = Math.min(start.x, end.x)

    val right: Float
        get() = Math.max(start.x, end.x)

    val top: Float
        get() = Math.min(start.y, end.y)

    val bottom: Float
        get() = Math.max(start.y, end.y)

}
```

用户触摸 BoxDrawingView 视图界面时，新 Box 对象会创建并添加到现有矩形框数组中，如图 30-3 所示。

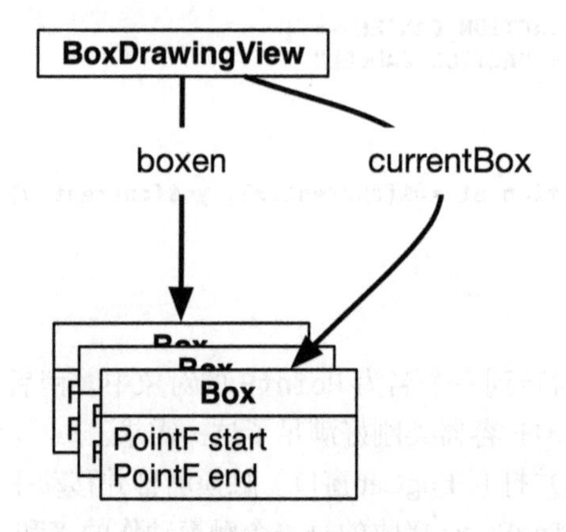

图 30-3　DragAndDraw 应用中的对象

回到 BoxDrawingView 类中，使用新创建的 Box 对象跟踪绘制状态，如代码清单 30-5 所示。

代码清单 30-5　添加拖曳生命周期函数（BoxDrawingView.kt）

```
class BoxDrawingView(context: Context, attrs: AttributeSet? = null) :
        View(context, attrs) {

    private var currentBox: Box? = null
    private val boxen = mutableListOf<Box>()

    override fun onTouchEvent(event: MotionEvent): Boolean {
        val current = PointF(event.x, event.y)
        var action = ""
        when (event.action) {
            MotionEvent.ACTION_DOWN -> {
                action = "ACTION_DOWN"
                // Reset drawing state
                currentBox = Box(current).also {
                    boxen.add(it)
                }
            }
            MotionEvent.ACTION_MOVE -> {
                action = "ACTION_MOVE"
                updateCurrentBox(current)
            }
            MotionEvent.ACTION_UP -> {
                action = "ACTION_UP"
                updateCurrentBox(current)
                currentBox = null
            }
            MotionEvent.ACTION_CANCEL -> {
                action = "ACTION_CANCEL"
                currentBox = null
            }
        }
```

```
        Log.i(TAG, "$action at x=${current.x}, y=${current.y}")

        return true
    }

    private fun updateCurrentBox(current: PointF) {
        currentBox?.let {
            it.end = current
            invalidate()
        }
    }
}
```

任何时候，只要接收到 ACTION_DOWN 动作事件，就以事件原始坐标新建 Box 对象并赋值给 currentBox，然后再添加到矩形框集合中。（30.4 节处理定制绘制时，BoxDrawingView 会在屏幕上绘制集合中的全部 Box。）

用户手指在屏幕上移动时，currentBox.end 会得到更新。在触摸事件被取消或用户手指离开屏幕时，清空 currentBox 以结束屏幕绘制。已完成的 Box 会安全地存储在集合中，但它们再也不会受任何动作事件影响了。

注意在 updateCurrentBox()里调用的 invalidate()函数。这会强制 BoxDrawingView 重新绘制自己。这样，用户在屏幕上拖曳时就能实时看到矩形框。这同时也引出了接下来的任务：在屏幕上绘出矩形框。

30.4 onDraw(Canvas)函数内的图形绘制

应用启动后，所有视图都处于**无效状态**。也就是说，视图还没有绘制到屏幕上。为解决这个问题，Android 调用了顶级 View 视图的 draw()函数。这会引起自上而下的链式调用反应。首先，视图完成自我绘制，接着是子视图的自我绘制，然后是子视图的子视图的自我绘制，如此调用下去直至视图层级结构的末端。当视图层级结构中的所有视图都完成自我绘制后，最顶级 View 视图也就生效了。

即便某个视图还在屏幕上，你也可以手动让它失效。操作系统会因此重新绘制这个视图，并做必要的更新。本例中，只要用户移动手指绘制一个新框或改变某个矩形框大小，我们都会把 BoxDrawingView 标记为失效。这样，用户绘制的时候就能所绘即所见了。

为加入这种绘制，可覆盖以下 View 函数：

```
protected fun onDraw(canvas: Canvas)
```

前面，在 onTouchEvent(MotionEvent)函数中响应 ACTION_MOVE 动作时，我们调用 invalidate()函数再次让 BoxDrawingView 失效。这会迫使它重新自我绘制，并再次调用 onDraw(Canvas)函数。

现在一起来看看 Canvas 参数。Canvas 和 Paint 是 Android 系统的两大绘制类。

- Canvas 类拥有我们需要的所有绘制操作。其函数可决定绘在哪里以及绘什么，比如线条、圆形、字词、矩形等。

- Paint 类决定如何绘制。其函数可指定绘制图形的特征，例如是否填充图形、使用什么字体绘制、线条是什么颜色等。

返回 BoxDrawingView.kt 中，在 BoxDrawingView 完成初始化后，创建两个 Paint 对象，如代码清单 30-6 所示。

代码清单 30-6　创建 Paint（BoxDrawingView.kt）

```
class BoxDrawingView(context: Context, attrs: AttributeSet? = null) :
        View(context, attrs) {

    private var currentBox: Box? = null
    private val boxen = mutableListOf<Box>()
    private val boxPaint = Paint().apply {
        color = 0x22ff0000.toInt()
    }
    private val backgroundPaint = Paint().apply {
        color = 0xfff8efe0.toInt()
    }
    ...
}
```

有了 Paint 对象的支持，现在能在屏幕上绘制矩形框了，如代码清单 30-7 所示。

代码清单 30-7　覆盖 onDraw(Canvas)函数（BoxDrawingView.kt）

```
class BoxDrawingView(context: Context, attrs: AttributeSet? = null) :
        View(context, attrs)
    ...
    override fun onDraw(canvas: Canvas) {
        // Fill the background
        canvas.drawPaint(backgroundPaint)

        boxen.forEach { box ->
            canvas.drawRect(box.left, box.top, box.right, box.bottom, boxPaint)
        }
    }
}
```

以上代码的第一部分简单直接：使用米白背景 paint，填充 canvas 以衬托矩形框。

然后，针对矩形框数组中的每一个矩形框，据其两点坐标，确定矩形框上下左右的位置。绘制时，左端和顶端的值作为最小值，右端和底端的值作为最大值。

完成位置坐标值计算后，调用 Canvas.drawRect(...)函数，在屏幕上绘制红色矩形框。

运行 DragAndDraw 应用，尝试绘制一些红色矩形框，如图 30-4 所示。

图 30-4 程序员式的情绪表达

好了，一个捕捉触摸事件并自我绘制的视图创建完成了。

30.5 深入学习：GestureDetector

处理触摸事件还有另一个办法：使用 GestureDetector 对象。有了它，你不用自己写代码去探测轻扫还是猛滑这样的动作事件了，因为 GestureDetector 的监听器可以做这些繁杂的事，并能在动作事件发生时通知你。像长按、猛滑、滚动这些动作事件，GestureDetector.OnGestureListener 实现都有相应的函数可以处理。即便是双击这样的动作，也有一个 GestureDetector.OnDoubleTapListener 可以使用。大多数情况下，如果不需要覆盖 onTouch 函数完全控制如何处理触摸事件，那么 GestureDetector 就是个不错的选择。

30.6 挑战练习：设备旋转问题

设备旋转后，已绘制的矩形框会消失。要解决这个问题，可使用以下 View 函数：

```
protected fun onSaveInstanceState(): Parcelable
protected fun onRestoreInstanceState(state: Parcelable)
```

以上函数的工作方式不同于 Activity 和 Fragment 的 onSaveInstanceState(Bundle)函数。首先，View 视图有 ID 时，才可以调用它们。其次，相较于 Bundle 参数，这些函数返回并处理的是实现 Parcelable 接口的对象。

我们推荐使用 Bundle，这样就不用自己实现 Parcelable 接口了。（Kotlin 有一个@Parcelize 注解，可以让 Parcelable 类的创建容易一些。但 Android 开发最常用的还是 Bundle，大多数开发人员更了解它。）

最后，还需要保存 BoxDrawingView 的 View 父视图的状态。在新建 Bundle 中保存 super.onSaveInstanceState()函数的结果，然后调用 super.onRestoreInstanceState(Parcelable)函数把保存结果发送给超类。

30.7　挑战练习：旋转矩形框

请实现以两根手指旋转矩形框。这个练习有点难，想完成它，需在 MotionEvent 实现代码中处理多个触控点（pointer）。当然，还要旋转 canvas。

要处理多点触摸，先清楚以下概念。

- pointer index：获知当前一组触控点中，动作事件对应的触控点。
- pointer ID：给予手势中特定手指一个唯一的 ID。

pointer index 可能会变，但 pointer ID 绝对不会变。

请查阅开发者文档，学习以下 MotionEvent 函数的使用：

```
final fun getActionMasked(): Int
final fun getActionIndex(): Int
final fun getPointerId(pointerIndex: Int): Int
final fun getX(pointerIndex: Int): Float
final fun getY(pointerIndex: Int): Float
```

另外，还需查查 ACTION_POINTER_UP 和 ACTION_POINTER_DOWN 常量的用法。

30.8　挑战练习：辅助功能支持

Android 内置部件都有类似 TalkBack 和 Switch Access 这样的辅助功能支持。自制部件也应负起责任，提供辅助功能支持，让应用易用。请完成本章最后一个挑战练习，让 BoxDrawingView 支持内容描述，配合 TalkBack 供视力差的人使用。

具体实现方法有多个。比如，你可以给出屏幕视图的概述数据，告诉用户矩形框遮住了多大区域的屏幕视图。或者，你也可以把每个矩形框都变成可选择对象，让其告诉用户自己在屏幕上的具体位置。有关应用如何支持辅助功能的更多信息，请参阅第 18 章。

第 31 章

属性动画

写个基本可用的应用，只要代码没错，运行起来不崩溃就可以了。至于写出用户想用、爱用的应用，光代码不出错还不够，你还得花更多的心思。你的应用最好能模拟物理世界，让用户在手机或平板设备上就有真实临场的感受。

真实世界是灵动的。要让用户界面动起来，用户界面元素需要从一个位置动态移动到另一个位置。

本章，我们来开发一个模拟落日景象的应用。按住屏幕，太阳会慢慢落下海平面，天空的颜色随之不断变换，犹如真的日落。

31.1 建立场景

首先是创建动画场景。创建一个名为 Sunset 的新项目，确保 `minSdkVersion` 设置为 API 21，并使用空 activity 模板和 AndroidX artifacts。

海边落日光影变换，色彩斑斓。因此，需要准备一些色彩资源。打开 res/values 目录中的 colors.xml 文件。参照代码清单 31-1 添加一些颜色值。

代码清单 31-1 添加落日色彩（res/values/colors.xml）

```
<resources>
    <color name="colorPrimary">#008577</color>
    <color name="colorPrimaryDark">#00574B</color>
    <color name="colorAccent">#D81B60</color>

    <color name="bright_sun">#fcfcb7</color>
    <color name="blue_sky">#1e7ac7</color>
    <color name="sunset_sky">#ec8100</color>
    <color name="night_sky">#05192e</color>
    <color name="sea">#224869</color>
</resources>
```

虽然矩形视图模拟天空和大海的效果还可以，但没人见过方方长长的太阳吧？技术实现简单可不是理由。所以，在 res/drawable/目录中，新建一个 sun.xml 椭圆形 drawable 资源，如代码清单 31-2 所示。

代码清单 31-2　添加模拟太阳的 XML drawable（res/drawable/sun.xml）

```
<shape xmlns:android="http://schemas.android.com/apk/res/android"
       android:shape="oval">
    <solid android:color="@color/bright_sun" />
</shape>
```

在矩形视图上显示这个椭圆形 drawable，就会看到一个圆。现在，用户一定会点头赞许，仿佛看到真正的太阳挂在天空。

接下来，使用一个完整的布局文件构建整个场景。打开 res/layout/activity_main.xml 文件，删除原有内容，添加代码清单 31-3 所示内容。

代码清单 31-3　创建落日场景布局（res/layout/activity_main.xml）

```
<LinearLayout xmlns:android="http://schemas.android.com/apk/res/android"
              android:id="@+id/scene"
              android:orientation="vertical"
              android:layout_width="match_parent"
              android:layout_height="match_parent">
    <FrameLayout
            android:id="@+id/sky"
            android:layout_width="match_parent"
            android:layout_height="0dp"
            android:layout_weight="0.61"
            android:background="@color/blue_sky">
        <ImageView
                android:id="@+id/sun"
                android:layout_width="100dp"
                android:layout_height="100dp"
                android:layout_gravity="center"
                android:src="@drawable/sun" />
    </FrameLayout>
    <View
            android:layout_width="match_parent"
            android:layout_height="0dp"
            android:layout_weight="0.39"
            android:background="@color/sea" />
</LinearLayout>
```

现在预览布局。怎么样，大海蔚蓝，天蓝日落，多么动人的画面啊！运行 Sunset 应用。如果一切正常，可看到如图 31-1 所示的画面。

图 31-1 落日徐徐

31.2 简单属性动画

创建完落日场景，是时候让各个部分按要求动起来，实现太阳徐徐落下海平面的动画效果了。

制作动画之前，需要在 activity 中获取一些必要的信息。在 onCreate(...)函数中，获取要控制的视图并存入相应属性，如代码清单 31-4 所示。

代码清单 31-4 获取视图并引用（MainActivity.kt）

```
class MainActivity : AppCompatActivity() {

    private lateinit var sceneView: View
    private lateinit var sunView: View
    private lateinit var skyView: View

    override fun onCreate(savedInstanceState: Bundle?) {
        super.onCreate(savedInstanceState)
        setContentView(R.layout.activity_main)

        sceneView = findViewById(R.id.scene)
        sunView = findViewById(R.id.sun)
        skyView = findViewById(R.id.sky)
    }
}
```

做完了准备工作，接下来就是编码实现动画了。从技术上讲，所谓太阳落下海平面，实际就是平滑地移动 sunView 视图，直到它的顶部刚好与天空的底部边缘重合。既然天空的底部和海平面的顶部是一样的，那么你可以把 sunView 视图顶部的坐标变为其父视图底部的坐标位置。

太阳视图在大海后面移动的原因并没有那么显而易见。实际上，这和视图绘制的顺序有关。视图按在布局文件中定义的顺序被绘制出来。布局中后定义的视图会被绘制在先定义的视图之上。就落日动画这个例子来讲，既然太阳视图在大海视图之前定义，那么，大海视图就会被绘制在太阳视图之上。这样一来，太阳移动经过大海时，就好像在它的后面穿行一般。

显然，这需要知道动画的开始和结束点。这个任务就交给 startAnimation()函数处理吧，如代码清单 31-5 所示。

代码清单 31-5　获取视图的顶部坐标位置（MainActivity.kt）

```
class MainActivity : AppCompatActivity() {
    ...
    override fun onCreate(savedInstanceState: Bundle?) {
        ...
    }

    private fun startAnimation() {
        val sunYStart = sunView.top.toFloat()
        val sunYEnd = skyView.height.toFloat()
    }
}
```

top 属性是 View 的 top、bottom、right 和 left 四个属性中的一个，其可以返回自己的 local layout rect。rect（rectangle 的缩写形式）指的是视图的长方形边框。视图的 local layout rect 是其相对父视图的位置和尺寸大小的描述。视图一旦实例化，这些值就相对固定下来了。

虽然可以修改这些值，从而改变视图的位置，但并不推荐这么做。要知道，每次布局切换时，这些值都会被重置，因此才会有相对固定一说。

无论怎样，动画的开始点都是 sunView 视图的顶部位置。结束点是其父视图 skyView 的底部位置。移动距离是调用 height.toFloat()返回的 skyView 高度。实际上，bottom 和 top 属性值之差就是 height 属性值。

知道了动画的开始和结束点，创建一个 ObjectAnimator 对象执行动画，如代码清单 31-6 所示。

代码清单 31-6　创建模拟太阳的 animator 对象（MainActivity.kt）

```
private fun startAnimation() {
    val sunYStart = sunView.top.toFloat()
    val sunYEnd = skyView.height.toFloat()

    val heightAnimator = ObjectAnimator
        .ofFloat(sunView, "y", sunYStart, sunYEnd)
        .setDuration(3000)

    heightAnimator.start()
}
```

在 onCreate()函数中，为 sceneView 视图设置监听器。只要用户点击日落场景的任何地方，就调用 startAnimation()函数执行动画，如代码清单 31-7 所示。

代码清单 31-7　响应点击，执行动画（MainActivity.kt）

```
override fun onCreate(savedInstanceState: Bundle?) {
    super.onCreate(savedInstanceState)
    setContentView(R.layout.activity_main)

    sceneView = findViewById(R.id.scene)
    sunView = findViewById(R.id.sun)
    skyView = findViewById(R.id.sky)

    sceneView.setOnClickListener {
        startAnimation()
    }
}
```

运行 Sunset 应用。点击应用界面任意处，执行动画，如图 31-2 所示。

图 31-2　落日落下海平面

你应该看到，太阳移动到海平面以下了。

最后，来看看这段动画的实现原理：ObjectAnimator 是个**属性动画**制作对象。要获得某种动画效果，传统方式是设法在屏幕上移动视图，属性动画制作对象却另辟蹊径：以一组不同的参数值反复调用属性设置函数。

你可以调用 ObjectAnimator.ofFloat(sunView, "y", 0, 1)来创建一个 ObjectAnimator 对象。新建 ObjectAnimator 一旦启动，就会以从 0 开始递增的参数值反复调用 sunView.setY(Float)函数：

```
sunView.setY(0)
sunView.setY(0.02)
sunView.setY(0.04)
sunView.setY(0.06)
sunView.setY(0.08)
...
```

直到调用 sunView.setY(1)为止。这个 0~1 区间参数值的确定过程又称为 interpolation。可以想象到，在这个 interpolation 过程中，即便很短暂，确定相邻参数值也是要耗费时间的。由于人眼的视觉暂留现象，动画效果就形成了。

31.2.1 视图转换属性

如果想让视图动起来，仅仅靠属性动画制作对象是不切实际的，尽管它确实很有用。现代 Android 属性动画需要**转换属性**（transformation properties）这个帮手。

前面说过，视图都有 local layout rect（视图实例化时被赋予的位置及大小尺寸参数值）。知道了视图属性值（local layout rect），就可以改变这些属性值，从而实现四处移动视图。这种做法就叫作转换属性。例如，利用 rotation、pivotX 和 pivotY 这三个参数可以旋转视图（参见图 31-3）；利用 scaleX 和 scaleY 可以缩放视图（参见图 31-4）；而利用 translationX 和 translationY 可以四处移动视图（参见图 31-5）。

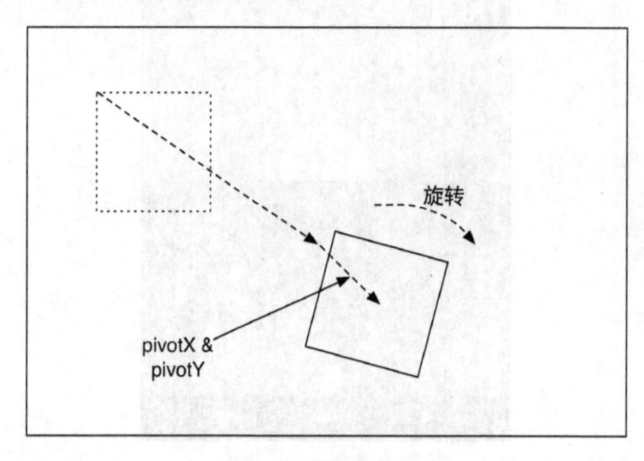

图 31-3 视图旋转

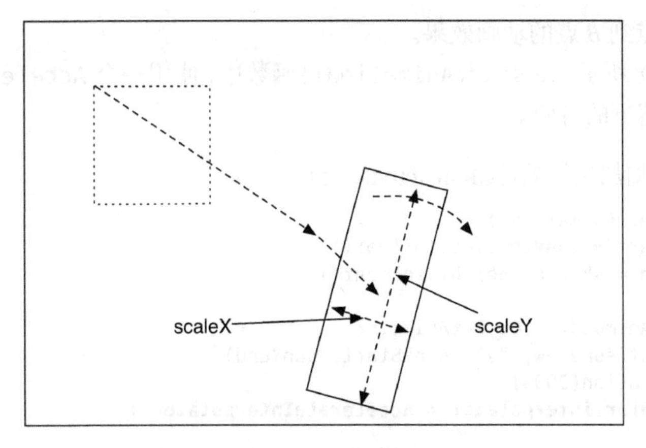

图 31-4 视图缩放

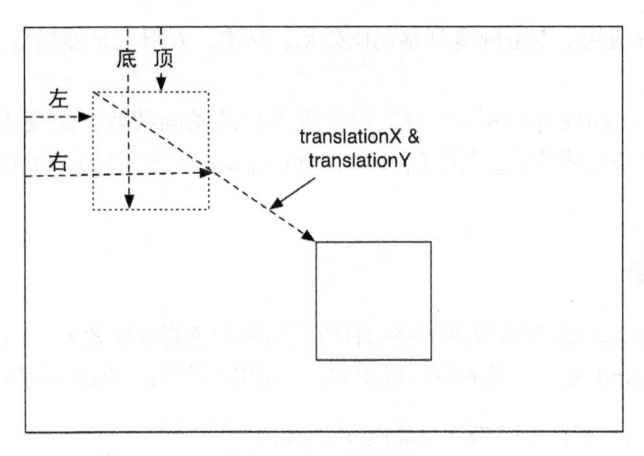

图 31-5 视图移动

视图的所有这些属性值都能被获取和修改。例如，调用 `view.translationX` 就能得到 `translationX` 值，调用 `view.translationX = Float` 就能设置 `translationX` 值。

那么 y 属性有什么作用呢？实际上，x 和 y 属性是以布局坐标为参考值设立的一种便利开发的属性值。例如，简单写几行代码，就可以把视图置于某个 *X* 和 *Y* 坐标确定的位置。分析其背后原理可知，这就是通过修改 `translationX` 和 `translationY` 属性值来实现的。调用 `sunView.y = 50` 就等同于：

```
sunView.translationY = 50 - sunView.top
```

31.2.2 使用不同的 interpolator

目前，Sunset 应用的动画效果还不够完美。假设太阳一开始静止于天空，在进入落下的动画时，应该有个加速过程。这也好办，使用 `TimeInterpolator` 就可以了。这个 `TimeInterpolator`

的作用是：改变*A*点到*B*点的动画效果。

如代码清单31-8所示，在startAnimation()函数中，使用一个AccelerateInterpolator对象实现太阳加速落下的特效。

代码清单31-8　添加加速特效（MainActivity.kt）

```
private fun startAnimation() {
    val sunYStart = sunView.top.toFloat()
    val sunYEnd = skyView.height.toFloat()

    val heightAnimator = ObjectAnimator
        .ofFloat(sunView, "y", sunYStart, sunYEnd)
        .setDuration(3000)
    heightAnimator.interpolator = AccelerateInterpolator()

    heightAnimator.start()
}
```

重新运行Sunset应用。点击屏幕观察动画效果。这次，太阳先是慢慢落下，然后朝着海平面方向加速坠落。

使用不同的TimeInterpolator对象可实现不同的动画特效。想要了解Android自带的TimeInterpolator还有哪些，请参阅TimeInterpolator参考文档的Known Indirect Subclasses部分。

31.2.3　色彩渐变

优化完落日的动画效果，接着处理天空随日落所呈现的色彩变换效果。在onCreateView(...)函数中，获取colors.xml文件定义的色彩资源并存入相应的属性，如代码清单31-9所示。

代码清单31-9　取出日落色彩资源（MainActivity.kt）

```
class MainActivity : AppCompatActivity() {

    private lateinit var sceneView: View
    private lateinit var sunView: View
    private lateinit var skyView: View

    private val blueSkyColor: Int by lazy {
        ContextCompat.getColor(this, R.color.blue_sky)
    }
    private val sunsetSkyColor: Int by lazy {
        ContextCompat.getColor(this, R.color.sunset_sky)
    }
    private val nightSkyColor: Int by lazy {
        ContextCompat.getColor(this, R.color.night_sky)
    }
    ...
}
```

在 startAnimation()函数中，再添加一个 ObjectAnimator，实现天空色彩从 blueSkyColor 到 sunsetSkyColor 变换的动画效果，如代码清单 31-10 所示。

代码清单 31-10 实现天空的色彩变换（MainActivity.kt）

```
private fun startAnimation() {
    val sunYStart = sunView.top.toFloat()
    val sunYEnd = skyView.height.toFloat()

    val heightAnimator = ObjectAnimator
        .ofFloat(sunView, "y", sunYStart, sunYEnd)
        .setDuration(3000)
    heightAnimator.interpolator = AccelerateInterpolator()

    val sunsetSkyAnimator = ObjectAnimator
        .ofInt(skyView, "backgroundColor", blueSkyColor, sunsetSkyColor)
        .setDuration(3000)

    heightAnimator.start()
    sunsetSkyAnimator.start()
}
```

天空的动画效果似乎就这么完成了。运行 SunSet 应用看看吧。似乎不大对劲啊！从蓝色到橘黄色，天空的色彩变化太夸张了，一点儿都不自然。

仔细分析就会知道，颜色 Int 数值并不是个简单的数字。它实际由四个较小数字转换而来。因此，只有知道颜色的组成奥秘，ObjectAnimator 对象才能合理地确定蓝色和橘黄色之间的中间值。

不过，知道如何确定颜色中间值还不够，ObjectAnimator 还需要一个 TypeEvaluator 子类的协助。TypeEvaluator 能帮助 ObjectAnimator 对象精确地计算开始到结束间的递增值。Android 提供的这个 TypeEvaluator 子类叫作 ArgbEvaluator，如代码清单 31-11 所示。

代码清单 31-11 使用 ArgbEvaluator（MainActivity.kt）

```
private fun startAnimation() {
    val sunYStart = sunView.top.toFloat()
    val sunYEnd = skyView.height.toFloat()

    val heightAnimator = ObjectAnimator
        .ofFloat(sunView, "y", sunYStart, sunYEnd)
        .setDuration(3000)
    heightAnimator.interpolator = AccelerateInterpolator()

    val sunsetSkyAnimator = ObjectAnimator
        .ofInt(skyView, "backgroundColor", blueSkyColor, sunsetSkyColor)
        .setDuration(3000)
    sunsetSkyAnimator.setEvaluator(ArgbEvaluator())

    heightAnimator.start()
    sunsetSkyAnimator.start()
}
```

（有好几个版本的 `ArgbEvaluator` 可选，导入 `android.animation` 版本。）

再次运行 Sunset 应用。如图 31-6 所示，夕阳西下，天空从蓝色到橘黄色，色彩的过渡终于自然了。

图 31-6　天空的色彩随日落变换

31.3　播放多个动画

有时，你需要同时执行一些动画。这很简单，同时调用 `start()` 函数就行了。

但是，假如要像编排舞步那样编排多个动画的执行，事情就没那么简单了。例如，为实现完整的日落景象，太阳落下去之后，天空应该从橘黄色再转为午夜蓝。

办法总是有的，你可以使用 `AnimatorListener`。`AnimatorListener` 会让你知道动画什么时候结束。这样，执行完第一个动画，就可以接力执行第二个夜空变化的动画。然而，理论分析很简单，如果实际去做，少不了要准备多个监听器，这也很麻烦。好在 Android 还设计了方便又简单的 `AnimatorSet`。

首先，删除原来的动画启动代码，并添加夜空变化的动画代码，如代码清单 31-12 所示。

代码清单 31-12 创建夜空动画（MainActivity.kt）

```
private fun startAnimation() {
    val sunYStart = sunView.top.toFloat()
    val sunYEnd = skyView.height.toFloat()

    val heightAnimator = ObjectAnimator
        .ofFloat(sunView, "y", sunYStart, sunYEnd)
        .setDuration(3000)
    heightAnimator.interpolator = AccelerateInterpolator()

    val sunsetSkyAnimator = ObjectAnimator
        .ofInt(skyView, "backgroundColor", blueSkyColor, sunsetSkyColor)
        .setDuration(3000)
    sunsetSkyAnimator.setEvaluator(ArgbEvaluator())

    val nightSkyAnimator = ObjectAnimator
        .ofInt(skyView, "backgroundColor", sunsetSkyColor, nightSkyColor)
        .setDuration(1500)
    nightSkyAnimator.setEvaluator(ArgbEvaluator())

    heightAnimator.start()
    sunsetSkyAnimator.start()
}
```

然后，创建并执行一个 AnimatorSet，如代码清单 31-13 所示。

代码清单 31-13 创建动画集（MainActivity.kt）

```
private fun startAnimation() {
    ...
    val nightSkyAnimator = ObjectAnimator
        .ofInt(skyView, "backgroundColor", sunsetSkyColor, nightSkyColor)
        .setDuration(1500)
    nightSkyAnimator.setEvaluator(ArgbEvaluator())

    val animatorSet = AnimatorSet()
    animatorSet.play(heightAnimator)
        .with(sunsetSkyAnimator)
        .before(nightSkyAnimator)
    animatorSet.start()
}
```

说白了，AnimatorSet 就是可以放在一起执行的动画集。可以用好几种方式创建动画集，但使用上述代码中的 play(Animator)函数最容易。

调用 play(Animator)函数之前，要先创建一个 AnimatorSet.Builder 对象，然后利用它创建链式函数调用。传入 play(Animator)函数的 Animator 是链首。以上代码中的链式调用可以这样解读：协同执行 heightAnimator 和 sunsetSkyAnimator 动画，在 nightSkyAnimator 之前执行 heightAnimator 动画。在实际开发中，可能会用到更复杂的动画集。这也没问题，需要的话，可以多次调用 play(Animator)函数。

再次运行 Sunset 应用。用心感受下这幅动人祥和的画面，真是太棒了！

31.4　深入学习：其他动画 API

除了广受欢迎的属性动画，Android 动画工具箱里还有一些其他动画工具。不管用不用，花点时间了解一下总没错。

31.4.1　传统动画工具

Android 有个叫作 android.view.animation 的动画工具类包。Honeycomb 发布时，又引入了一个更新的 android.animation 包。这是两个不同的包，请注意区分。

它们都是传统的动画工具包，简单了解就可以了。注意到了吗？本章使用的动画工具类的类名都为 animaTOR。如果遇到 animaTION 这样的类名，就能断定它来自传统动画工具包，直接忽略好了！

31.4.2　转场

Android 4.4 引入了新的视图转场框架。从一个 activity 小视图动态弹出另一个放大版 activity 视图就可以使用转场框架实现。

实际上，转场框架的工作原理很简单：定义一些场景，它们代表各个时点的视图状态，然后按照一定的逻辑切换场景。场景在 XML 布局文件中定义，转场在 XML 动画文件中定义。

在本章日落例子中，activity 已经运行了，这种情况不太适合使用转场框架，我们用了强大的属性动画框架。然而，属性动画框架并不擅长处理待显布局的屏幕动画。

再以 CriminalIntent 应用中处理 crime 图片为例，如果想实现以弹窗展示放大版图片这样的动画效果，首先要知道照片放在哪里，其次是如何在对话框里布置新图片。显然，对于这类布局动态转场任务，转场框架比 ObjectAnimator 更能胜任。

31.5　挑战练习

首先，让日落可逆。也就是说，点击屏幕，等太阳落下后，再次点击屏幕，让太阳升起来。动画集不能逆向执行，因此，你需要新建一个 AnimatorSet。

第二个挑战是添加太阳动画特效，让它有规律地放大、缩小或是加一圈旋转的光线。（这实际是反复执行一段动画特效，可考虑使用 ObjectAnimator 的 setRepeatCount(Int) 函数。）

另外，海面上要是有太阳的倒影就更真实了。

最后，再来看个颇具挑战的练习。在日落过程中实现动画反转。在太阳慢慢下落时点击屏幕，让太阳一路回升至原来所在的位置。或者，在太阳落下进入夜晚时点击屏幕，让太阳重新升回天空，就像日出。

第 32 章 编后语

恭喜你完成了本书的学习！这很了不起，不是人人都能做到的。现在就去犒赏一下自己吧！总之，辛苦付出终有回报：你已经是一名合格的 Android 开发者了。

32.1 终极挑战

最后，请再接受一个挑战：成为一名**优秀的** Android 开发人员。成为优秀的开发者，可以说是千人千途。每个人都应去找寻最适合自己的路。

那么，路在何方？对此，我们有一些建议。

- **编写代码**。如不加以实践，很快就会忘记所学知识。马上行动，参与开发一些项目，或者自己写个简单应用。无论怎样，不要浪费时间，利用一切机会编写代码。
- **持续学习**。读完本书，你已掌握 Android 开发领域的很多知识。现在有开发灵感了吗？挑你最感兴趣的部分，加以实践，写点好玩的。开发时，如遇到问题，记得经常查阅相关文档，或阅读更高级主题的图书。另外，也可收看Android开发者YouTube频道，或收听 Google 的 Android 开发者播客。
- **参与技术交流**。参与本地技术交流大会，多认识些乐于助人的开发者。参与 Android 开发者大会，与其他 Android 开发人员（包括我们）面对面交流。另外，还可以关注一些活跃在 Twitter 上的开发高手。
- **探索开源社区**。登录 GitHub 网站，上面有海量的 Android 开发资源。找找那些很酷的共享库，顺便看看共享者贡献的其他项目资源。同时，也请积极共享自己的代码，如果能帮到别人，那最好不过了。另外，也可以订阅 Android 每周邮件列表，及时跟踪了解 Android 开发社区新动向。

32.2 插个广告

来 Twitter 找我们吧！克莉丝汀、布莱恩、比尔和克里斯的账号分别是@kristinmars、@briangardnerdev、@billjings 和@cstew。

如果有兴趣，也可以访问 Big Nerd Ranch 网站，找到“图书”选项，看看我们的其他指导书。

同时，我们还为开发者提供课时一周的各类培训课程，可保证在一周内轻松学完。当然，如果有高质量代码开发需求，我们也可以提供合同开发。更多详情，请访问 Big Nerd Ranch 网站。

32.3　致谢

没有读者，我们的工作将毫无意义。感谢所有购买并阅读本书的读者！